本书由河北经贸大学学术著作出版基金资助

梦幻的 After Effects CC 影视创意特效220例

全新影视学习体验
零基础无障碍速成

陈辉 著

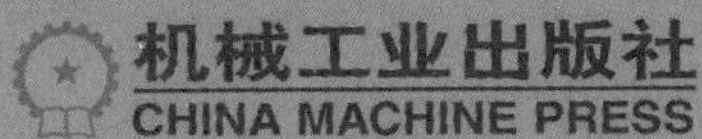

机械工业出版社
CHINA MACHINE PRESS

本书以当前流行的、典型的创意思路和操作方式为基础，收录了文字特效、光效、粒子、3D 特效、动态背景、键控跟踪以及高级动画合成技巧、影视合成、栏目片头包装等 220 个案例。通过实际操作，读者可以逐步熟悉 After Effects CC 的创作技法，唤醒自己潜在的设计天赋。无论是刚刚接触 After Effects 的初学者，还是希望提高创作水平的专业人员，阅读本书后不但能快速掌握 After Effects 的精华技术，还能熟练运用 After Effects 的强大功能，从而亲身体会到节目制作水平飞速提高带来的成就感。

图书在版编目（CIP）数据

梦幻的 After Effects CC 影视创意特效 220 例 / 陈辉著. —北京：机械工业出版社，2017.5

ISBN 978-7-111-56607-6

Ⅰ. ①梦… Ⅱ. ①陈… Ⅲ. ①图像处理软件 Ⅳ. ① TP391.413

中国版本图书馆 CIP 数据核字（2017）第 099529 号

机械工业出版社（北京市百万庄大街 22 号 邮政编码 100037）

责任编辑：丁 伦 责任校对：张艳霞

责任印制：李 洋

北京中科印刷有限公司印刷

2017 年 8 月第 1 版 · 第 1 次印刷

210mm×285mm · 19 印张 · 631 千字

0001－3000 册

标准书号：ISBN 978-7-111-56607-6

ISBN 978-7-89386-126-0（光盘）

定价：89.90 元（附赠 1DVD，含教学视频）

凡购本书，如有缺页、倒页、脱页，由本社发行部调换

电话服务	网络服务
服务咨询热线：（010）88361066	机工官网：www.cmpbook.com
读者购书热线：（010）68326294	机工官博：weibo.com/cmp1952
（010）88379203	教育服务网：www.cmpedu.com
封面无防伪标均为盗版	金 书 网：www.golden-book.com

Preface 前 言

梦幻的 After Effects CC
影视创意特效 220 例

本书内容

After Effects CC 软件是 Adobe 公司推出的一款非常优秀的影视后期合成与特效制作软件，功能强大，插件丰富。现在，该软件已经被广泛地应用于数字电视和电影的后期制作中，而新兴的多媒体和互联网也为 After Effects 软件提供了更宽广的发展空间。相信在将来，After Effects 软件仍然能保持它在影视后期领域中的重要地位。

After Effects 可以帮助用户高效、精确地创建无数种引人注目的动态图形和视觉效果。它和 Adobe 公司的 Photoshop、Premiere 及 Illustrator 等软件结合得非常好，使得初学者更加容易上手。

本书由河北经贸大学、英国利兹大学访问学者陈辉精心策划，根据影视后期合成所需要的常规技能和商业影视编辑所需要的实战技巧进行编写。以流行、典型的创意案例为基础，收录了文字特效、转场特效、光效、粒子、3D 特效、动画背景、键控跟踪，以及使用表达式对动画的控制技巧等案例。通过实际操作，读者可以逐步熟悉 After Effects CC 的创作技法，充分发挥自己的创作才能，创作出惊人的视觉特效。

本书共 220 个影视特效案例（书中 110 个案例 + 光盘 110 个视频教学案例），包含了影视特效的方方面面。读者学习本书中的案例后不但能充分掌握 After Effects 的特效制作技巧，而且能够亲身体会到制作水平的飞速提高带来的成就感。

本书适合以下读者阅读

- 广告公司影视制作人员。
- 视频编辑及影视后期制作人员。
- 多媒体制作人员。
- 视频特效制作人员。

学完本书后读者可以掌握以下技术

- 对视频素材进行合成。
- 对视频素材进行基本操作。
- 影视后期制作。
- 各类字幕特效制作。
- 影视色调及后期加工。
- 影视抠像及跟踪技术。
- 音视频输出及压缩。

本书的光盘内容

本书配有 1 张 DVD 光盘，赠送了大量视频素材和视频教学文件，每个案例均由作者亲自完成。

作 者

Contents目 录

Contents目 录

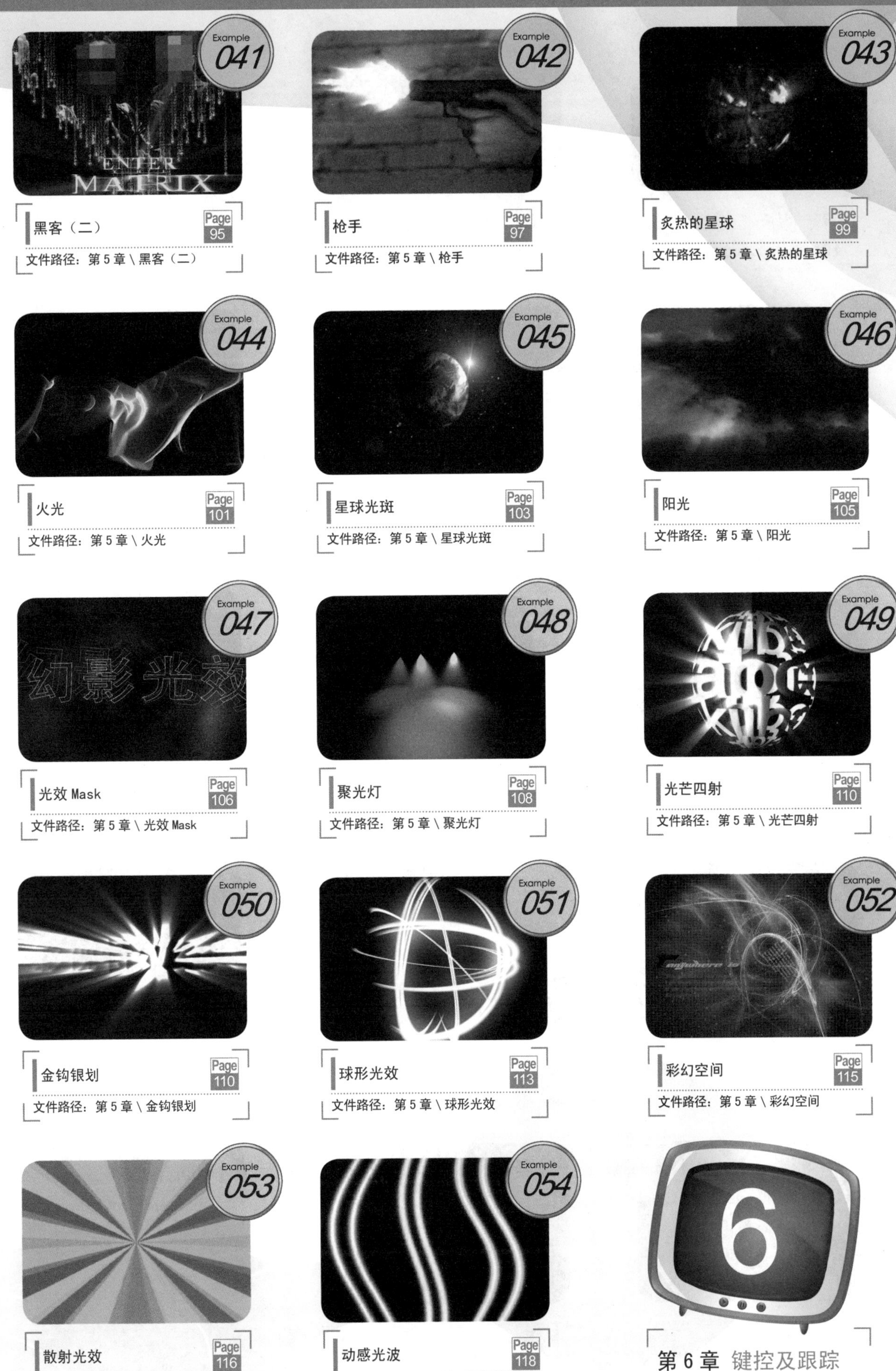

Example
055

Example
056
FRJEANS

Example
057

Example
058

Example
059

Example
060

Example
061

7

Example
062

Example
063
美丽
美丽

Example
064

Example
065

Example
066

Example
067

Example
068

Contents目 录

Example 083
HDRI 图像 Page 200
文件路径：第 8 章 \HDRI 图像

Example 084
脸部祛斑 Page 201
文件路径：第 8 章 \ 脸部祛斑

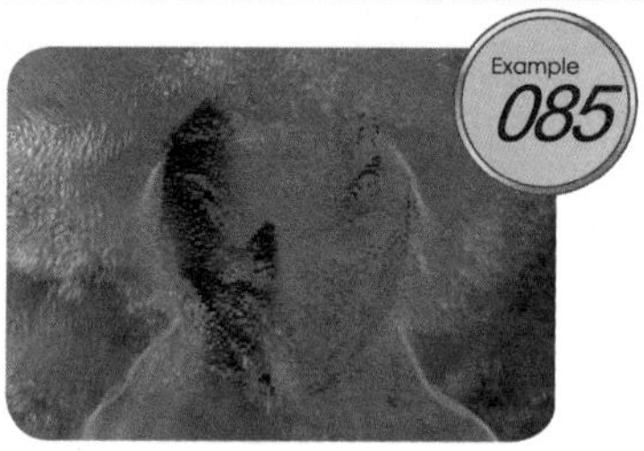

Example 085
消失灭迹 Page 204
文件路径：第 8 章 \ 消失灭迹

Example 086
人物线条 Page 205
文件路径：第 8 章 \ 人物线条

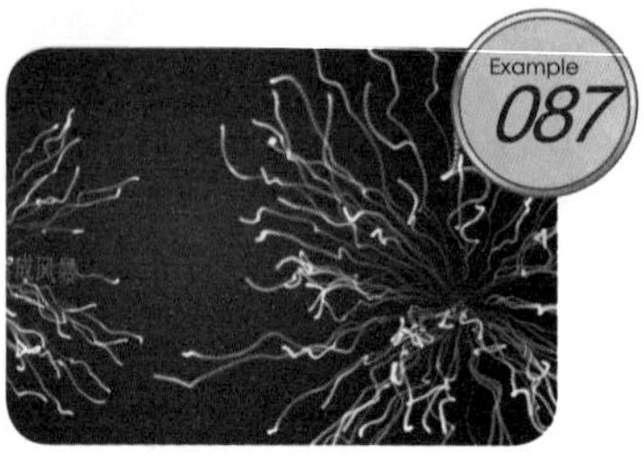

Example 087
生长的精灵 Page 207
文件路径：第 8 章 \ 生长的精灵

第 9 章 高级动画

Example 088
光斑动画 Page 211
文件路径：第 9 章 \ 光斑动画

Example 089
制作光斑 Page 213
文件路径：第 9 章 \ 制作光斑

Example 090
合成动画 Page 215
文件路径：第 9 章 \ 合成动画

Example 091
幻影光线 Page 217
文件路径：第 9 章 \ 幻影光线

Example 092
人像磨皮 Page 219
文件路径：第 9 章 \ 人像磨皮

Example 093
产品动画 Page 221
文件路径：第 9 章 \ 产品动画

Example 094
墨滴 Page 224
文件路径：第 9 章 \ 墨滴

Example 095
星球爆炸 Page 226
文件路径：第 9 章 \ 星球爆炸

Example 096
云雾 Page 228
文件路径：第 9 章 \ 云雾

Contents目 录

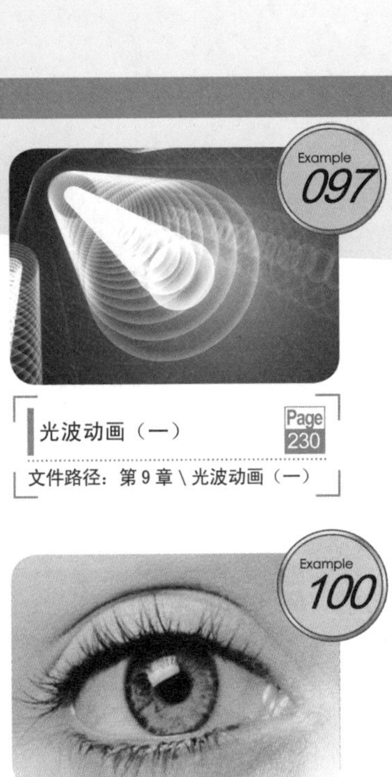
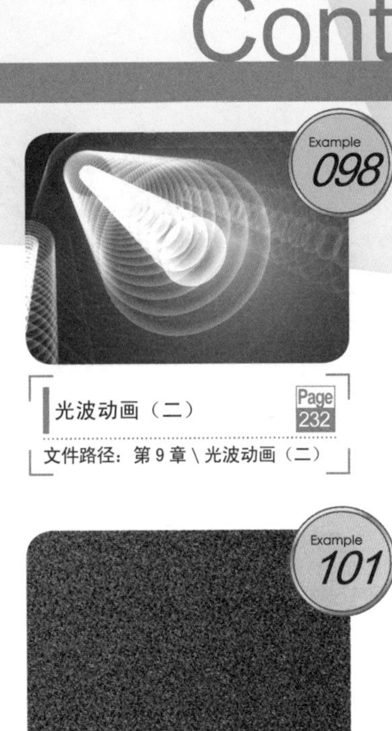
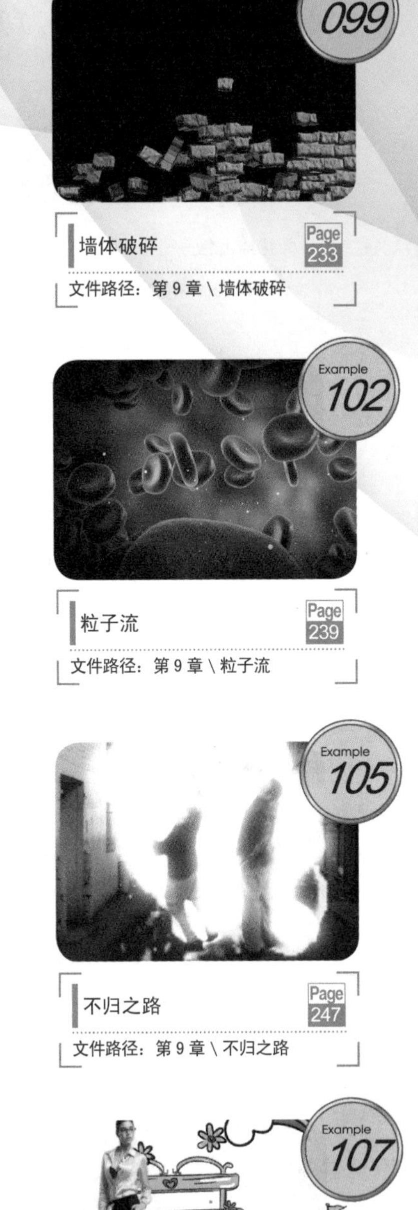

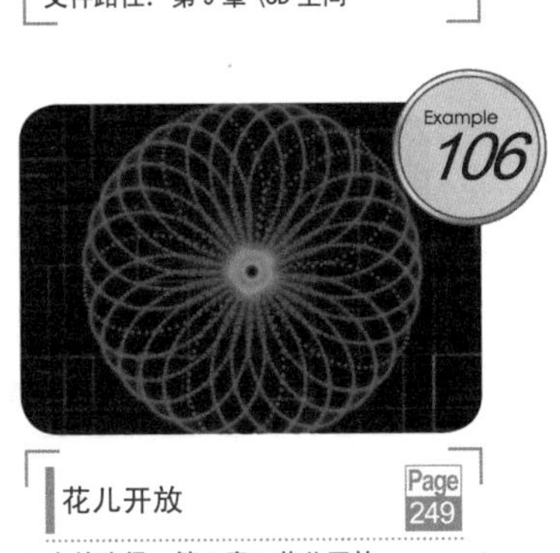

为花瓣上色

文件路径：视频教学\111.WMV

流水文字

文件路径：视频教学\112.WMV

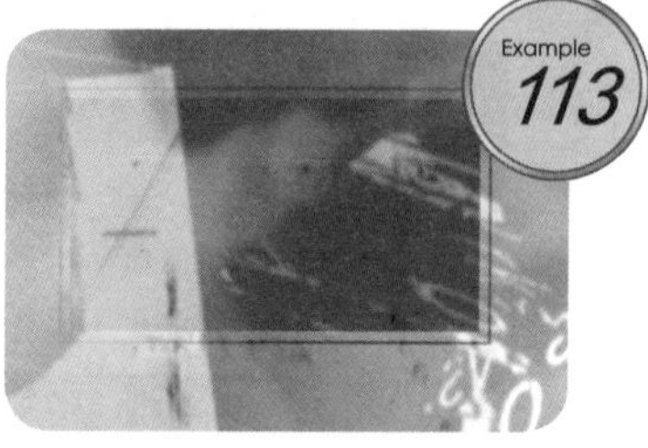

画中画

文件路径：视频教学\113.WMV

闪光倒角字体特技

文件路径：视频教学\114.WMV

美丽风景

文件路径：视频教学\115.WMV

美化人像

文件路径：视频教学\116.WMV

模拟景深

文件路径：视频教学\117.WMV

摄像机景深

文件路径：视频教学\118.WMV

动画背景

文件路径：视频教学\119.WMV

三维字体

文件路径：视频教学\120.WMV

动感字幕

文件路径：视频教学\121.WMV

燃烧文字

文件路径：视频教学\122.WMV

文字模糊渐进

文件路径：视频教学\123.WMV

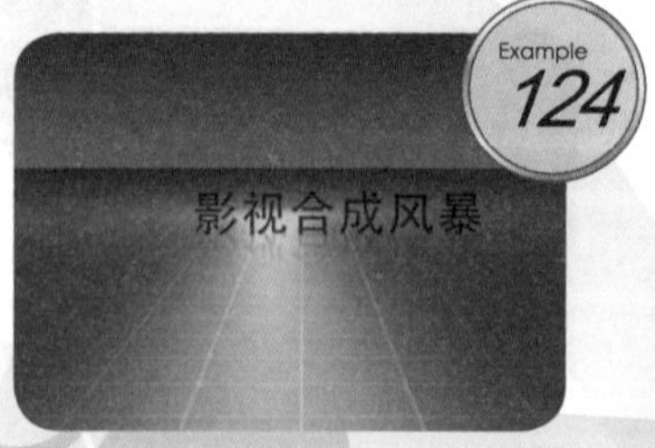

三维场景

文件路径：视频教学\124.WMV

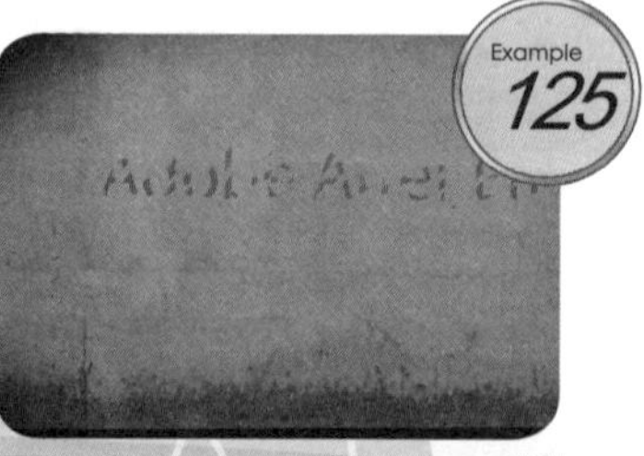

手写字

文件路径：视频教学\125.WMV

Contents目 录

镜头光斑

文件路径：视频教学\171.WMV

三维线条

文件路径：视频教学\172.WMV

立方盒子

文件路径：视频教学\173.WMV

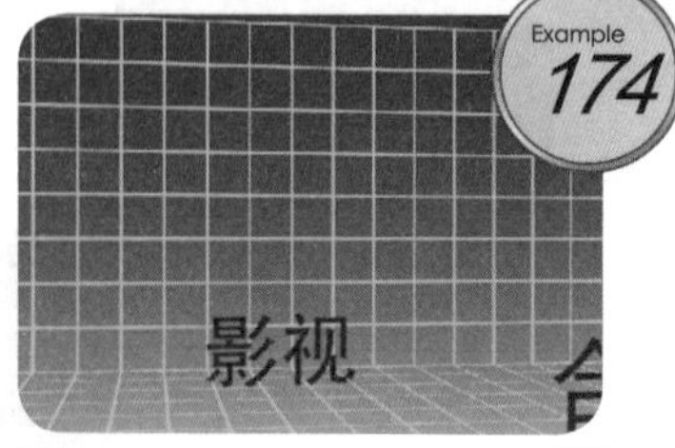

网格空间

文件路径：视频教学\174.WMV

时间映射

文件路径：视频教学\175.WMV

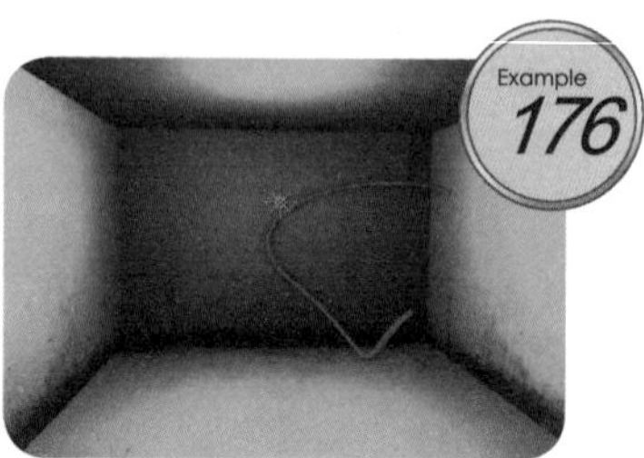

光影精灵

文件路径：视频教学\176.WMV

幻影文字

文件路径：视频教学\177.WMV

胶卷动画

文件路径：视频教学\178.WMV

消散动画

文件路径：视频教学\179.WMV

节目预告片

文件路径：视频教学\180.WMV

烟火文字

文件路径：视频教学\181.WMV

影视合成

文件路径：视频教学\182.WMV

面部跟踪

文件路径：视频教学\183.WMV

水珠动画

文件路径：视频教学\184.WMV

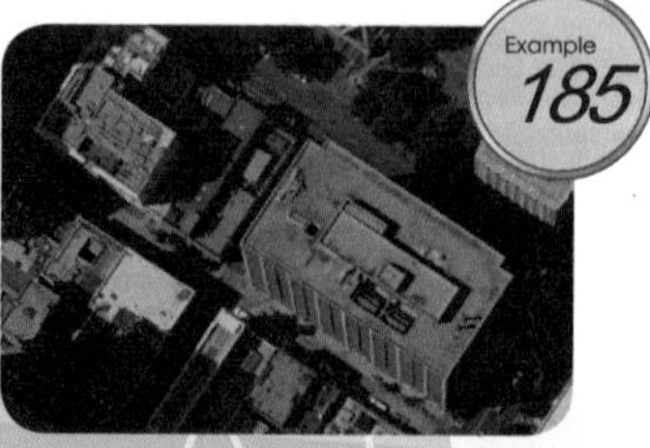

镜头穿梭

文件路径：视频教学\185.WMV

Contents 目 录

Example
186

Example
187
AFTER EFFECTS

Example
188

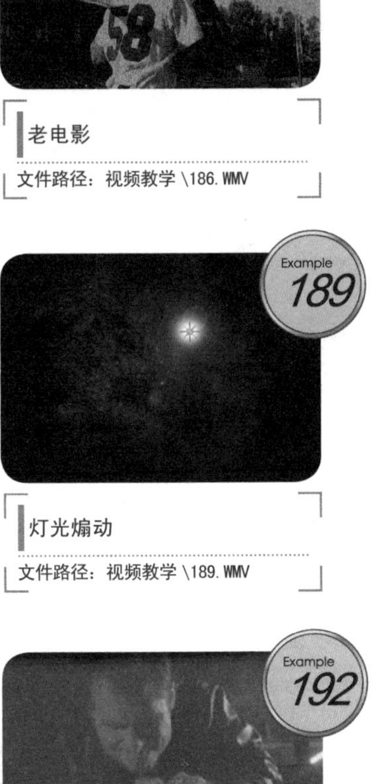
Example
189

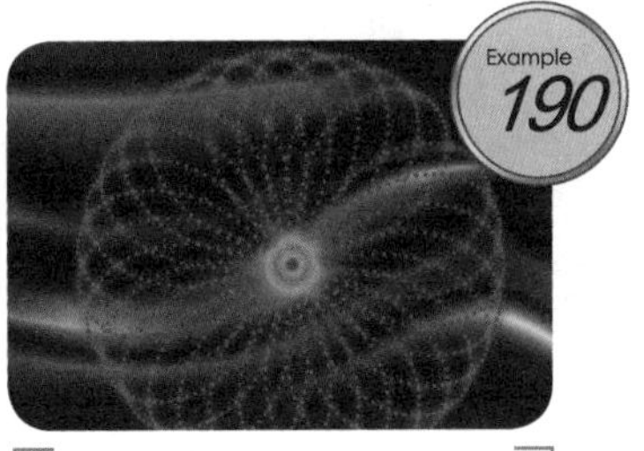
Example
190

Example
191

Example
192

Example
193

Example
194

Example
195

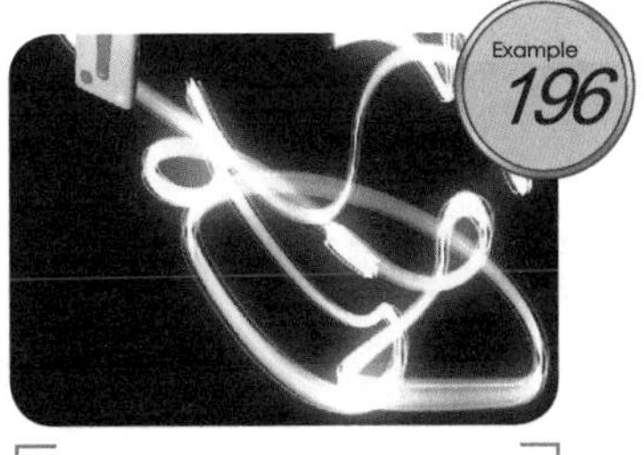
Example
196

Example
197

Example
198

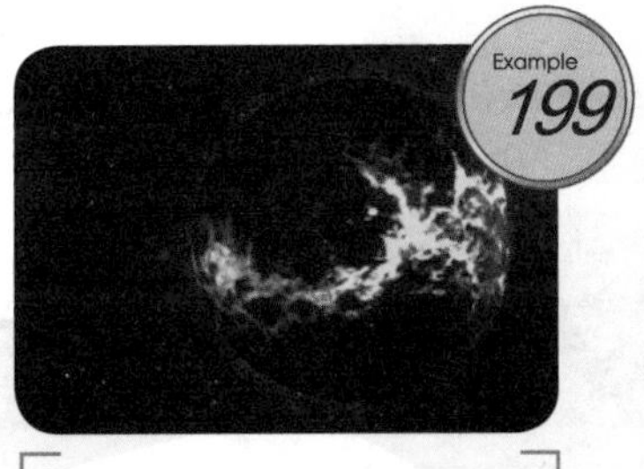
Example
199

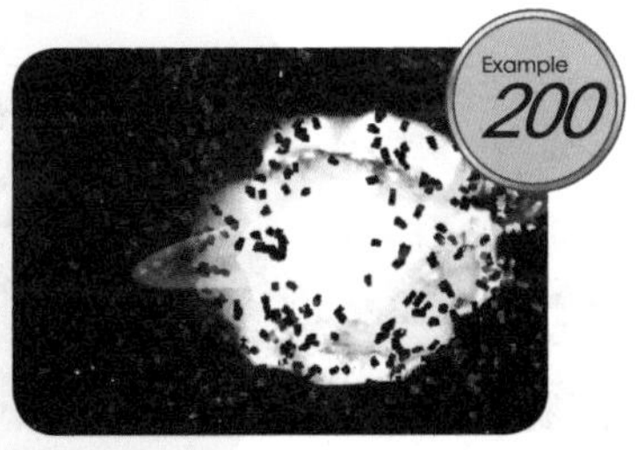
Example
200

三维合成

文件路径：视频教学\201.WMV

穿梭

文件路径：视频教学\202.WMV

动态画面校色

文件路径：视频教学\203.WMV

巨能光波

文件路径：视频教学\204.WMV

粒子光柱

文件路径：视频教学\205.WMV

粒子旋风

文件路径：视频教学\206.WMV

巨能团

文件路径：视频教学\207.WMV

综合动画制作

文件路径：视频教学\208.WMV

动画元素制作

文件路径：视频教学\209.WMV

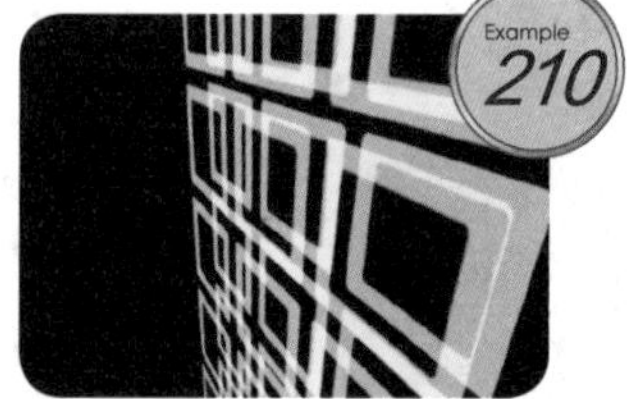

三维动画制作

文件路径：视频教学\210.WMV

熟悉 After Effects 软件

文件路径：211.WMV

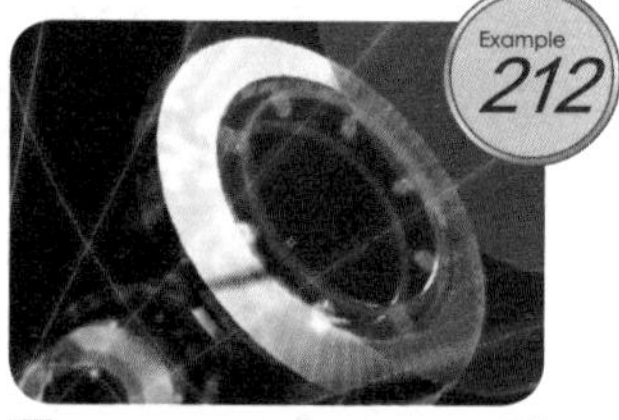

软件设置

文件路径：视频教学\212.WMV

编辑素材

文件路径：213.WMV

项目设置

文件路径：214.WMV

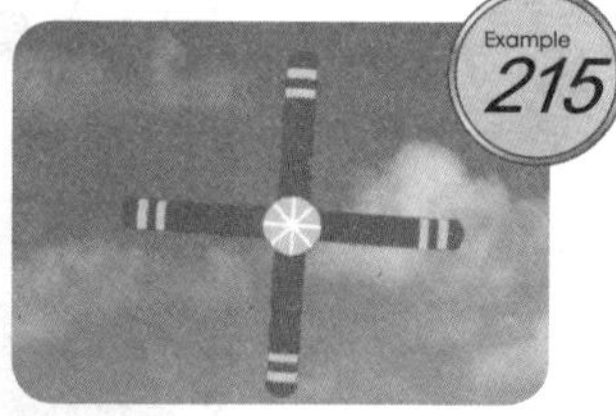

设置关键帧

文件路径：215.WMV

图层应用

文件路径：216.WMV

图层介绍

文件路径：217.WMV

特效滤镜介绍

文件路径：218.WMV

特效与预设

文件路径：219.WMV

动画预设应用

文件路径：220.WMV

第 1 章 文字特效

After Effects 的文字功能相当强大，利用文字可以制作非常丰富的特效动画。在 After Effects 中文字不仅可以被指定为动画元素，而且其自身的众多属性都可以被设置为动画。

案例 1　3D 文字

本案例主要以动画素材的应用为主，通过将多个动画素材进行叠加，完成一段完整的动画。利用文字工具添加文字标题，并为标题文字制作往返和闪光动画。

● **光盘路径** | 第 1 章 \3D 文字

● **难易指数** | ★★★★☆

案例效果分析

核心技术要点：熟悉 After Effects 的文字特效使用，通过为文字图层添加 CC Cylinder 滤镜使文字变为圆柱体。

制作思路分析：本案例使用文字图层制作出标题动画效果。通过文字图层与动画素材进行叠加制作出文字的往返运动。

制作提示

1. 使用文字工具输入文字并设置字体样式。
2. 为文字添加旋转和发光效果。
3. 导入动画素材，并将其拖入 Timeline 面板中。
4. 为素材文件添加滤镜。

步骤 01　创建文字

01 启动 Adobe After Effects CC，选择 Composition → New Composition 菜单命令，新建一个 Comp 合成。

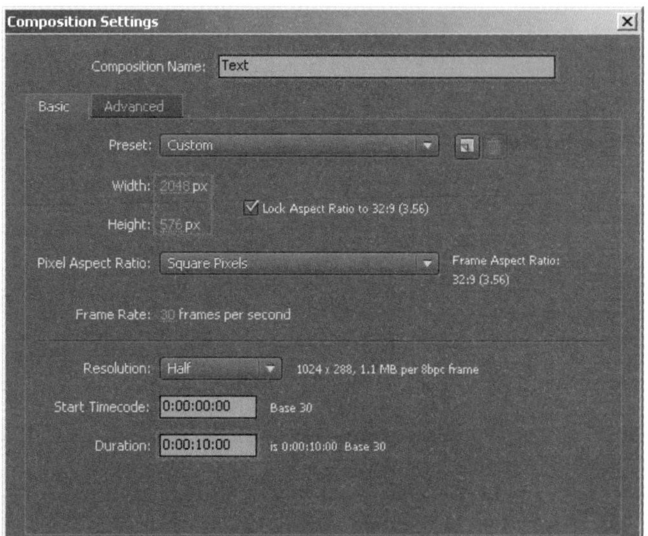

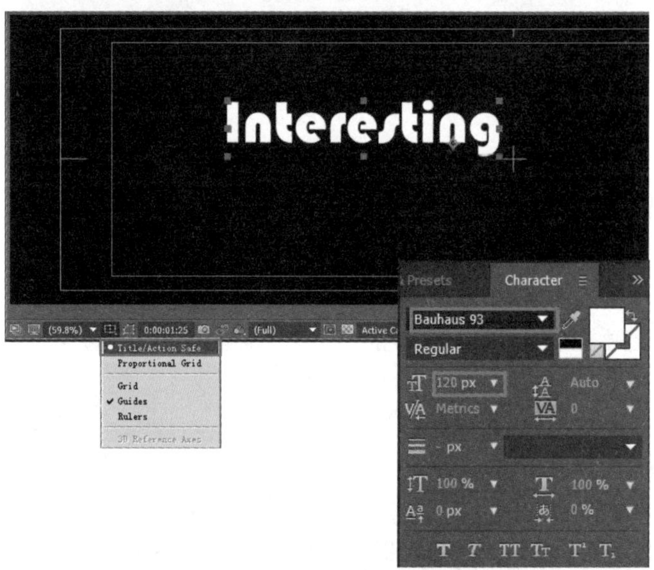

02 在 Comp 合成面板底部单击▣，选择 Title/Action Safe（标题安全框）选项，显示画面安全框。单击工具栏中的T工具，在 Comp 合成面板中单击，输入文字，并在 Character 面板中设置文字的参数。

03 在 Timeline 面板中展开文字图层的属性，单击 Animate 右侧的按钮，在弹出的列表中选择 Opacity，为文字图层添加 Opacity 动画控制器，设置 Opacity 的参数值为 0。

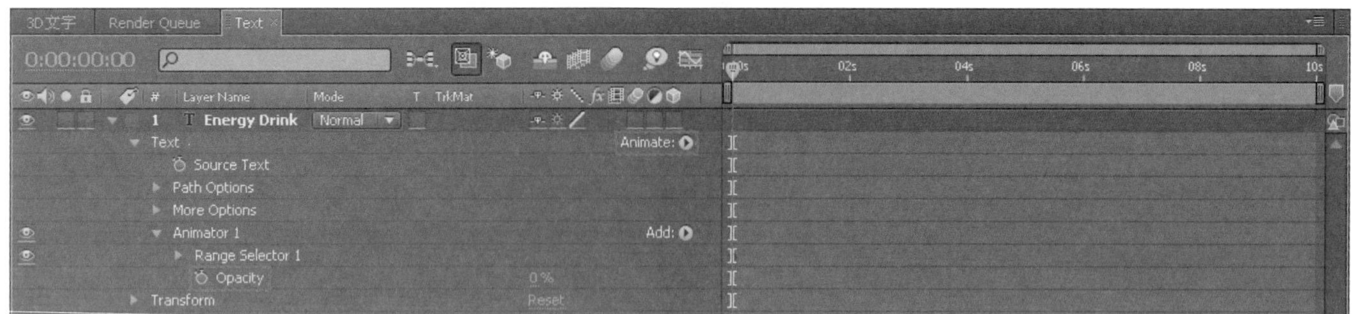

↘ 步骤 02 为文字记录关键帧动画

01 在 Timeline 面板中展开文字图层的属性。将时间线滑块拖放到 0:00:00:00 帧处，单击 Start 左侧的按钮记录关键帧。在 0:00:00:00 帧处设置 Start 的参数值为 0%，在 0:00:00:29 帧处设置 Start 的参数值为 100%。

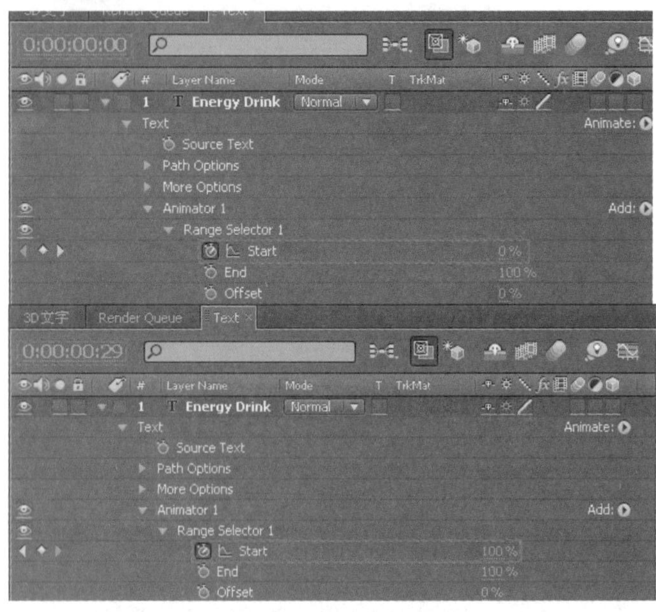

02 按数字键盘上的〈0〉键预览文字动画，效果如下图所示。

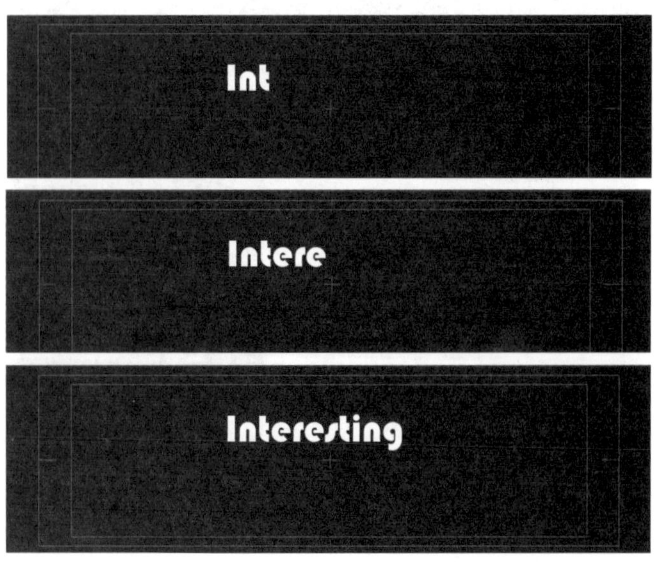

↘ 步骤 03 嵌套合成

01 选择 Composition → New Composition 菜单命令，新建一个 Comp 合成，将项目窗口中的 Text 合成文件拖到 Timeline 面板中，此时 Comp 合成面板如下图所示。

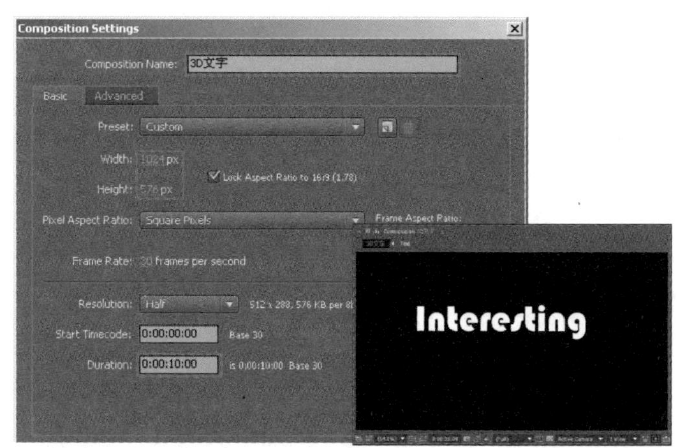

02 在项目窗口中双击，在弹出的导入文件窗口中选择导入本书配套光盘中的 yilaguan.mov、Water Background.mov、Star.mov 文件，此时项目窗口如下图所示。

↘ 步骤 04 导入动画素材

01 分别将项目面板中的 yilaguan.mov、Water Background.mov 文件拖到 Timeline 面板中，并将 Water Background.mov 放置在最底层，如下图所示。

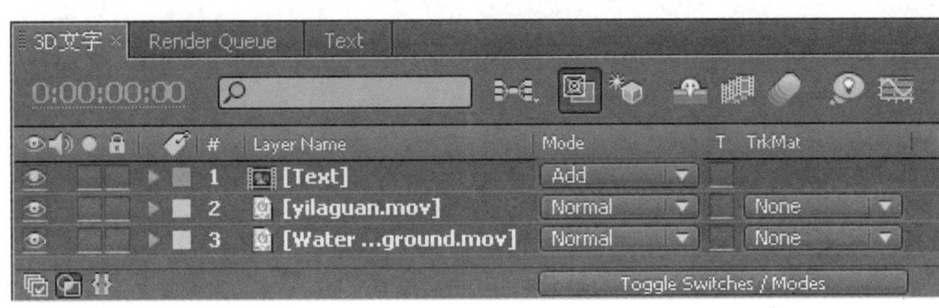

02 在 Timeline 面板选中 Water Background.mov 层，选择 Effect→Color Correction→Curves 菜单命令，为其添加曲线滤镜。在 Effect Controls 面板中调整曲线的形状，如图所示。此时 Comp 合成面板中的效果如下右图所示。

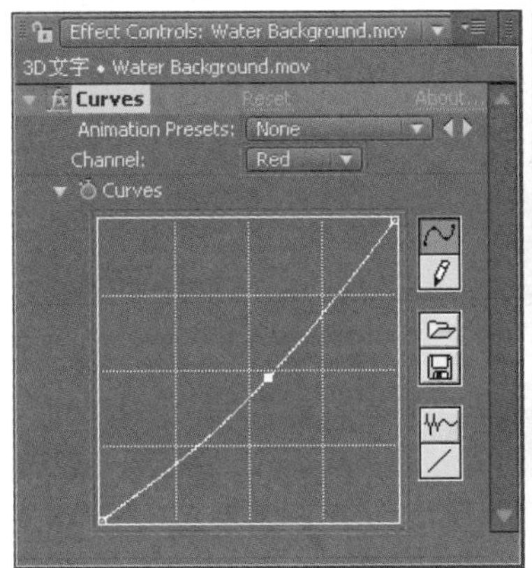

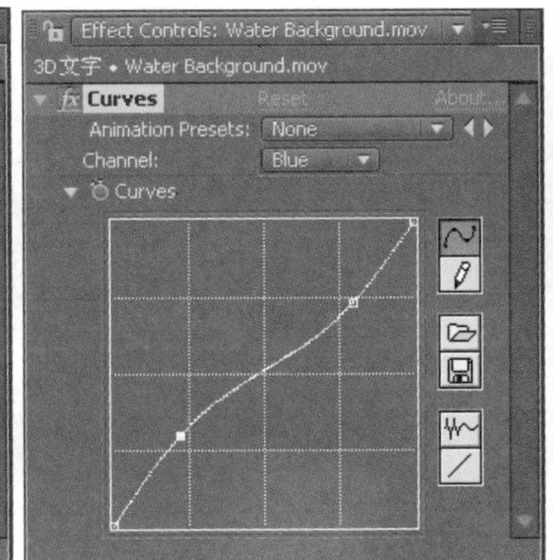

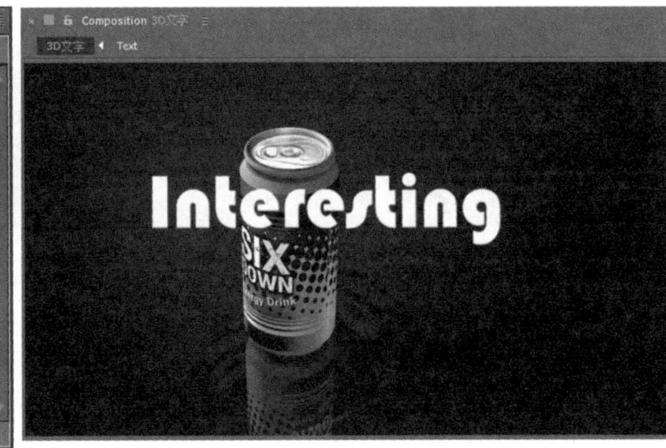

↘ 步骤 05 为文字制作旋转动画

01 在 Timeline 面板选中 Text 图层，选择 Effect→Perspective→CC Cylinder 菜单命令，为其添加 CC Cylinder（圆柱）滤镜。在 Effect Controls 面板中调整参数，此时 Comp 合成面板中的效果如下右图所示。

02 在 Timeline 面板中展开 Text 图层的属性，将时间滑块拖到 0 帧处，单击 Rotation Y 左侧的按钮，为其记录关键帧。拖动时间滑块至其他时间处，调整 Rotation Y 的属性值，使文字绕易拉罐旋转，系统自动记录关键帧，然后选中所有的关键帧，按键盘上的〈F9〉键将文字的运动曲线转换为圆滑曲线。（反复调整 Rotation Y 的属性值，使文字绕易拉罐做往返运动。）

03 此时按数字键盘上的〈0〉键，对动画进行预览，效果如下图所示。

↘ 步骤 06　为文字制作发光效果

01 选中 Text 图层，选择 Effect→Stylize→Glow 菜单命令，为其添加 Glow（发光）滤镜。在 Effect Controls 面板中调整相关参数，如下图所示。

02 在 Timeline 面板中展开 Text 图层的 Glow 滤镜属性。按住键盘上的〈Alt〉键，单击 Glow Intersity 左侧的按钮，为其添加表达式。在表达式输入栏中输入表达式 wiggle(8,2)。此时文字的发光受表达式控制而产生闪烁效果。

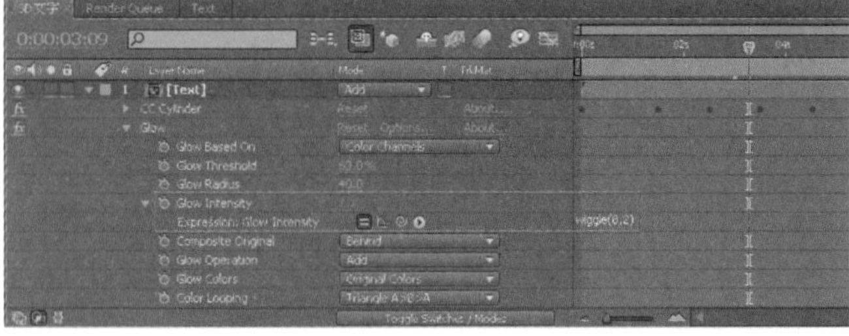

↘ 步骤 07　添加星光动画

01 将项目窗口中的 Star.mov 拖到时间线面板中，放在文字图层的下面。

02 在 Timeline 面板中选中 Star.mov 图层，单击工具栏中的椭圆工具，在 Comp 合成面板画一个椭圆形的 Mask，如下图所示。

03 在 Timeline 面板中展开 Star.mov 图层的 Mask 属性，为 Mask Path（路径）和 Mask Feather（羽化）设置关键帧，使 Mask 由小变大。

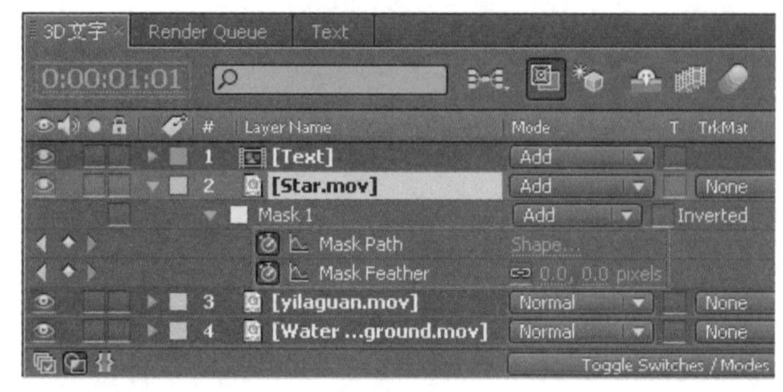

04 选中 Star.mov 图层，按〈T〉键展开其 Opacity 属性，为其记录关键帧。

05 此时预览 Mask 由小变大，效果如下图所示。

06 在 Timeline 面板中调整 Star.mov、Text 图层的出入时间，以控制动画的播放顺序。

案例 2　电光文字

本案例以粒子和文字动画的制作为主，利用文字的 Enable Per-character 3D 属性使文字具有三维效果。整个动画元素以冷色调为主，通过 Glow 滤镜为粒子、文字等制作自发光效果。

● 光盘路径 | 第 1 章 \ 电光文字

● 难易指数 | ★★★☆☆

案例效果分析

核心技术要点：本案例使用文字图层制作出标题动画效果。通过文字图层的动画菜单对标题文字进行控制。

制作思路分析：熟悉文字特效的使用，为文字制作飞入动画。用 CC Particle World 制作出电光效果配合文字运动，吸引观众对标题的注意力，加深对标题内容的影响。

制作提示

1. 使用文字工具制作文字并为文字制作动画。
2. 添加粒子火花效果。
3. 为文字添加光晕效果。

步骤 01　制作背景

01 启动 Adobe After Effects CC，选择 File → Project Settings 菜单命令，在弹出的窗口中设置 Depth 为 32bits per channel（float），如图所示。选择 Composition → New Composition 菜单命令，新建一个 Comp 合成，如图所示。

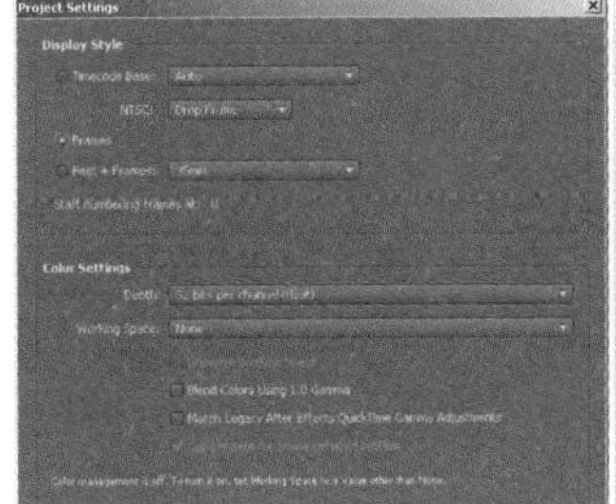

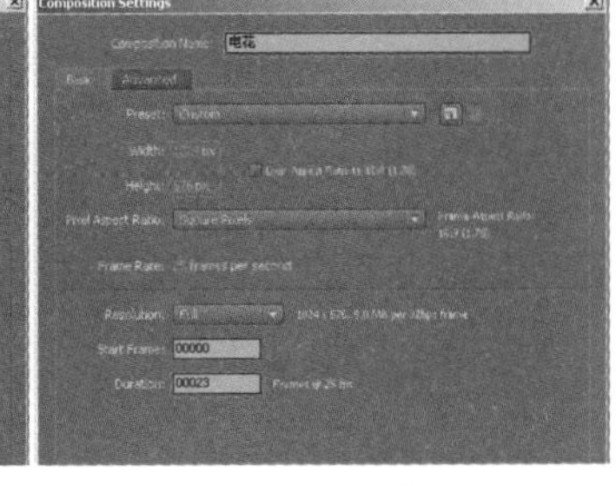

02 选择 Layer → New → Solid 菜单命令，新建一个黑色的固态图层和一个黄色的固态图层，如下图所示。

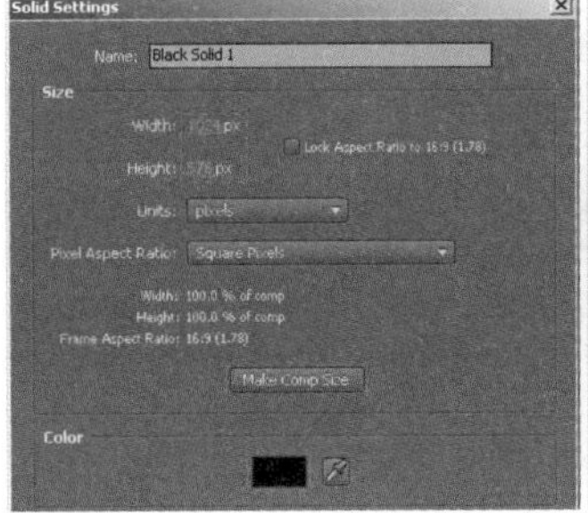

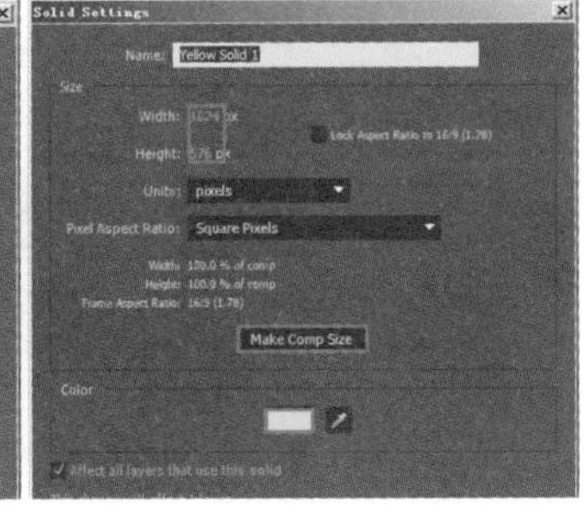

03 在 Timeline 面板中选中 Blue Solid 1 图层，单击工具栏中的▣工具，在 Comp 合成面板中画一个 Mask；在 Timeline 面板中设置 Mask 的参数。设置 Blue Solid 1 图层的 Opacity 参数为 45%，此时 Comp 合成面板的效果如下右图所示。

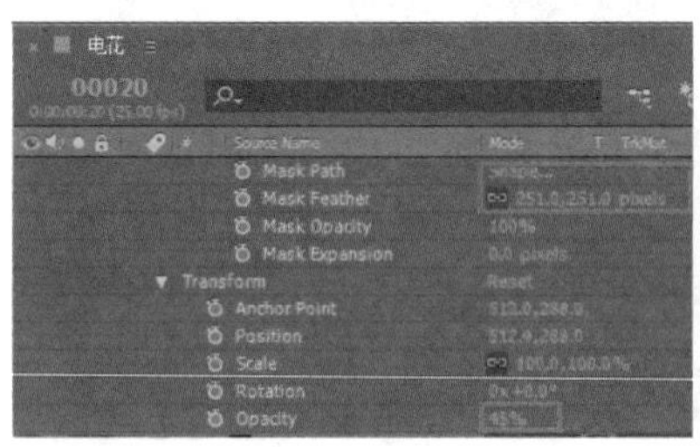

步骤 02 制作文字

01 单击工具栏中的T工具，在 Comp 合成面板中单击并输入文字，然后设置文字的相关参数。

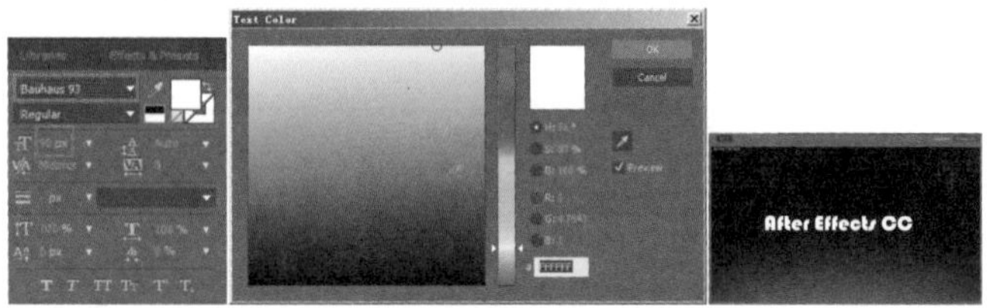

02 在 Timeline 面板中展开文字图层的属性，单击 Animate 左侧的⊙按钮，在弹出的列表中依次选择 Enable Per. character 3D、Position 和 Rotation 选项。

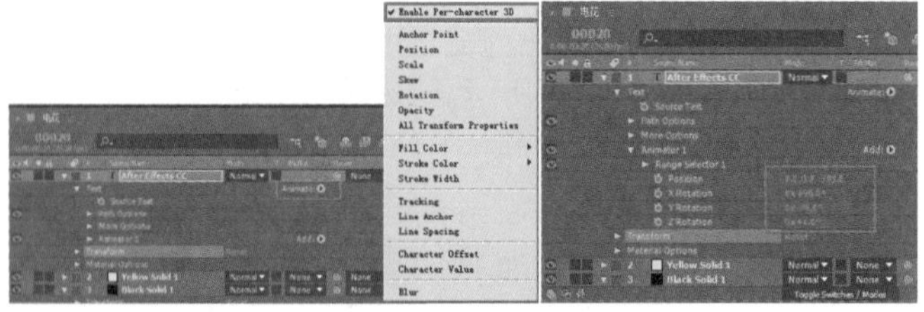

03 选择 Layer → New → Camera 菜单命令，新建一个摄像机图层，单击工具栏中的摄像机控制工具，利用鼠标的左、右、中键在 Comp 合成面板中进行旋转、推拉、移动等操作来控制摄像机视场。

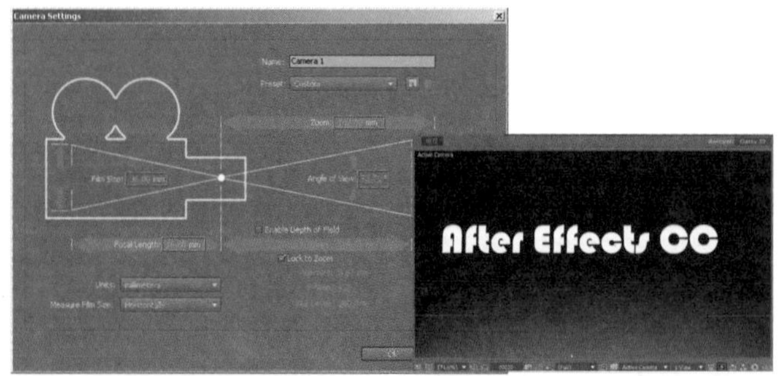

步骤 03 为文字制作动画

01 在 Timeline 面板中展开文字图层的属性，设置其属性参数，并为 Offset 设置关键帧动画，设置其参数在 0 帧处为 – 29%，在 18 帧处为 100%。在 Timeline 面板中单击动态模糊开关，并打开文字图层的动态模糊开关。

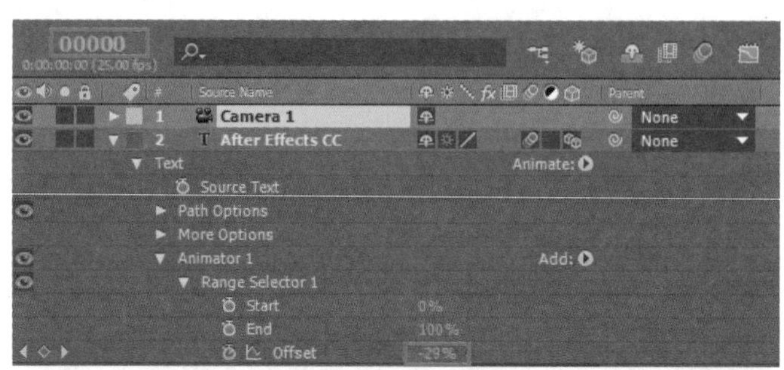

02 此时按数字键盘上的〈0〉键进行预览，效果如下图所示。

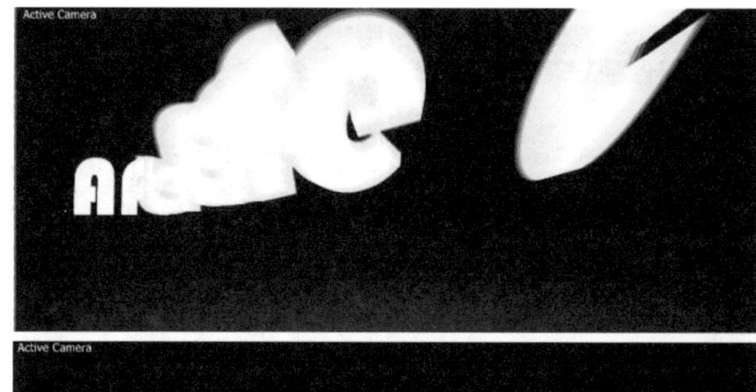

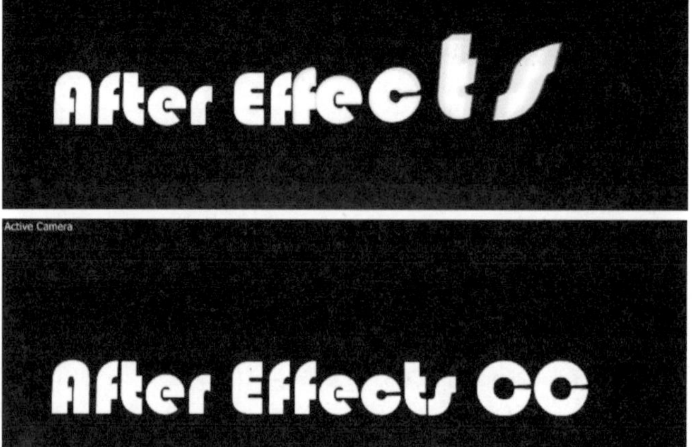

↘ 步骤 04　添加粒子火花

01 选择 Layer → New → Solid 菜单命令，新建一个固态图层，如图所示。

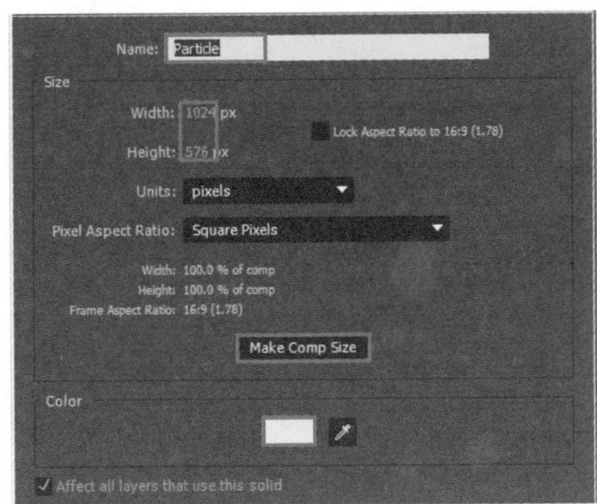

02 在 Timeline 面板中选中 Particle 图层，选择 Effect → Simulation → CC Particle World 菜单命令，为其添加 CC Particle World 滤镜；在 Effect Controls 面板中单击 Options 按钮，在弹出的对话框中分别单击 Opacity Map 和 Rendering，在弹出的对话框中设置相关参数，如下图所示。

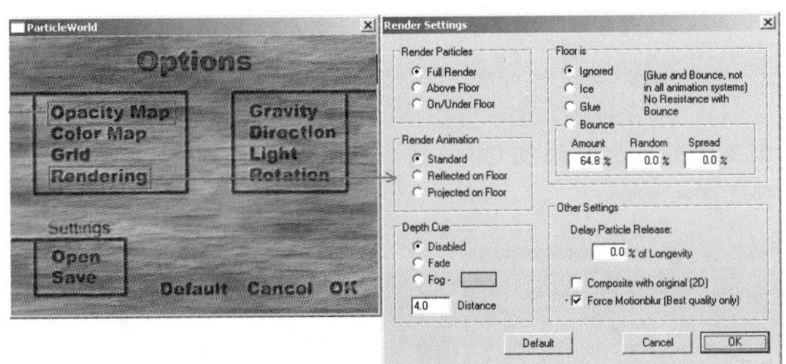

03 调整 CC Particle World 滤镜的其他参数。

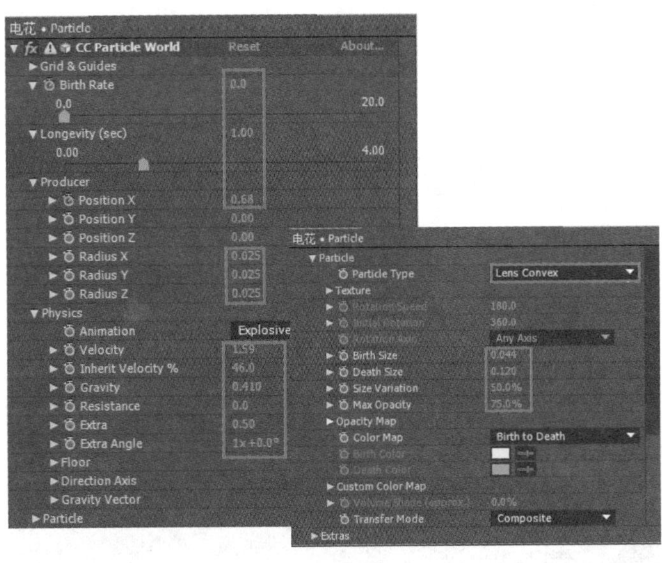

04 在 Timeline 面板中展开 Particle 图层的 CC Particle World 滤镜的属性，分别对 Birth Rate 和 Position X 设置关键帧。

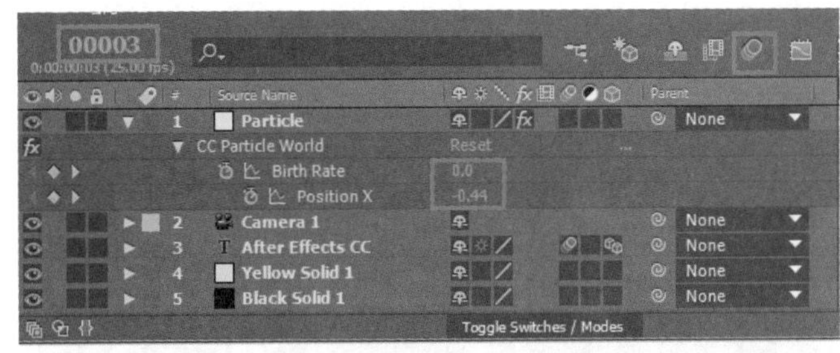

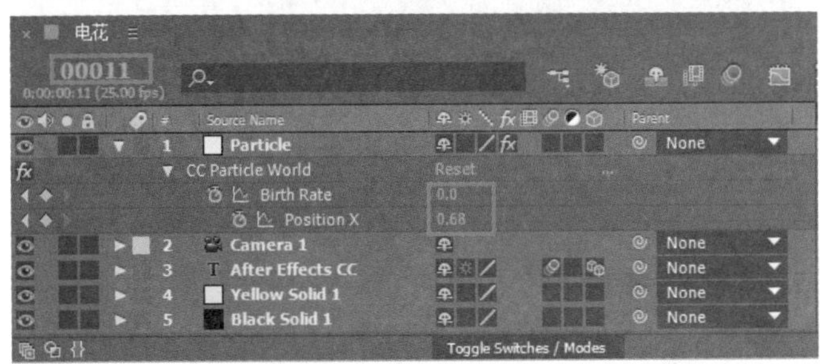

05 此时预览 Comp 合成面板中的效果，如下图所示。

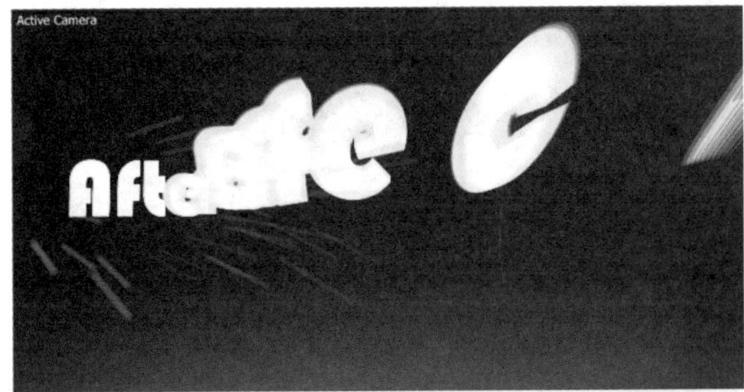

06 选中 Particle 图层，分别选择 Effect→Color Correction→Exposure 菜单和 Effect→Stylize→Glow 菜单命令，为其添加 Exposure 和 Glow 滤镜，并分别设置它们的参数。

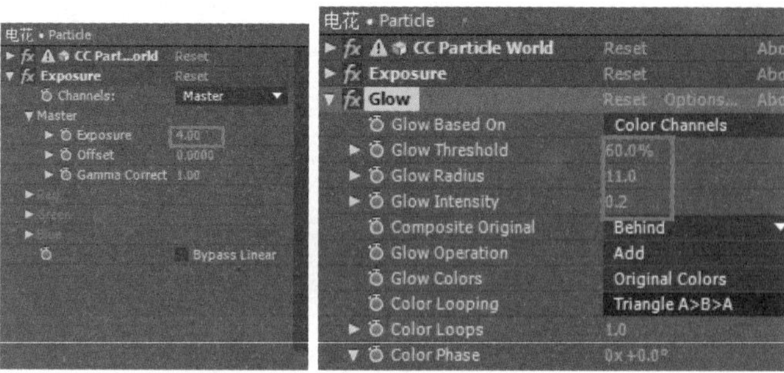

07 此时按数字键盘上的〈0〉键，对动画进行预览，效果如下图所示。

步骤 05 为文字制作动画

01 在 Timeline 面板中展开文字图层的属性，设置其属性参数，并为 Offset 设置关键帧动画，设置其参数在 0 帧处为 – 29%，在 18 帧处为 100%。在 Timeline 面板中单击动态模糊开关，并打开文字图层的动态模糊开关。

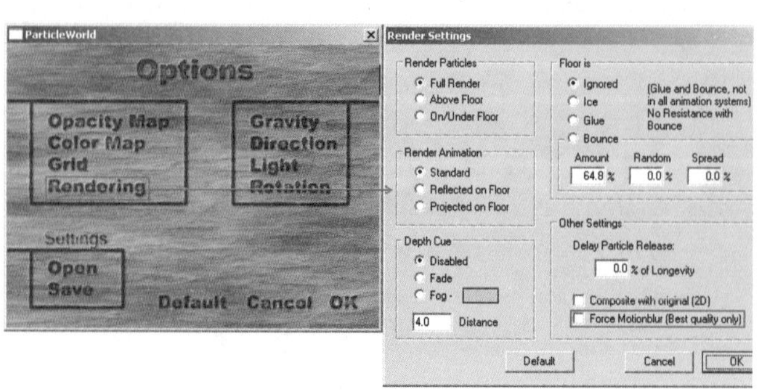

02 设置 CC Particle World 滤镜的其他参数。

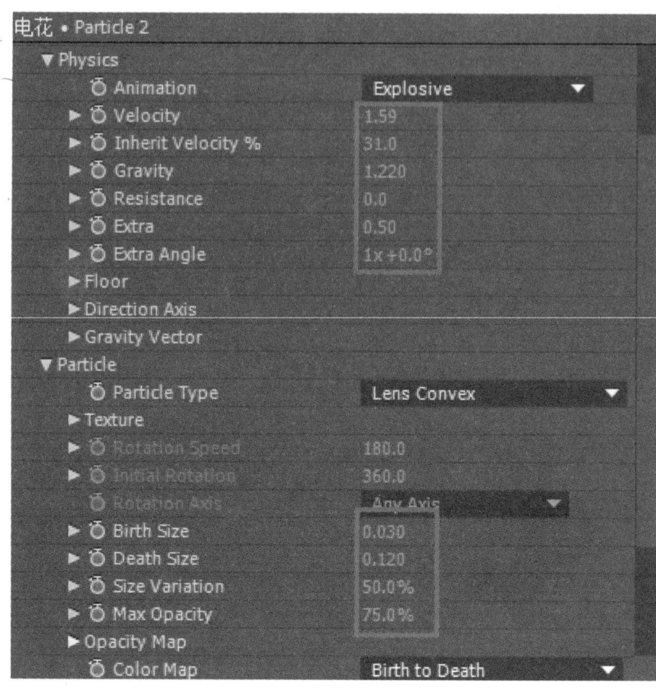

步骤 06 添加光晕效果

01 选择 Layer→New→Adjustment Layer 菜单命令，新建一个调节图层。选中此图层，选择 Effect→Stylize→Glow 菜单命令，为其添加 Glow 滤镜；在 Effect Controls 面板中调整相关参数。

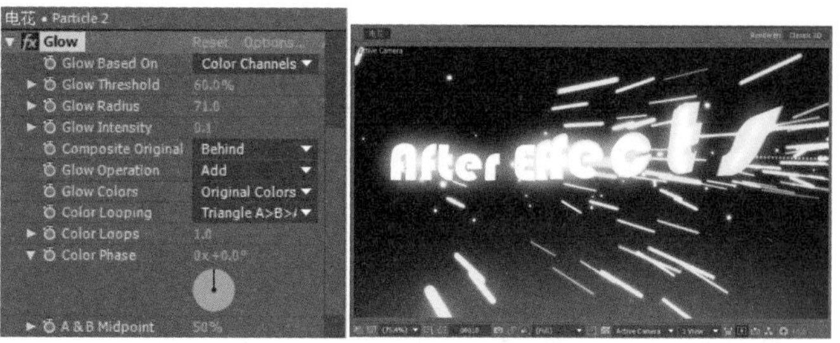

02 此例制作完毕，按数字键盘上的〈0〉键进行预览。

案例 3　光芒文字

本案例主要以文字动画和光效制作为主，制作出立体的文字效果，并复制制作好的文字动画图层，用其制作光芒动画。最终调整背景画面的色彩、饱和度，使其与光芒文字的色调匹配。

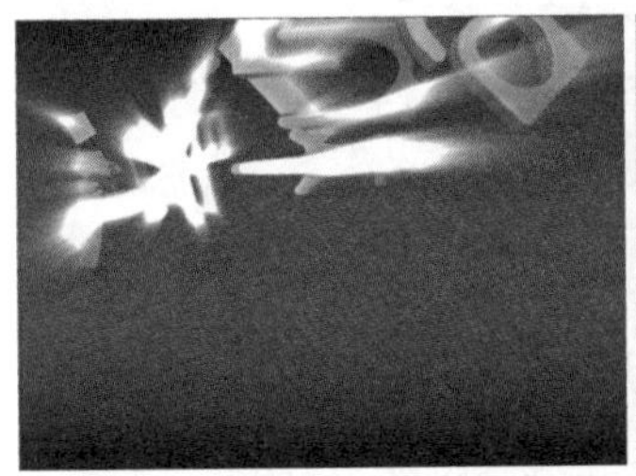

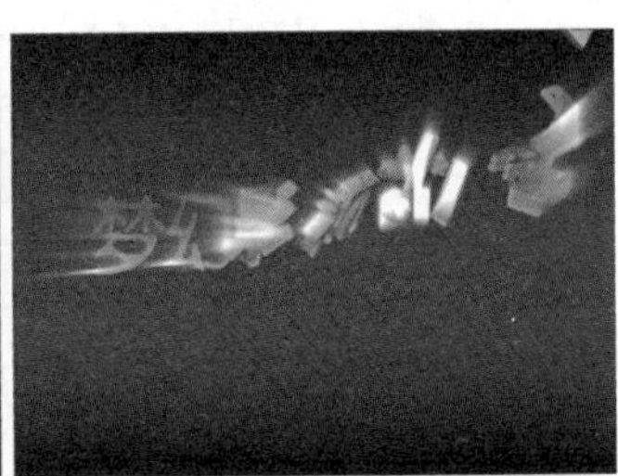

● 光盘路径 | 第 1 章 \ 光芒文字

● 难易指数 | ★★☆☆☆

案例效果分析

核心技术要点：熟悉 After Effects 的文字特效，利用 Shatter 滤镜制作出具有三维体积的文字飞散效果，并对文字飞散动画的播放顺序进行反转。

制作思路分析：本例综合使用了 After Effects 的多种滤镜，利用 Shatter、Shine（阳光）等多种滤镜制作出文字飞散的动画效果。

制作提示

1. 使用文字工具制作文字并为其添加效果设置颜色。
2. 制作文字飞散效果。
3. 制作文字反向运动。
4. 为文字添加光效。

步骤 01　创建 Comp 合成

启动 Adobe After Effects CC，选择 Composition → New Composition 菜单命令，新建一个 Comp 合成面板，命名为 Text，如图所示。

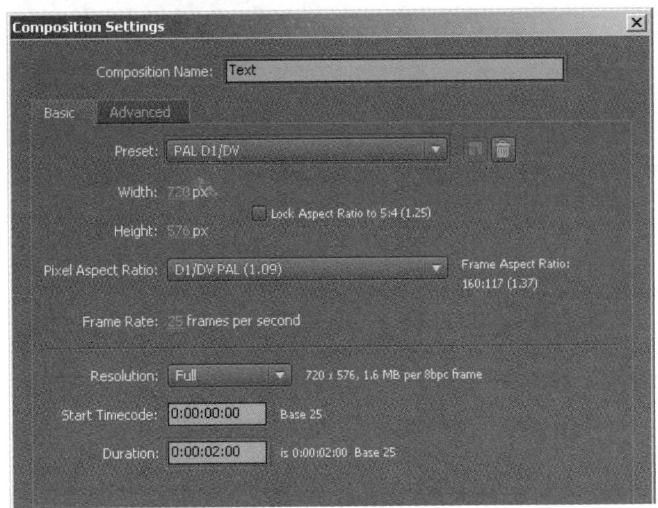

步骤 02　创建文字

01 单击工具栏中的文字工具，在 Comp 合成面板中单击，输入文字影视娱乐频道。文字工具面板中的参数如下图所示。

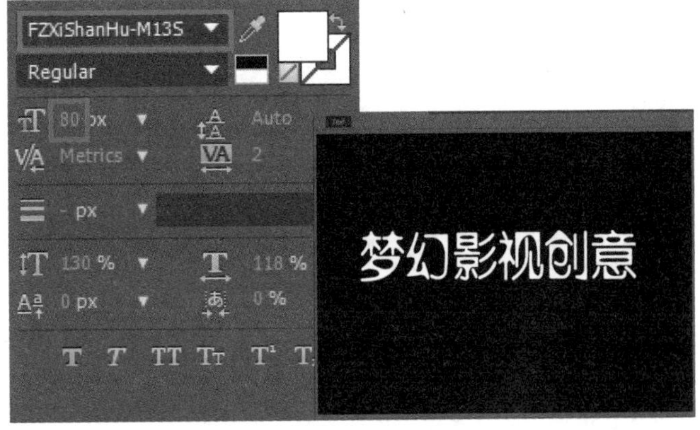

02 在 Timeline 面板中选中文字图层，按〈Enter〉键，将当前文字图层重命名为 Text1，选中 Text1 图层，选择 Effect → Generate → Gradient Ramp 菜单命令，为其添加 Gradient Ramp 滤镜。在 Effect Controls 面板调整相关参数，如下图所示。

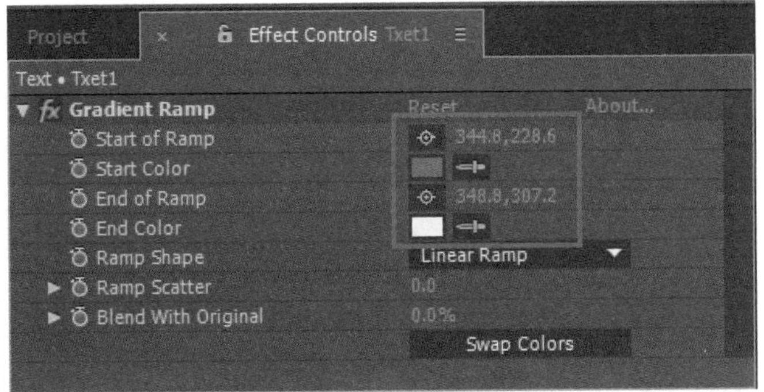

03 选中 Text1 图层，选择 Effect → Perspective → Bevel Alpha 菜单命令，为其添加 Bevel Alpha（倒角）滤镜。在 Effect Controls 面板中调整相关参数。

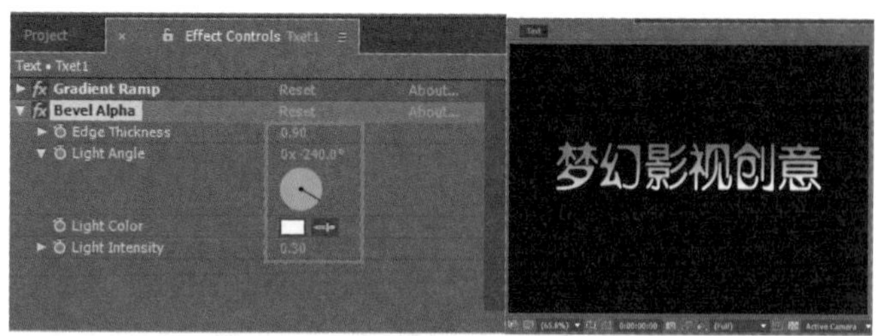

04 在 Timeline 面板中选中 Text1 图层，按〈Ctrl+D〉组合键，复制当前层。

步骤 03　文字飞散

01 选择 Composition → New Composition 菜单命令，新建一个 Comp 合成面板，命名为 Shatter，如下图所示。

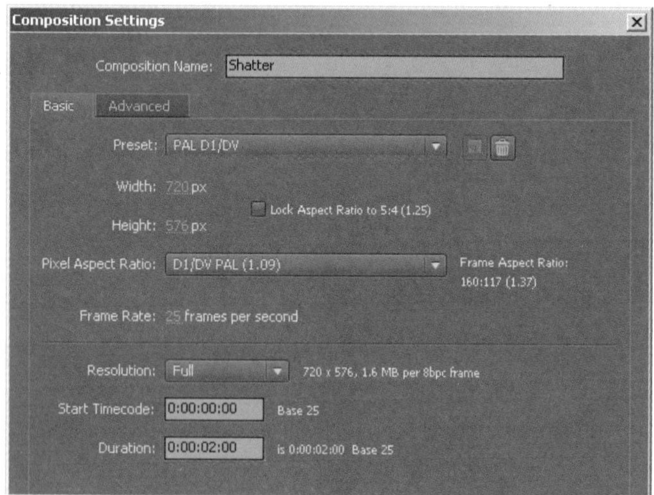

02 按〈Ctrl+V〉组合键，将复制的 Text1 图层粘贴到当前 Shatter 合成的 Timeline 面板，按〈Enter〉键，将其重命名为 Text2。将 Text2 图层中的 Gradient Ramp 和 Bevel Alpha 滤镜删掉，并将该图层的可显示属性开关关掉。将项目面板中的 Text 拖入到 Shatter 合成的 Timeline 面板中。选中 Text 图层，选择 Effect → Simulation → Shatter 菜单命令，为其添加 Shatter 滤镜，在 Effect Controls 面板中调整相关参数，如下图所示。

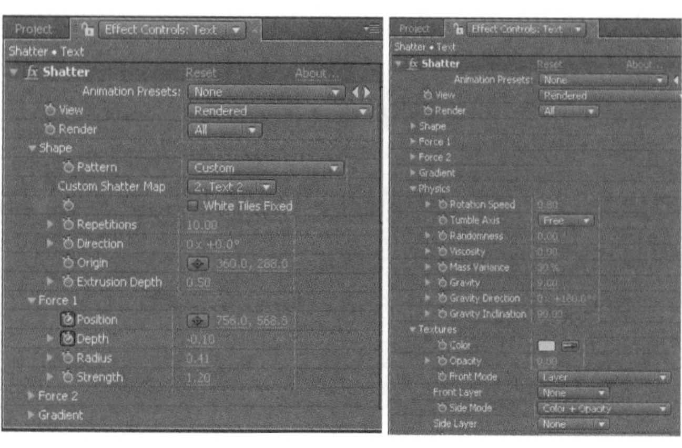

03 为 Shatter 滤镜的 Force I（动力）属性下的 Position 和 Depth（深度）设置关键帧，在时间 0:00:00:07 和 0:00:01:24 处分别设置参数，如下图所示。

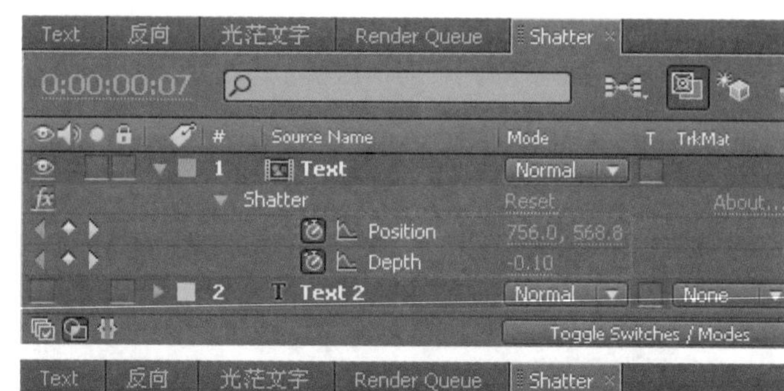

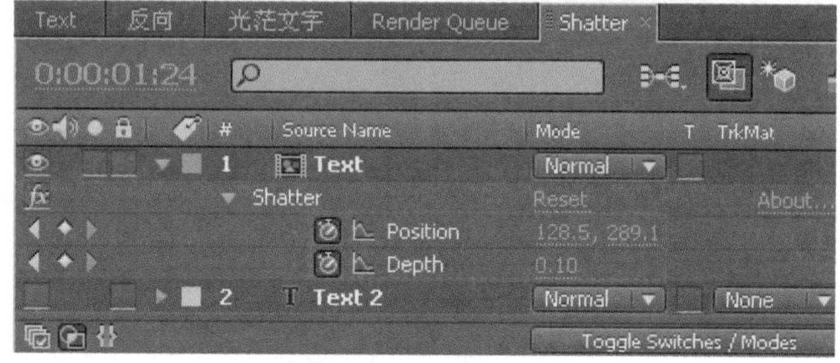

04 按数字键盘上的〈0〉键预览 Comp 合成面板的效果，如下图所示。

步骤 04　反向运动

01 选择 Composition → New Composition 菜单命令，新建一个 Comp 合成面板，命名为反向，将项目窗口中的 Shatter 拖入到反向合成的 Timeline 面板中。选中 Shatter 图层，选择 Layer → Time → Enable Time Remapping 菜单命令，为当前图层应用 Time Remapping，在 Timeline 面板中调整 Time Remapping 曲线。

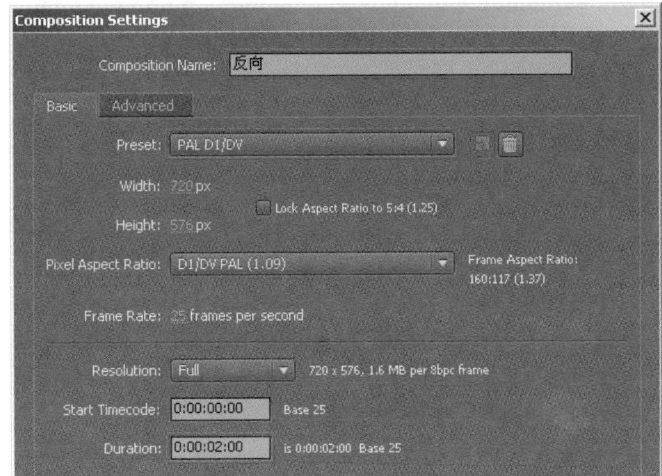

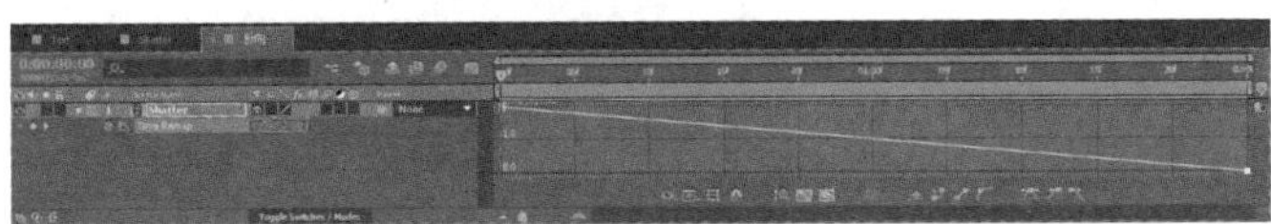

02 此时按数字键盘上的〈0〉键进行预览，会发现文字运动的方向已经反转了，现在文字是从外面汇聚到画面当中的。

步骤 05　制作光效

01 选择 Composition → New Composition 菜单命令，新建一个 Comp 合成面板，命名为飞散文字，选择 File → Import → File 菜单命令，导入光盘中的线条背景 .jpg，将项目窗口中的反向和线条背景 .jpg 拖入到光芒文字合成的 Timeline 面板中，并将线条背景 .jpg 放在底层作为背景。选中反向图层，选择 Edit → Duplicate（复制）菜单命令，将反向图层复制一次，并将新图层重命名为光线。在 Timiline 窗口中选中光线层，选择 Effect → Trapcode → Shine 菜单命令，为其添加 Shine 滤镜，在 Effect Controls 面板中调整相关参数。

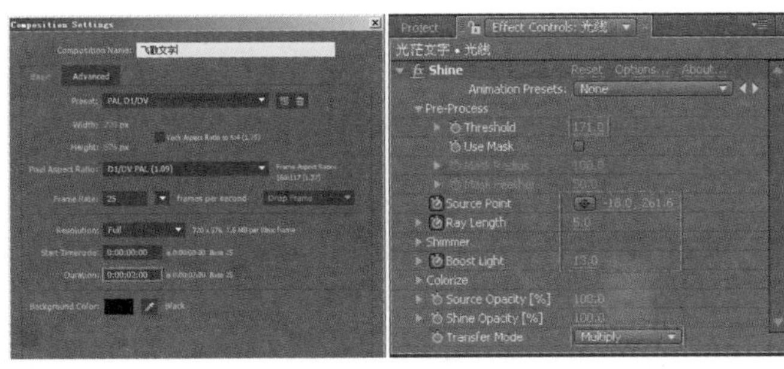

02 为 Shine 的滤镜参数设置关键帧，在时间 0:00:00:00 处，为 Source Point（原点）设置关键帧，在时间 0:00:00:12 处为 Source Point 设置关键帧，在时间 0:00:01:14 处为 ray Length（光线长度）和 Boost Light（亮度）设置关键帧，并且在 0:00:01:15 处为 Source Point、Boost Light 设置关键帧，参数设置如下图所示。

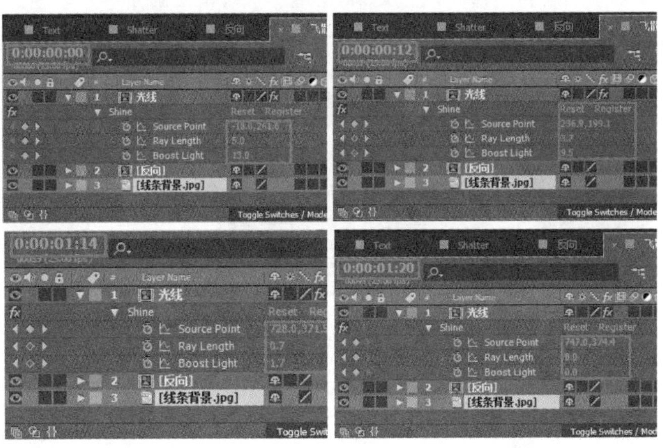

03 按数字键盘上的〈0〉键进行预览，效果如下图所示。

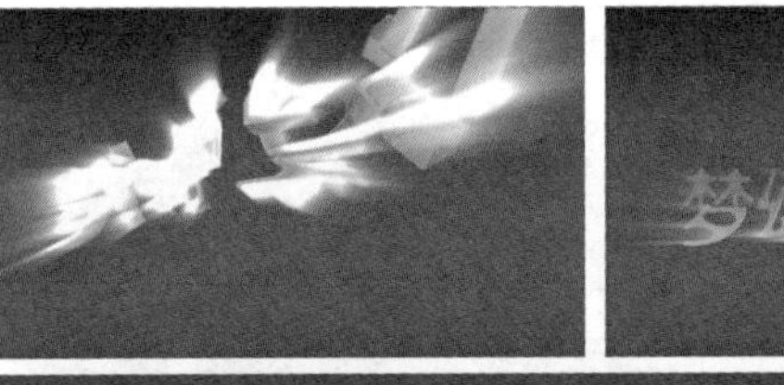

04 选中“线条背景 .jpg”图层，选择 Effect → Color Correction → Hue/Saturation 菜单命令，为其添加 Hue、Saturation（色相 / 饱和度）滤镜。在 Effect Controls 面板中设置相关参数。设置图层 1 的叠加模式为 Overlay。

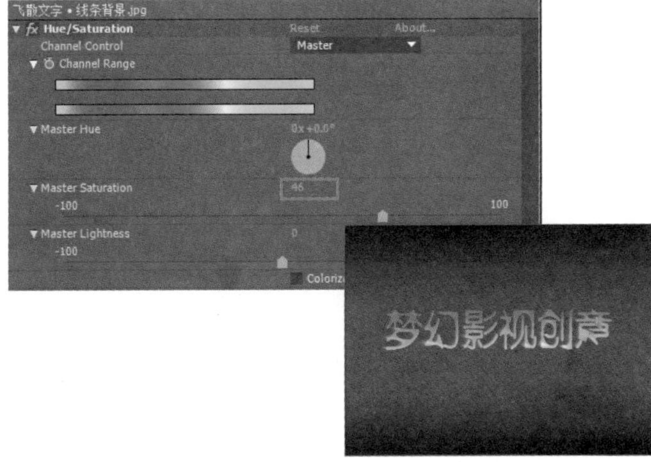

案例 4 幻影文字

本案例主要以文字动画和光效制作为主，利用通道滤镜为文字添加着色通道。通过 Echo（重影）滤镜使画面中的彩色文字产生幻影效果。

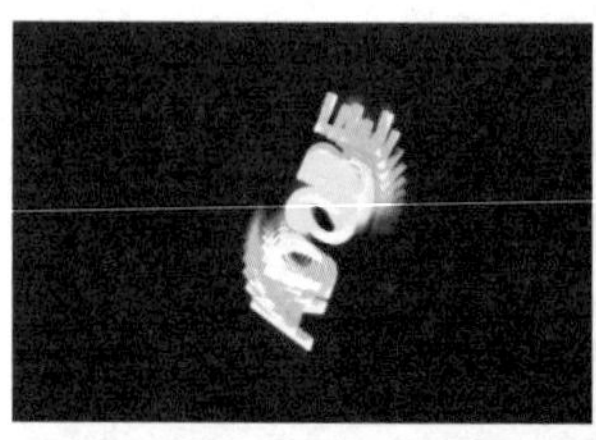

● **光盘路径** | 第 1 章 \ 幻影文字

● **难易指数** | ★★★☆☆

案例效果分析

核心技术要点：本例主要学习使用 Channel 菜单下的 Set Matte、Shift Channels 滤镜来为文字添加通道。利用 Tritone（三色）滤镜为文字通道添加颜色。

制作思路分析：熟悉 After Effects 的文字特效，为文字记录关键帧动画，并为 Cell Pattern 滤镜的 Evolution 属性设置表达式动画。

制作提示

1. 创建文字。
2. 制作叠加效果。
3. 制作整体发光效果。
4. 制作幻影。

步骤 01 创建 Comp 和文字

01 启动 Adobe After Effects CC，选择 Composition → New Composition 菜单命令，新建一个 Comp 合成面板，命名为幻影文字，然后选择 Layer → New → Solid 菜单命令，新建一个黑色的固态图层。

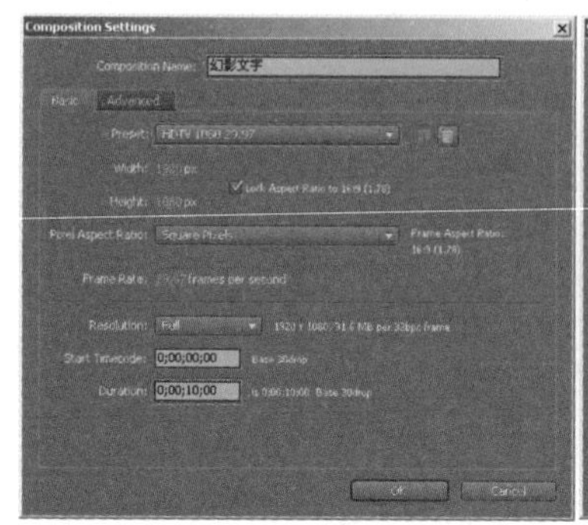

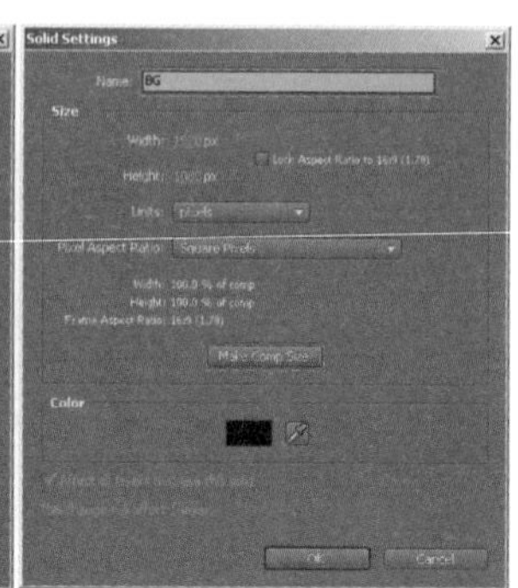

02 在 Comp 合成面板底部设置画面安全框，显示安全框可以提示作者将有效画面制作在安全框以内，以防止视频在媒体上播放时，画面边界出现错误显示。单击工具栏中的文字工具，在 Comp 合成面板中单击输入文字，并设置文字的相关参数。

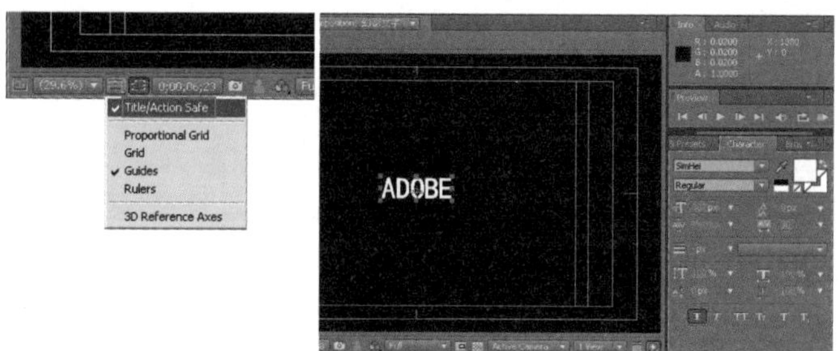

步骤 02 为文字记录关键帧

01 在 Timeline 面板中打开文字图层的选项，展开文字图层的属性。分别为 Position、Rotation、Opacity 属性记录关键帧。

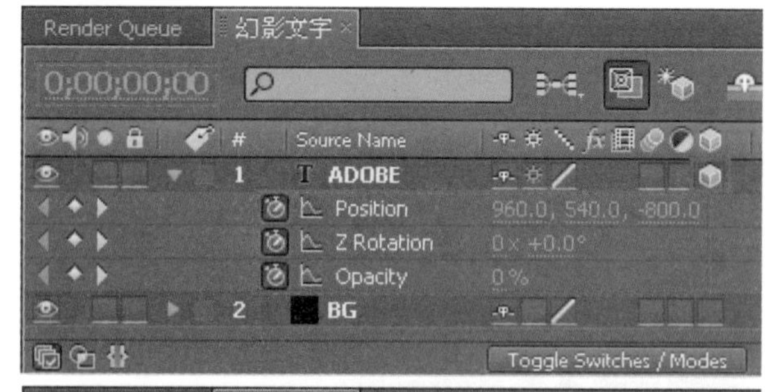

02 此时文字已经产生从无到有的旋转动画，效果如下图所示。

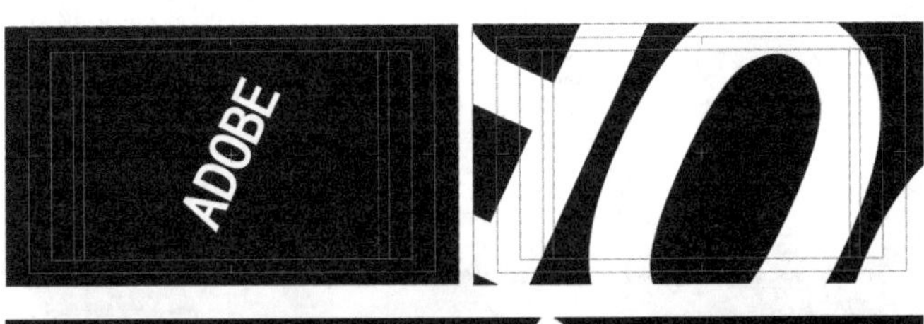

↘ 步骤 03　为文字制作光效

01 选择 Layer → New → Solid 菜单命令，新建一个固态图层，命名为 Green Glow，选中 Green Glow 层，选择 Effect → Channel → Set Matte 菜单命令，为其添加 Set Matte 滤镜。在 Effect Controls 面板中调整滤镜参数，如下图所示。

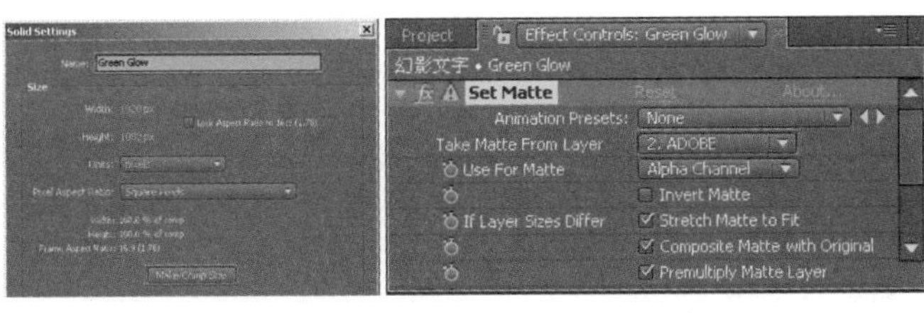

02 选择 Effect → Generate → Cell Pattern 菜单命令，为其添加 Cell Pattern（细胞方式）滤镜。在 Effect Controls 面板中调整相关参数，如下图所示。

03 在 Timeline 面板中展开 Green Glow 图层的 Cell Pattern 滤镜属性，按住键盘上的〈Alt〉键单击 Evolution 左侧的⏱按钮，为其添加表达式，并调整图层的结束时间。

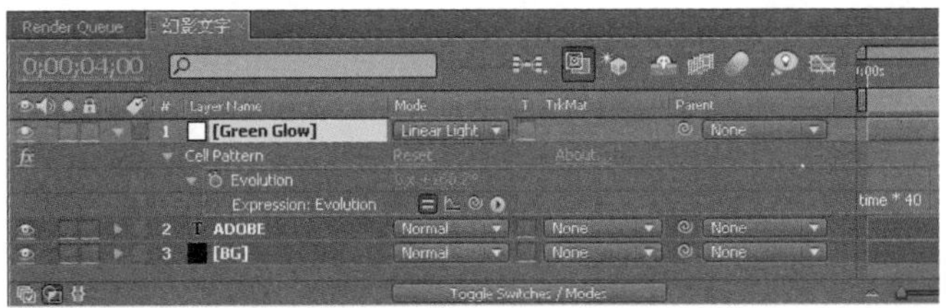

04 按键盘上的〈T〉键展开其 Opacity 属性，为其记录关键帧，如下图所示。

05 选中 Green Glow 图层，选择 Effect→Channel→Shift Channels 菜单命令，为其添加 Shift Channels（更换通道）滤镜，在 Effect Controls 面板中设置通道；选择 Effect→Blur&Sharpen→Fast Blur 菜单命令，为其添加 Fast Blur 滤镜，在 Effect Controls 面板中调整相关参数；选择 Effect→Color Correction→Tritone 菜单命令，为其添加 Tritone 滤镜，在 Effect Controls 面板中设置相关颜色；选择 Effect→Distort→Transform 菜单命令，为其添加 Transform 滤镜，在 Effect Controls 面板中调整相关参数。

06 此时预览 Comp 合成面板的效果，如下图所示。

↘ 步骤 04 叠加光效

01 选中 Green Glow 图层，按键盘上的〈Ctrl+D〉组合键复制一个新图层。选中此层，按键盘上的〈Ctrl+Y〉组合键弹出图层设置窗口，将图层重命名为 Red Glow，在 Effect Controls 面板中调整 Tritone 滤镜下的色块颜色。

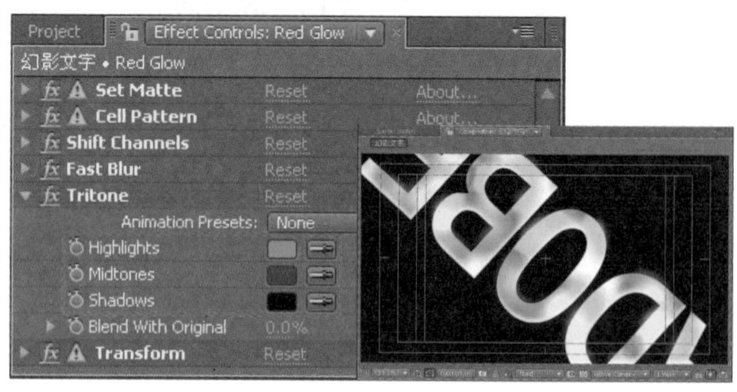

02 在 Timeline 面板中修改 Red Glow 图层的表达式，如下图所示。

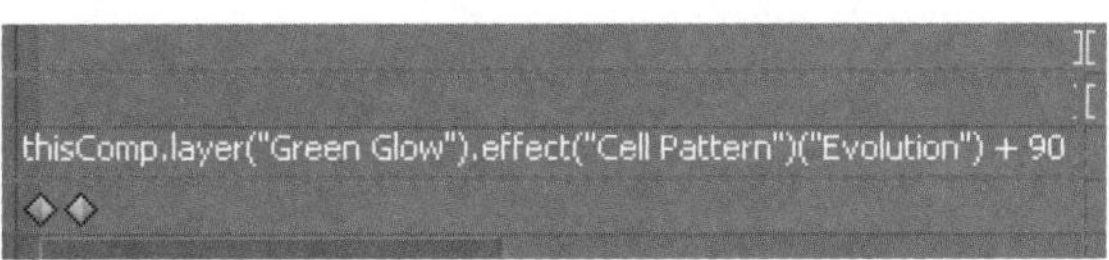

03 选中 Red Glow 图层，按键盘上的〈Ctrl+D〉组合键复制一个新图层。选中此图层，按键盘上的〈Ctrl+Y〉组合键弹出图层设置窗口，将图层重命名为 Blue Glow，在 Effect Controls 面板中调整 Tritone 滤镜下的色块颜色。

04 在 Timeline 面板中修改 Blue Glow 图层的表达式，如下图所示。

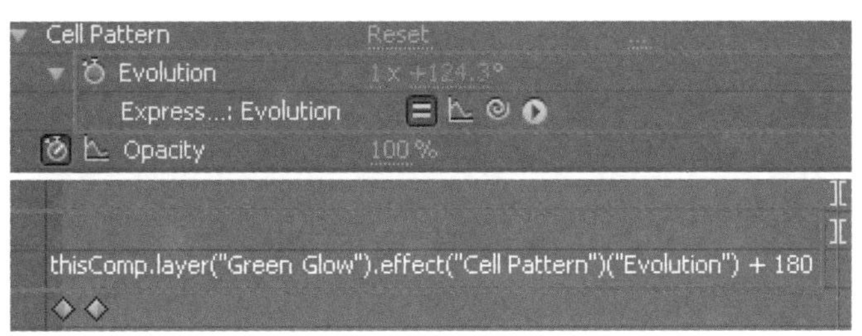

步骤 05 制作整体发光效果

01 选择 Layer → New → Adjustment Layer 菜单命令，新建一个调节图层。选中此图层，按〈Enter〉键将其重命名为 Glow。选择 Effect → Stylize → Glow 菜单命令，为其添加 Glow 滤镜。在 Effect Controls 面板中调整相关参数，如下图所示。

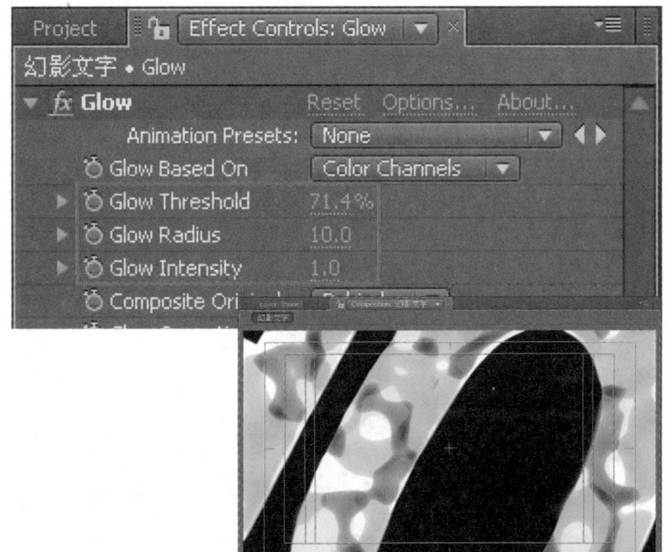

02 此时按数字键盘上的〈0〉键进行预览，效果如下图所示。

步骤 06 制作幻影

01 选择 Layer → New → Adjustment Layer 菜单命令，新建一个调节图层。选中此图层，按〈Enter〉键将其重命名为 Echo。选择 Effect → Time → Echo 菜单命令，为其添加 Echo（重影）滤镜。在 Effect Controls 面板中调整相关参数，如下图所示。

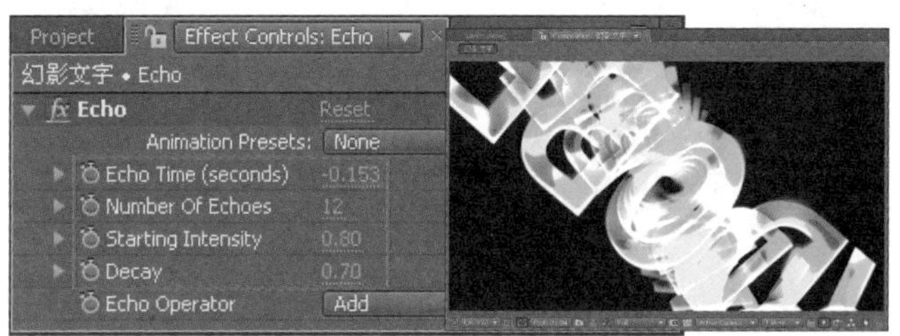

02 此时预览 Comp 合成面板的画面效果，如下图所示。

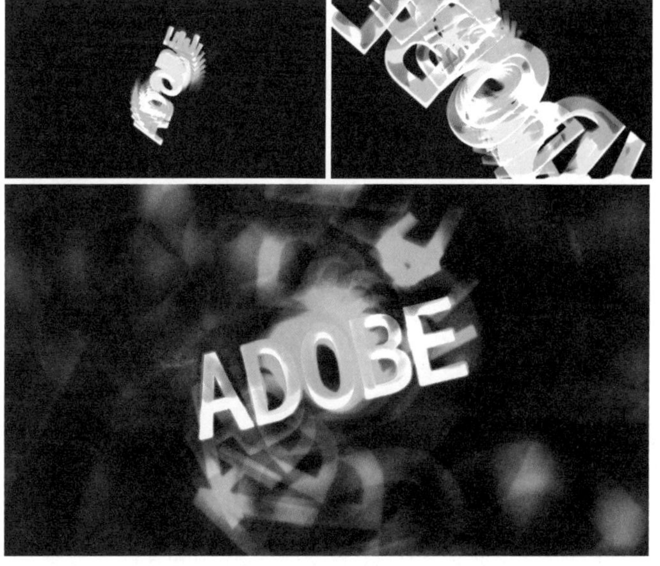

案例 5　舞动人生

本案例的制作有三项要点，分别为立体文字的制作、背景的制作、画面整体色彩和亮度的调整，最终的画面是否能够使人满意都取决于这三项要点，缺一不可。

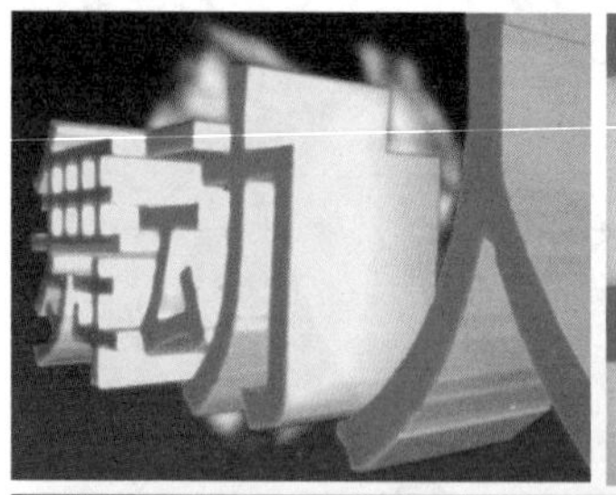

● 光盘路径 | 第 1 章 \ 舞动人生

● 难易指数 | ★★★☆☆

案例效果分析

核心技术要点：本例主要练习使用 Shatter（破碎）滤镜的特殊功能，通过为文字设置表面纹理，利用 Shatter 滤镜读取文字各部分纹理贴图的效果。

制作思路分析：理解空间概念，熟悉 After Effects 的文字特效，制作出具有三维体积的文字。结合摄像机的真实属性生成 3D 文字的动画效果。

制作提示

1. 创建自定义贴图。
2. 创建侧面纹理和背景纹理。
3. 添加 Shatter 滤镜和摄像机。
4. 为摄像机设置关键帧并添加灯光和动态背景。

步骤 01　创建自定义贴图和文字

01 启动 Adobe After Effects CC，选择 Composition → New Composition 菜单命令，新建一个 Comp 合成面板，将其命名为自定义贴图，选择 Layer → New → Solid 菜单命令，新建一个固态图层，并命名为文字。在 Solid Settings（固态图层设置）面板中单击 Make Comp Size（强制匹配合成的尺寸）按钮，使新建的固态图层的尺寸适合所在合成的尺寸。

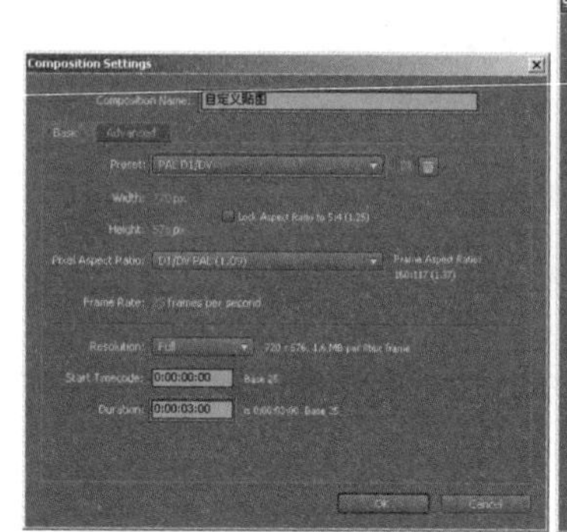

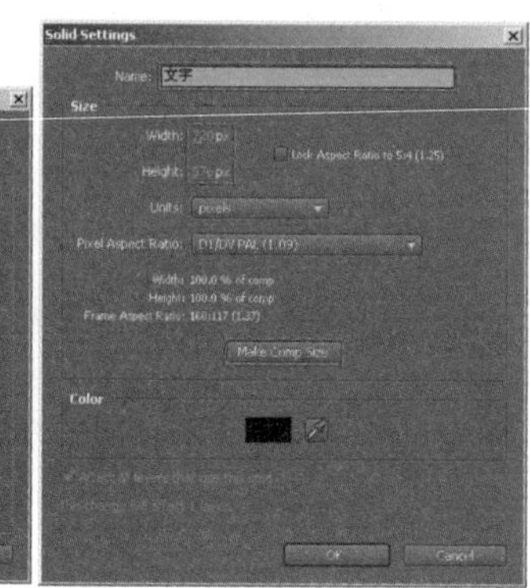

02 在 Timeline 面板中选中文字图层，选择 Effect → Text → BasicText 菜单命令，为其添加 BasicText（基础文字）滤镜。在 Effect Controls（特效控制）面板中单击 Edit Text 按钮，在弹出的文字编辑对话框中输入文字，并调整面板中的其他参数，此时 Comp 合成面板效果如下图所示。

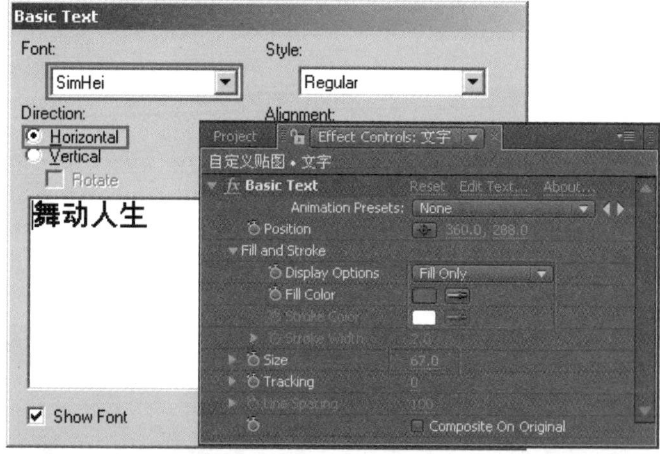

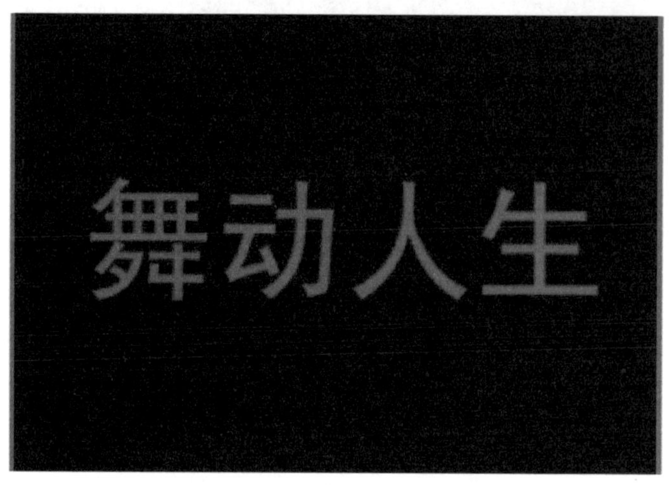

步骤 02　创建侧面和背面纹理

01 选择 Composition → New Composition 菜单命令，新建一个 Comp 合成面板，将其命名为侧面纹理。选择 Layer → New → Solid 菜单命令，新建一个固态图层，并命名为米黄。

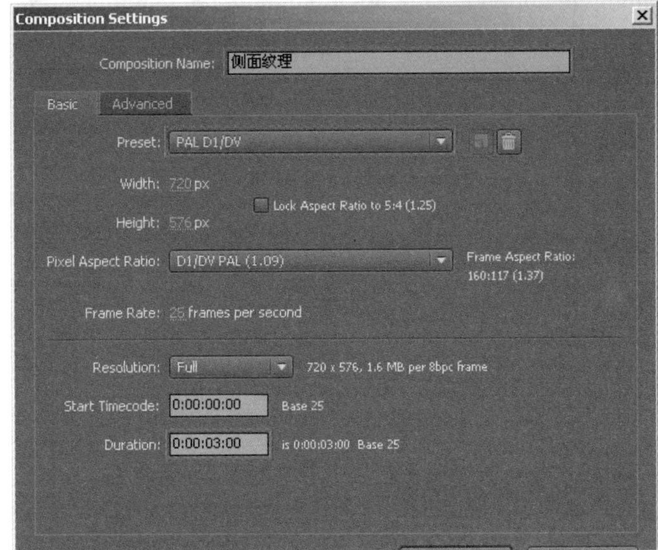

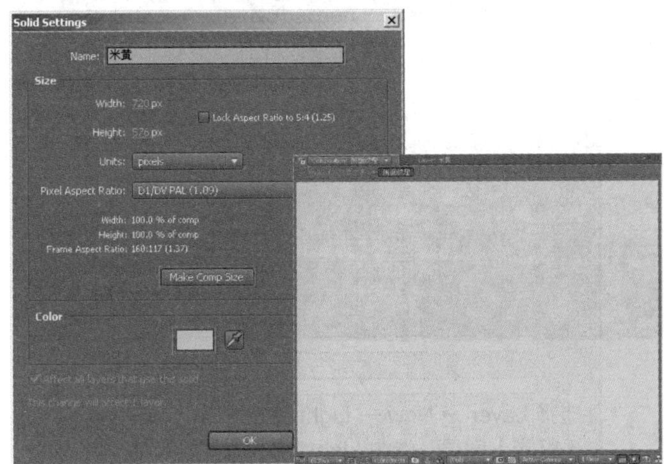

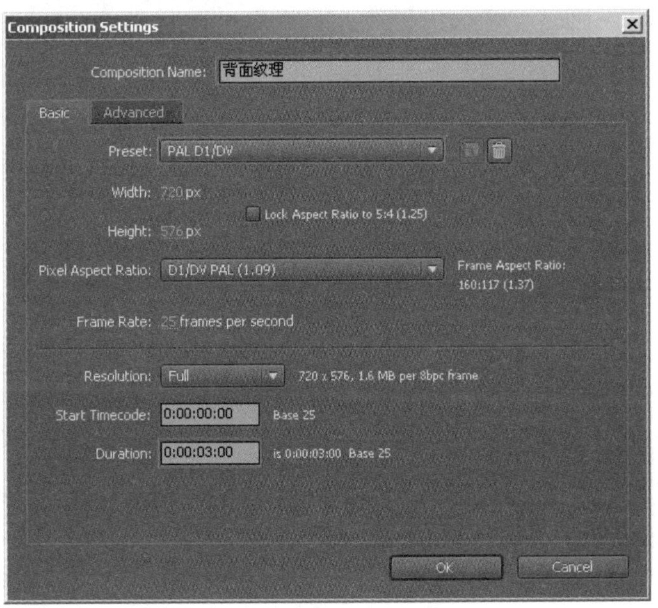

02 选择 Composition → New Composition 菜单命令，新建一个 Comp 合成面板，将其命名为背面纹理。选择 Layer → New → Solid 菜单命令，新建一个固态图层，并命名为大红。

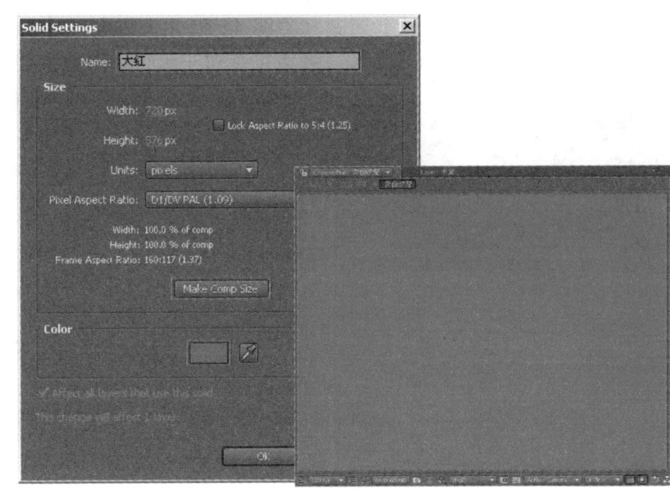

步骤 03　创建立体文字并嵌套合成

01 选择 Composition → New Composition 菜单命令，新建一个 Comp 合成面板，将其命名为立体文字。选择 Layer → New → Solid 菜单命令，新建一个固态图层，将其命名为立体字。

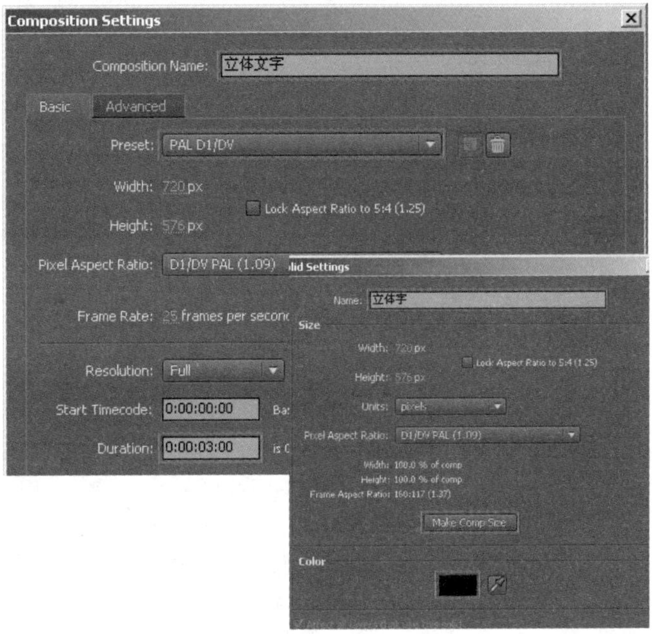

02 将项目窗口中的自定义贴图、侧面纹理、背面纹理拖到立体文字合成的 Timeline（时间线）窗口中，并将它们图层的可显示属性关掉。

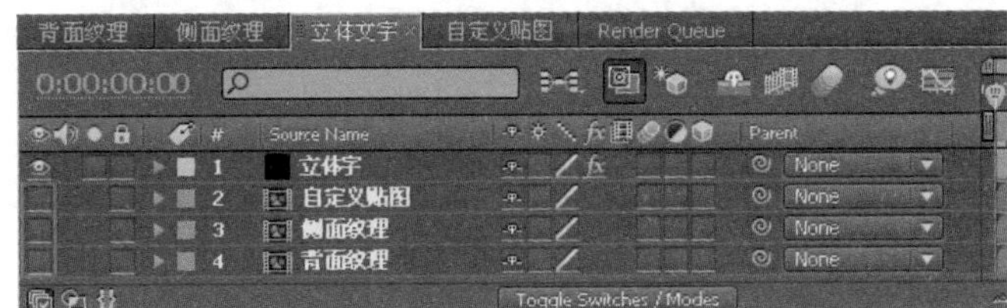

步骤 04 添加 Shatter 滤镜和摄像机

01 在立体文字合成的 Timeline 面板中单击选中立体字图层，选择 Effect → Simulation → Shatter 菜单命令，在 Effect Controls 面板中设置相关参数。

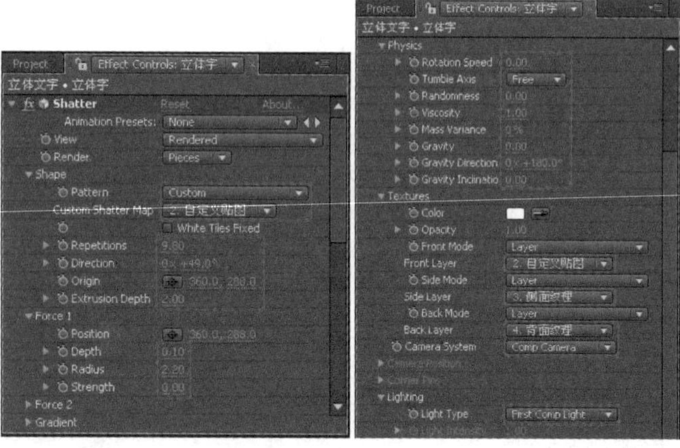

02 选择 Layer → New → Camera 菜单命令，新建一个 Camera 图层。

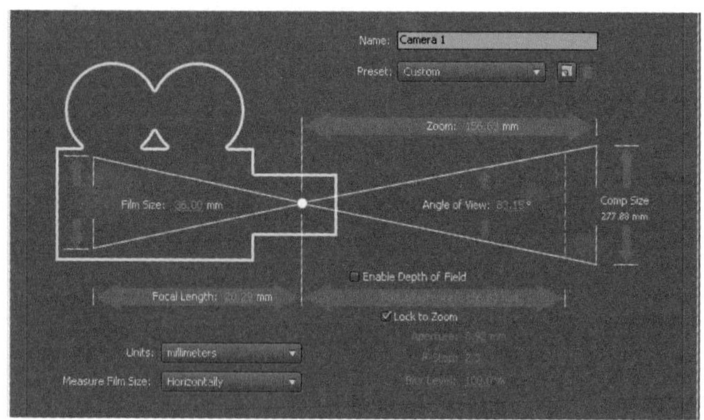

步骤 05 为摄像机添加关键帧并添加灯光

01 选中 Camera1 图层，按键盘上的〈P〉键，打开 Camera1 图层的 Position（位移）属性，并为其设置关键帧动画。在时间的 0:00:00:01、0:00:00:17、0:00:01:13、0:00:02:06 和 0:00:02:24 处设置相关参数。

02 选择 Layer → New → Light 菜单命令，新建一个 Light（灯光）图层，选中 Light1 层，按键盘上的〈P〉键，打开 Light 图层的 Position 属性，按住键盘上的〈Alt〉键，单击 Position 左侧的码表，为其添加表达式，在表达式输入栏中输入 thisComp.layer(Camera 1).position。

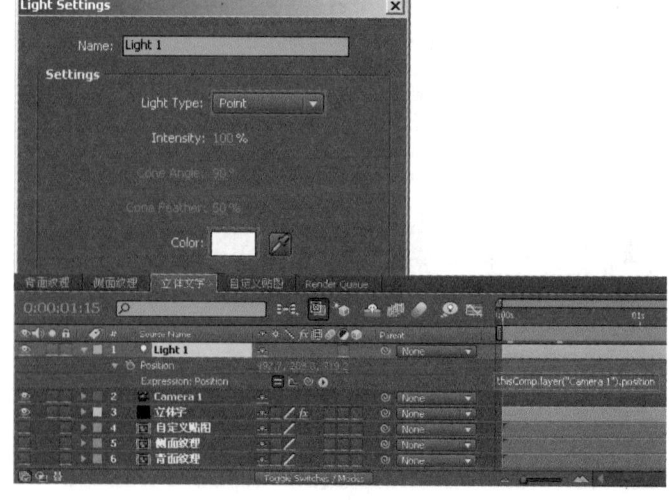

03 按数字键盘上的〈0〉键进行预览，效果如下图所示。

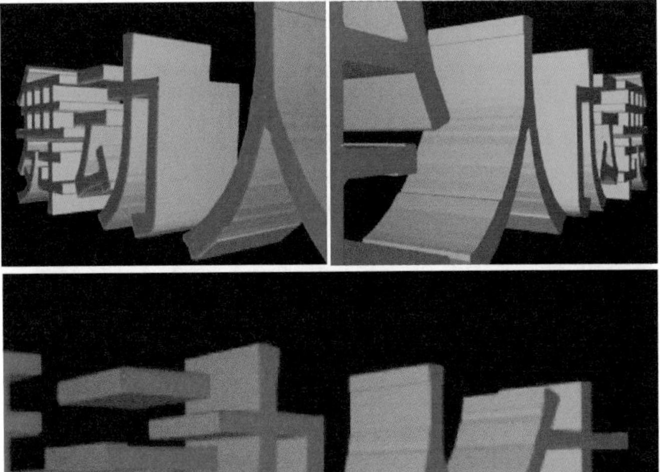

↘ 步骤 06　添加动态背景

01 选择 Composition → New Composition 菜单命令，新建一个 Comp 合成面板，将其命名为 final。导入本书配套光盘中的“背景 .mov”文件，将其从项目窗口中拖到 final 合成的 Timeline 面板中的最底层。

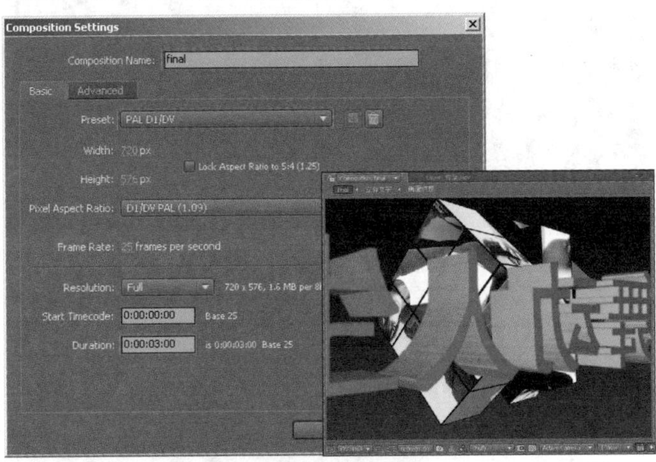

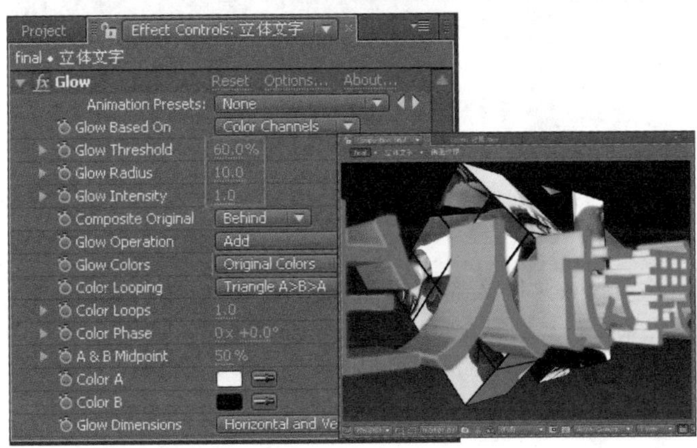

02 在 Timeline 面板中选中立体文字图层，选择 Effect → Stylize → Glow 菜单命令，为其添加 Glow（光晕）滤镜，使文字产生自发光效果。在 Effect Controls 面板中调整 Glow 滤镜的参数。

03 选中“背景.mov”图层，选择 Effect → Blur&Sharpen → Fast Blur 菜单命令，为其添加 Fast Blur（快速模糊）滤镜，在 Effect Controls 面板中调整相关参数。

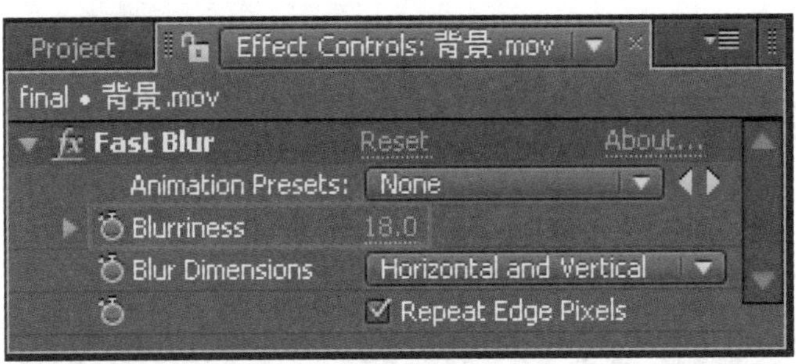

04 按数字键盘上的〈0〉键预览最终效果，如下图所示。

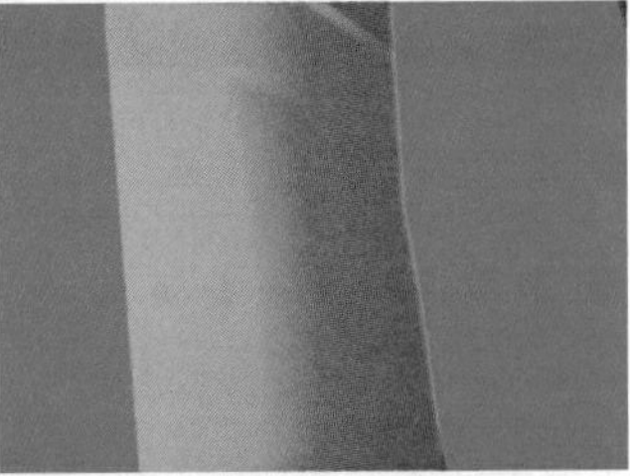

案例 6　光斑文字

本案例主要以文字特效动画的制作为重点，介绍了文字特效的多个动画控制项，最终实现文字的入场动画。利用 Lens Flare（镜头光斑）滤镜为文字制作炫光动画，使文字在入场时伴随光效动画。

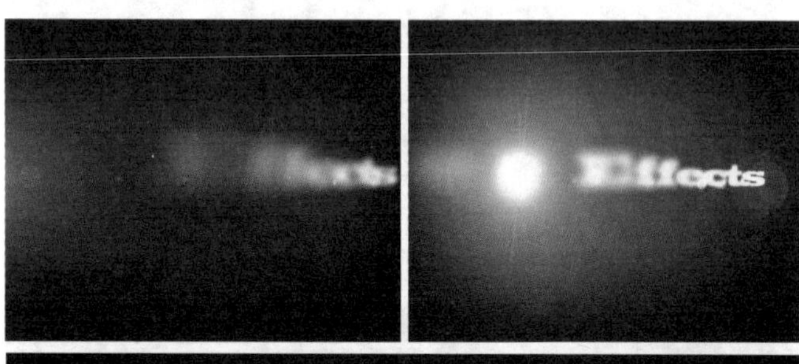

● **光盘路径** | 第 1 章 \ 光斑文字

● **难易指数** | ★★★☆☆

案例效果分析

核心技术要点：熟悉文字特效的应用，制作文字动画与镜头光斑动画叠加的效果，使文字在入场时出现炫光效果。

制作思路分析：本例主要介绍使用 After Effects 的文字特效制作动画及对镜头光斑的运用。

制作提示

1. 设置文字动画。
2. 制作镜头光斑动画。

步骤 01　创建 Comp

01 启动 Adobe After Effects CC，选择 Composition → New Composition 菜单命令，新建一个 Comp 合成面板。

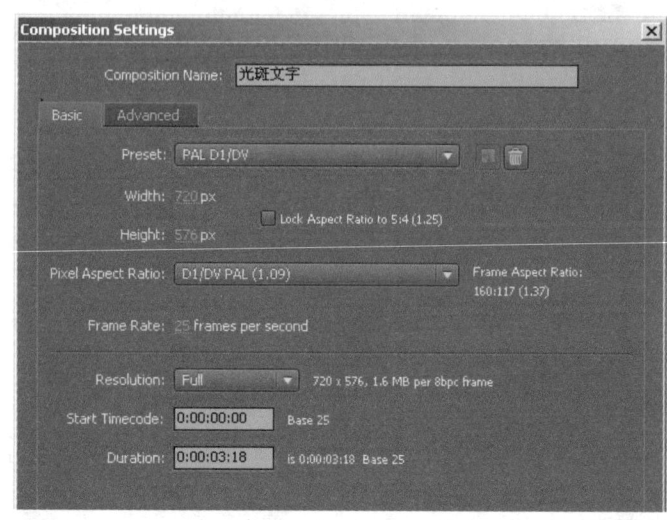

02 单击工具栏中的 T 工具，在 Comp 合成面板中单击输入文字，并调整文字的大小和位置，如下图所示。

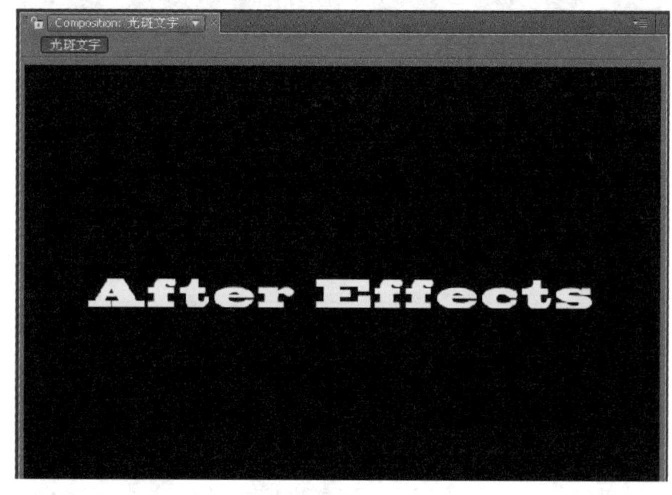

步骤 02　设置文字动画

01 在 Timeline 面板中展开文字图层的属性，具体设置如下图所示，再单击 Animate: 右侧的按钮，在弹出的列表其中选择 Scale 控制器。

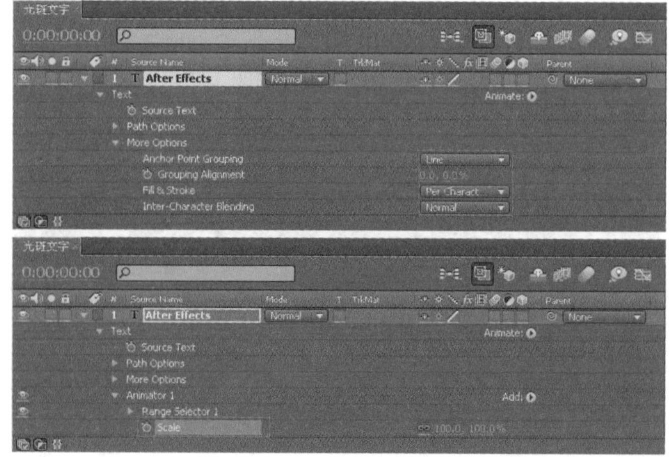

02 单击Add:右侧的按钮，在弹出的列表分别选择添加Opacity 和 Blur 控制器，并分别设置各控制器的参数。

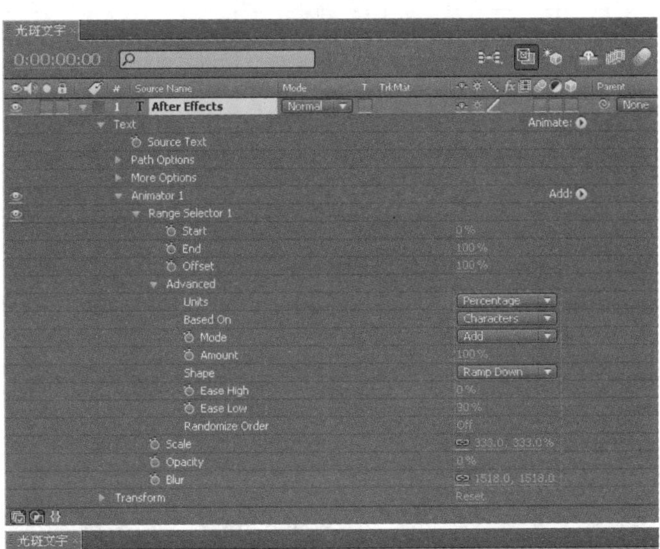

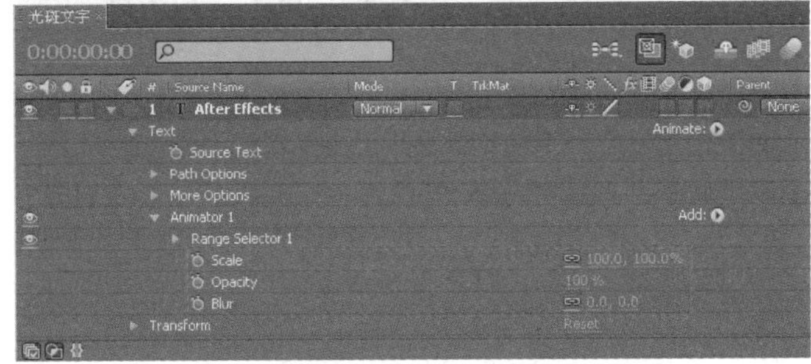

03 单击 Offset 左侧的按钮，为控制器的范围设置关键帧动画。在时间0:00:00:00处设置 Offset 的值为 100%，在时间0:00:01:13处设置 Offset 的值为 -100%。

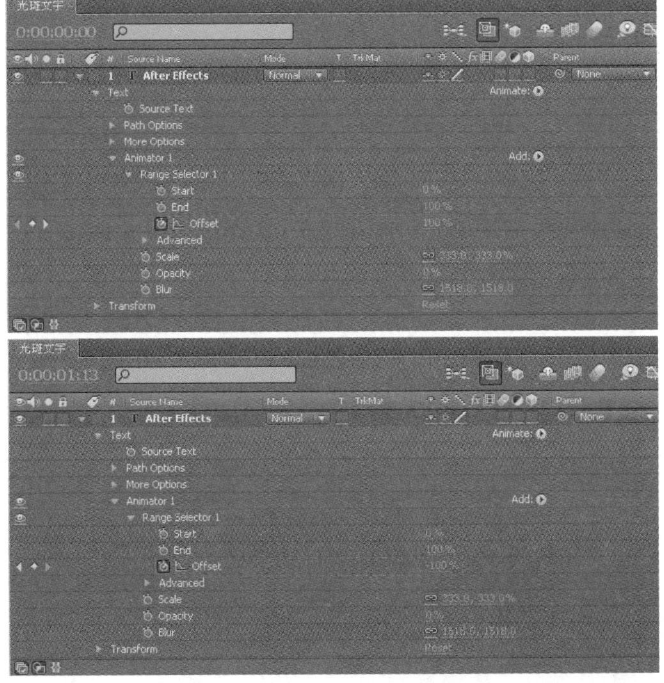

04 按数字键盘上的〈0〉键进行预览，效果如下图所示。

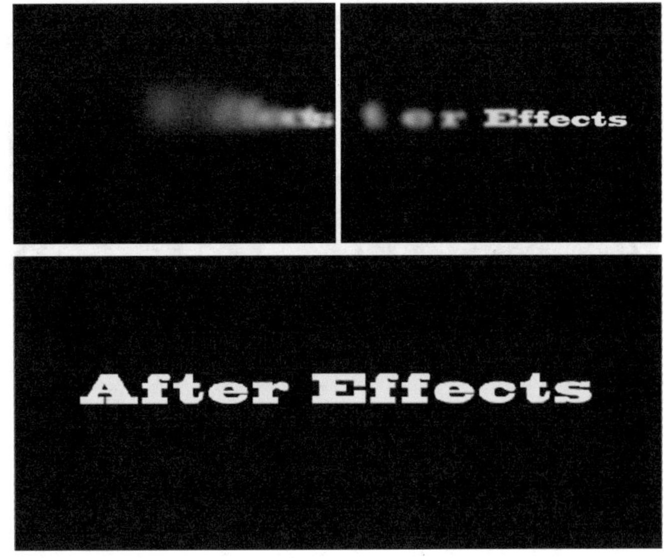

05 在 Timeline 面板中单击鼠标右键，选择 New → Solid 命令，新建一个固态图层，将其命名为 BG。

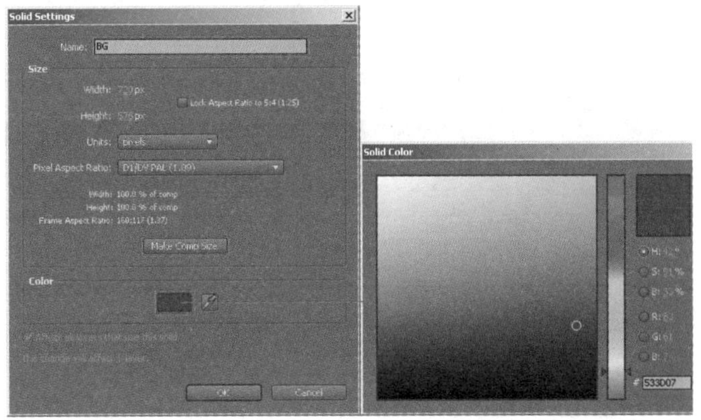

06 新建一个黑色的固态图层，将其命名为 Mask，将其放在 BG 图层的上面。选中黑色的固态图层 Mask，在工具栏中单击，在 Comp 合成面板中画一个 Mask，参数设置如下图所示。

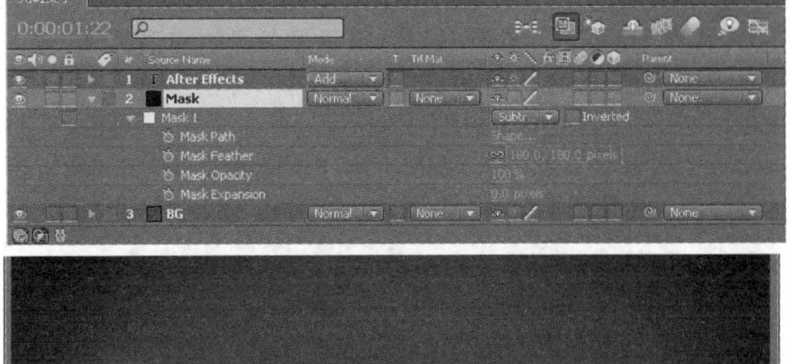

↘ 步骤 03　添加滤镜

01 新建一个黑色的固态图层，选择 Effect → Generate → Lens Flare 菜单命令，为其添加 Lens Flare 滤镜，在 Effect Controls 面板中调整相关参数。

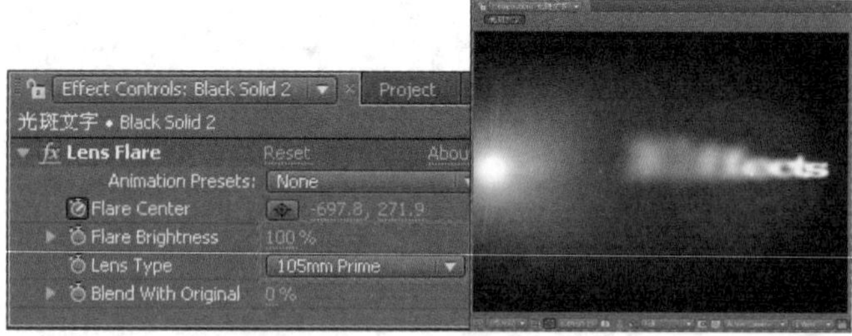

02 在 Timeline 面板中，单击 Flare Center 左侧的 为其记录关键帧。在时间 0:00:00:00 和 0:00:01:13 处设置相关参数，如下图所示。

03 此时，按数字键盘上的〈0〉键进行预览，效果如下图所示。

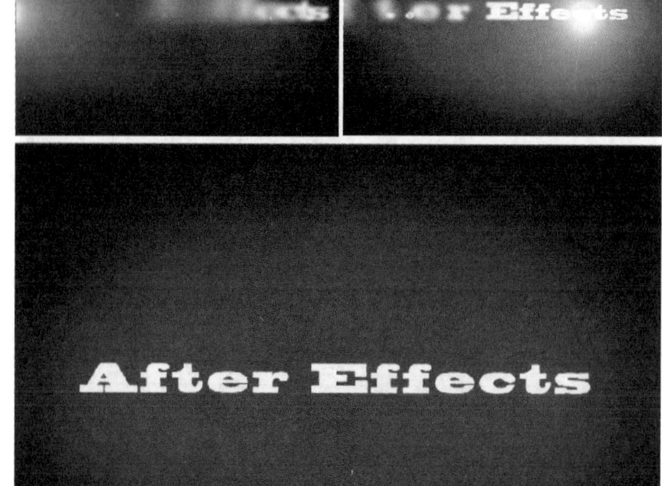

案例 7　文字反弹

制作本案例必须熟悉粒子的属性，在粒子属性中添加文字，使文字产生反弹的动画效果。最终利用在 Photoshop 中制作的一幅背景素材来完成动画的制作。

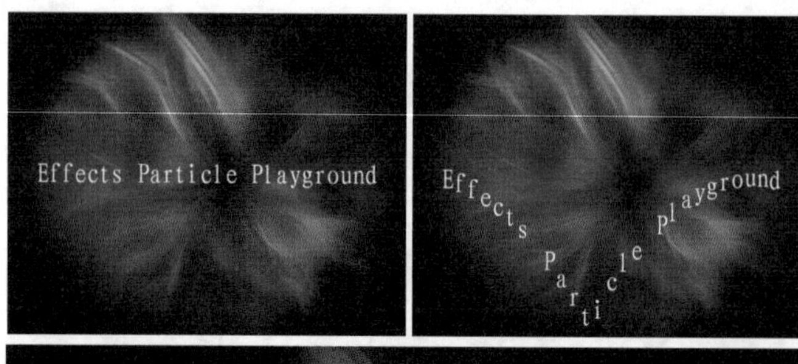

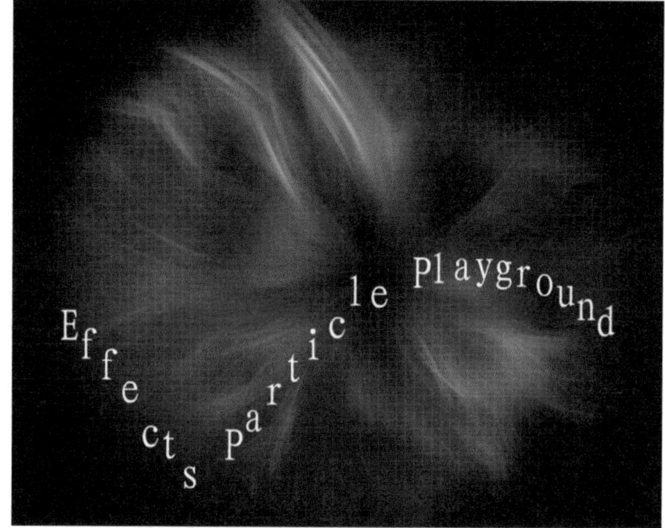

● **光盘路径** | 第 1 章 \ 文字反弹

● **难易指数** | ★★★☆☆

案例效果分析

核心技术要点：本例主要练习使用 Ramp 和 Threshold 滤镜配合制作 Map 图层，再利用 Particle Playground 滤镜制作文字反弹效果。

制作思路分析：熟悉 Particle Playground 特效，利用文字与 Mask 进行碰撞，使文字产生反弹动画。

制作提示

1. 创建文字层。
2. 创建文字反弹效果。
3. 创建背景。
4. 创建闪烁效果。

↘ 步骤 01 创建文字层

01 启动 Adobe After Effects CC，选择 Composition → New Composition 菜单命令，新建一个 Comp 合成面板，将其命名为渐变。选择 Layer → New → Solid 菜单命令，新建一个固态图层，命名为黑白。

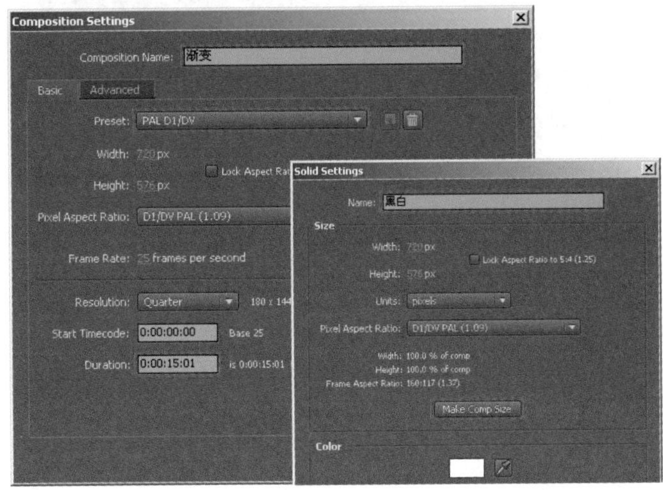

02 选中黑白图层，选择 Effect → Generate → Ramp 菜单命令，为其添加 Ramp 滤镜，在 Effect Controls 面板中调整相关参数。

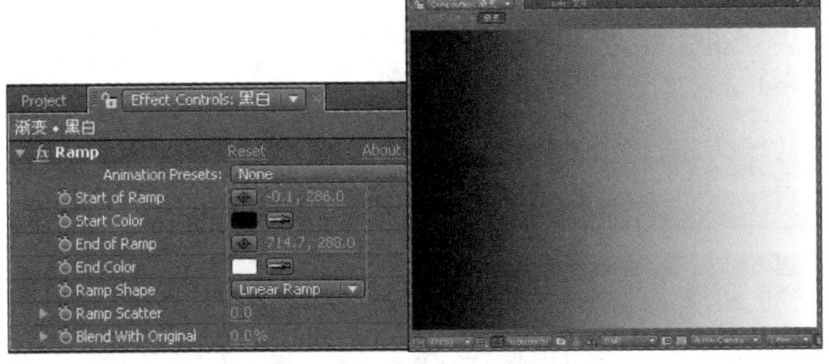

03 选中黑白图层，选择 Effect → Stylize → Threshold 菜单命令，为其添加 Threshold 滤镜。为 Threshold 滤镜的 Level 参数设置关键帧。在时间 0:00:00:00 处添加关键帧，将 Level 参数设为 260，在时间 0:00:04:00 处添加关键帧，将 Level 参数设为 0。

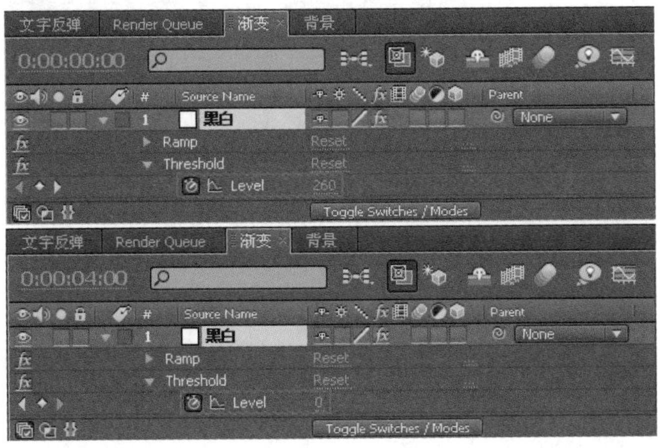

04 此时按数字键盘上的〈0〉键进行预览，效果如下图所示。

↘ 步骤 02 创建文字反弹效果

01 选择 Composition → New Composition 菜单命令，新建一个 Comp 合成面板，将其命名为文字反弹，再选择 Layer → New → Solid 菜单命令，新建一个固态图层，将其命名为文字。

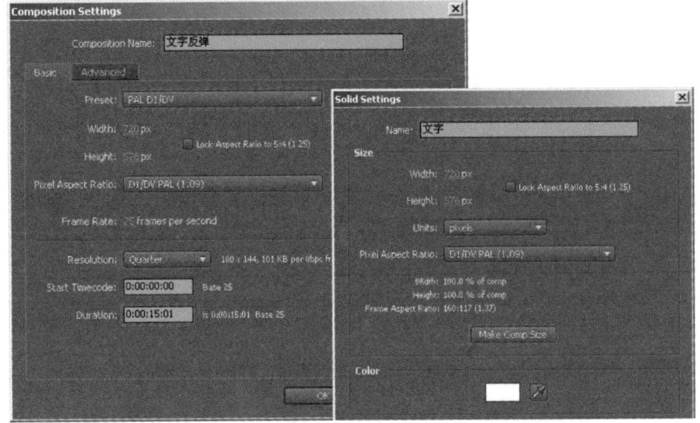

02 将项目窗口中的渐变拖动到文字反弹合成的 Timeline 面板中，将其放在底层并关闭属性显示。选中文字图层，单击工具栏中的■，在 Comp 合成面板中画一个矩形 Mask，并使其与 Comp 合成面板大小一致，作为文字反弹的范围。

03 选中文字图层，选择 Effect → Simulation → Particle Playground 菜单命令，为其添加 Particle Playground 滤镜，在 Effect Controls 面板中单击 Options 选项，在弹出的对话框中单击 Edit Grid Text 按钮，再在弹出的对话框中输入文字。

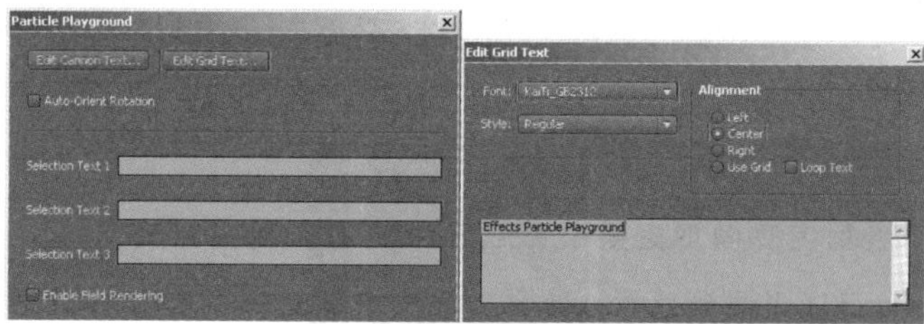

04 Particle Playground 滤镜控制面板中的其他参数设置如下图所示。

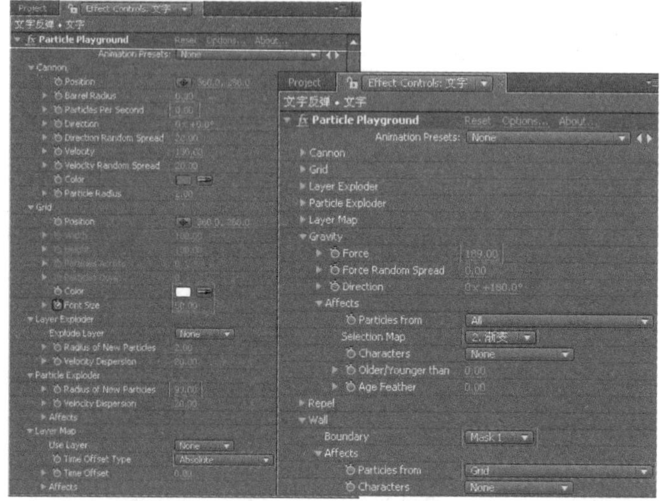

05 为 Grid 下的 Font Size 参数设置关键帧。在时间 0:00:00:00 处设置关键帧，将 Font Size 值设为 50.00；在时间 0:00:00:01 处设置关键帧，将 Font Size 值设为 0.00。按数字键盘上的〈0〉键进行预览，效果如下图所示。

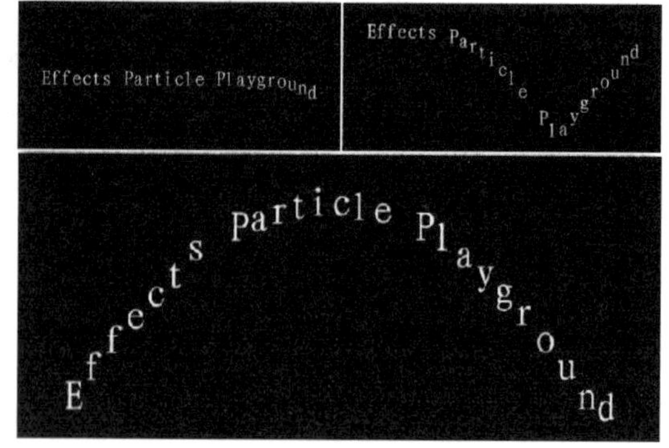

↘ 步骤 03　创建背景和闪烁效果

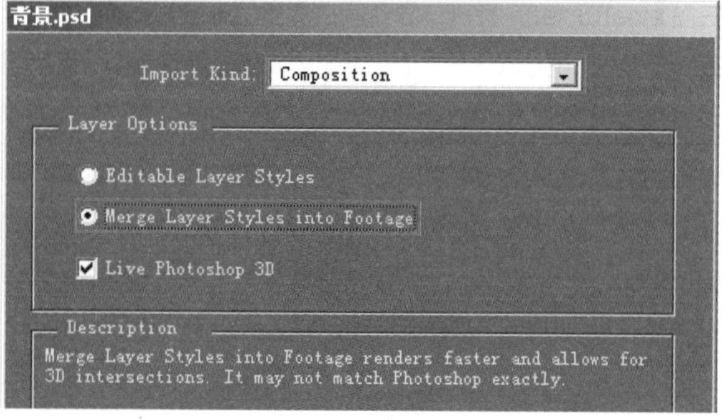

01 在项目窗口中双击导入本书配套光盘中的“背景.psd”文件，将其作为 Composition 导入进来，并将项目窗口中的背景拖放到 Timeline 面板的底层。

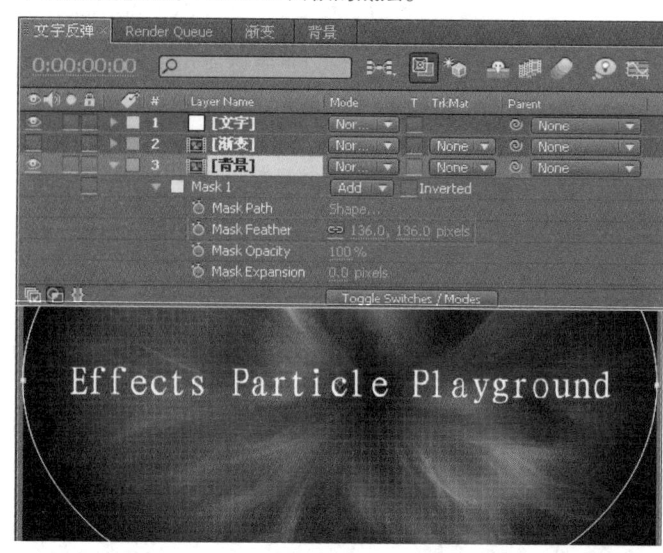

02 在 Timeline 面板中选中背景图层，并在其上单击鼠标右键，选择 Transform → Fit to Comp 命令，使其尺寸大小与合成的尺寸大小相匹配。双击工具栏中的 按钮，在背景图层上创建一个 Mask，设置 Mask1 的参数。

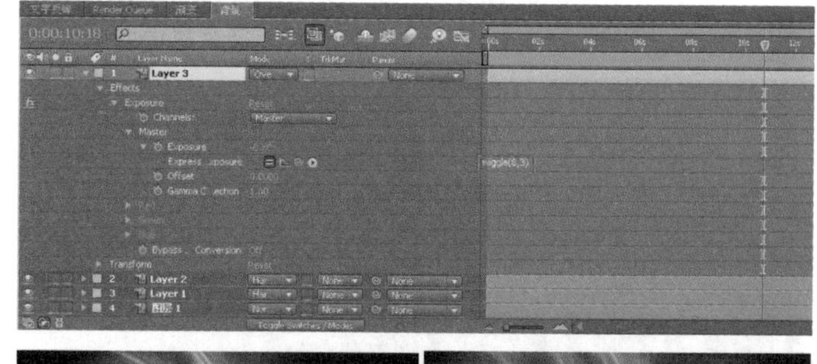

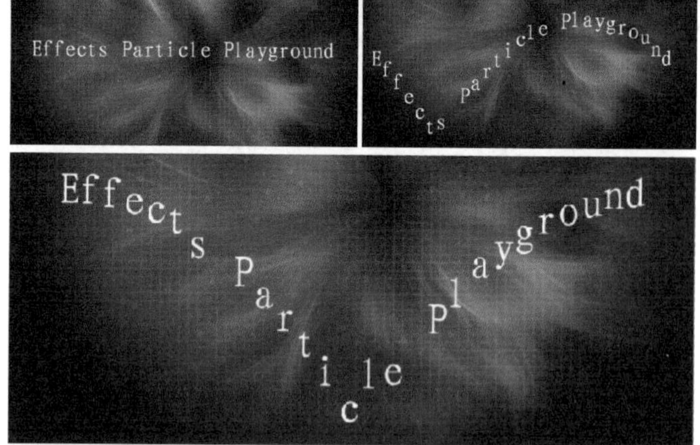

03 双击背景图层，进入背景合成中。在 Timeline 面板中选中 Layer 3，选择 Effect → Color Correction → Exposure 菜单命令，为其添加 Exposure（曝光）滤镜。在 Timeline 面板中展开 Layer 3 图层的属性列表，按住键盘上的〈Alt〉键单击 Exposure 左侧的 按钮，为其添加表达式，在表达式输入栏中输入表达式 wiggle(8,3)。此时 Layer 3 层上的星点产生了闪烁的动画效果。返回文字反弹合成中，按数字键盘上的〈0〉键进行预览。

案例 8 闪亮登场

制作本案例主要是让读者学习对素材文件的使用，利用 Compound Blur、Displacement Map 滤镜读取素材文件的信息，使文字产生模糊扭曲的动画效果。

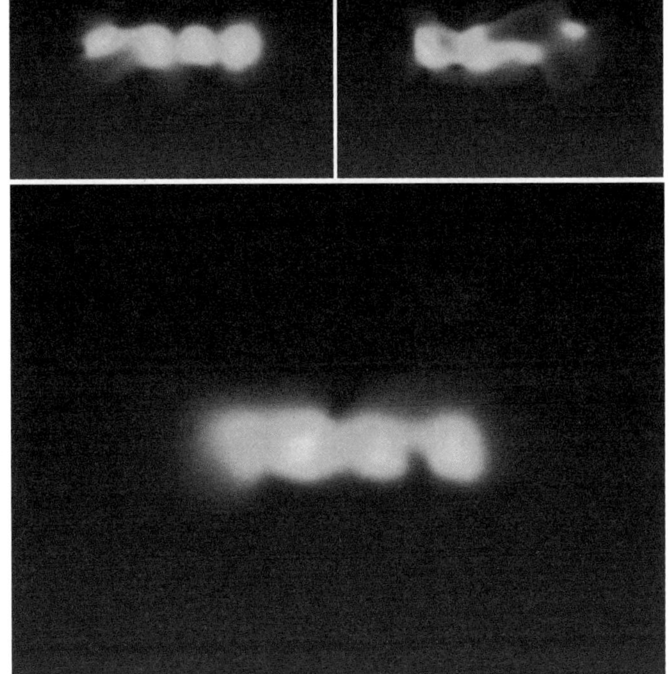

● **光盘路径** | 第 1 章 \ 闪亮登场

● **难易指数** | ★★★☆☆

案例效果分析

核心技术要点：本例主要介绍使用 Compound Blur 和 Displacement Map 滤镜；利用 Compound Blur 制作模糊效果，然后利用 Displacement Map 制作扭曲飘动的效果。

制作思路分析：熟悉 After Effects 的各种模糊特效，利用特效滤镜读取外部模糊素材的信息，对文字进行模糊和置换处理。

制作提示

1. 创建文字。
2. 创建飘动的效果。
3. 为“文字”添加 Displacement Map 滤镜。
4. 制作背景。

↘ 步骤 1 创建 Comp 和文字

01 启动 Adobe After Effects CC，选择 Composition → New Composition 菜单命令，新建一个 Comp 合成面板，将其命名为文字，选择 Layer → New → Solid 菜单命令，新建一个固态图层，将其命名为 Text1。

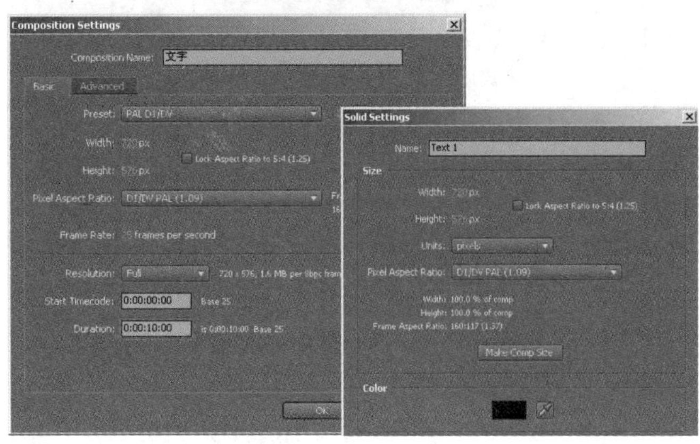

02 选中 Text1，选择 Effect → Text → Basic Text 菜单命令，为其添加 Basic Text 滤镜。在 Effect Controls 面板中单击 Edit Text，在弹出的文字编辑对话框中输入文字。在 Effect Controls 面板中调整其他参数。

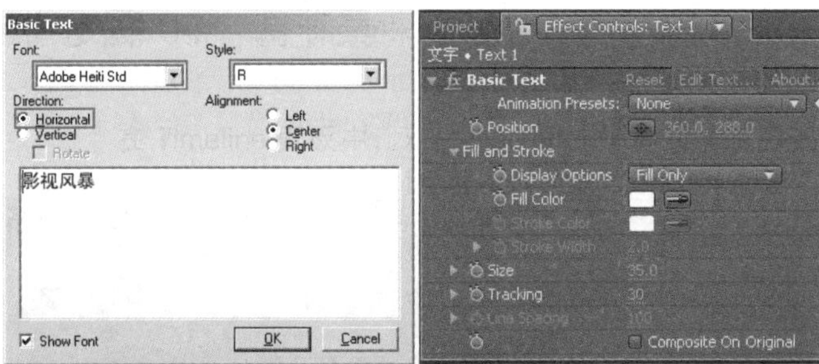

03 选中 Text1 图层，按键盘上的〈Ctrl ＋ D〉组合键将当前图层复制一次，并将其重命名为 Text2，修改 Text2 图层的文字内容。将时间滑块拖动到时间 0:00:01:10 处，选中 Text1 图层，按下〈Alt ＋]〉组合键，使得 Text1 图层从当前时间向后的部分被截掉，再选中 Text2 图层，按下键盘上的〈Alt ＋ [〉组合键，使得 Text2 图层从当前时间向前的部分被截掉，如下图所示。

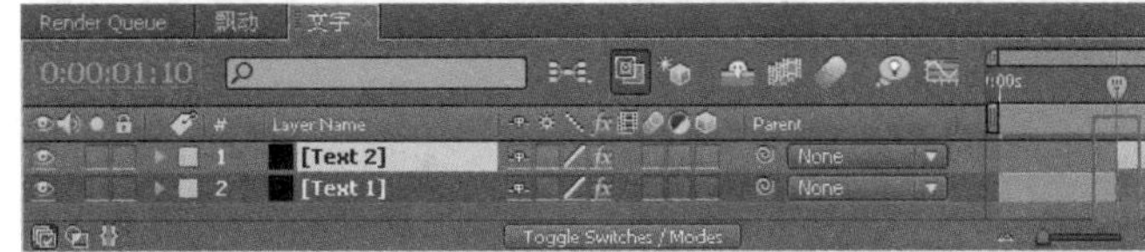

04 选择 Composition → New Composition 菜单命令，新建一个 Comp 合成面板，将其命名为 飘动，如下图所示。

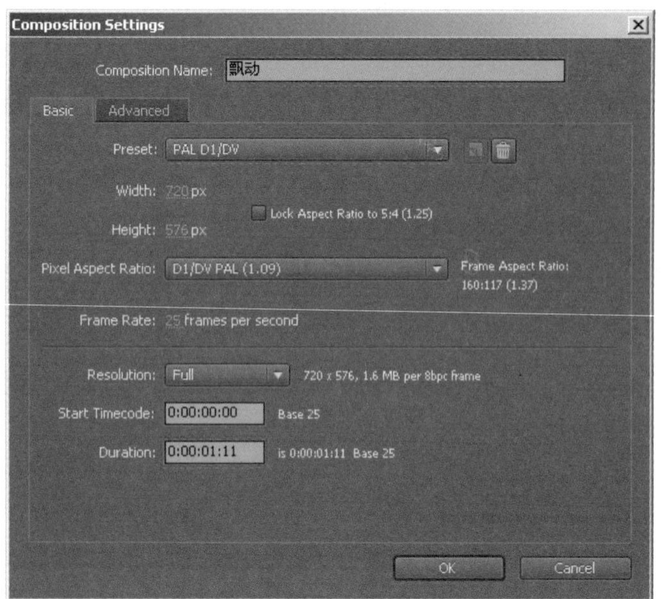

05 选择 File → Import → File 菜单命令，导入光盘中的 Blur Map.mov 和 Displacement Map.mov，并将它们分别拖入到 Timeline 面板中，在 Timeline 面板中将这两个图层的显示属性关闭。将项目窗口中的文字拖入到 Timeline 面板中。选中文字图层，选择 Effect → Blur&Sharpen → Compound Blur 菜单命令，为其添加 Compound Blur 滤镜，在 Effect Controls 面板中调整参数。此时 Timeline 面板中的图层如下图所示。

06 此时按下数字键盘上的〈0〉键进行预览，效果如下图所示。

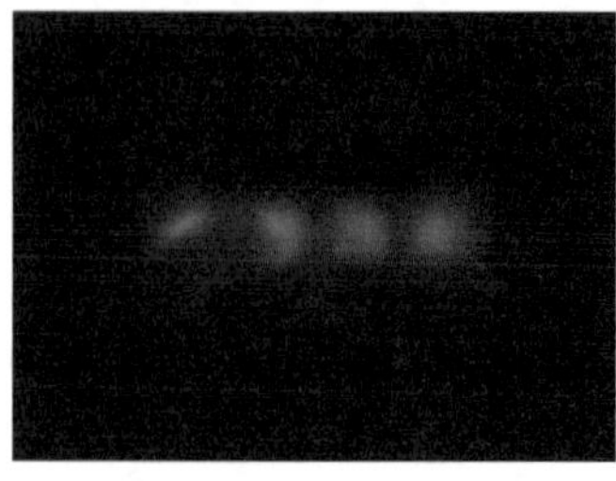
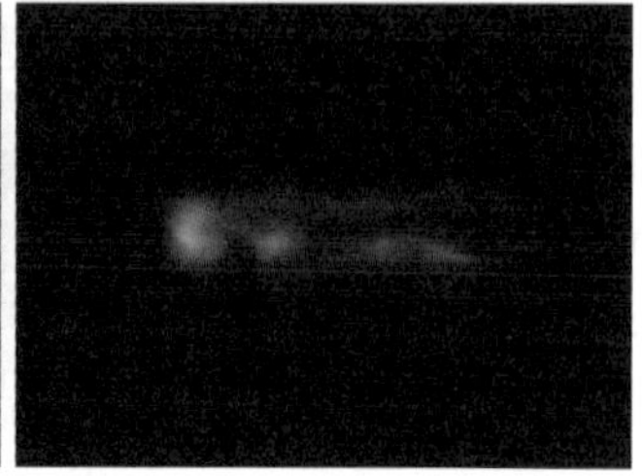

↘ 步骤 02　为文字添加滤镜并制作背景

01 选择 File → Import → File 菜单命令，导入光，选中文字图层，选择 Effect → Distort → Displacement Map 菜单命令，为其添加置换贴图滤镜。在 Effect Controls 面板中调整参数。选中文字图层，选择 Effect → Stylize → Glow 菜单命令，为其添加 Glow 滤镜，在 Effect Controls 面板中调整相关参数。

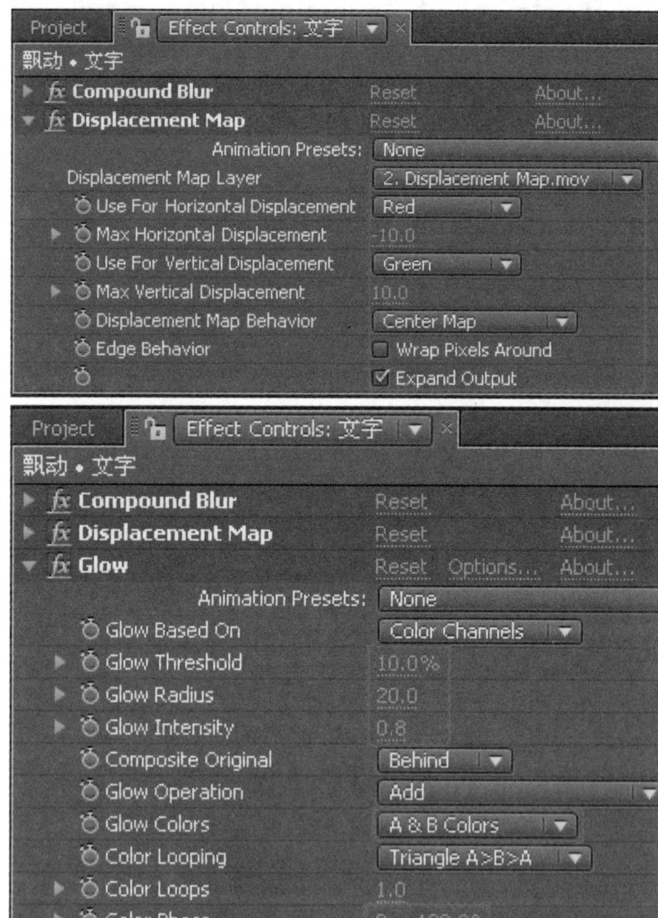

02 选择 Layer→New→Solid 菜单命令，新建一个黑色的固态图层，将 BG 层拖放在 Timeline 面板的最底层，选择 Effect→Generate→Ramp 菜单命令，为其添加 Ramp 滤镜。在 Effect Controls 面板中分别设置 Start Color 和 End Color 的颜色为黑色和红色。

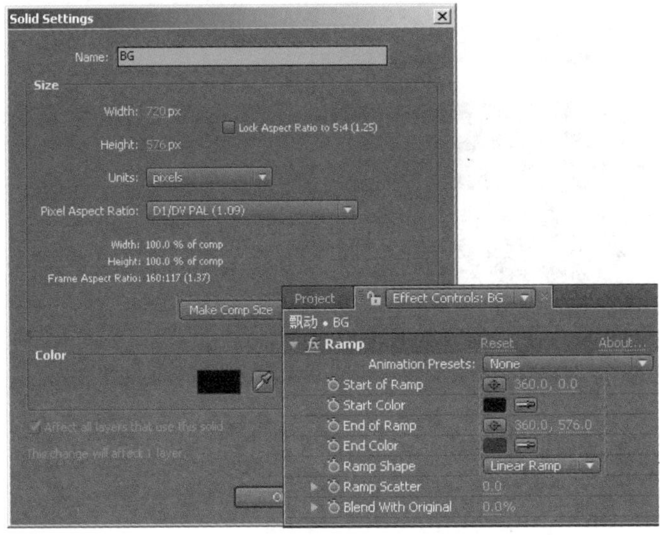

03 此时按下数字键盘上的〈0〉键进行预览，效果如下图所示。

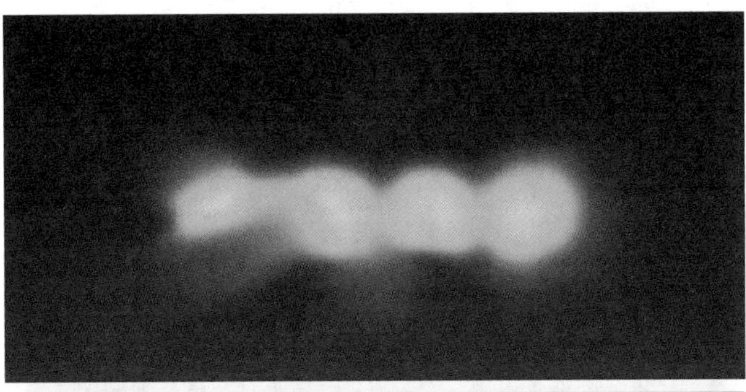

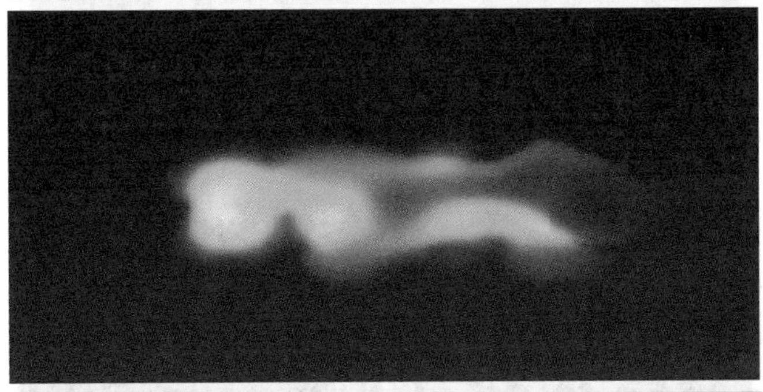

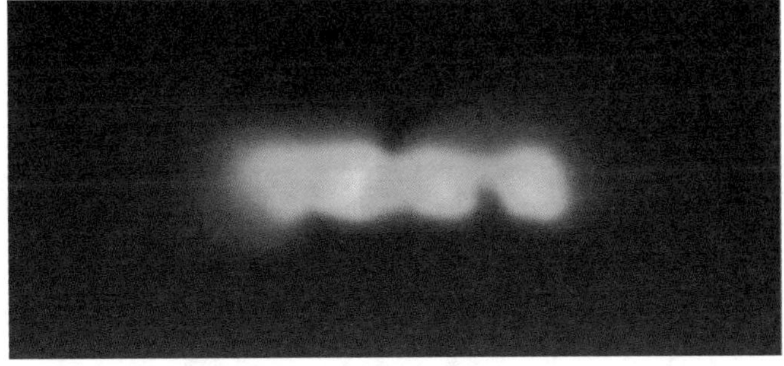

案例 9　文字拉出

本案例主要以文字的光效制作为主，通过对 Mask 记录关键帧动画使文字逐渐展开。在文字展开的过程中伴随过光效果，最终利用 Fractal Noise 为背景制作动态的噪波动画。

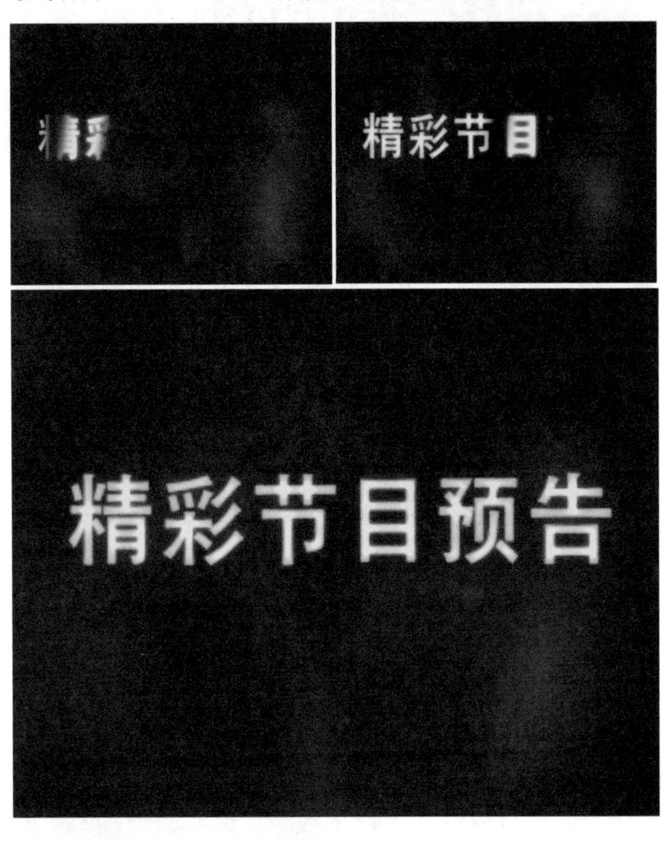

● **光盘路径** | 第 1 章 \ 文字拉出

● **难易指数** | ★★★☆☆

案例效果分析

核心技术要点：本例主要介绍对 Minimax、Glow 和 Gaussian Blur 等滤镜的使用，通过 Mask 动画实现文字拉出效果，最终利用表达式为背景制作噪波动画。

制作思路分析：熟悉 After Effects 中 Mask 的应用，分别制作出文字的光效区域和显示区域，为 Mask Path 记录关键帧动画，使文字的显示区域产生动画。

制作提示

1. 创建文字。
2. 创建 Mask 动画。
3. 制作光效。
4. 为 Mask 记录关键帧。

步骤 01　创建 Text 合成文字

01 启动 Adobe After Effects CC，选择 Composition → New Composition 菜单命令，新建一个 Comp 合成面板，将其命名为 Text，选择 Layer → New → Solid 菜单命令，新建一个固态图层，将其命名为特效。

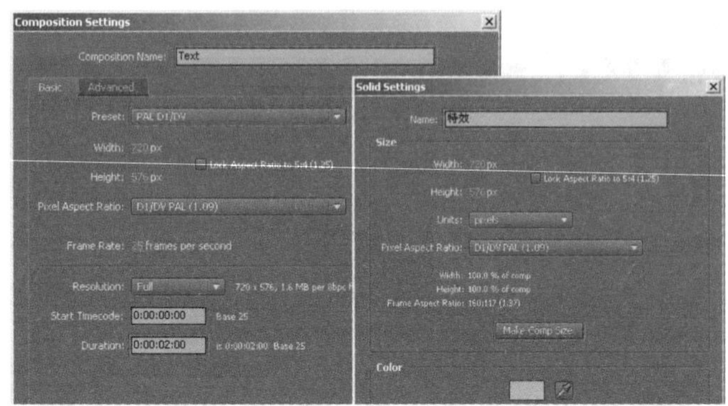

02 选中特效图层，选择 Effect → Text → Basic Text 菜单命令，为其添加 Basic Text 滤镜，在 Effect Controls 面板中单击 Edit Text 按钮，在弹出的文字编辑对话框中输入文字，并调整相关参数，此时 Comp 合成面板的效果如下图所示。

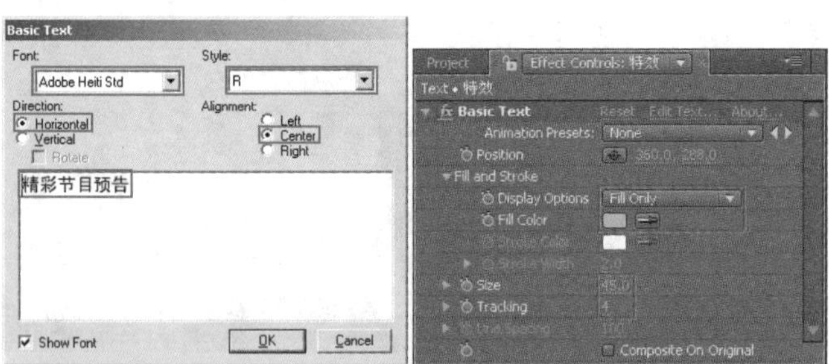

步骤 02　创建 Mask 动画

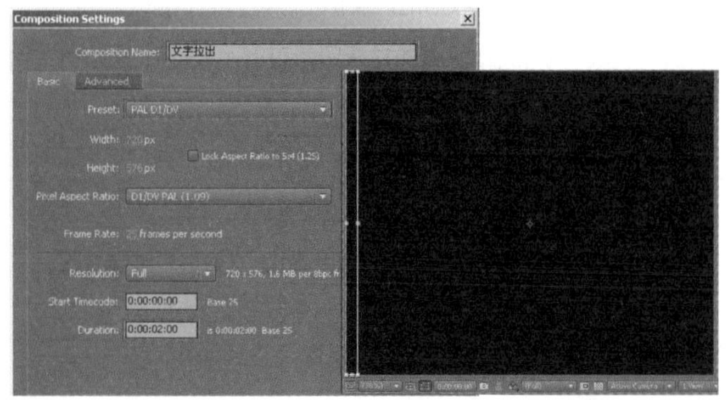

01 选择 Composition → New Composition 菜单命令，新建一个 Comp 合成面板，将其命名为文字拉出。在项目窗口中将 Text 拖入到 Timeline 面板中。选中 Text 图层，单击工具栏中的▣，在 Comp 合成面板中画出一个 Mask。

02 按键盘上的〈M〉键，展开 Mask1 属性，为 Mask Path 设置关键帧动画。在时间 0:00:00:00 处和时间 0:00:01:24 处分别调整 Mask 的形状，如下图所示。

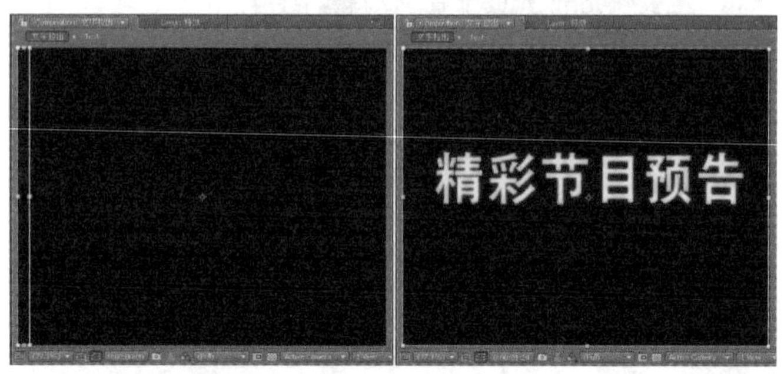

03 选中 Text 图层，选择 Effect → Stylize → Glow 菜单命令，为 Text 图层添加 Glow 滤镜，并设置相关参数。

04 此时按数字键盘上的〈0〉键预览，效果如下图所示。

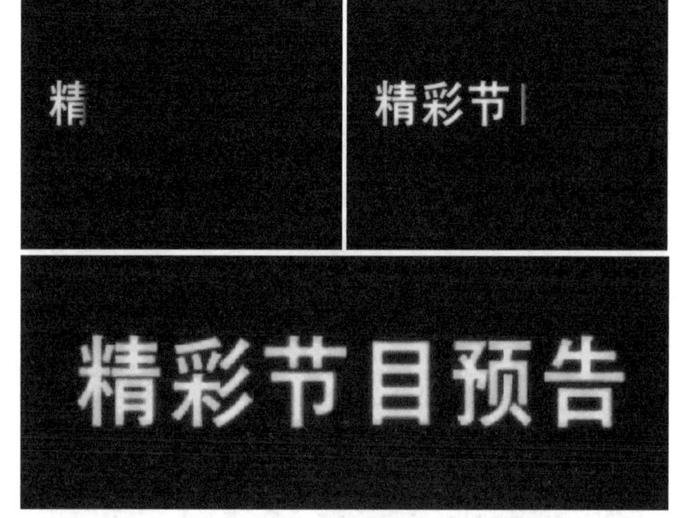

步骤 03　制作光效和 Mask 层

01 从项目窗口中将 Text 再次拖入到 Timeline 面板中，放在上层，并将其重命名为光效。选中光效图层，选择 Effect → Channel → Minimax 菜单命令，为光效图层添加 Minimax（通道混合）滤镜。选中光效图层，选择 Effect → Blur&Sharpen → Gaussian Blur 菜单命令，为其添加 Gaussian Blur（高斯模糊）滤镜，设置 Blurriness 值为 2.5。选中光效图层，选择 Effect → Stylize → Glow 菜单命令，为其添加 Glow 滤镜，在 Effect Controls 面板中调整参数。

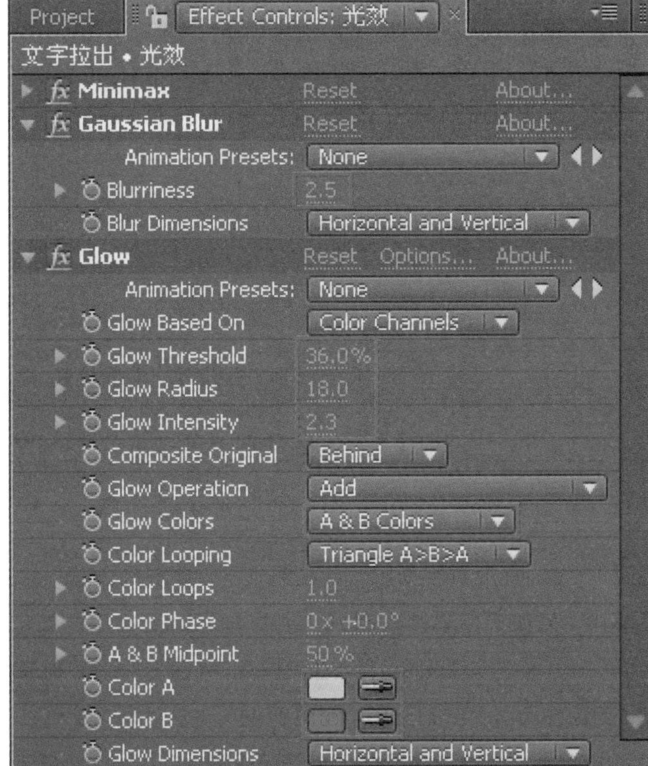

02 选择 Layer → New → Solid 菜单命令，新建一个固态图层，将其命名为 Mask，选中 Mask 图层，单击工具栏中的▢，在 Comp 合成面板中画一个 Mask，设置 Mask Feather 的值为 30。选中 Mask 图层，按键盘上的〈R〉键，展开其 Rotation 属性，设置其旋转角度为 10°。

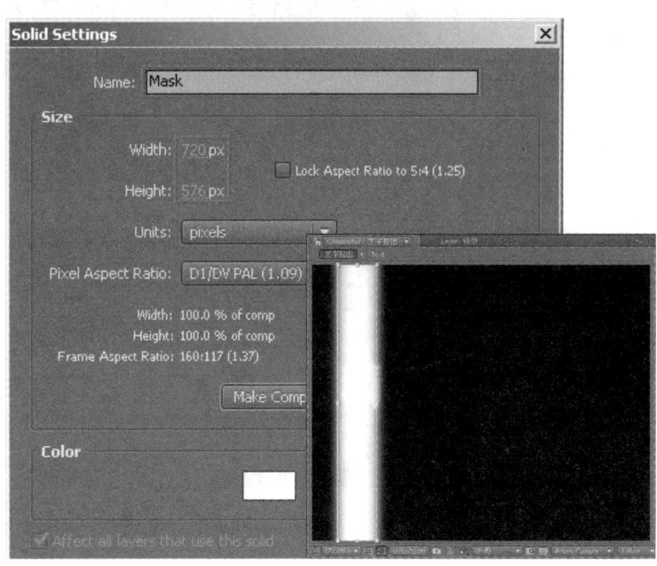

03 选中 Mask 层，按键盘上的〈P〉键，展开其 Position 属性，并记录关键帧。在时间 0:00:00:00 处和时间 0:00:01:24 处分别调整其位移参数，如下图所示，然后按数字键盘上的〈0〉键进行预览，效果如下图所示。

04 选中光效图层，将该层的 TrkMat 方式设为下图所示的选项。

05 在项目窗口中双击，导入本书配套光盘中的“背景.jpg”文件，将其拖放到 Timeline 面板的底层，效果如下图所示。

↘ 步骤 04　为背景制作动画

01 选择 Layer → New → Solid 菜单命令，新建一个固态图层，将新建的 Dark Red Solid 1 固态图层拖放在 Text 图层的上边。

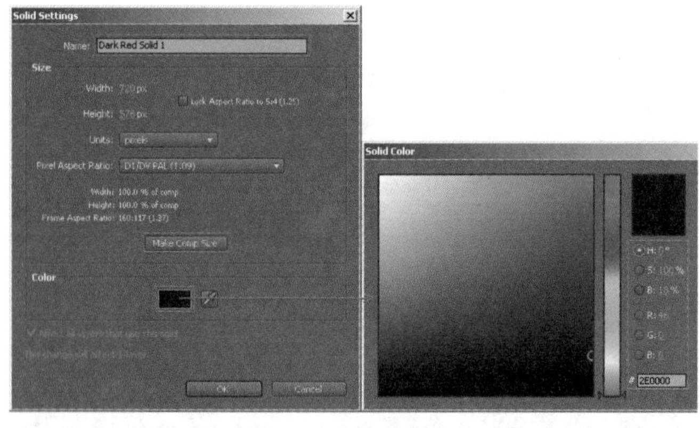

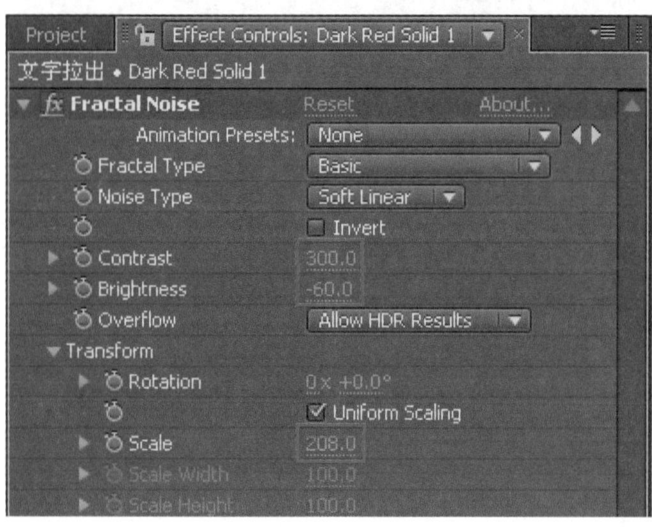

02 选中 Dark Red Solid 1 图层，选择 Effect → Noise&Grain → Fractal Noise 菜单命令，为其添加 Fractal Noise（分层噪波）滤镜，设置图层的叠加模式为 Add。

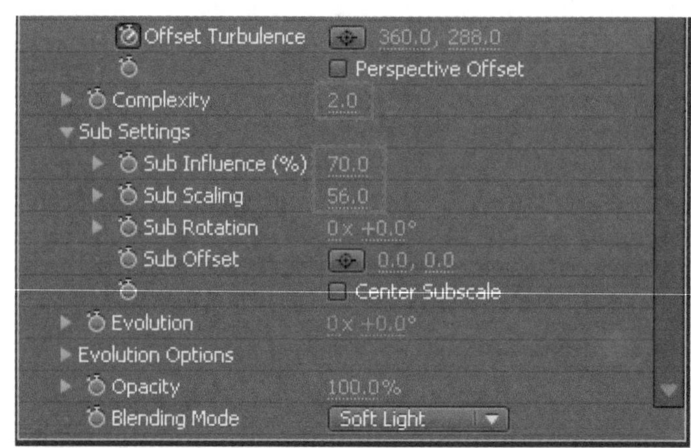

03 按住键盘上的〈Alt〉键单击 Evolution 左侧的按钮，为 Evolution 添加表达式，在表达式输入栏中输入 time*200，并且为 Offset Turbulence 属性的 Y 轴方向上的参数值记录关键帧动画。

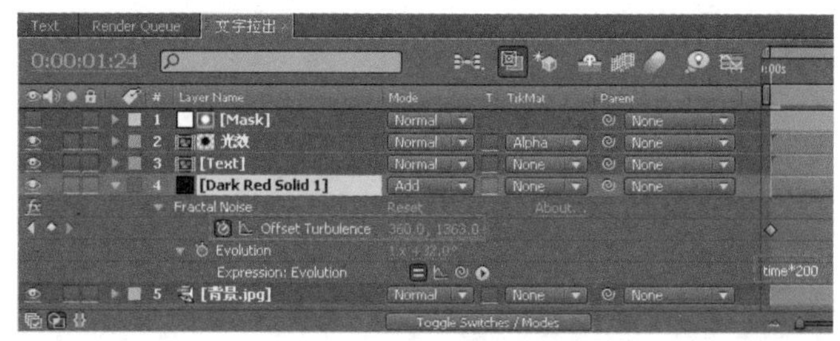

04 按数字键盘上的〈0〉键进行预览，此时背景已经产生动画。

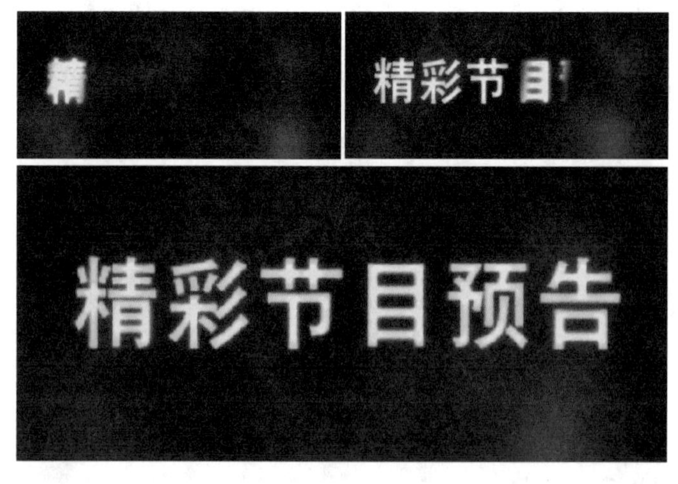

案例 10　涂鸦

本例主要介绍 Mask 和 Hue → Saturation 等滤镜的使用，通过 Mask 动画实现文字涂鸦效果，为 End 添加关键帧动画。最终利用 Hue → Saturation 滤镜，降低图像的饱和度。

● **光盘路径** | 第 1 章 \ 涂鸦

● **难易指数** | ★★★★☆

案例效果分析

核心技术要点：本例主要介绍 Mask 和 Hue → Saturation 等滤镜的使用，通过 Mask 动画实现文字涂鸦效果。最终利用 Hue → Saturation 滤镜，降低图像的饱和度。

制作思路分析：熟悉 After Effects 中 Mask 的应用，分别制作出文字的描边和显示区域，为 End 记录关键帧动画，使文字的显示区域产生动画。

制作提示

1. 创建 Comp 合成和文字。
2. 记录关键帧动画。
3. 创建摄像机和灯光。
4. 制作 Mask。

步骤 01　创建 Comp 合成和文字

01 启动 Adobe After Effects CC，选择 Composition → New Composition 菜单命令，新建一个 Comp 合成面板，在项目窗口中双击导入本书配套光盘中的地面 .tga、墙 .tga 文件。

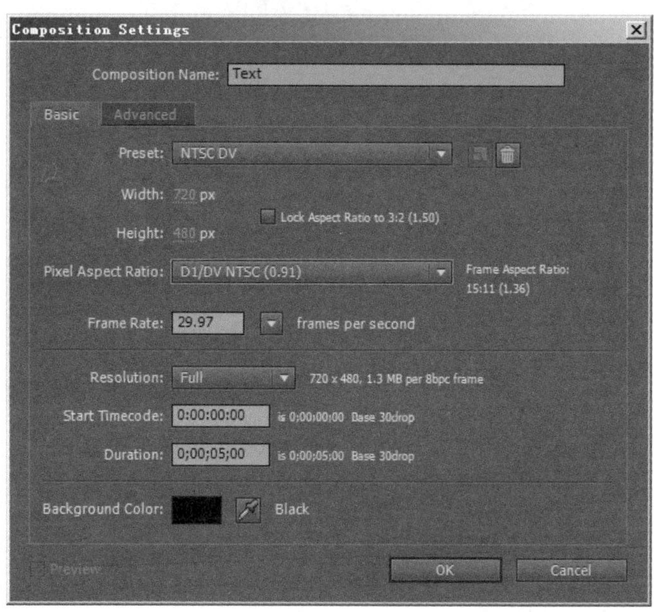

02 单击工具栏中的 T 工具，在 Comp 合成面板中单击输入 After Effects，文字参数设置如下图所示。

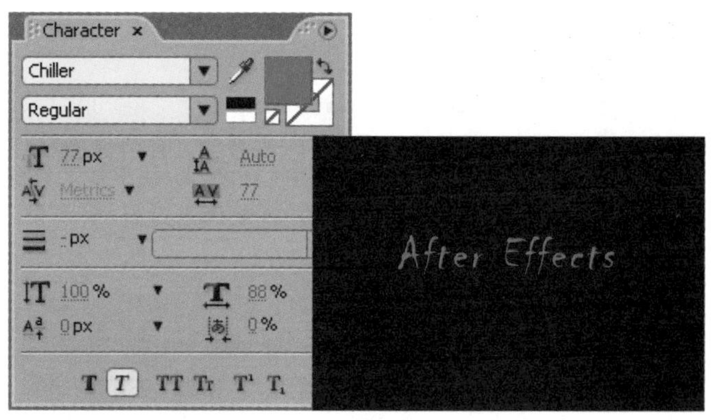

03 单击钢笔工具，在 Comp 合成面板中对文字进行描边，画一个 Mask。

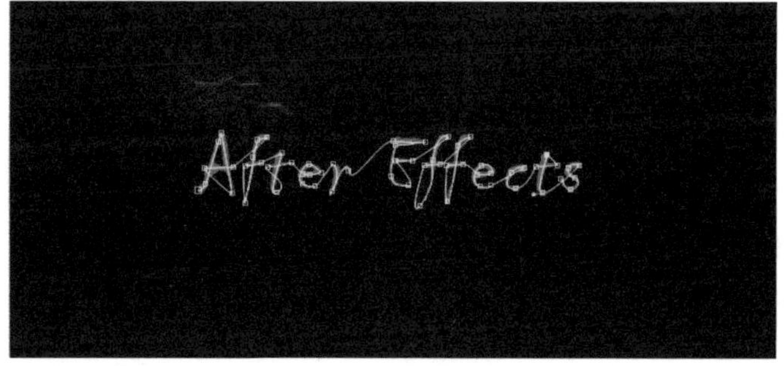

↘ 步骤 02　记录关键帧动画

01 选中文字图层，选择 Effect → Generate → Stroke 菜单命令，为 Mask 添加描边特效，在特效控制面板中调整参数。

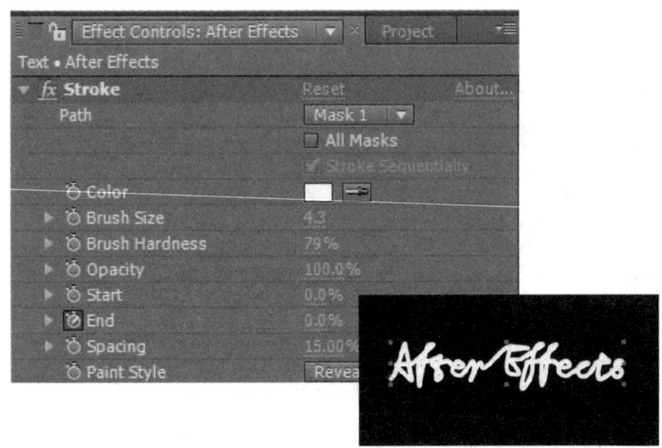

02 在 Timeline 面板中展开 Stroke 特效的 End 参数，单击按钮记录关键帧。

03 按键盘上的〈Ctrl + N〉组合键，新建一个 Comp 合成，将其命名为涂鸦，将项目窗口的地面 .tga 和墙 .tga 拖到时间线面板中，打开它们的三维属性开关。利用旋转工具和移动工具分别调整两个图层在视图中的位置。

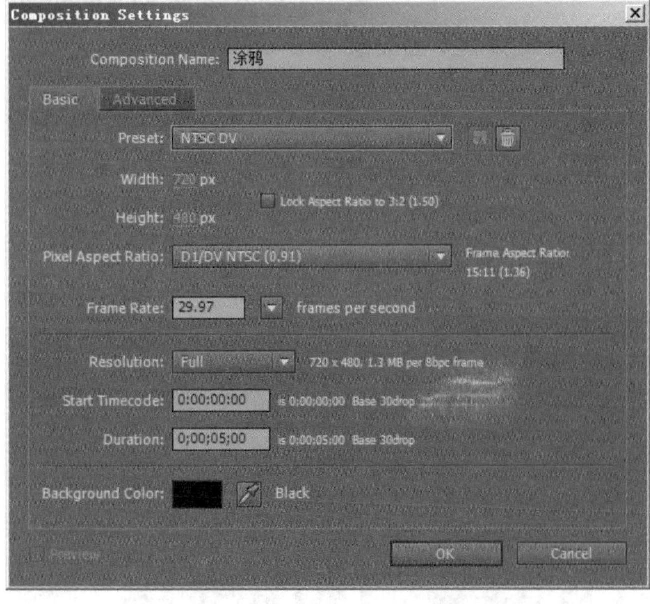

↘ 步骤 03　创建摄像机和灯光

01 在 Timeline 面板中单击鼠标右键，选择 New → Camera 命令，创建一架摄像机。

02 在 Timeline 面板中单击鼠标右键，选择 New → Adjustment Layer 命令，新建一个调节图层，选择 Effect → Color Correction → Curves 菜单命令，为此图层添加曲线调节，在特效控制面板中调节曲线的形状。

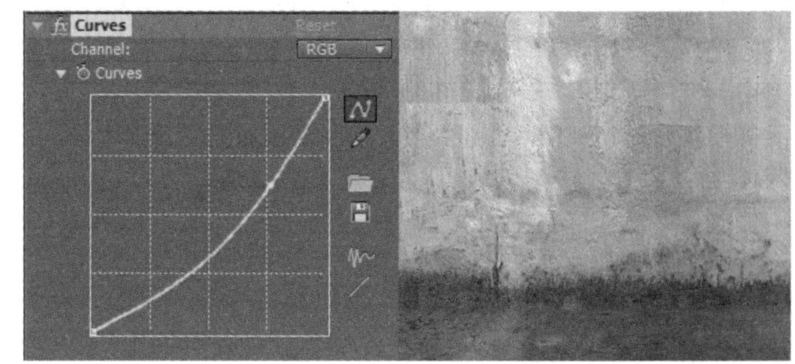

03 在 Timeline 面板中单击鼠标右键，选择 New → Light 命令，创建一盏灯。

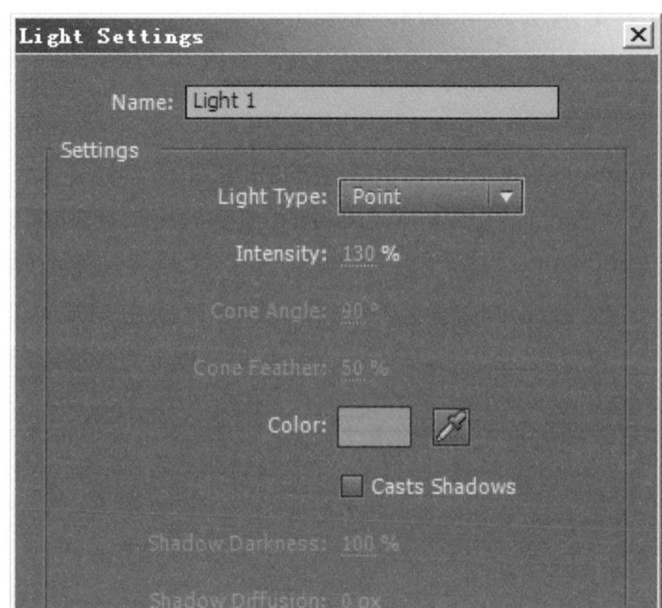

04 将Text从项目窗口拖到Timeline面板中。选中Text图层，按键盘上的〈P〉键展开其Position属性。将“墙.tga”图层的Position属性复制给Text图层的位移属性，使Text图层和“墙.tga”图层的Position属性值相同。

步骤 04 制作 Mask

01 在Timeline面板中单击鼠标右键，选择New→Solid命令，新建一个固态图层。

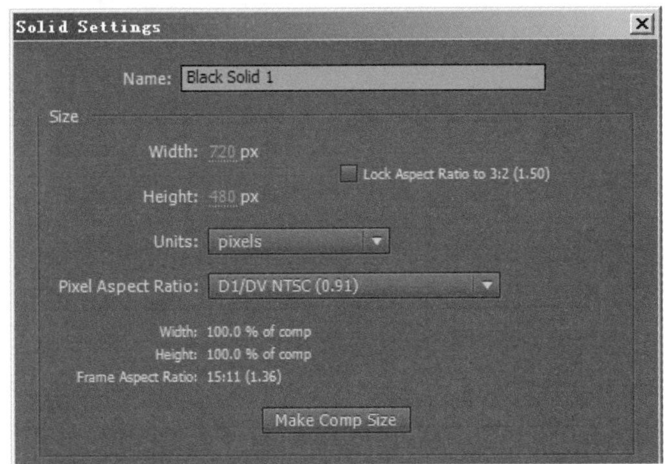

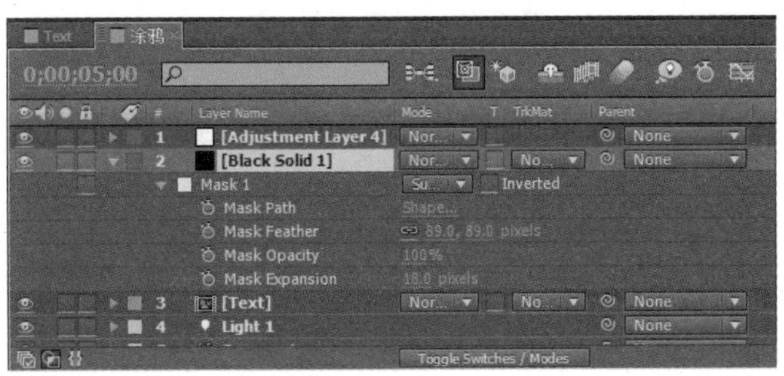

02 在工具栏中双击，在固态图层上画一个Mask。在Timeline面板中展开Mask的属性参数对其进行调整。

03 在Timeline面板中单击鼠标右键，选择New→Adjustment Layer命令，新建一个调节图层。选择Effect→Color Correction→Hue→Saturation菜单命令，降低图像的饱和度。在特效控制面板中调整参数，此时参数设置和Comp合成面板的效果如下图所示。

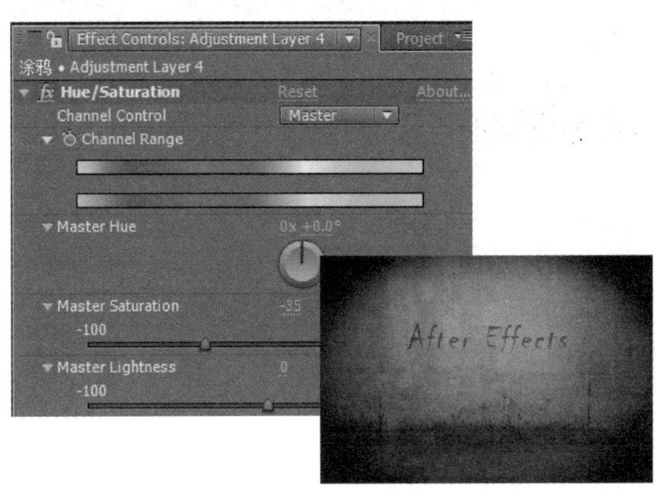

04 此时按键盘上的〈0〉键进行预览，效果如下图所示。

案例 11 质感文字

本例主要介绍 TrkMat 的使用，首先是对现有的一段素材进行处理，用做文字表面的流光。最后改变图层的 TrakMat 方式，使得文字表面出现流光的动态效果。

● **光盘路径** | 第 1 章 \ 质感文字

● **难易指数** | ★★☆☆☆

案例效果分析

核心技术要点：本例主要介绍 TrkMat 的使用，首先是对现有的一段素材进行处理，用做文字表面的流光。最后为文字添加 Bevel Alpha、Drop Shadow 滤镜。

制作思路分析：熟悉 After Effects 中 TrkMat 的应用，制作出文字表面的流光。最后为文字添加滤镜。

制作提示

1. 创建 Comp 合成。
2. 制作素材。
3. 添加滤镜。

步骤 01 创建 Comp 合成

01 启动 Adobe After Effects CC，选择 Composition → New Composition 菜单命令，新建一个 Comp 合成面板，将其命名为质感文字。

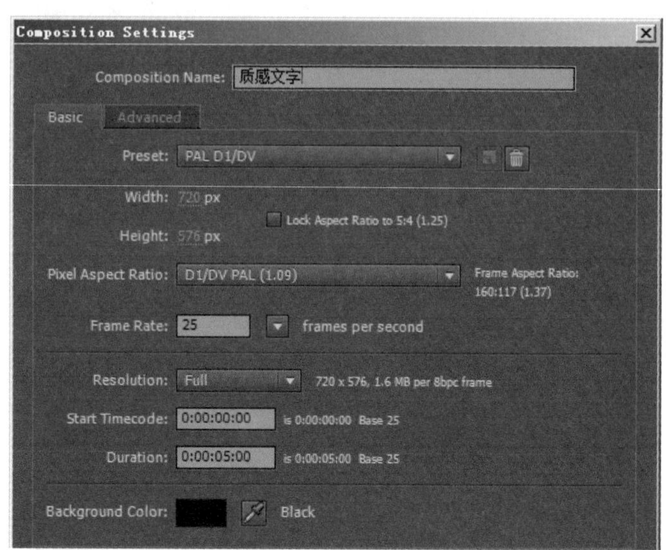

02 选择 File → Import → File 菜单命令，导入光盘中的“背景 .jpg”、Water.jpg、“质感文字 .tga”。在导入“质感文字 .tga”时，对话框中的设置如下图所示。

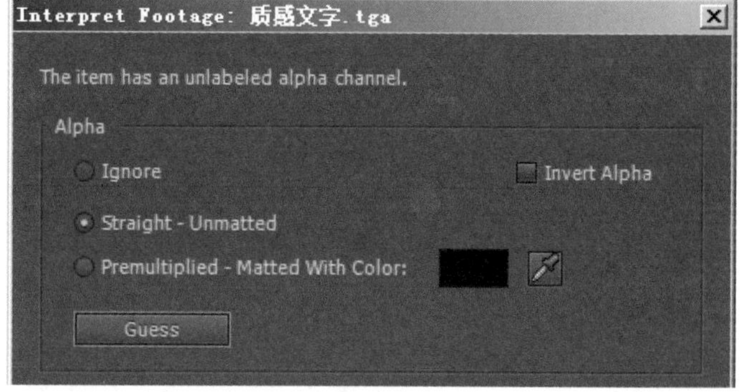

步骤 02 制作素材

01 将项目窗口中的 Water.jpg 拖入到 Timeline 面板中。选中 Water.jpg 图层，选择 Effect → Blur&Sharpen → Gaussian Blur 菜单命令，为其添加 Gaussian Blur 滤镜，并在特效控制面板中调整参数，如下图所示。

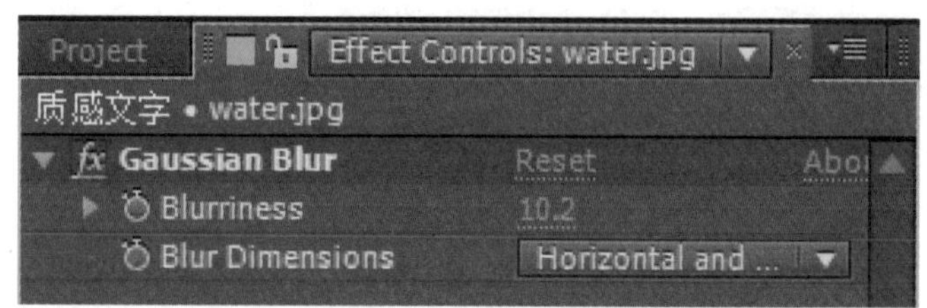

02 将素材窗口中的“质感文字 .tga”拖入到 Timeline 面板中，并放在最上层。选中 Water.jpg，设置 TrkMat 模式。

03 选择 Composition → New Composition 菜单命令，新建一个 Comp 合成面板，将其命名为 final。将项目窗口中的背景 .jpg、质感文字拖入到 Timeline 面板中，并且将质感文字放在最上层。

04 选中质感文字，选择 Effect → Perspective → Bevel Alpha 菜单命令，为其添加 Bevel Alpha 滤镜，在特效控制面板中调整参数。

05 选择 Effect → Perspective → Drop Shadow 菜单命令，再为其添加 Drop Shadow 滤镜，在特效控制面板中调整参数。

06 案例制作完成后，按数字键盘上的〈0〉键预览最终效果。

案例 12　动感字幕

本例主要介绍 After Effects 的文字特效功能，使用其制作一段字幕视频，利用表达式为文字创建抖动的动画效果。

● **光盘路径** | 第 1 章 \ 质感文字

● **难易指数** | ★★★★☆

案例效果分析

核心技术要点：本例主要介绍了对文字记录关键帧动画，制作出文字动画效果。然后为文字添加光晕，制作摄像机抖动实现动感文字效果。

制作思路分析：为文字添加滤镜和记录关键帧动画，制作出光晕和摄像机抖动效果。

制作提示

1. 创建 Comp 合成和文字。
2. 创建摄像机图层。
3. 创建光晕。
4. 制作摄像机抖动。

↘ 步骤 01　创建 Comp 合成和文字

01 启动 Adobe After Effects CC，选择 Composition → New Composition 菜单命令，新建一个 Comp 合成面板。在 Timeline 面板中单击鼠标右键，选择 New → Solid 命令，新建一个固态图层作为背景。

02 单击工具栏中的文字工具 T，在 Comp 合成面板中单击输入 chuan，文字参数和 Comp 合成面板的效果如下图所示。

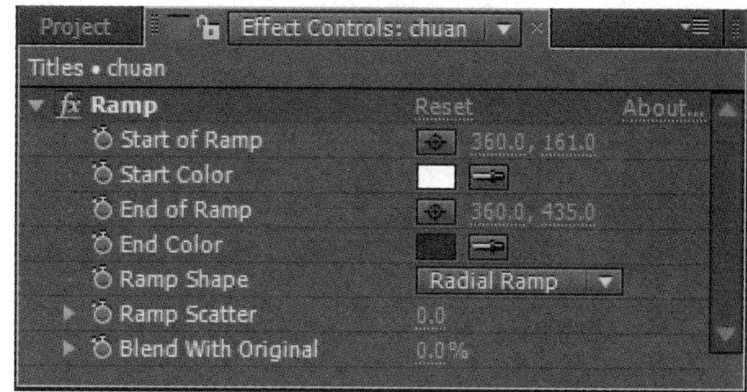

03 在 Timeline 面板中选中文字图层 chuan，选择 Effect → Generate → Ramp 菜单命令，为文字填充渐变色，在 Effect Controls 窗口中调整参数。

04 选择 Effect → Color Correction → Curves 菜单命令，在 Effect Controls 窗口中分别调整曲线的形状，曲线形状 Comp 合成面板的效果如下图所示。

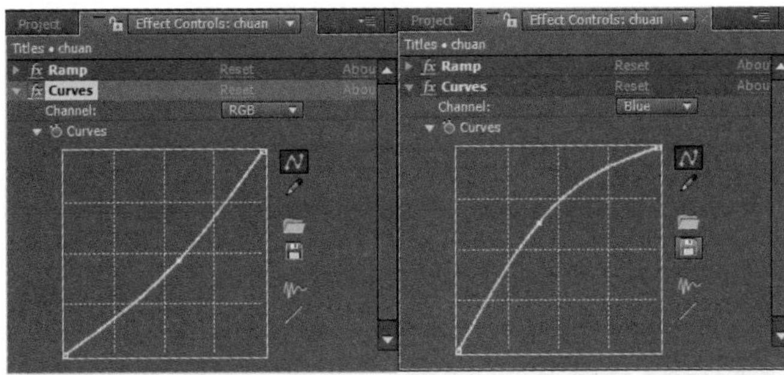

05 打开文字图层的动态模糊属性开关，并调整其在 Timeline 上的出入时间，如下图所示。

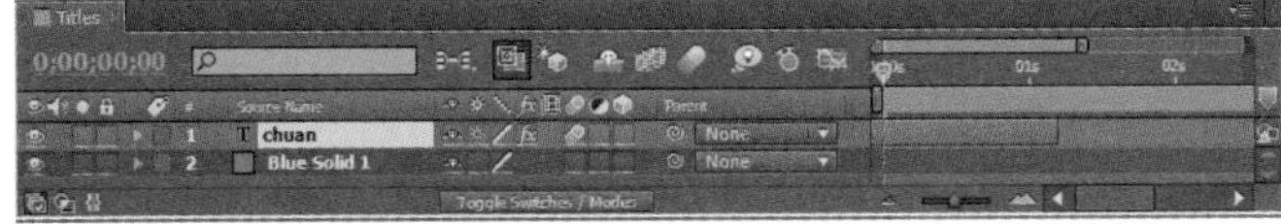

↘ 步骤 02 创建摄像机图层

01 在 Timeline 面板中单击鼠标右键，选择 New → Camera 命令，创建一架摄像机。在 Timeline 面板中选中文字图层 chuan，按键盘上的〈T〉键展开不透明度属性，单击 按钮记录关键帧，如下图所示。

02 在 Timeline 面板中选中文字图层 chuan，按键盘上的〈Ctrl + D〉组合键复制出三个文字图层。分别选择复制的文字图层，在 Timeline 面板中拖动图层，调整它们的出入时间，并单击工具栏中的 T 工具，分别修改复制的三个文字图层的文字内容。

03 选中文字图层 yue，分别按键盘上的〈P〉和〈Shift + T〉组合键，展开 Position 和 Opacity 属性，为它们设置关键帧，如下图所示，然后拖动时间线滑块进行预览。

04 分别为文字图层 shi、kong 设置关键帧，如下图所示。

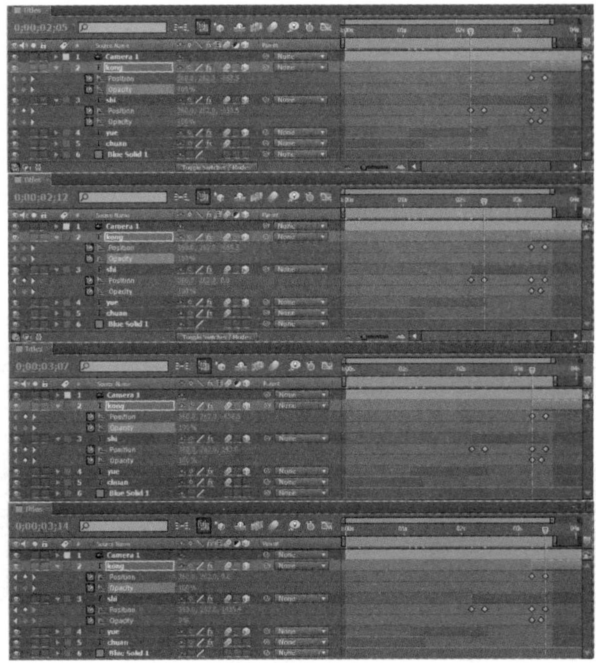

05 拖动时间线滑块进行预览，效果如下图所示。

步骤 03 创建光晕

01 在 Timeline 面板中单击鼠标右键，选择 New → Solid 命令，新建一个黑色固态图层，并将此固态图层拖放至 Timeline 面板的文字图层下面。

02 选中 Black Solid 2 层，单击工具栏中的按钮，在 Comp 合成面板中画一个椭圆形的 Mask。在 Timeline 面板中展开并设置 Mask 的属性，属性设置和 Comp 合成面板的效果如下图所示。

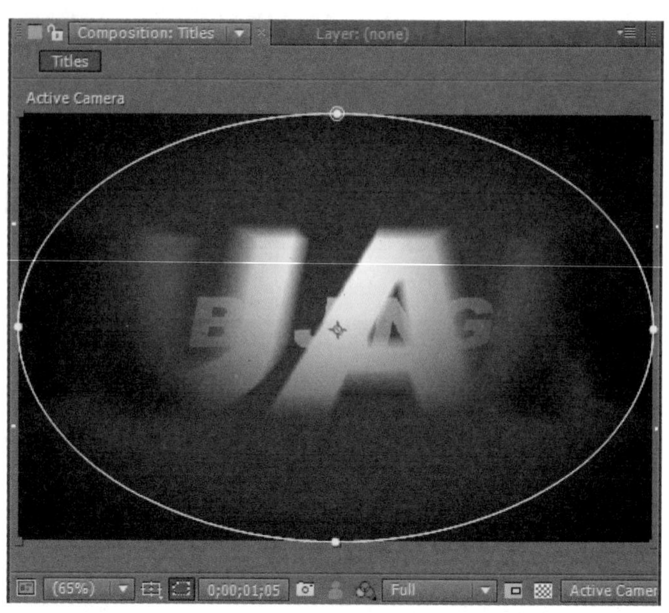

步骤 04 制作摄像机抖动

01 在 Timeline 面板中单击鼠标右键，选择 New → Null Object 命令，新建一个空图层，按〈P〉键展开其位移属性；按住键盘上的〈Alt〉键单击按钮，打开位移表达式的输入项，输入 wiggle（8，20），并将摄像机图层链接为此层的子级层，以模仿摄像机摆动的效果，如下图所示。

02 此时按键盘上的〈0〉键进行预览，效果如下图所示。

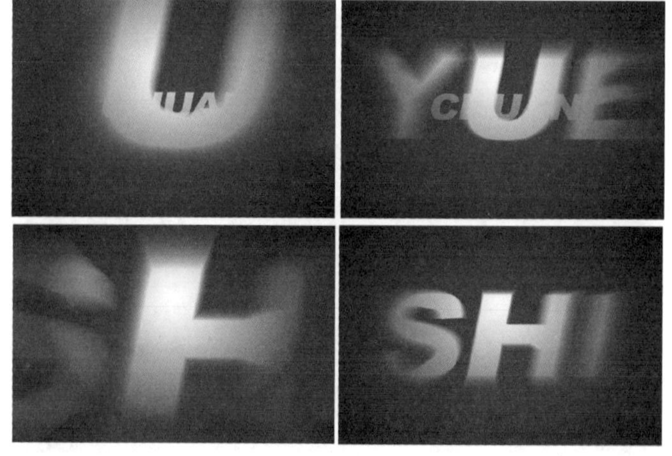

案例 13　文字跳跃

本例主要讲述了如何使用表达式来控制图层属性和使用表达式创建动画的过程，以及利用现有的光效贴图制作出闪烁的光效动画。

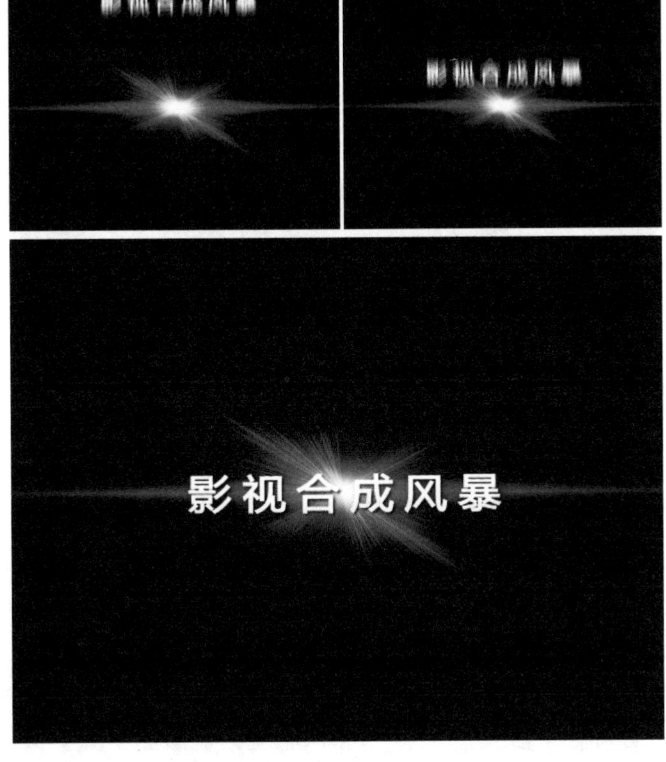

● 光盘路径 | 第 1 章 \ 文字跳跃

● 难易指数 | ★★★★☆

案例效果分析

核心技术要点：本例主要讲述了如何使用表达式来控制图层属性和使用表达式创建动画。

制作思路分析：为文字添加 Separate XYZ Position 和 Slider Control，并为其添加表达式。最后为文字添加光效。

制作提示

1. 创建 Comp 合成和文字。
2. 添加表达式和光效。

步骤 01　创建 Comp 合成和文字

01 启动 Adobe After Effects CC，选择 Composition → New Composition 菜单命令，新建一个 Comp 合成面板，在项目窗口中双击，导入本书配套光盘中的 flare.jpg 文件。

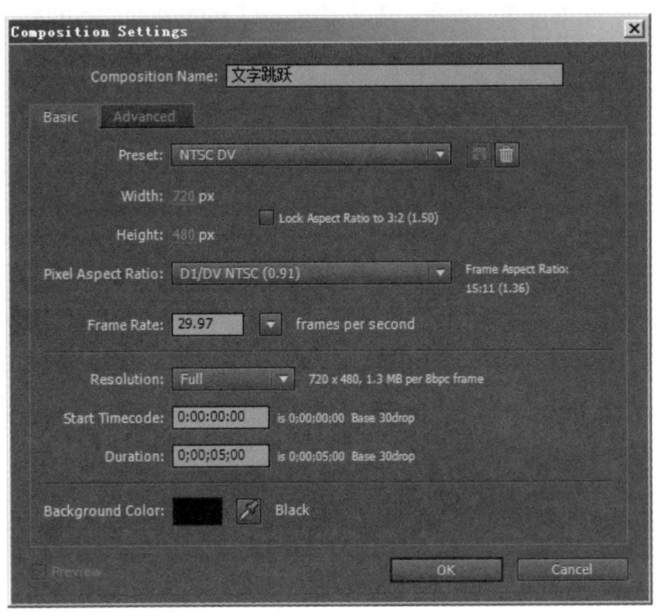

02 单击工具栏中的 T 工具，在 Comp 合成面板中单击输入"影视合成风暴"，文字属性面板和此时 Comp 合成面板的效果如下图所示。

03 单击 Timeline 面板的按钮，打开运动模糊控制开关，再打开文字图层的三维属性和运动模糊开关，如下图所示。

04 在 Effects&Presets 窗口中输入 Separate，依次选择 Transform → Separate XYZ Position 选项，将其用鼠标拖到 Timeline 面板的文字图层上。在 Timeline 面板中展开 Separate XYZ Position，按住〈Alt〉键单击 Y Position 属性左侧的按钮，展开表达式输入项，输入 wiggle (6,300)，按数字键盘上的〈0〉键进行预览，文字已经沿 Y 轴方向跳跃。

05 选中文字图层，选择 Effect → Expression Controls → Slider Control 菜单命令。在 Effect Controls 面板中选中 Slider Control 特效，按〈Enter〉键对其进行重命名。

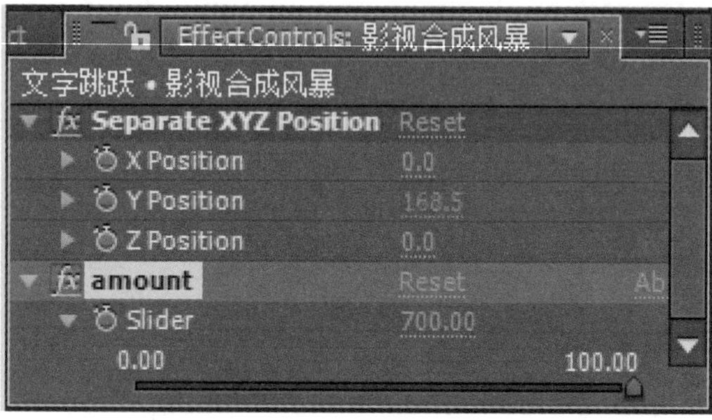

06 在 Effect Controls 面板中设置 Slider 的值为 700，修改 Y Position 的表达式为 amount=effect(amount)(Slider); wiggle(6,amount)。

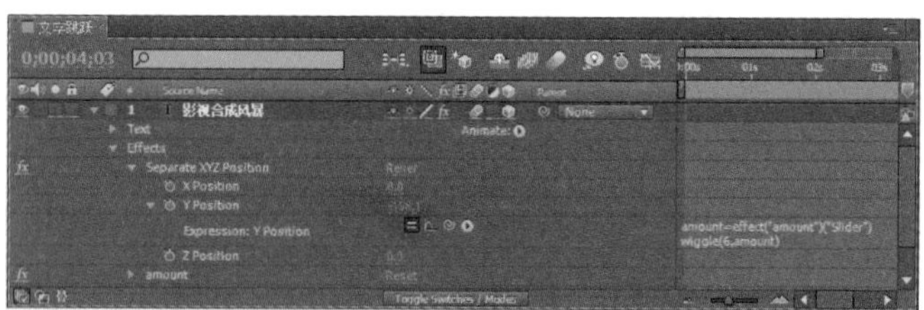

07 在 Timeline 面板中展开 amount 属性，单击按钮为 Slider 记录关键帧。

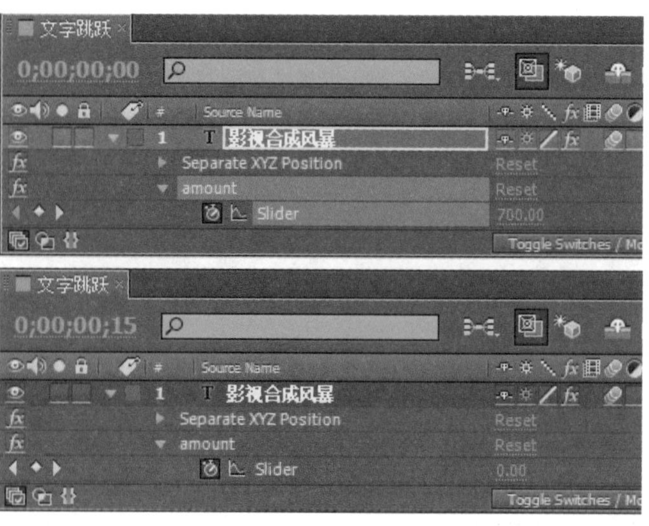

步骤 02 添加表达式和光效

01 将 flare.jpg 文件从项目窗口拖到 Timeline 面板中。选中 flare.jpg 图层，按〈S〉键展开其缩放属性。按住〈Alt〉键单击按钮打开其表达式输入项，输入 s=wiggle(5,40)[0],[s,s]。

02 此时按数字键盘上的〈0〉键进行预览，效果如下图所示。

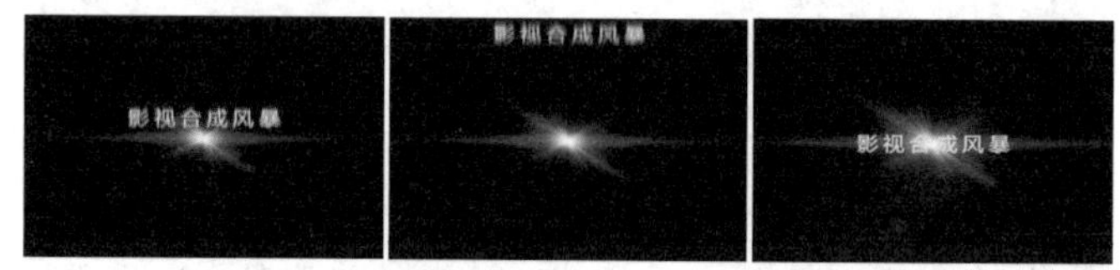

03 在 Timeline 面板中选中“影视合成风暴”图层，选择 Effect → Perspective → Drop Shadow 菜单命令，为文字添加阴影。参数设置和此时的 Comp 合成面板效果如下图所示。

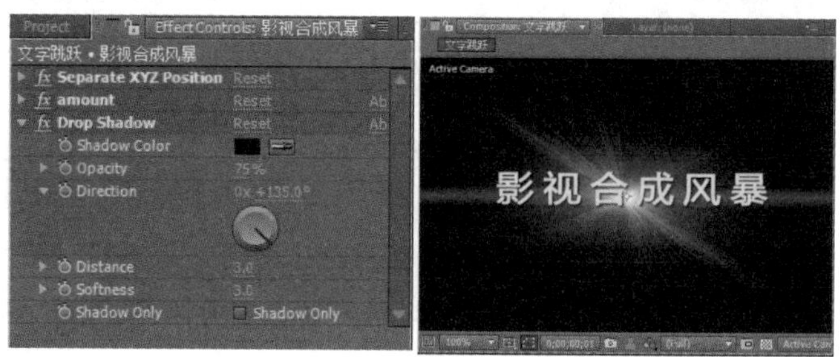

04 此时按键盘上的〈0〉键进行预览，效果如下图所示。

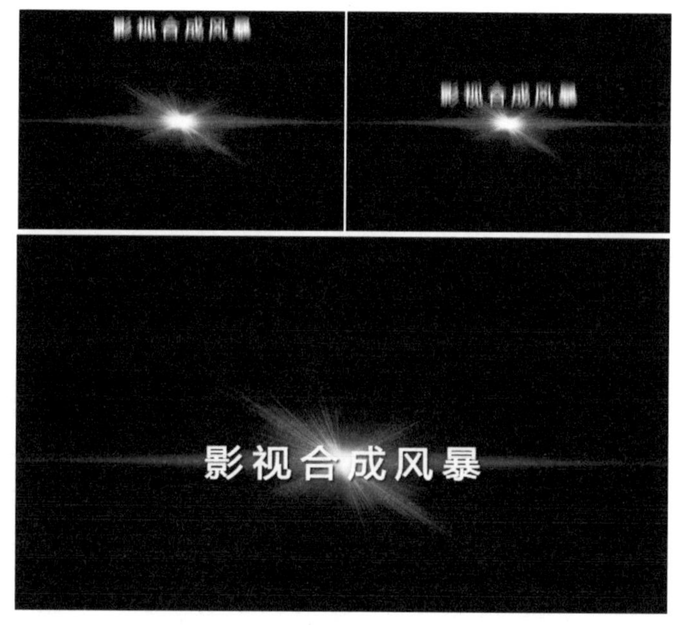

第 2 章

色彩的魅力

在影视制作中，画面色彩的校正是一项非常重要的工作。本章将通过众多的调色案例对 After Effects 的色彩修正滤镜进行应用学习。利用 After Effects 的色彩修正滤镜可以通过简单的调节生成非常震撼的视觉效果。

案例 14　影视校色

本例主要介绍对 After Effects 的色彩修正滤镜的应用。通过本例的学习，熟悉这些色彩修正滤镜的使用，可以使我们的工作效率得到很大的提高。

- **光盘路径** | 第 2 章 \ 影视校色
- **难易指数** | ★★★☆☆

案例效果分析

核心技术要点：本例主要介绍如何在 Adobe After Effects CC 中使用 Tint（染色）、Curves（曲线）、Hue/Saturation（色相→饱和度）滤镜对画面的色调进行调整。

制作思路分析：熟悉 After Effects 的色彩修正滤镜，利用各滤镜之间的配合对视频画面的色调进行调整，使画面的色调偏向符合预期的效果。

制作提示

1. 创建 Comp 合成并进行第一次校色。
2. 第二次校色。

↘ 步骤 01　创建 Comp 合成并进行第一次校色

01 启动 Adobe After Effects CC，选择 Composition → New Composition 菜单命令，新建一个 Comp 合成面板，导入本书配套光盘中的 Avatar ([1-671]).png 文件，将其拖到 Timeline 面板中，此时 Comp 合成效果如下图所示。

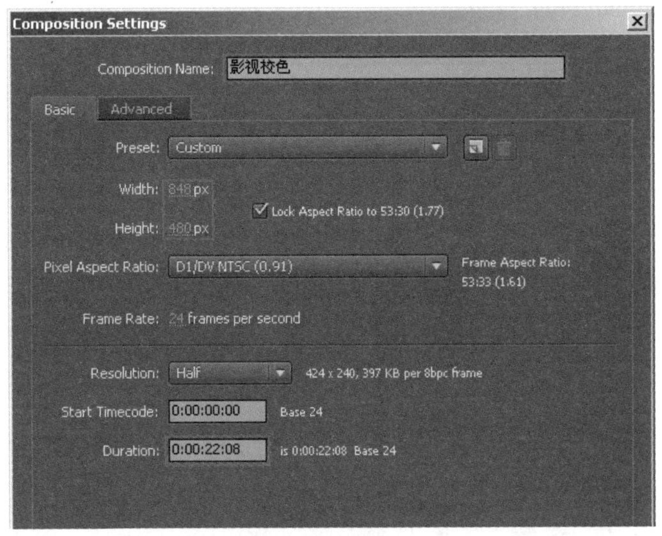

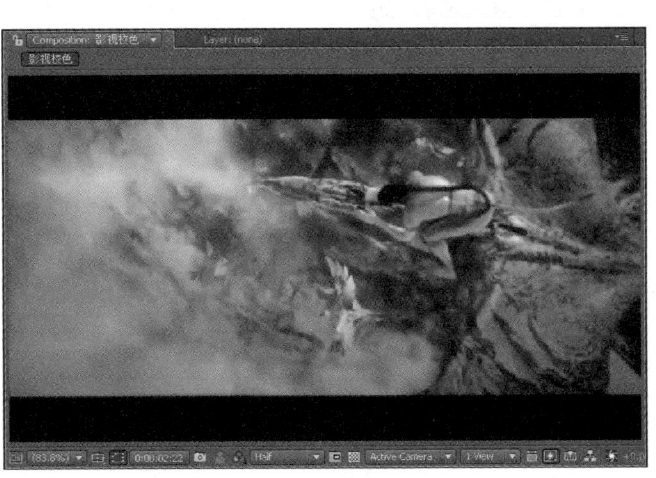

02 在 Timeline 面板选中 Avatar([1-671]).png 图层，选择 Effect → Color Correction → Tint 菜单命令，为其添加 Tint 滤镜，在 Effect Controls 面板中调整参数。

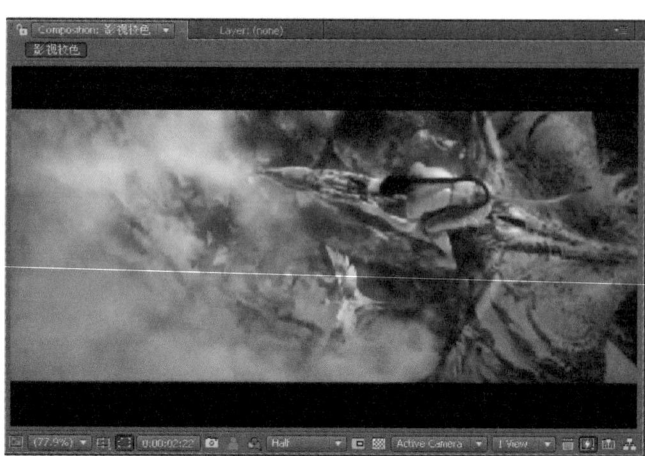

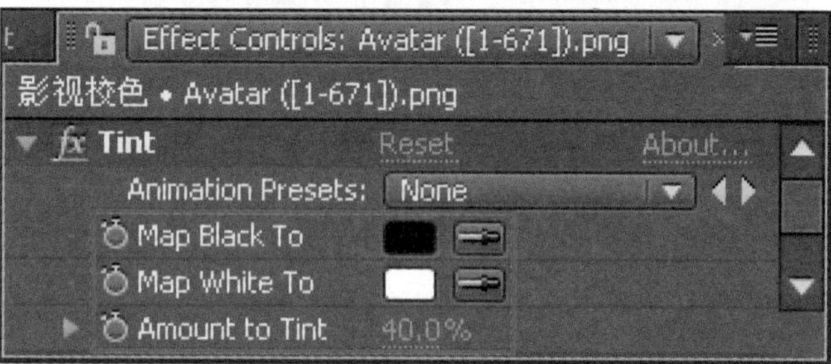

03 选择 Effect → Color Correction → Curves 菜单命令，为其添加 Curves 滤镜，在 Effect Controls 面板中调整参数，如下图所示。

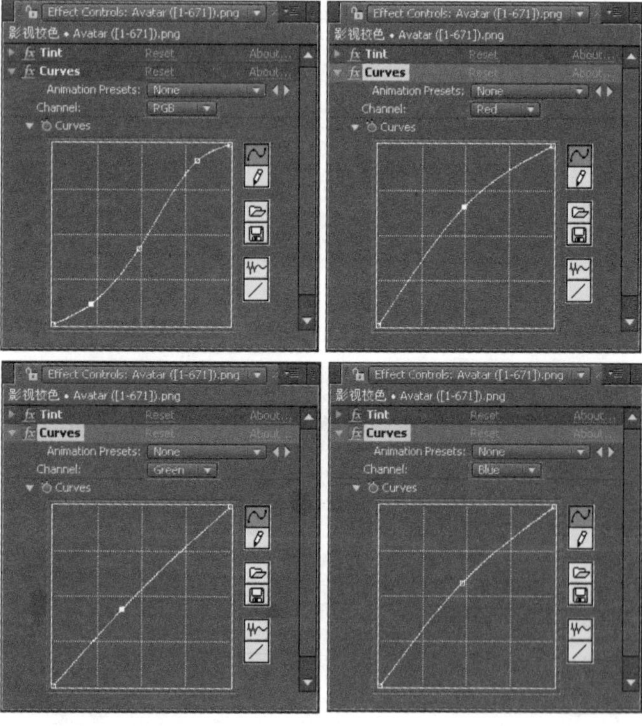

04 此时 Comp 合成面板的效果如下图所示。

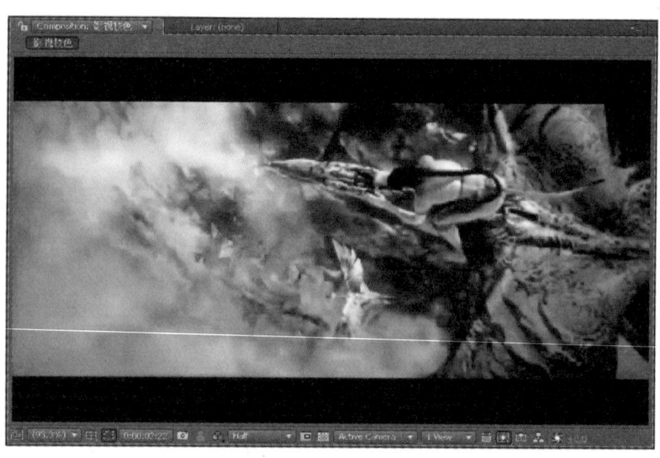

05 选择 Effect → Color Correction → Hue/Saturation 菜单命令，为其添加 Hue → Saturation 滤镜，在 Effect Controls 面板中调整参数，降低图像饱和度。

06 此时按键盘上的〈0〉键进行预览，效果如下图所示。

↘ 步骤 02 第二次校色

01 再次将项目窗口的 Avatar ([1-671]).png 拖到 Timeline 面板中，放在上层。选中此图层，选择 Effect → Color Correction → Curves 菜单命令，为其添加 Curves 滤镜。在 Effect Controls 面板中调整曲线形状。

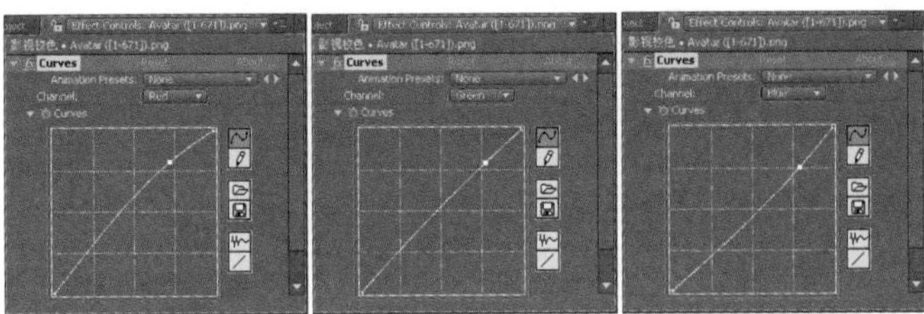

02 此时 Comp 合成面板的效果如下图所示。

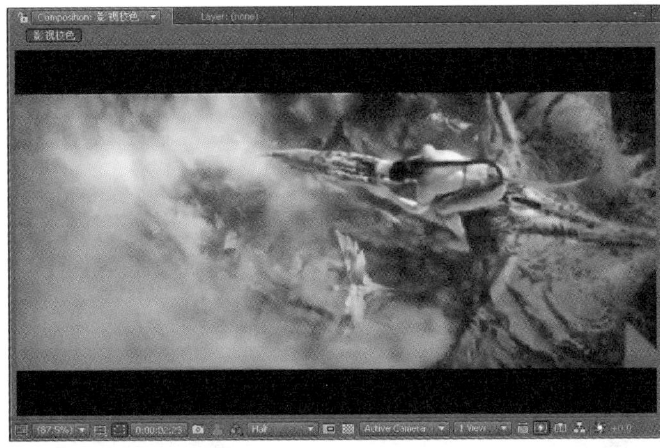

03 选择 Effect → Color Correction → Hue/Saturation 菜单命令，为其添加 Hue/Saturation 滤镜，在 Effect Controls 面板中调整参数，降低图像饱和度。

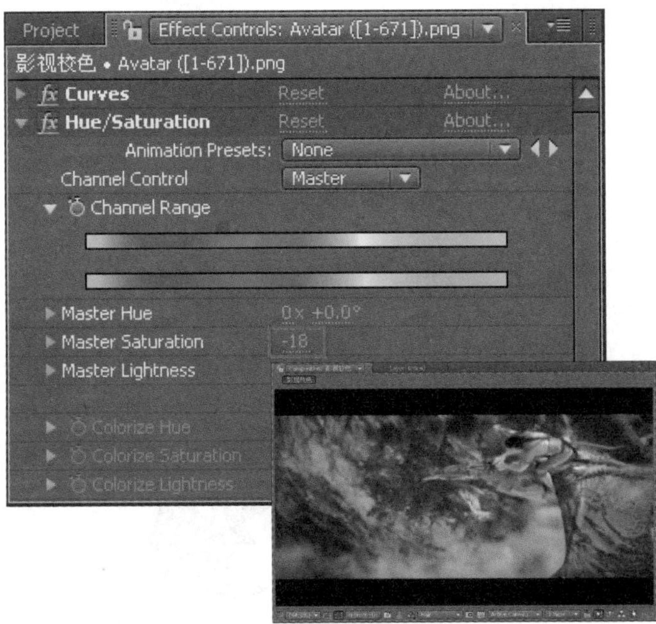

04 选择 Effect → stylize → Glow 菜单命令，为其添加 Glow 滤镜，在 Effect Controls 面板中调整参数，此时 Comp 合成面板的效果如下图所示。

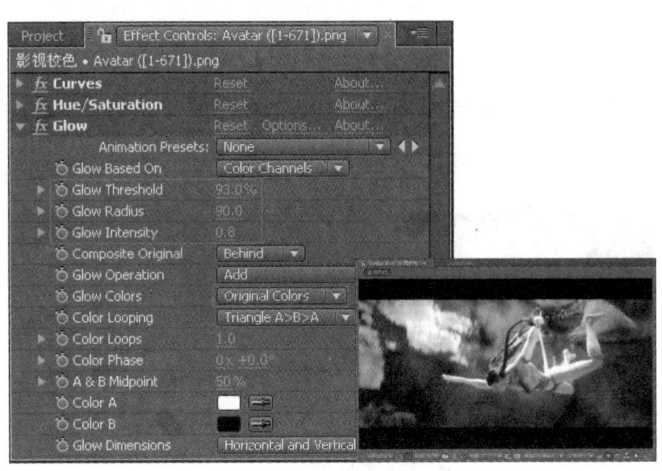

05 此时按数字键盘上的〈0〉键进行预览，效果如下图所示。

案例 15　飘落的莲花

本案例主要是对图像着色，利用色彩平衡滤镜为花瓣素材进行着色。最终利用图层的 Screen 叠加模式将两种渐变色融在一起，作为花瓣的背景效果。

● **光盘路径** | 第 2 章 \ 飘落的莲花

● **难易指数** | ★★☆☆☆

案例效果分析

核心技术要点：熟悉 After Effects 的调色滤镜 Color Balance、Curves、Levels 等的使用；通过使用图层叠加模式得到背景的光效。

制作思路分析：本例学习如何使用 After Effects 对素材的颜色进行调整，并制作彩色背景。

制作提示

1. 创建合成并着色。
2. 添加背景。

步骤 01　创建合成并着色

01 启动 After Effects CC，按键盘上的〈Ctrl + N〉组合键新建一个 Comp 合成。设置 Comp1 的属性，如下图所示。在项目窗口中双击，导入本书配套光盘中的 Logo.tga 文件，将 Logo.tga 从项目窗口中拖放到 Timeline 面板中，如下图所示。

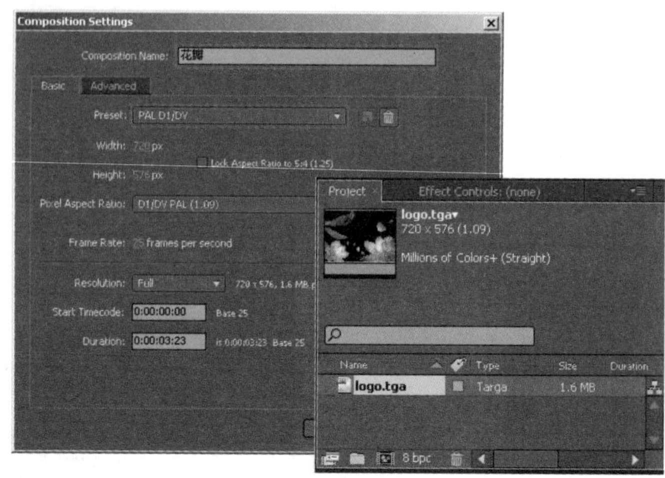

02 在 Timeline 面板选中 Logo.tga 图层，选择 Effect → Color Correction → Color Balance 菜单命令，为其添加 Color Balance 滤镜。在 Effect Controls 面板中调整参数，此时 Comp 合成面板的效果如下图所示。

03 选择 Effect → Color Correction → Curves 菜单命令，为其添加 Curves 滤镜，在 Effect Controls 面板中调整曲线形状，此时 Comp 合成面板的效果如下图所示。

↘ 步骤 02　添加背景

01 在 Timeline 面板中单击鼠标右键，选择 New → Solid 命令，新建一个固态图层，将此图层放置在 Logo.tga 层的下面。固态图层的参数设置如下图所示。

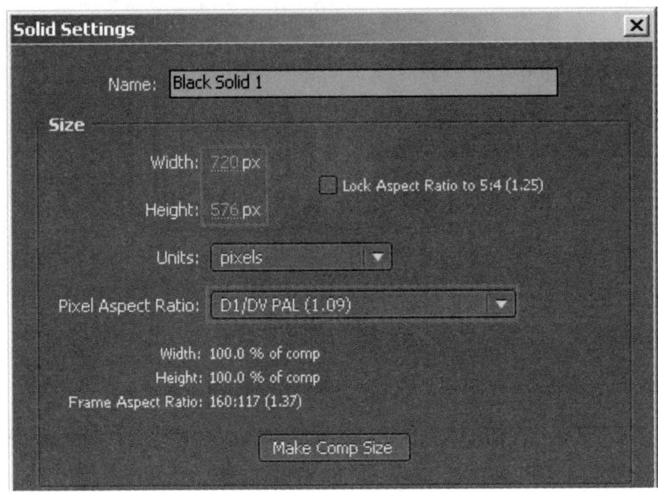

02 选中此固态图层，选择 Effect → Generate → Ramp 菜单命令，为固态图层添加一个渐变色滤镜，此时 Comp 合成面板的效果如下图所示。

03 再次新建一个固态图层，放置在 Black Solid 1 层的上面，为其添加一个渐变色滤镜，设置渐变色的参数。

04 选择 Effect → Color Correction → Levels 菜单命令，并调整其参数。

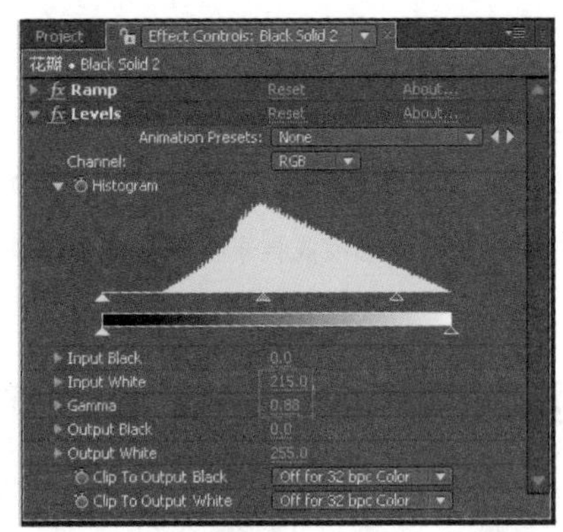

05 在 Timeline 面板中设置 Black Solid 2 图层的叠加模式为 Screen，将 Black Solid 2 图层与 Black Solid 1 图层以 Screen 模式叠加，效果如下图所示。

案例 16　流动的文字

本例主要以文字特效的创建为主，利用 Spherize 滤镜制作文字扭曲的效果，同时为文字添加 Glow 滤镜，使文字产生自发光的效果，并通过图层叠加模式将素材融入整个动画的制作中。

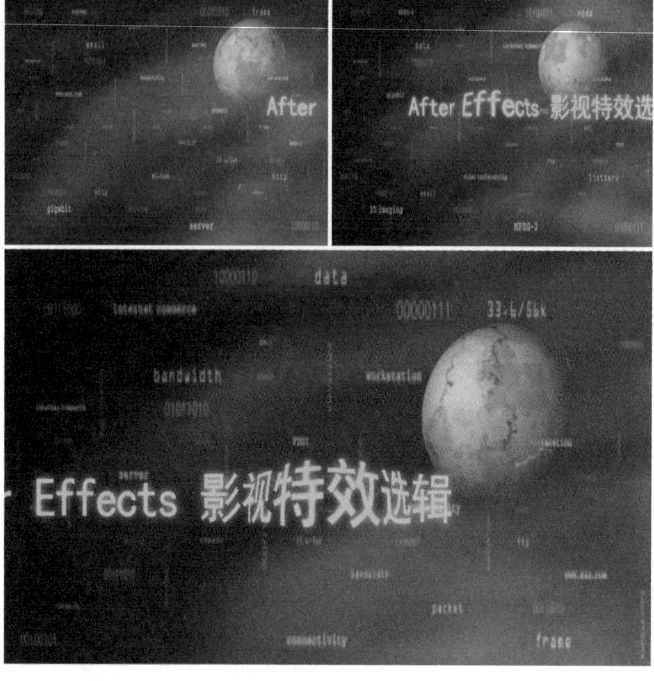

● 光盘路径 | 第 2 章 \ 流动的文字

● 难易指数 | ★★★☆☆

案例效果分析

核心技术要点：创建文字，并记录文字的位移动画。利用合成嵌套为文字使用 Spherize 滤镜，使文字产生扭曲变形的效果。

制作思路分析：本例主要练习对文字的创建和应用。利用图层的叠加模式对素材进行相应的处理，使项目产生漂亮的动画效果。

制作提示

1. 创建 Comp 合成和文字。
2. 为文字记录关键帧。
3. 添加 Spherize 滤镜，制作流动文字效果。

步骤 01　创建 Comp 合成面板和文字

01 启动 Adobe After Effects CC，选择 Composition → New Composition 菜单命令，新建一个 Comp 合成面板，将其命名为文字，选择 File → Import → File 菜单命令，导入光盘中的流动背景 .mov、细文字纹理 .mov、循环的星球 .mov 和红色背景 .tif。

02 单击工具栏中的文字工具 T，在 Comp 合成面板中单击并输入任意文字，如 After Effects 影视特效选辑。文字控制面板中的参数设置如下图所示。

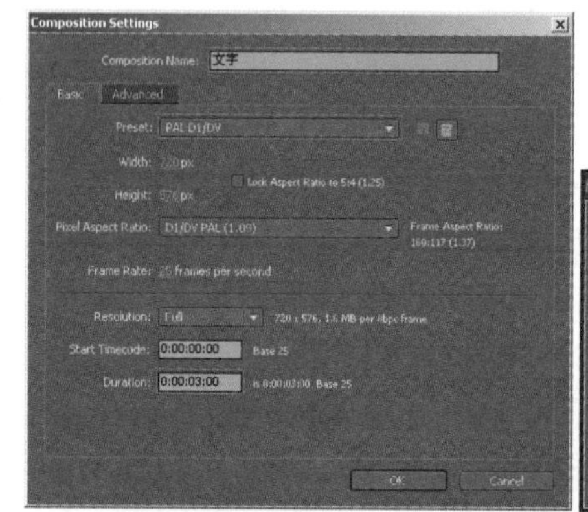

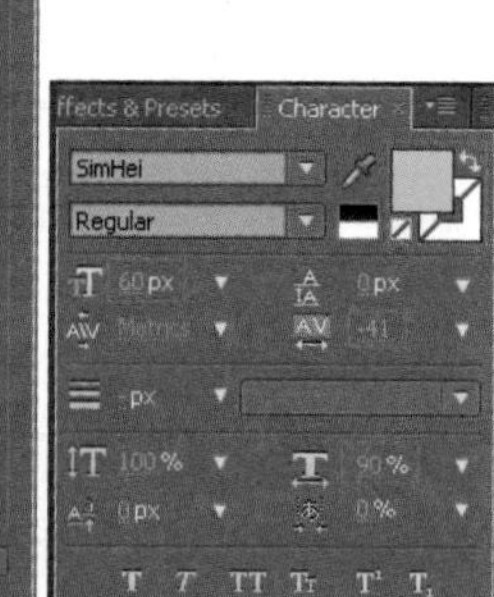

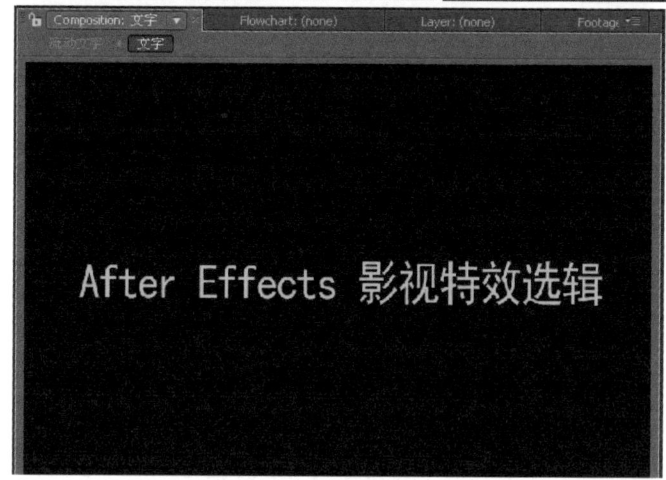

步骤 02　为文字记录关键帧

01 选中文字图层，按下〈P〉键，展开文字图层的 Position 属性，为 Position 设置关键帧。在时间 0:00:00:00 处和 0:00:02:20 处分别设置参数，如下图所示。

02 按数字键盘上的〈0〉键进行预览。

步骤 03　添加 Spherize 滤镜制作流动文字效果

01 选择 Composition → New → Composition 菜单命令，新建一个 Comp 合成面板，将其命名为流动文字，将项目面板中的“流动背景 .mov”“细文字纹理 .mov”“循环的星球 .mov”和文字全拖入到流动文字合成的 Timeline 面板中，并改变各层的叠加模式，Timeline 面板如下图所示。

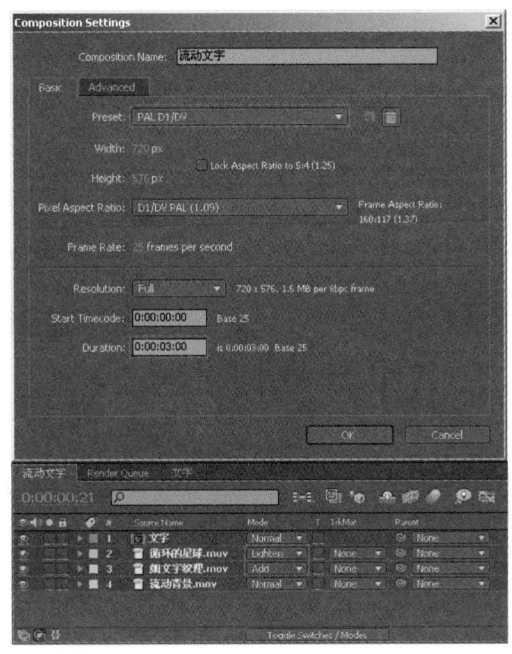

02 调整各图层的 Position 和 Scale 属性，使其在画面中有合适的位置和大小，选中文字图层，选择的 Effect → Distort → Spherize 菜单命令，为其添加 Spherize 滤镜。

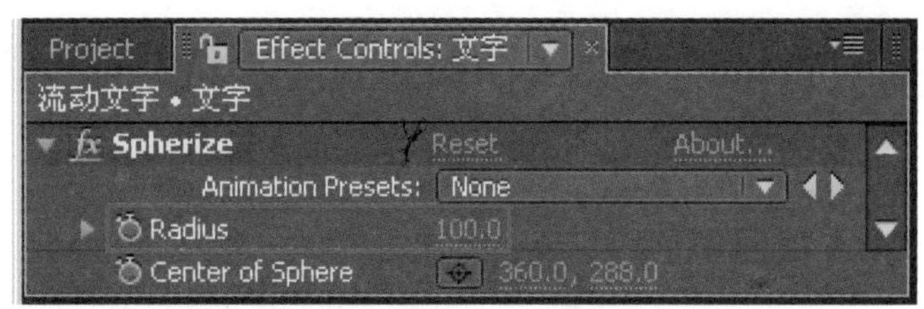

03 选择 Effect → Stylize → Glow 菜单命令，为文字图层添加 Glow 滤镜，在 Effect Controls 面板中设置参数。

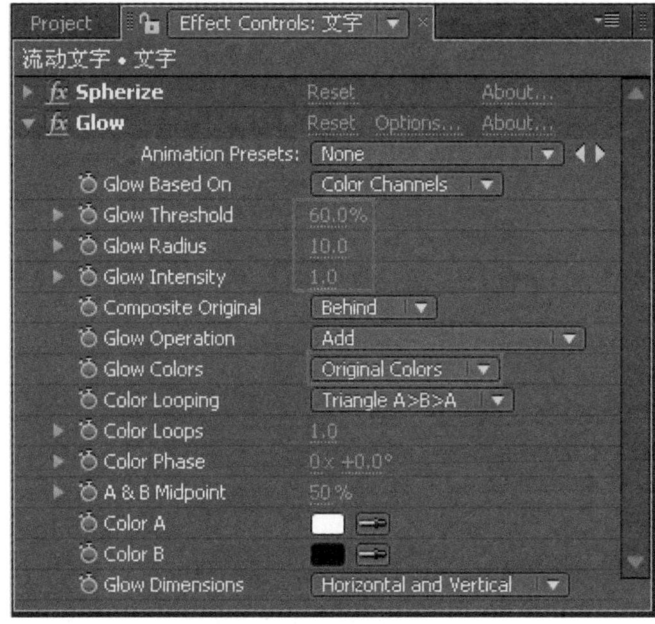

04 此时按数字键盘上的〈0〉键进行预览，效果如下图所示。

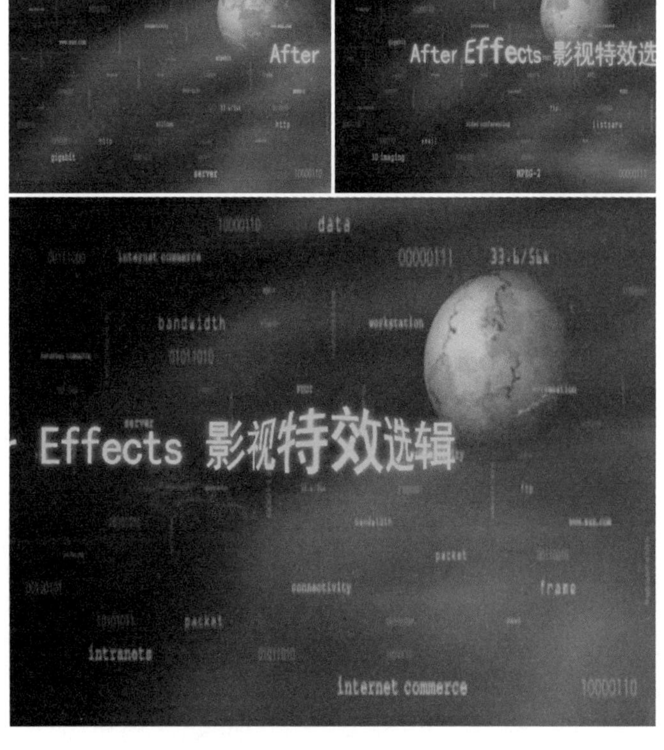

案例 17　影视预告

本案例主要制作 Mask 的位移和缩放动画，令其产生一种空间运动的效果；利用 Mask 的选项对画面划分出不同色彩的区域。

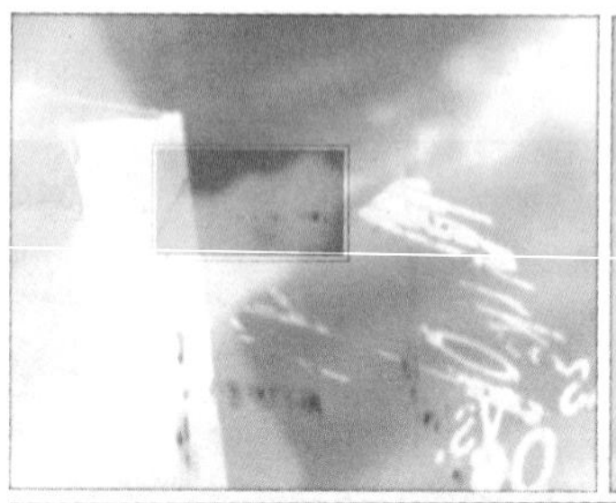

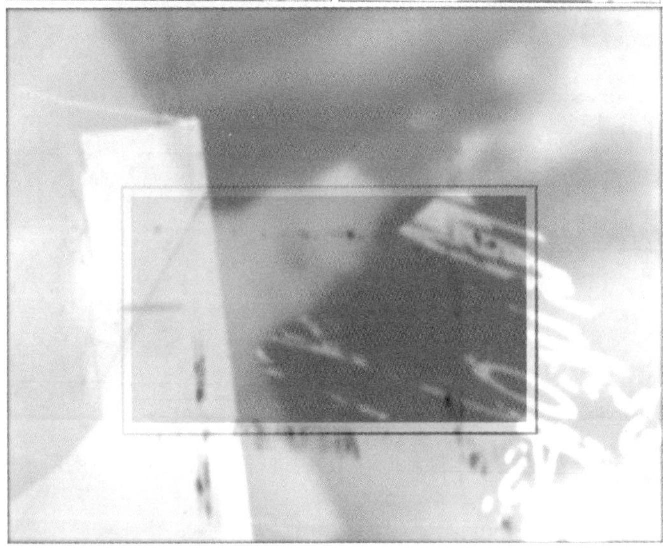

● **光盘路径** | 第 2 章 \ 影视预告

● **难易指数** | ★★★☆☆

案例效果分析

核心技术要点：利用 Hue/Saturation 滤镜为画面进行调色；使用图层的 TrkMat 选项读取上一层的黑白信息，产生不同的画面区域。

制作思路分析：本例主要练习利用 Mask 画出遮罩区域，再利用 Stroke 外挂滤镜来制作遮罩的外框，最后设置 TrkMat 来产生影视预告的效果。

制作提示

1. 制作 Mask 层。
2. 创建影视预告窗口。
3. 为 Mask 层制作关键帧动画。

步骤 01　创建 Comp 合成面板

01 启动 Adobe After Effects CC，选择 Composition → New Composition 菜单命令，新建一个 Comp 合成面板，将其命名为 Mask。选择 Layer → New → Solid 菜单命令，新建一个固态图层，将其命名为 White。

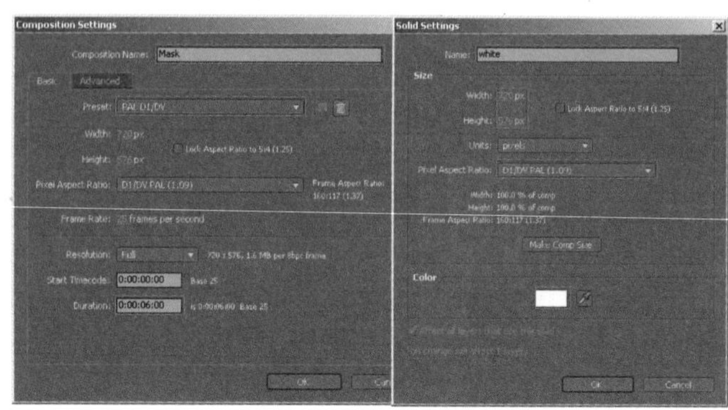

02 选中 White 层，单击工具栏中的▢，在 Comp 合成面板中画一个 Mask，选择 Layer → New → Solid 菜单命令，再次新建一个固态图层，并命名为 White Line。选中 White Line 图层，单击工具栏中的▢，在 Comp 合成面板中画一个 Mask。

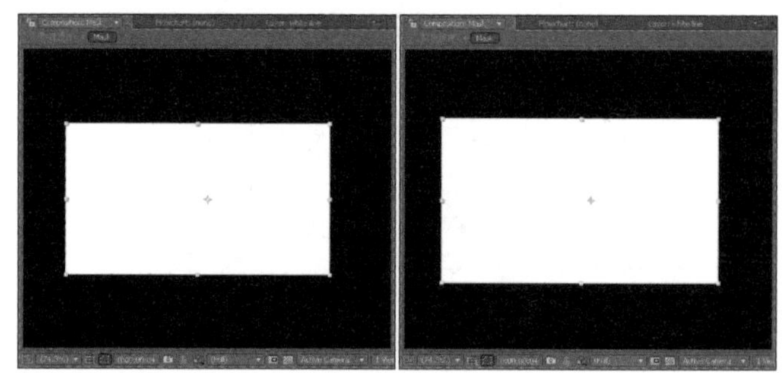

03 选中 white line 图层，选择 Effect → Generate → Stroke 菜单命令，为其添加 Stroke 滤镜，在 Effect Controls 面板中调整参数。此时 Comp 合成面板的效果如下图所示。

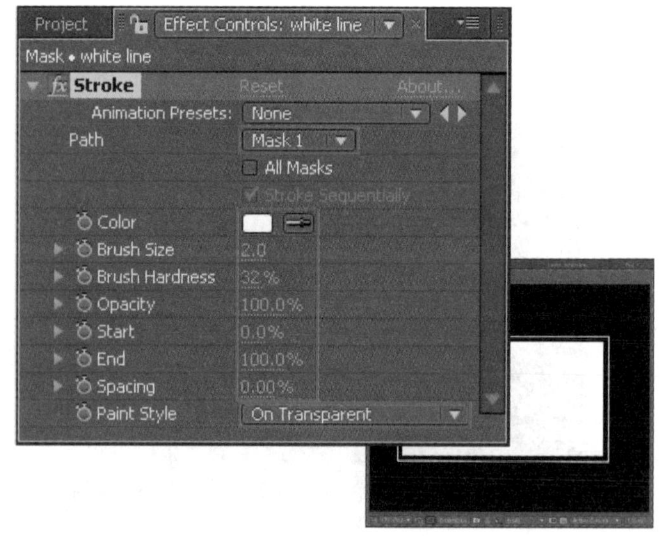

04 选择 Composition → New Composition 菜单命令，新建一个 Comp 合成面板，命名为影视预告，选择 File → Import → File 菜单命令，导入光盘中的“流动背景 .mov”“红色背景 .tif”，将“红色背景 .tif”，拖入到影视预告合成的 Timeline 面板中。

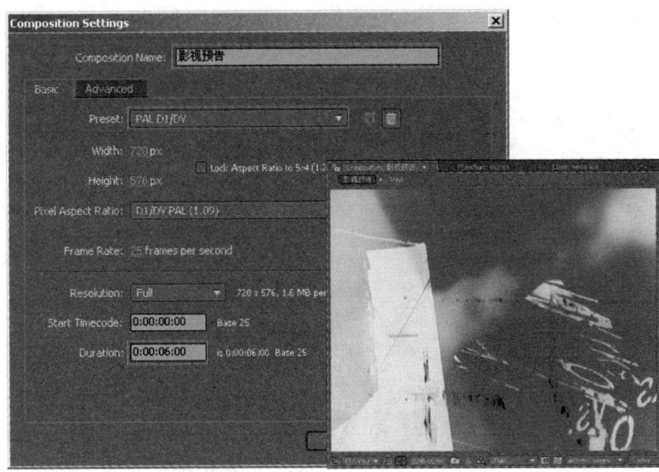

05 在 Timeline 面板中选中红色背景图层，选择 Effect → Color Correction → Hue → Saturation 菜单命令，为其添加 Hue/Saturation 滤镜。在 Effect Controls 面板中调整参数，选择 Effect → Blur&Sharpen → Fast Blur 菜单命令，为其添加 Fast Blur 滤镜。在特效控制面板中调整参数，此时 Comp 合成面板的效果如下图所示。

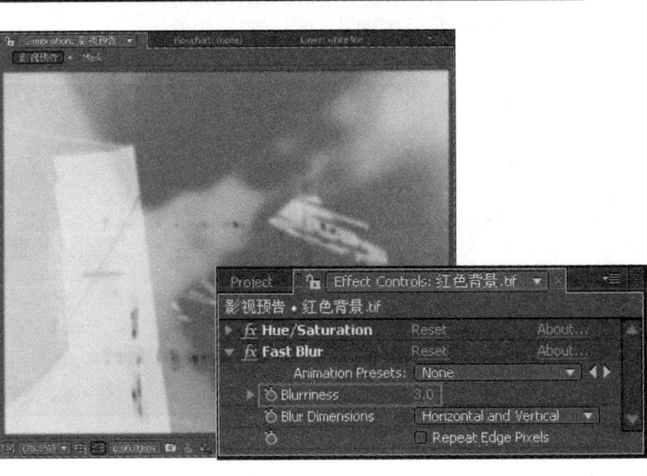

↘ 步骤 02　记录关键帧

01 将项目窗口中的“流动背景 .mov”拖放到 Timeline 面板中，将 Mask 也拖入到 Timeline 面板中，并将 Mask 放在上层。选中 Mask 图层，按键盘上的〈P〉键，展开 Mask 图层的 Position（位置）属性，再按〈Shift + S〉组合键，同时打开 Mask 图层的 Scale（缩放）属性，接着为 Position 和 Scale 属性设置关键帧动画。在时间0:00:00:00和0:00:01:08处分别设置参数，如下图所示。

02 选中“流动背景 .mov”图层，设置其 TrkMat 方式，如下图所示。

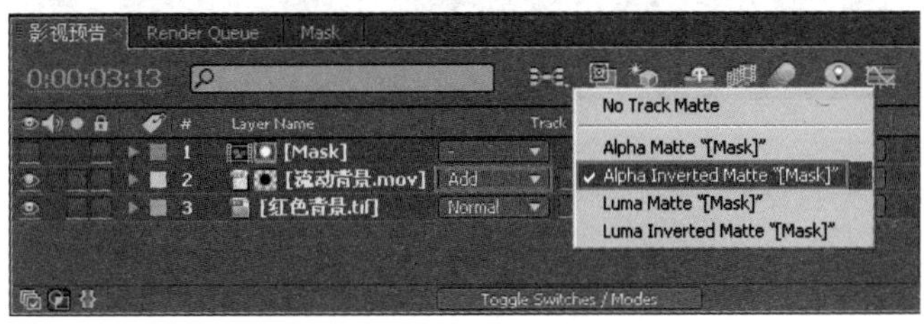

03 按数字键盘上的〈0〉键进行预览，效果如下图所示。

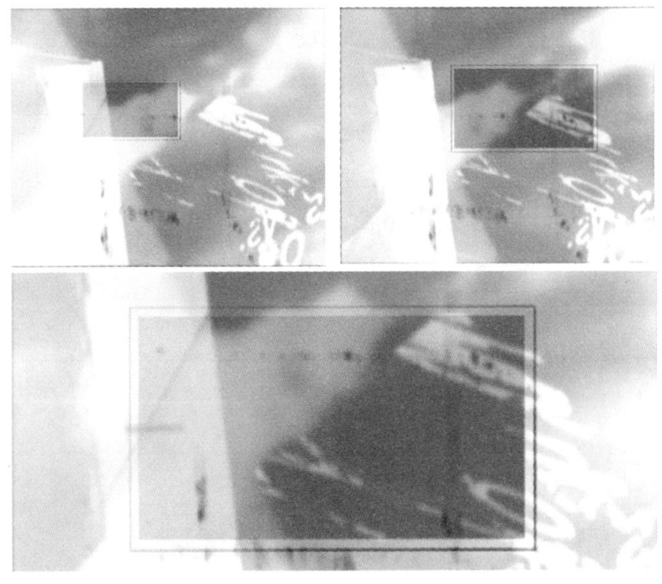

案例 18　金属字

本案例主要利用 After Effects 的调色工具对物体进行着色，使物体产生金属效果。最终使用合成嵌套为文字模拟地板上的倒影效果。此种制作倒影的方法应用广泛，是一种非常快捷的制作方法。

● **光盘路径** | 第 2 章 \ 金属字

● **难易指数** | ★★★☆☆

案例效果分析

核心技术要点：理解空间概念，熟悉 After Effects 的调色滤镜，制作出具有金属质感的文字，并模拟实际生活中的倒影效果，为文字制作地板上的倒影。

制作思路分析：本例主要练习使用 Curves 滤镜对图像不同的色彩通道进行调整，利用 Levels 滤镜调整图像明暗对比度来达到需要的效果。

制作提示

1. 导入素材。
2. 添加 Curves 和 Levels 滤镜。
3. 新建一个固态图层，为素材添加背景。
4. 为文字添加倒影。

↘ 步骤 01　新建 Comp 合成面板并校色

01 启动 Adobe After Effects CC，选择 Composition → New Composition 菜单命令，新建一个 Comp 合成面板，将其命名为金属字，选择 File → Import → File 菜单命令，导入光盘中的 Text.tga，并将其拖入到 Timeline 面板。

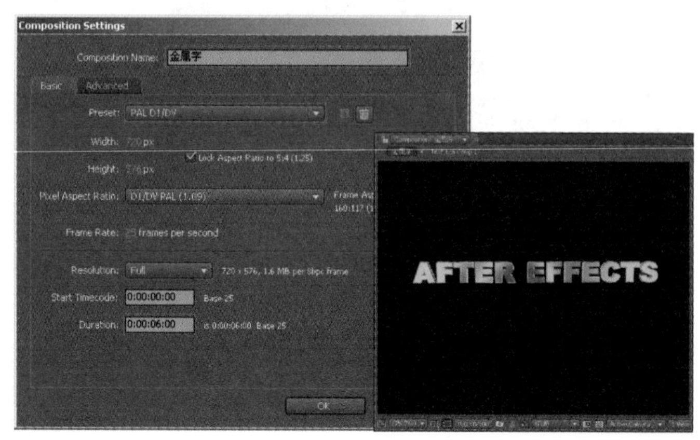

02 选中 Text.tga 图层，选择 Layer → Pre-compose 菜单命令，将其作为一个合成嵌套到金属字的合成中，命名为 Text.tga Comp 1。

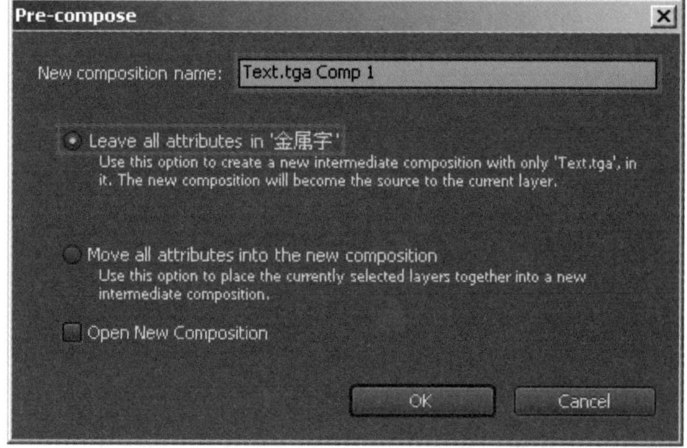

03 选中 Text.tga Comp 1 图层，选择 Effect → Color Correction → Curves 菜单命令，为其添加 Curves 滤镜，在 Effect Controls 面板中调整参数，如下图所示。

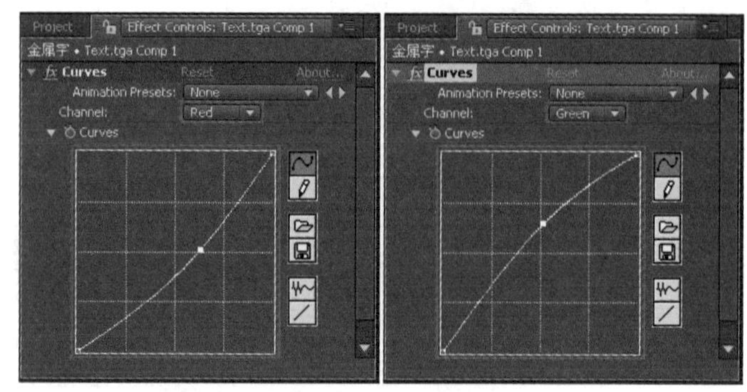

04 选中 Text.tga Comp 1 层，选择 Effect → Color Correction → Levels 菜单命令，为其添加 Levels 滤镜，在 Effect Controls 面板中调整参数，此时 Comp 合成面板的效果如下图所示。

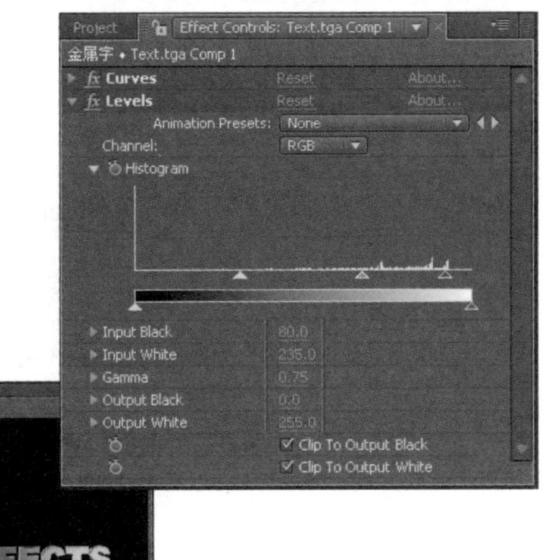

05 选择 Layer → New → Solid 菜单命令，新建一个固态图层。将此固态图层拖放到 Timeline 面板的最底层作为背景。选中此固态图层，选择 Effect → Generate → Ramp 菜单命令，为其添加 Ramp 滤镜。在 Effect Controls 面板中分别设置 Start Color 和 End Color 的颜色为黑色和蓝色，此时 Comp 合成面板的效果如下图所示。

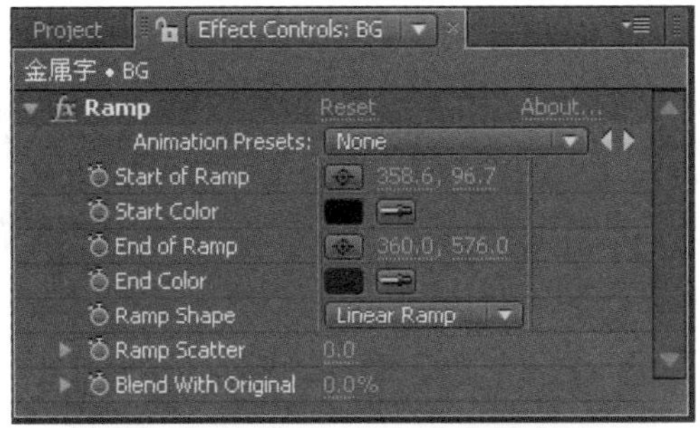

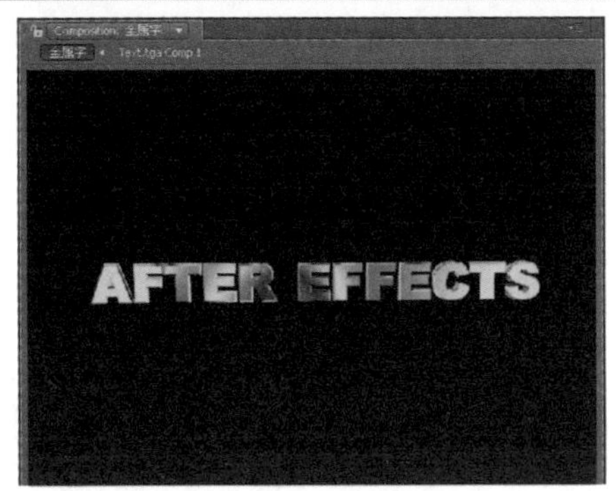

↘ 步骤 02　为文字添加倒影

01 双击 Text.tga Comp 1 图层，进入到 Text.tga Comp 1 合成的编辑界面。选中 Text.tga 图层，按键盘上的〈Ctrl+D〉组合键复制。选中图层 2，按键盘上的〈S〉键，展开其 Scale 属性，设置其属性值为（100，-100），将图层 2 进行垂直反转。此时 Comp 合成面板的效果如下图所示。

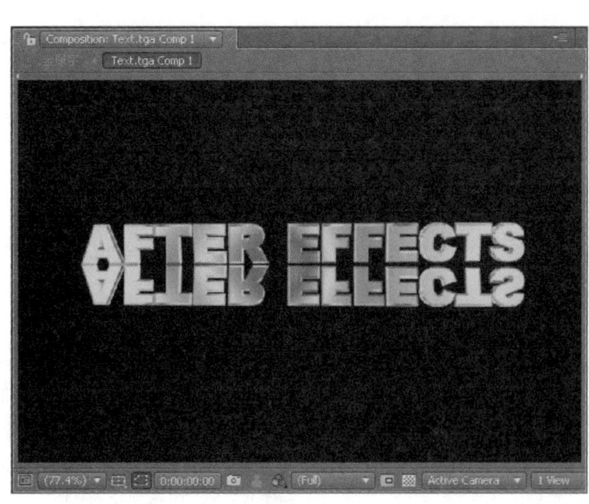

02 选中图层 2，选择 Effect → Transition → Linear Wipe 菜单命令，为其添加 Linear Wipe 滤镜。在 Effect Controls 面板中设置参数，此时 Comp 合成面板的效果如下图所示。

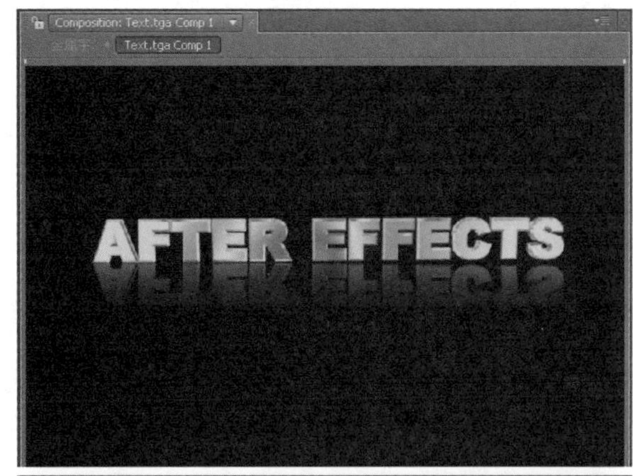

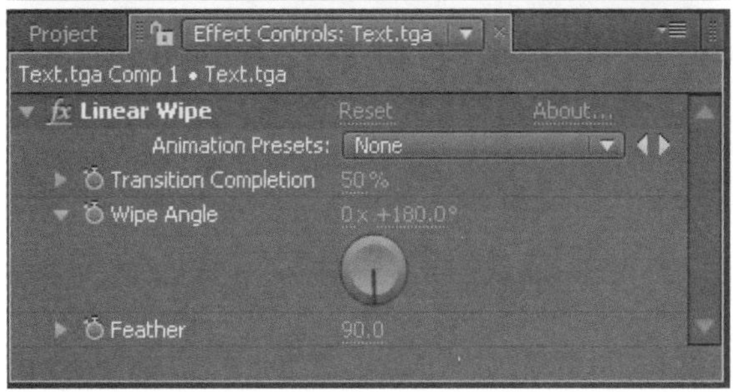

03 返回金属字合成中，此时 Comp 合成面板的效果如下图所示。

案例 19 局部校色

本案例主要练习使用钢笔工具在图层上绘制 Mask，利用 Mask 在画面中形成选区。然后为图层添加 Curves、Tint 滤镜，对 Mask 所划定的区域的画面进行调色。

● 光盘路径 | 第 2 章 \ 局部校色

● 难易指数 | ★★★☆☆

案例效果分析

核心技术要点：学习 Mask 在动画制作中的应用。通过对 Mask Path 记录关键帧，使整个 Mask 产生动画。并且此区域范围内的一些滤镜效果也会随着 Mask 的动画而改变。

制作思路分析：本例主要使用遮罩工具对画面进行区域划分。利用 Effect 中的 Tint 和 Curves 滤镜，通过对不同区域中的参数调节得到想要的效果。

制作提示

1. 导入素材。
2. 为素材添加 Tint 和 Curves 滤镜进行调色。
3. 制作 Mask。
4. 为 Mask 制作关键帧。

步骤 01 新建 Comp

01 启动 Adobe After Effects CC，选择 Composition → New Composition 菜单命令，新建一个 Comp 合成面板，将其命名为局部校色，在项目窗口中双击，导入本书配套光盘中的 sin_city_look.mov 文件。

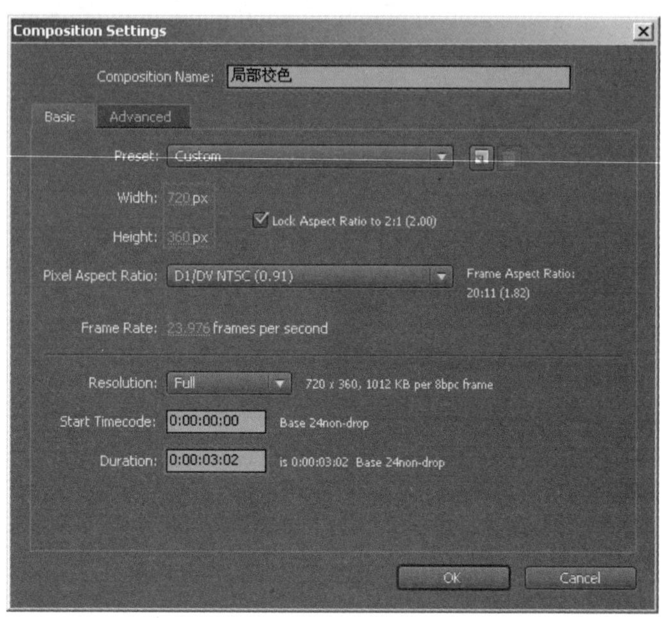

02 将 sin_city_look.mov 从项目窗口拖到局部校色的 Timeline 面板中三次，设置图层 1 的图层叠加模式为 Color，如下图所示。

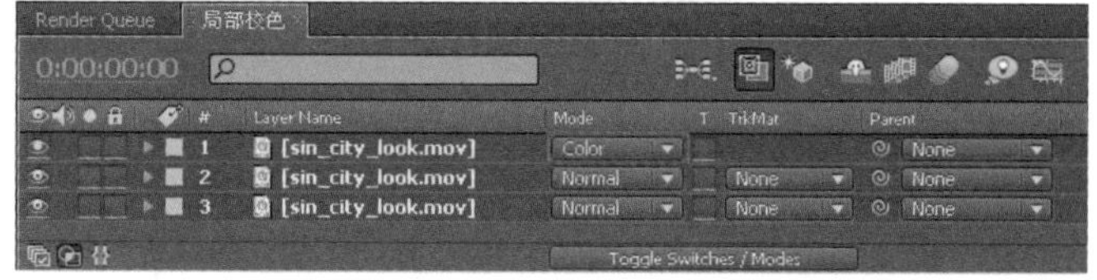

步骤 02 为画面调色

01 单击上面两个图层的按钮，关闭图层的显示属性。选中图层 3，选择 Effect → Color Correction → Tint 菜单命令，在 Effect Controls 面板中调整滤镜参数，此时 Comp 合成面板的效果如下图所示。

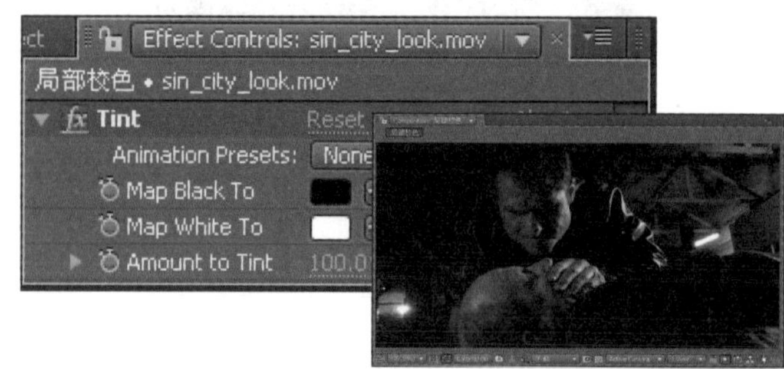

02 选择 Effect → Color Correction → Curves 菜单命令，为图层 3 添加曲线调节滤镜，调整曲线的形状，此时 Comp 合成面板的效果如下图所示。

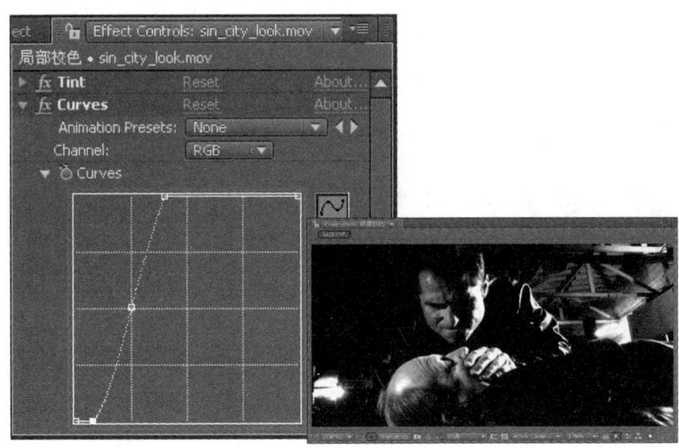

↘ 步骤 03　制作 Mask

01 单击图层 1 和图层 3 的按钮，关闭图层的可见属性。选中图层 2，单击工具栏中的钢笔工具，在 Comp 合成面板中画一个 Mask，调整 Mask 的参数，此时 Comp 合成面板的效果如下图所示。

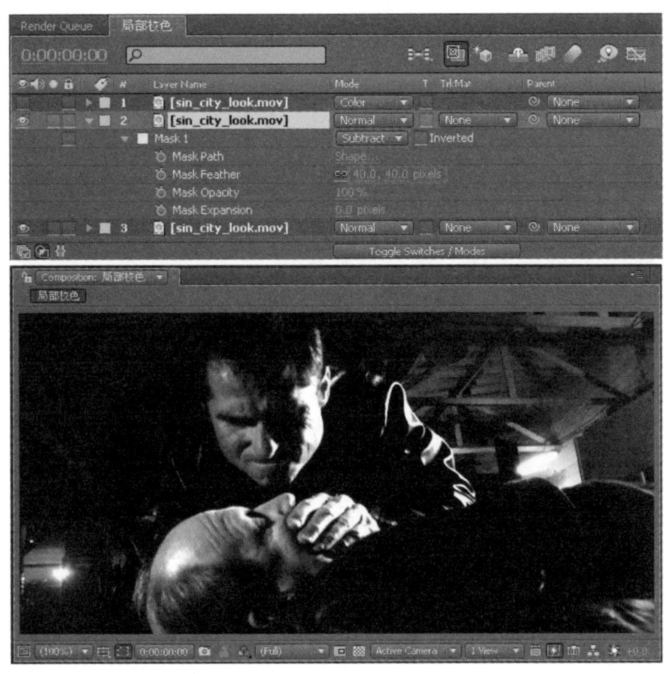

02 为图层 2 添加 Curves 滤镜，如下图所示。

↘ 步骤 04　为主角调色

01 选中图层 1，选择 Effect → Color Correction → Curves 菜单命令，为其添加曲线调节滤镜，并调整曲线的形状，如下图所示。

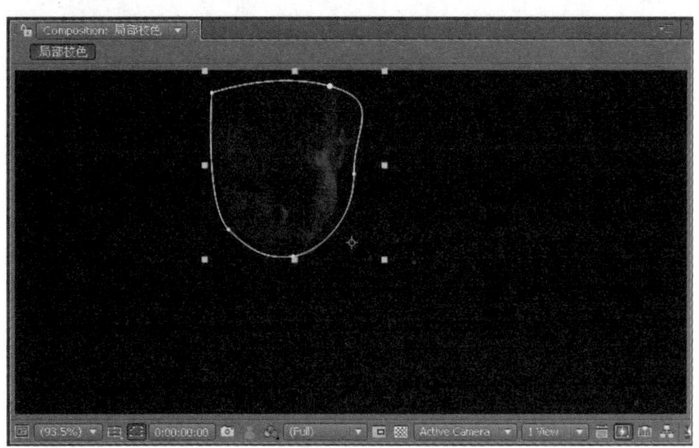

02 选中图层 1，选择 Effect → Color Correction → Curves 菜单命令，为其添加曲线调节滤镜，并调整曲线的形状，如下图所示。

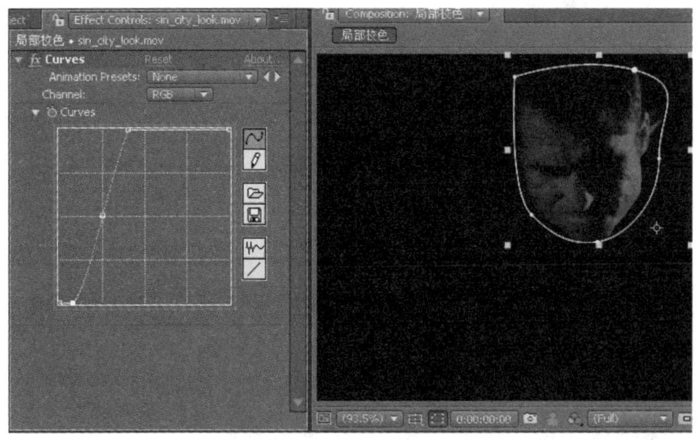

↘ 步骤 05　为 Mask 制作关键帧

01 将所有图层的显示属性打开。选中图层 1，展开其图层属性列表，单击 Mask Path 前面的按钮，为 Mask 打上关键帧。分别拖动时间滑块，根据人物在画面中的移动调整 Mask 的位置。在视图中调节 Mask 的位置和形状，让 Mask 和人脸的移动匹配，并自动记录关键帧，如下图所示。

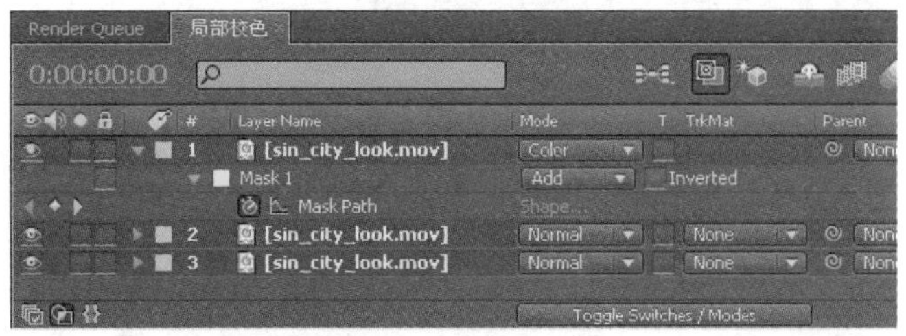

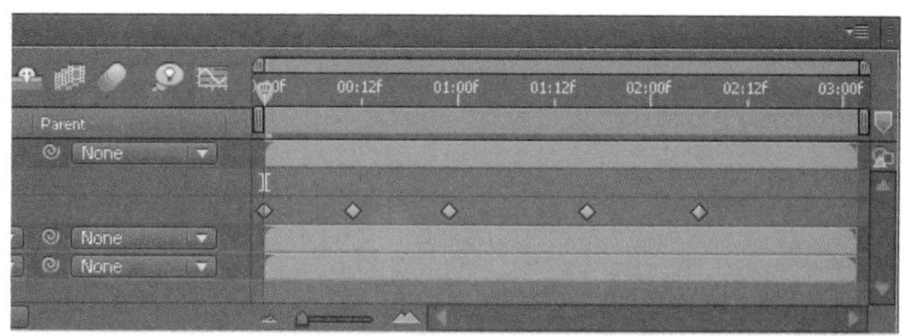

02 此时按数字键盘上的〈0〉键进行预览，效果如下图所示。

案例 20 模拟景深

本案例主要介绍 Lens Blur 滤镜的应用，利用此滤镜读取贴图的黑白信息，达到控制画面清晰区域和模糊区域的划分，使整个画面显示出一种真实的摄像机景深效果。

● **光盘路径** | 第 2 章 \ 模拟景深

● **难易指数** | ★★★☆☆

案例效果分析

核心技术要点：为图像添加 Lens Blur（镜头模糊）滤镜，再制作一个黑白的渐变贴图。利用 Lens Blur 滤镜读取黑白贴图的信息，使画面按照黑白贴图的黑白信息分布实现黑色区域清晰、白色区域模糊的效果。

制作思路分析：本例主要介绍使用 Adobe After Effects 模拟摄像机景深效果，为图像制作景深的步骤。

制作提示

1. 新建 Comp 合成面板并导入素材。
2. 添加 Lens Blur 滤镜。
3. 制作深度图层。
4. 新建视窗。

↘ 步骤 01 创建 Comp 合成面板并添加滤镜

01 启动 Adobe After Effects CC，选择 Composition → New Composition 菜单命令，新建一个 Comp 合成面板，导入本书配套光盘中的 b.jpg 文件，将其拖到 Timeline 面板中。

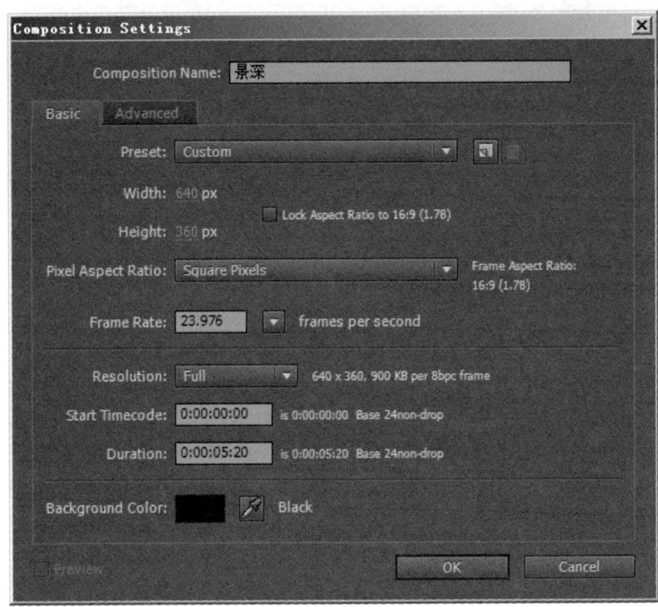

02 在 Timeline 面板中选中 b.jpg 层，选择 Effect → Blur&Sharpen → Lens Blur 菜单命令，为其添加 Lens Blur 滤镜，如下图所示。

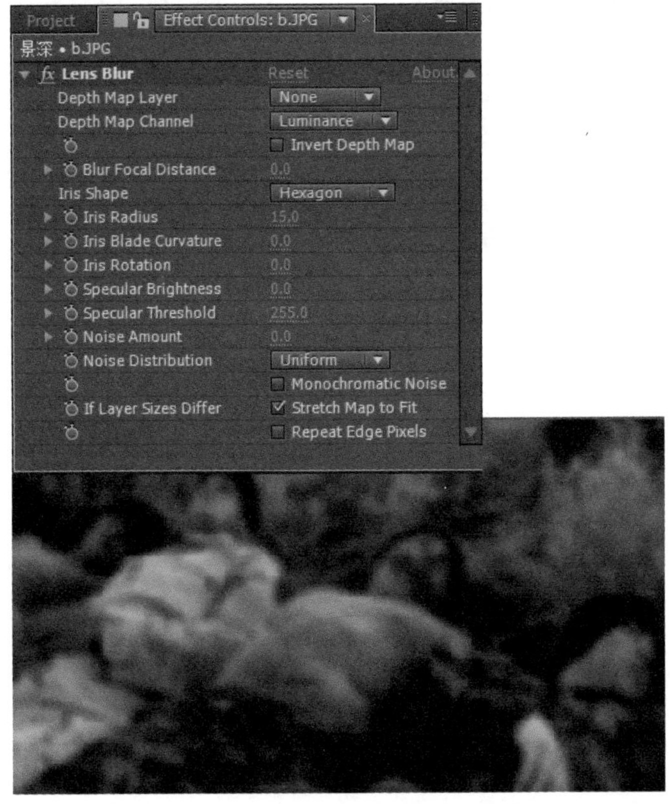

↘ 步骤 02 制作深度图层并新建视窗

01 在 Timeline 面板中单击鼠标右键，选择 New → Solid 命令，新建一个固态图层。选中 Black Solid 1 图层，按键盘上的〈Ctrl + Shift + C〉组合键，将其作为一个合成嵌套进来。在 Black Solid 1 Comp 1 合成中选中 Black Solid 1 图层，选择 Effect → Generate → Ramp 菜单命令，为其添加 Ramp 滤镜，如下图所示。

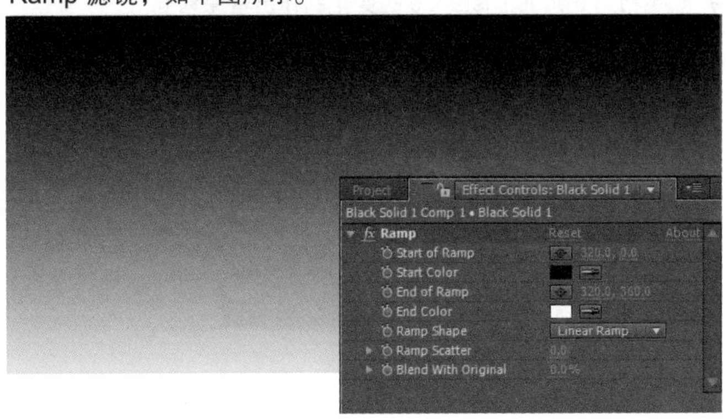

02 在景深的 Timeline 面板中选中 b.jpg 层，在特效控制面版中调整 Lens Blur 的设置，此时参数设置和 Comp 合成面板的效果如下图所示。

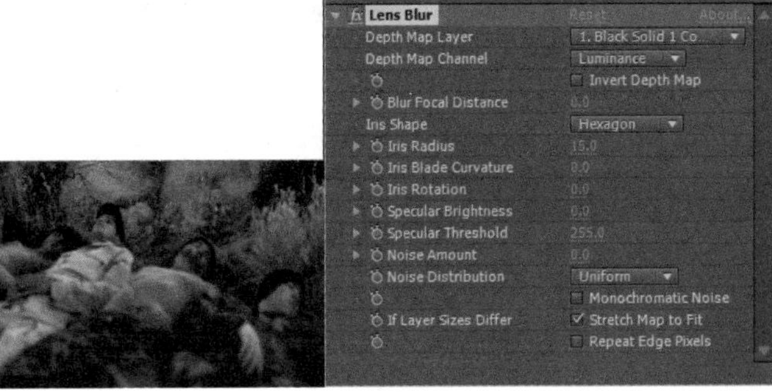

03 打开 Black Solid 1 Comp 1 合成。单击 Comp 合成面板，选择 View → New Viewer 菜单命令，新建一个 Comp 合成面板。用鼠标拖动（Comp 合成面板的顶部）将两个 Comp 合成面板并列显示出来。打开景深合成，单击 Comp 合成面板顶部的按钮，将 Composition: 景深 锁定。这样在 Black Solid 1 Comp 1 合成中调整 Ramp 参数便可以在景深合成面板中时实预览效果，如下图所示。

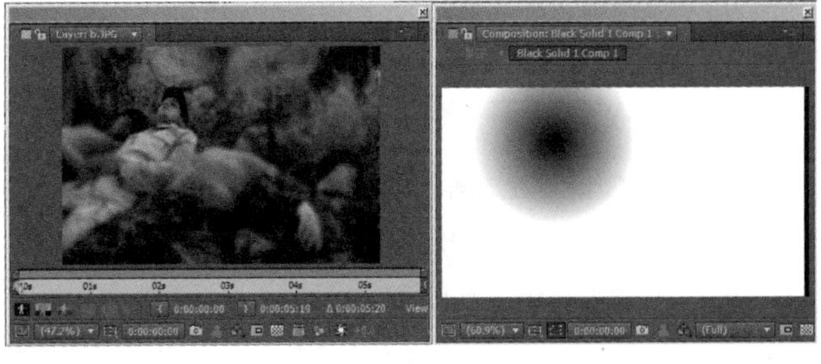

案例 21 摄像机景深控制

本案例主要讲述 After Effects 中摄像机的真实属性。在 After Effects 中创建一个三维场景，调整摄像机的 Focus Distance、Aperture、F-Stop 等属性参数来改变画面的景深效果，并最终利用 Focus Distance 的变化制作出景深动画。

● **光盘路径** | 第 2 章 \ 摄像机景深控制

● **难易指数** | ★★★★☆

案例效果分析

核心技术要点：After Effects 中的摄像机和真实的摄像机一样也有景深。通过对景深的设置，可以让画面中物体的透视效果更为逼真。

制作思路分析：理解空间概念，熟悉 After Effects 的三维视图，结合摄像机的真实属性生成三维景深动画。

制作提示

1. 新建 Comp 合成面板并导入素材。
2. 调节画面中汽车图层的位置。
3. 开启摄像机和调节摄像机的光圈大小。
4. 制作景深动画调节景深大小。

↘ 步骤 01 创建 Comp 合成并调整图层位置

01 打开本书配套光盘中的 Depth.aep 文件，在 Comp1 的 Timeline 面板中可以看见，已经将所有的图层指定为 3D 图层。在 Comp 合成面板中是 Camera1 的视图。

02 在 Comp 合成面板的 3D View Popup 标签上选择 Top 视图，将视图设置成 Top（顶）视图。在 Timeline 面板中选择各汽车图层，在 Top 视图中可以很清楚地了解它们在空间中的位置关系，如下图所示。

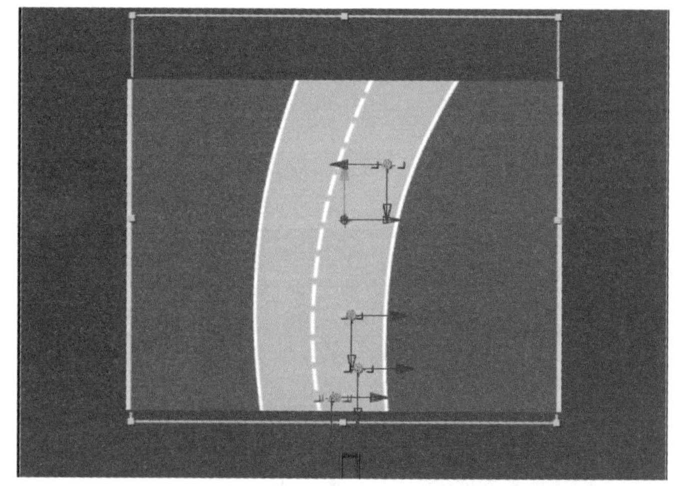

↘ 步骤 02 开启摄像机景深调节光圈大小

01 回到 Camera1 的视图，在 Timeline 面板中选中 Camera1 图层，展开它的属性参数，在当前状态下 Depth of Field 是 Off，用鼠标单击 Off 文字，将其改为 On，这样可以打开摄像机的景深效果。调整 Focus Distance、Aperture、Blur Level 的参数值，在 Comp 合成面板中观察开启前后画面效果的变化。

02 在 Timeline 面板中修改 Camera1 的 Aperture（光圈）参数可以调节景深模糊程度。将 Aperture 的参数值设置为 190，此时 Comp 合成面板的效果如下图所示。

步骤 03 制作景深动画

01 将时间指针拖到第 1 帧，然后调节 Focus Distance（焦点距离）参数，可见画面最清晰的部分会随着 Focus Distance 的改变而改变。将该参数设置为 500，正好可以看清画面上最前面的一辆汽车，单击按钮为 Focus Distance 属性创建关键帧，此时 Comp 合成面板的效果如下图所示。

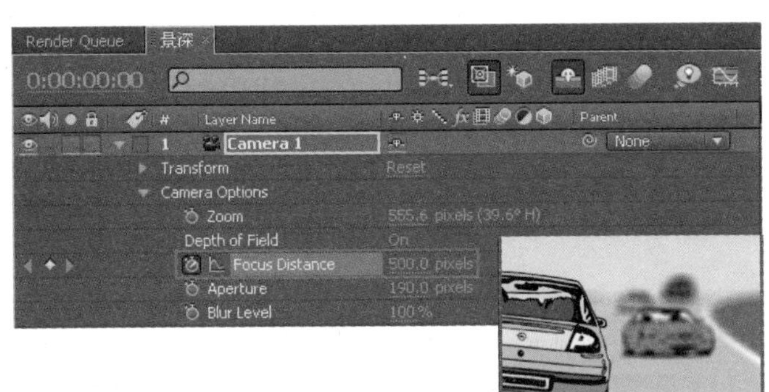

02 将时间指针拖到最后 1 帧，将 Focus Distance 参数修改为 3000，建立另一个关键帧，让最后面的汽车显示最清晰。

03 按数字键盘上的〈0〉键对动画进行预览，效果如下图所示。

步骤 04 调节景深大小

01 在 Timeline 面板中，双击 Camera1 摄像机，在弹出的 Camera Settings 对话框中修改 F-Stop（光圈值）的值为 1.5，这样图像清晰的范围就扩大了。

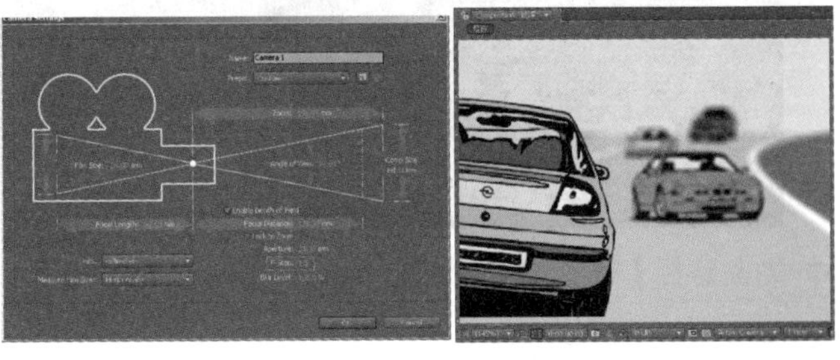

02 此时按数字键盘上的〈0〉键进行预览，效果如下图所示。

第 3 章 转场特效

剪辑是影视制作中的一个关键步骤，那么如何将剪辑后的各段动画进行衔接呢？本章主要介绍不同镜头的切换和画面的衔接方法。通过案例讲解 After Effects 的转场特效和在实际应用中各种镜头转场的制作技巧，以及图层之间重叠的画面过渡。

案例 22 电子相册

本案例的制作主要以把握动画时间为主，利用 Sequence Layers 命令控制图层之间的重叠时间。在记录各属性值的关键帧时，各参数之间的变化不应太剧烈，以产生轻柔的动感画面。读者还可以为自己的电子相册添加一段美妙的音乐来作为背景，使相册更具欣赏性。

- **光盘路径** | 第 3 章 \ 电子相册
- **难易指数** | ★★★☆☆

案例效果分析

核心技术要点：本例主要介绍使用 Adobe After Effects CC 图层之间的转场过渡动画制作电子相册的方法。主要展示了图层的 Scale、Opacity 等属性的使用技巧。

制作思路分析：熟悉 After Effects 图层的应用，把握动画时间的控制。在创建合成时由于无法估计动画的长度，所以应该尽量设置充裕的时间长度。

制作提示

1. 创建相册合成。
2. 为图层制作动画。

步骤 01 创建相册合成

01 启动 Adobe After Effects CC，选择 Composition → New Composition 菜单命令，新建一个 Comp 合成。

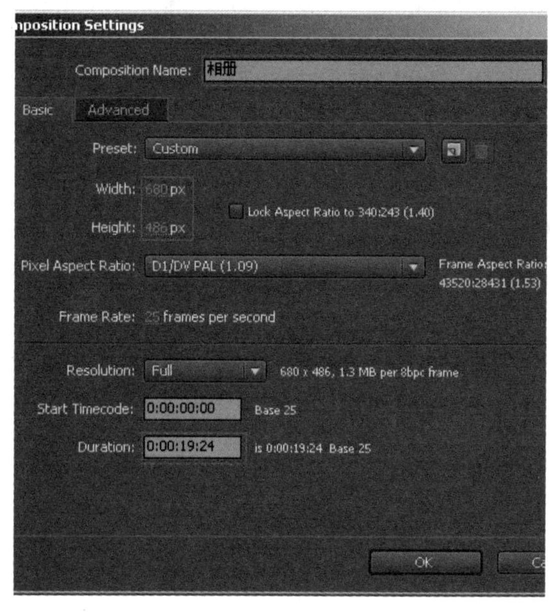

02 选择 File → Import → File 菜单命令，导入本书配套光盘中的 a.jpg、b.jpg、c.jpg、d.jpg、e.jpg、f.jpg 文件，并将它们拖入到 Timeline 面板中。

步骤 02 为图层制作动画

01 选中 a.jpg 图层，按〈S〉键展开 a.jpg 图层的 Scale 属性列表，单击⏱按钮为 Scale 记录关键帧动画。在时间 0:00:00:00 处设置 Scale 的值为 70%，在时间 0:00:03:24 处设置 Scale 的值为 75%。

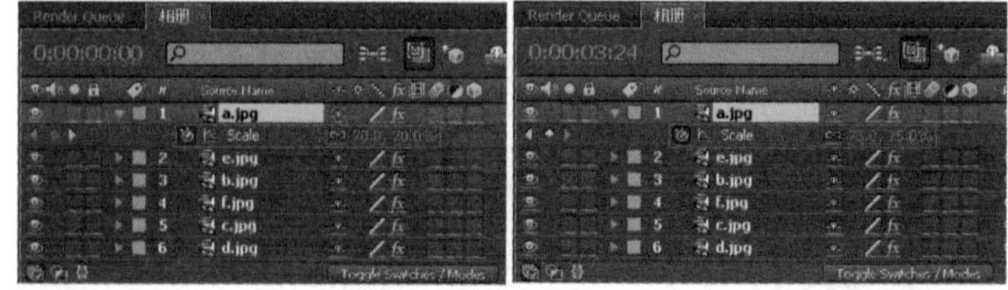

02 选中 a.jpg 图层，选择 Effect → Blur&Sharpen → Fast Blur 菜单命令，为其添加 Fast Blur 滤镜，在 Effect Controls 面板中调整参数。

03 在 Timeline 面板中展开 Fast Blur 滤镜，单击 Blurriness 左侧的 按钮，为 Blurriness 记录关键帧动画。在时间 0:00:00:00 处设置其参数值为 25，在时间 0:00:01:00 处设置其参数值为 0。

04 选中 a.jpg 图层，按〈T〉键，展开图层的 Opacity 属性列表，为其“不透明度”属性设置关键帧。在时间 0:00:03:08 处设置其参数值为 100%，在时间 0:00:03:24 处设置其参数值为 0%。

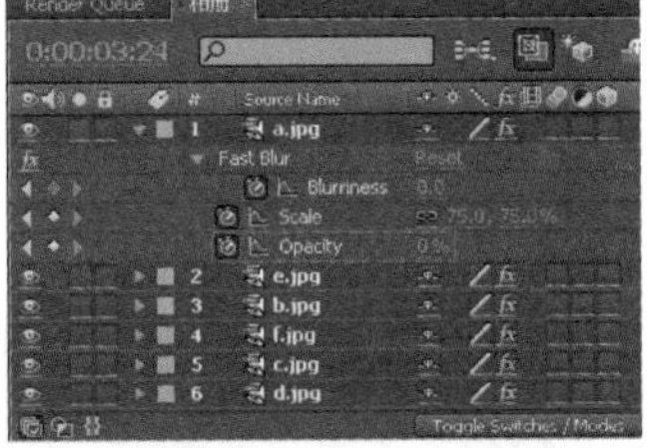

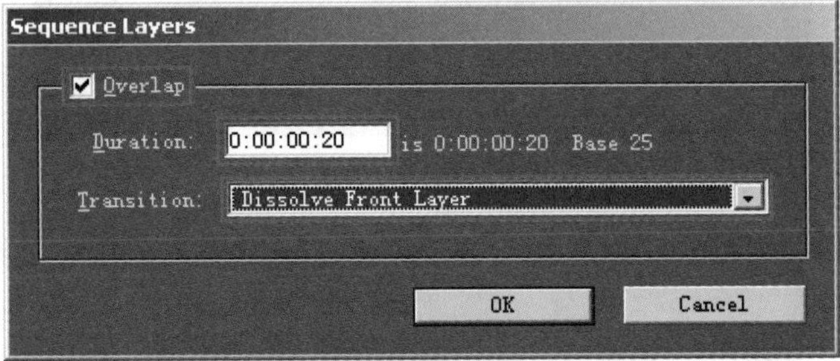

05 在 Timeline 面板中选中 Fast Blur、Scale 和 Opacity 属性，选择 Edit → Copy 菜单命令进行复制。选中其余图层，选择 Edit → Paste 菜单命令进行粘贴，将 b.jpg 图层的 Fast Blur、Scale 和 Opacity 属性复制给其他图层。在 Timeline 面板中选中所有的图层，选择 Animation → Keyframe Assistant → Sequence Layers（序列层）菜单命令，在弹出的对话框中设置参数。

06 利用图层的 Opacity 属性为整个合成制作淡入淡出效果。

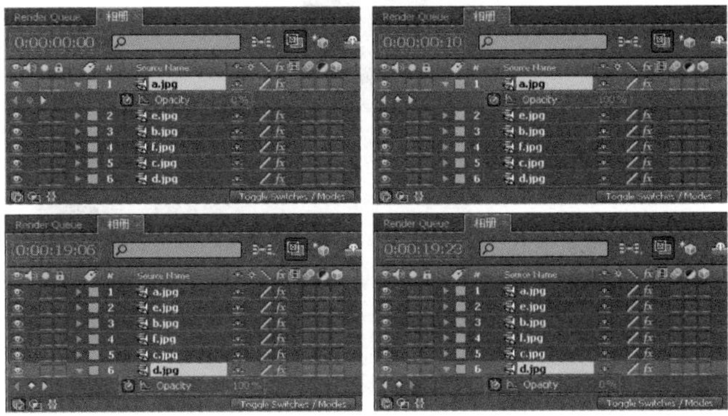

07 按数字键〈0〉预览效果。

案例 23 刷墙转场

本案例的制作主要以用 Compound Blur 滤镜读取“刷墙过渡 .mov”图层的信息为主，使画面产生刷墙过渡的转场动画。

● **光盘路径** | 第 3 章 \ 刷墙转场

● **难易指数** | ★★☆☆☆

案例效果分析

核心技术要点：本例主要介绍使用 Compound Blur（混合模糊）滤镜制作转场的技巧。

制作思路分析：熟悉 After Effects 模糊滤镜的应用，利用 Compound Blur 滤镜读取素材的信息制作转场动画。

制作提示

1. 新建 Comp 合成并导入素材。
2. 选中“海报”图层，添加 Curves（曲线）滤镜。
3. 选择 Compound Blur 命令，为其添加 Compound Blur 滤镜。

步骤 01 创建 Comp 合成

01 启动 Adobe After Effects CC，选择 Composition → New Composition 菜单命令，新建一个 Comp 合成，将其命名为“刷墙转场”。

02 选择 File → Import → File 菜单命令，导入本书配套光盘中的图片素材及“刷墙过渡 .mov”文件。

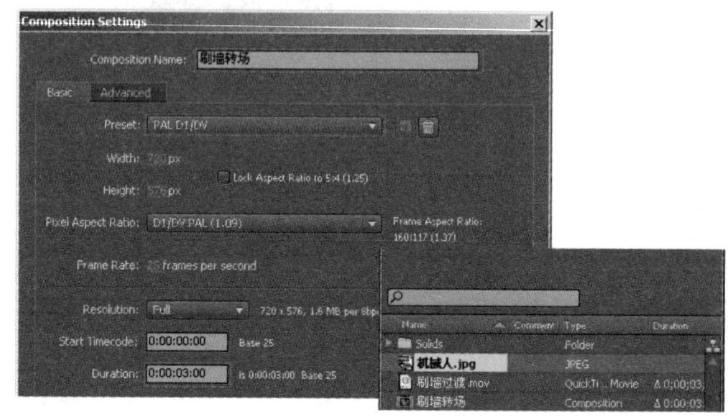

步骤 02 制作模糊效果

01 将 Project 面板中的“刷墙过渡 .mov”和“海报 .jpg”拖入到“动态转场”合成的 Timeline 面板中，将“刷墙过度 .mov”放在下层，并将其图层的显示属性关闭。选中海报 .jpg 图层，选择 Effect → Color Correction → Curves 菜单命令，为其添加 Curves（曲线）滤镜，在 Effect Controls 面板中调整曲线形状。

02 选择 Effect → Blur&Shar-pen → Compound Blur 菜单命令，为其添加 Compound Blur 滤镜，在 Effect Controls 面板中调整参数。最后按数字〈0〉键预览最终效果。

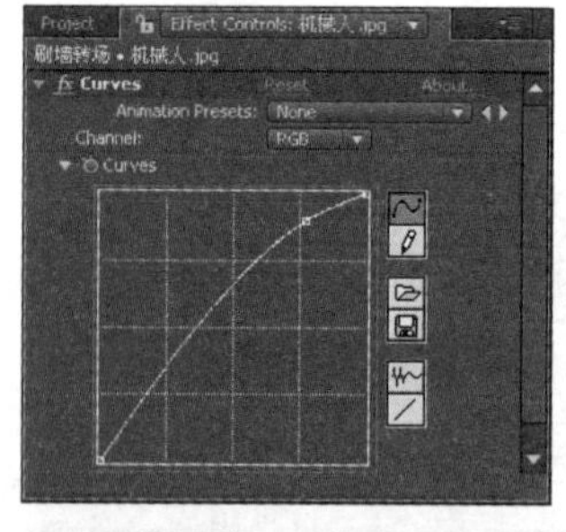

案例 24　条形转场

本案例以制作条形动画为主，利用 Gradient Wipe 转场滤镜读取条形动画的黑白信息，之后通过为 Transition Completion 属性值记录关键帧完成转场动画的制作。

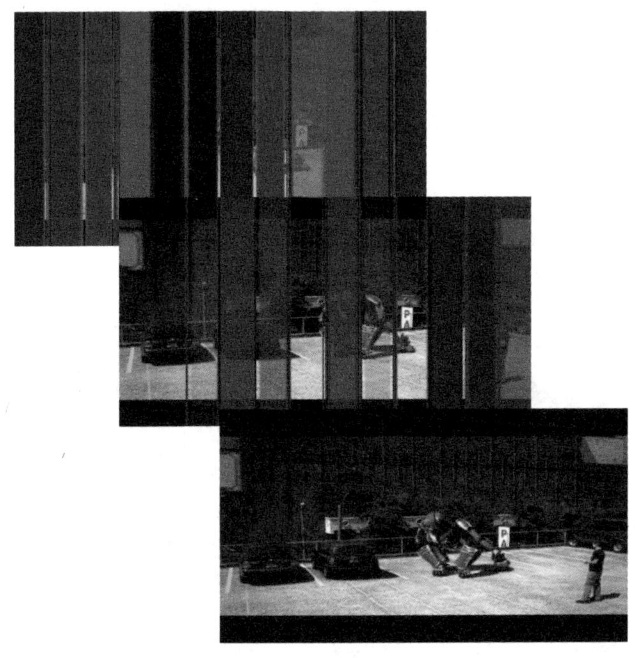

● **光盘路径** | 第 3 章 \ 刷墙转场

● **难易指数** | ★★☆☆☆

案例效果分析

核心技术要点：本例主要介绍使用 Cell Pattern（细胞方式）和 Mosaic（马赛克）滤镜来制作动态线条，再利用 Colorama（着色）滤镜对其进行着色的技巧。

制作思路分析：熟悉 After Effects 转场滤镜的应用，利用 Gradient Wipe 读取条形动画的黑白信息，从而制作出转场动画效果。

制作提示

1. 新建 Comp 合成。
2. 制作条形动画。
3. 选中 line 层，为其添加 Colorama 滤镜。
4. 制作转场。

步骤 01　创建 Comp 合成

启动 Adobe After Effects CC，选择 Composition → New Composition 菜单命令，新建一个 Comp 合成，将其命名为“线”。选择 Layer → New → Solid 菜单命令，新建一个固态图层，将其命名为 line。

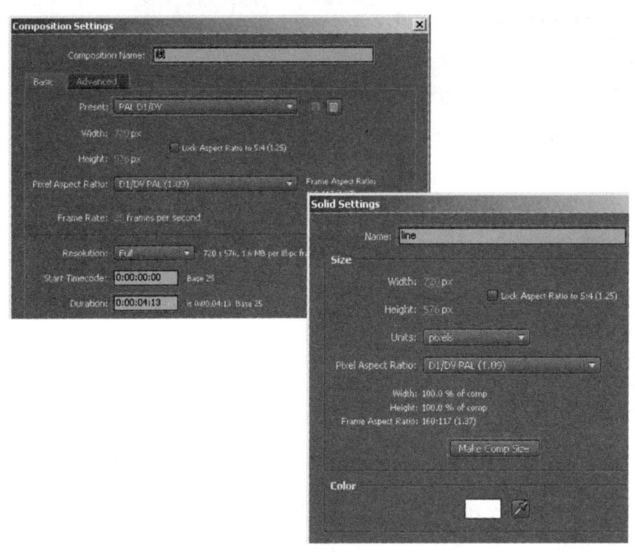

步骤 02　制作条形动画

01 选中 line 层，选择 Effect → Generate → Cell Pattern 菜单命令，为其添加 Cell Pattern 滤镜，之后在 Effect Controls 面板中调整参数。

02 为 Cell Pattern 滤镜的 Evolution（形成）参数记录关键帧，在时间 0:00:00:00 和时间 0:00:04:12 处分别设置参数。

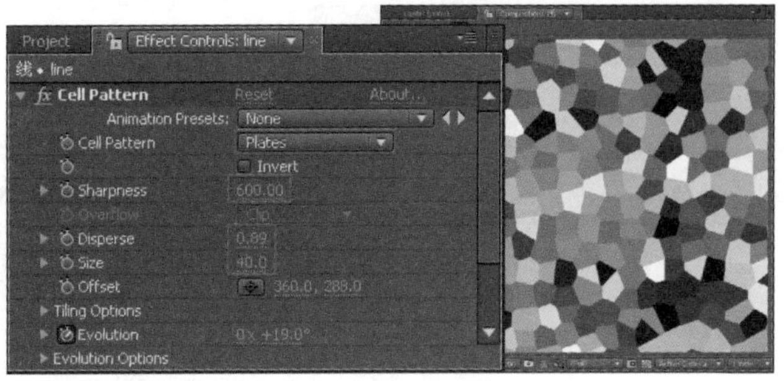

03 选中 line 层，选择 Effect → Color Correction → Brightness&Contrast 菜单命令，为 line 图层添加 Brightness &Constrast（亮度 & 对比度）滤镜。

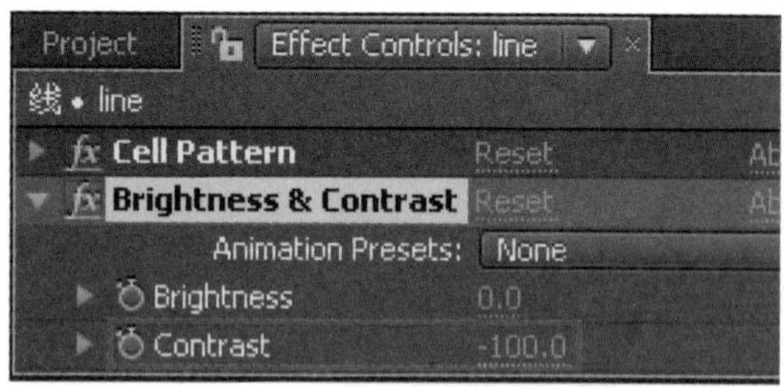

04 为 Brightness&Constrast 滤镜下的 Contrast 参数设置关键帧，在时间 0:00:00:00 处、时间 0:00:00:05 处、时间 0:00:00:12 处和时间 0:00:04:12 处分别设置关键帧。

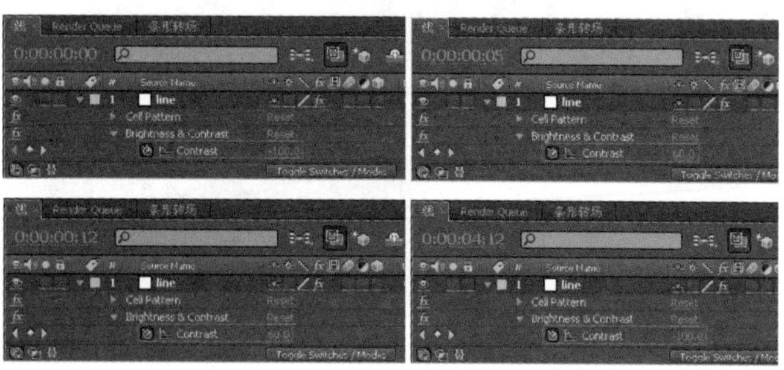

05 按数字键〈0〉预览效果。

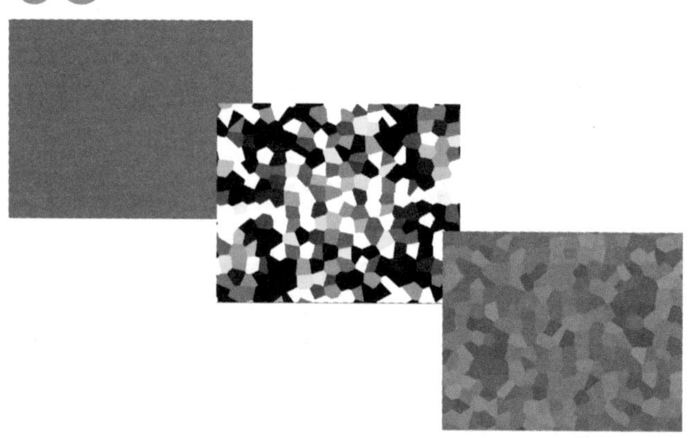

06 选中 line 图层，选择 Effect → Stylize → Mosaic 菜单命令，为其添加 Mosaic 滤镜。在 Effect Controls 面板中调整参数。选择 Effect → Blur&Sharpen → Gaussian Blur 菜单命令，再为其添加 Gaussian Blur（高斯模糊）滤镜，在 Effect Controls 面板中调整参数。

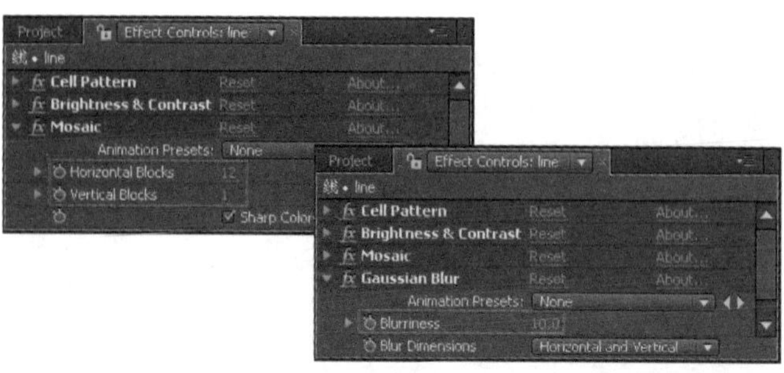

07 按数字键〈0〉预览最终效果。

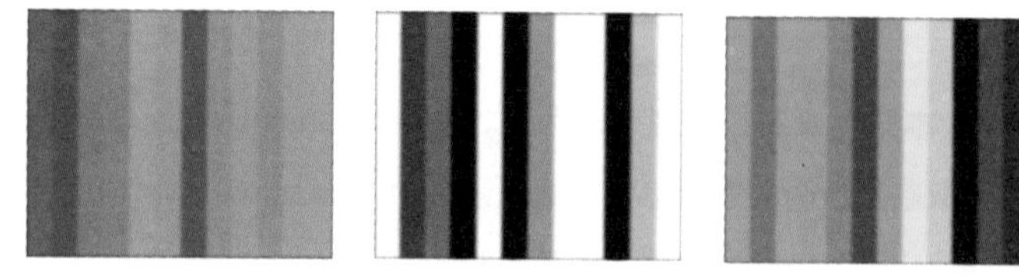

步骤 03 着色

选中 line 图层，选择 Effect → Color Correction → Colorama 菜单命令，为其添加 Colorama 滤镜，在 Effect Controls 面板中调整参数。

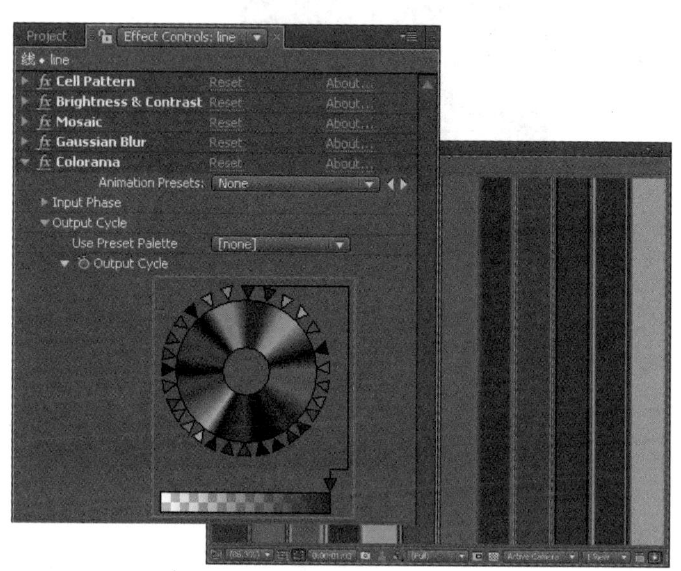

步骤 04 制作转场

01 选择 Composition → New Composition 菜单命令，新建一个 Comp 合成，将其命名为“线条”。将 Project 面板中的线拖动到“条形转场”合成的 Timeline 面板中。在 Project 面板中双击导入本书配套光盘中的“海报 .jpg”文件。将“海报 .jpg”从 Project 面板拖放到 Timeline 面板中并放置在上层，设置图层的叠加模式为 Add，并查看此时 Comp 合成的效果。

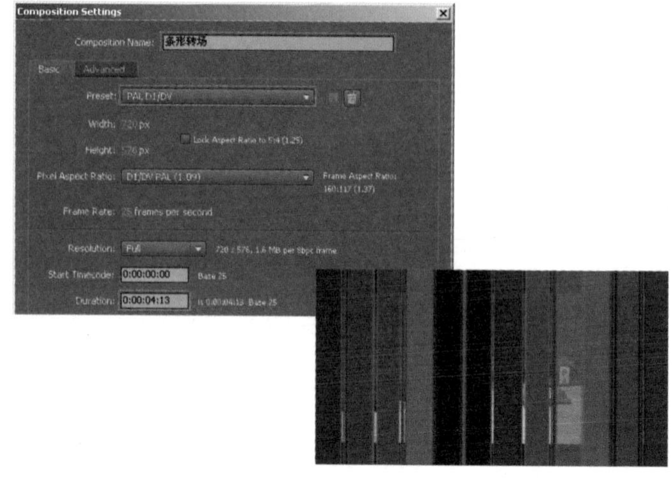

02 选中“海报.jpg”图层，选择 Effect → Transition → Gradient Wipe 菜单命令，为其添加 Gradient Wipe（渐变擦除）滤镜。在 Effect Controls 面板中调整参数。

03 为 Gradient Wipe 滤镜下的 Transition Completion（过渡完成）参数设置关键帧。在时间 0:00:00:00 处和时间 0:00:03:19 处分别设置参数。

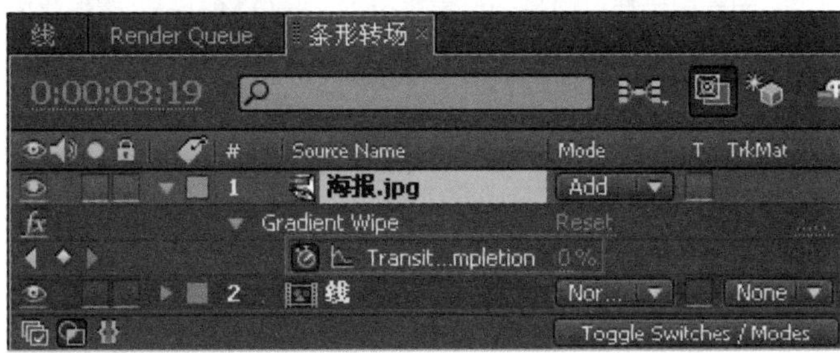

04 按数字键〈0〉预览最终效果。

案例 25　马赛克转场

本案例主要以 Card Wipe 滤镜的应用为主，通过为其属性记录关键帧从而完成转场动画的制作。

● **光盘路径** | 第 3 章 \ 马赛克转场

● **难易指数** | ★★☆☆☆

案例效果分析

核心技术要点：本例主要介绍使用 Card wipe（卡片擦除）滤镜的方法，读者可以通过改变 Card wipe 滤镜的各属性参数制作出不同的效果。

制作思路分析：熟悉 Card Wipe 滤镜的使用，将画面分割成片状区域。为 Transition Completion、Card Scale（卡片缩放）、Random Seed（随机种子数）记录关键帧，以实现转场动画。

制作提示

1. 新建 Comp 合成。
2. 导入素材，为其添加 Card Wipe 滤镜。
3. 为 Card Wipe 滤镜的属性参数设置关键帧。

步骤 01　创建 Comp

启动 Adobe After Effects CC，选择 Composition → New Composition 菜单命令，新建一个 Comp 合成，将其命名为“马赛克”。

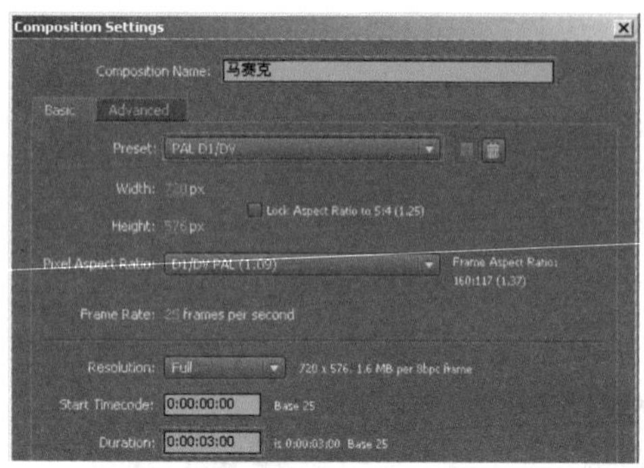

步骤 02　制作马赛克

01 在项目面板中双击导入本书配套光盘中的“冰.jpg”文件，并将其拖放到 Timeline 面板中。选中“冰.jpg”图层，选择 Effect → Transition → Card Wipe 菜单命令，为其添加 Card Wipe 滤镜，在 Effect Controls 面板中调整参数。查看此时 Comp 合成的效果。

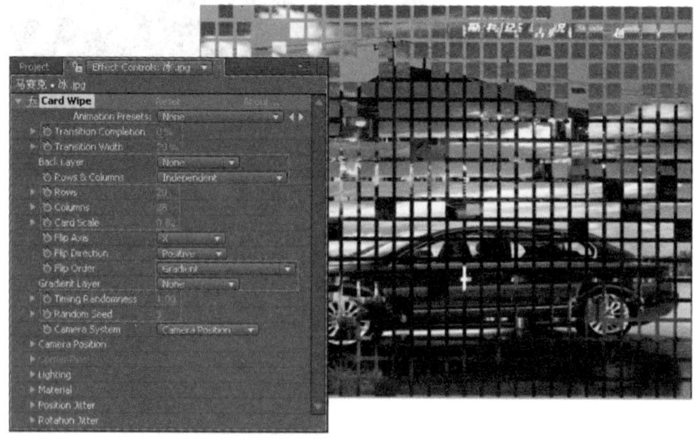

02 为 Card Wipe 滤镜的属性参数设置关键帧，在时间 0:00:00:06 处、时间 0:00:01:00 处和时间 0:00:01:22 处分别设置参数。

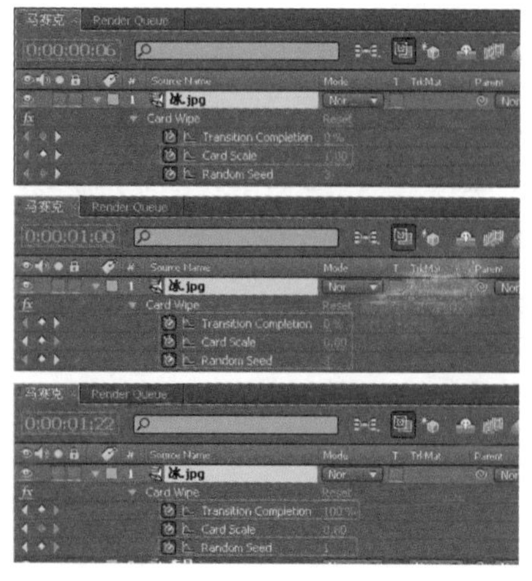

03 导入本书配套光盘中的“夜景.jpg”文件，将其拖放到 Timeline 面板中并放置在底层。按数字键〈0〉预览最终效果。

案例 26　像素转场

本案例主要以图像的像素为中心，利用 Minimax 滤镜将图像的像素放大成色块，使本来生硬的画面切换变得平缓而且自然。

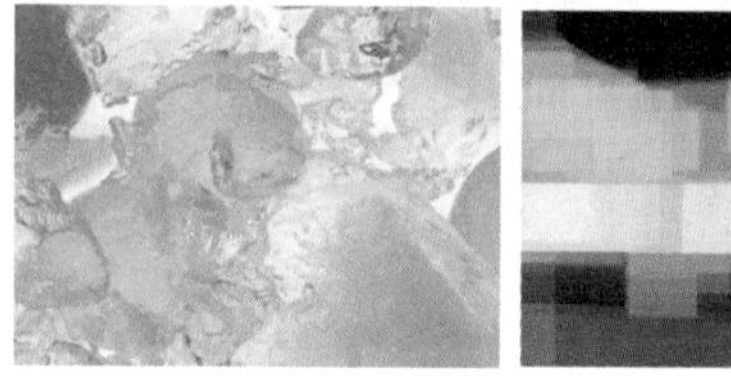
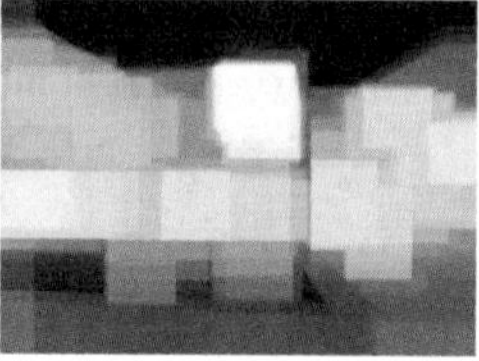

● **光盘路径** | 第 3 章\像素转场

● **难易指数** | ★★☆☆☆

案例效果分析

核心技术要点：本例主要介绍使用 Minimax（放大缩小）滤镜的方法，通过本例的学习将使读者了解到 Minimax 滤镜的特效功能。

制作思路分析：理解像素的概念，通过 Minimax 滤镜将图像上的像素点进行放大或缩小，使画面之间产生过渡效果。

制作提示

1. 新建 Comp 合成。
2. 制作转场效果。

↘ 步骤 01　创建 Comp 合成

启动 Adobe After Effects CC，选择 Composition → New Composition 菜单命令，新建一个 Comp 合成，将其命名为“像素转场”。选择 File → Import → File 菜单命令，导入光盘中的 city.jpg、“建筑背景 .avi”文件，并将这两个文件拖入到 Timeline 面板，将 city.jpg 放在上层。

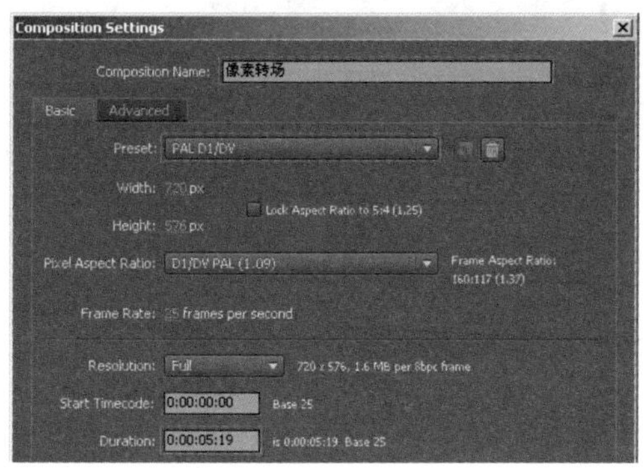

↘ 步骤 02　制作转场效果

01 将时间滑块移动到时间 0:00:02:16 处，选中 city.jpg 图层，按下〈Alt+]〉组合键，将 city.jpg 图层自当前时间帧往后的部分删除。选中“建筑背景 .avi”图层，按〈Alt+[〉组合键，将“建筑背景 .avi”图层自当前时间帧往前的部分截掉。

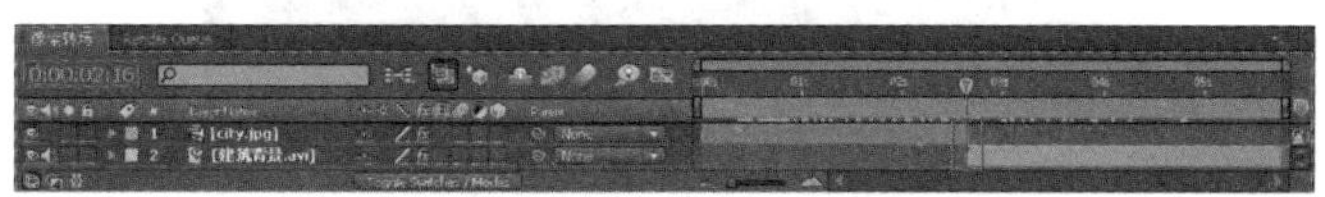

02 选中 city.jpg 图层，选择 Effect → Channel → Minimax 菜单命令，为其添加 Minimax 滤镜。

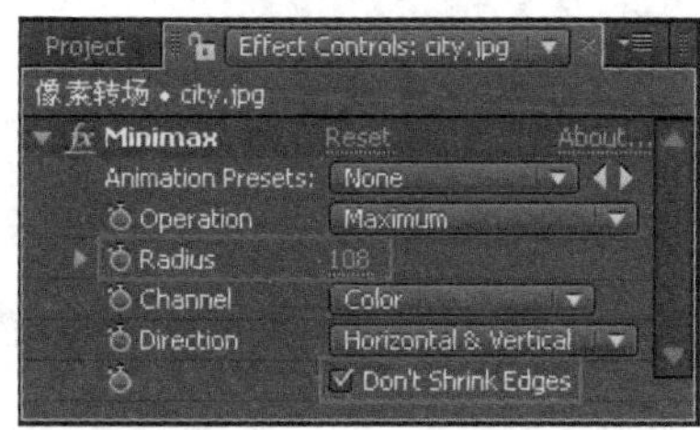

03 为 Minimax 滤镜的参数设置关键帧，在时间 0:00:00:09 处和时间 0:00:02:16 处分别设置关键帧。

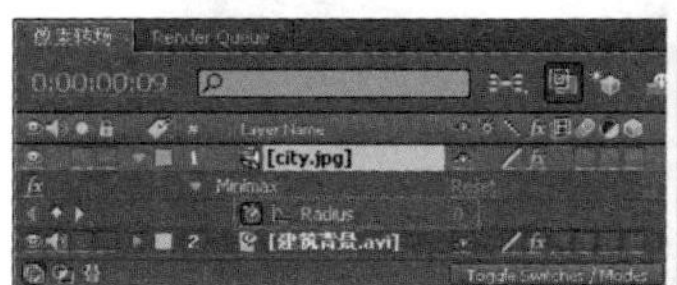

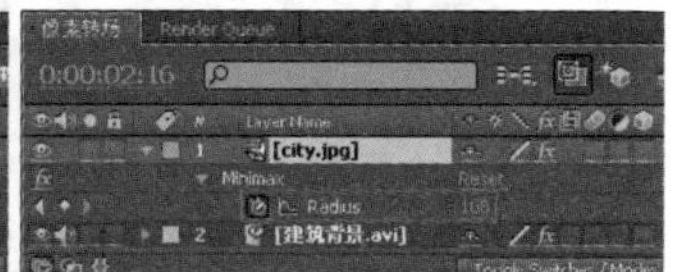

04 选中“建筑背景 .avi”图层，选择 Effect → Channel → Minimax 菜单命令，为“建筑背景 .avi”图层添加 Minimax 滤镜。为 Minimax 滤镜的参数设置关键帧，在时间 0:00:02:16 处和时间 0:00:04:16 处分别设置参数。

05 按数字键〈0〉预览最终效果。

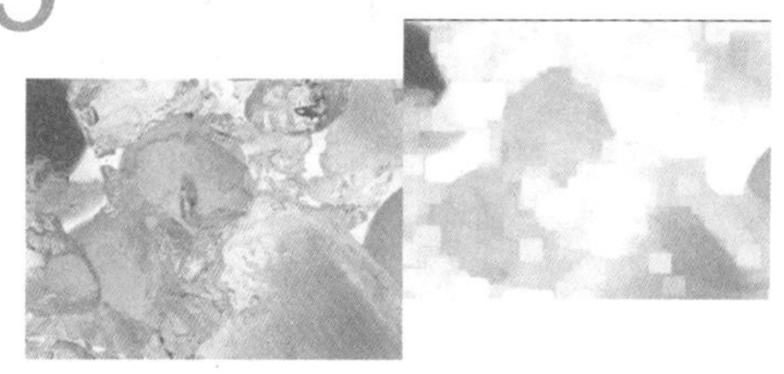

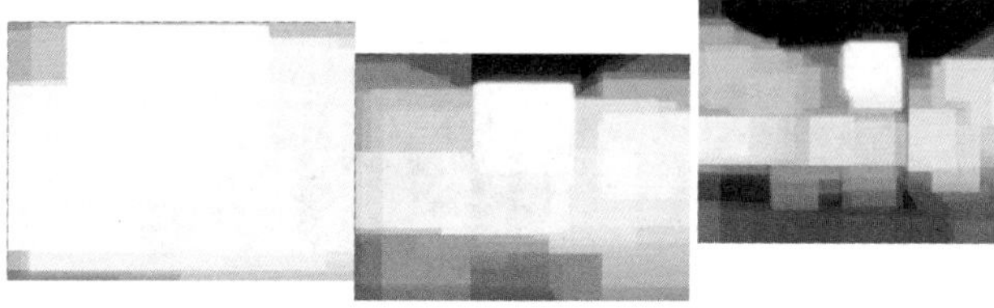

案例 27　螺旋转场

本案例主要利用 Gradient Wipe 滤镜将图像进行渐变处理，使本来画面生硬的切换变得平缓而且自然。

● **光盘路径** | 第 3 章 \ 螺旋转场

● **难易指数** | ★★☆☆☆

案例效果分析

核心技术要点：本例主要介绍使用 Gradient Wipe 滤镜制作转场的方法。

制作思路分析：熟悉 Gradient Wipe 滤镜的应用，对其中一个图层应用 Gradient Wipe，读取“螺旋黑白渐变 .tif”图层的黑白信息。为 Transition Completion 属性值记录关键帧动画，使画面产生螺旋渐变转场效果。

制作提示

1. 新建 Comp 合成。
2. 制作转场效果。

步骤 01 创建 Comp 合成

启动 Adobe After Effects CC，选择 Composition → New Composition 菜单命令，新建一个 Comp 合成，将其命名为“螺旋渐变”。

选择 File → Import → File 菜单命令，导入本书配套光盘中的 Avatar ([1-671]).png、“悉尼歌剧院 .jpg”和“螺旋黑白渐变 .tif”文件，并将这三个文件拖放到 Timeline 面板，之后关闭“螺旋黑白渐变 .tif”图层的显示属性。

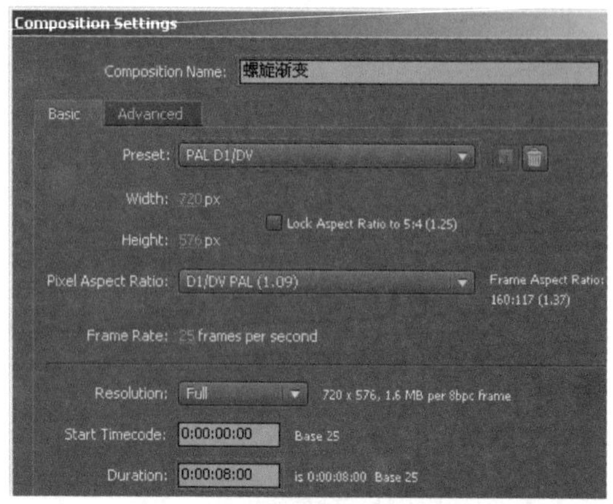

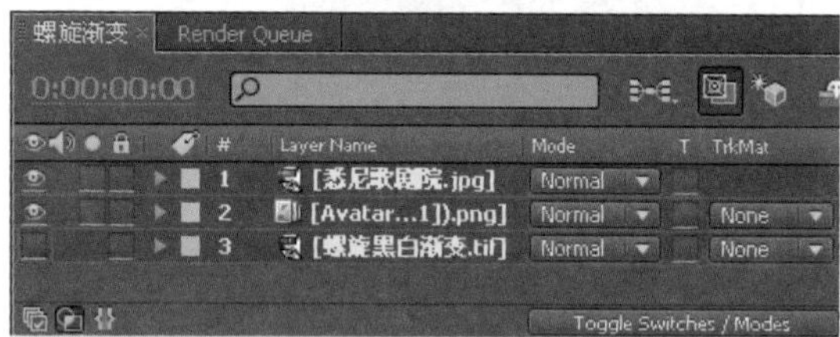

步骤 02 制作渐变

01 选中“悉尼歌剧院 .jpg”图层，选择 Effect → Transition → Gradient Wipe 菜单命令，为其添加 Gradient Wipe 滤镜，在 Effect Controls 面板中调整参数，调整 Transition Completion 的参数值使画面产生变化。

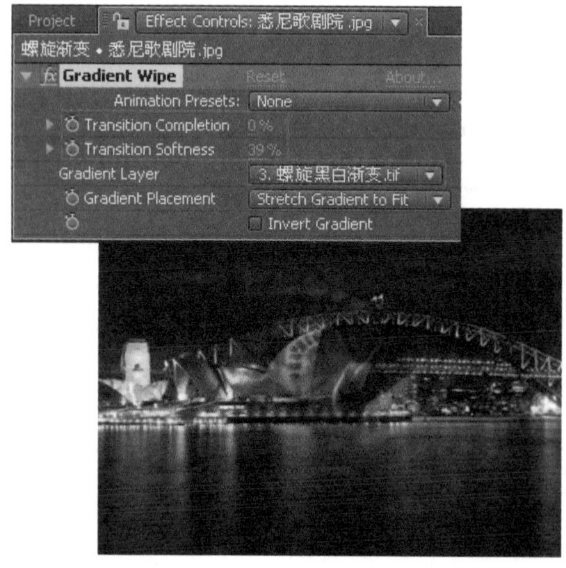

02 为 Gradient Wipe 滤镜设置关键帧，在时间 0:00:01:01 处和时间 0:00:02:14 处设置参数。

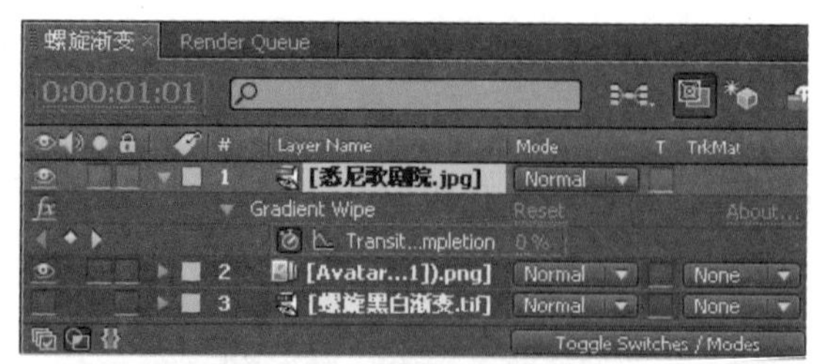

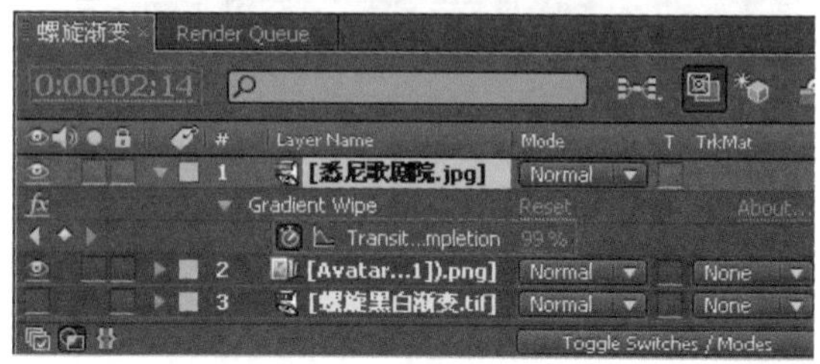

03 按数字键〈0〉预览最终效果。

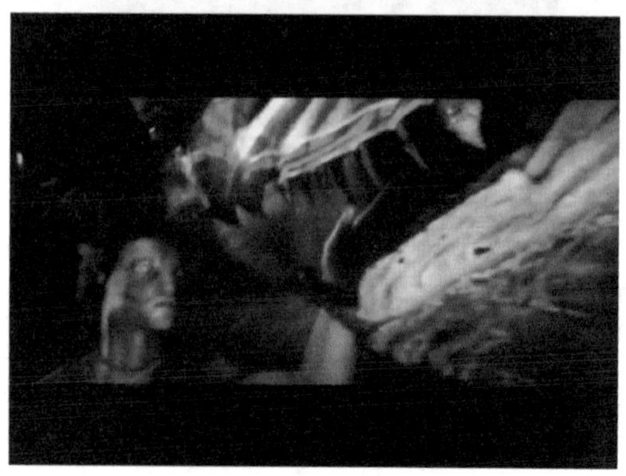

案例 28　翻页转场

本案例主要介绍了 CC Page Turn 滤镜的使用方法，通过翻页动画完成转场效果的制作。其中还介绍了 After Effects 中的一种循环表达式语句，利用该语句可以使动画产生循环播放效果，从而使循环动画的制作变得更加简捷。

● **光盘路径** | 第 3 章 \ 翻页转场

● **难易指数** | ★★★☆☆

案例效果分析

核心技术要点：本例主要介绍使用 Adobe After Effects CC 的一款滤镜 CC Page Turn（翻页）制作书本的翻页动画效果的方法。

制作思路分析：熟悉 After Effects 的 CC Page Turn、Drop Shadow 滤镜的应用。利用 CC Page Turn 为画面制作翻页转场动画。

制作提示

1. 新建 Comp 合成。
2. 为素材添加 CC Page Turn 滤镜制作翻页效果。
3. 设计循环翻页功能。
4. 添加阴影。

步骤 01　新建 Comp 合成

启动 Adobe After Effects CC，选择 Composition → New Composition 菜单命令，新建一个 Comp 合成，将其命名为“翻页转场”。导入本书配套光盘中的 [00-27].jpg、[16-43].jpg 序列帧文件，将 [16-43].jpg 文件从项目面板拖到 Timeline 面板中。

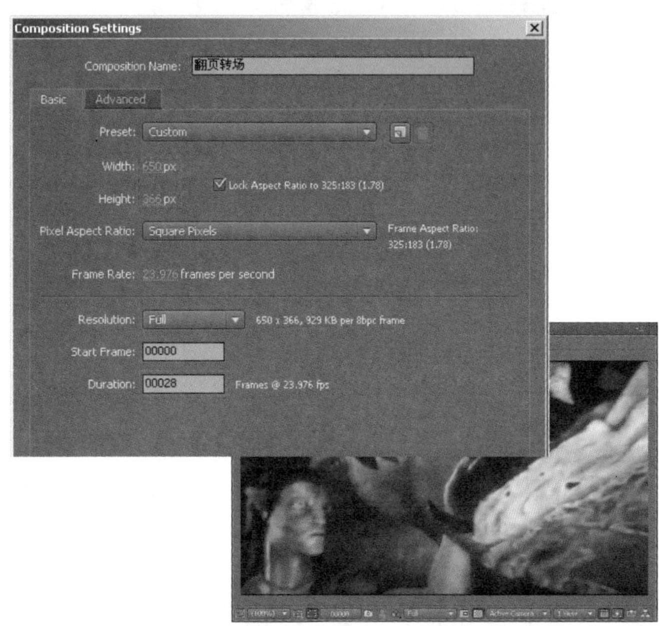

步骤 02　制作翻页效果

01 在 Timeline 面板中选中 [16-43].jpg 图层，选择 Effect → Distort → CC Page Turn 菜单命令，为其添加 CC Page Turn 滤镜，在 Effect Controls 面板中调整参数之后查看，此时 Comp 合成的效果。

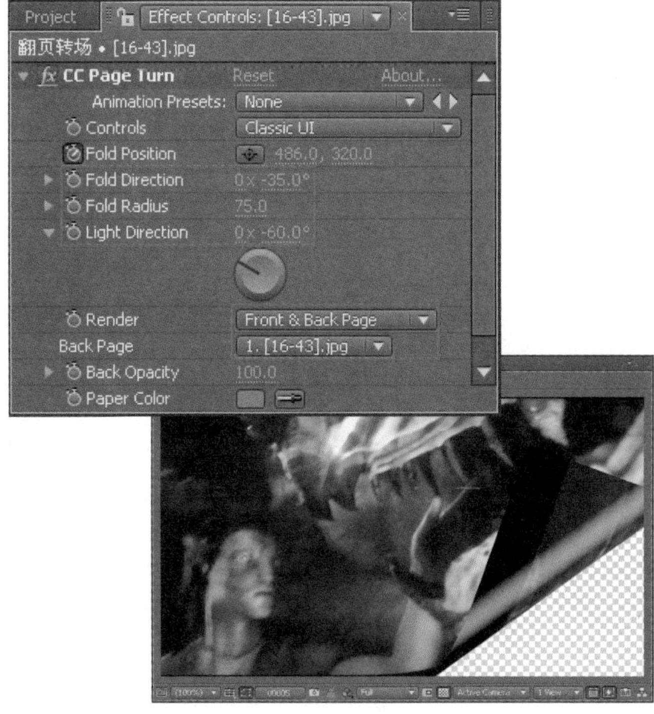

02 在 Timeline 面板选中 [16-43].jpg 图层，展开其 Fold Position 属性列表，单击其左侧的按钮，为 Fold Position 属性记录关键帧动画，使翻页效果表现为从画面的右下角向左上角进行过渡。此时拖动时间滑块，可见画面中已经产生翻页动画效果。

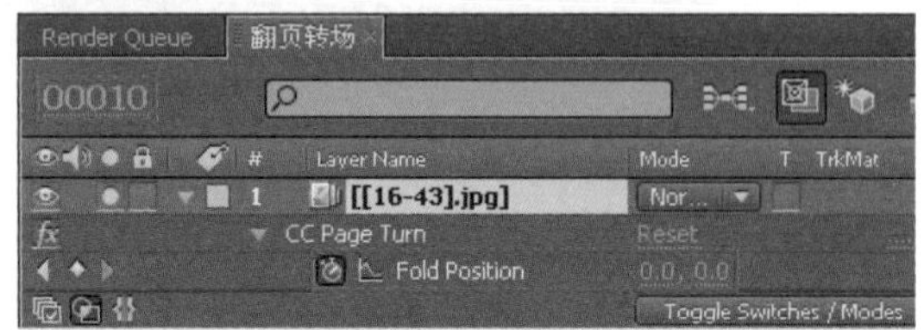

03 预览此时的翻页动画效果。

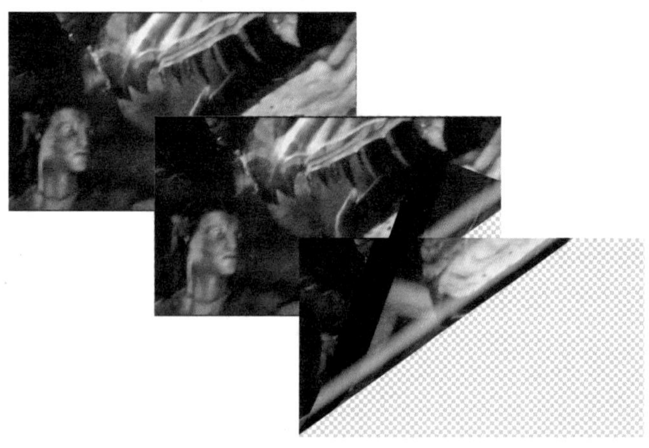

步骤 03　设计循环翻页

01 按住〈Alt〉键后单击 Fold Position 左侧的按钮，将会显示 Expression:Fold Position（表达式）。之后单击按钮，在弹出的列表中选择 Property → loopOut(type = cycle, numKeyframes = 0) 选项。

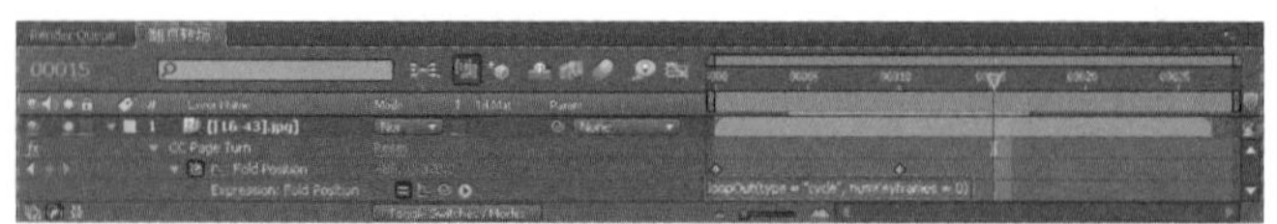

02 在 Timeline 面板中选中 [16-43].jpg 图层，按〈Ctrl+D〉组合键进行复制。选中上面的图层，对其 CC Page Turn 滤镜进行设置。之后选中下面的图层，对其 CC Page Turn 滤镜进行设置。接着查看此时 Comp 合成的效果。

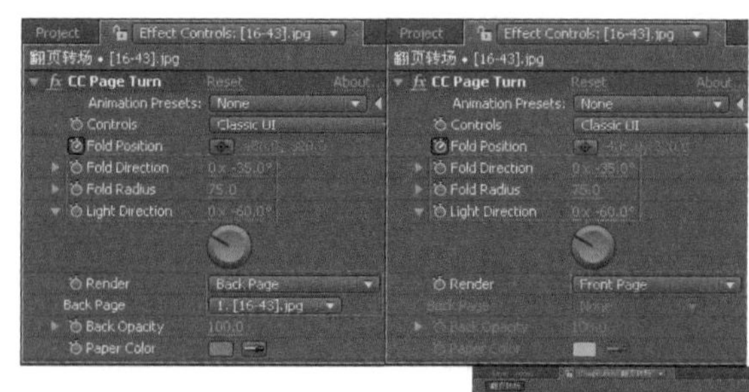

步骤 04　添加阴影

01 选中上面的图层，选择 Effect → Perspective → Drop Shadow 菜单命令，为其添加阴影，在 Effect Controls 面板中调整参数。同样为下面的图层添加阴影。之后查看此时 Comp 合成的效果。

02 将 [00-27].jpg 文件从项目面板中拖到 Timeline 面板中并放置在底层。调整 [00-27].jpg 图层在 Timeline 面板上的出入时间。此时拖动时间滑块，可见画面经过翻页转到下一层视频画面。

03 按数字键〈0〉预览最终效果。

第 4 章 动画背景

背景常用来突出主题和烘托气氛，针对不同的主题需要用不同的背景衬托。在视频制作中，背景往往直接影响到整个画面的最终效果。本章将介绍制作动态背景的方法和技巧。现在就开始制作丰富多彩的动态背景吧。

案例 29　金光背景（一）

本案例主要介绍使用 After Effects 三维图层的方法。例如通过三维图层制作出无限广阔的场景，利用 CC Particle World、Gradient Ramp、CC Radial Blur 制作出场景中的元素和色彩效果等。

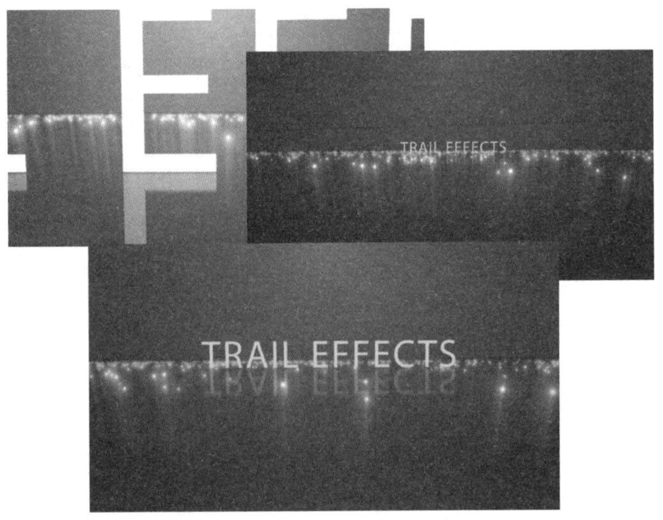

● **光盘路径** | 第 4 章 \ 金光背景（一）

● **难易指数** | ★★★☆☆

案例效果分析

核心技术要点：本例主要介绍使用 CC Particle World（三维粒子）滤镜制作动态的星光粒子动画和利用 Gradient Ramp（渐变）制作渐变色背景的方法。最后通过图层的叠加模式得到漂亮的金色画面。

制作思路分析：熟悉 After Effects 的 CC Particle World 滤镜的应用，利用粒子贴图制作粒子的形态效果。通过 CC Radial Blur（放射模糊）滤镜完成粒子光效拖尾的制作。

制作提示

1. 创建 Comp 合成并导入素材。
2. 制作背景。
3. 创建星光粒子。
4. 创建粒子拖尾。

步骤 01　创建 Comp 合成

启动 Adobe After Effects CC，选择 Composition → New Composition 菜单命令，新建一个 Comp 合成，将其命名为 Golden。选择 Layer → New → Solid 菜单命令，新建一个固态图层，将其命名为 BG。

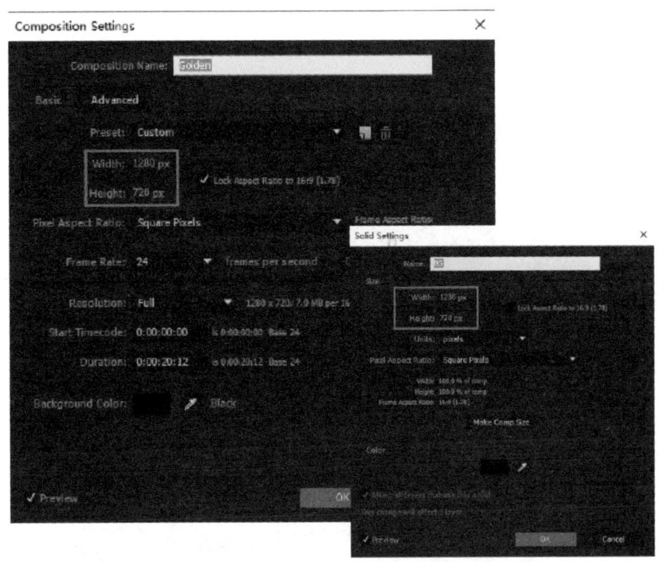

步骤 02　制作背景

01 选中 BG 图层，选择 Effect → Generate → Gradient Ramp 菜单命令，为其添加 Gradient Ramp（渐变）滤镜。在 Effect Controls 面板中设置渐变色的参数。

02 选择 Layer→New→Solid 菜单命令，新建一个固态图层，将其命名为 floor。在 Timeline 面板中单击 floor 图层的按钮，打开其三维属性选项。选择 Layer→New→Camera 菜单命令，新建一个摄像机图层。

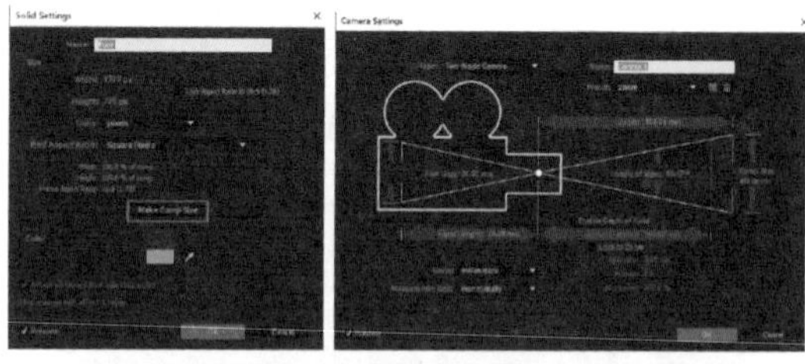

03 在 Timeline 面板中展开 floor 图层的属性列表，调整其 Scale 和 Orientation 的属性值，并查看此时 Comp 合成的效果。

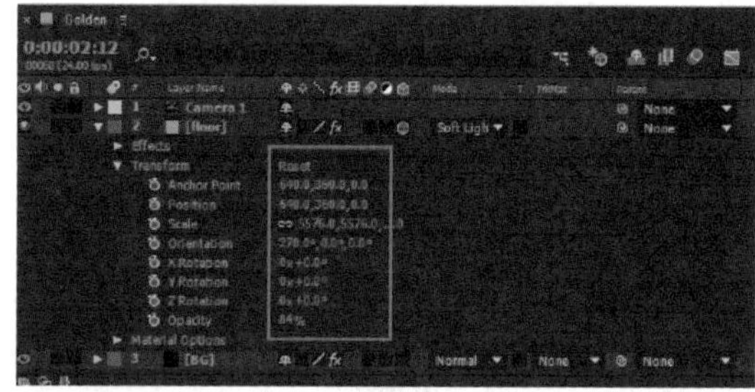

04 选中 floor 图层，选择 Effect→Generate→Gradient Ramp 菜单命令，为其添加 Gradient Ramp 滤镜。在 Effect Controls 面板中设置渐变色参数。

步骤 03　创建星光粒子

01 选择 Layer→New→Solid 菜单命令，新建一个固态图层，将其命名为 Particle。选中 Particle 图层，选择 Effect→Simulation→CC Particle World 菜单命令，为其添加 CC Particle World（三维粒子）滤镜，并查看此时 Comp 合成的效果。

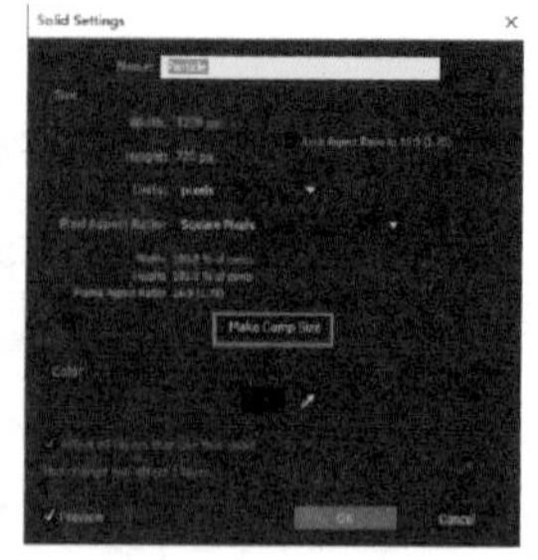

02 在 Project 面板中双击导入本书配套光盘中的 glow.png 文件。将 glow.png 文件拖到 Timeline 面板中放置在最底层，单击按钮将其显示属性关闭并选中 Particle 图层，按〈F3〉键显示 Effect Controls 面板，在其中调整粒子的参数。

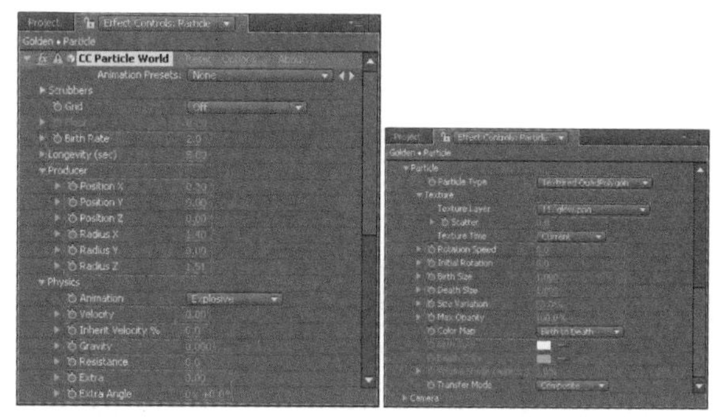

03 设置 Particle 图层的叠加模式为 Screen，并查看此时 Comp 合成的效果。

步骤 04　创建粒子拖尾

01 在 Timeline 面板中选中 Particle 图层，按〈Ctrl+D〉组合键复制出一个新图层，命名为 Particle 2。选中 Particle 2 图层，按〈F3〉键显示 Effect Controls 面板，在其中修改粒子的参数。设置 Particle 2 图层的叠加模式为 Add，查看此时 Comp 合成的效果。

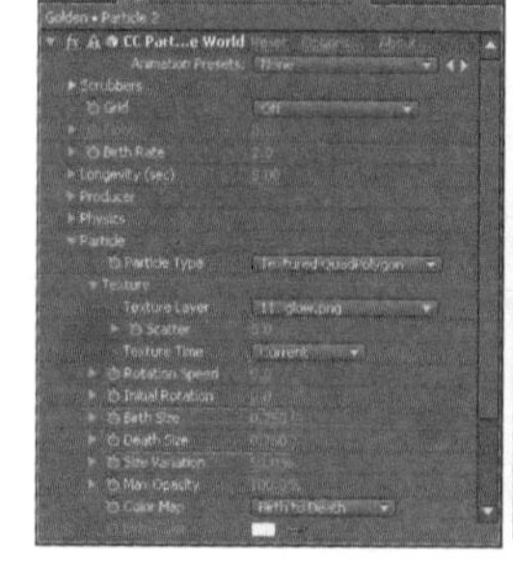

02 选中 Particle 2 图层，选择 Effect → Blur&Sharpen → CC Radial Blur 菜单命令，为其添加 CC Radial Blur（放射模糊）滤镜。在 Effect Controls 面板中设置参数，并查看此时 Comp 合成的效果。

案例 30　金光背景(二)

本案例主要介绍创建三维文字和摄像机动画的方法，包括设置 Null 1 图层的三维属性，为 Null 1 图层的 Position 属性记录关键帧动画，以及通过父子层级的链接使得 Camera 1 图层成为 Null 1 的子级图层而产生摄像机动画。

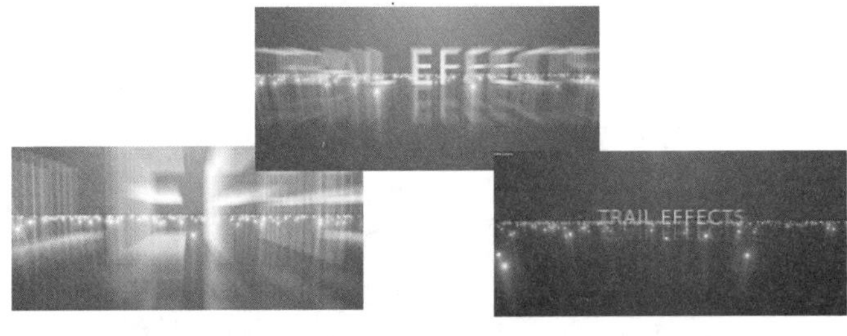

● **光盘路径** | 第 4 章 \ 金光背景（二）

● **难易指数** | ★★★☆☆

案例效果分析

核心技术要点：本例继续上节的场景进行制作，在场景中添加主题元素。学习 After Effects 中文字的创建和摄像机动画的制作方法等。

制作思路分析：熟悉 After Effects 中文字的创建和修改，制作文字真实的地板倒影效果。通过 Null 1 层的引导制作摄像机动画。

制作提示

1. 创建文字元素。
2. 创建文字倒影。
3. 创建动画。
4. 调色。

↘ 步骤 01　创建文字元素

单击工具栏中的T工具，在 Comp 合成面板中输入文字，在 Character 面板中设置文字的参数，并查看此时 Comp 合成的效果。

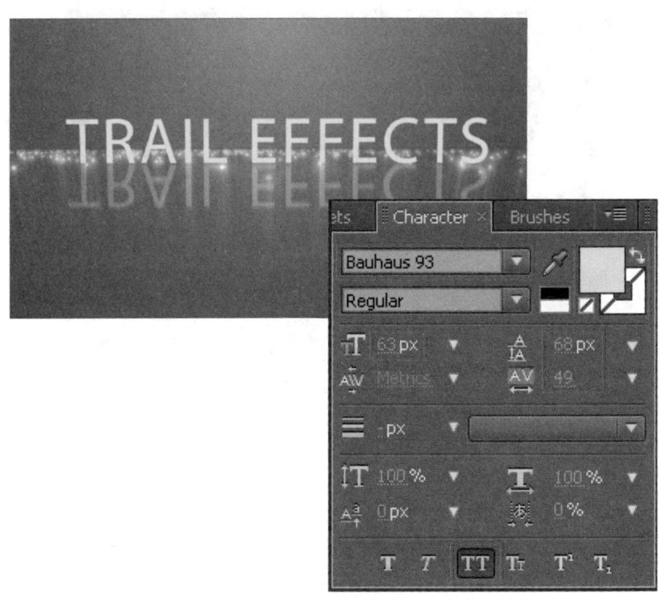

↘ 步骤 02　创建文字倒影

01 在 Timeline 面板中选中文字图层，按〈Ctrl+D〉组合键复制出另一个文字图层。打开两个文字图层的三维选项，并设置原文字图层的叠加模式为 Add，调整其旋转参数值将其作为倒影，并查看此时 Comp 合成的效果。

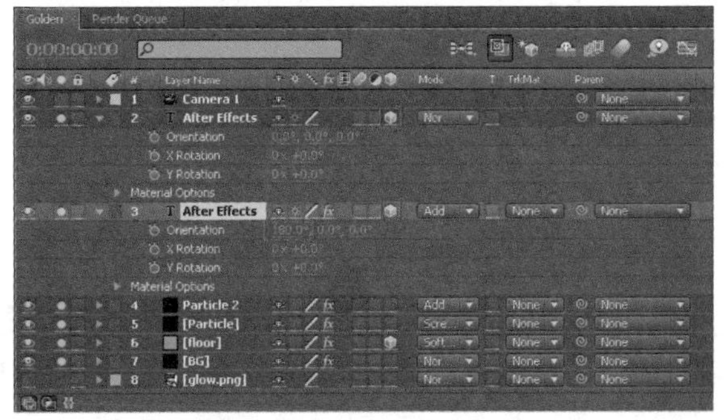

02 选中文字的倒影图层，选择 Effect → Blur&Sharpen → CC Radial Blur 菜单命令，为其添加 CC Radial Blur 滤镜。在 Effect Controls 面板中调整参数，并查看此时 Comp 合成的效果。

步骤 03　创建动画

01 选择 Layer→New→Null Object 菜单命令，新建一个 Null 图层（引导层）。在 Timeline 面板中打开其三维选项，为其 Position 属性记录关键帧。

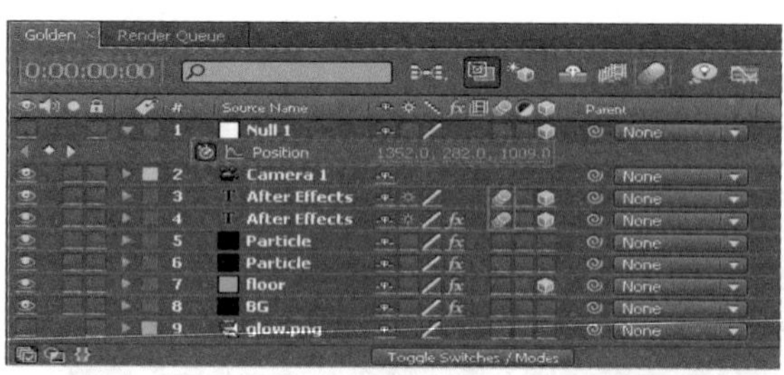

02 在 Timeline 面板中设置 Camera 1 图层为 Null 1 图层的子级图层。此时摄像机将跟随 Null 1 图层的位移属性的改变而产生摄像机位移动画。

03 为了增强动画的可视效果，需要打开场景中文字图层的（动态模糊）选项。此时按数字键〈0〉预览效果。

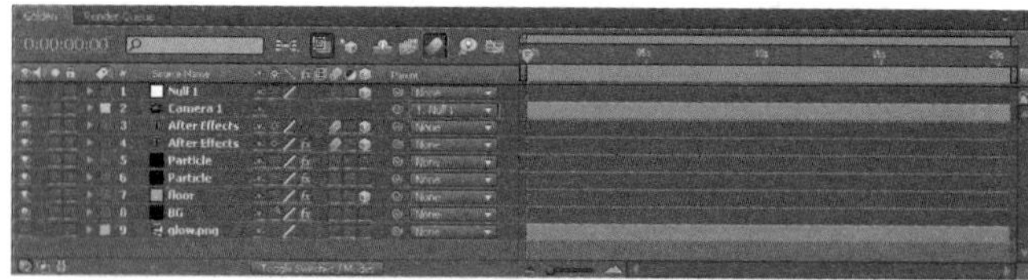

步骤 04　调色

01 选择 Layer→New→Adjust-ment Layer 菜单命令，新建一个 Adjustment Layer（调节图层）。选中该图层，选择 Effect→Color Correction→Curves 菜单命令，为其添加 Curves（曲线）滤镜。在 Effect Controls 面板中调整曲线的形状，并查看此时 Comp 合成的效果。

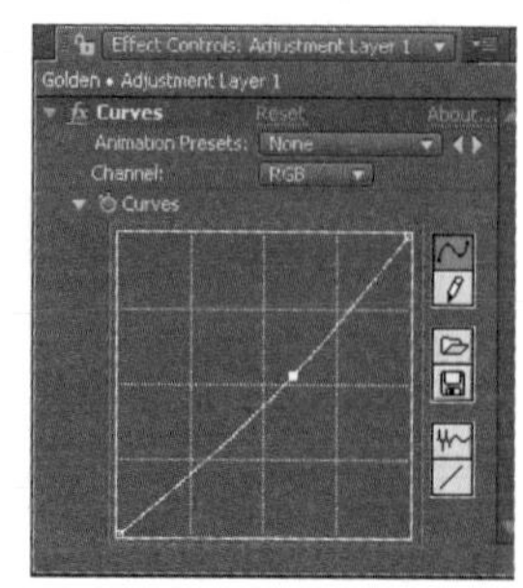

02 再次选择 Layer→New→Adjustment Layer 菜单命令，新建一个 Adjustment Layer。选中该图层，选择 Effect→Color Correction→Curves 菜单命令，为其添加 Curves 滤镜。在 Effect Controls 面板中调整曲线的形状。将时间滑块拖动到时间 0:00:00:02 处，单击 Effect Controls 面板中 Curves 左侧的按钮，为曲线形状记录关键帧，再将时间滑块拖动到 0:00:00:07 时间处，在 Effect Controls 面板中调整曲线的形状。此时曲线形状已经在第 2 帧到第 7 帧之间产生了动画。

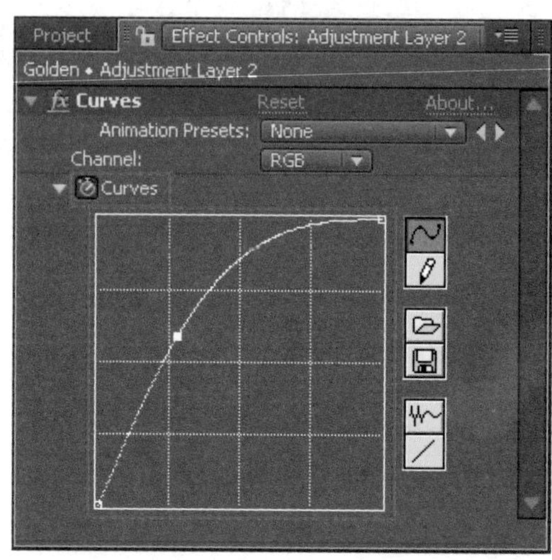

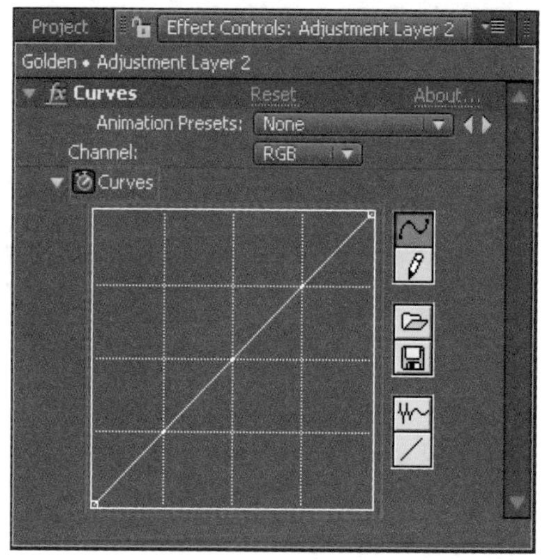

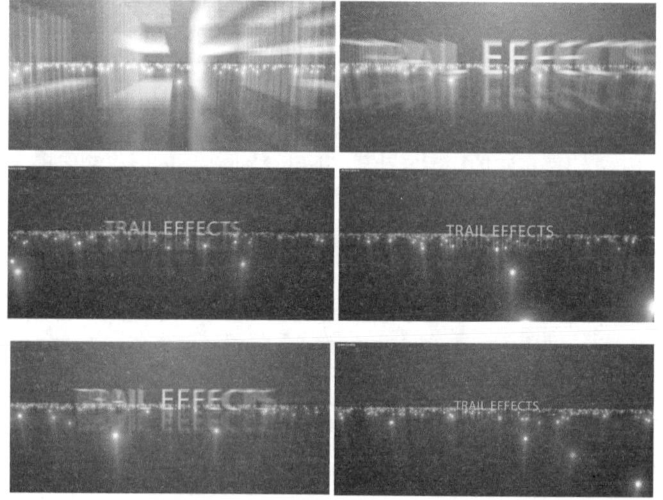

案例 31 卡通背景

本案例主要以图层的应用为主，利用图层颜色的区别制作出动画元素的立体感。整个画面中的色彩搭配以卡通色调为主，通过为图层旋转属性设置关键帧实现动画效果。

● **光盘路径** | 第 4 章 \ 卡通背景

● **难易指数** | ★★☆☆☆

案例效果分析

核心技术要点：利用 Venetian Blinds（百叶窗）滤镜创建条形元素，通过 Polar Coordinates（极坐标转换）滤镜将矩形元素调整为扇形。为图层赋予不同明度的颜色，使动画元素表现出立体感。

制作思路分析：本例主要使用 Venetian Blinds 和 Polar Coordinates 滤镜制作卡通背景效果。最终通过为图层的旋转属性设置关键帧从而生成动画。

制作提示

1. 新建 Comp 合成。
2. 制作立体线条。
3. 添加背景。

↘ 步骤 01 创建 Comp 合成

启动 Adobe After Effects CC，选择 Composition → New Composition 菜单命令，新建一个 Comp 合成，将其命名为“卡通背景”。

↘ 步骤 02 制作立体线条

01 选择 Layer → New → Solid 菜单命令，新建一个固态图层，将其命名为“橙色”。

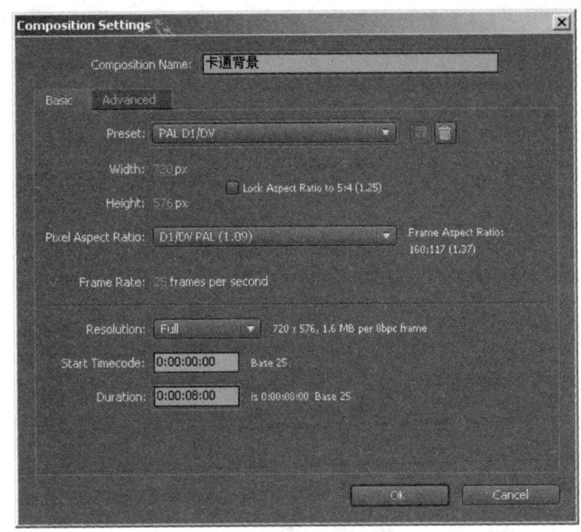

02 选中“深蓝”图层，选择 Effect → Transition → Venetian Blinds 菜单命令，为其添加 Venetian Blinds 滤镜。在 Effect Controls 面板中调整参数，并查看此时 Comp 合成的效果。

03 选择 Effect → Distort → Polar Coordinates 菜单命令，为其添加 Polar Coordinates 滤镜，在 Effect Controls 面板中调整参数。按〈P〉键展开“深蓝”图层的 Position 属性列表并调整参数，同时查看此时 Comp 合成的效果。

04 为黄色的 Rotation 属性设置关键帧，在时间 0:00:00:00 处和时间 0:00:07:24 处设置参数。

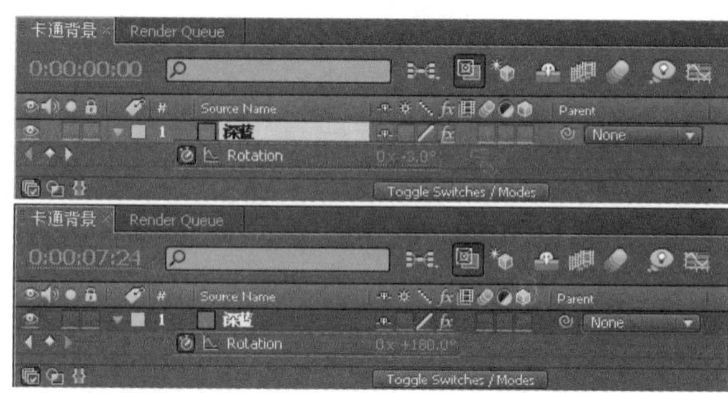

05 利用同样的方法制作出“黄色”图层，与“橙色”图层不同的是“黄色”图层颜色较浅。为其 Rotation 属性设置关键帧，在时间 0:00:00:00 处设置参数值为 0，在时间 0:00:07:24 处设置参数值为 180，此时拖动时间线滑块可以预览动画效果。

06 按数字键〈0〉预览效果。

步骤 03　添加背景

01 选择 Layer→New→Solid 菜单命令，新建一个固态图层，将其命名为“背景”。在 Timeline 面板中将“背景”图层放在最下层。选择 Effect→Generate→Gradient Ramp 菜单命令，为“背景”图层添加 Gradient Ramp 滤镜，在 Effect Controls 面板中调整参数。

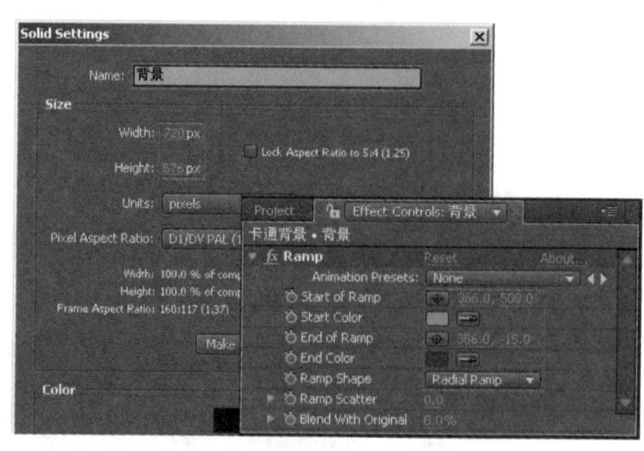

02 查看此时 Comp 合成的效果。

案例 32　标板字幕

本案例主要介绍对图层自身属性的调整和物体的自发光处理的方法。通过频繁地调整图层的不透明度、缩放值、位移等属性改变元素在画面中的状态。

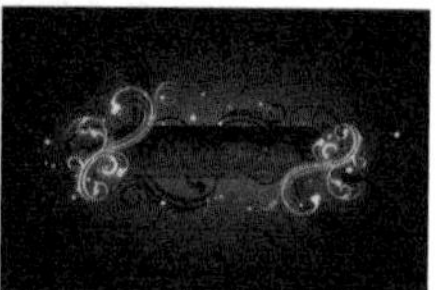

● **光盘路径** | 第 4 章 \ 标板字幕

● **难易指数** | ★★★★☆

案例效果分析

核心技术要点：本例主要介绍如何利用仅有的动态素材制作出非常丰富的画面效果。通过图层之间不同的叠加方式和次序制作空间中的动画效果。

制作思路分析：理解图层的相关概念；通过为动态图层着色使素材产生彩色的自发光效果；设置不同的图层叠加模式使画面达到预期效果。

制作提示

1. 新建 Comp 合成并制作背景。
2. 添加生长素材。
3. 添加粒子。
4. 创建文字。

↘ 步骤 01　创建 Comp 合成

启动 Adobe After Effects CC，选择 Composition → New Composition 菜单命令，新建一个 Comp 合成，将其命名为“标板字幕”。在项目面板中双击导入本书配套光盘中的 Flourish_06.mov、Flourish_14.mov 文件。在 Timeline 面板中选择 New → Solid 命令，新建一个深蓝色的固态图层，将其命名为 BG。

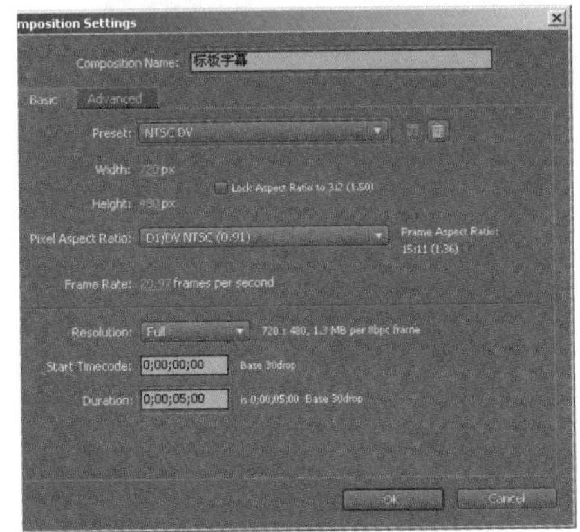

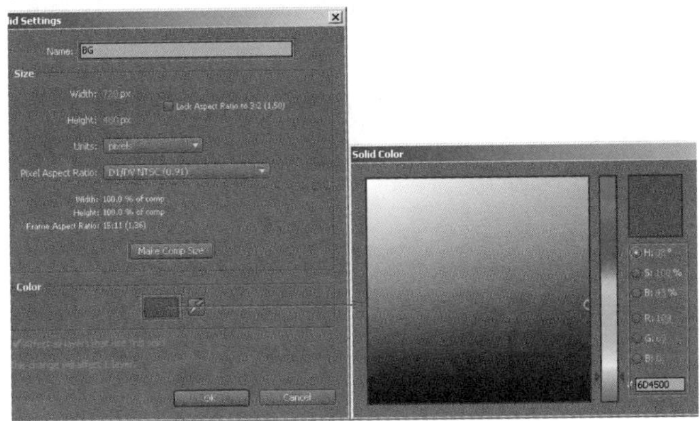

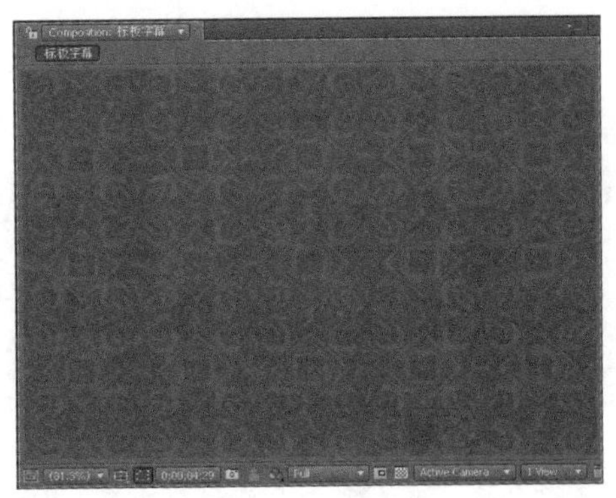

↘ 步骤 02　制作背景

01 将项目面板中的 Flourish_14.mov 拖到 Timeline 面板中。选中 Flourish_14.mov 图层，按〈S〉键展开 Scale 属性列表，对其进行缩放。之后设置其图层的 Opacity（不透明度）为 6%，图层叠加模式为 Overlay。查看此时 Comp 合成的效果。在 Timeline 面板中单击鼠标右键，选择 New → Adjustment Layer 菜单命令，新建一个调节图层。选中调节图层，选择 Effect → Stylize → CC Kaleida 菜单命令，为其添加 CC Kaleida（万花筒）滤镜，在 Effect Controls 面板中调整参数，并查看此时 Comp 合成的效果。

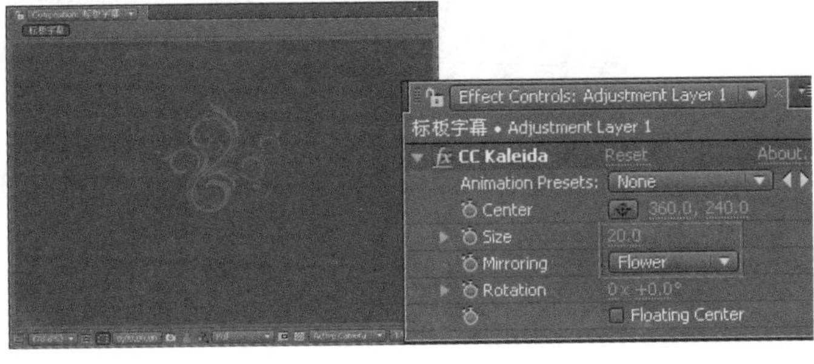

02 在 Timeline 面板中单击鼠标右键，选择 New → Solid 菜单命令，新建一个黑色的固态图层，将其命名为 Mask，设置 Mask 图层的 Opacity 属性值为 50%。单击工具栏中的椭圆工具，在 Mask 图层上绘制一个椭圆形的 Mask，设置 Mask Feather 的值为 238，并查看此时 Comp 合成的效果。

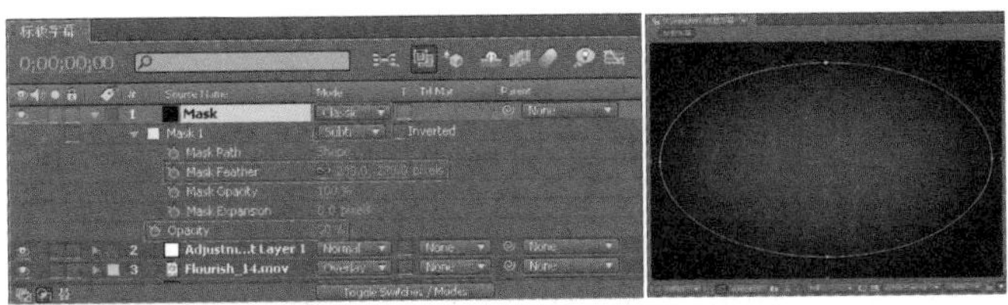

03 新建一个黑色的固态图层，将其命名为 Title。选中此固态图层，单击工具栏中的椭圆工具，在 Comp 合成中绘制一个 Mask，并查看此时 Comp 合成的效果。

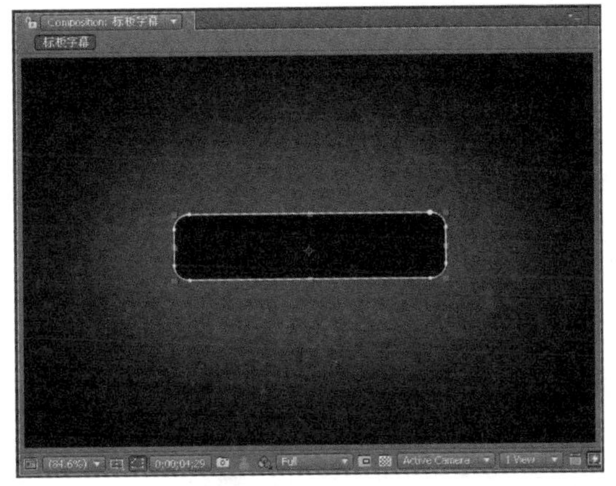

↘ 步骤 03　添加生长素材

01 将项目面板中的 Flourish_06.mov 拖到 Timeline 面板中，调整其大小和位置。选中 Flourish_06.mov 图层，选择 Effect → Generate → Fill（填充）菜单命令，在 Effect Controls 面板中调整参数，并查看此时 Comp 合成的效果。

02 选中 Flourish_06.mov 图层，按〈Ctrl+D〉组合键对其进行复制，之后调整复制图层的位置。

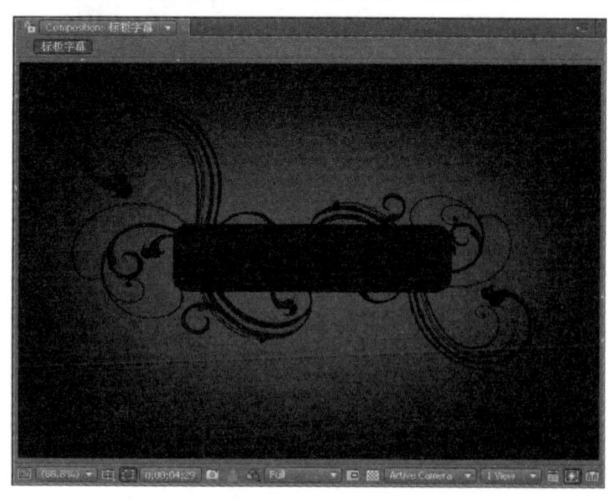

03 选中 Flourish_06.mov 图层，按〈Ctrl+D〉组合键对其进行复制，并调整复制图层的大小和位置。在 Effect Controls 面板中调整 Fill 滤镜的属性参数，并查看此时 Comp 合成的效果。

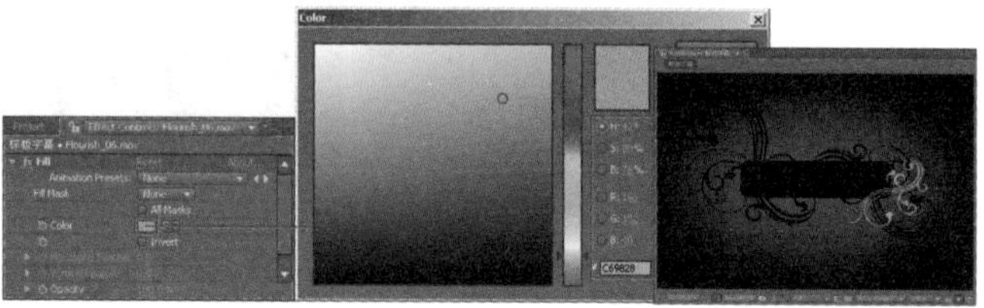

04 在 Timeline 面板中选中最近复制的图层，设置其图层叠加模式为 Normal（标准的）。选择 Effect→Stylize→Glow 菜单命令，在 Effect Controls 面板中调整参数，并查看此时 Comp 合成的效果。然后为图层添加 Glow（发光）滤镜，使用默认的参数值可使图层产生自发光效果。

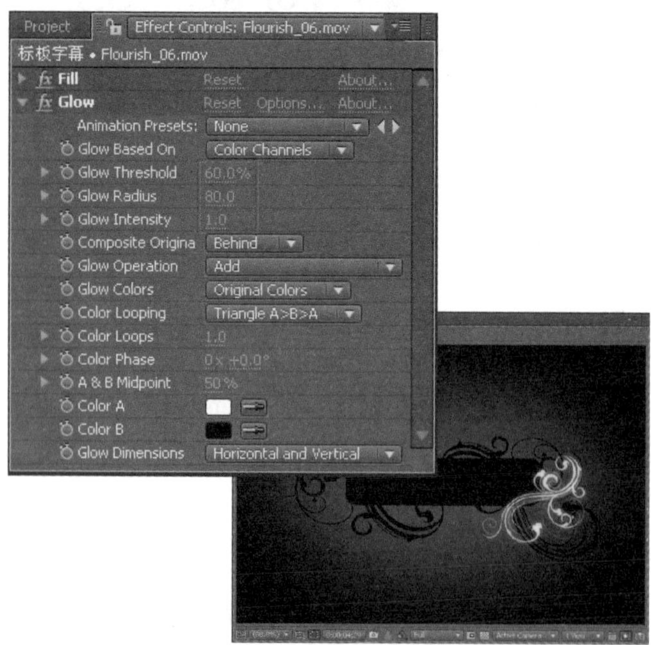

05 选中最近复制的图层，按〈Ctrl + D〉组合键对其进行复制并调整位置和大小，然后查看此时 Comp 合成的效果。

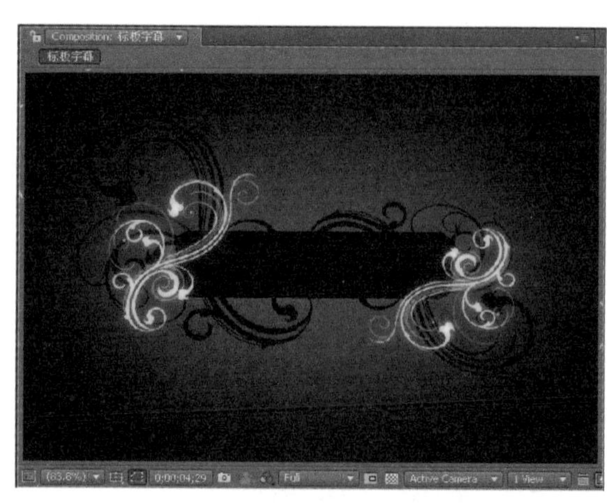

06 在 Timeline 面板中单击鼠标右键，选择 New→Solid 命令，新建一个红色的固态图层，将其命名为 Glow，将其拖放到 Title 图层的下方。单击工具栏中的椭圆工具，在此图层上绘制一个椭圆形的 Mask 并设置 Mask 参数，然后查看此时 Comp 合成的效果。

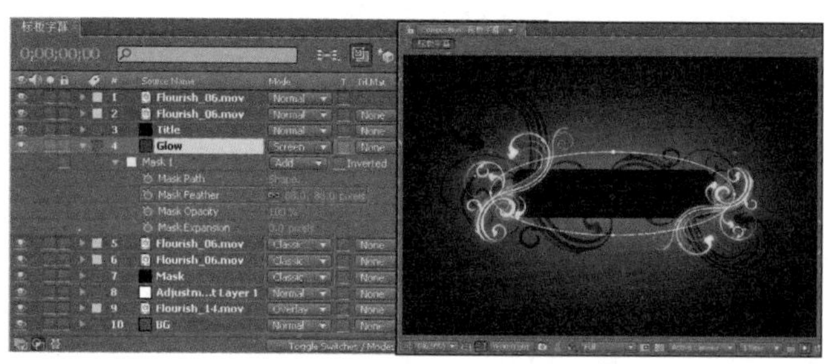

07 在 Timeline 面板中选中 Title 图层，选择 Effect→Generate→Gradient Ramp 菜单命令和 Effect→Perspective→Drop Shadow（投下阴影）菜单命令，为其添加渐变色滤镜和阴影滤镜。在 Effect Controls 面板中调整参数，并查看此时 Comp 合成的效果。

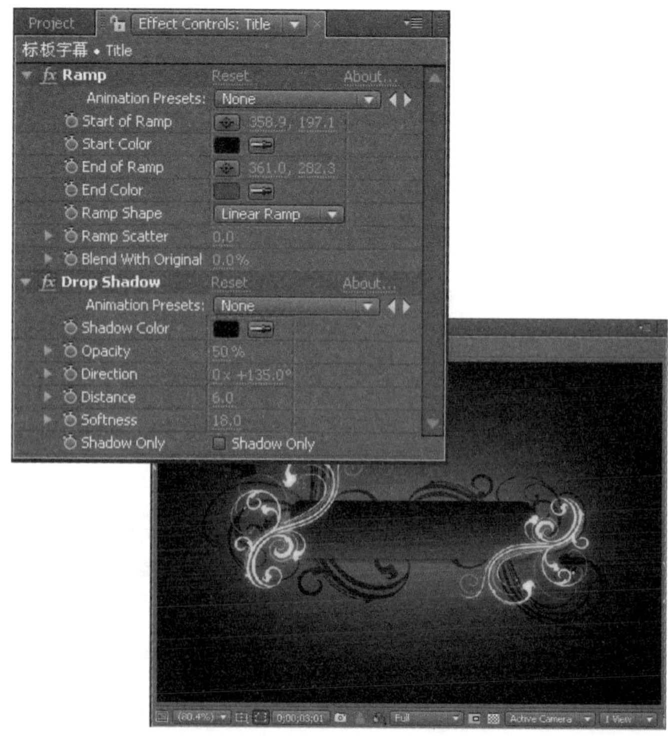

↘ 步骤 04 添加粒子

01 在 Timeline 面板中单击鼠标右键，选择 New → Solid 命令，新建一个淡黄色的固态图层，将其命名为 Particles，将其拖放到 Title 图层的下方。选中固态图层，选择 Effect → Simulation → CC Particle World（三维粒子运动）菜单命令，在 Effect Controls 面板中调整参数，并查看此时 Comp 合成的效果。

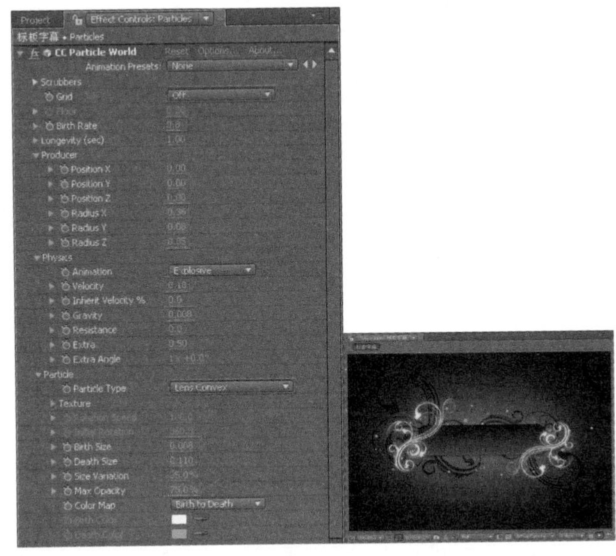

02 选择 Effect → Stylize → Glow 菜单命令，在 Effect Controls 面板中调整参数，并查看此时 Comp 合成的效果。

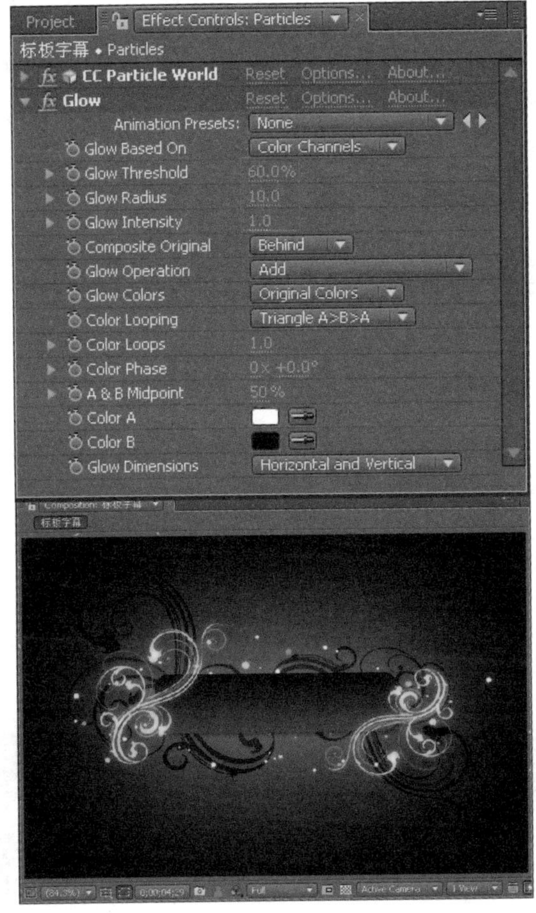

↘ 步骤 05 创建文字

01 单击工具栏中的T工具，在 Comp 合成面板中单击，输入文字 After Effects 并设置文字属性，然后查看此时 Comp 合成的效果。

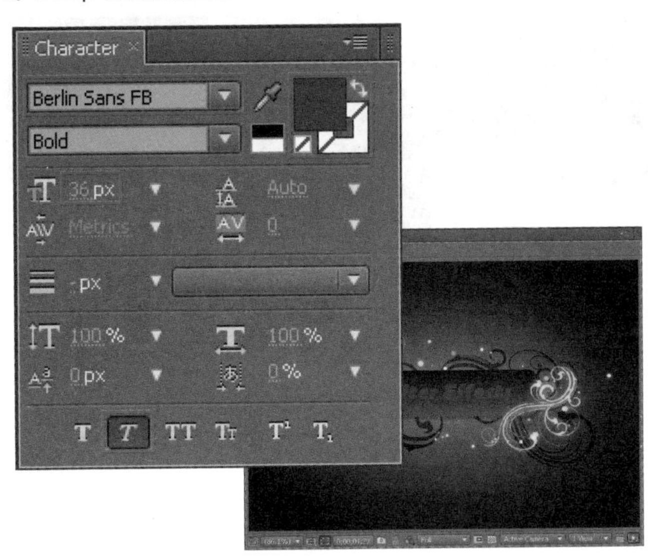

02 选中文字图层，选择 Effect → Perspective → Drop Shadow 菜单命令，为文字添加阴影。在 Effect Controls 面板中调整参数，并查看此时 Comp 合成的效果。

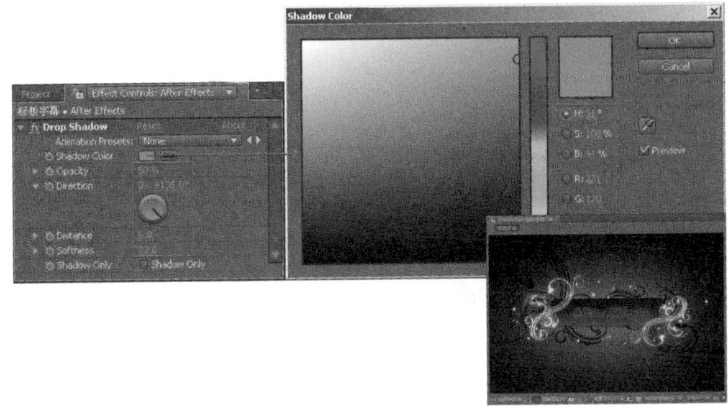

03 按数字键〈0〉预览最终效果。

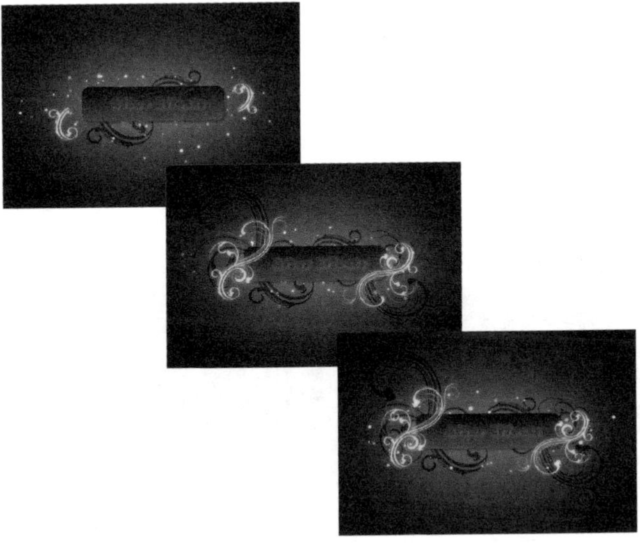

案例 33　电光背景

本案例主要对 Fractal Noise 滤镜进行应用，在动画制作过程中灵活运用 time*200 表达式，使画面产生动态的电光效果。

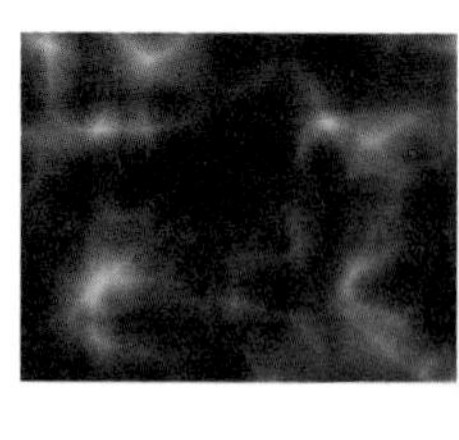
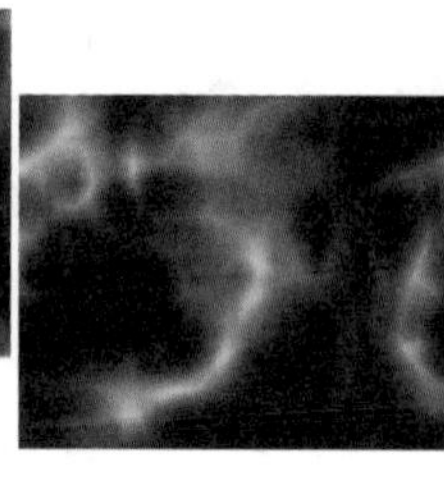
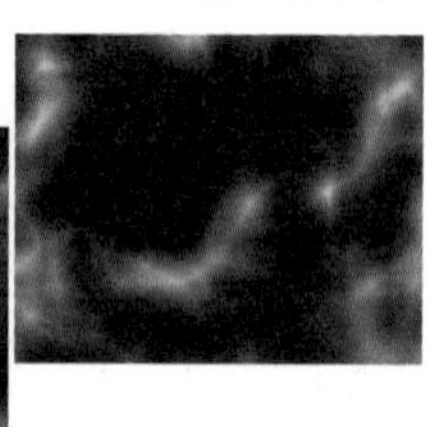

● 光盘路径 | 第 4 章 \ 电光背景

● 难易指数 | ★★☆☆☆

案例效果分析

核心技术要点：本例利用 Fractal Noise 滤镜来制作动态的电光背景，利用图层的叠加模式改变电光的颜色。

制作思路分析：熟悉 After Effects 的表达式，通过表达式快速实现电光动画。

制作提示

1. 新建 Comp 合成。
2. 制作素材。
3. 新建固态图层制作光波。

步骤 01　创建 Comp 合成

启动 Adobe After Effects CC，选择 Composition → New Composition 菜单命令，新建一个 Comp 合成，将其命名为“电光背景”。

步骤 02　制作素材

选择 Layer → New → Solid 菜单命令，新建一个固态图层，将其命名为“背景”。

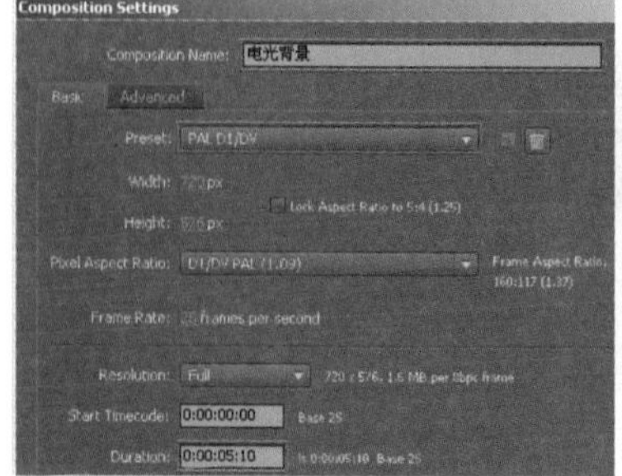
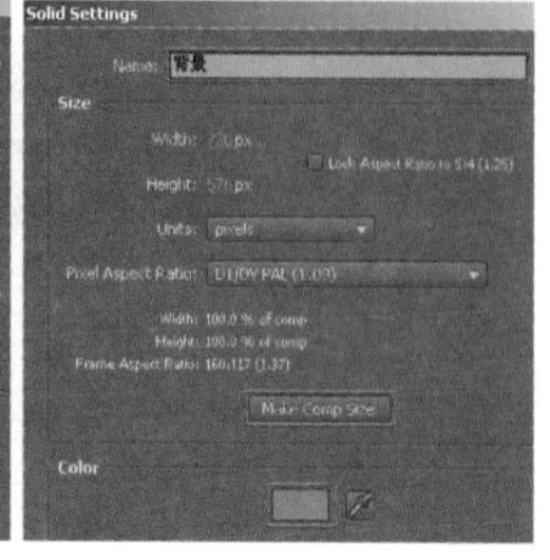

步骤 03　制作光波

01 选择 Layer → New → Solid 菜单命令，新建一个固态图层，将其命名为“电光”。选中“电光”图层，选择 Effect → Noise&Grain → Fractal Noise 菜单命令，为其添加 Fractal Noise 滤镜。在 Effect Controls 面板中调整参数，并查看此时 Comp 合成的效果。

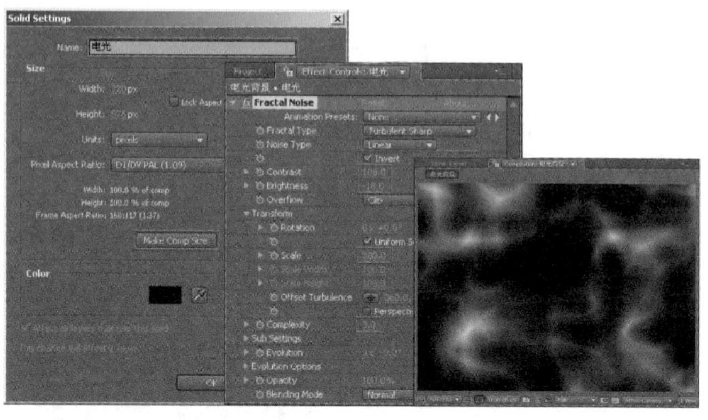

02 为 Fractal Noise 滤镜的参数设置关键帧，在时间 0:00:00:00 处和时间 0:00:05:09 处设置参数，之后将“电光”图层的叠加方式设为 Luminosity。

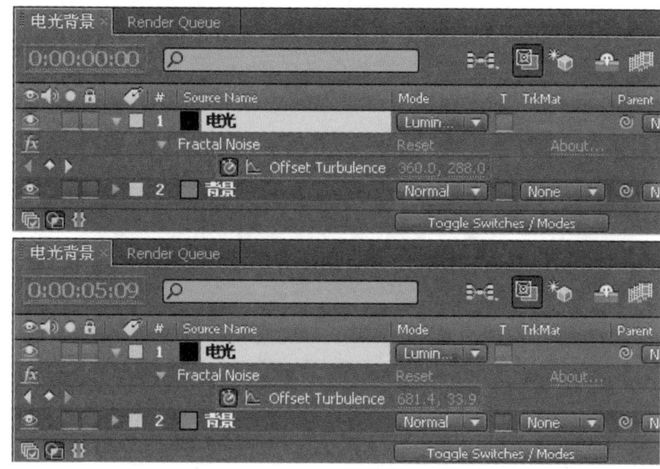

03 按住〈Alt〉键，单击 Evolution 左侧的按钮，为其添加表达式，在表达式输入栏中输入 time*200。

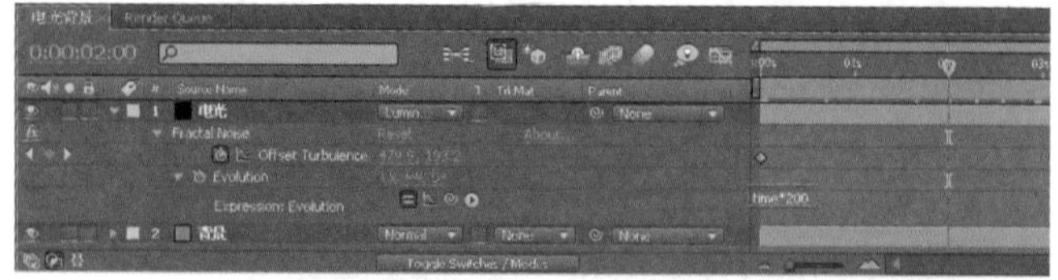

04 按下数字键〈0〉预览效果，可见画面中已经出现随机的电光动画。

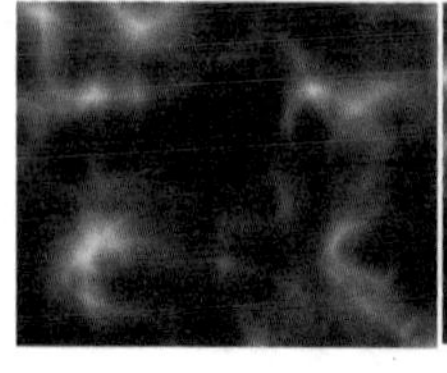
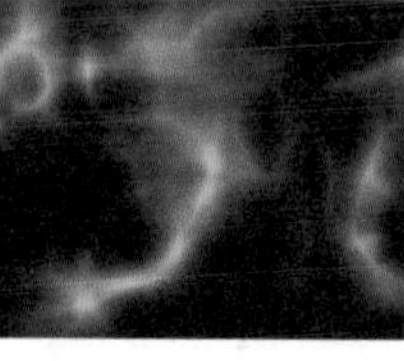
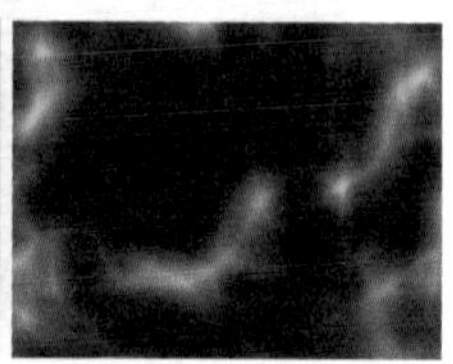

案例 34 五彩光线

本案例主要利用 Polar Coordinates 滤镜将直线转为以点为中心的光线。通过为 Fractal Noise 滤镜的 Evolution 属性记录关键帧，最终使光线产生所需动画。

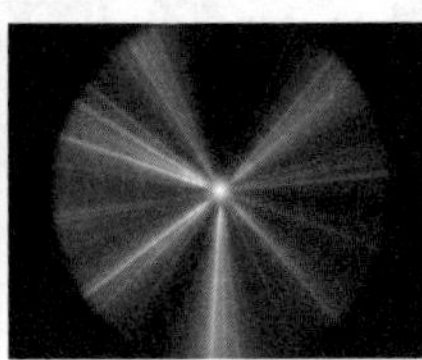

● **光盘路径** | 第 4 章 \ 五彩光线

● **难易指数** | ★★★☆☆

案例效果分析

核心技术要点：本例利用 Fractal Noise 及 Glow 和 Polar Coordinate(极坐标转换)滤镜制作五彩光线的背景效果。

制作思路分析：理解空间概念，熟悉 After Effects 图层的应用，利用三维图层实现空间中的五彩光线效果。

制作提示

1. 新建 Comp 合成。
2. 制作暖光层。
3. 制作冷光。
4. 制作光晕。

步骤 01 创建 Comp 合成

启动 Adobe After Effects CC，选择 Composition → New Composition 菜单命令，新建一个 Comp 合成，将其命名为“五彩光线”。

步骤 02 制作暖光层

01 选择 Layer → New → Solid 菜单命令，新建一个固态图层，将其命名为“冷光线”。

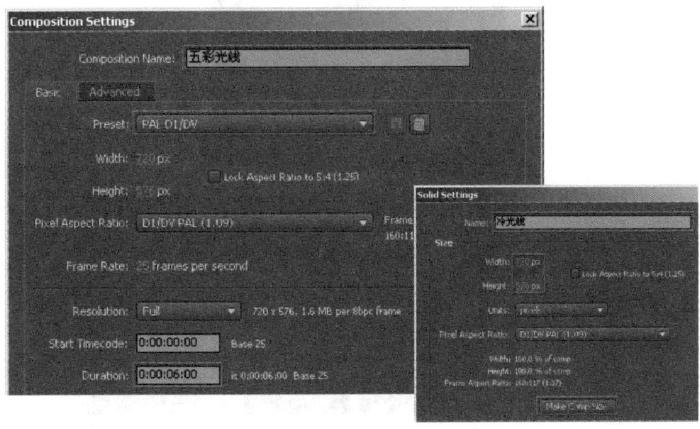

02 选中“冷光线”图层，选择 Effect → Noise&Grain → Fractal Noise 菜单命令，为其添加 Fractal Noise 滤镜。在 Effect Controls 面板中调整参数，并查看此时 Comp 合成的效果。

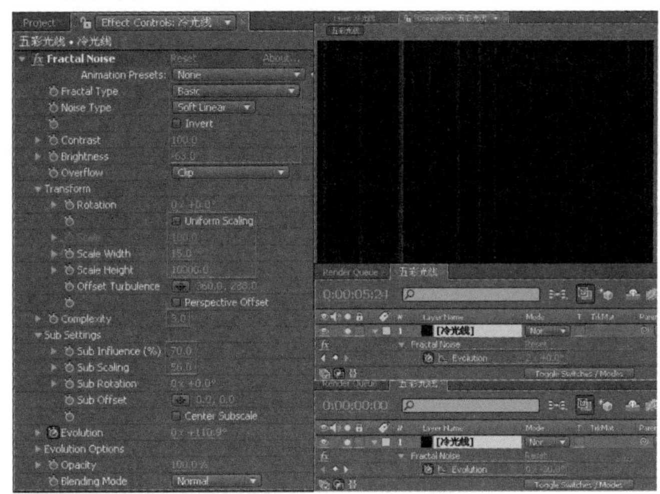

03 为 Fractal Noise 滤镜下的 Evolution 参数设置关键帧，在时间 0:00:00:00 处和时间 0:00:05:24 处设置参数。

04 选择 Effect → Stylize → Glow 菜单命令，为其添加 Glow 滤镜，在 Effect Controls 面板中设置参数。然后按数字键〈0〉预览效果。

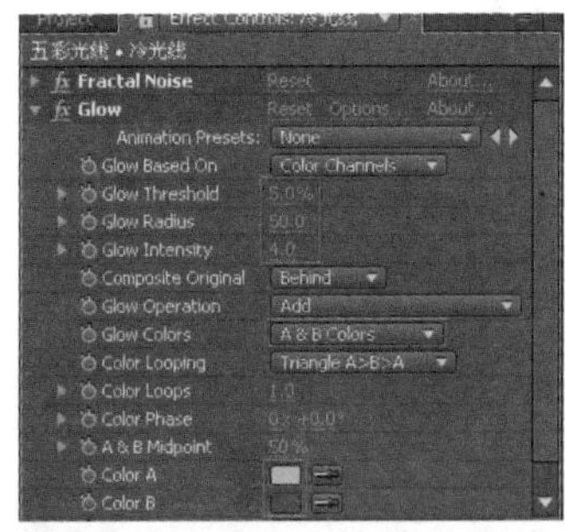

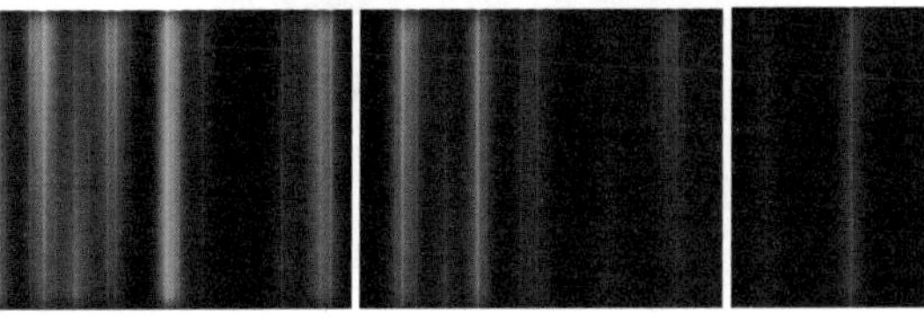

05 选择 Effect → Distor → Polar Coordinates 菜单命令，为其添加 Polar Coordinates (极坐标变化) 滤镜。按〈S〉键展开“冷光线”图层的 Scale 属性列表，将 Scale 属性值设置为 150%，然后查看此时 Comp 合成的效果。

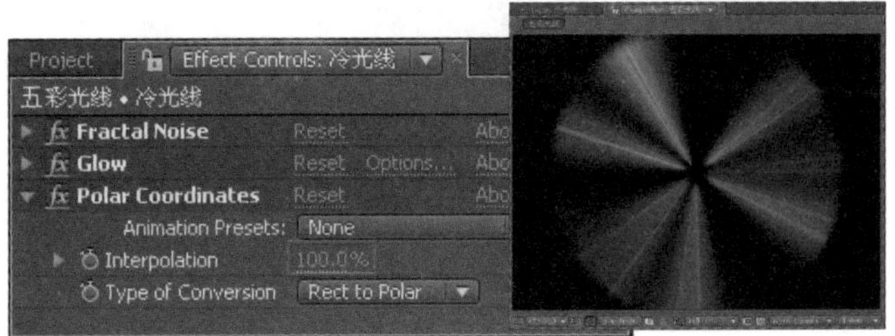

↘ 步骤 03　制作冷光

01 选中“冷光线”图层，选择 Edit→Duplicate 菜单命令，将该图层复制一次，并将新复制出的图层重命名为“暖光线”。打开“暖光线”图层的 Glow 滤镜参数控制面板，修改颜色。按〈U〉键展开“暖光线”图层的关键帧属性列表，在时间 0:00:00:00 处和时间 0:00:05:24 处修改参数。

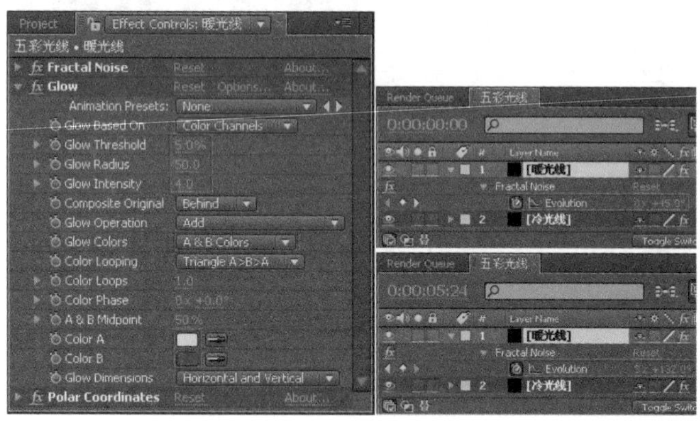

02 设置“暖光线”图层的叠加模式为 Add，按数字键〈0〉预览效果。

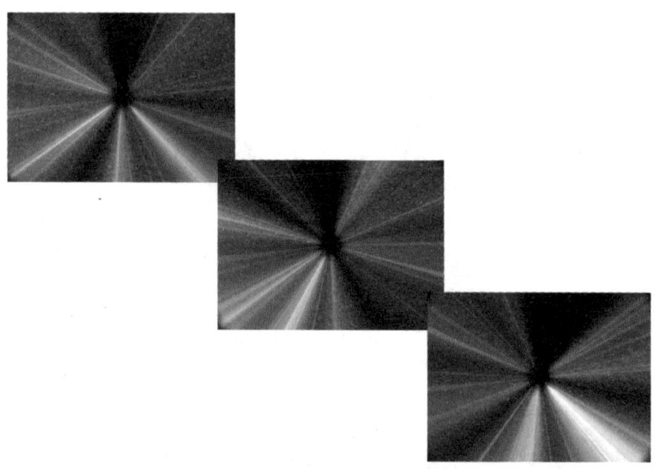

↘ 步骤 04　制作光晕

01 选择 Layer→New→Solid 菜单命令，新建一个固态图层，将其命名为“光晕”。

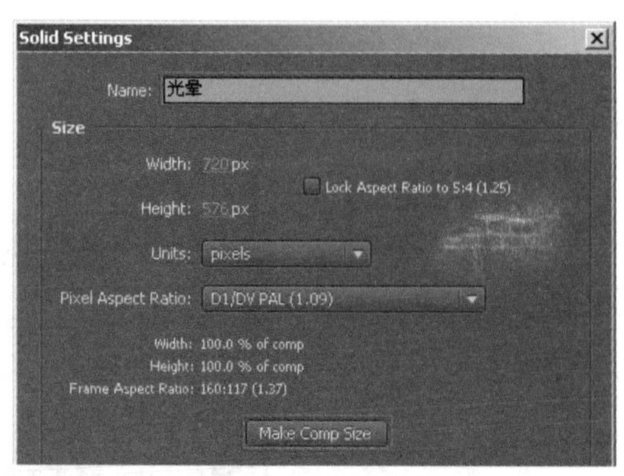

02 选择 Effect→Generate→Lens Flare 菜单命令，为“光晕”图层添加 Lens Flare 滤镜，并查看此时 Comp 合成的效果。

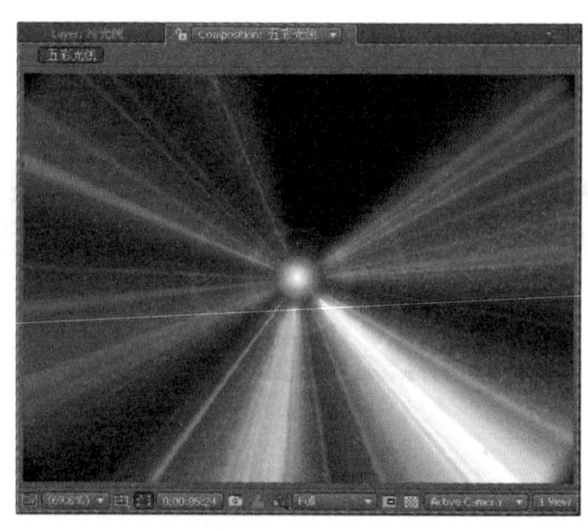

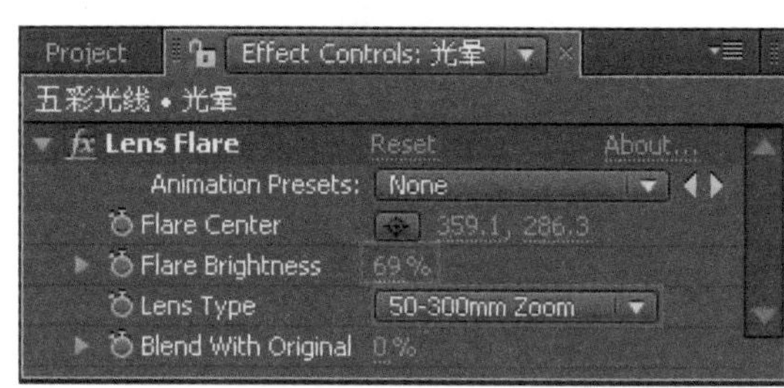

03 单击各图层的按钮，将三个图层的三维属性开关打开。选择 Layer→New→Camera 菜单命令，新建一个摄像机图层。单击工具栏中的按钮，在 Comp 合成面板中拖动并单击鼠标的左、中、右键可对摄像机视图进行调整，可同时查看此时 Comp 合成的效果。

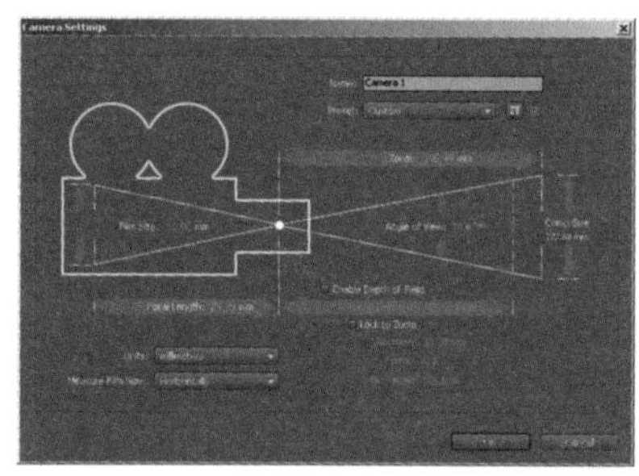

04 按数字键〈0〉预览最终效果。

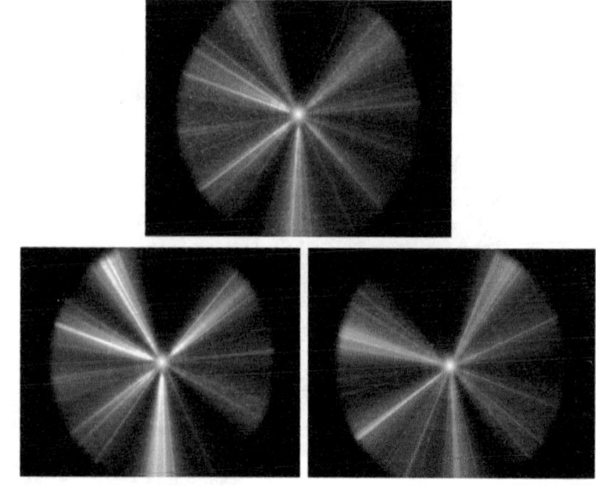

案例 35　燃烧的牛仔布

本案例主要介绍 Fractal Noise、Displacement Map 的应用技巧，最终利用图层的 TrkMat 选项实现牛仔布燃烧的动画效果。

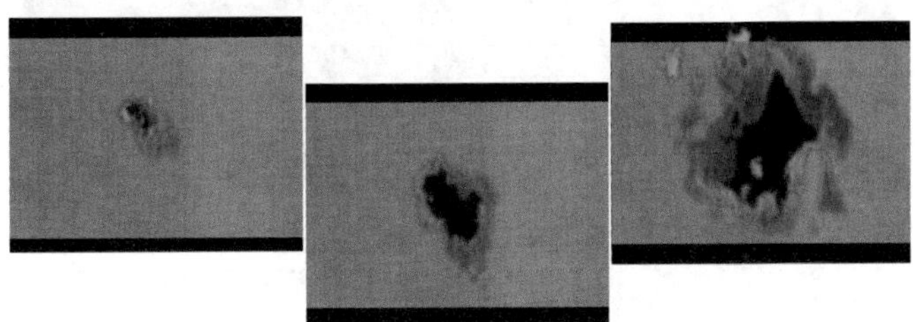

● 光盘路径 | 第 4 章 \ 燃烧的牛仔布

● 难易指数 | ★★★★☆

案例效果分析

核心技术要点：本例利用 Fractal Noise 滤镜制作动态的火焰纹理贴图，之后利用 Displacement Map（置换贴图）滤镜制作牛仔布燃烧的效果。

制作思路分析：应用 After Effects 图层的 TrkMat 选项，制作出逼真的牛仔布燃烧动画。

制作提示

1. 新建固态图层，为其添加 Fractal Noise 滤镜。
2. 制作烟火扩散动画。
3. 制作燃烧的牛仔布动画。

↘ 步骤 01　创建 Comp 合成

01 启动 Adobe After Effects CC，选择 Composition → New Composition 菜单命令，新建一个 Comp 合成，将其命名为“贴图”。选择 Layer → New → Solid 菜单命令，新建一个固态图层，将其命名为 fractal。

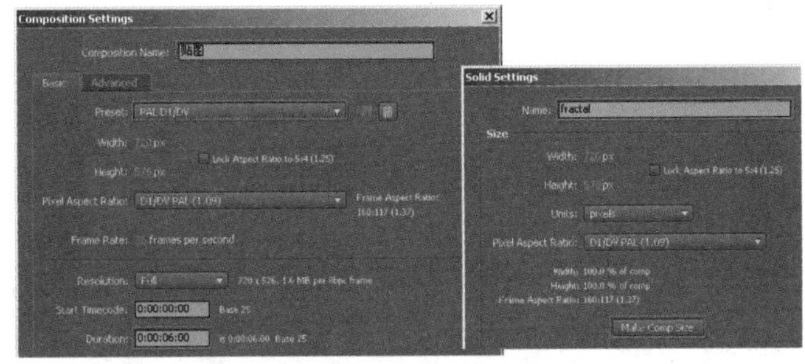

02 选中 fractal 图层，选择 Effect → Noise&Grain → Fractal Noise 菜单命令，为其添加 Fractal Noise 滤镜，在 Effect Controls 面板中调整参数，并查看此时 Comp 合成的效果。

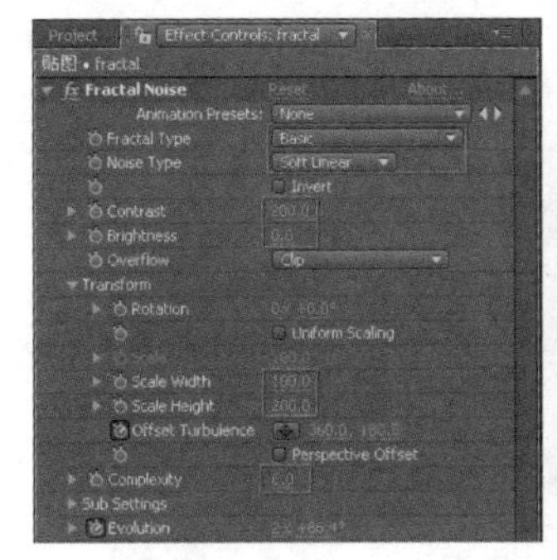

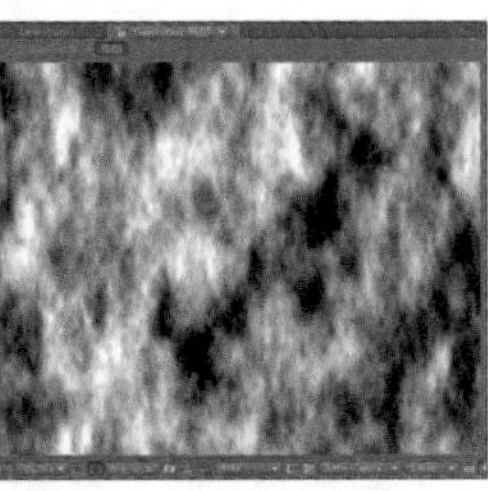

03 为 Fractal Noise 滤镜的参数设置关键帧，在时间 0:00:00:00 处和时间 0:00:04:00 处设置参数。

04 按数字键〈0〉预览效果。

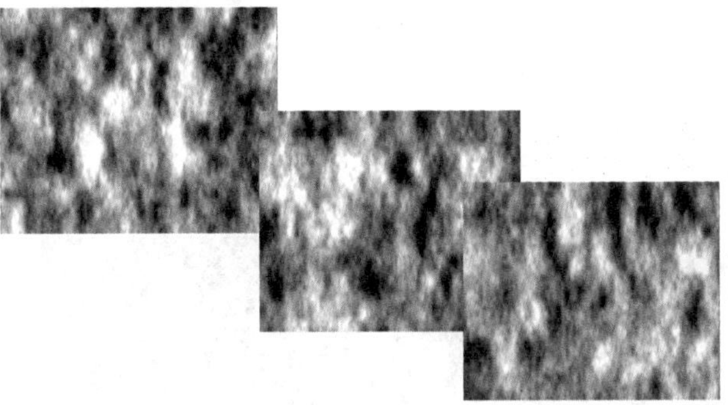

↘ 步骤 02　制作烟火扩散动画

01 选择 Composition → New Composition 菜单命令，新建一个 Comp 合成，将其命名为“大圈”。选择 Layer → New → Solid 菜单命令，新建一个固态图层，将其命名为“外火”。

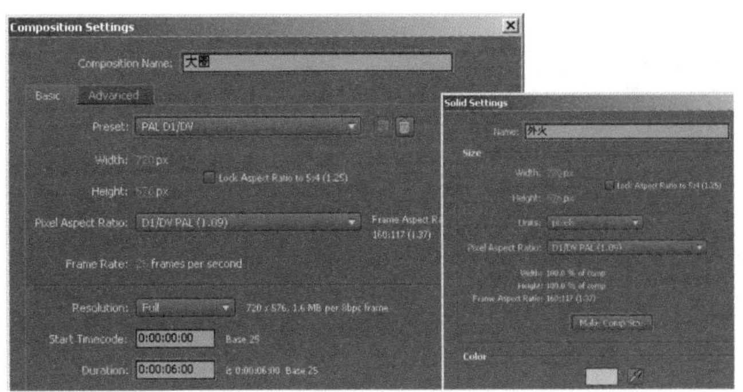

02 选中“外火”图层，选择 Effect → Generate → Ellipse 菜单命令，为其添加 Ellipse（椭圆形）滤镜。

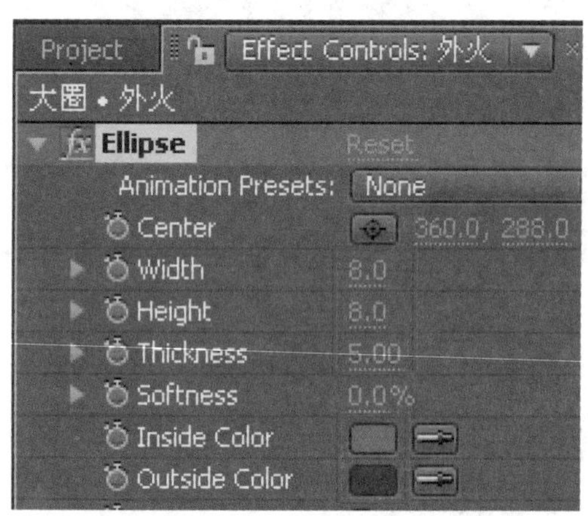

03 为 Ellipse 滤镜的参数设置关键帧，在时间 0:00:00:00 处和时间 0:00:04:00 处设置参数。

04 按数字键〈0〉预览效果。

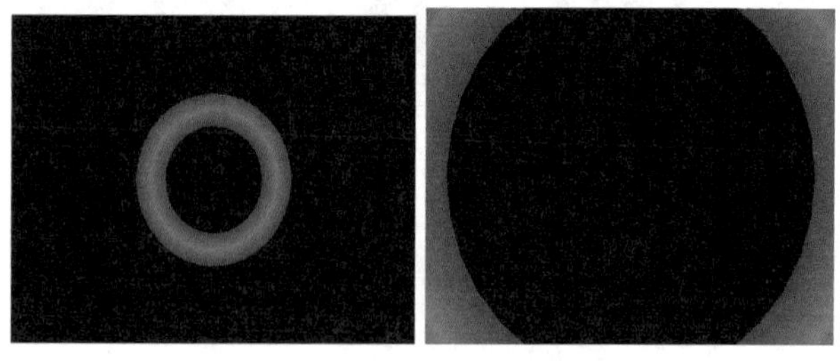

05 选择 Composition → New Composition 菜单命令，新建一个 Comp 合成，将其命名为“小圈”。选择 Layer → New → Solid 菜单命令，新建一个固态图层，将其命名为“内火”。

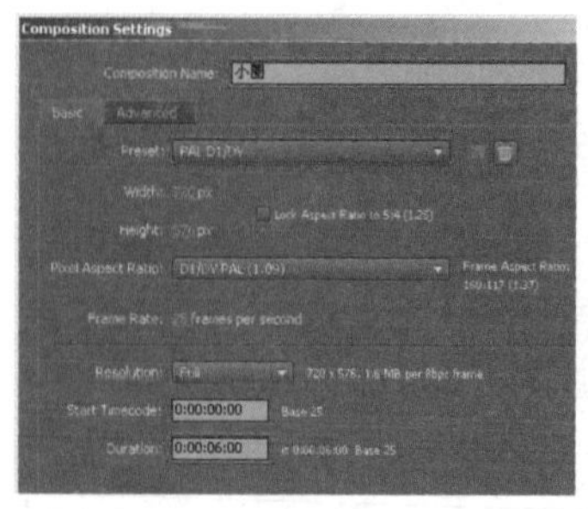

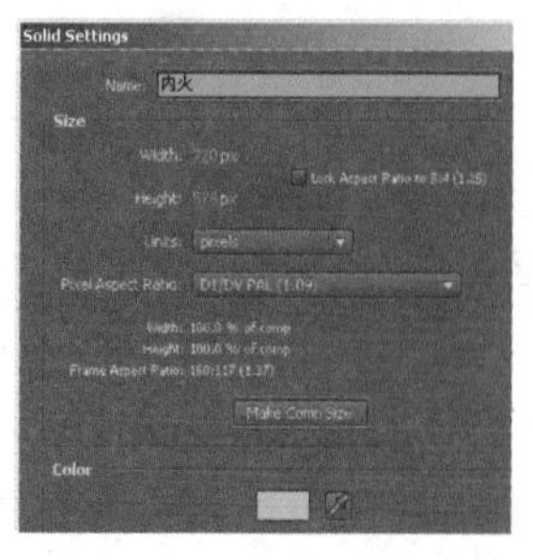

06 选中“内火”图层，选择 Effect → Generate → Ellipse 菜单命令，为其添加 Ellipse 滤镜。为 Ellipse 滤镜的参数设置关键帧，在时间 0:00:00:00 处和时间 0:00:04:00 处设置参数。

步骤 03 制作燃烧的牛仔布动画

01 选择 Composition → New Composition 菜单命令，新建一个 Comp 合成，将其命名为“燃烧的牛仔布”。将项目面板中的大圈和贴图拖到 Timeline 面板中。

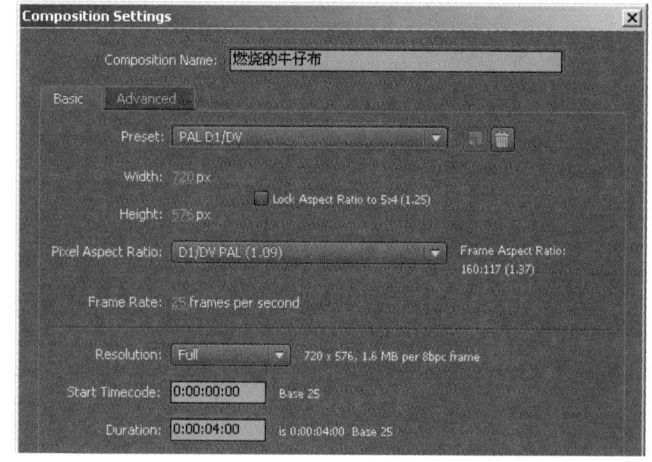

02 选中“大圈”图层，选择 Effect → Distort → Displacement Map 菜单命令，为其添加 Displacement Map 滤镜，在 Effect Controls 面板中调整参数。在 Timeline 面板中单击贴图层前的 按钮，将其显示属性关闭，并查看此时 Comp 合成的效果。

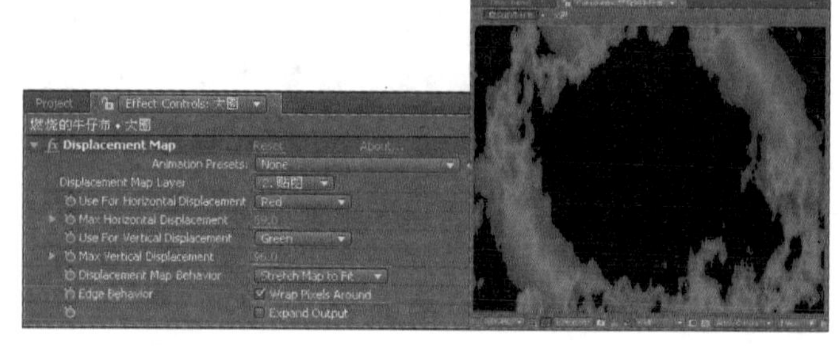

03 选择 Effect → Blur&Sharpen → Fast Blur 菜单命令，为其添加 Fast Blur 滤镜，在 Effect Controls 面板中设置 Blurriness 的值为 15，并查看此时 Comp 面板的效果。

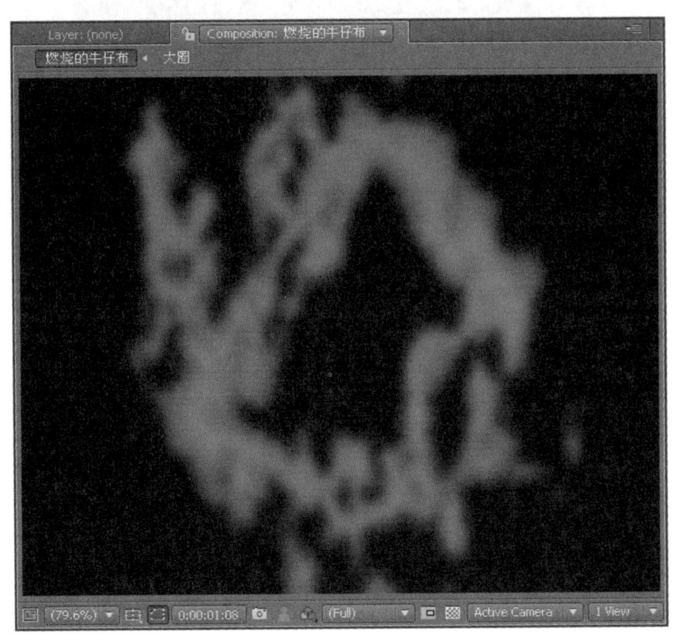

04 选中“大圈”图层，选择 Edit → Duplicate 菜单命令，将“大圈”图层复制一次，并将新图层重命名为“火苗”，在“火苗”图层的 Fast Blur 滤镜控制面板中将 Blurriness 的值改为 10。将项目面板中的“小圈”拖到 Timeline 面板中，按照同样的方法为“小圈”也添加 Displacement Map 滤镜和 Fast Blur 滤镜，不同的是在“小圈”的 Fast Blur 滤镜控制面板中将 Blurriness 的值设为 23。选择 File → Import → File 菜单命令，导入光盘中的“牛仔布 .tga”文件，并将其拖到“燃烧的牛仔布”合成的 Timeline 面板中，放置在最底层。在“燃烧的牛仔布”合成的 Timeline 面板中，调整各层的顺序及叠加方式。

05 按数字键〈0〉预览最终效果。

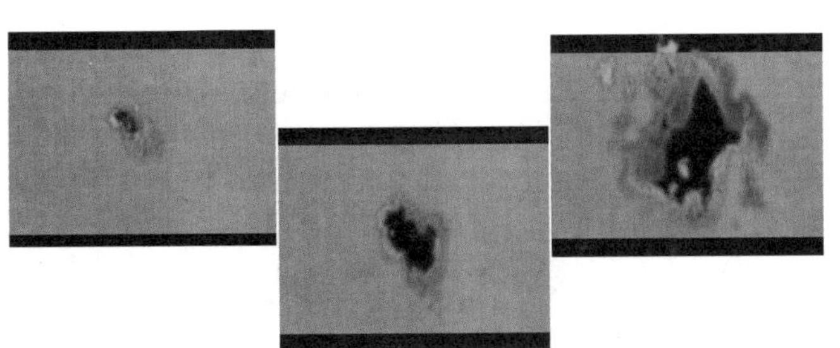

案例 36 梦幻背景

本案例主要介绍 After Effects 中的 Shape Layer 的应用技巧。通过本例的学习，读者可以使用 After Effects 完成大多数图形的绘制和动画制作。

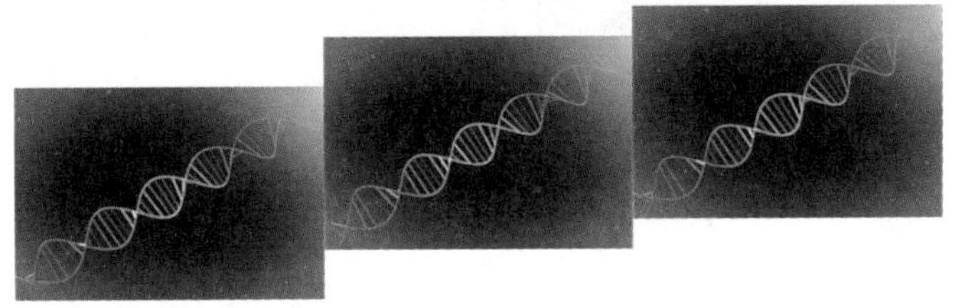

● 光盘路径 | 第 4 章 \ 梦幻背景

● 难易指数 | ★★★★☆

案例效果分析

核心技术要点：本例主要学习 ShapeLayer 的应用技巧，利用 Form（表格）滤镜读取制作完成的 Shape 信息产生扭曲的 DNA 效果。Form 滤镜是后期常用的特效插件，需要自行安装。读者可通过互联网或其他方式获取。

制作思路分析：熟悉 After Effects 中的 Shape 的绘制，并利用 Shape Layer 的属性设置制作出想要的图形。通过 Form 滤镜为图形添加扭曲的 DNA 效果。

制作提示

1. 创建 Shape。
2. 创建合成。
3. 记录关键帧动画。
4. 创建摄像机、粒子、Mask 和光效。

步骤 01 创建 Shape

01 启动 Adobe After Effects CC，选择 Composition → New Composition 菜单命令，新建一个 Comp 合成，将其命名为 DNA。单击工具栏中的矩形工具，在 Comp 合成面板中绘制一个很窄的矩形。

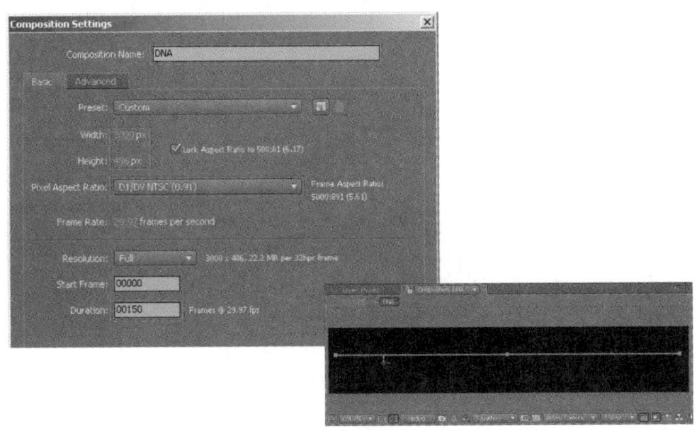

02 在 Timeline 面板中展开 Shape Layer 1 图层的属性列表，设置矩形的参数。选中展开的 Rectangle 1 属性，按下〈Enter〉键将其重命名为 Main。选中 Shape Layer 1 图层，单击工具栏中的矩形工具，在 Comp 合成面板中绘制一个竖向的小矩形。

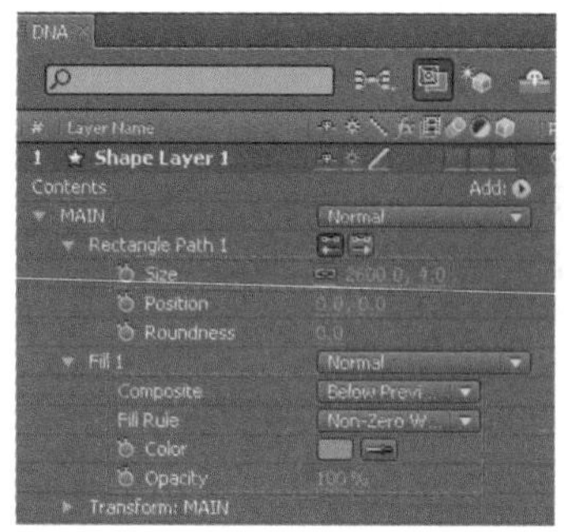

03 在 Timeline 面板中展开 Shape Layer 1 图层的属性列表。单击 Add 右侧的按钮，在弹出的列表中选择 Group（组）选项，为形状层添加一个空组。选中小矩形后按下键盘上的〈Enter〉键将其重命名为 Inner1。选中 Inner1，将其拖到 Group 1 中。再次选中 Inner1，按〈Ctrl+D〉组合键复制出三个小矩形，分别命名为 Inner 2、Inner 3、Inner 4，并调整它们在 Comp 合成面板中的位置。

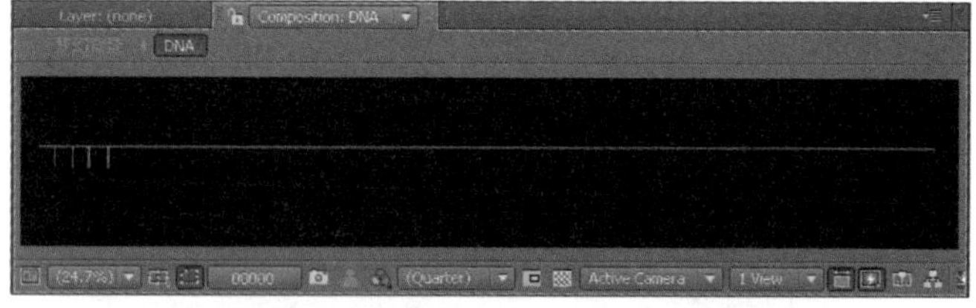

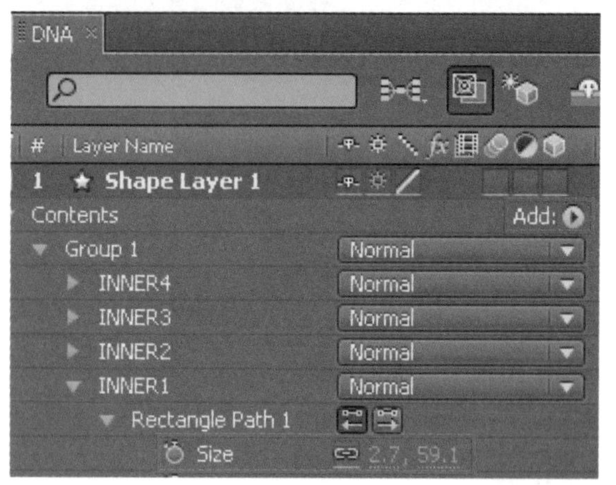

步骤 02 镜像元素

01 在 Timeline 面板中展开 Shape Layer 1 图层的属性列表。单击 Add 右侧的按钮，在弹出的列表中选择 Repeater 选项，为 Shape Layer 1 图层添加 Repeater 1 属性。选中 Repeater 1，将其拖放到 Group1 中并设置参数，并查看此时 Comp 合成的效果。

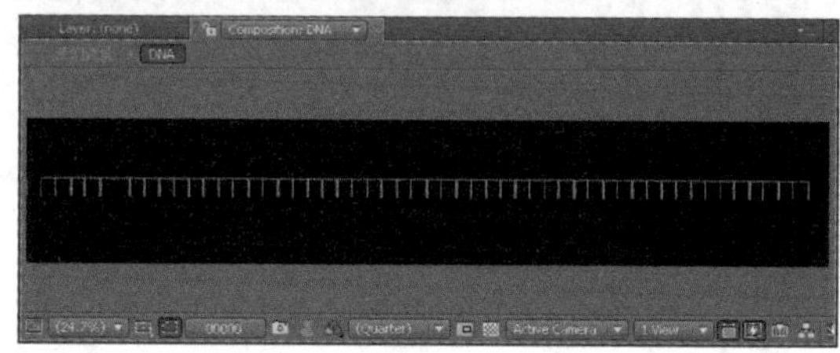

02 在 Timeline 面板中打开 Shape Layer 1 图层的（三维）选项。选中 Shape Layer 1 图层，选择 Effect → Distort → Mirror 菜单命令，为其添加 Mirror（镜像）滤镜。在 Effect Controls 面板中设置参数，并查看此时 Comp 合成的效果。

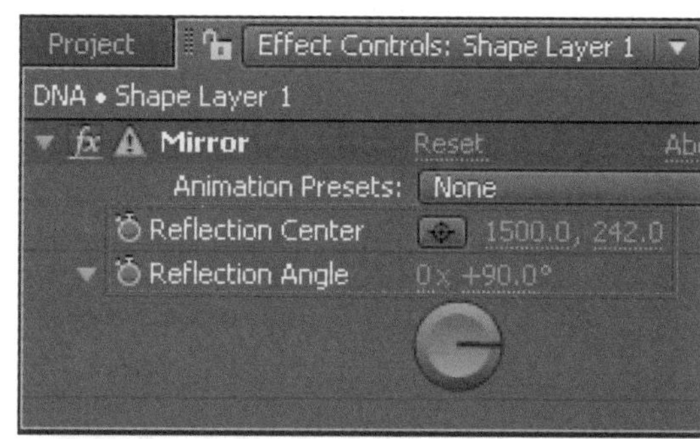

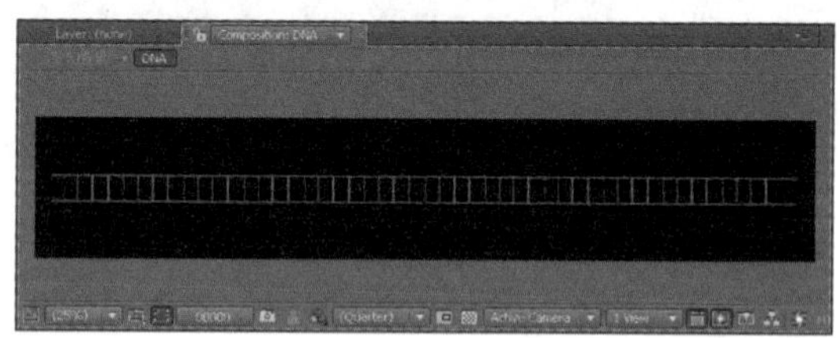

步骤 03 创建合成

01 选择 Composition → New Composition 菜单命令，新建一个 Comp 合成，将其命名为“梦幻背景”。将项目面板中的 DNA 拖到“梦幻背景”的 Timeline 面板中，并查看此时 Comp 合成效果。

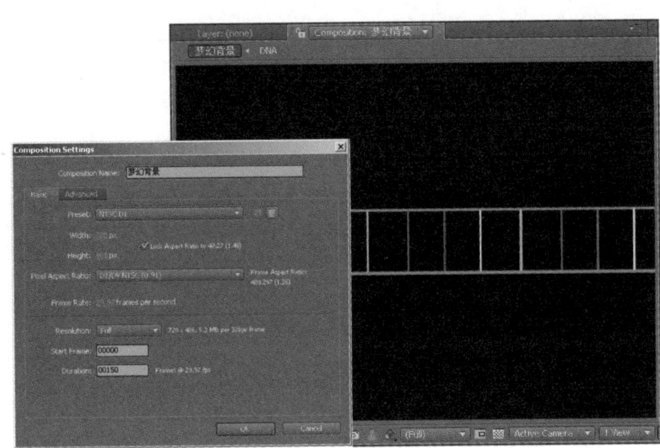

02 选择 Layer → New → Solid 菜单命令，新建一个固态图层，命名为 FORM。

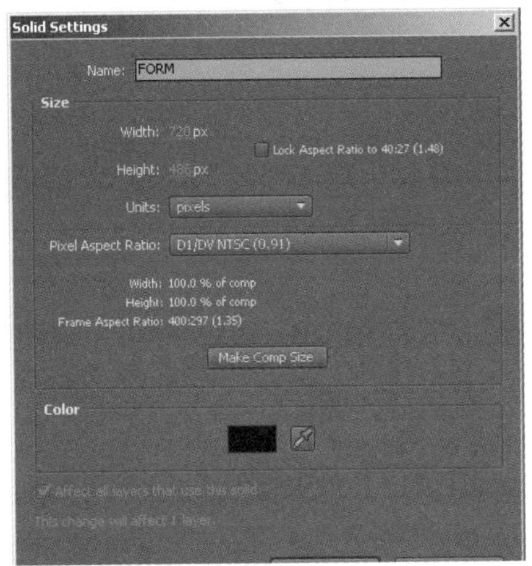

03 选中 FORM 图层，选择 Effect → Trapcode → Form 菜单命令，为其添加 Form（表格）滤镜，并在 Effect Controls 面板中调整参数。

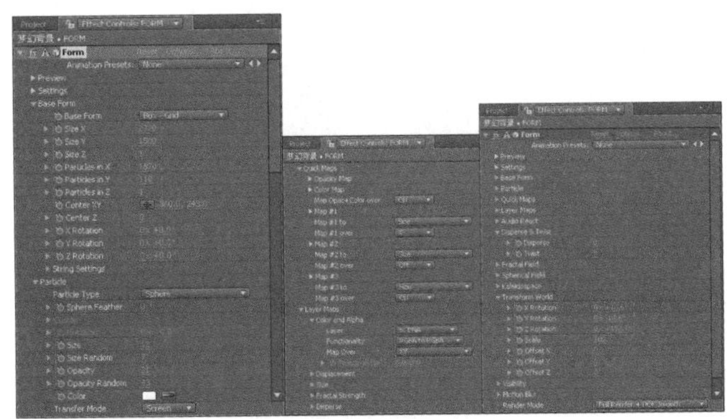

04 单击 DNA 图层的 选项，将其显示属性关闭。此时 Comp 合成的效果如右栏上图所示。

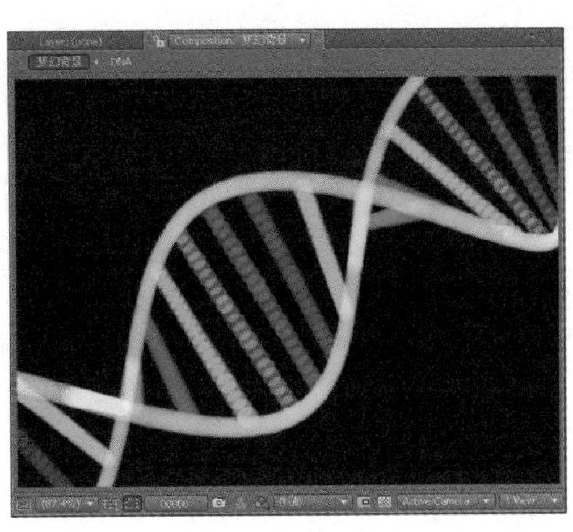

步骤 04　记录关键帧

在 Timeline 面板中展开 FORM 图层的属性列表，单击 X Rotation 左侧的 按钮，为 Form 滤镜下的 X Rotation 属性记录关键帧。

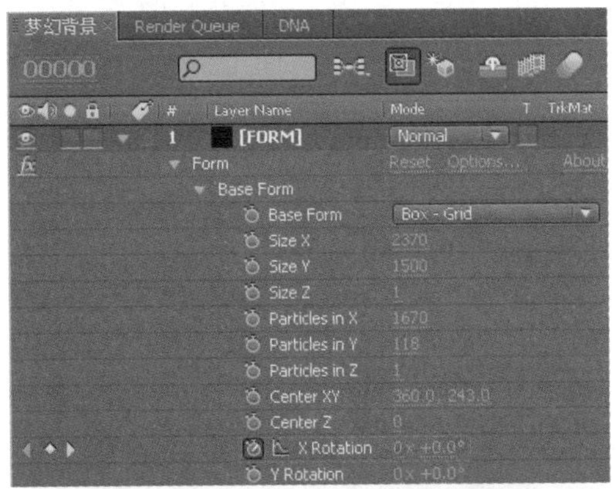

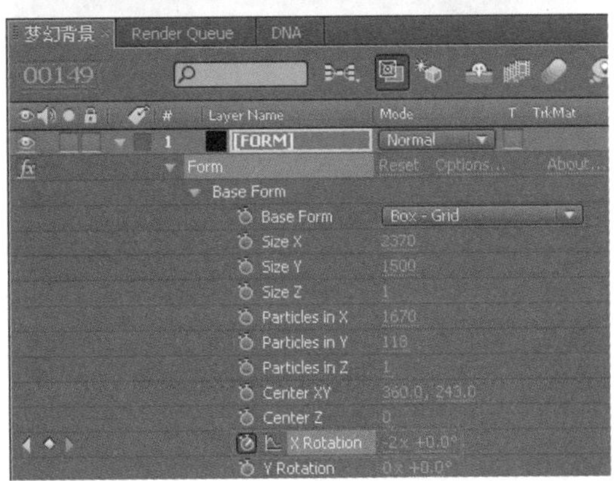

步骤 05　创建摄像机

选择 Layer → New → Camera 菜单命令，新建一个 Camera 图层。单击工具栏中的（摄像机）工具，在 Comp 面板中单击鼠标右键并拖动鼠标，调整画面视角，并查看此时 Comp 合成的效果。

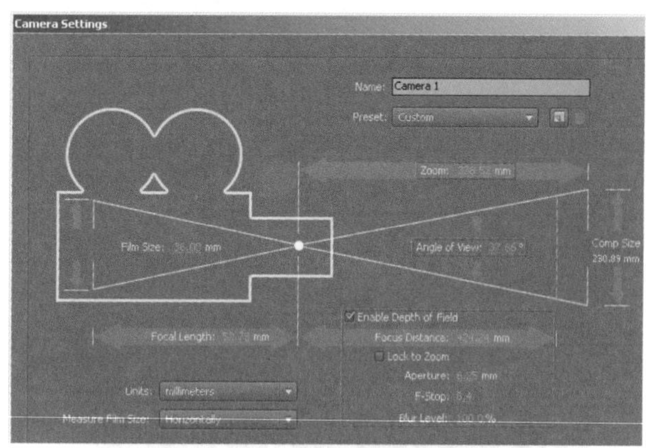

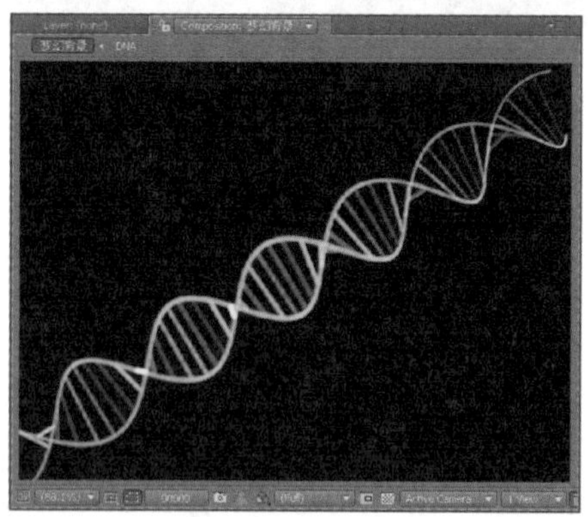

步骤 06　创建粒子

01 选择 Layer → New → Solid 菜单命令，新建一个固态图层，将其命名为 Floaties。选中 Floaties 图层，选择 Effect → Simulation → CC Snow 菜单命令，为其添加 CC Snow（下雪）滤镜，在 Effect Controls 面板中设置参数。

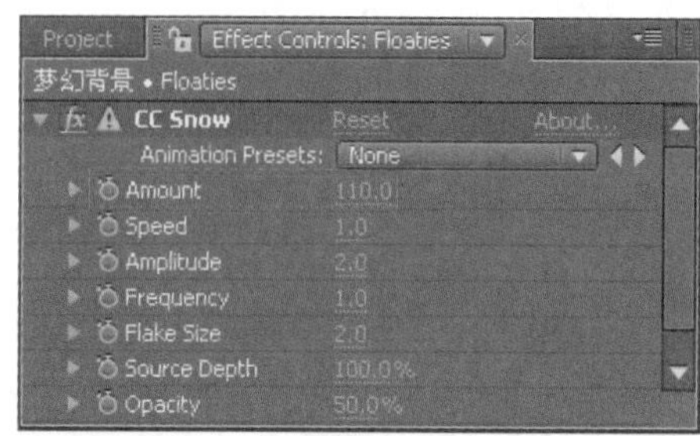

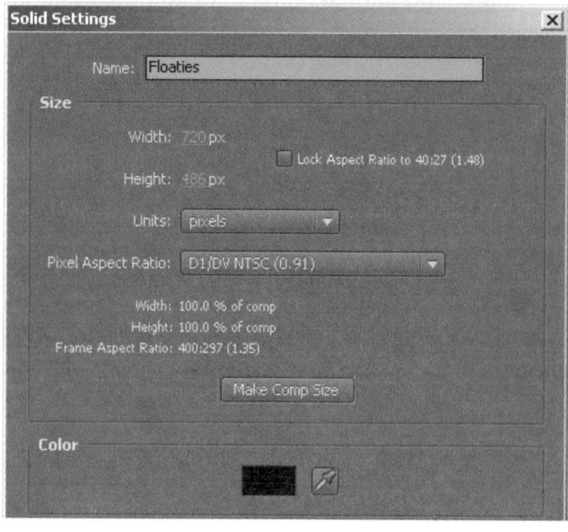

02 选择 Effect → Color Correction → Tritone 菜单命令，为其添加 Tritone 滤镜。在 Effect Controls 面板中设置颜色参数。之后设置 Floaties 图层的叠加模式为 Overlay，并查看此时 Comp 合成的效果。

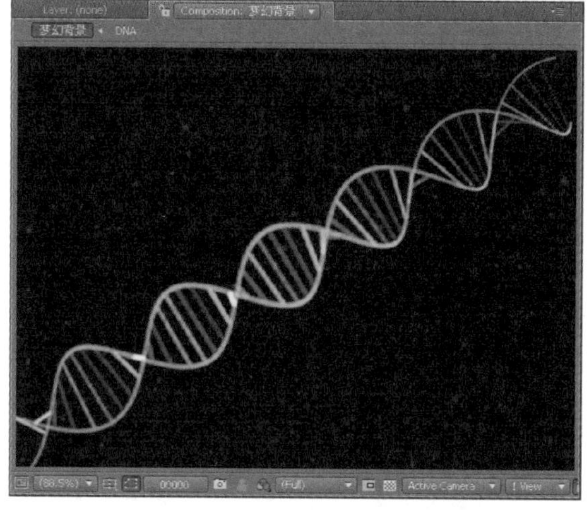

步骤 07　创建 Mask

01 选择 Layer → New → Solid 菜单命令，新建一个黄色的固态图层，命名为 Vignette。选中 Vignette 图层，单击工具栏中的椭圆工具，在 Comp 合成中绘制一个椭圆形的 Mask。

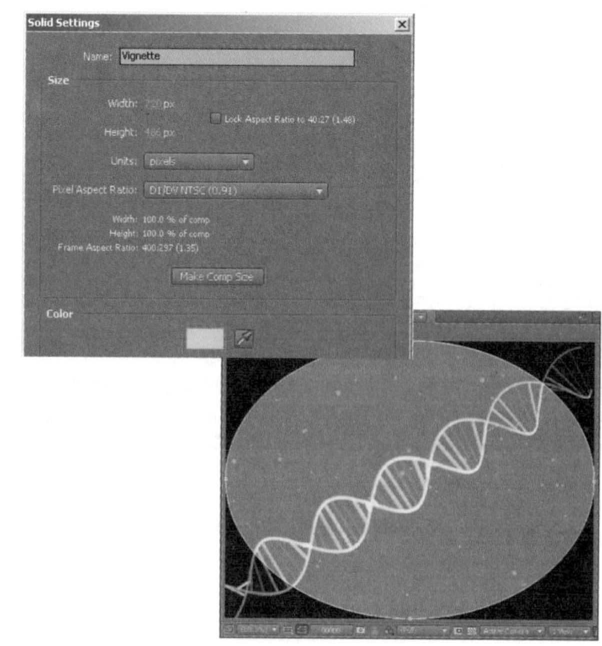

02 在 Timeline 面板中展开 Vignette 图层的 Mask 属性列表，设置 Mask1 的参数，并查看此时 Comp 面板的效果。

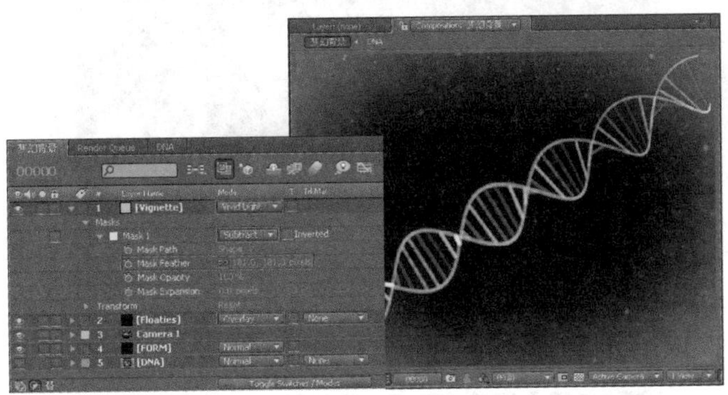

步骤 08 创建光效

01 选择 Layer → New → Solid 菜单命令，新建一个固态图层，将其命名为 Lens Flare。选中 Lens Flare 图层，选择 Effect → Generate → Lens Flare 菜单命令，为其添加 Lens Flare 滤镜。在 Effect Controls 面板中设置参数，并查看此时 Comp 合成的效果。

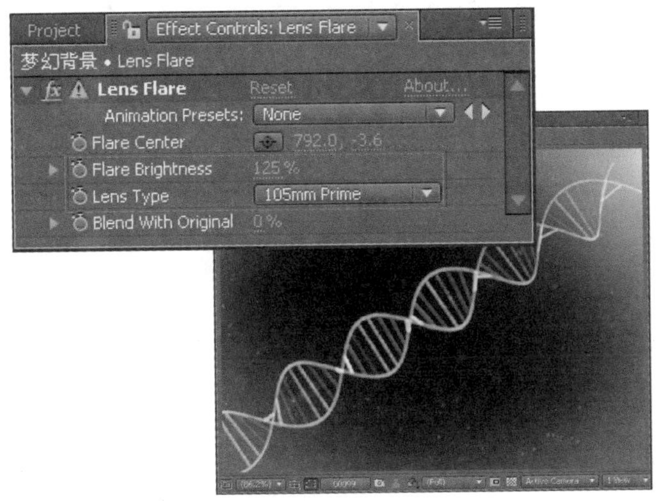

02 按数字键〈0〉预览最终效果。

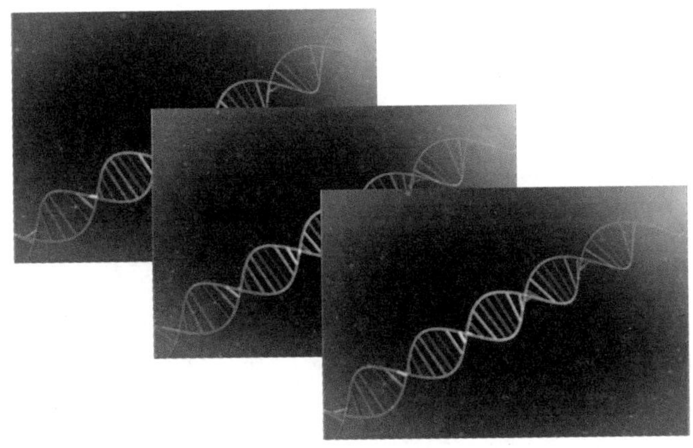

案例 37 金色球体

本例主要介绍利用 PSD 图像素材制作出非常丰富的动态画面效果的方法。

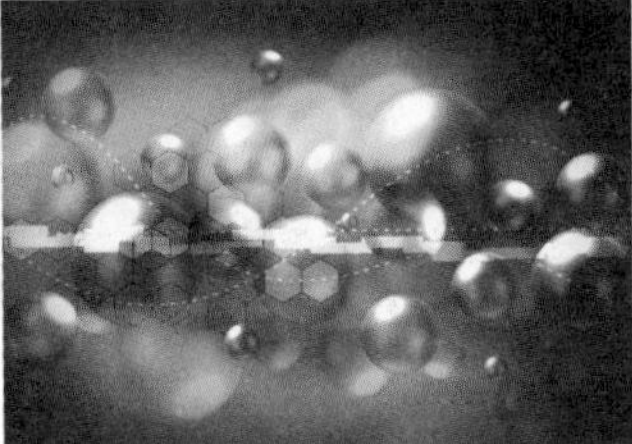

● 光盘路径 | 第 4 章 \ 金色球体

● 难易指数 | ★★★☆☆

案例效果分析

核心技术要点：本案例主要学习对 PSD 图像素材的处理方法，通过对每一层添加不同的关键帧和滤镜制作出非常丰富的动态画面效果。

制作思路分析：熟练地为 PSD 文件的每一个图层添加关键帧或滤镜。

制作提示

1. 导入文件。
2. 设置关键帧。

步骤 01 导入文件

启动 Adobe After Effects CC，在项目面板中双击，导入本书配套光盘中的 BK028.psd 文件。导入时选择以 Composition 方式导入。在项目面板中双击 BK028.psd 合成将其打开。

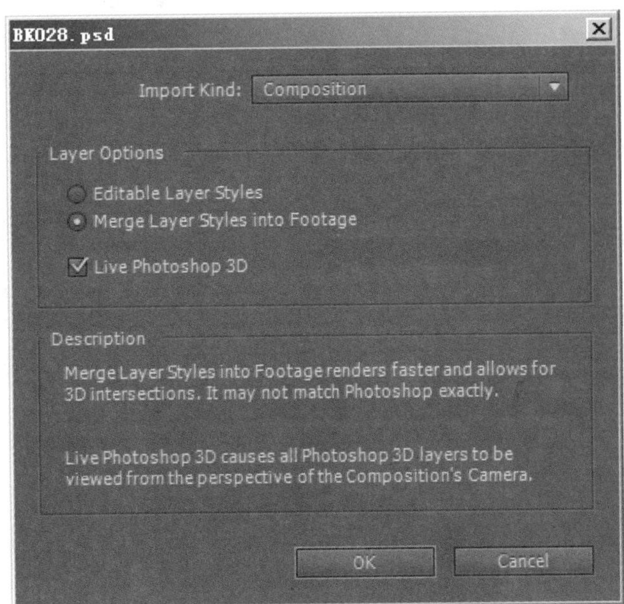

步骤 02 设置关键帧

01 在 Timeline 面板中选中 Layer3 图层，按〈T〉键展开其 Opacity 属性列表，为其设置关键帧。

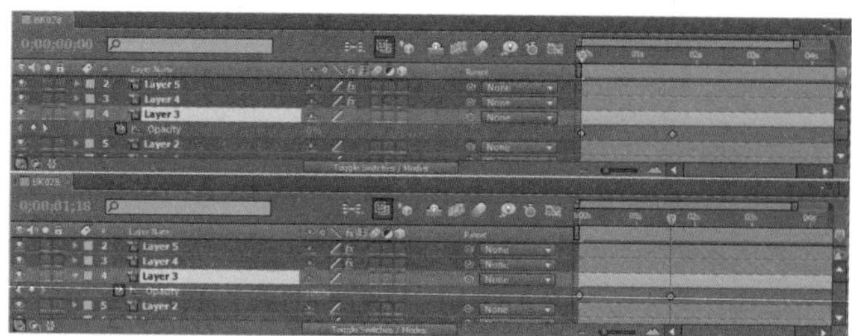

02 选中 Layer4 图层，选择 Effect→Transition→Linear Wipe 菜单命令，在特效控制面板中调整参数，此时可查看 Comp 合成效果。

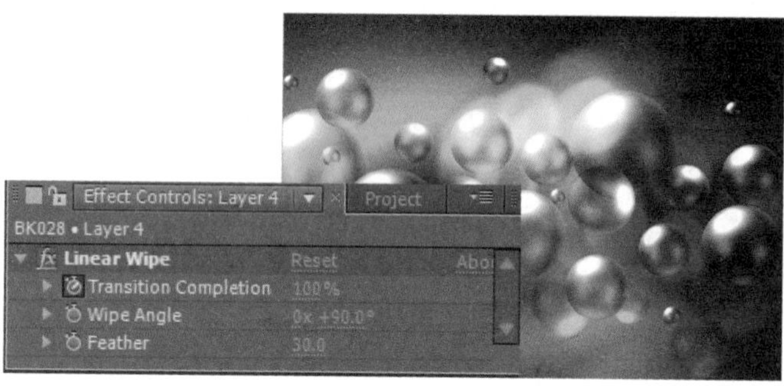

03 在 Timeline 面板中选中 Layer4 图层，展开 Transition Completion 属性列表，为其设置关键帧。

04 在 Timeline 面板中单击鼠标右键，选择 New→Solid 菜单命令，新建一个黑色的固态图层。双击工具栏中的椭圆工具，在固态图层上绘制一个椭圆形的 Mask。设置 Mask 的参数后查看 Comp 合成的效果。

05 按下数字键〈0〉预览效果。

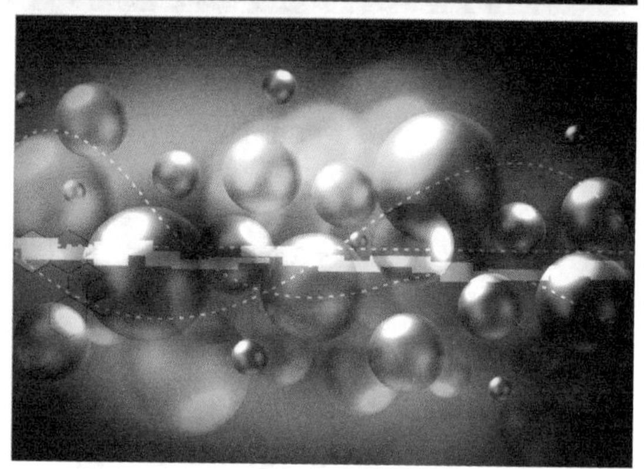

第 5 章 光 效

在影视特效制作中，光效制作是一项基本设计工作。在 After Effects 中除了其自带的常用光效滤镜外，本书中还使用了非常著名的光效插件 Shine，它虽然是一款二维光效滤镜，但能够模拟三维体积光等特效，为后期合成带来更多的便利。本章将通过不同案例介绍多种光效动画制作的方法和技巧。

案例 38 光线动画

本案例主要介绍 Shape Layer 图层的创建和图形参数的修改等相关方法。为 Null 1 图层的 Position 属性记录关键帧动画，利用表达式引导其他图层根据 Null 1 图层的变化而产生动画。

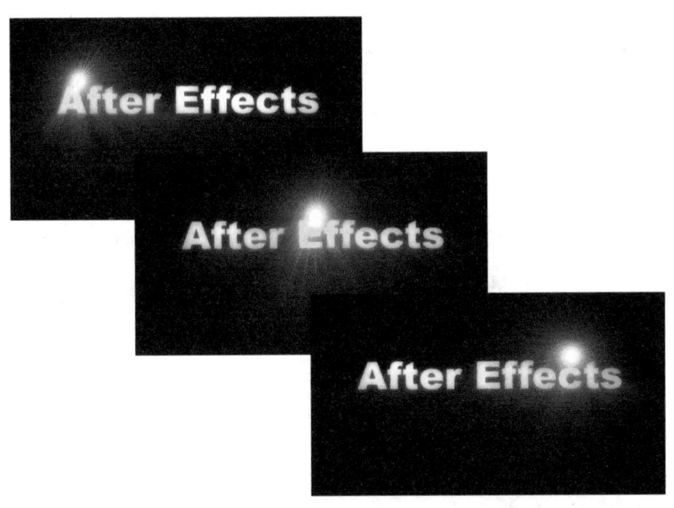

● 光盘路径 | 第 5 章 \ 光线动画

● 难易指数 | ★★★★☆

案例效果分析

核心技术要点：本例主要以 Shape Layer（形状图层）的创建和修改为主，利用表达式为 Shape Layer 图层创建动画。利用 Lens Flare（镜头光斑）、Shine（阳光）、Glow（发光）滤镜制作太阳光效。

制作思路分析：熟悉图层的 TrkMat 选项，通过创建 Shape Layer 并制作动画，制作出太阳光透过文字的光束效果。Shine 为光效插件，需要单独安装才会出现在 Effect 菜单中。读者可通过互联网或其他方式获取并安装使用。

制作提示

1. 创建 Comp 合成、光线形状。
2. 设置光线位移，制作错乱的光线。
3. 创建光效、文字。
4. 增强光效、模糊光效。

步骤 01 创建 Comp 合成

启动 Adobe After Effects CC，选择 Composition → New Composition 菜单命令，新建一个 Comp 合成，将其命名为 Lensflare。选择 Layer → New → Solid 菜单命令，新建一个黑色的固态图层。

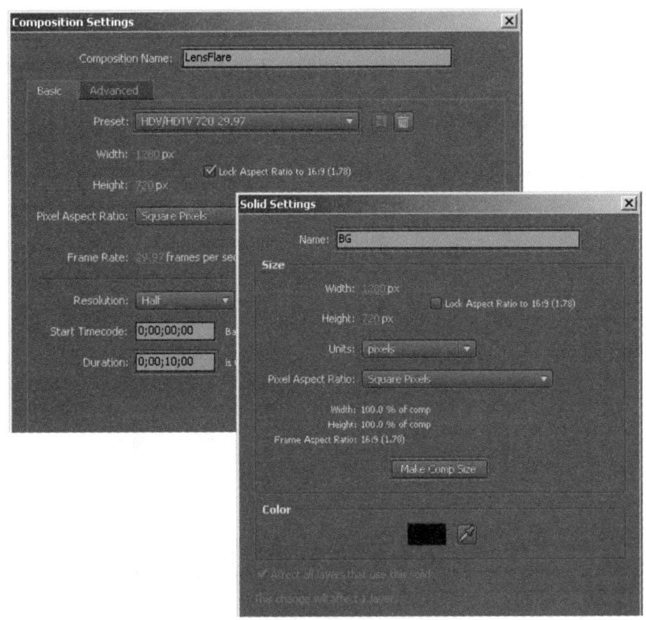

步骤 02 创建光线形状

01 单击工具栏中的“多边形工具”，选择工具并在 Comp 合成面板中绘制一个五角星。

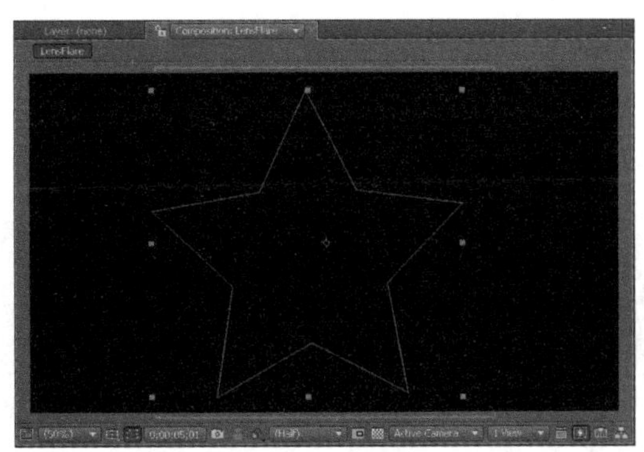

02 在 Timeline 面板中打开 Shape Layer 1 图层的（三维）选项，之后展开该层的属性列表。设置多边形的参数，并查看此时 Comp 合成的效果。

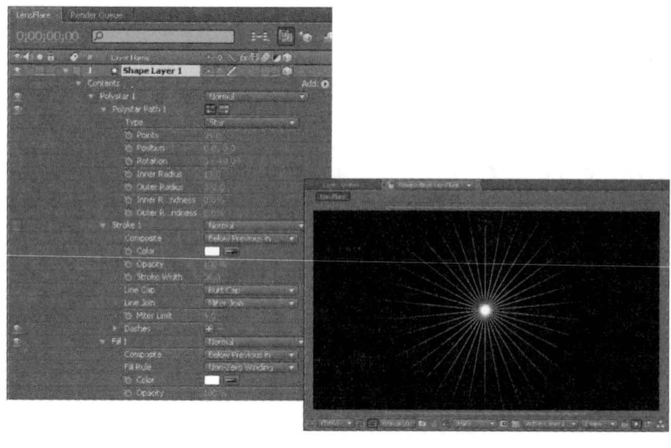

步骤 03 制作光线位移

01 选择 Layer → New → Null Object 菜单命令，新建一个 Null 图层。在 Timeline 面板中打开其（三维）选项。按〈P〉键展开其 Position 属性列表，单击其左侧的按钮为其记录关键帧。

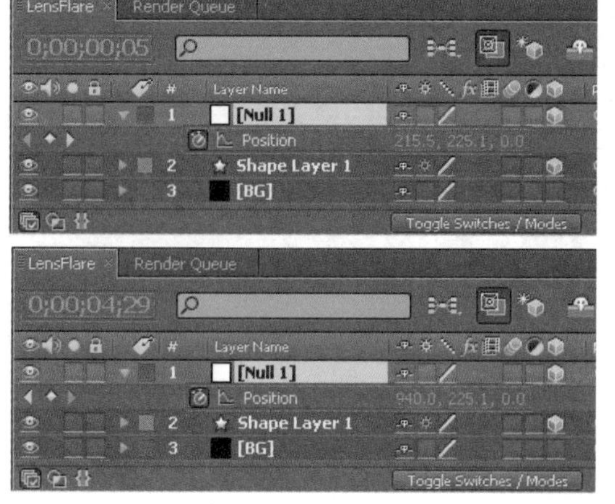

步骤 04 制作错乱的光线

01 在 Timeline 面板中选中 Shape Layer 1 图层，按下〈Ctrl+D〉组合键复制出一个 Shape Layer 2 形状图层。展开 Shape Layer 1 图层的 Rotation 属性列表，按住〈Alt〉键后单击 Z Rotation 左侧的按钮为其添加表达式。使 Shape Layer 1 图层在移动的过程中产生随机的小幅旋转效果。

02 选中 Shape Layer 2 图层，按下〈Ctrl+D〉组合键复制出一个 Shape Layer 3 形状图层。分别设置 Shape Layer 2 和 Shape Layer 1 的 TrkMat 选项为 Alpha MatteShape Layer 3，并查看此时 Comp 面板的效果。

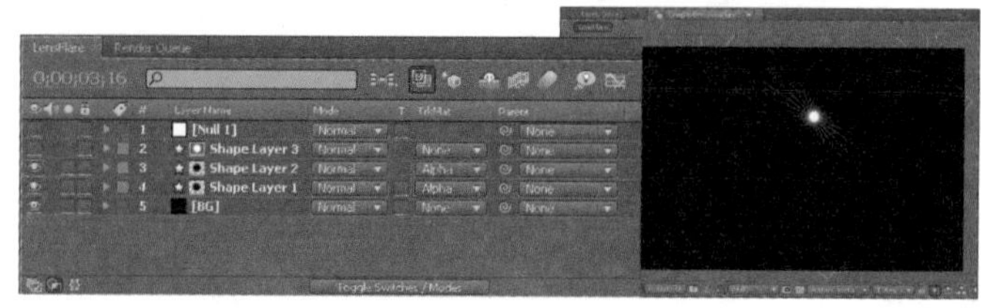

步骤 05 创建光效

01 选择 Layer → New → Solid 菜单命令，新建一个固态图层，命名为 Flare。在 Timeline 面板中选中 Flare 图层，选择 Effect → Generate → LensFlare 菜单命令，为其添加 Lens Flare（镜头光斑）滤镜，并在 Effect Controls 面板中设置参数。

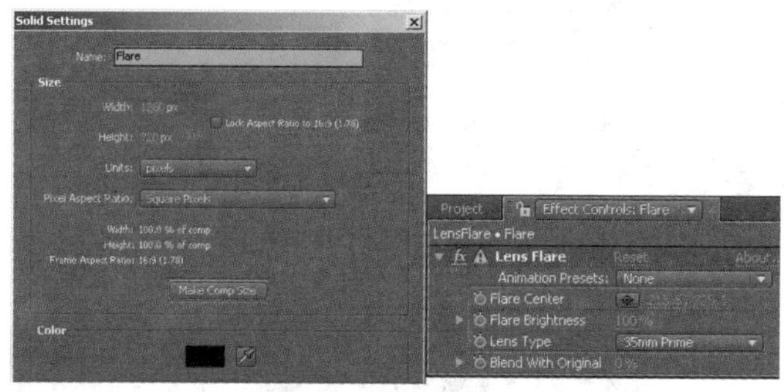

02 在 Timeline 面板中展开 Flare 图层的 Lens Flare 滤镜属性列表，按住〈Alt〉键后单击 Flare Center 左侧的按钮，为其添加表达式。

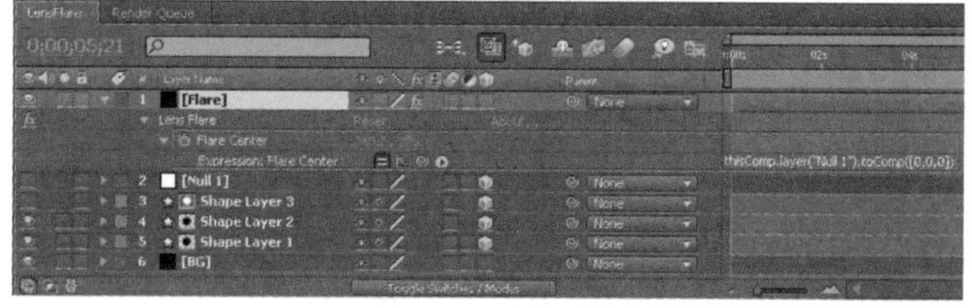

03 按数字键〈0〉预览效果，可见镜头光斑已经跟随 Null 1 图层的位移产生动画，如下图所示。

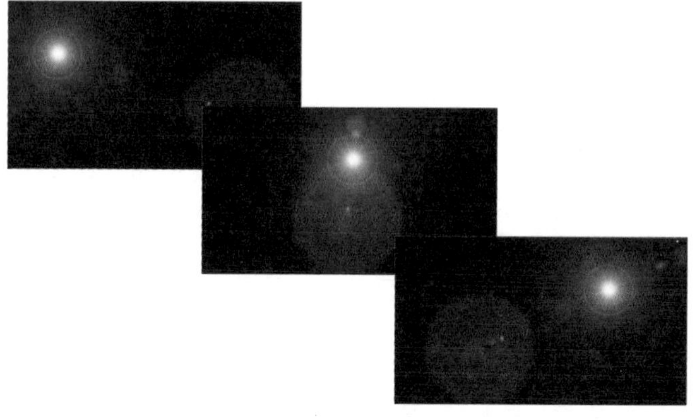

04 选中 Flare 图层，选择 Effect→Trapcode→Shine 菜单命令，为其添加 Shine（阳光）滤镜，并在 Effect Controls 面板中设置参数。

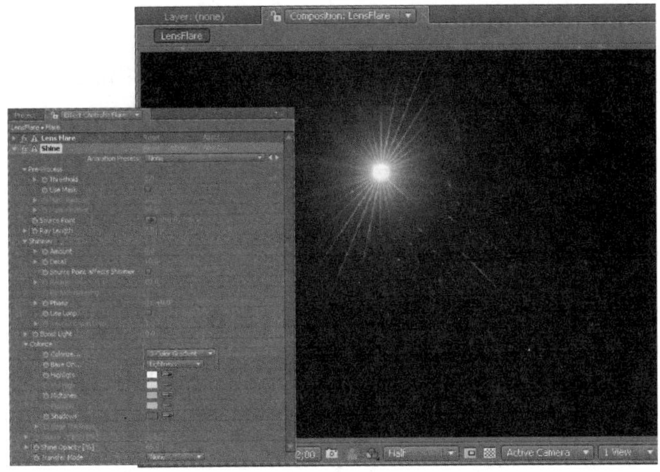

05 在 Timeline 面板中展开 Flare 图层的 Shine 滤镜属性列表，按住〈Alt〉键后单击 Source Point 左侧的按钮为其添加表达式。

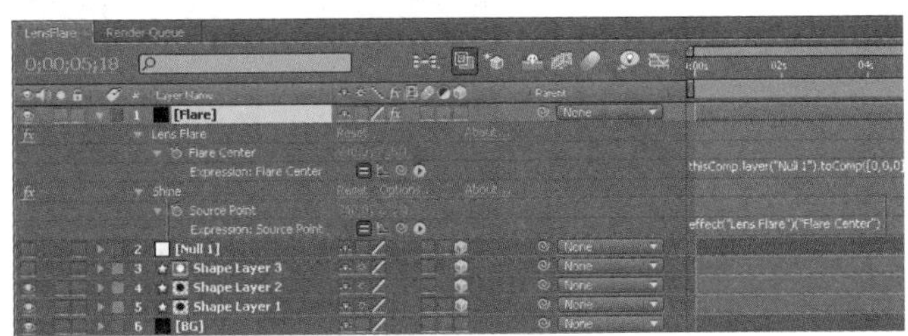

06 利用表达式控制 Shine 滤镜的原点和 Lens Flare 滤镜的中心保持一致，按数字键〈0〉预览效果。

步骤 06 创建文字

01 单击工具栏中的 T 工具，在 Comp 合成面板中单击输入文字，之后在 Character 面板中设置文字参数。

02 在 Timeline 面板中展开文字图层的属性列表，单击 Animate 右侧的按钮，在弹出的列表中选择 Enable Per-character 3D 选项，打开文字图层的三维属性。按下〈F4〉键切换 Timeline 面板的显示选项，设置文字图层的叠加模式为 Add。

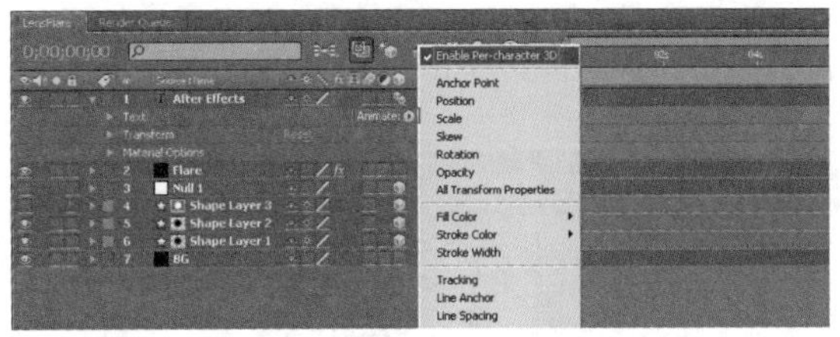

步骤 07 增强光效

选择 Layer→New→Adjustment Layer 菜单命令，新建一个 Adjustment Layer（调节图层）。按〈Enter〉键，在 Timeline 面板中将该图层重命名为 Shine。选中 Shine 图层，选择 Effect→Trapcode→Shine 菜单命令，为其添加 Shine 滤镜，在 Effect Controls 面板中调整参数。

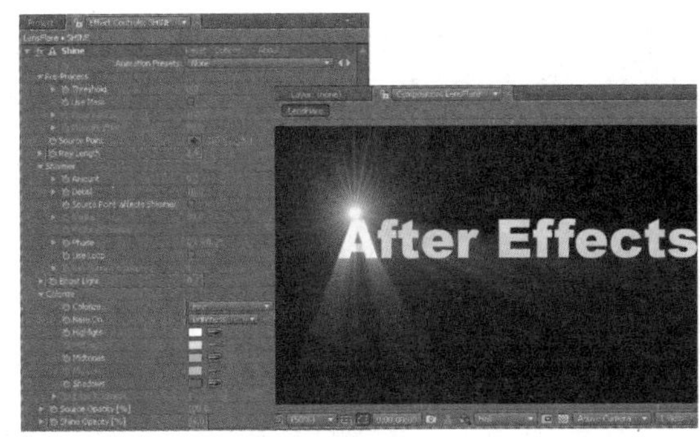

步骤 08 光效模糊

选择 Layer→New→Adjustment Layer 菜单命令，新建一个 Adjustment Layer 图层。按〈Enter〉键，在 Timeline 面板中将该图层重命名为 Blur。选中 Blur 图层，选择 Effect→Blur&Sharpen→Fast Blur 菜单命令，为其添加 Fast Blur（快速模糊）滤镜，在 Effect Controls 面板中调整参数并设置 Blur 图层的叠加模式为 Hard Light。

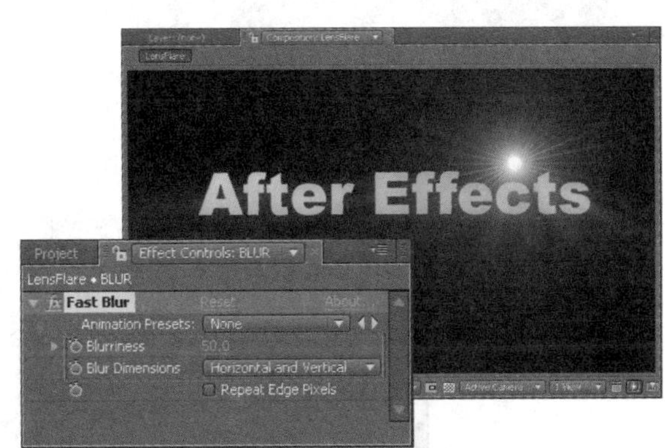

步骤 09 太阳光效

01 选择 Layer → New → Adjustment Layer 菜单命令，新建一个 Adjustment Layer 图层。按〈Enter〉键，在 Timeline 面板中将该图层重命名为 Glow。选中 Glow 图层，选择 Effect → Stylize → Glow 菜单命令，为其添加 Glow（发光）滤镜，在 Effect Controls 面板中调整参数，并查看此时 Comp 合成的效果。

02 选择 Layer → New → Solid 菜单命令，新建一个黑色的固态图层，命名为 Mask。选中 Mask 图层，单击工具栏中的椭圆工具，在 Comp 合成面板中绘制一个椭圆形的 Mask。在 Timeline 面板中展开 Mask 层的属性列表并设置 Mask1 的参数。

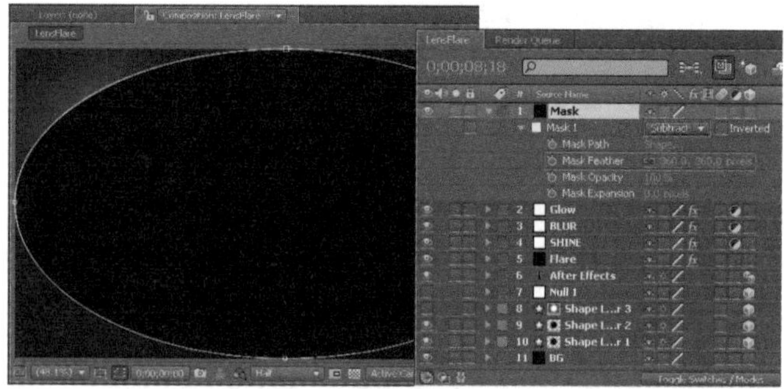

03 按数字键〈0〉预览最终效果。

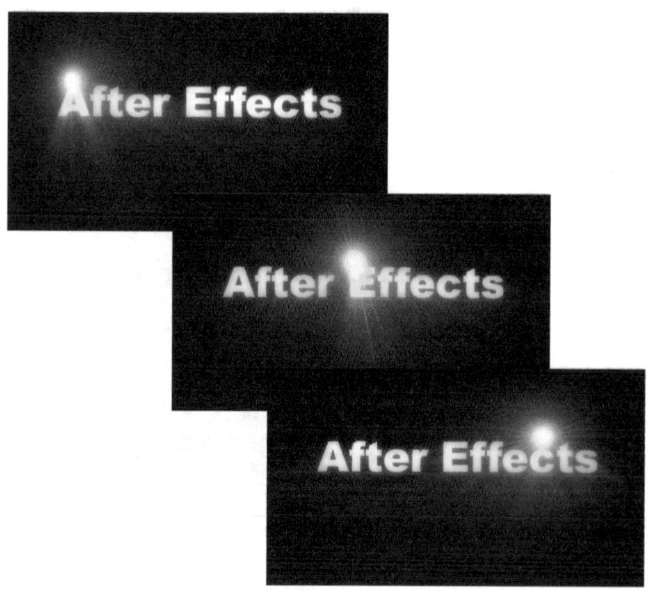

案例 39 流金年华

本案例主要以对图层 TrkMat 选项的应用为主，通过读取上一图层的通道信息来创建图层选区，最后利用表达式使静帧的光效图片实现动画。

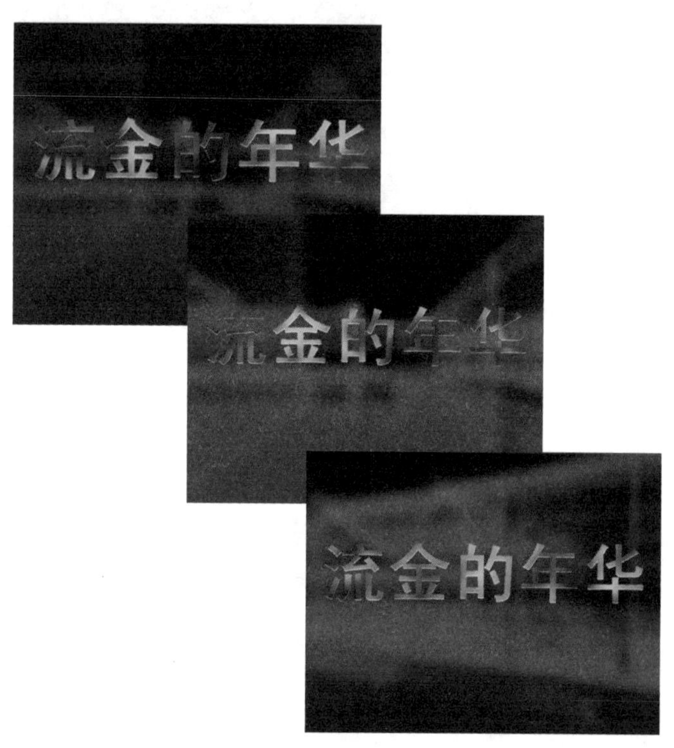

● **光盘路径** | 第 5 章 \ 流金年华

● **难易指数** | ★★★☆☆

案例效果分析

核心技术要点：用火焰素材读取文字的通道信息，为文字的笔画添加火焰动画效果。为背景图层添加 Exposure 滤镜，利用 wiggle 表达式制作闪烁的光效动画。

制作思路分析：本例主要介绍 TrkMat 选项的使用方法，将现有的视频素材添加到文字遮罩中，使文字笔画产生动态的火焰效果。

制作提示

1. 创建 Comp 合成、制作流金字。
2. 合成图像。
3. 调整文字效果。
4. 添加表达式动画。

步骤 01 创建 Comp

启动 Adobe After Effects CC， 选择 Composition → New Composition 菜单命令，新建一个 Comp 合成，命名为“流金的年华”。选择 File → Import → File 菜单命令，导入光盘中的“夜景 .jpg”、fire.mov、“流金的年华 .tga”文件。在导入“流金的年华 .tga”文件时，注意在对话框中进行相应选择。

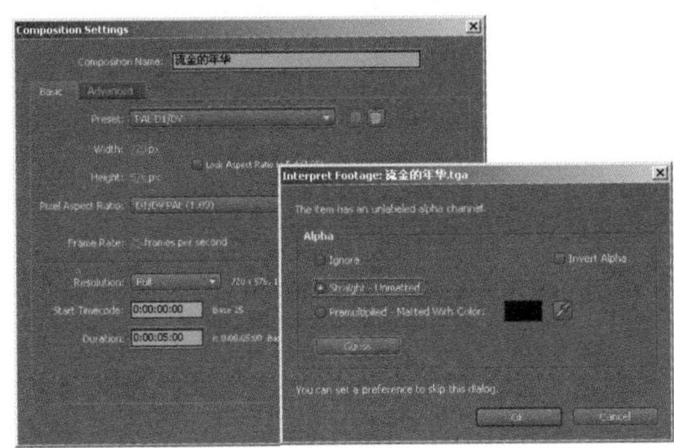

步骤 02 制作流金字

将项目面板中的 fire.mov 拖入到 Timeline 面板中。选中 fire.mov 图层，选择 Effect → Blur&Sharpen → Fast Blur 菜单命令，为其添加 Fast Blur 滤镜。在 Effect Controls 面板中调整参数，并查看此时 Comp 合成的效果。

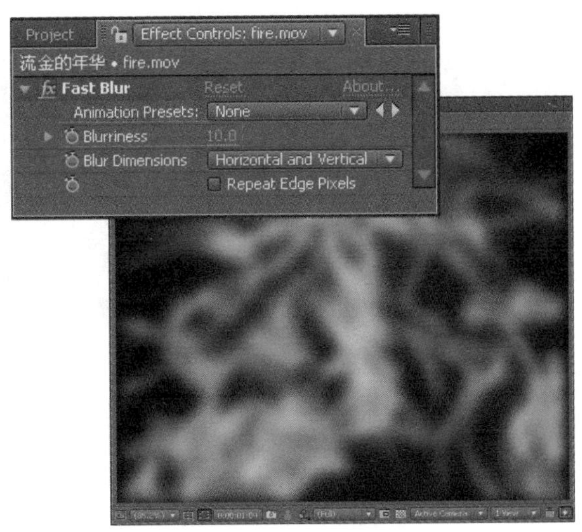

步骤 03 合成图像

01 将素材面板中的“流金的年华 .tga”拖入到 Timeline 面板中，放在最上层。选中 fire.mov，设置其 TrkMat 模式。查看此时 Comp 合成的效果。

02 拖动 Timeline 面板中的时间滑块进行预览，可见文字的笔画中已经产生了窜动的火焰效果。

步骤 04 最终合成

选择 Composition → New Composition 菜单命令，新建一个 Comp 合成，命名为 final。将项目面板中的“夜景 .jpg”“流金的年华 .tga”文件拖入到 Timeline 面板中，并将“流金的年华 .tga”放在最上层，然后查看此时 Comp 合成的效果。

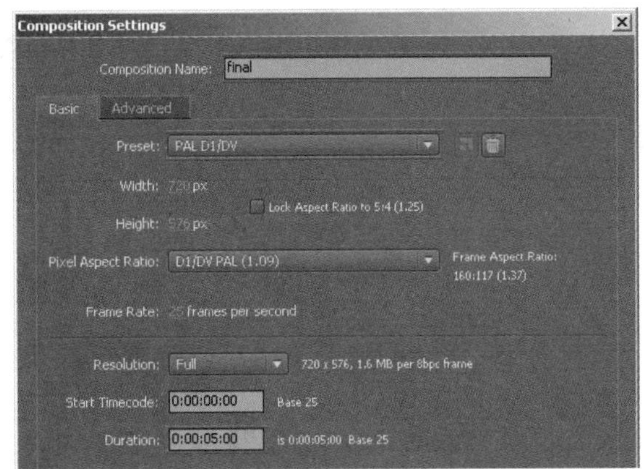

步骤 05 调整文字效果

选中“流金的年华 .tga”层，选择 Effect → Perspective → Bevel Alpha 菜单命令，为其添加 Bevel Alpha 滤镜，使文字产生立体感。在 Effect Controls 面板中调整参数。选择 Effect → Perspective → Drop Shadow 菜单命令，再为其添加 Drop Shadow 滤镜，在 Effect Controls 面板中调整参数。

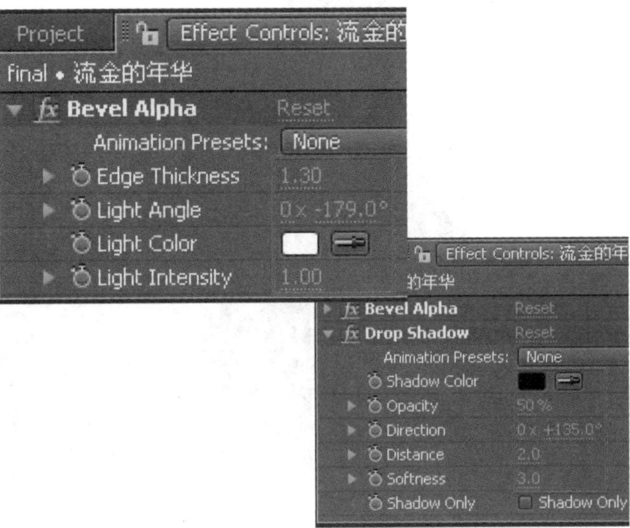

步骤 06 添加表达式动画

01 在 Timeline 面板中选中“夜景 .jpg”图层，选择 Effect → Color Correction → Exposure 菜单命令，为其添加 Exposure（曝光）滤镜。展开 Exposure 滤镜的属性列表，按住〈Alt〉键后单击 Exposure 左侧的按钮，为其添加表达式。在表达式输入栏中输入 wiggle（5，2）。

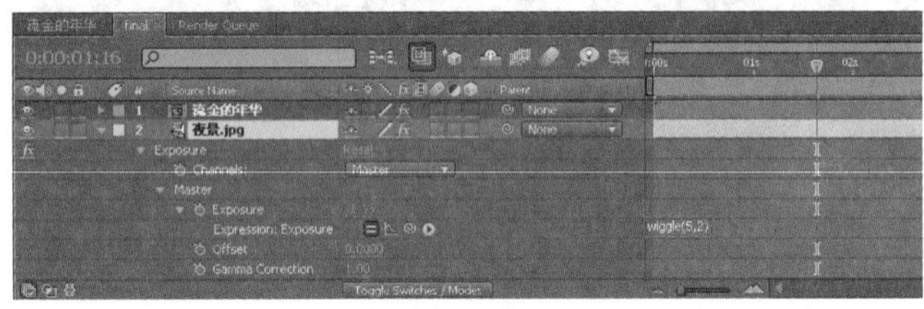

02 按数字键〈0〉预览最终效果。

案例 40 黑客（一）

本案例主要介绍 Shine 滤镜的使用方法，通过为 Source Point 记录关键帧使光效产生动画，最终利用 Mask 将人物和文字分层，并为它们设置不同颜色的光效动画。

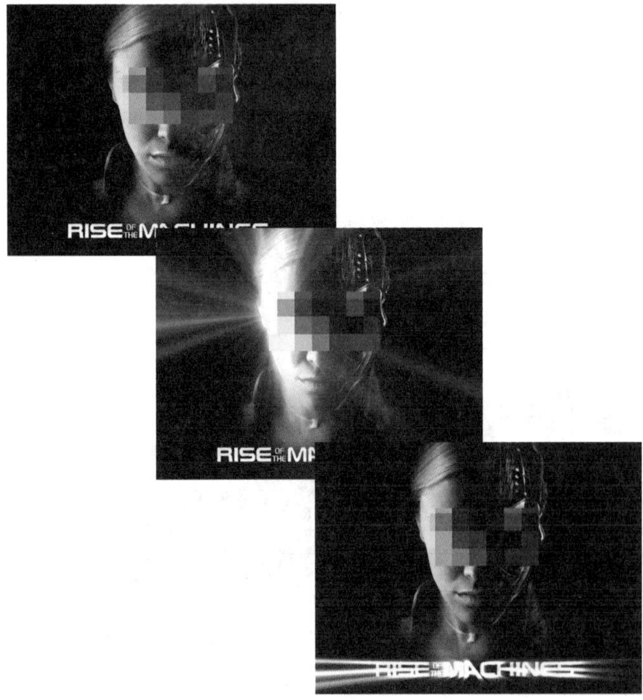

● 光盘路径 | 第 5 章 \ 黑客（一）

● 难易指数 | ★★★☆☆

案例效果分析

核心技术要点：本例主要介绍使用 Shine 滤镜制作光效动画的方法。

制作思路分析：熟悉 After Effects 中 Mask 的应用，利用矩形的Mask将文字和人物分层，使它们产生不同的光效动画。

制作提示

1. 创建 Comp 合成、导入素材。
2. 为素材添加 Shine 滤镜，制作人物扫光动画。
3. 制作文字扫光动画。

步骤 01 创建 Comp

启动 Adobe After Effects CC，选择 Composition → New Composition 菜单命令，新建一个 Comp 合成。选择 File → Import → File 菜单命令，将本书配套光盘中的“机械人 .jpg”文件导入到项目面板中，并将其拖到 Timeline 面板中，之后调整图层的大小，然后查看此时 Comp 合成的效果。

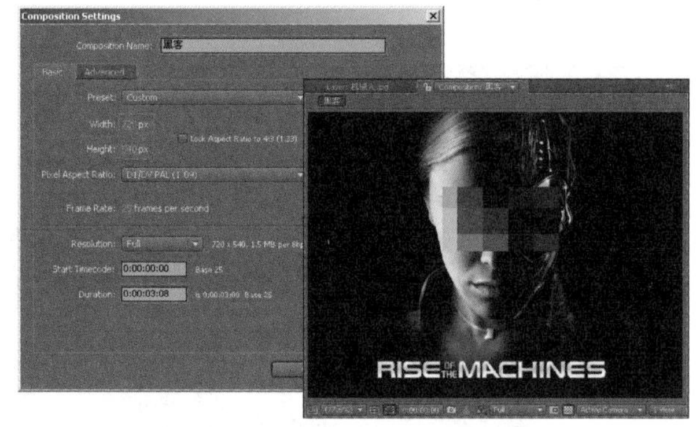

步骤 02 制作人物扫光动画

01 在 Timeline 面板中选中“机械人 .jpg”图层，选择 Effect → Trapcode → Shine 菜单命令，为其添加 Shine（扫光）滤镜，在 Effect Controls 面板中调整参数。

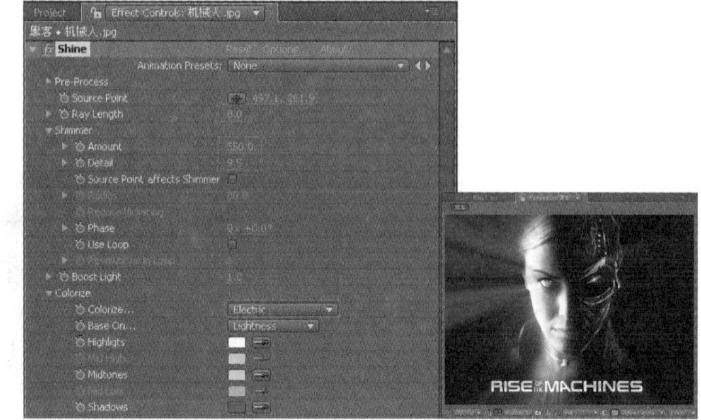

02 在 Timeline 面板中选中"机械人.jpg"图层，为 Source Point（原点）记录关键帧，在时间 0:00:00:00 处和时间 0:00:01:16 处设置参数。

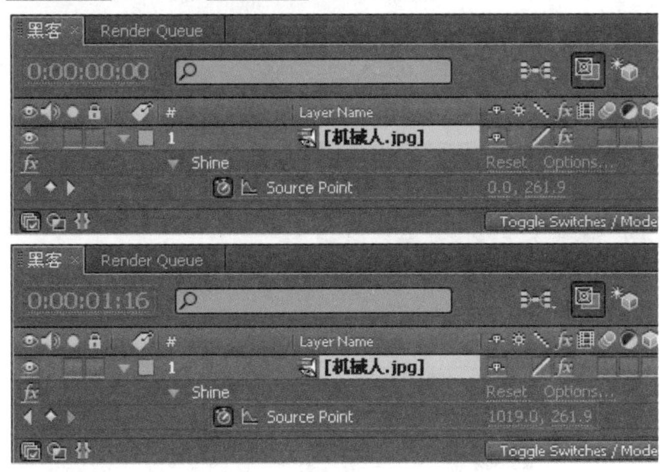

03 按数字键〈0〉预览效果。

↘ 步骤 03　制作文字扫光动画

01 选中"机械人.jpg"图层，按〈Ctrl+D〉组合键复制出一个新图层。选中复制的新图层，单击工具栏中的▢工具，在图层上绘制一个矩形的 Mask。设置 Mask 的 Mask Feather 属性值为 232，并在 Effect Controls 面板中调整 Shine 的参数。

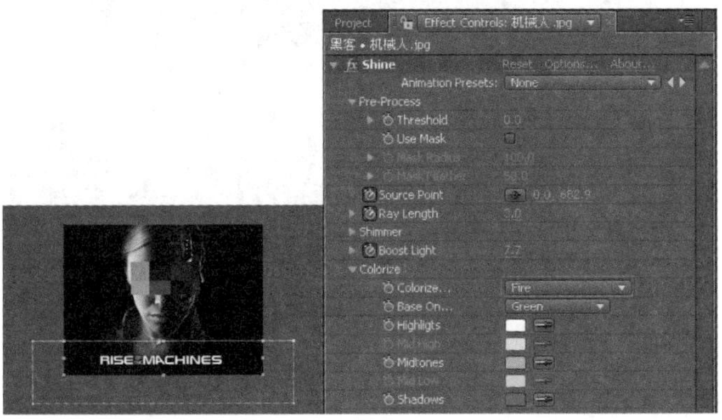

02 选中复制的新图层，为 Shine 滤镜的属性参数记录关键帧。

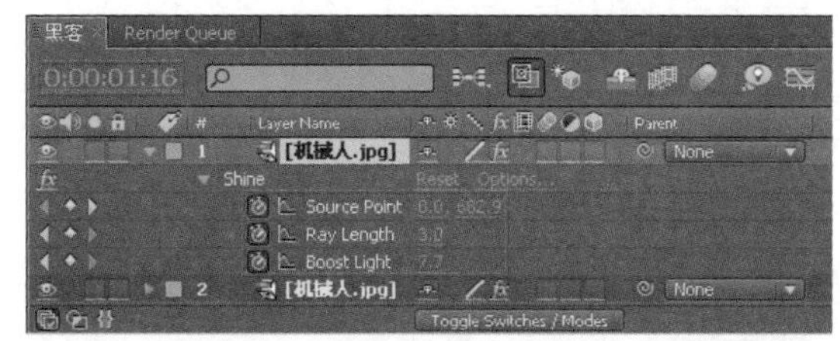

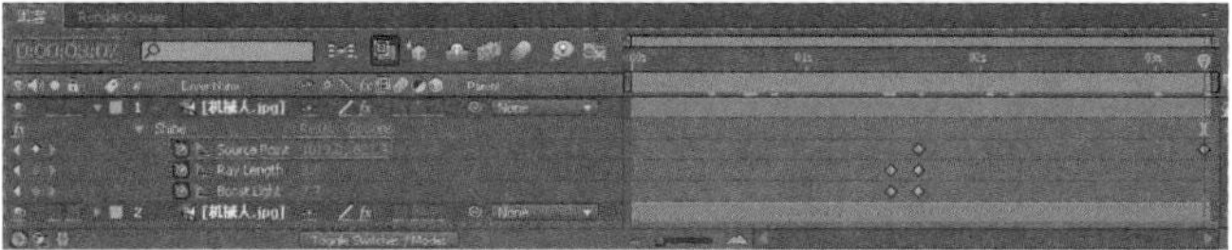

03 按数字键〈0〉预览最终效果。

案例 41　黑客（二）

本例主要介绍使用不同的滤镜制作光效动画的方法。

● 光盘路径 | 第 5 章 \ 黑客（二）

● 难易指数 | ★★☆☆☆

案例效果分析

核心技术要点：本例主要介绍 Shine 和 Hue/Saturation 滤镜的使用方法。

制作思路分析：利用 Shine 滤镜为图像添加光效，利用 Hue/Saturation 滤镜改变素材的颜色，最后在 Timeline 面板为 Source Point 记录关键帧。

制作提示

1. 创建 Comp 合成、导入素材。
2. 添加特效。
3. 添加关键帧。

步骤 01 创建 Comp 合成

01 启动 Adobe After Effects CC，选择 Composition → New Composition 菜单命令，新建一个 Comp 合成。

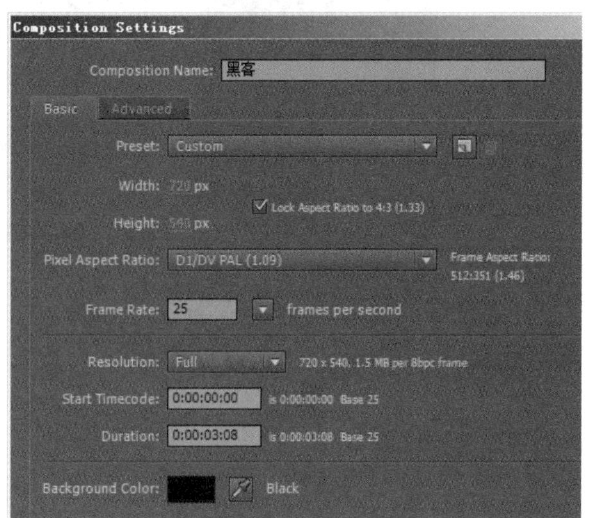

02 选择 File → Import → File 菜单命令，将本书配套光盘中的“骇客.jpg”文件导入到项目面板中，并将其拖到 Timeline 面板中，之后调整图层的大小，并查看此时 Comp 合成的效果。

步骤 02 添加特效

01 在 Timeline 面板中选中“骇客.jpg”图层，选择 Effect → Trapcode → Shine 菜单命令，为其添加 Shine 滤镜，在 Effect Controls 面板中调整参数，并查看此时 Comp 合成的效果。

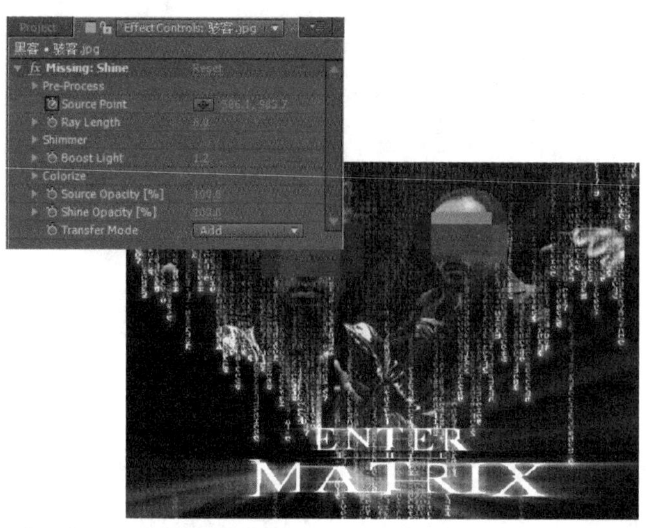

02 选中“骇客.jpg”图层，选择 Effect → Color Correction → Hue/Saturation 菜单命令，为其添加 Hue/Saturation 滤镜，在 Effect Controls 面板中调整参数，并查看此时 Comp 合成的效果。

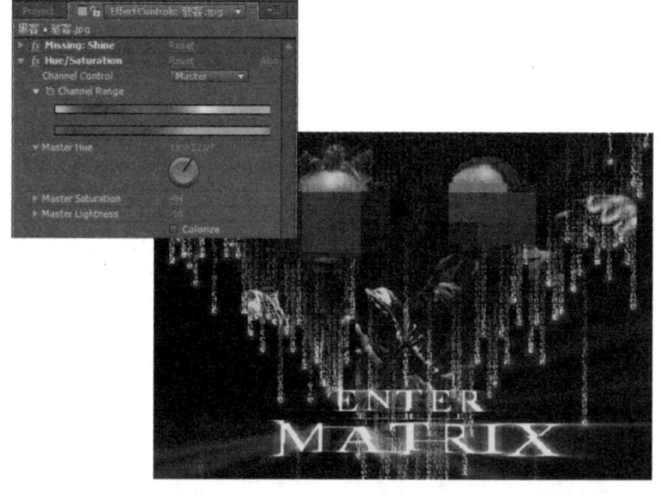

03 在 Timeline 面板中选中“骇客.jpg”图层，为 Source Point 记录关键帧，在时间 0:00:00:00 处和时间 0:00:01:03 处设置参数。

04

按数键〈0〉预览最终效果。

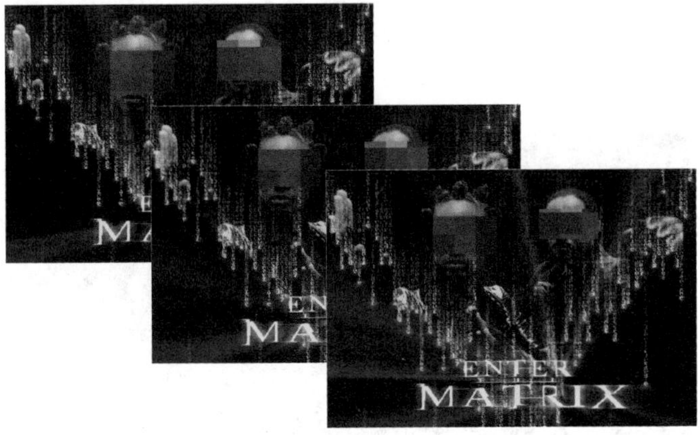

案例 42　枪手

火舌是影视后期制作中常用的特效，本案例以最简捷、最高效的方法在原视频素材的基础上制作出了逼真的火舌动画效果。

● **光盘路径** | 第 5 章 \ 枪手

● **难易指数** | ★★★☆☆

案例效果分析

核心技术要点：本例使用 Add Marker 命令在特定时间处的图层上添加标记，并在标记的时间处制作从枪口喷出的火舌效果。

制作思路分析：理解空间概念，熟悉 After Effects 图层的应用，利用固态图层不同的颜色和 Glow 滤镜等为影视素材制作火舌效果。

制作提示

1. 创建 Comp 合成、导入素材。
2. 添加特效。
3. 添加关键帧。

↘ 步骤 01　创建 Comp

01 启动 Adobe After Effects CC，选择 Composition → New Composition 菜单命令，新建一个 Comp 合成，命名为“枪手”。选择 File → Import → File 菜单命令，导入光盘中的 Glock.mov、和 smoke_[00000-00211].png 序列文件。将它们拖到 Timeline 面板中，并将 smoke_[00000-00211].png 层放在上方。

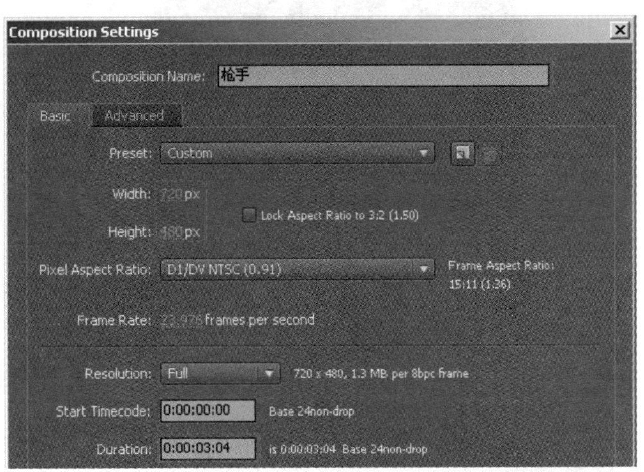

02 在 Timeline 面板中选中 smoke.png 图层，按〈S〉键展开 smoke.png 图层的 Scale 属性列表，再按下〈Shift+T〉组合键，在展开 Scale 属性列表的同时展开 Opacity 属性列表，分别调整它们的参数值。拖动时间滑块进行预览，可见当时间滑块拖动到 0:00:01:23 处时枪手出现在画面中，并且开始举枪射击。按〈[〉键，将 smoke_[00000-00211].png 图层的起始点定在时间 0:00:01:23 处。

03 选择 Layer → Add Marker 菜单命令，在 Glock.mov 图层上添加标记。

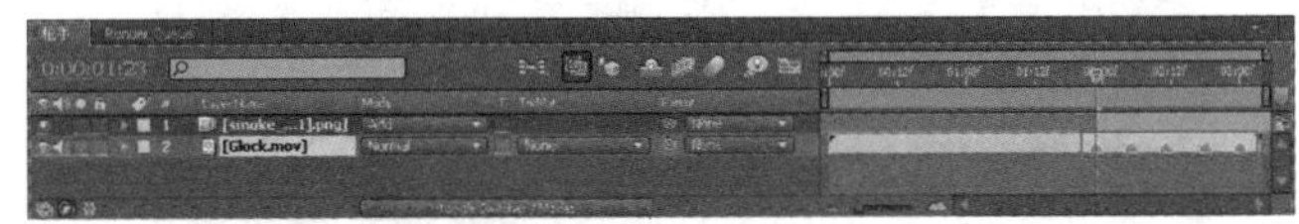

↘ 步骤 02　制作火舌

01 在 Timeline 面板中单击鼠标右键，选择 New → Solid 命令，新建一个固态图层，命名为 Fire。在 Timeline 面板中将 Fire 图层出入的时间长度调整为 1 帧，并将其拖动到第一个标记的时间处。

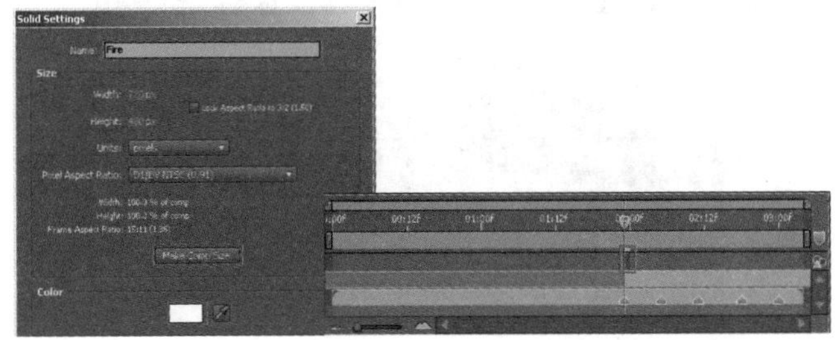

02 选中 Fire 图层，将时间滑块拖放至第一个标记处，单击工具栏中的工具，在 Comp 合成面板中绘制一个 Mask。

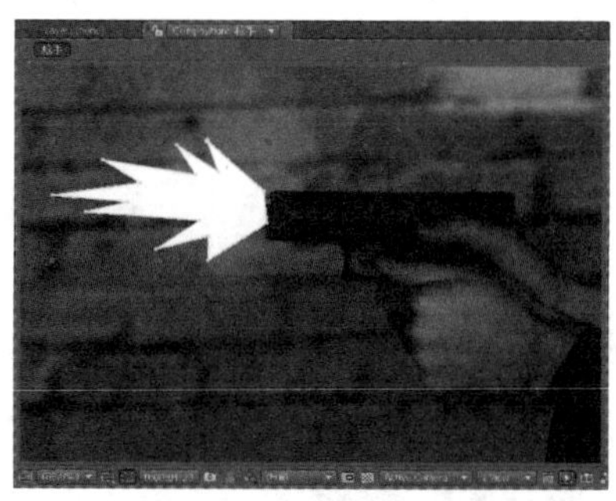

03 选中 Fire 图层，选择 Effect → Distort → Turbulent Displace 菜单命令，为其添加 Turbulent Displace 滤镜。在 Effect Controls 面板中调整参数，并查看此时 Comp 合成的效果。

04 选择 Effect → Blur& Sharpen → CC Radial Fast Blur 菜单命令，为其添加 CC Radial Fast Blur 滤镜，在 Effect Controls 面板中调整参数，并查看此时 Comp 面板中的效果。

05 选择 Effect → Stylize → Glow 菜单命令，为其添加 Glow 滤镜，在 Effect Controls 面板中调整参数，并查看此时 Comp 合成的效果。

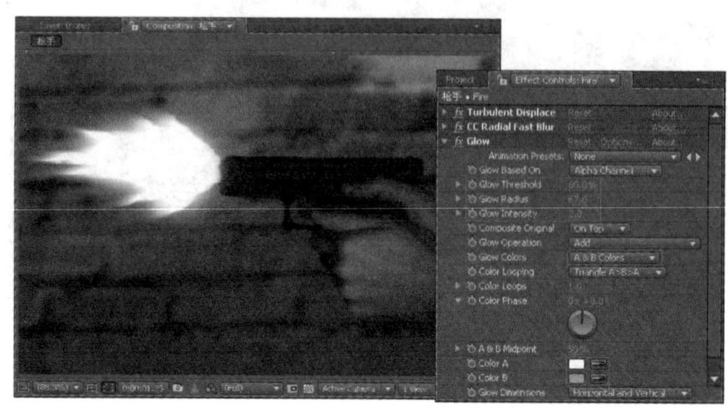

06 再次为 Fire 添加 Turbulent Displace 滤镜，在 Effect Controls 面板中调整参数，并查看此时 Comp 面板中的效果。

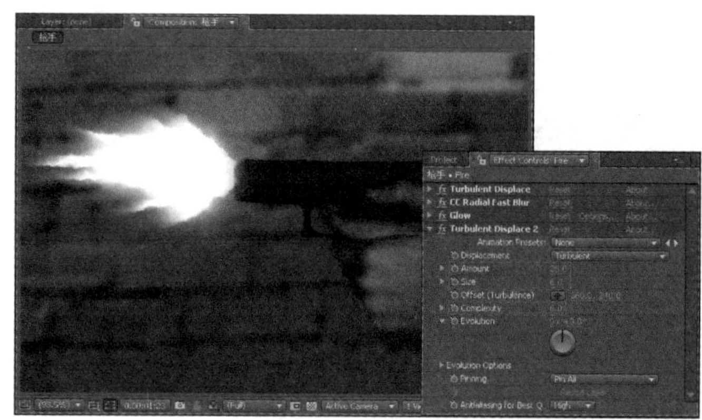

步骤 03 制作闪光层

01 在 Timeline 面板上单击鼠标右键，选择 New → Solid 命令，新建一个固态图层，设置其颜色为橙色。单击工具栏中的工具，在 Comp 合成面板中绘制一个 Mask，并设置其 Mask Feather 的值为 190、图层的叠加模式为 Add，查看此时 Comp 面板效果。

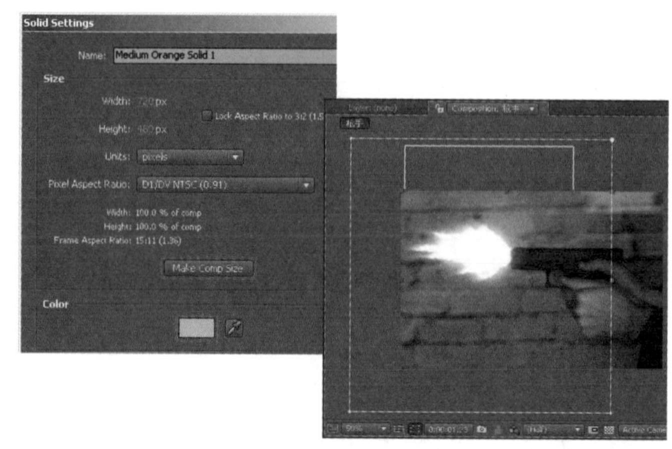

02 在 Timeline 面板中分别选中 Fire 和 Medium Orange Solid 1 图层，按〈Ctrl+D〉组合键对其进行复制，并将复制出的新图层的出入时间拖动到有标记的时间处。

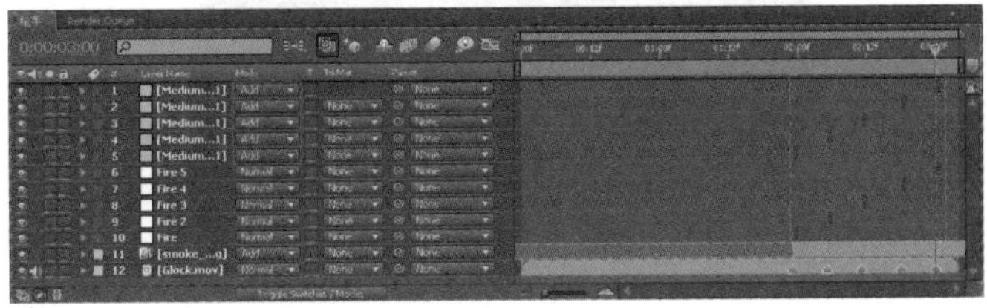

03 按数字键〈0〉进行预览最终效果。

案例 43 炙热的星球

本案例同样以 Shine 滤镜的应用为主，利用现有的动画素材完成光效动画的制作，之后利用深蓝色的固态图层与背景的“星空 .psd”图层进行叠加，使画面产生深远的宇宙效果。

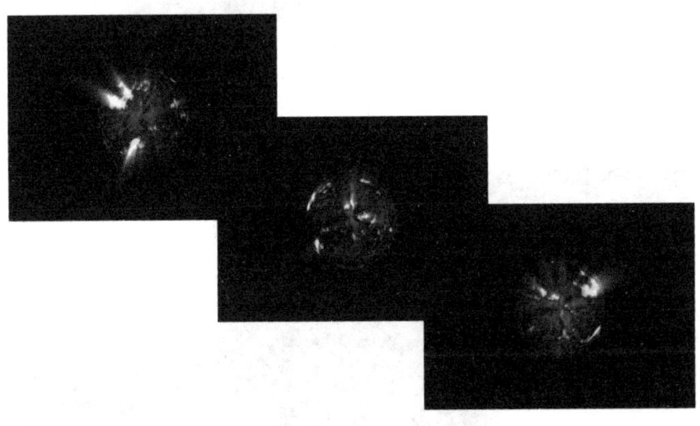

● 光盘路径 | 第 5 章 \ 炙热的星球

● 难易指数 | ★★★★☆

案例效果分析

核心技术要点：本例继续练习 Shine 滤镜的使用方法。

制作思路分析：熟悉 After Effects 中 Mask 的应用，利用 Mask 对画面区域进行划分。

制作提示

1. 创建 Comp 合成、导入素材。
2. 制作光效。
3. 新建一个深蓝色固态图层，利用椭圆工具绘制 Mask。

步骤 01 创建 Comp 合成

01 启动 Adobe After Effects CC，选择 Composition → New Composition 菜单命令新建一个 Comp 合成，命名为 Shine。选择 File → Import → File 菜单命令，导入光盘中的“星球 .mov”文件，并将其拖放到 Timeline 面板中，并查看此时 Comp 面板的效果。

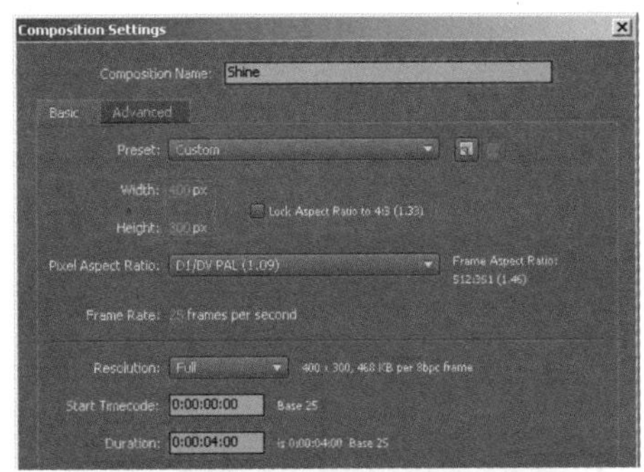

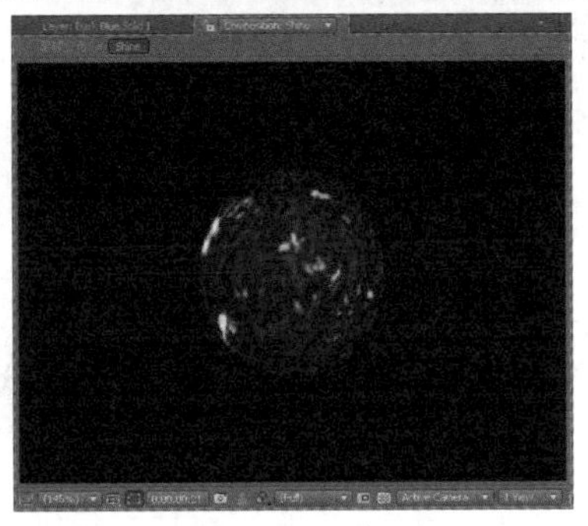

02 单击工具栏中的椭圆工具，在 Comp 合成面板中绘制一个 Mask。

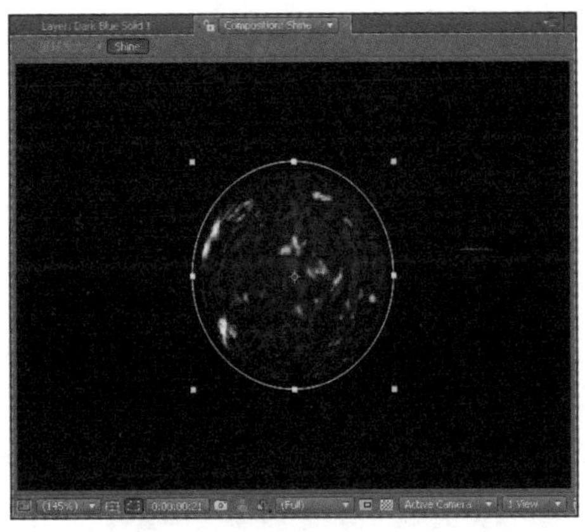

↘ 步骤 02 制作光效

01 选择 Composition → New Composition 菜单命令，新建一个 Comp 合成，命名为“炙热的星球”。选择 File → Import → File 菜单命令，导入光盘中的“星光 .psd”文件。将项目面板中的 Shine、“星空 .psd”、“星球 .mov”拖放到“炙热的星球”合成的 Timeline 面板中，查看此时 Timeline 面板的结构。

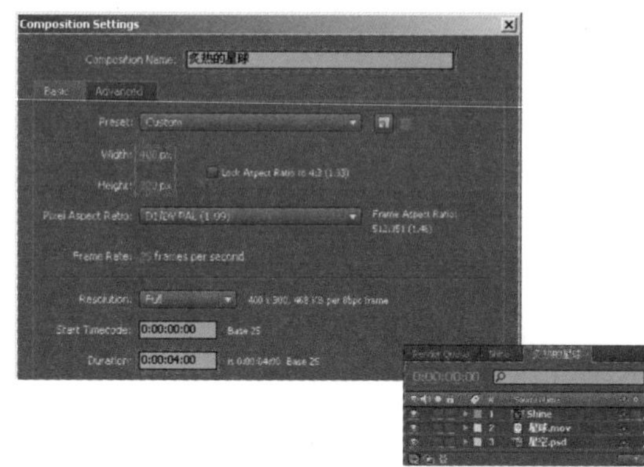

02 选中 Shine 图层，选择 Effect → Trapcode → Shine 菜单命令，为其添加 Shine 滤镜。在 Effect Controls 面板中调整参数，并查看此时 Comp 合成的效果。

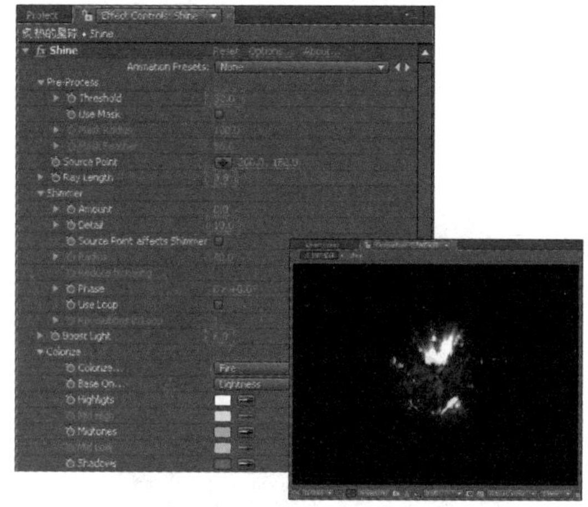

03 选中 Shine 图层，选择 Effect → Color Correction → Levels 菜单命令，为其添加 Levels 滤镜，在 Effect Controls 面板中调整参数，并将 Shine 图层的叠加方式设为 Add，然后查看此时 Comp 合成的效果。

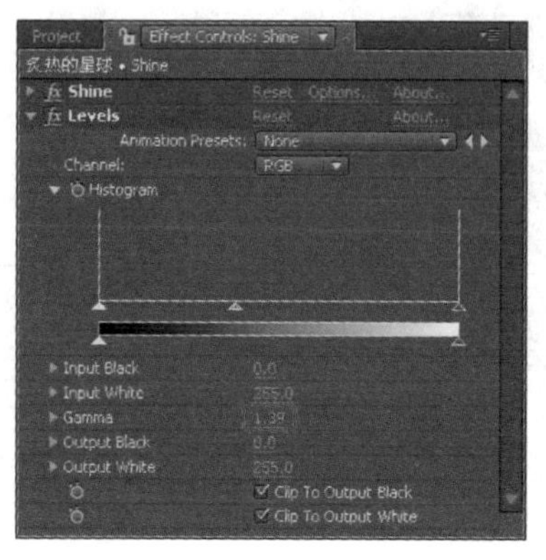

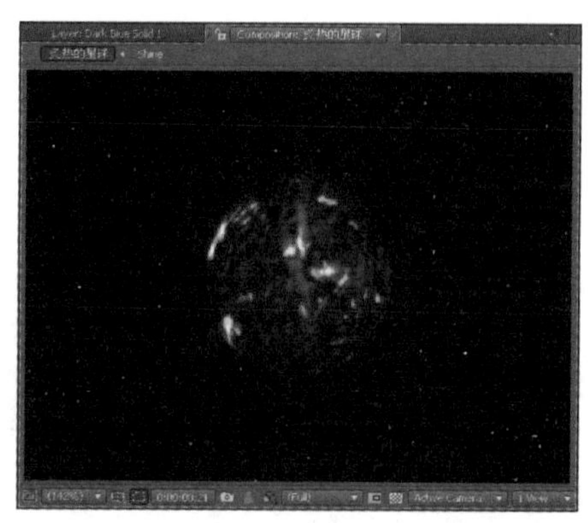

↘ 步骤 03 制作 Mask

01 选择 Layer → New → Solid 菜单命令，新建一个深蓝色的固态图层。选中该固态图层，单击工具栏中的椭圆工具，在 Comp 合成面板中绘制一个椭圆形的 Mask。

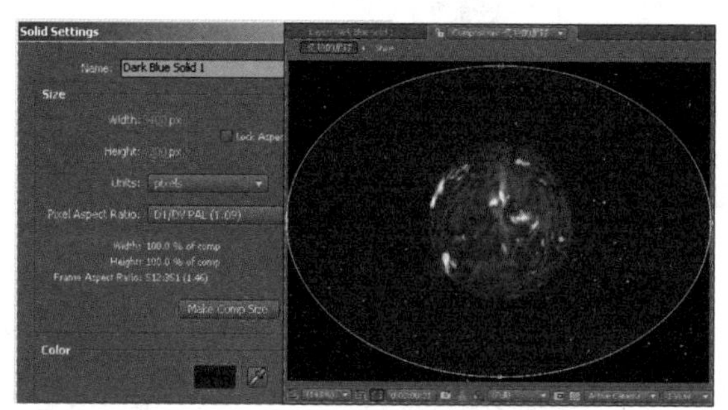

02 在 Timeline 面板中展开固态图层 Dark Blue Solid 1 的属性列表，设置 Mask Feather 的值为 336，并查看此时 Comp 面板的效果。

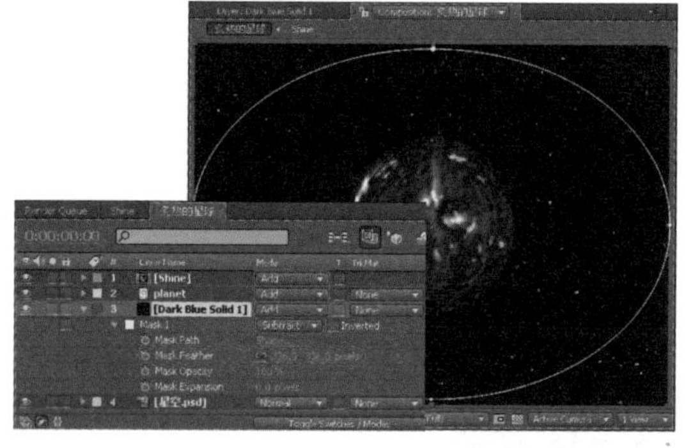

03 按数字键〈0〉预览最终效果。

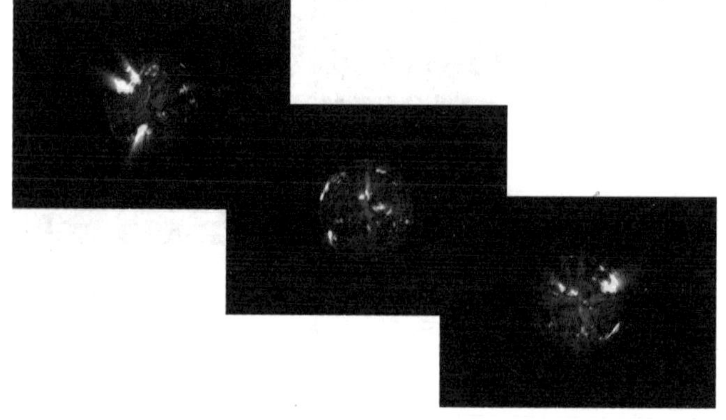

案例 44　火光

本案例的制作主要介绍了对 Shape Layer 的应用。这里综合利用 Form（表格）、CC Vector Blur（矢量模糊）、Glow（发光）、Hue/Saturation（色相 / 饱和度）、Fractal Noise（分形噪波）等滤镜的特效功能制作出了非常炫丽的火光动画。

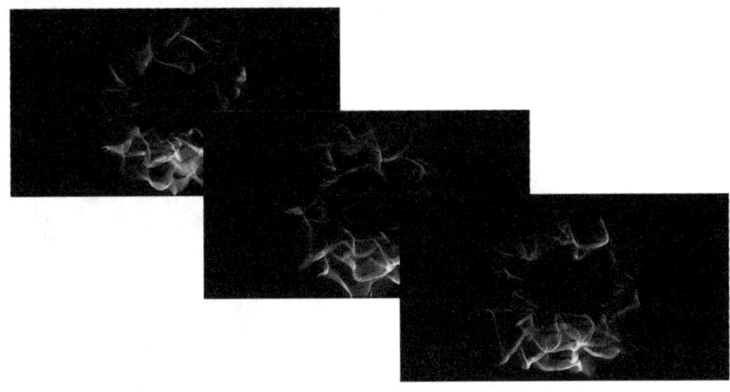

● **光盘路径** | 第 5 章 \ 火光

● **难易指数** | ★★★☆☆

案例效果分析

核心技术要点：本例主要利用 Form 插件制作出非常炫丽的火光动画。

制作思路分析：熟悉 After Effects 的 Shape Layer 的应用，利用 Form 滤镜读取 Shape Layer 层的信息，使其产生随机变幻的动画效果。

制作提示

1. 创建 Shape Layer。
2. 创建火光层，设置火光形态。
3. 为火光记录飘动动画。
4. 增强火光效果，创建摄像机。

步骤 01　创建 Shape Layer

01 启动 Adobe After Effects CC，选择 Composition → New Composition 菜单命令，新建一个 Comp 面板，命名为 “飘动的火光”。单击工具栏中的工具，在 Comp 面板中勾画出一个 Shape（形状）。

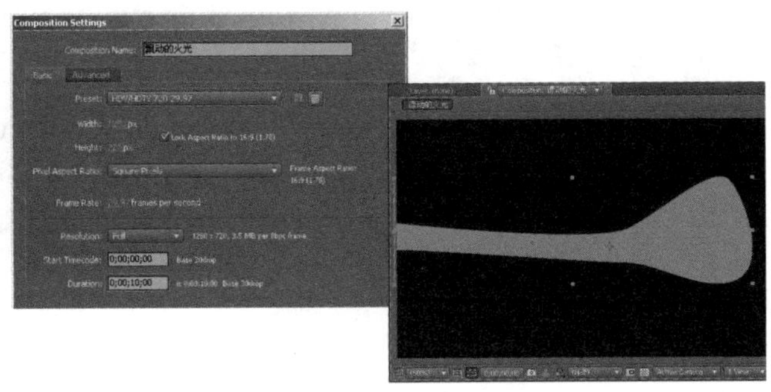

02 在 Timeline 面板中展开 Shape Layer 1 的层属性列表，进行相应设置。之后打开图层的（三维）选项。

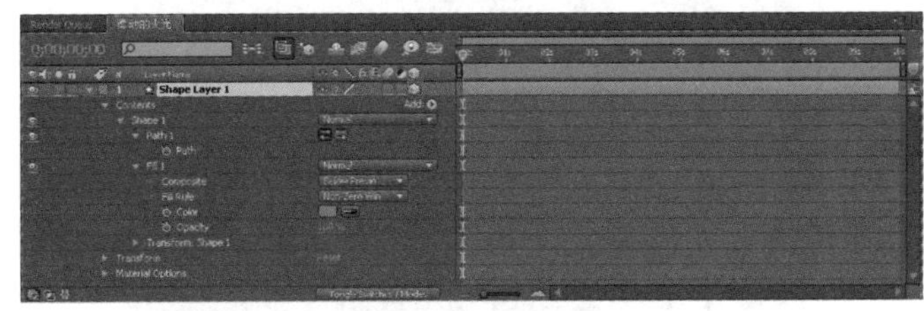

步骤 02　创建火光层

选择 Layer → New → Solid 菜单命令，新建一个固态图层。选中该层，选择 Effect → Trapcode → Form 菜单命令，为其添加 Form 滤镜。查看此时 Comp 面板的效果。

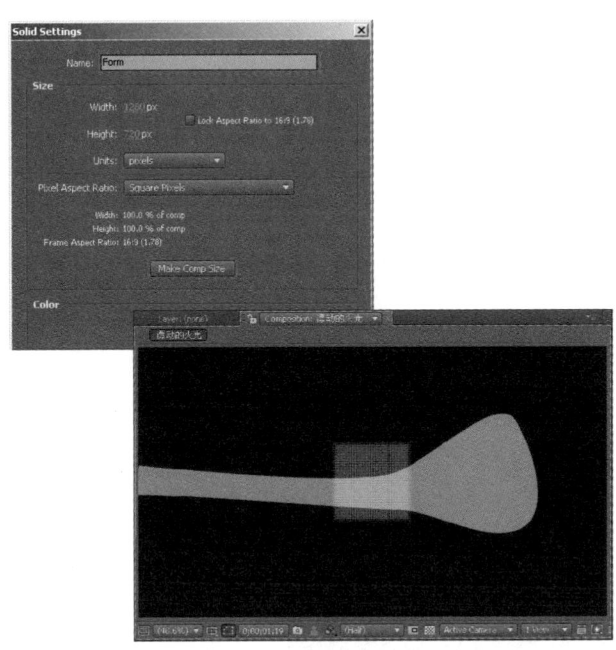

步骤 03　设置火光形态

01 在 Timeline 面板选中 Form 层，按〈F3〉键显示 Effect Controls 面板，设置 Form 滤镜的参数。

02 单击 Shape Layer 1 图层的👁选项，将其显示属性关闭，并查看此时 Comp 合成的效果。

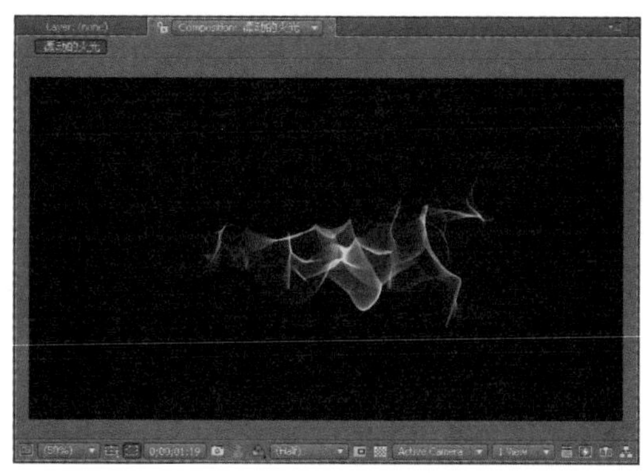

↘ 步骤 04　为火记录飘动的动画

01 在 Timeline 面板中展开 Form 图层的属性列表。按住〈Alt〉键后单击 Posttion XY 左侧的⏱按钮，为 Posttion XY 属性添加表达式。

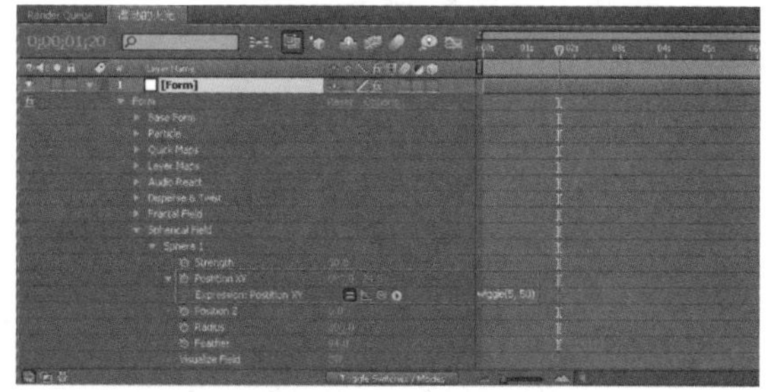

02 按数字键〈0〉预览效果。

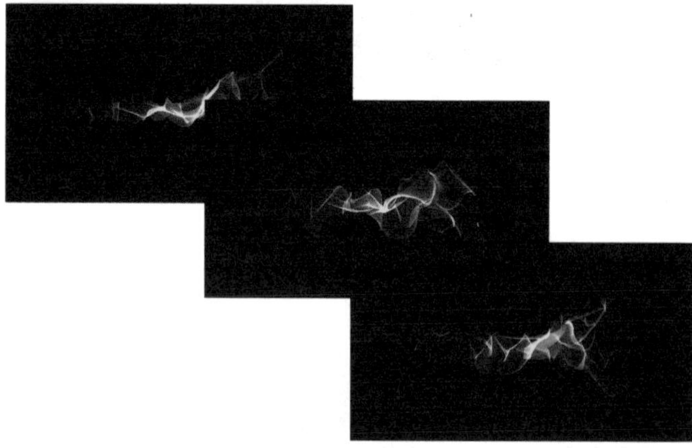

↘ 步骤 05　增强火光效果

01 在 Timeline 面板中选中 Form 图层，选择 Effect → Blur&Sharpen → CC Vector Blur 菜单命令，为其添加 CC Vector Blur（矢量模糊）滤镜。在 Effect Controls 面板中设置参数，并查看此时 Comp 合成的效果。

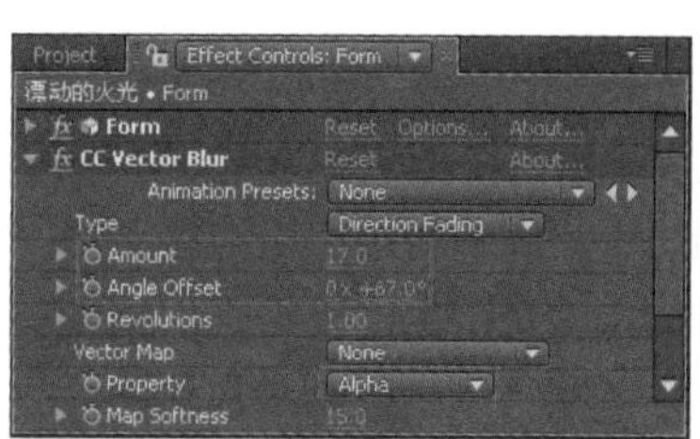

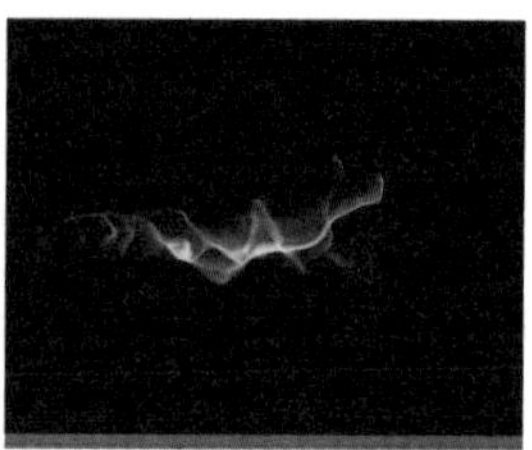

02 选择 Effect → Stylize → Glow 菜单命令，为其添加 Glow 滤镜。在 Effect Controls 面板中设置参数，并查看此时 Comp 合成的效果。

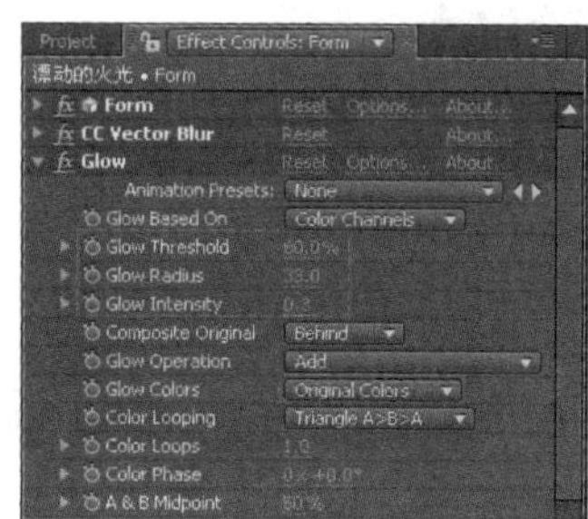

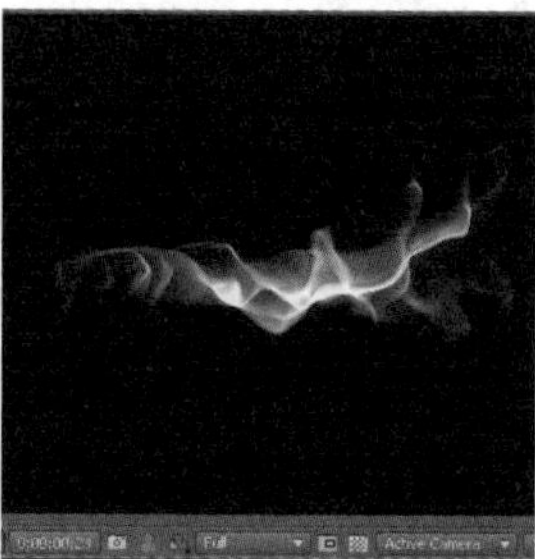

03 选择 Effect → Color Correction → Hue/Saturation 菜单命令，为其添加 Hue/Saturation（色相 / 饱和度）滤镜。在 Effect Controls 面板中设置参数，可见此时火光的色彩饱和度增强了。

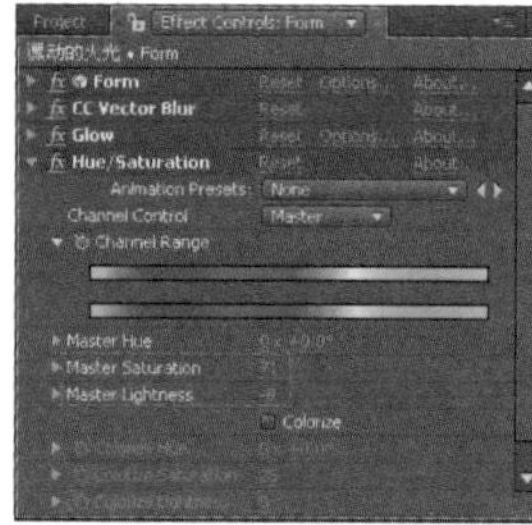

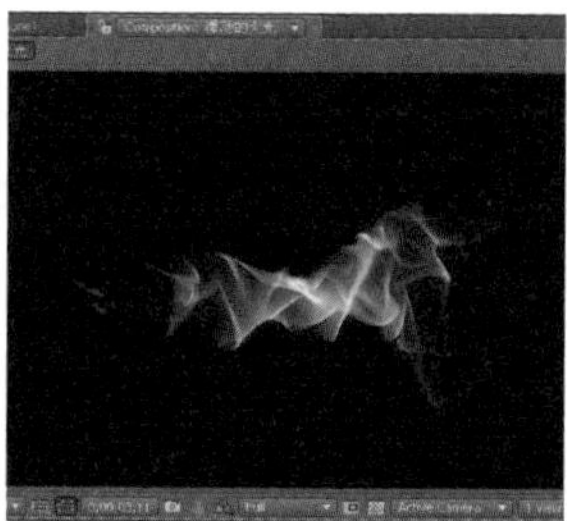

04 选择 Effect → Noise&Grain → Fractal Noise 菜单命令，为其添加 Fractal Noise（分形噪波）滤镜。在 Effect Controls 面板中设置参数，并查看此时 Comp 合成的效果。

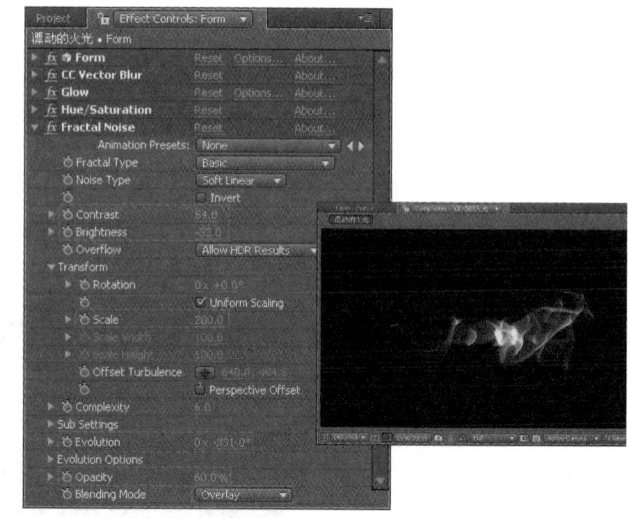

05 在 Timeline 面板中展开 Form 图层的 Form 滤镜属性列表，按住〈Alt〉键后单击 Offset Turbulence 左侧的按钮为其添加表达式。

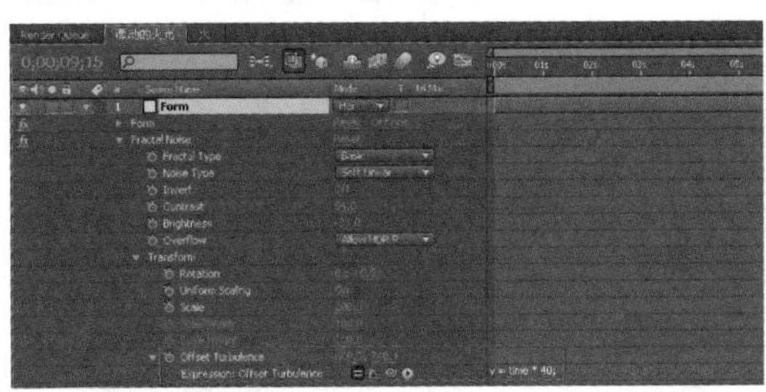

↘ 步骤 06　创建摄像机

01 选择 Layer → New → Camera 菜单命令，新建一个摄像机图层。单击工具栏中的摄像机工具，在 Comp 合成面板中按下鼠标右键，并拖动鼠标调整画面。

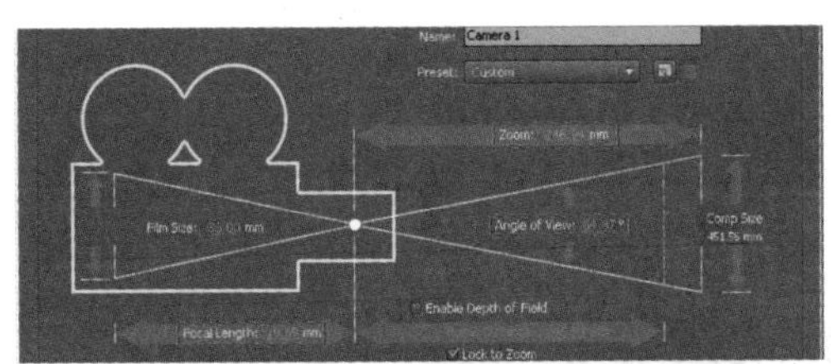

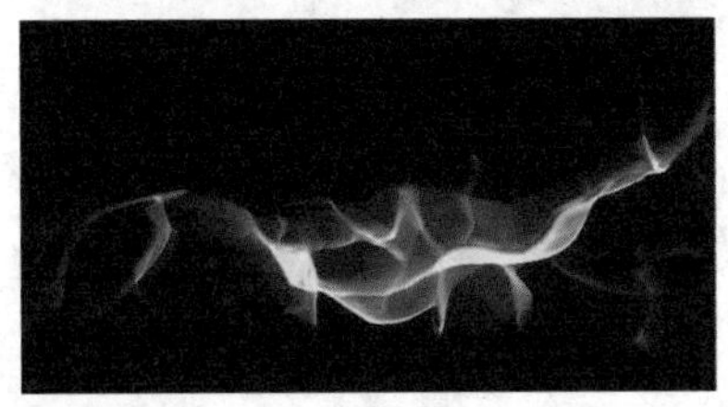

02 按数字键〈0〉预览效果。

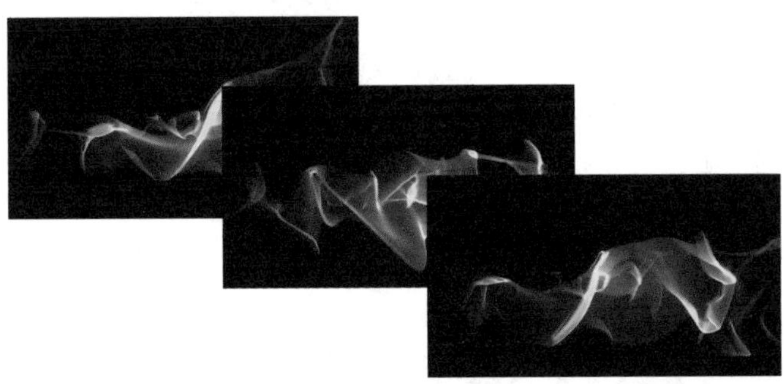

03 此例制作完毕后，读者可以参考此例制作出更炫丽的火光效果。

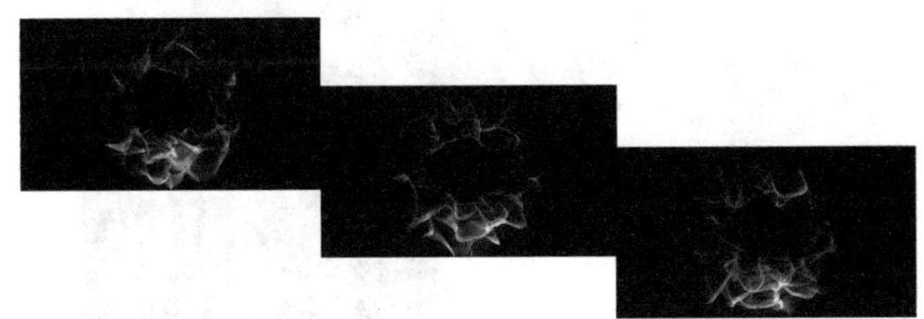

案例 45　星球光斑

本案例主要介绍使用镜头光斑的方法，通过为 Light Source Location 属性值记录关键帧实现光斑动画，最终利用图层的叠加使画面表现出宇宙的空间感。

● **光盘路径** | 第 5 章 \ 星球光斑

● **难易指数** | ★★★☆☆

案例效果分析

核心技术要点：本例主要介绍使用外挂滤镜 Light Factory 制作镜头光晕效果的方法。

制作思路分析：熟悉 After Effects 中 Light Factory 插件的应用技巧，利用预设的镜头光斑光效文件为地球添加镜头光斑效果。

制作提示

1. 创建 Comp 合成、制作遮罩。
2. 添加光效。
3. 为镜头光斑制作动画。
4. 制作背景（增加场景的空间感）。

↘ 步骤 01　创建 Comp 合成

启动 Adobe After Effects CC，选择 Composition → New Composition 菜单命令，新建一个 Comp 合成，命名为“地球”。选择 File → Import → File 菜单命令，导入光盘中的“星球转动 .mov”文件，并将其拖放到 Timeline 面板中，并查看此时 Comp 合成的效果。

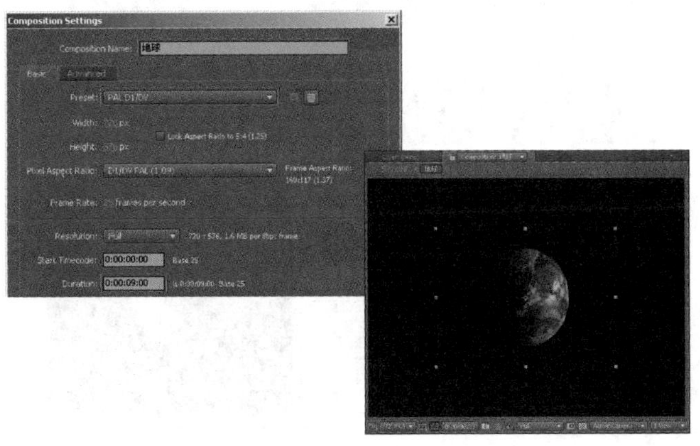

↘ 步骤 02 制作遮罩

选中“星球转动.mov”图层，按〈S〉键展开“星球转动.mov”图层的 Scale 属性列表，并将 Scale 值设为 139%。选中“星球转动.mov”图层，单击工具栏中的椭圆工具，按住〈Shift〉键的同时拖动鼠标，在 Comp 合成面板中绘制一个圆形 Mask，使其恰好圈住地球。选择 Composition → New Composition 菜单命令，新建一个 Comp 合成，将其命名为“星球光斑”。将项目面板中的地球拖动到“星球光斑”合成的 Timeline 面板中。

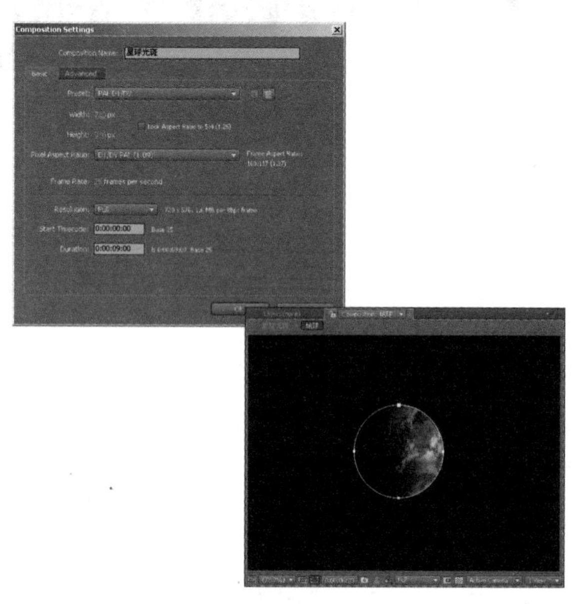

↘ 步骤 03 添加光效

选择 Layer → New → Solid 菜单命令，新建一个固态图层，将其命名为“光斑”。选中“光斑”图层，选择 Effect → Kmoll Light Factory → Light Factory 菜单命令，为其添加 Light Fatory 滤镜。在 Effect Controls 面板中单击上方的 Options 选项，之后在弹出的对话框中单击 Load 按钮，载入光盘中的 light.lfp 文件，载入后单击 OK 按钮返回。然后查看 Comp 合成的效果。

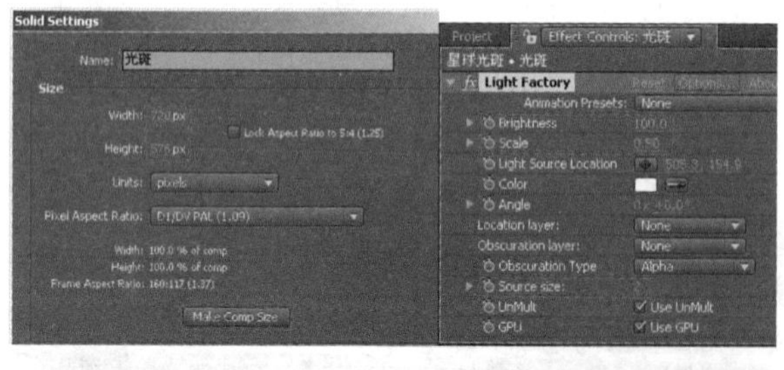

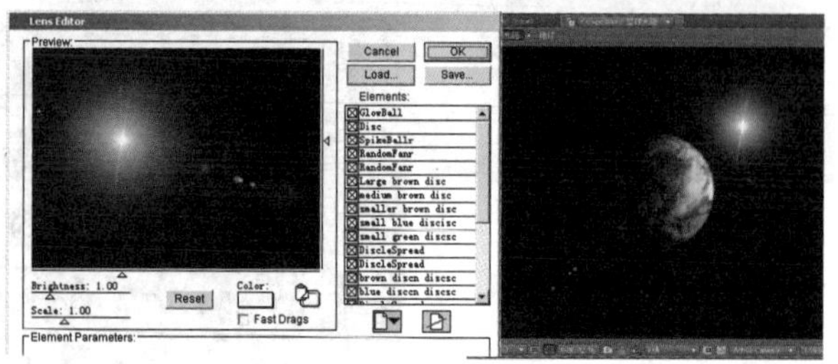

↘ 步骤 04 为镜头光斑制作动画

01 为 Light Factory 滤镜的 Light Source Location 属性设置关键帧，在时间 0:00:00:00 处和时间 0:00:08:23 处设置参数。

02 导入本书配套光盘中的“星空.psd”文件，将其从项目面板中拖放到 Timeline 面板的底层。设置“光斑”图层的叠加模式为 Add。查看此时 Comp 合成的效果。将“光斑”图层的叠加模式设置为 Add 时，光斑可以起到照明的作用，在其经过星球表面时可以将星球表面照亮。

03 选择 Layer → New → Solid 菜单命令，新建一个蓝色的固态图层，命名为 BG。选中 BG 图层，将其拖放到“地球”层的下面。单击工具栏中的椭圆工具，在 Comp 合成面板中绘制一个椭圆形的 Mask。

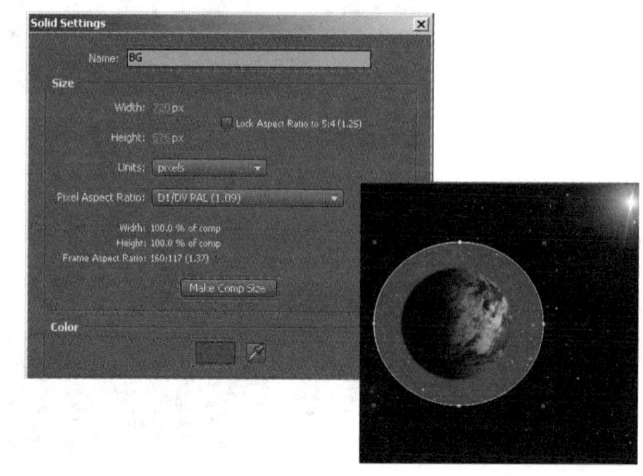

步骤 05　制作背景（增加场景的空间感）

01 在 Timeline 面板中展开 BG 图层的属性列表，设置 Mask1 的 Mask Feather 值为 371、图层 Opacity 的值为 85%，查看此时 Comp 合成的效果。

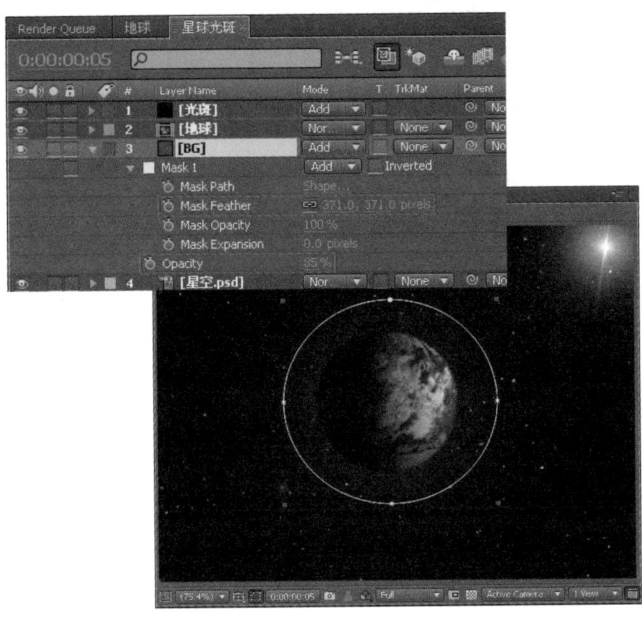

02 按数字键〈0〉预览最终效果。

案例 46　阳光

本案例主要介绍影视后期制作中常见的各种光效的应用技巧。利用 Shine 滤镜读取原始素材文件的信息，使原始素材转变为光效文件，通过图层的叠加模式得到预期的效果。

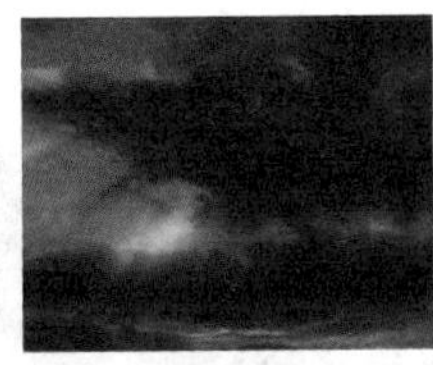

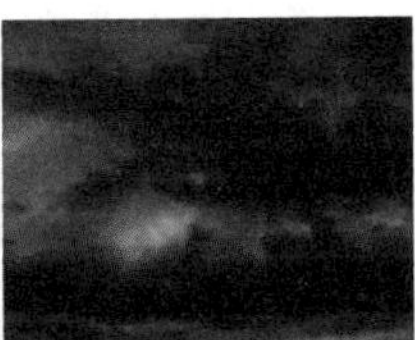

● 光盘路径 | 第 5 章 \ 阳光

● 难易指数 | ★★☆☆☆

案例效果分析

核心技术要点：本例介绍使用 Shine 滤镜制作光线，之后透过云层产生阳光效果的具体方法和技巧。

制作思路分析：理解空间概念，为云层制作动态的阳光效果。

制作提示

1. 创建 Comp 合成、导入素材。
2. 制作光线。
3. 叠加光线。

步骤 01　创建 Comp 合成

启动 Adobe After Effects CC，选择 Composition → New Composition 菜单命令，新建一个 Comp 合成，将其命名为“阳光”。选择 File → Import → File 菜单命令，导入本书配套光盘中的“云 .mov”文件。

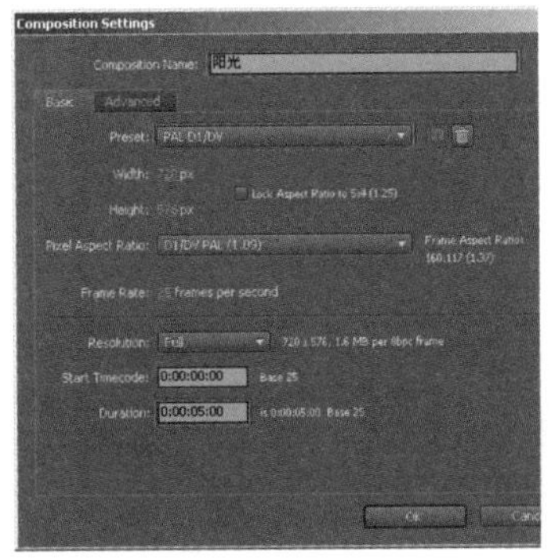

步骤 02　制作光线

将项目面板中的“云 .mov”拖入到 Timeline 面板中，将其重命名为“光线”。选中“光线”图层，选择 Effect → Trapcode → Shine 菜单命令，为其添加 Shine 滤镜，在 Effect Controls 面板中调整参数，查看此时 Comp 合成的效果。

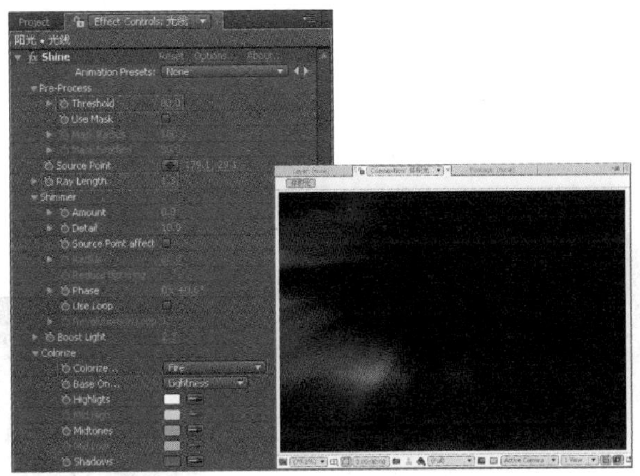

步骤 03　叠加光线

01 将项目面板中的“云 .mov”再次拖动到 Timeline 面板中，并将其放在“光线”图层下面。选中“光线”图层，将其图层叠加模式设为 Screen，并查看此时 Timeline 面板和 Comp 合成的效果。

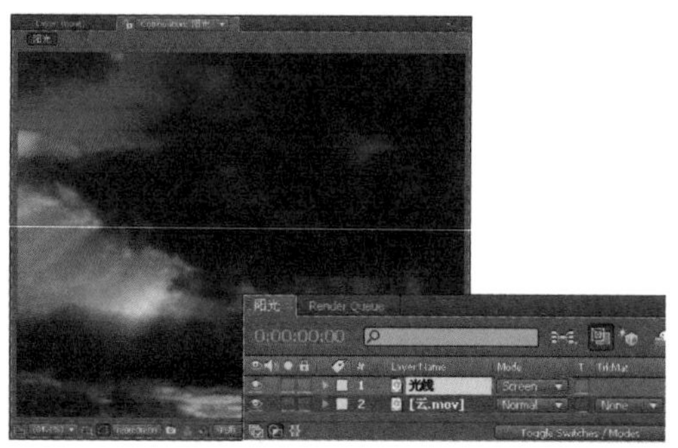

02 若不采用两个图层（“光线”和“云 .mov”）的叠加模式制作云层和阳光效果，也可以设置 Shine 滤镜的 Transfer Mode 选项为 Screen，则使用一个图层即可达到同样的效果。

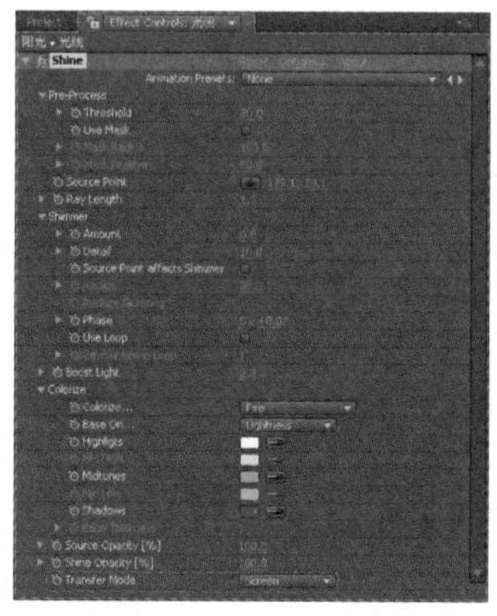

03 按数字键〈0〉预览最终效果。

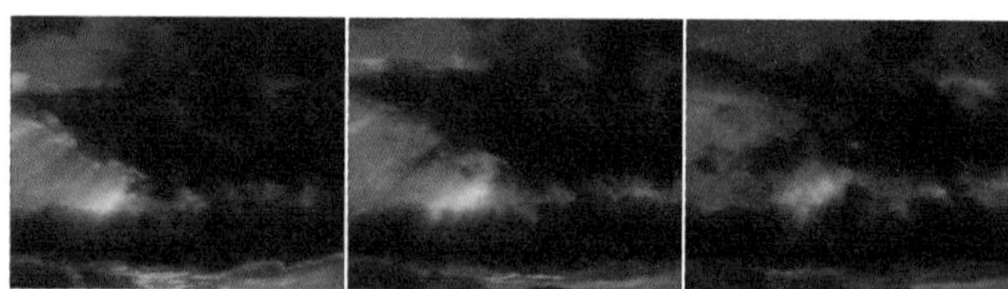

案例 47　光效 Mask

本案例主要介绍 3D Stroke（三维描边）滤镜的应用技巧。通过创建文字生成 Mask，最终为 3D Stroke 滤镜的参数记录关键帧，使 Mask 产生幻影光效动画。

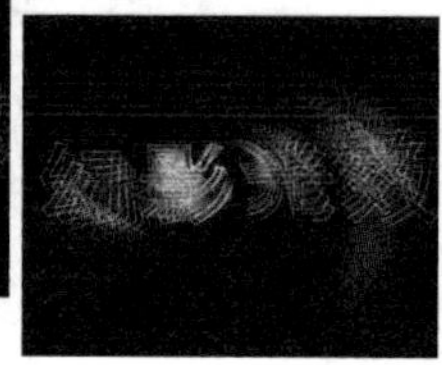

● **光盘路径** | 第 5 章 \ 光效 Mask

● **难易指数** | ★★★★☆

案例效果分析

核心技术要点：本例主要练习使用 3D Stroke 插件制作三维空间中的拖尾效果。

制作思路分析：理解空间概念，熟悉 3D Stroke 的应用技巧，利用 Create Masks from Text 命令以文字图层为基础创建 Mask。

制作提示

1. 创建 Comp 合成、文字。
2. 生成 Mask。
3. 制作背景。
4. 添加光效。

步骤 01　创建 Comp 合成

启动 Adobe After Effects CC，选择 Composition → New Composition 菜单命令，新建一个 Comp 合成，将其命名为“光效 Mask”。

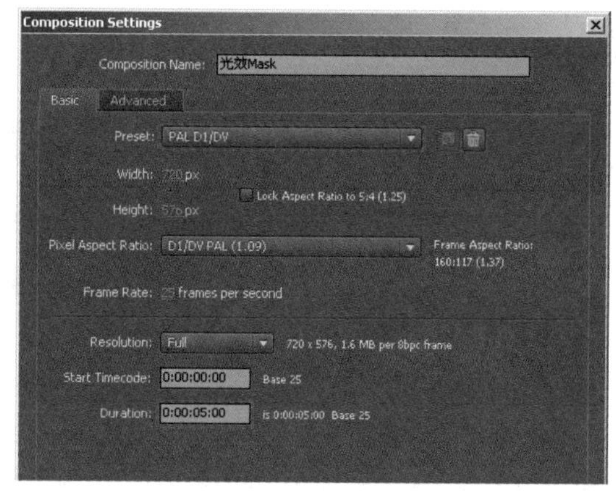

步骤 02　创建文字

单击工具栏中的 T 工具，在 Comp 合成面板中单击并输入文字“幻影光效”，之后在文字属性面板中设置参数，并查看此时 Comp 合成的效果。

↘ 步骤 03 生成 Mask

01 在 Timeline 面板中选中“幻影光效”图层，选择 Layer → Create Masks from Text（以文字生成 Mask）菜单命令，利用文字图层生成一个“幻影光效 Outlines”图层。查看此时 Comp 合成的效果。选择 Layer → New → Camera 菜单命令，新建一个 Camera 图层。

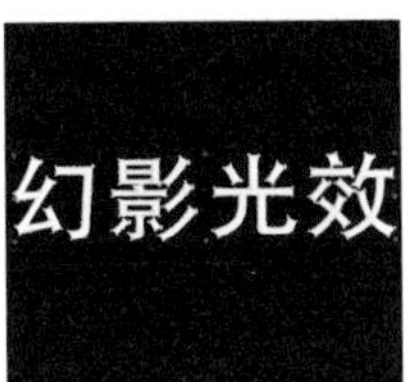

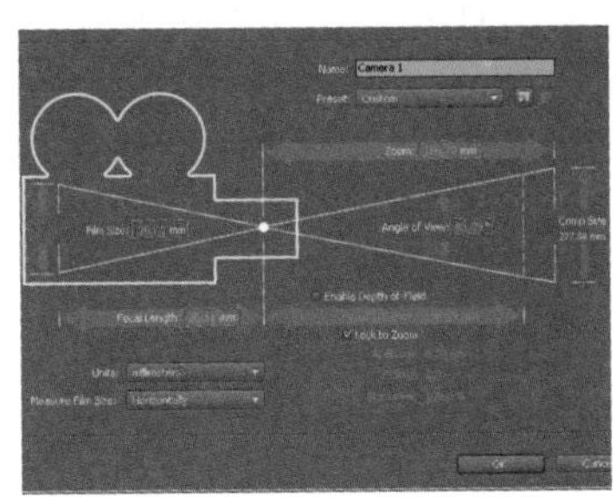

02 在 Timeline 面板中选中“幻影光效 Outlines”图层，选择 Effect → Trapcode → 3D Stroke 菜单命令，为其添加 3D Stroke 滤镜，在 Effect Controls 面板中调整参数，并查看此时 Comp 合成的效果。

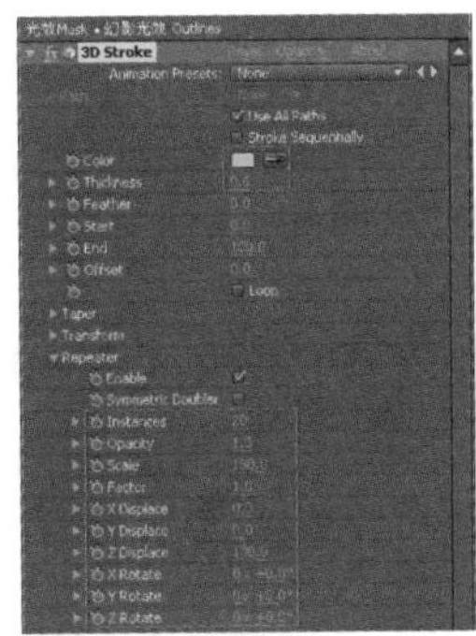

03 为 3D Stroke 滤镜的 Repeater 属性下的各参数记录关键帧。在时间 0:00:00:00 处为 Opacity、Scale、Z Displace 和 Z Rotation 设置关键帧，在时间 0:00:00:10 处为 Opacity 设置关键帧。

04 在时间 0:00:01:18 处为 Scale、Z Displace 和 Z Rotation 设置关键帧。在时间 0:00:02:21 处为 Opacity 设置关键帧，在时间 0:00:03:08 处为 Opacity、Scale 和 Z Rotation 设置关键帧。

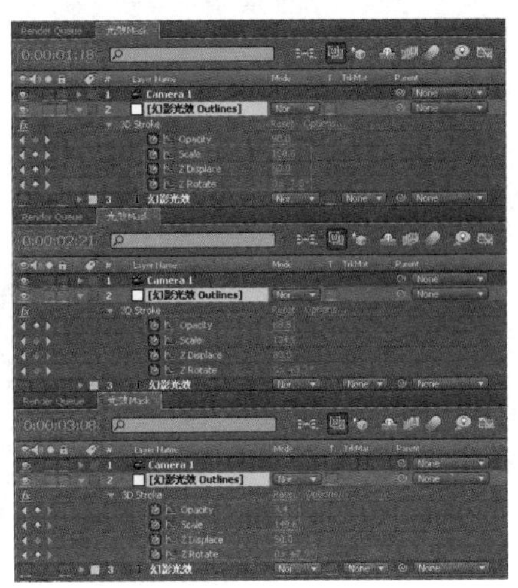

05 按数字键〈0〉预览效果。

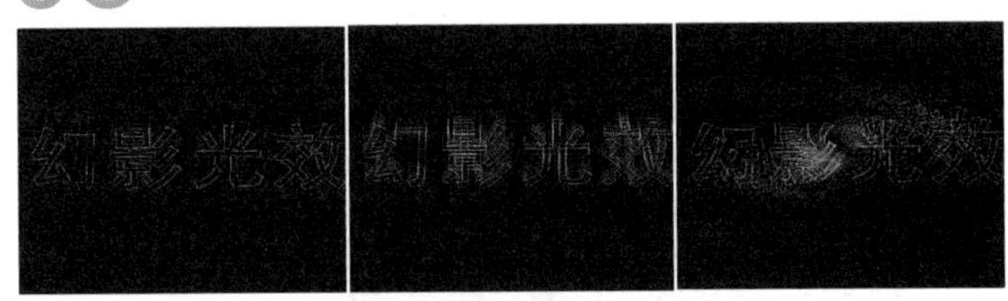

↘ 步骤 04 制作背景

在项目面板中双击导入本书配套光盘中的“背景.jpg”文件，将其拖放到 Timeline 面板的最底层。选中该图层，选择 Effect → Color Correction → Exposure 菜单命令，为其添加 Exposure（曝光）滤镜。按住〈Alt〉键后单击 Exposure 左侧的按钮，为 Exposure 添加表达式，在表达式输入栏中输入 wiggle（5，2），查看此时 Comp 合成的效果。

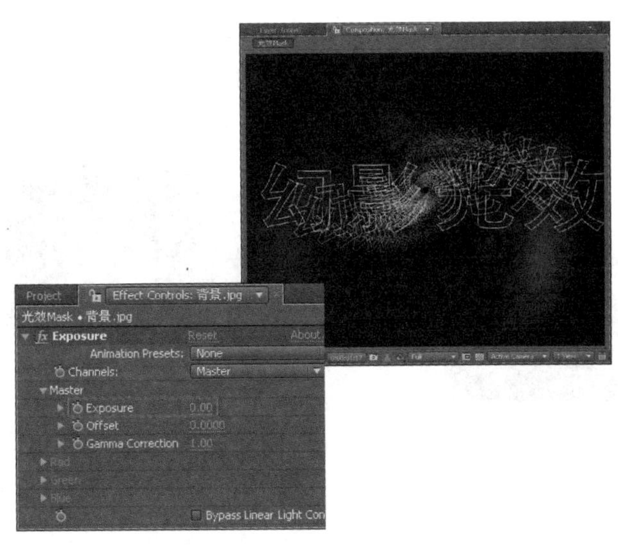

↘ 步骤 05　添加光效

01 在 Timeline 面板中选中“幻影光效 Outlines”图层，选择 Effect → Stylize → Glow 菜单命令，为其添加 Glow 滤镜，之后在 Effect Controls 面板中设置参数。

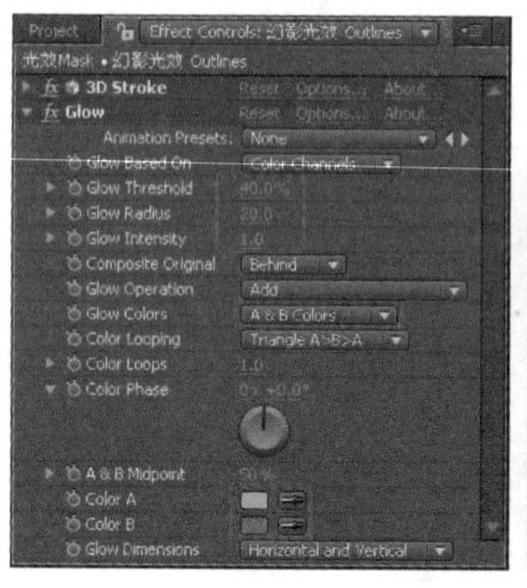

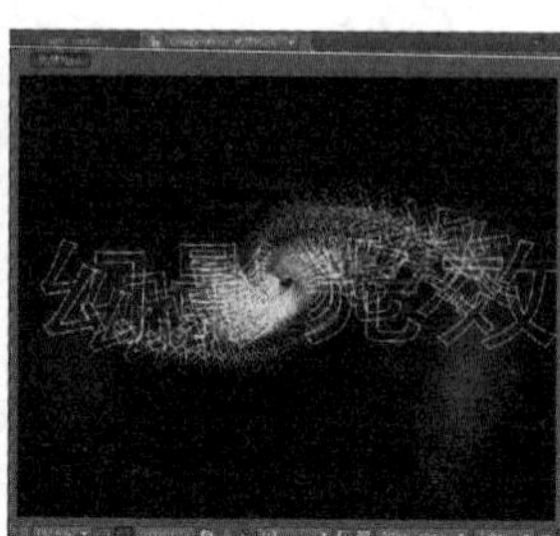

02 按数字键〈0〉预览最终效果。

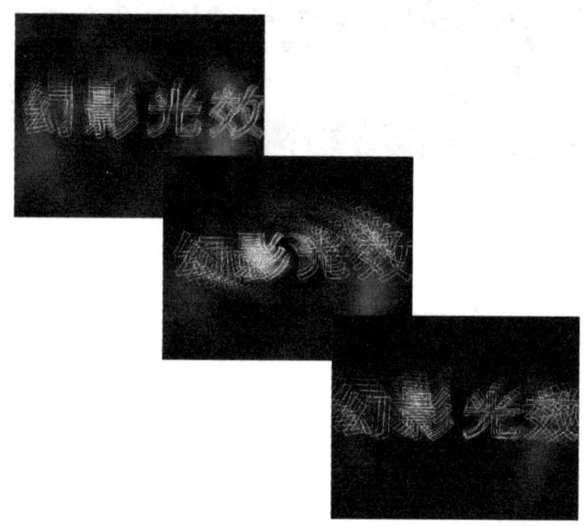

案例 48　聚光灯

本案例主要以制作聚光灯的照射动画为主，通过为聚光灯的 Point of Interest 属性记录关键帧，实现聚光灯的照射动画，最终利用 Lux 滤镜实现聚光灯的体积效果。

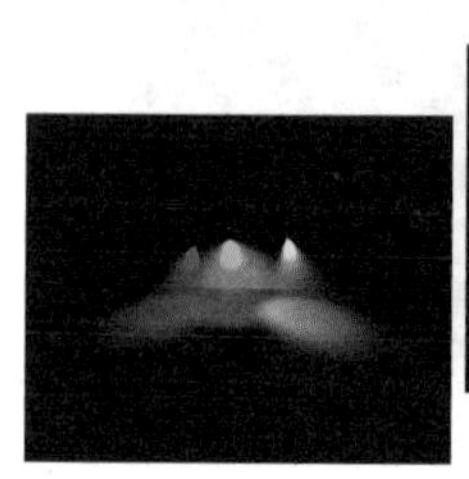

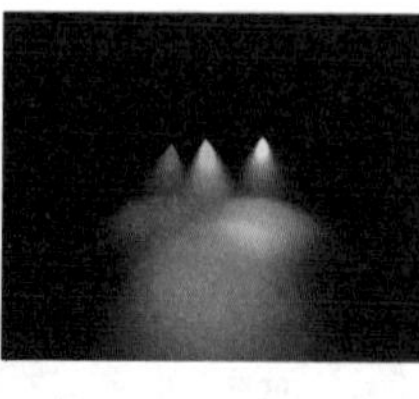

● 光盘路径 | 第 5 章 \ 聚光灯

● 难易指数 | ★★★☆☆

案例效果分析

核心技术要点：本例主要介绍使用 Lux 外挂滤镜制作体积光效果的方法。

制作思路分析：理解空间概念，在 After Effects 中创建一个三维场景，为场景中的灯光添加 Lux 滤镜，使灯光具有体积感。

制作提示

1. 创建 Comp 合成。
2. 添加灯光。
3. 制作动画。
4. 制作灯光效果。

↘ 步骤 01　创建 Comp

启动 Adobe After Effects CC，选择 Composition → New Composition 菜单命令，新建一个 Comp 合成，将其命名为“聚光灯”。选择 Layer → New → Solid 菜单命令，新建一个固态图层，将其命名为“背景”，打开图层的三维属性开关。

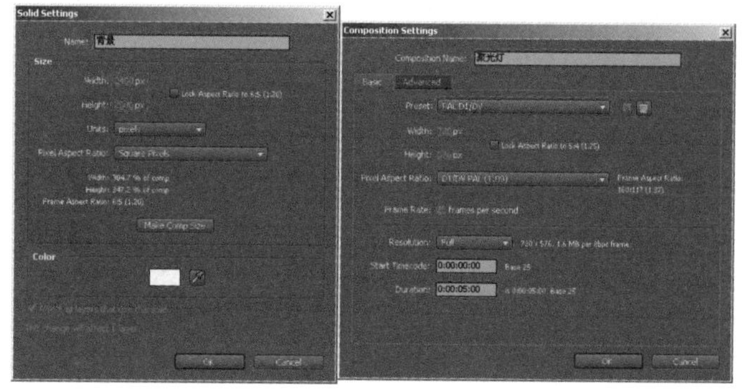

↘ 步骤 02　添加灯光

01 选择 Layer → New → Camera 菜单命令，新建一个 Camera。选中 Camera1 图层，单击工具栏中的摄像机工具，在 Comp 合成中对摄像机视图进行调整。

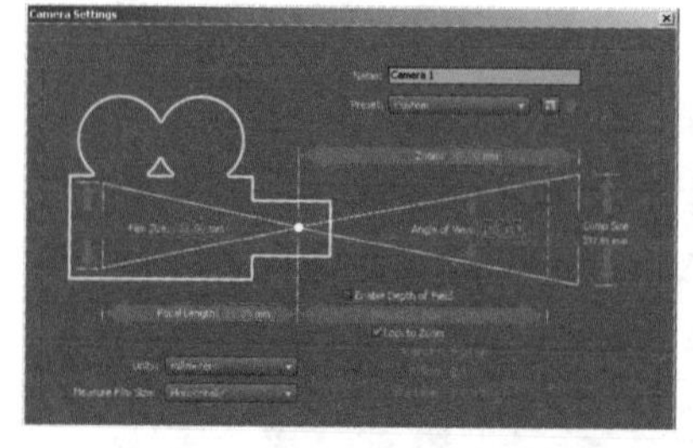

02 在 Timeline 面板中选中“背景”图层，按〈Ctrl+D〉组合键对其进行复制，之后调整“背景 2”图层的旋转属性和位移属性。

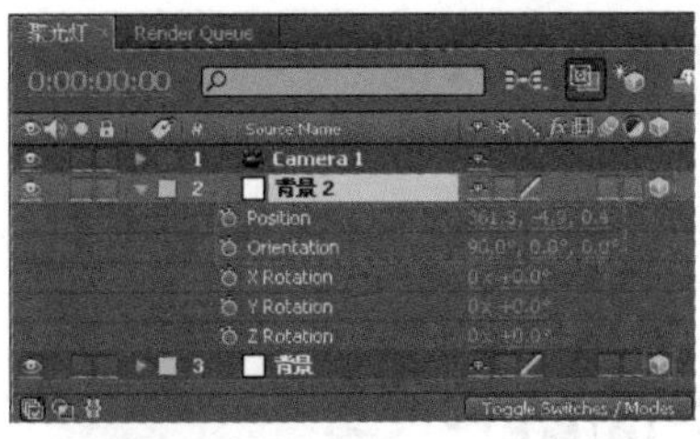

03 选择 Layer → New → Light 菜单命令，新建一个 Light 图层。在 Timeline 面板中调整灯光的位置属性，并查看此时 Comp 合成的效果。

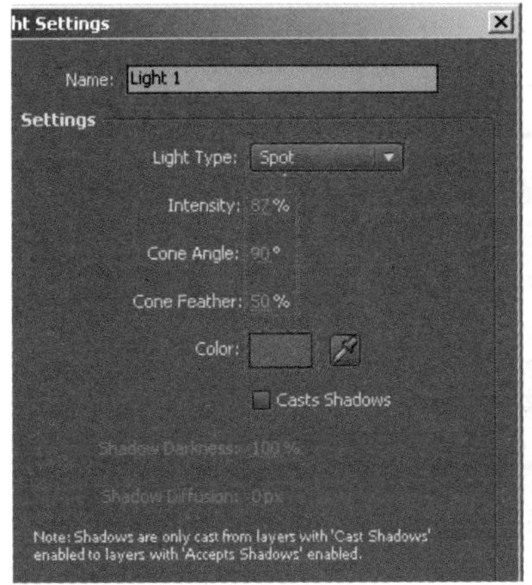

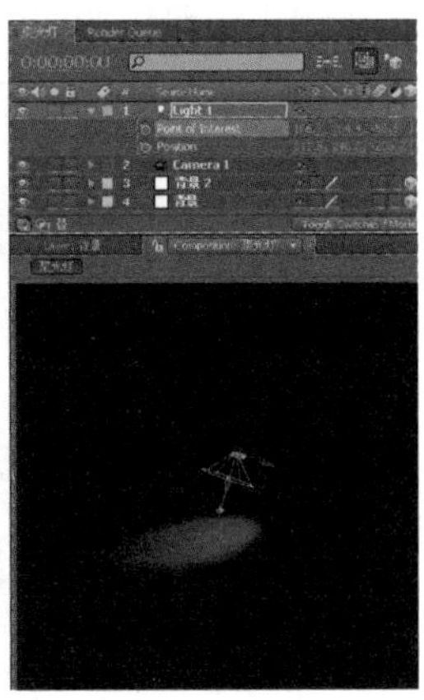

04 选择 Layer → New → Light 菜单命令，再新建一个 Light 图层。在 Timeline 面板中调整灯光的位置属性，并查看此时 Comp 合成的效果。

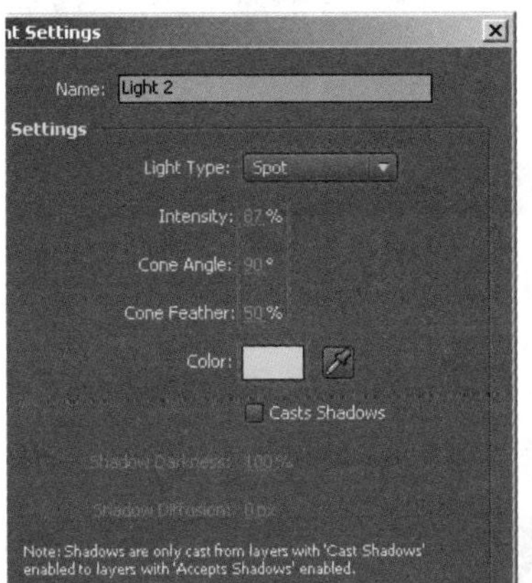

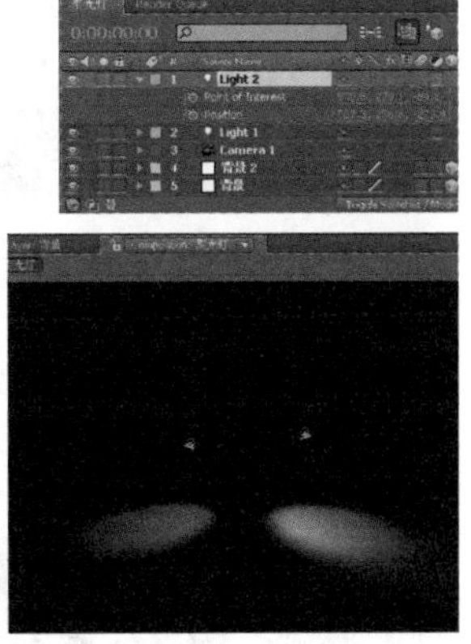

05 以同样的方法新建一个 Light 3 图层。

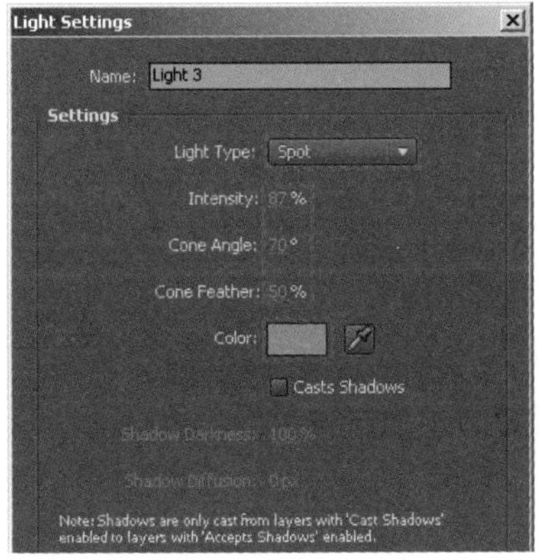

步骤 03 制作动画

01 在 Timeline 面板中打开 Light1、Light2、Light 3 图层的 Transform 属性列表，展开 Point of Interest 参数列表，并为其设置关键帧动画。在时间 0:00:00:00 处、时间 0:00:02:03 处和时间 0:00:04:01 处设置参数。

02 按数字键〈0〉预览效果。

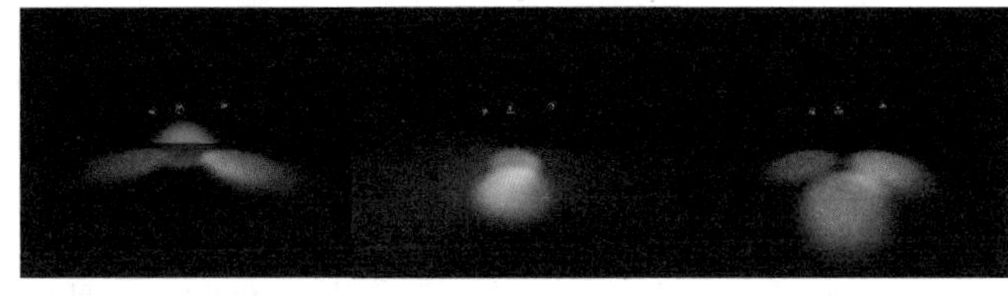

步骤 04 制作灯光效果

选择 Layer → New → Solid 菜单命令，新建一个固态图层，将其命名为“体积”。选中体积图层，选择 Effect → Trapcode → Lux 菜单命令，为其添加 Lux 滤镜，在 Effect Controls 面板中调整参数，按数字〈0〉键预览效果。

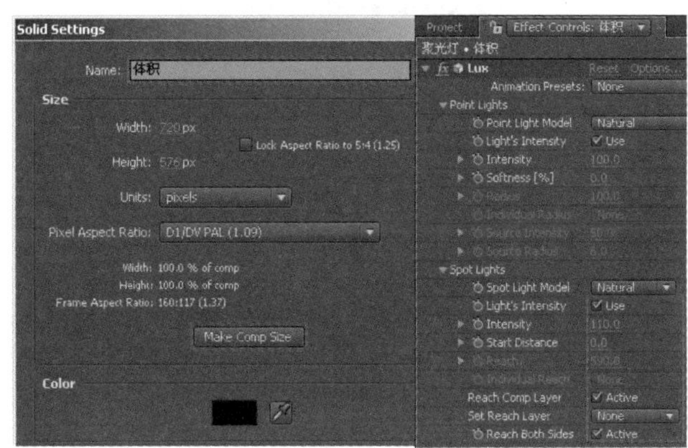

案例 49　光芒四射

本案例主要以制作文字球体和发光效果为主，利用 CC Sphere 滤镜将文字片段转变为球体形态，最终为球体添加 Shine 滤镜，使其产生发光效果。

● **光盘路径** | 第 5 章 \ 光芒四射

● **难易指数** | ★★★★☆

案例效果分析

核心技术要点：本例主要介绍使用 CC Sphere、Shine 滤镜来制作球体的发光效果的方法。

制作思路分析：理解空间概念，熟悉 After Effects 中相应的特效滤镜，利用文字图层制作发光元素，最后通过使用 CC Sphere 滤镜将段落文字转变为球体。

制作提示

1. 创建 Comp 合成。
2. 创建球体。
3. 添加光效。

步骤 01　创建 Comp 合成

启动 Adobe After Effects CC，选择 Composition → New Composition 菜单命令，新建一个 Comp 合成，将其命名为“球体”。

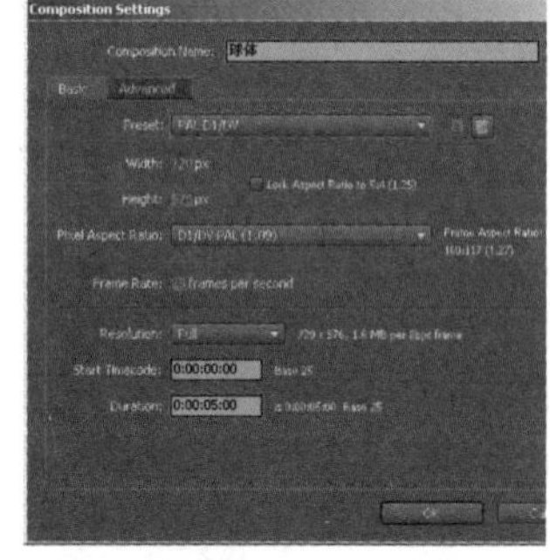

步骤 02　创建球体

01 单击工具栏中的T工具，在 Comp 合成面板中单击输入任意文字，使文字排满整个 Comp 面板，之后设置T工具控制面板中的相关参数，并查看此时 Comp 合成的效果。

02 在 Timeline 面板中选中文字图层，选择 Effect → Perspective → CC Sphere 菜单命令，为其添加 CC Sphere 滤镜。在 CC Sphere 滤镜控制面板中调整参数，为 CC Sphere 滤镜的 Rotation Y 参数记录关键帧。

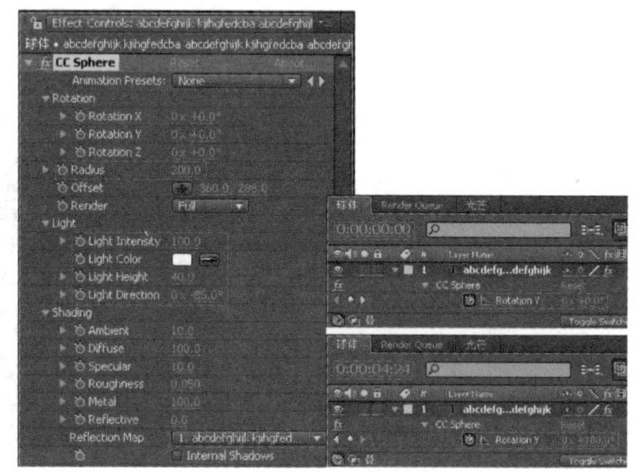

03 按数字键〈0〉预览最终效果。

案例 50　金钩银划

本例主要以制作 Mask 动画为主，利用 Ripple 滤镜添加扭曲效果，最后利用 Trapcode 的 Shine 滤镜制作光效。

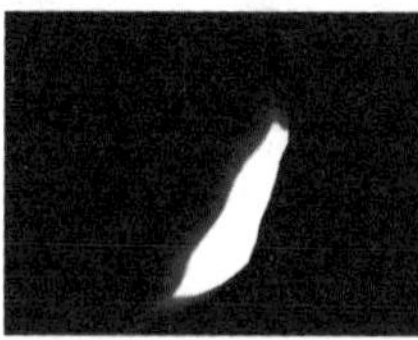

● **光盘路径** | 第 5 章 \ 金钩银划

● **难易指数** | ★★★★☆

案例效果分析

核心技术要点：本例主要介绍制作 Mask 动画的技巧，利用 Ripple 滤镜添加扭曲效果，最后利用 Shine 滤镜制作光效。

制作思路分析：制作 Mask，添加 Ripple 和 Shine 滤镜，为 Shine 滤镜的参数设置关键帧，为文字记录关键帧。

制作提示

1. 创建 Comp 合成，制作 Mask。
2. 记录关键帧动画。
3. 制作素材。
4. 为文字记录关键帧动画。

↘ 步骤 01　创建 Comp

01 启动 Adobe After Effects CC，选择 Composition → New Composition 菜单命令，新建一个 Comp 合成，将其命名为 Mask1。

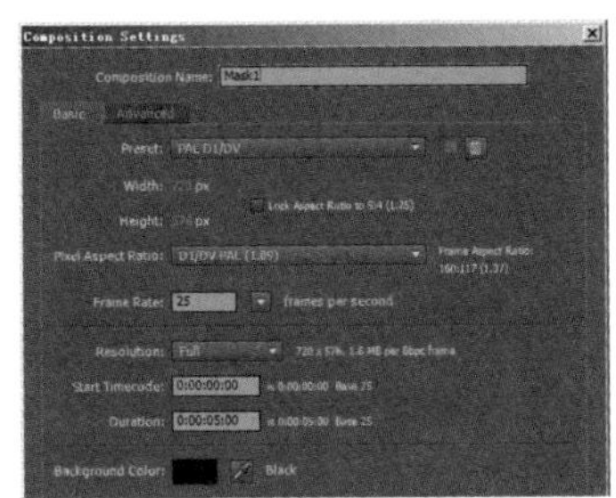

02 选择 Layer → New → Solid 菜单命令，新建一个固态图层，将其命名为 one。

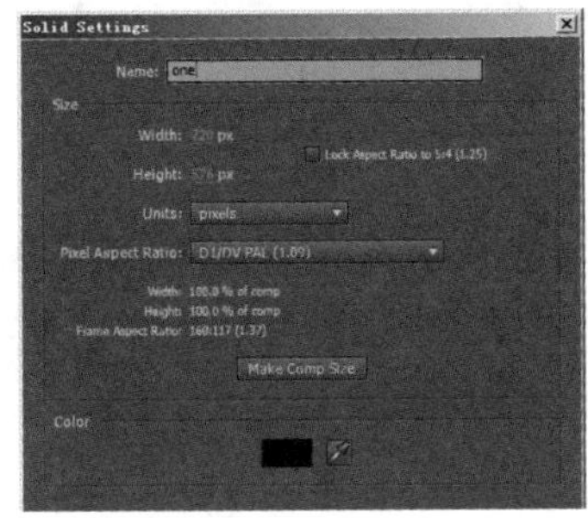

↘ 步骤 02　制作 Mask

01 单击工具栏中的 工具，在 Comp 合成面板中绘制一个 Mask，并为 Mask 设置关键帧（大概相符即可）。

02 选中 one 层，按〈T〉键展开该图层 Mask 下的 Mask Opacity 属性列表，并为其设置关键帧，在时间 0:00:00:00 处设置 Opacity 值为 0%，在时间 0:00:00:13 处设置 Opacity 值为 100%。选择 Composition → New Composition 菜单命令，新建一个 Comp 合成，命名为 Mask 1 shine，并设置其参数，将项目面板中的 Mask 1 拖动到 Mask 1 shine 合成的 Timeline 面板中。

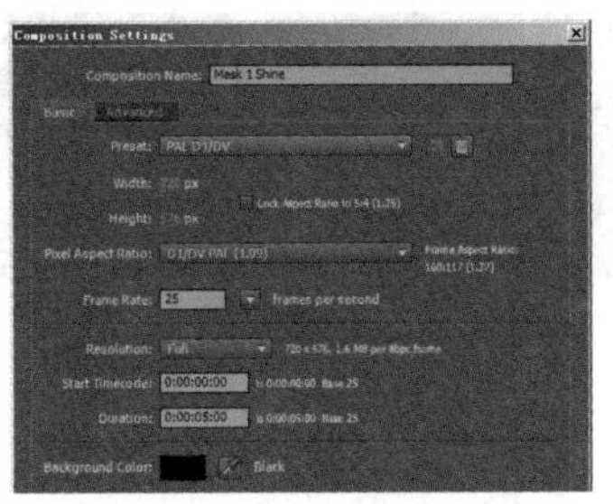

03 选中 Mask 1 图层，选择 Effect → Distort → Ripple 菜单命令，为其添加 Ripple 滤镜并进行参数设置。

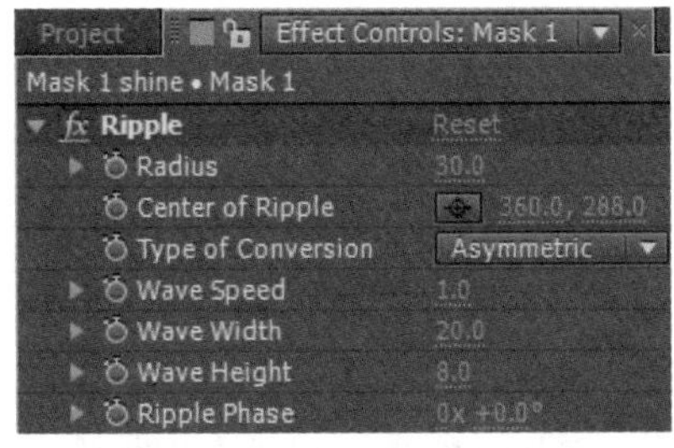

04 选中 Mask 1 图层，选择 Effect → Trapcode → Shine 菜单命令，再为其添加 Shine 滤镜，并进行参数设置。

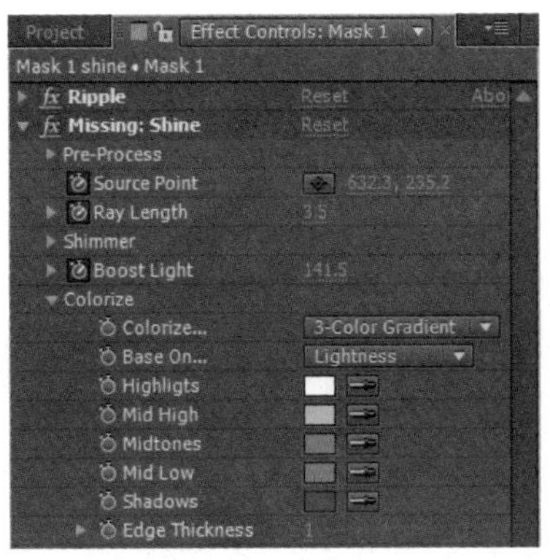

↘ 步骤 03　记录关键帧动画

为 Shine 滤镜的参数设置关键帧。在时间 0:00:00:00 处为 Source Point 设置关键帧并进行参数设置；在时间 0:00:01:21 处为 Source Point 设置关键帧并进行参数设置；在时间 0:00:02:00 处为 Ray Length 和 Boost Light 设置关键帧并进行参数设置；在时间 0:00:03:00 处为 Ray Length 和 Boost Light 设置关键帧并进行参数设置。之后按数字键〈0〉预览效果。

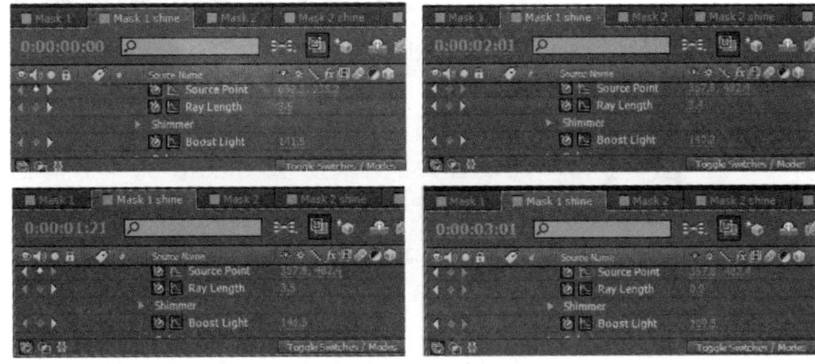

步骤 04　制作素材

01 用同样的方法创建另一个 Mask 动画并添加光效，详情可参考本书配套光盘中的源文件。选择 Composition → New Composition 菜单命令，新建一个 Comp 合成，将其命名为 Text motion。

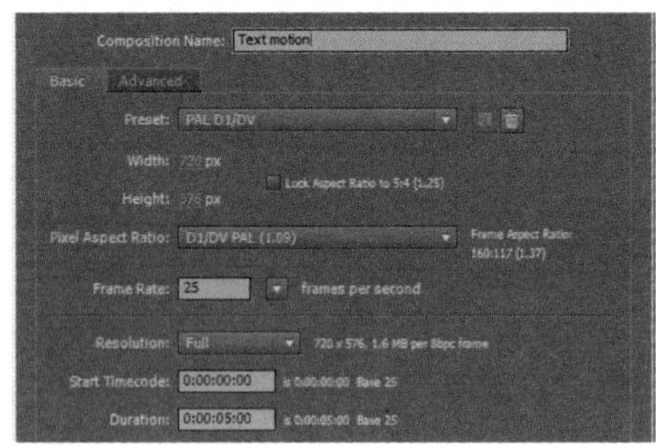

02 选择 Layer → New → Solid 菜单命令，新建一个固态图层，将其命名为 Text。

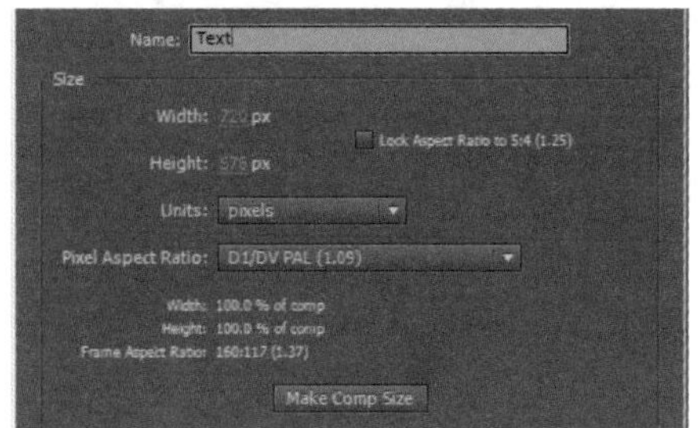

03 选中 Text 图层，选择 Effect → Obsolete → Basic Text 菜单命令，为其添加 Basic Text 滤镜。在特效控制面板中单击 Edit Text 按钮，在弹出的文字编辑面板中输入文字并调整面板中的其他参数。

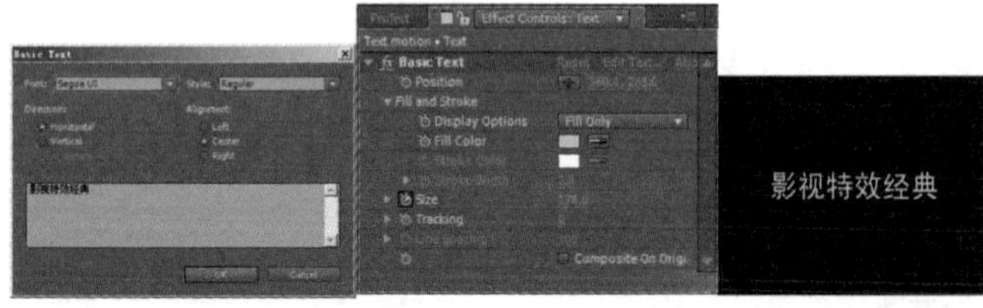

04 为 Basic Text 滤镜的 Size 参数设置关键帧。在时间 0:00:00:00 处设置关键帧，设置 Size 值为 176。在时间 0:00:00:24 处设置关键帧，设置 Size 值为 80。选中 Text 图层，选择 Effect → Trapcode → Shine 菜单命令，为其添加 Shine 滤镜并在特效控制面板中设置参数。

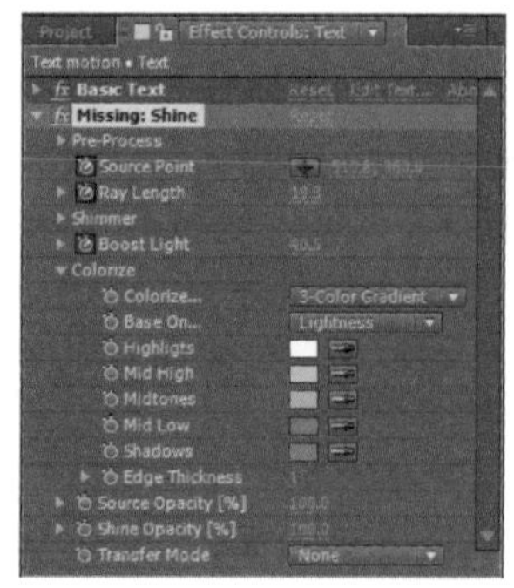

步骤 05　为文字记录关键帧动画

01 为 Shine 滤镜参数设置关键帧。在时间 0:00:00:00 处为 Source Point、Ray Length、Boost Light 属性设置关键帧；在时间 0:00:00:09 处为 Source Point 属性设置关键帧；在时间 0:00:00:00 处为 Ray Length 属性设置关键帧；在时间 0:00:01:11 处为 Source Point、Ray Length、Boost Light 属性设置关键帧；在时间 0:00:02:04 处为 Source Point 属性设置关键帧；在时间 0:00:03:00 处为 Ray Length、Boost Light 属性设置关键帧。

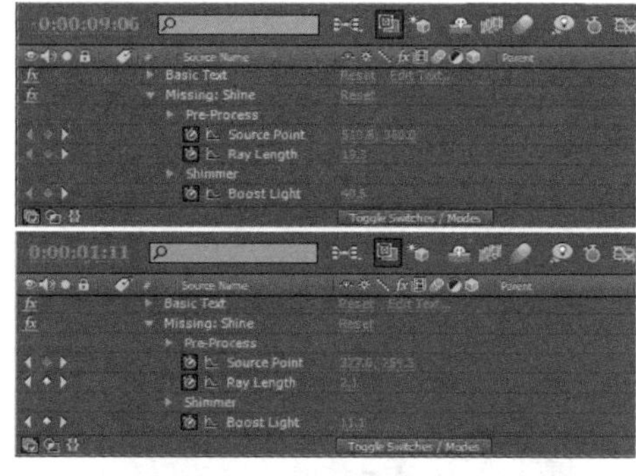

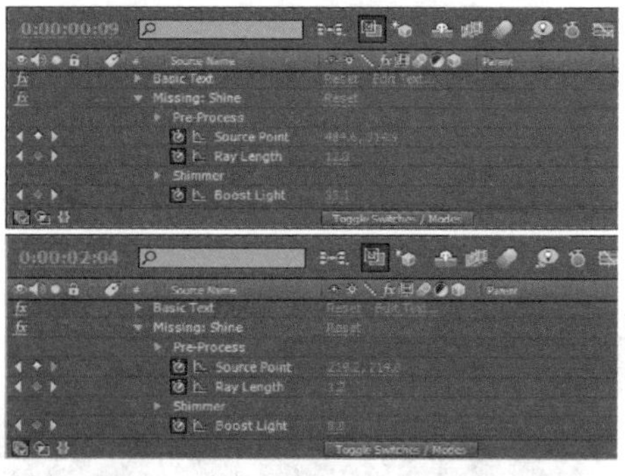

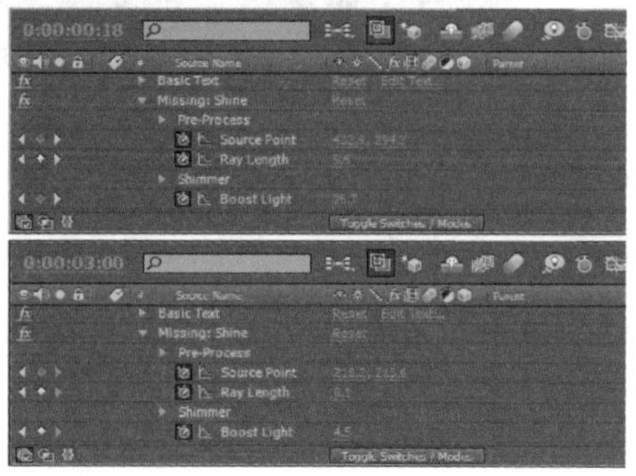

02 新建一个 Comp 合成，将其命名为“金勾银划”，将前面做的 Mask 1 shine、Mask 2 shine 和 Text motion 串接起来。

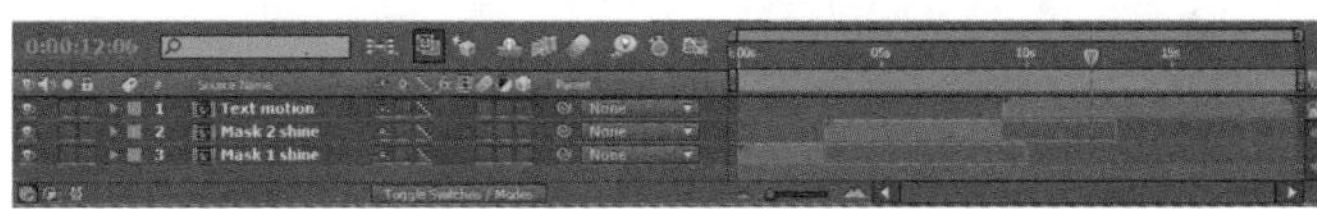

03 按下数字键〈0〉预览最终效果。

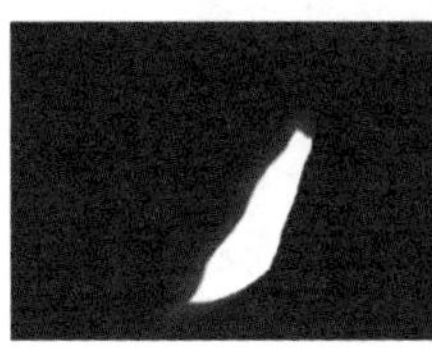

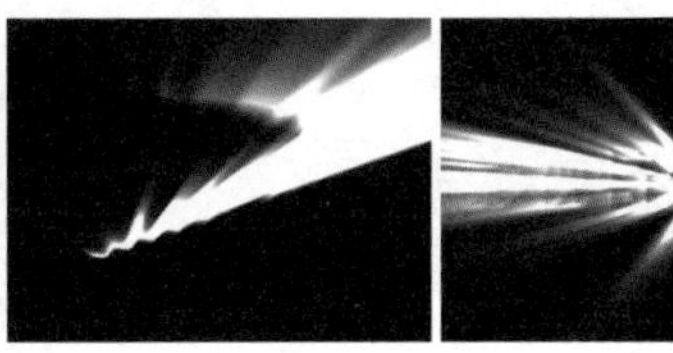

案例 51 球形光效

本例使用 Mask 画出光效的形状，再利用 Basic 3D 滤镜制作空间效果。在本例中读者还可以了解 After Effects 中表达式的多种应用技巧。

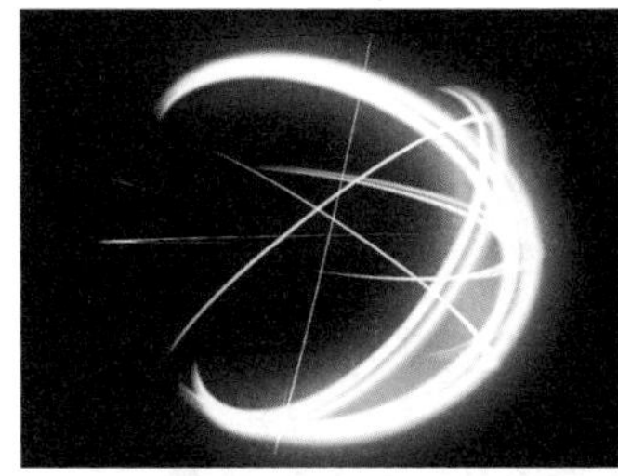

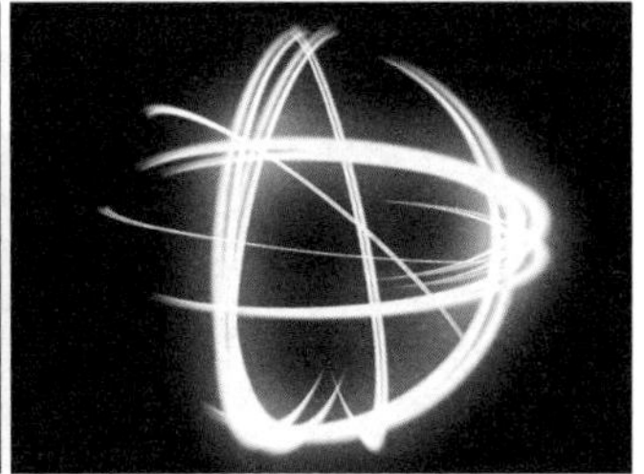

● **光盘路径** | 第 5 章 \ 球形光效

● **难易指数** | ★★★☆☆

案例效果分析

核心技术要点：本例介绍使用 Mask 画出光效的形状之后，再利用 Basic 3D 滤镜制作空间效果的技巧。

制作思路分析：使用 Mask 画出光效形状，复制光效形状图层，再添加 Basic 3D 和 Glow 滤镜，为 Mask 添加光效。

制作提示

1. 创建 Comp 合成。
2. 创建 Mask。
3. 添加光效。

步骤 01 创建 Comp 合成

启动 Adobe After Effects CC，选择 Composition → New Composition 菜单命令，新建一个 Comp 合成，将其命名为“线条”。

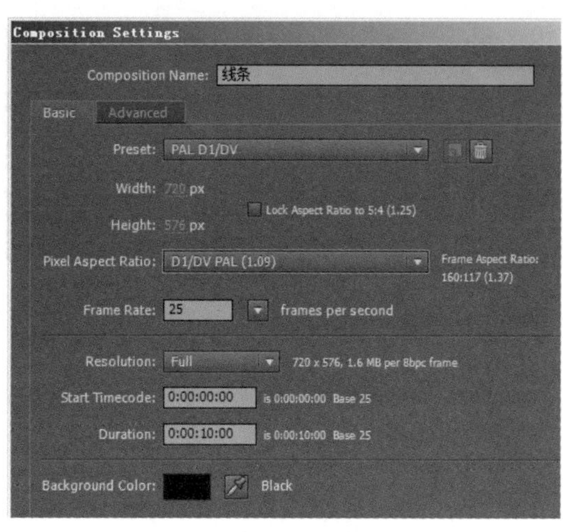

步骤 02 创建 Mask

01 选择 Layer → New → Solid 菜单命令，新建一个固态图层，将其命名为“线 1”。选中“线 1”图层，单击工具栏中的 工具，在 Comp 合成面板中绘制一个 Mask。

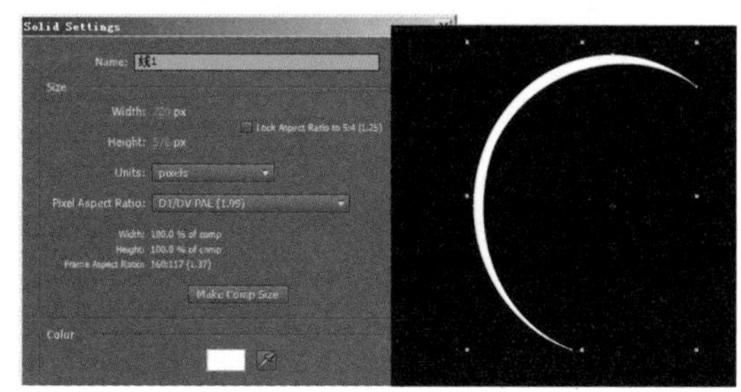

02 选中“线 1”图层，选择 Effect → Blur & Sharpen → Gaussian Blur 菜单命令，为其添加 Gaussian Blur 滤镜。在 Effect Controls 面板中调整参数，查看此时的参数设置和 Comp 合成的效果。

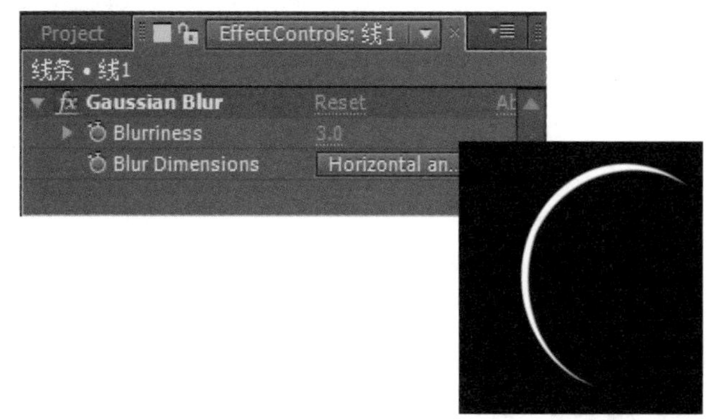

03 选中“线 1”图层，选择 Edit → Duplicate 菜单命令，将其复制一次，并将新复制出的图层重命名为“线 2”，将 Gaussian Blur 滤镜中的 Blurriness 值改为 7.0，并修改“线 2”图层的 Mask 形状，查看此时的参数设置和 Comp 合成的效果。

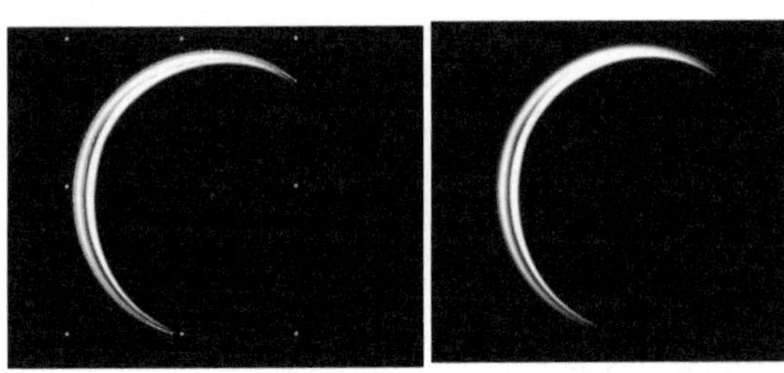

↘ 步骤 03　制作光效

01 选择 Composition → New Composition 菜单命令，新建一个 Comp 合成，将其命名为“光效”。

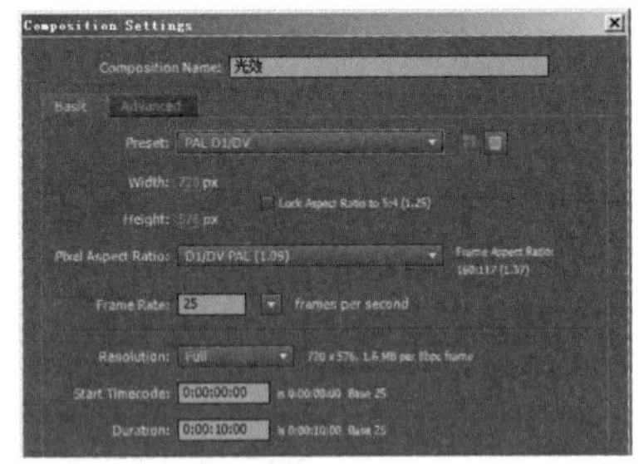

02 将项目面板中的“线条”拖入到“光效”合成的 Timeline 面板中。选中“线条”图层，选择 Effect → Perspective → Basic 3D 菜单命令，为其添加 Basic 3D 滤镜。在 Timeline 中展开 Basic 3D 滤镜的属性列表，选中 Swivel 属性，选择 Animation → Add Expression 菜单命令，为 Swivel 属性添加表达式。在右边的表达式导入栏中导入相应表达式。同理，也为 Tilt 属性添加同样的表达式。

03 选中“线条”图层，按〈Ctrl+D〉组合键复制出一个新图层，之后用同样的方法再复制出 7 个新图层（图层数多少根据需要而定）。按数字键〈0〉预览效果。

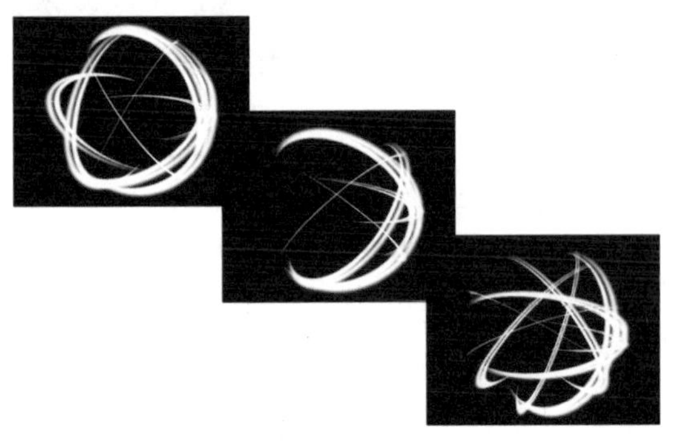

04 选择 Composition → New Composition 菜单命令，新建一个 Comp 合成，将其命名为“球形光效”，参数设置如下图所示。

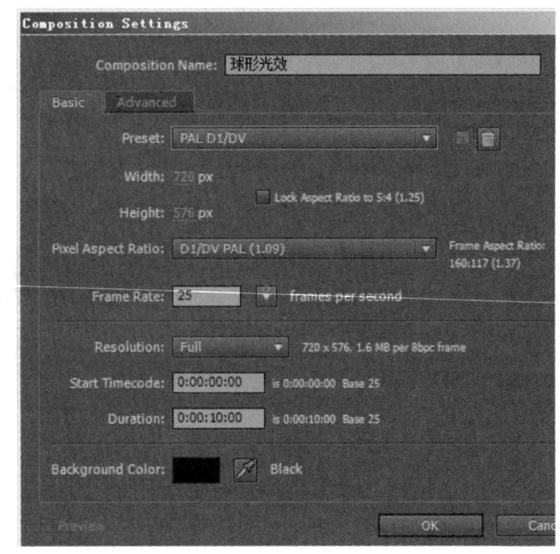

05 将项目面板中的“光效”拖入到“球形光效”合成的 Timeline 面板中。选中“球形光效”图层，选择 Effect → Stysize → Glow 菜单命令，为其添加 Glow 滤镜并设置相应参数。

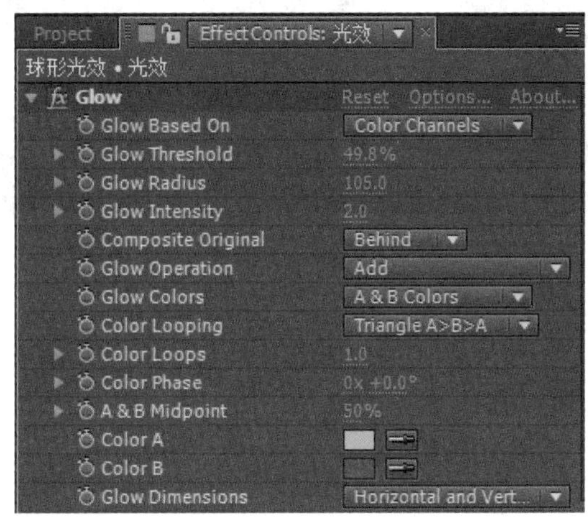

06 按数字键〈0〉预览最终效果。

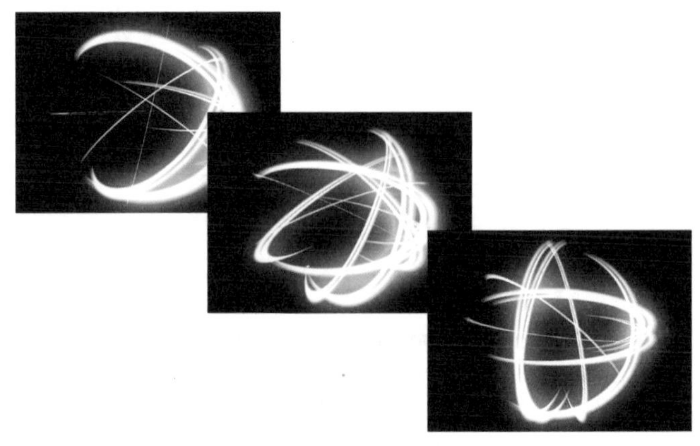

案例 52 彩幻空间

本例主要介绍利用 PSD 图像素材制作出非常丰富的动态画面效果的相关方法。

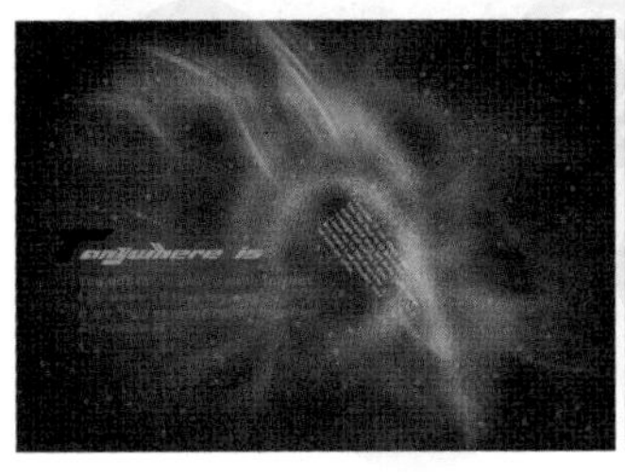

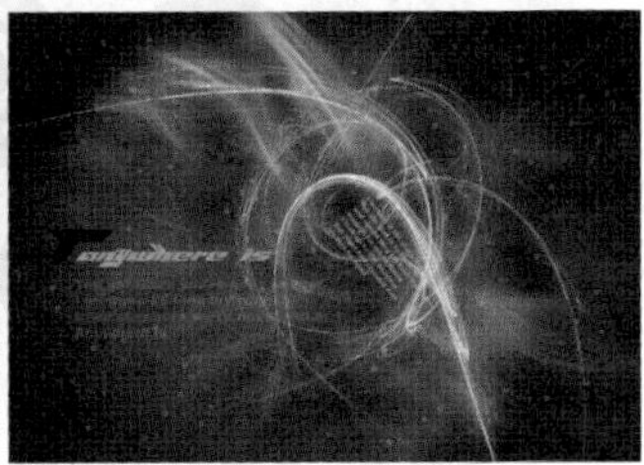

● **光盘路径** | 第 5 章 \ 彩幻空间

● **难易指数** | ★★★★☆

案例效果分析

核心技术要点：导入 PSD 素材并制作 Mask，为每一层设置不同的位移关键帧并添加滤镜，从而制作出非常丰富的动态画面效果。

制作思路分析：导入素材，制作 Mask。为图层记录关键帧动画，添加滤镜并为滤镜参数设置关键帧。

制作提示

1. 导入素材。
2. 制作 Mask。
3. 记录关键帧动画。
4. 添加滤镜。

步骤 01 导入素材

01 启动 Adobe After Effects CC，在项目面板中双击导入本书配套光盘中的 BK032.psd 文件，导入时选择 Composition 方式，然后在项目面板中双击 BK032 合成将其打开。

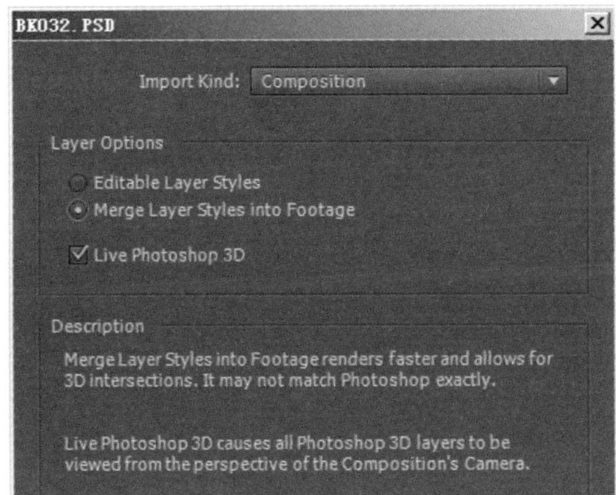

02 在 Timeline 面板中调整各图层的顺序，将 Background 图层放在最上层。之后新建一个黑色的固态图层，将其命名为 BG。

步骤 02 制作 Mask

01 在 Timeline 面板中选中 Layer1 图层，双击工具栏中的□工具，在 Layer1 图层上绘制一个 Mask，设置 Mask Feather 属性的值为 586。按键〈S〉展开其 Scale 属性列表并为其设置关键帧。

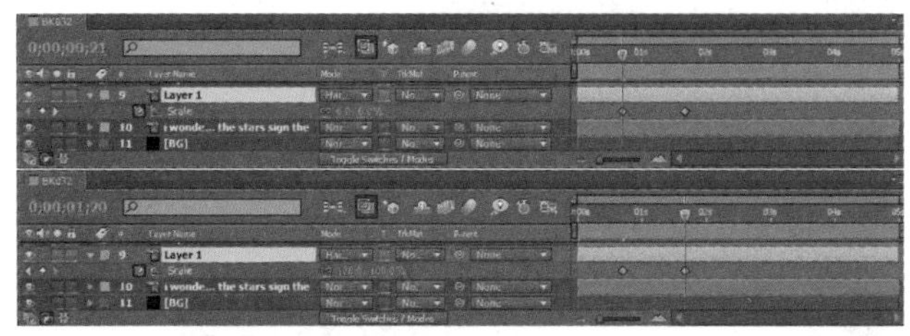

02 按数字键〈0〉预览效果。

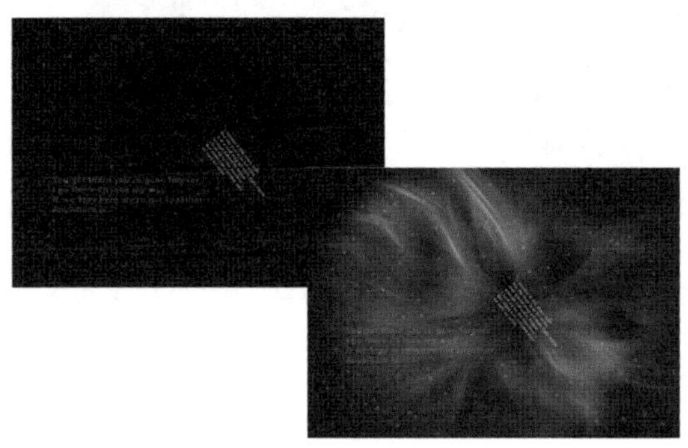

步骤 03 记录关键帧动画

01 在 Timeline 面板中选中 Layer 3 图层和 Layer 5 图层，分别展开它们的 Opacity 属性列表并为它们设置关键帧。

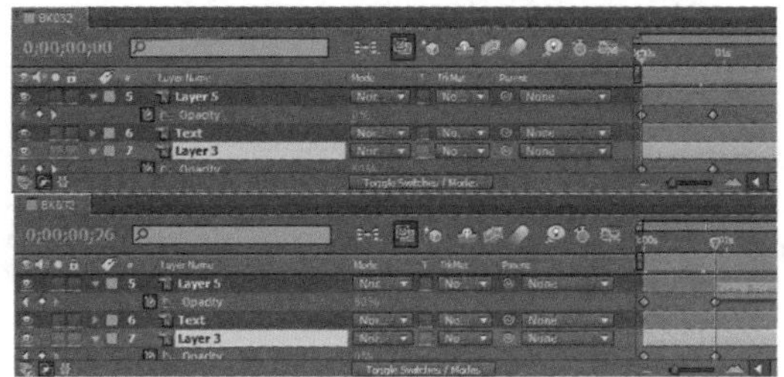

02 选中 Layer4 图层，按〈P〉键展开其 Position 属性列表并为其设置关键帧。

03 按数字键〈0〉预览效果。

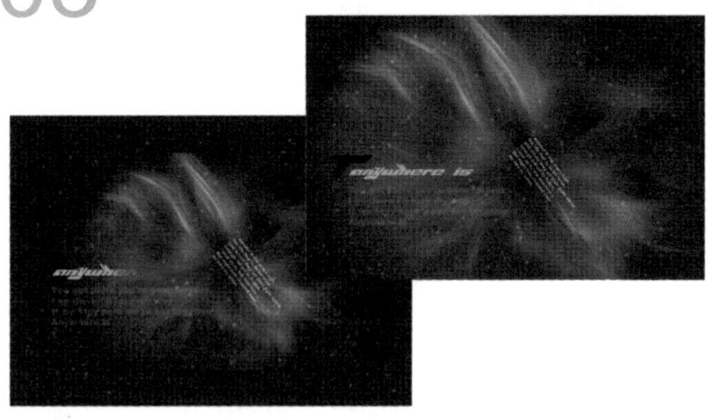

04 在 Timeline 面板中选中 Background 图层，选择 Effect → Stylize → Scatter 菜单命令，在特效控制面板中调整参数。查看此时的参数设置和 Comp 合成的效果。

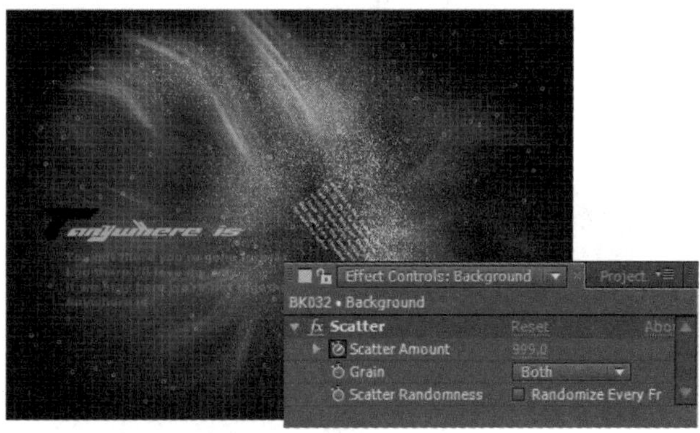

05 在 Timeline 面板中展开 Scatter Amount 和 Opacity 属性列表并为它们设置关键帧。

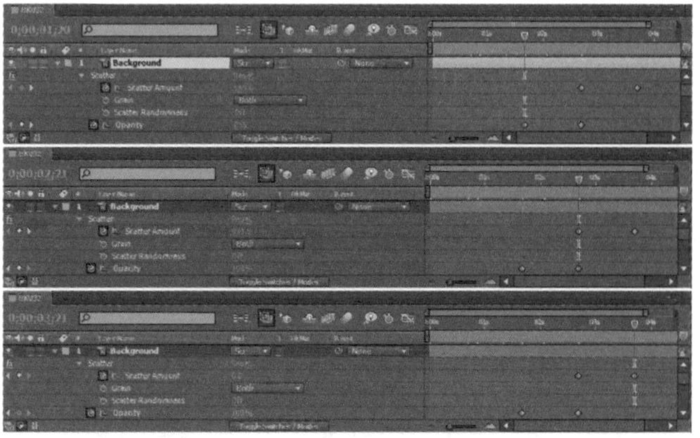

06 按数字键〈0〉预览最终效果。

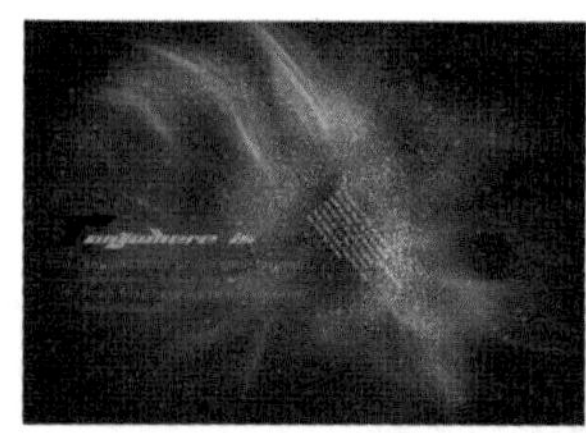

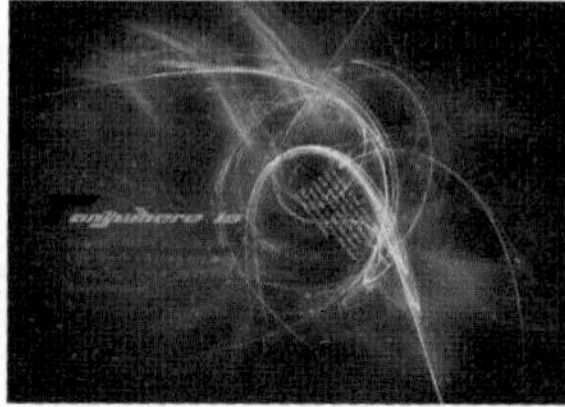

案例 53 散射光效

本例主要使用了 Cell Pattern、Mosaic、Polar Coordinates 和 Mirror 等滤镜制作出光束散射的效果。

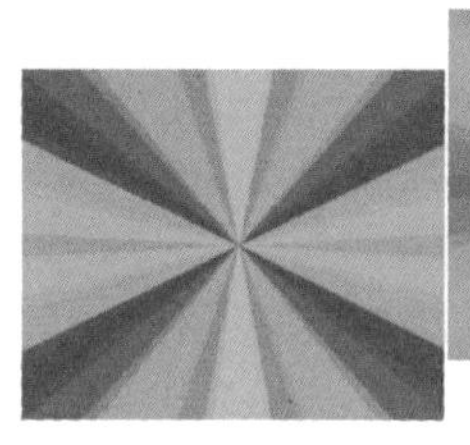

● **光盘路径** | 第 5 章 \ 散射光效

● **难易指数** | ★★★☆☆

案例效果分析

核心技术要点：本例主要使用 CellPattern、Mosaic、PolarCoordinates、Mirror、Brightness & Constrast、Hue/Saturation 滤镜制作散射效果。

制作思路分析：添加 Cell Pattern、Mosaic、Polar Coordinates 滤镜制作最初的光效；继续添加 Mirror、Brightness & Constrast 滤镜，使光线更具立体感；最后使用 Hue/Saturation 滤镜添加光效。

制作提示

1. 创建 Comp 合成、制作 Mask。
2. 记录关键帧动画。
3. 为素材添加光效。

步骤 01 创建 Comp 合成

启动 Adobe After Effects CC，选择 Composition → New Composition 菜单命令，新建一个 Comp 合成，将其命名为“散射光效”。

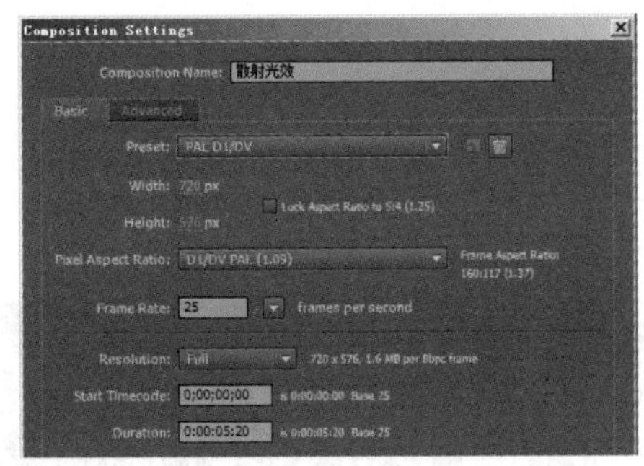

↘ 步骤 02　制作素材

01 选择 Layer → New → Solid 菜单命令，新建一个固态图层，将其命名为“光”。

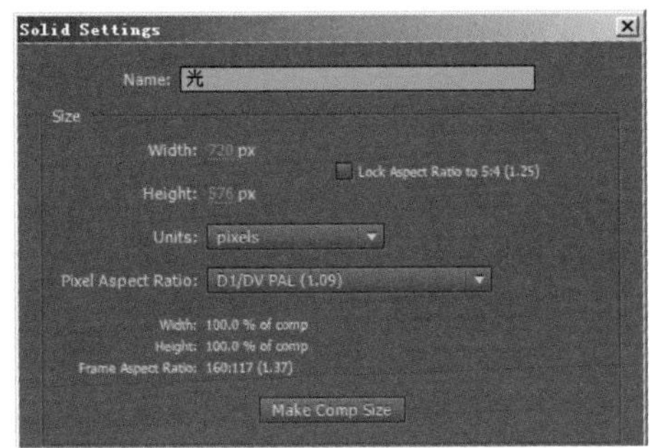

02 选中“光”图层，选择 Effect → Genrate → Cell Pattern 菜单命令，为其添加 Cell Pattern 滤镜。在特效控制面板中调整参数，按〈S〉键展开光图层的 Scale 属性列表，设置其参数值为 170，并查看此时 Comp 合成效果。

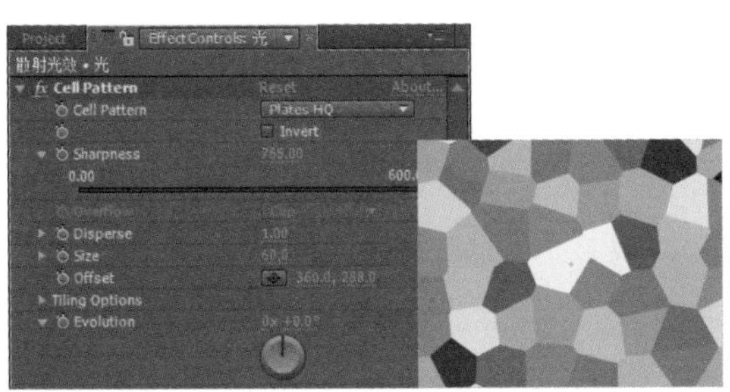

03 为 Cell Pattern 滤镜下的 Evolution 参数设置关键帧。在时间 0:00:00:00 处和时间 0:00:04:24 处设置参数。

04 选中“光”图层，选择 Effect → Stylize → Mosaic 菜单命令，为其添加 Mosaic 滤镜，在特效控制面板中调整参数，并查看此时 Comp 合成的效果。

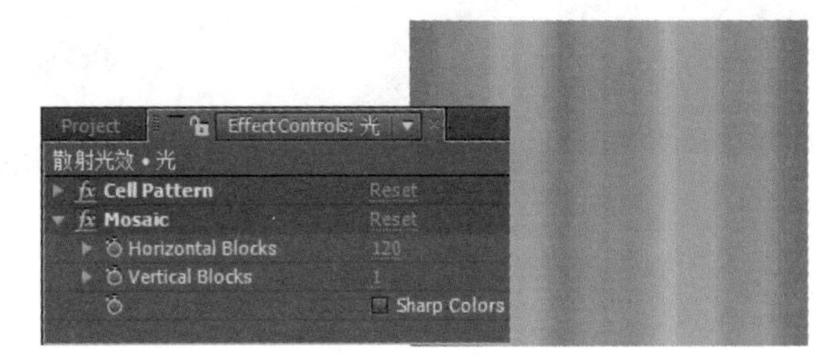

05 选择 Effect → Distor → Polar Coordinates 菜单命令，为“光”图层添加 Polar Coordinates 滤镜并进行参数设置，之后查看 Comp 合成的效果。

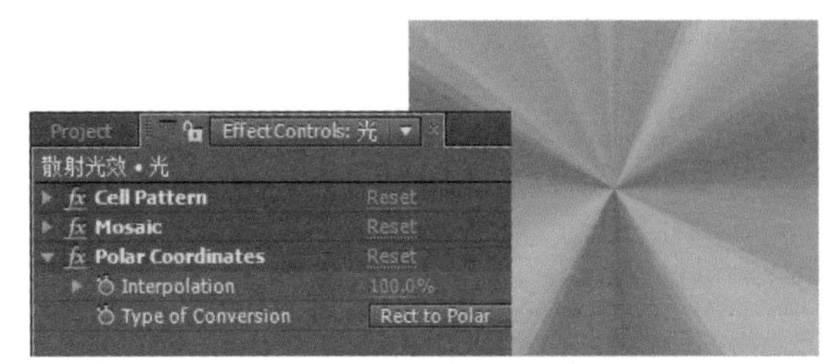

06 选择 Effect → Distort → Mirror 菜单命令，为“光”图层添加 Mirror 滤镜并设置参数。选择 Effect → Color Correction → Brightness & Constrast 菜单命令，再为“光”图层添加 Brightness & Constrast 滤镜并设置参数。

07 按数字键〈0〉预览效果。

↘ 步骤 03　为素材添加光效

01 选择 Effect → Color Correction → Hue/Saturation 菜单命令，为光图层添加 Hue/Saturation 滤镜并进行参数设置，之后查看 Comp 合成的效果。

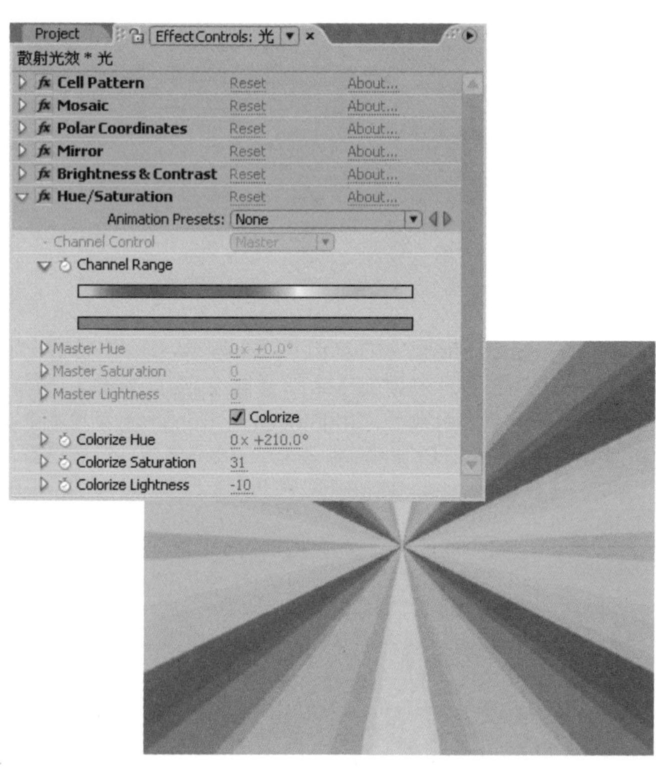

02 按数字键〈0〉预览最终效果。

案例 54　动感光波

本例主要介绍了 After Effects 中 Wave Warp 滤镜的使用方法。

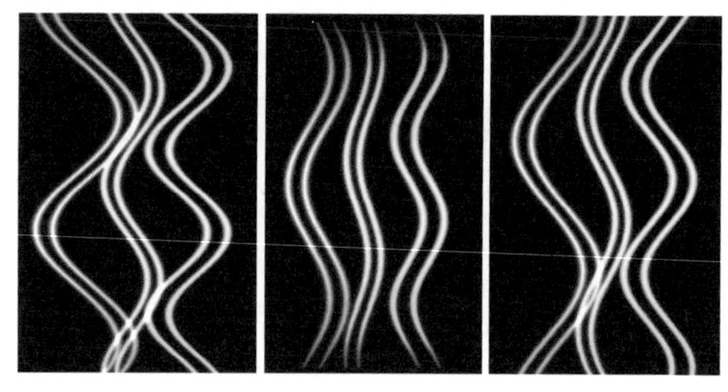

● **光盘路径** | 第 5 章\动感光波

● **难易指数** | ★★★☆☆

案例效果分析

核心技术要点：本案例主要使用 Mask 制作光线的方法，之后对光线图层添加 Glow 和 Wave Warp 滤镜，并为 Wave Warp 滤镜的参数设置关键帧。

制作思路分析：首先制作出光线 Mask，之后为 Mask 添加 Glow 和 Wave Warp 滤镜，接着为 Wave Warp 滤镜的参数设置关键帧，最后复制光线图层并更改光线颜色。

制作提示

1. 创建 Comp 合成。
2. 制作 Mask。

↘ 步骤 01　创建 Comp 合成

01 启动 Adobe After Effects CC，选择 Composition → New Composition 菜单命令，新建一个 Comp 合成，将其命名为“动感光波”。

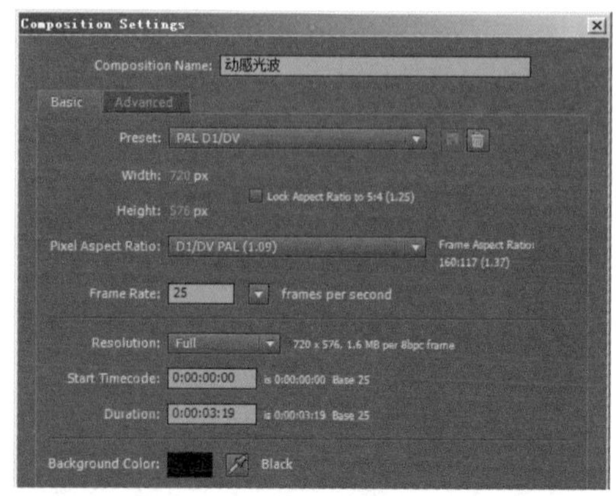

02 选择 Layer → New → Solid 菜单命令，新建一个固态图层，将其命名为“光线”。

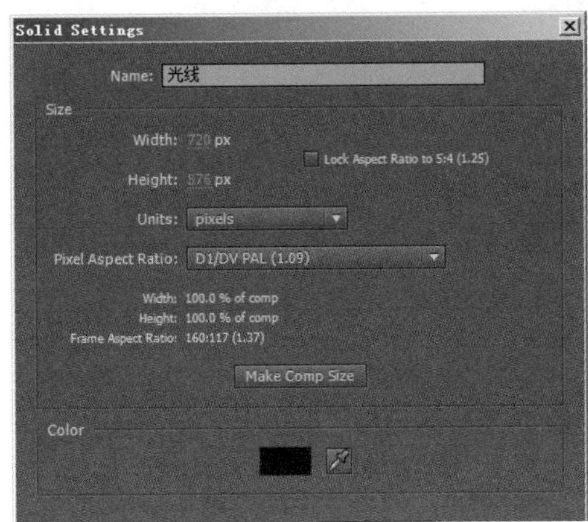

↘ 步骤 02　制作 Mask

01 选中“光线”图层，单击工具栏中的椭圆工具，在 Comp 合成面板中绘制一个椭圆形的 Mask。按〈F〉键，展开“光线”图层的 Mask Feather 属性列表并调整其参数。

02 选中“光线”图层，选择 Effect → Stylize → Glow 菜单命令，为其添加 Glow 滤镜。在特效控制面板中调整参数，并查看此时的参数设置和 Comp 合成的效果。

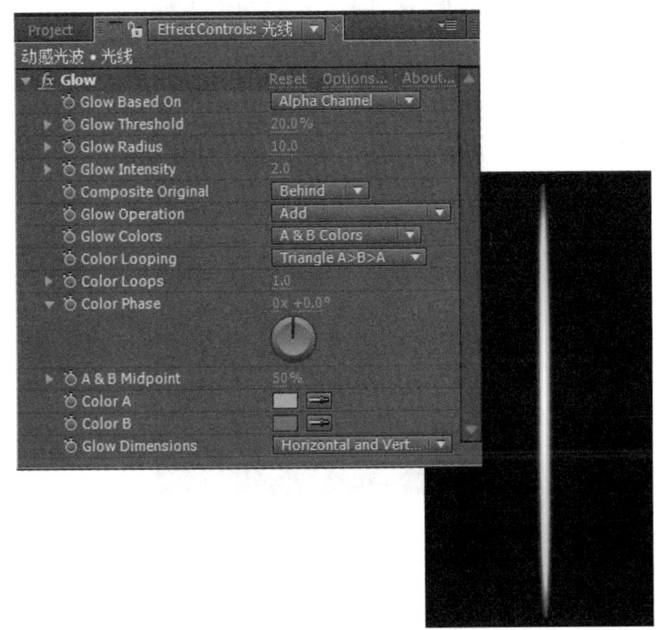

03 选中“光线”图层，选择 Effect → Distort → Wave Warp 菜单命令，为其添加 Wave Warp 滤镜，在特效控制面板中调整参数，并查看此时的参数设置和 Comp 合成的效果。

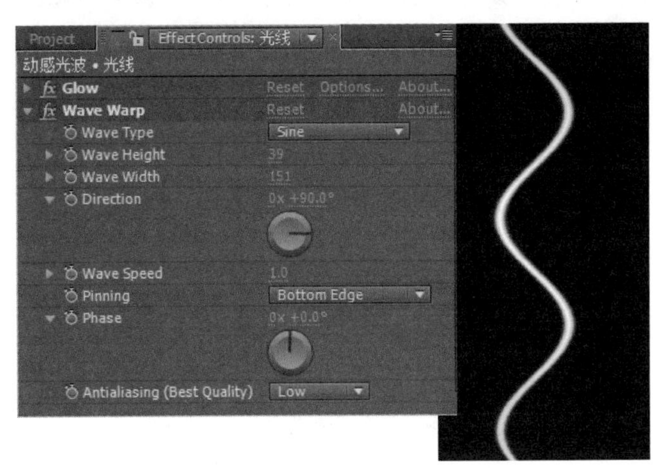

04 为 Wave Warp 滤镜的参数设置关键帧。分别在时间 0:00:00:00 处和时间 0:00:03:00 处设置参数。

05 选中“动感光波”图层，按〈T〉键展开“动感光波”图层的 Opacity 属性列表，并为 Opacity 设置关键帧动画，在时间 0:00:02:11 处设置 Opacity 值为 100%，在时间 0:00:02:20 处设置 Opacity 值为 0%。

06 按数字键〈0〉预览效果。

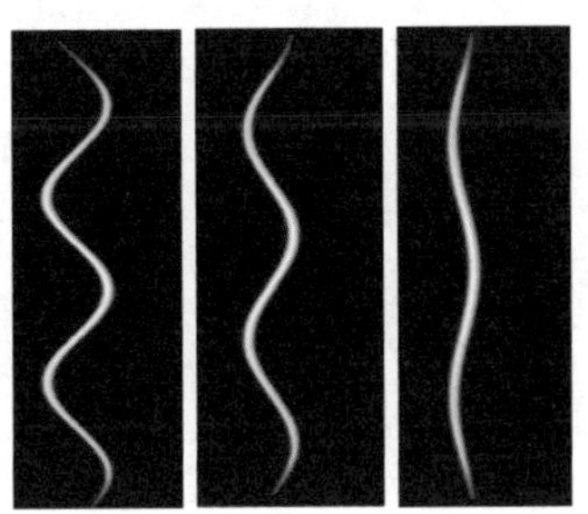

↘ 步骤 03 复制图层

01 选中“光线”图层，选择 Edit→Duplicate 菜单命令，复制当前图层，并将复制出的新图层重命名为“蓝光线”。再将该图层的叠加模式设为 Add，并调整 Glow 滤镜中的色彩，之后在 Wave Warp 滤镜的两处关键帧分别设置参数。

02 按照同样的方法再复制出一个“光线”图层，重命名为“紫光线”，将叠加模式同样设为 Add，在 Wave Warp 滤镜的两处关键帧分别设置参数。

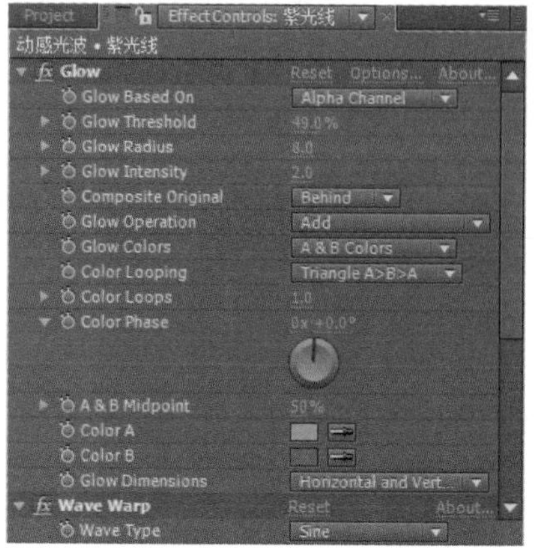

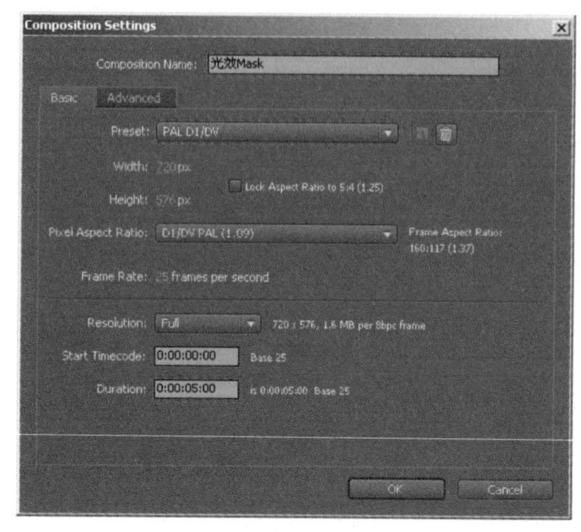

03 按数字键〈0〉预览最终效果。

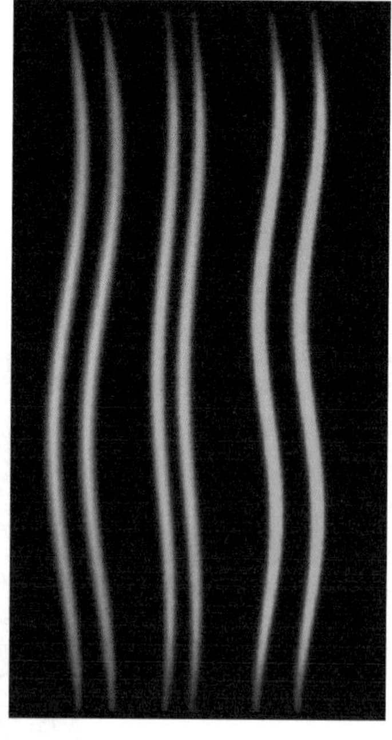

第 6 章 键控及跟踪

对实拍影像进行跟踪和抠像是影视后期合成中的常见工作。在 After Effects 中把抠像写作 Keying，也将其称为键控。抠像技术可以简化合成不同画面的过程。此外，After Effects 的跟踪功能也非常强大，利用它可以稳定实拍画面中镜头的抖动，同样也可以方便画面合成等操作。

案例 55　绿幕去背景

本案例主要介绍在影视后期制作中常用的绿幕抠像技术，通过使用 Keylight、Simple Choker、Levels 等滤镜去除绿幕背景。

● 光盘路径 | 第 6 章 \ 绿幕去背景

● 难易指数 | ★★★★☆

案例效果分析

核心技术要点：本例主要介绍如何在影视特技中使用 Adobe After Effects CC 的抠像功能对拍摄的场景进行去背景处理，以便于和其他场景进行合成。

制作思路分析：熟悉 After Effects 的抠像滤镜，掌握 Keylight 滤镜的应用技巧，彻底去除绿幕背景。

制作提示

1. 创建 Comp 合成。
2. 为素材添加 Keylight 滤镜，去除背景。
3. 添加背景。

步骤 01　创建 Comp

启动 Adobe After Effects CC，选择 Composition → New Composition 菜单命令，新建一个 Comp 合成。导入本书配套光盘中的 Sam_GS.mov、IMG_9394.jpg 文件，并将 Sam_GS.mov 文件拖到 Timeline 面板中，然后查看此时 Comp 合成的效果。

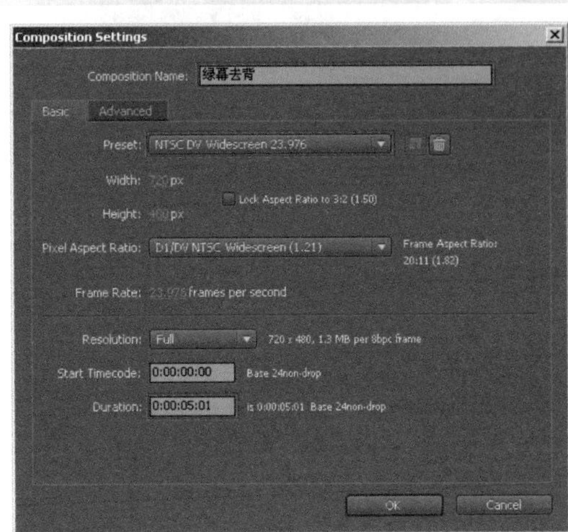

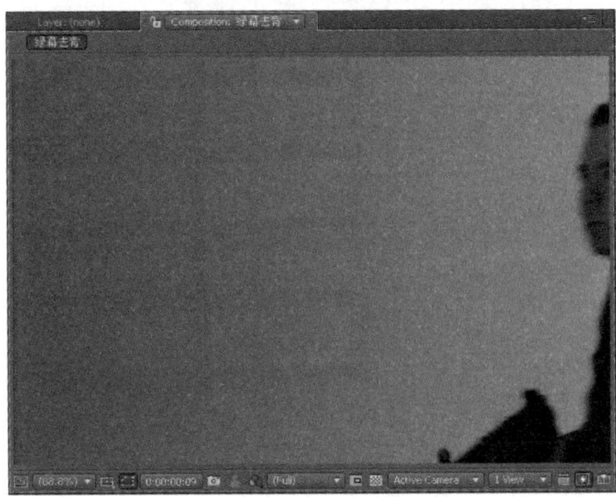

步骤 02　去除背景

在 Timeline 面板中选中 Sam_GS.mov 图层，选择 Effect → Keying → Keylight 菜单命令，为其添加 Keylight 滤镜，在 Effect Controls 面板中调整参数，并查看此时 Comp 合成的效果。

↘ 步骤 03　添加背景

01 将项目面板中的 IMG_9394.jpg 文件拖到 Timeline 面板中，放在 Sam_GS.mov 图层的下面，并调整其图像大小。选中 Sam_GS.mov 图层，选择 Effect → Matte → Simple Choker 菜单命令，为其添加 Simple Choker 滤镜，在 Effect Controls 面板中调整参数，并查看此时 Comp 合成的效果。

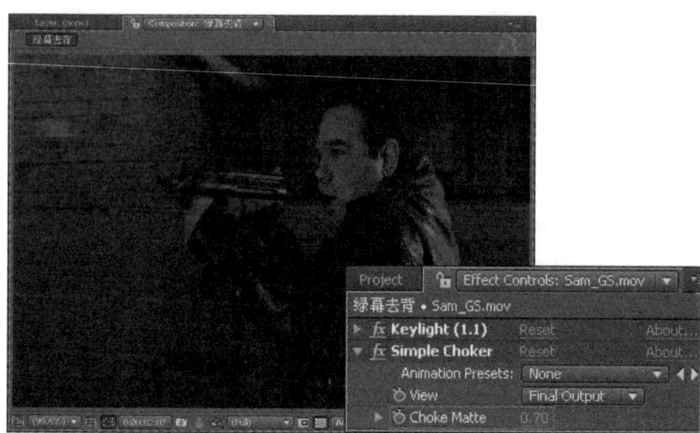

02 选中 Sam_GS.mov 图层，选择 Effect → Color Correction → Levels 菜单命令，为其添加 Levels 滤镜，在 Effect Controls 面板中调整参数。

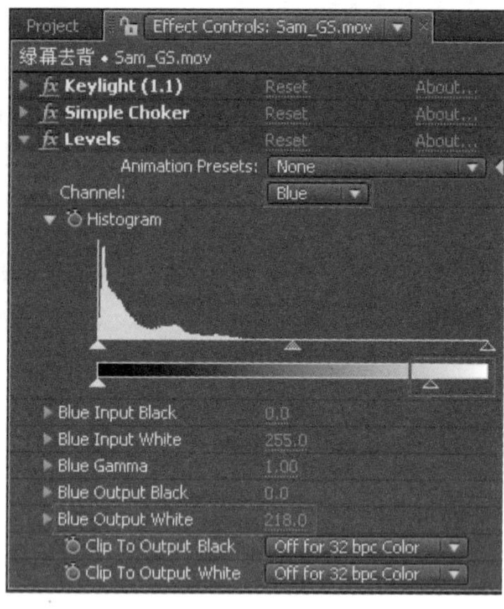

03 按数字键〈0〉预览最终效果。

案例 56　墙体广告

本案例主要介绍四点跟踪功能的用法。通过对视频素材上相应的点进行跟踪，将跟踪所得的数据赋予目标图层，使原画面中的部分内容被目标图层所替换。

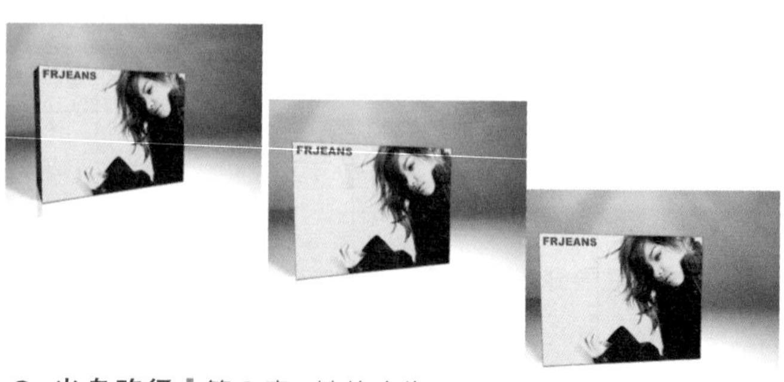

● **光盘路径** | 第 6 章 \ 墙体广告

● **难易指数** | ★★★☆☆

案例效果分析

核心技术要点：利用 After Effects 的四点跟踪功能实现对画面的替换。

制作思路分析：本例主要展示了四点跟踪功能的效果。通过将跟踪后的关键帧应用到动态图像图层制作动态的墙体画效果。

制作提示

1. 创建 Comp 合成、导入素材。
2. 创建墙体画面。
3. 选中“跟踪背景 .mov”图层，为其添加 Curves 滤镜进行调色。

↘ 步骤 01　创建 Comp 合成

01 启动 Adobe After Effects CC，选择 Composition → New Composition 菜单命令，新建一个 Comp 合成，将其命名为“墙体广告”。

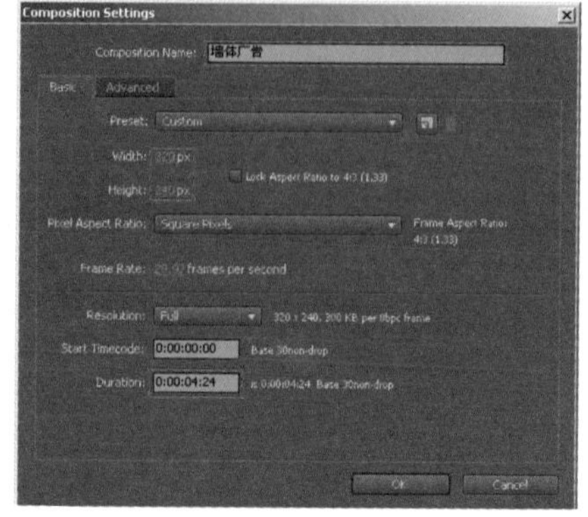

02 选择 File → Import → File 菜单命令，导入本书配套光盘中的“模特.jpg”“跟踪背景.mov”“跟踪点.mov”文件，将它们拖到 Timeline 面板中。

步骤 02 创建墙体画面

01 双击“跟踪点.mov”图层，选择 Window → Tracker 菜单命令，打开 Tracker 面板，将跟踪运动图层设为“跟踪点.mov”。单击 Tracker 面板左上方的 Track Motion 按钮，设置 Track Type 为 Perspective Corner pin，并在 Tracker Controls 面板中的设置参数，查看此时预览面板中的效果。

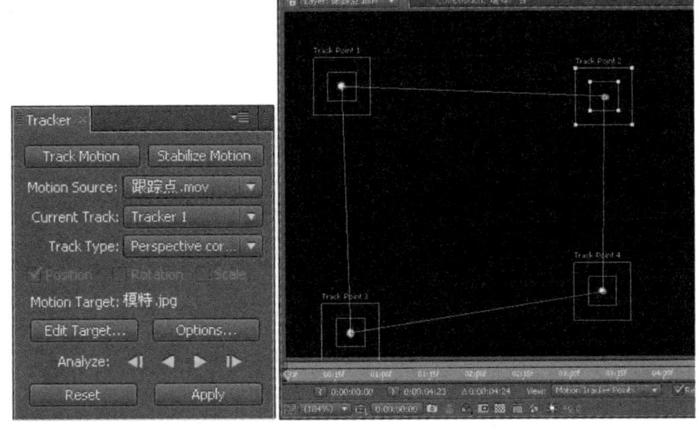

02 在预览面板中分别调整 4 个跟踪点到图中的 4 个白点处，每个跟踪点必须移动到相应白点的中心位置。单击 Tracker 面板中的▶按钮，系统开始自动计算跟踪路径。分析完成后，单击 Tracker Controls 面板中的 Edit Target 按钮，在 Motion Targe 面板中确定已经应用到“模特.jpg”图层后，单击 OK 按钮将返回到 Tracker 面板，再单击 Apply 按钮。

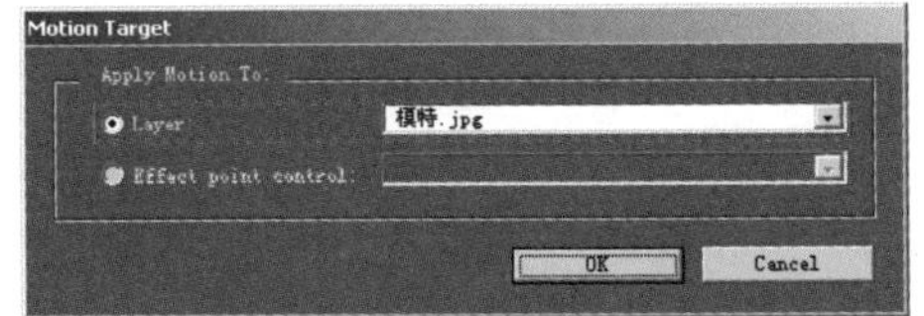

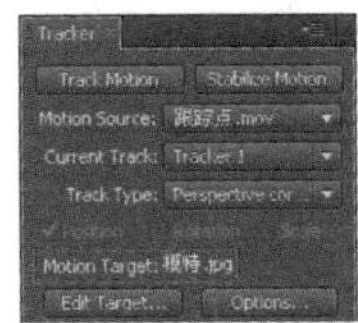

03 在项目面板中双击“墙体广告”，则 Comp 面板返回到“墙体广告”界面。在 Timeline 面板中单击“跟踪点.mov”图层的按钮，将“跟踪点.mov”图层的显示属性关闭，可以去掉之前用来跟踪的 4 个白点。将“模特.jpg”图层的叠加模式设为 Hard Light 可以让墙体上的暗格显示出来。选中“模特.jpg”图层，按〈S〉键打开“模特.jpg”图层的缩放属性并调整图层的大小。

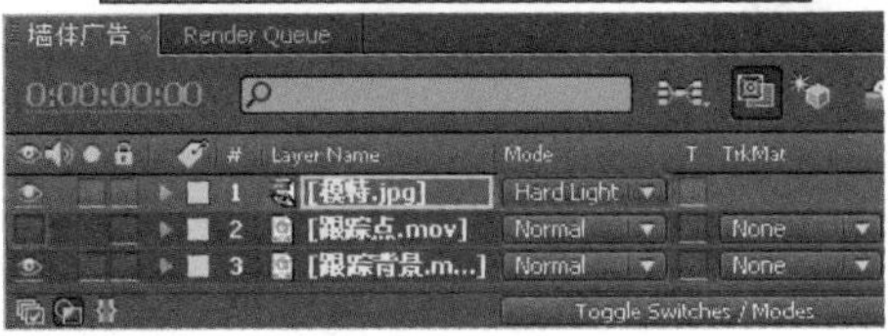

步骤 03 调色

01 在 Timeline 面板中选中“跟踪背景.mov”图层，选择 Effect → Color Correction → Curves 菜单命令，为其添加 Curves 滤镜，并在 Effect Controls 面板中调整曲线形状。

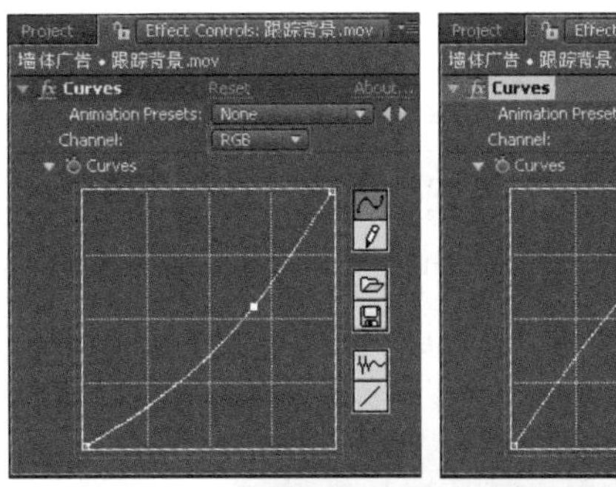

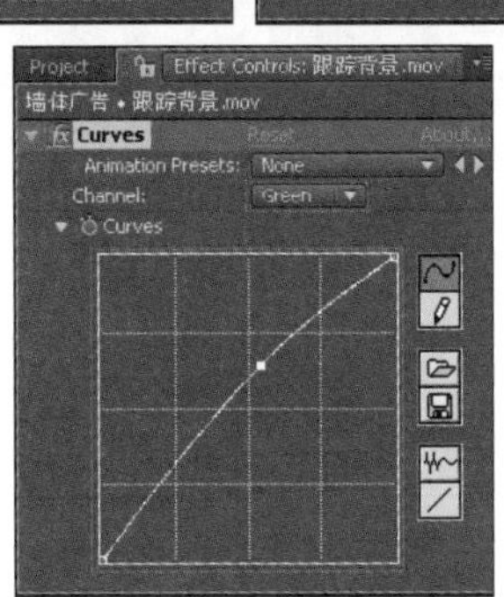

02 查看此时 Comp 合成的效果。

案例 57　置换天空

本案例主要以跟踪和抠像为主。通过对原视频素材进行跟踪，为其匹配一个天空背景，之后对复制出的新图层进行抠像处理，去除天空部分，使画面中的人物和背景完美融合。

● **光盘路径** | 第 6 章 \ 置换天空

● **难易指数** | ★★★☆☆

案例效果分析

核心技术要点：本例使用跟踪技术对镜头进行跟踪，确保所替换的天空背景随镜头的抖动而晃动。

制作思路分析：利用 Tracker 工具对原始画面进行跟踪，将跟踪所得数据赋予 sky.jpg 图层，使 sky.jpg 图层跟随镜头一起晃动。

制作提示

1. 创建 Comp 合成、跟踪摄像机。
2. 制作天空背景。
3. 添加 Color Key 滤镜并进行抠像处理。
4. 校色处理。

步骤 01　创建 Comp 合成

启动 Adobe After Effects CC，选择 Composition → New Composition 菜单命令，新建一个 Comp 合成，将其命名为“置换天空”。之后导入光盘中的 motorcycle_footage.mov 和 sky.jpg 文件，并将 motorcycle_ footage.mov 和 sky.jpg 拖到 Timeline 面板中。

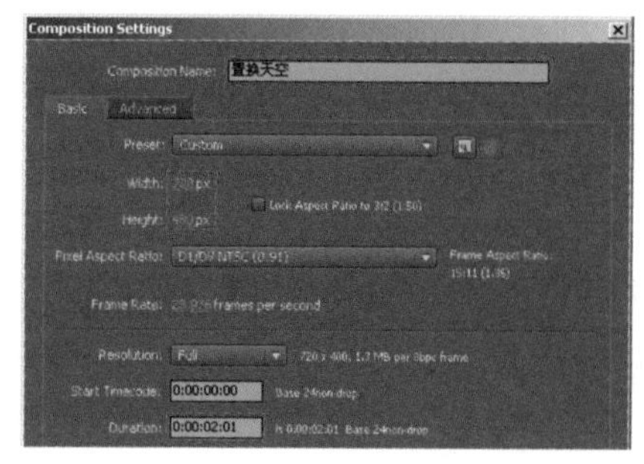

步骤 02　跟踪摄像机

01 在 Timeline 面板中选中 sky.jpg 图层，选择 Effect → Transition → Linear Wipe 菜单命令，为其添加 Linear Wipe 滤镜。在 Effect Controls 面板中设置参数，完成天空背景的制作，并查看此时 Comp 合成的效果。

02 接下来需要利用跟踪技术将天空背景和镜头的运动进行匹配，使画面更加逼真。选中 motorcycle_footage.mov 图层，选择 Window → Tracker 菜单命令，打开 Tracker 面板。单击 Track Motion 按钮，在图层预览面板中选择并调整跟踪点。

03 在 Track Motion 面板中设置跟踪参数，将时间线滑块放置在 0 帧处，单击 Track Motion 面板中的▶按钮，系统开始自动计算摄像机的运动轨迹。

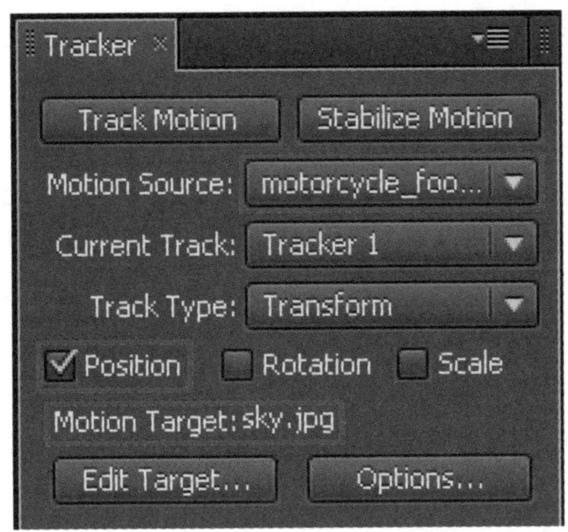

04 系统计算完毕后，单击 Apply 按钮将摄像机的运动轨迹应用于 sky.jpg 图层。

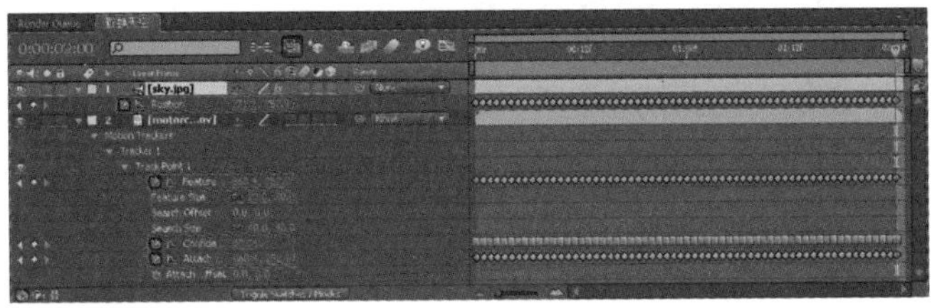

↘ 步骤 03 制作天空背景

01 应用跟踪数据后会发现天空背景的位置产生了偏移，需要对天空背景的位置进行较正。

02 在 Timeline 面板中选中 sky.jpg 图层，展开其 Transform 属性列表。设置 Scale 属性的参数值为（-21.5，21.5）%，选中 Position（位移）属性，在 Comp 面板中拖动天空背景，将其调整到合适的位置，使其完全将下方的天空遮盖住。拖动时间滑块逐帧进行观察，对其他偏移的天空位置进行修正，以保证在动画播放的时候不会出现错位的画面，然后查看此时 Comp 合成的效果。

↘ 步骤 04 抠像

01 画面中人物出现在高空时显示得还不够清晰，这主要是因为人物图像被上方的 sky.jpg 图层遮挡住了，下面将着手解决这个问题。在 Timeline 面板中选中 motorcycle_footage.mov 图层，按〈Ctrl+D〉组合键复制出一个 motorcycle_footage.mov 图层并将其调整到最上层，选择 Effect → Keying → Color Key 菜单命令，对 motorcycle_footage.mov 图层的天空部分进行抠除。之后在 Effect Controls 面板中调整 Color Key 滤镜的参数。

02 使用 Color Key 滤镜对画面的局部进行抠除。选中 motorcycle_footage.mov 图层，选择 Effect → Keying → Color Difference Key 菜单命令，为其添加 Color Difference Key 滤镜，并在 Effect Controls 面板中调整参数。

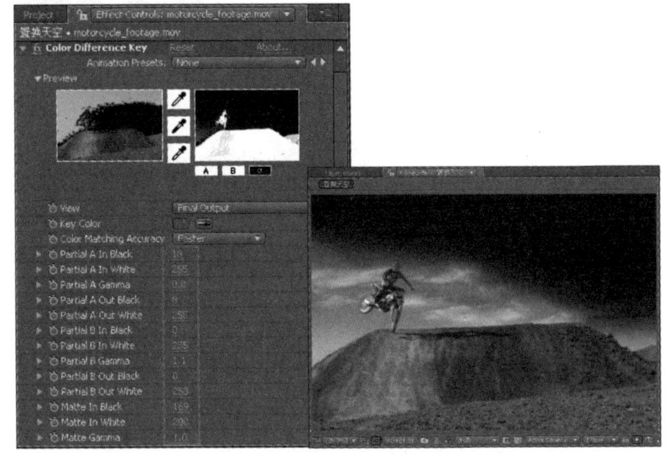

↘ 步骤 05 校色

01 在 Timeline 面板中单击鼠标右键，选择 New → Adjustment Layer 菜单命令，新建一个调节图层。选中 Adjustment Layer 图层，选择 Effect → Color Correction → Curves 菜单命令，为其添加 Curves 滤镜，之后在 Effect Controls 面板中调节曲线的形状。

02

按数字键〈0〉预览最终效果。

案例 58　蜕变

本案例利用 Mask 勾画人物面部，之后通过对调节图层应用 Hue/Saturation、Curves 等调色滤镜来改变人物面部的表情，最后利用表达式控制 FootageComp 图层的 transform 属性以达到预期效果。

● 光盘路径 | 第 6 章 \ 蜕变

● 难易指数 | ★★★☆☆

案例效果分析

核心技术要点：本例使用 Mask 将正常的人物面部分离出来，并进行单独的调色等处理，使人物的面部表情产生夸张的变化效果。

制作思路分析：熟悉 After Effects 的 Mask 应用，利用跟踪技术记录位移关键帧的方法制作 Mask 的位移动画。

制作提示

1. 新建 Comp 合成。
2. 跟踪画面。
3. 最终合成。
4. 添加 Levels 滤镜，进行调色。

步骤 01　创建 Comp 合成

启动 Adobe After Effects CC，选择 Composition → New Composition 菜单命令，新建一个 Comp 合成，将其命名为 FootageComp。选择 File → Import → File 菜单命令，导入本书配套光盘中的 samFootage.mov 文件，将其拖到 Timeline 面板中，查看此时 Comp 合成的效果。

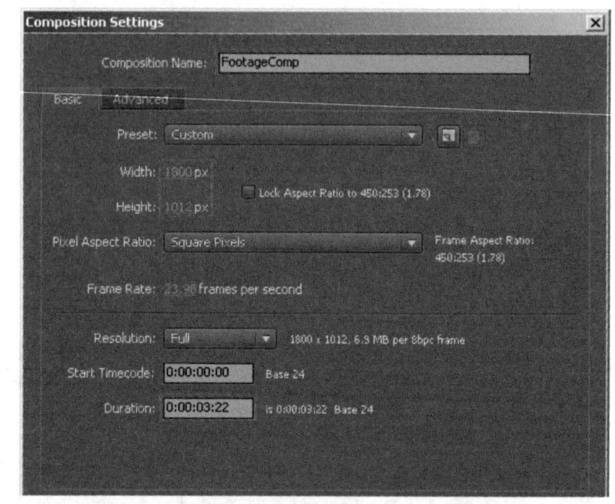

步骤 02　跟踪画面

01

在 Timeline 面板中双击 samFootage.mov 图层，选择 Window → Tracker Controls 菜单命令，打开 Tracker Controls 面板。单击 Stabilize Motion 按钮并进行相应设置，在图层预览面板中分别调整两个跟踪点的位置。

02 单击 Tracker Controls 面板中的 ▶ 按钮进行跟踪计算，结束后单击 Tracker Controls 面板中的 Apply 按钮应用跟踪的数据，查看此时图层预览面板中的效果。

步骤 03 最终合成

01 选择 Composition → New Composition 菜单命令，新建一个 Comp 合成，将其命名为“蜕变”。

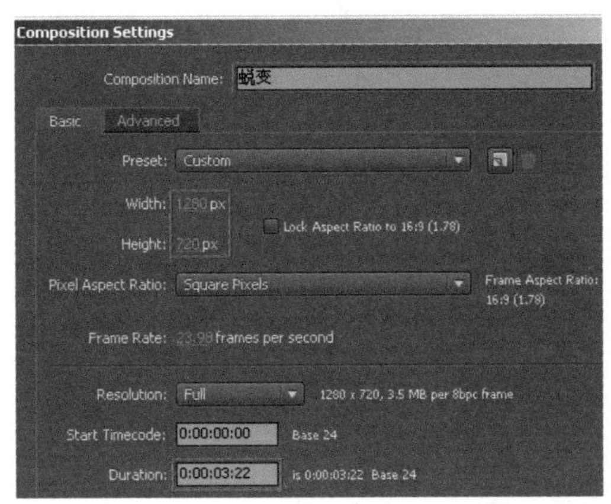

02 将项目面板中的 FootageComp 图层拖到“蜕变”合成的 Timeline 面板中。展开图层的 Anchor Point、Position、Rotation 属性列表，按住〈Alt〉键后单击其左侧的 按钮，为其添加表达式。

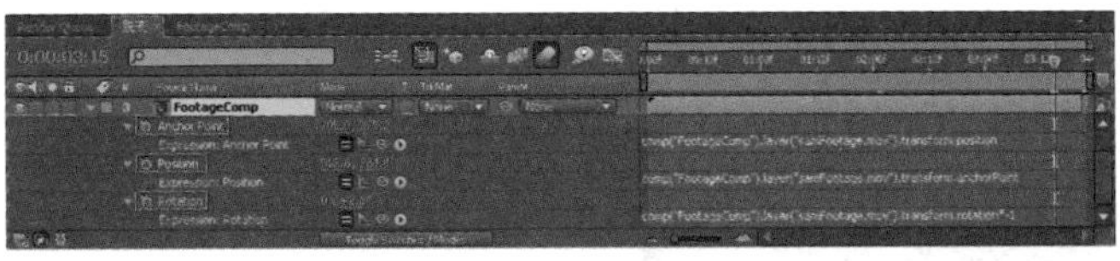

步骤 04 调色

01 选中 FootageComp 图层，选择 Effect → Color Correction → Levels 菜单命令，为其添加 Levels 滤镜，在 Effect Controls 面板中调整参数，查看此时 Comp 面板的效果。

02 选择 Effect → Distort → Liquify 菜单命令，为其添加 Liquify 滤镜，在 Effect Controls 面板中调整参数。

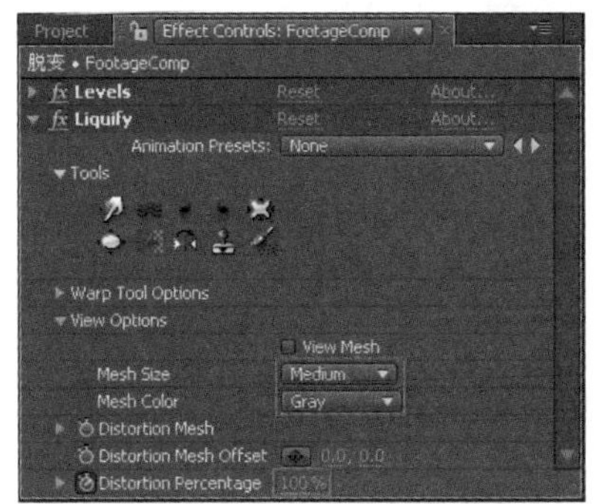

03 单击 Distortion Percentage 属性左侧的 按钮，为此属性的参数记录关键帧。在 Timeline 面板中将时间滑块拖到 0:00:00:17 处，设置 Distortion Percentage 的参数值为 0。将时间滑块拖到 0:00:00:23 处，设置 Distortion Percentage 的参数值为 100，同样在 0:00:02:16 处设置该参数值为 102，在 0:00:02:22 处设置该参数值为 0。

04 在 Timeline 面板中单击鼠标右键，选择 New→Adjustment Layer 菜单命令，新建一个调节图层。选中调节图层，在工具栏中选择工具，在 Comp 合成面板中绘制一个 Mask，将人物的面部勾画出来。

05 选择 Effect→Color Correction→Hue/Saturation 菜单命令，为其添加 Hue/Saturation 滤镜。在 Effect Controls 面板中调整参数，降低人物面部的饱和度，查看此时 Comp 合成的效果。

06 选择 Effect→Color Correction→Curves 菜单命令，为其添加 Curves 滤镜，在 Effect Controls 面板中调整曲线的形状。

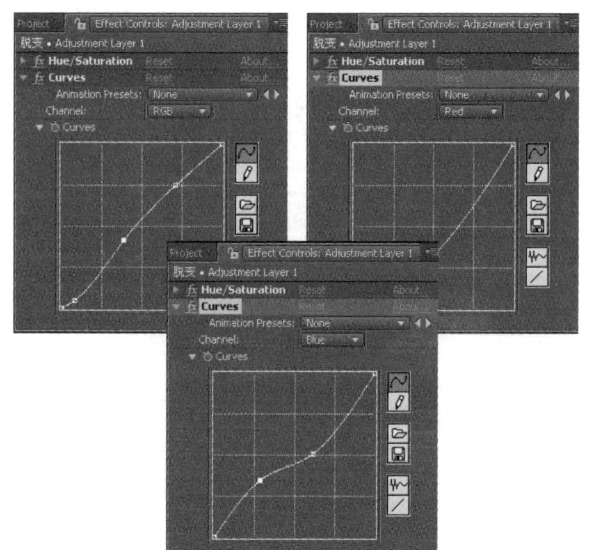

07 在 Timeline 面板中单击鼠标右键，选择 New→Solid 菜单命令，新建一个黑色的固态图层 Black Solid 1。在 Timeline 面板中选中 Black Solid 1 图层，单击工具栏中的工具，在 Comp 合成面板中勾画出人物的眼睛和嘴部，并设置 Mask 的 Mask Feather 属性参数值为 23，查看此时 Comp 面板的效果。

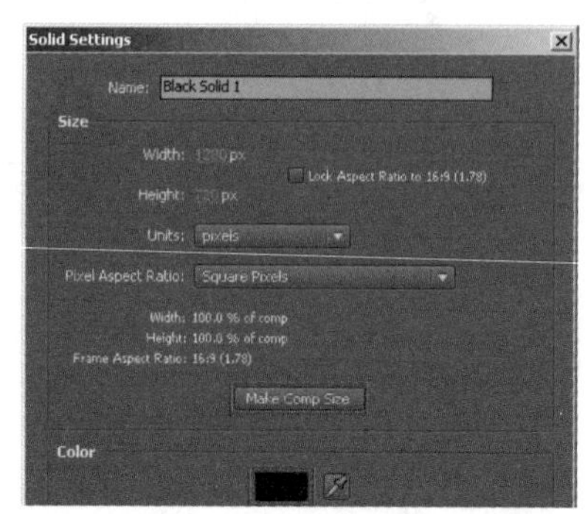

08 按〈T〉键展开 Black Solid 1 图层的 Opacity 属性列表，按住〈Alt〉键后单击 Opacity 左侧的按钮，打开其表达式输入栏，输入表达式：thisComp.layer(Footage).effect(Liquify)(Distortion Percentage)/4。之后在 Timeline 面板中选中上面两个图层，将它们的 Parent 属性设置为 FootageComp。

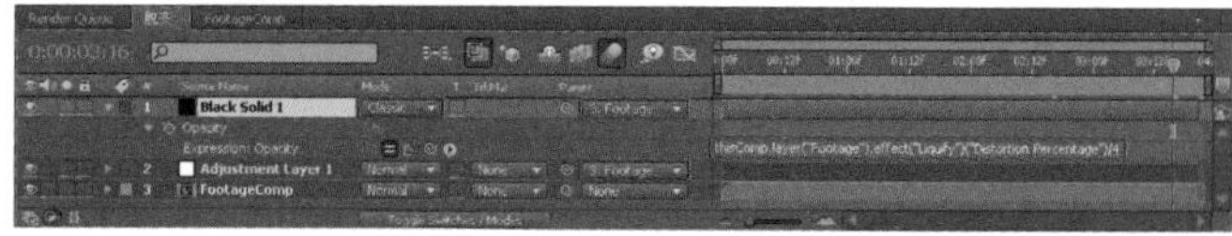

09 按数字键〈0〉预览最终效果。

案例 59　尘土飞扬

本案例主要介绍 After Effects 中 TrkMat 选项的相关应用技巧，如利用 TrkMat 选项将制作好的粒子烟雾动画放置在汽车的周围。

● **光盘路径** | 第 6 章 \ 尘土飞扬

● **难易指数** | ★★★☆☆

案例效果分析

核心技术要点：本例主要介绍利用 After Effects 的 Tracker 功能对画面进行跟踪，并利用 Particular（三维粒子）制作出汽车周围的烟尘效果。

制作思路分析：熟悉 After Effects 的图层中 TrkMat 选项的应用技巧，如利用 TrkMat 选项控制画面的显示区域。还要掌握利用 Colorama（色彩渐变）滤镜为画面着色的方法。

制作提示

1. 创建 Comp 合成、创建粒子。
2. 制作粒子贴图并设置粒子参数。
3. 制作 Matte。
4. 设置图层的父子层级。

步骤 01　创建 Comp

01 启动 Adobe After Effects CC，在 Project 面板中双击导入本书配套光盘中的 PoliceFootage.mov 和 Smoke Element.jpg 文件。

02 在 Project 面板中选中 PoliceFootage.mov 文件，将其拖动到 Project 面板底部的按钮上，创建一个合成。

步骤 02　创建粒子

选择 Layer → New → Solid 菜单命令，新建一个白色的固态图层，命名为 Particles。选中该图层，选择 Effect → Trapcode → Particular 菜单命令，为其添加 Particular 滤镜，并查看此时 Comp 合成的效果。

步骤 03　制作粒子贴图

01 在 Project 面板中选中 Smoke Element.jpg 文件，将其拖动到 Project 面板底部的按钮上，创建一个合成。选择 Layer → New → Solid 菜单命令，新建一个白色的固态图层，将其命名为 White Solid 1。

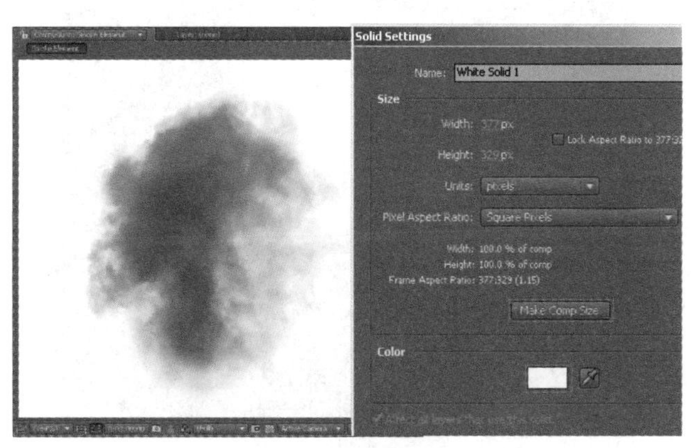

02 在 Timeline 面板中将 White Solid 1 图层拖动放置在 Smoke Element.jpg 图层的下面，设置 White Solid 1 图层的 Matte 为 Luma Inverted Matte “Smoke Element.jpg”。

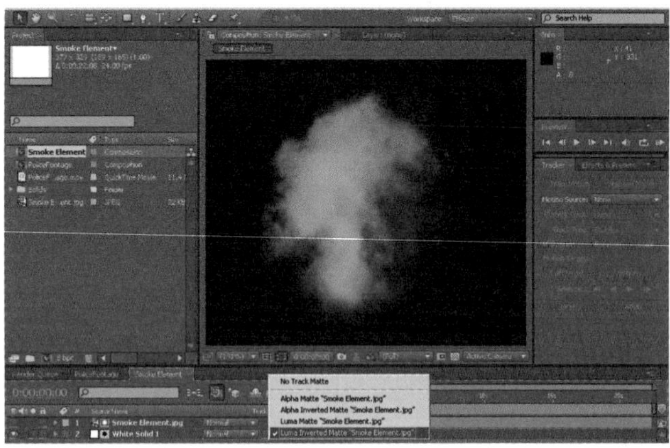

03 选择 Layer → New → Adjustment Layer 菜单命令，新建一个调节图层。选中该图层，选择 Effect → Color Correction → Colorama 菜单命令，为其添加 Colorama 滤镜，在 Effect Controls 面板中调整 Colorama 的参数。

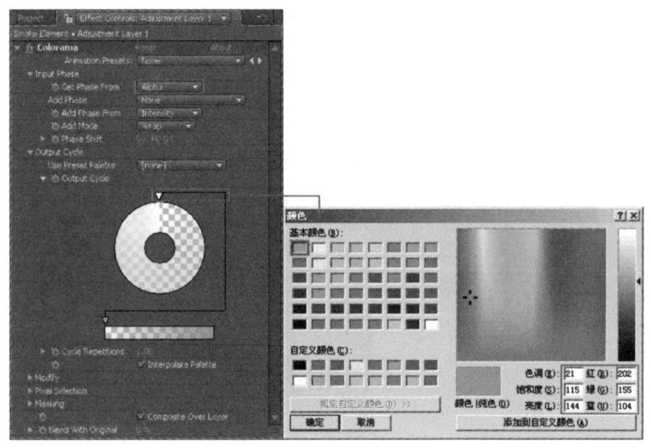

04 查看此时 Comp 合成的效果。

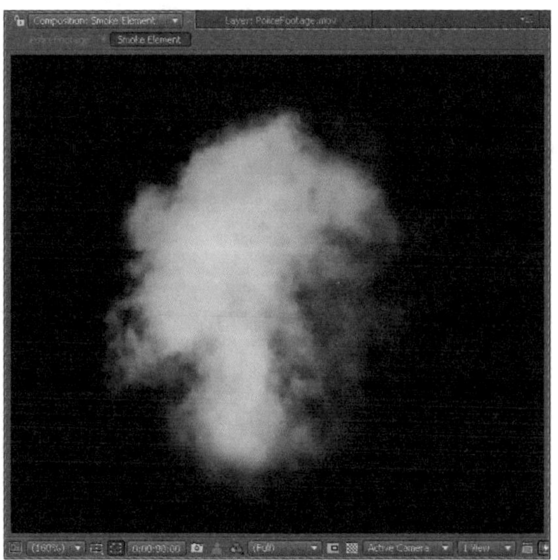

步骤 04 设置粒子参数

01 选择 Layer → New → Solid 菜单命令，新建一个固态图层 Blue Solid 1。在 Timeline 面板选中 Blue Solid 1 图层，单击按钮关闭其显示属性。单击工具栏中的工具，在 Comp 合成面板中勾画出汽车轮廓。

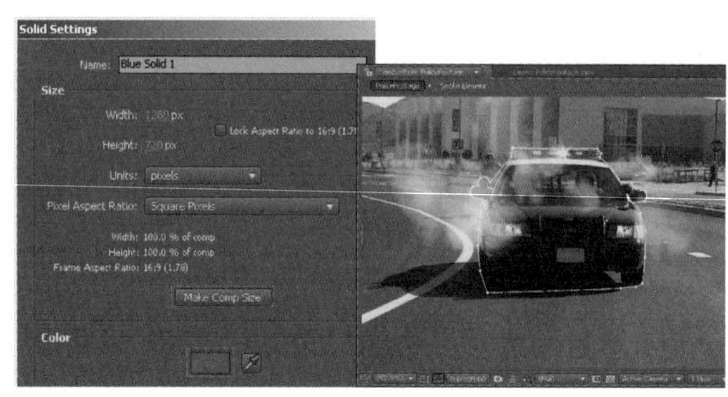

02 设置 Particles 图层的 TrkMat 选项为 Alpha Inverted Matte “Blue Solid 1”。

步骤 05 跟踪

01 选择 Layer → New → Null Object 菜单命令，新建一个 Null 图层。在 Timeline 面板中选中 PoliceFootage.mov 图层，选择 Window → Tracker Controls 菜单命令，打开 Tracker Controls 面板。单击 Track Motion 按钮，在弹出的图层预览面板中调整跟踪点的位置。

02 在 Tracker Controls 面板中单击▶按钮进行跟踪计算。分析结束后查看图层预览面板中的效果。在 Tracker Controls 面板中单击 Edit Target 按钮，在弹出的对话框中选择目标层为 Null 1。

03 在 Tracker Controls 面板中单击 Apply 按钮，将跟踪的数据应用给 Null 1 图层。

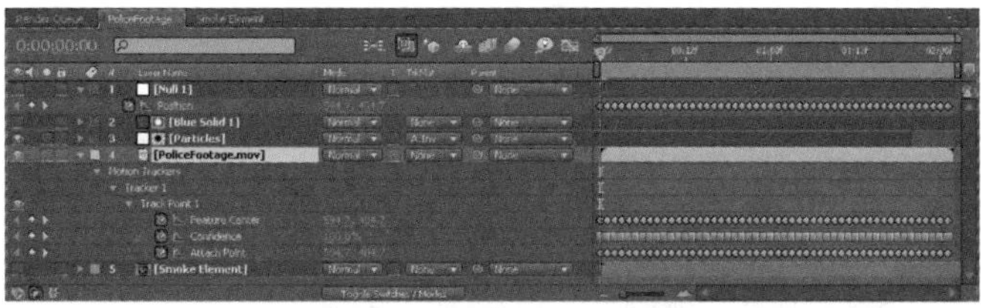

↘ 步骤 06　设置图层的父子层级

01 在 Timeline 面板中调整 Particles 图层的出入时间，以控制烟雾的发射状态，让烟雾动画从 0 帧就开始播放。分别设置 Blue Solid 1、Particles 图层为 Null 1 图层的子级层。

02 此时粒子烟雾因为父子层的关系已经和汽车的运动轨迹一致。用鼠标拖动时间线滑块进行预览，发现有跟踪出错的画面，要解决这一问题，可选中 Null 1 图层，手动将烟雾在当前帧处的位置调整到合适状态，使车身产生的烟雾位置与实际情况相符。按数字键〈0〉预览最终效果。

案例 60　粒子写字

本例主要利用 Particular 滤镜制作一个写字的特效。

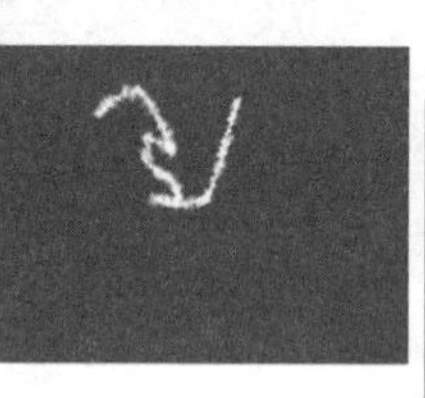
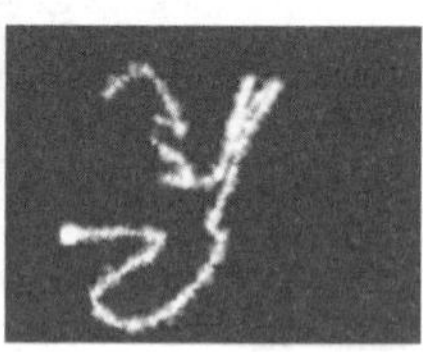

● **光盘路径** | 第 6 章 \ 粒子写字

● **难易指数** | ★★★☆☆

案例效果分析

核心技术要点：本例介绍利用 Particular 滤镜制作一个写字特效的方法。

制作思路分析：熟悉 Particular 滤镜的应用，利用粒子滤镜跟随 Mask 线条，制作出粒子写字特效。

制作提示

1. 创建 Comp 合成。
2. 制作 素材。
3. 创建粒子。

↘ 步骤 01　创建 Comp 合成

01 启动 Adobe After Effects CC，选择 Composition → New Com-position 菜单命令，新建一个 Comp 合成，命名为“粒子写字”。

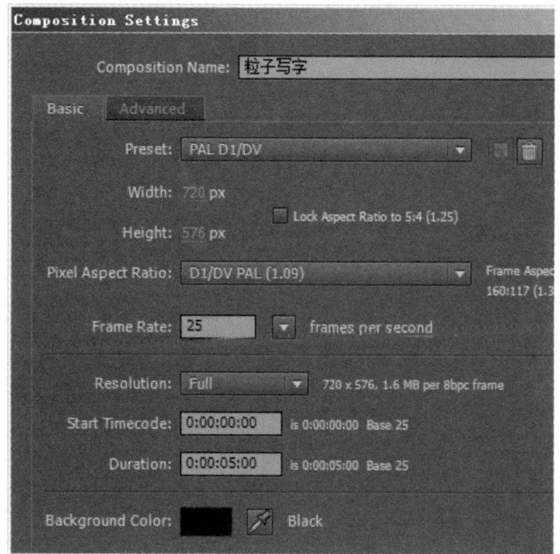

02 选择 Layer → New → Solid 菜单命令，新建一个固态图层，命名为“背景”。

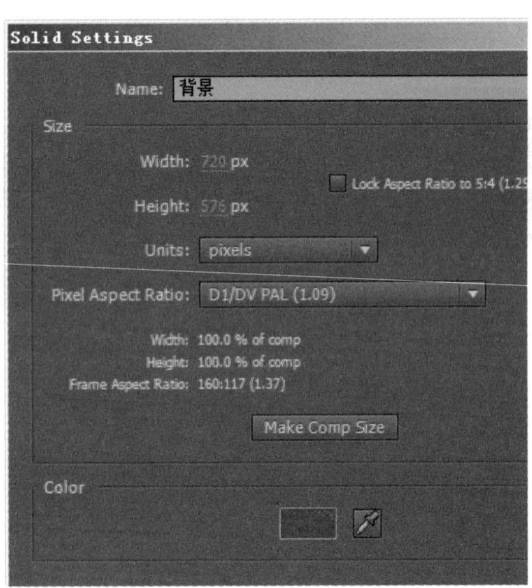

↘ 步骤 02　制作素材

01 选择 Layer → New → Solid 菜单命令，新建一个固态图层，命名为 Particle。

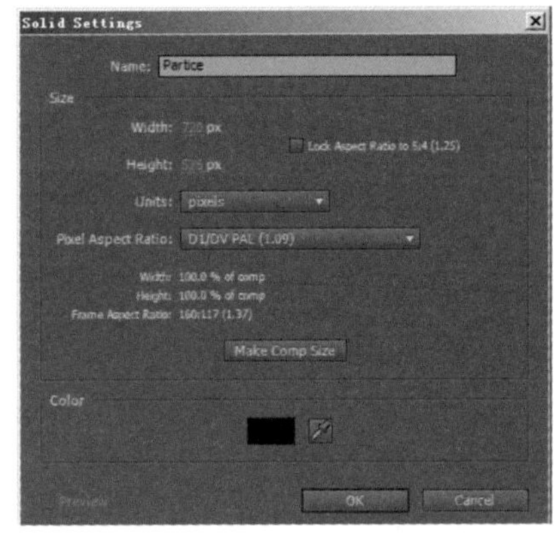

02 选中 Particle 图层，选择 Effect → Trapcode → Particular 菜单命令，为其添加 Particular 滤镜，在 Effect Controls 面板中调整参数。

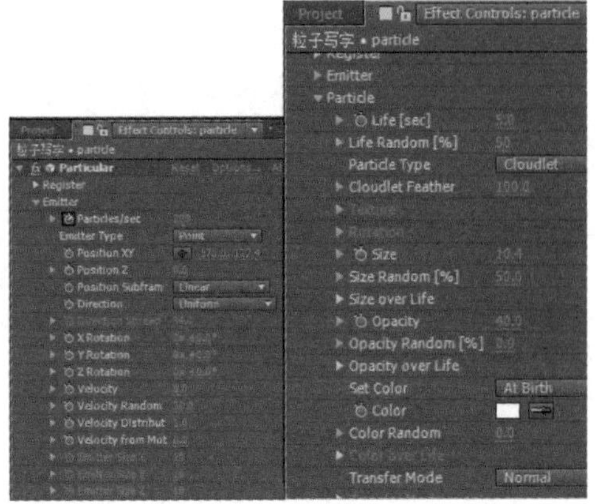

03 选中 Particle 图层，单击工具栏中的钢笔工具，在 Comp 合成面板中绘制一个 Mask。

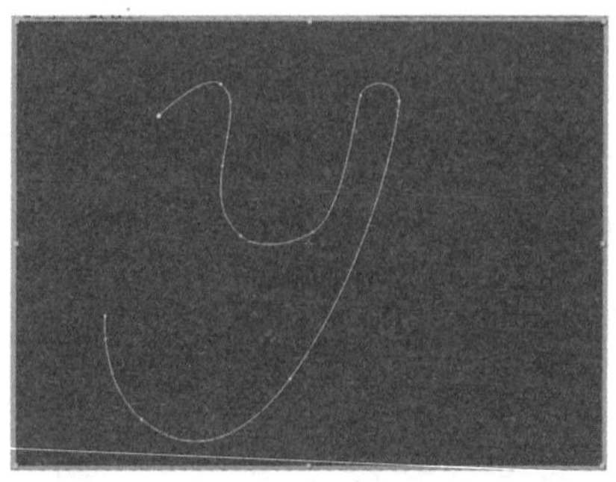

↘ 步骤 03　创建粒子

01 选择 Layer → New → Null Object 菜单命令，新建一个 Null 图层，名称为 Null 1。按〈S〉键展开 Null 图层的 Scale 属性列表，将其缩放值设为 22%。选中 Particle 图层，按〈M〉键展开 Particle 图层的 Mask 属性列表，选中 Mask1 下面的 Mask Shape 选项，按〈Ctrl+C〉组合键进行复制。再选中 Null1 图层，按〈P〉键展开 Null1 图层的 Position 属性列表。选中 Position 属性，按〈Ctrl+V〉组合键将复制的 Mask 路径作为关键帧粘贴到 Null1 图层的 Position 属性中，此时查看 Timeline 面板中各参数设置。

02 选中 Particle 图层，展开 Emitter 下面的 PositionXY 参数列表。选中该属性，选择 Animation → Add Expression 菜单命令，为该属性添加表达式，在表达式输入栏输入 thisComp.layer(Null 1).position。

03 按数字键〈0〉预览最终效果。

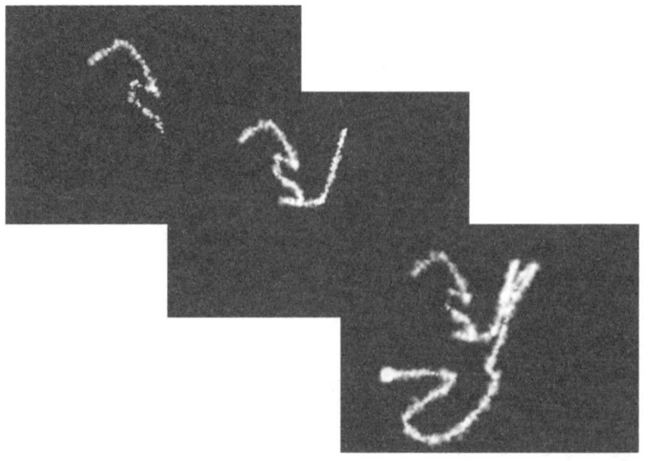

案例 61 石雕抠像

本例综合利用了 Color Difference Key、Spill Suppressor、Channel Mixer 和 Hue/Saturation 滤镜分别进行案例设计制作 。

● **光盘路径** | 第 6 章 \ 石雕抠像

● **难易指数** | ★★★☆☆

案例效果分析

核心技术要点：本例主要使用 Color Difference Key 滤镜进行抠像，再利用 Spill Suppressor 滤镜进行蓝色溢色处理，最后利用 Channel Mixer 和 Hue/Saturation 滤镜进行色彩匹配调整。

制作思路分析：制作 Mask，添加 Color Difference Key 和 Spill Suppressor 滤镜进行抠像和溢色处理，最后使用 Channel Mixer 和 Hue/Saturation 滤镜进行色彩匹配。

制作提示

1. 创建 Comp 合成。
2. 添加滤镜进行抠像。
3. 颜色匹配。

步骤 01 创建 Comp 合成

01 启动 Adobe After Effects CC，选择 Composition→New Composition 菜单命令，新建一个 Comp 合成，名称为"石雕抠像"。

02 选择 File→Import→File 菜单命令，导入本书配套光盘中的 IMG_9400.jpg、Water.tif 文件，将它们拖到 Timeline 面板，并将 Water.tif 放在上层。选中 IMG_9400.jpg 图层，按〈S〉键展开 IMG_9400.jpg 图层的 Scale 属性列表，调整 Scale 的参数值，将 IMG_9400.jpg 图层调整到合适大小。

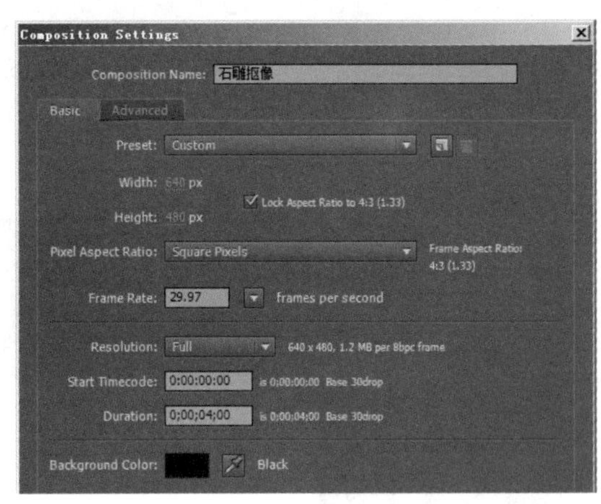

步骤 02 抠像

01 在 Timeline 面板中选中 Water.tif 图层，单击工具栏中的 工具，在 Comp 合成面板中沿石雕外圈绘制一个 Mask。

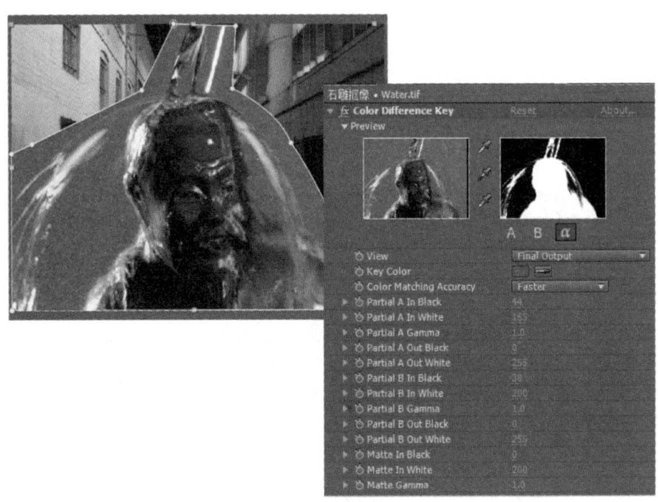

02 选中 Water.tif 图层，选择 Effect→Keying→Color Difference Key 菜单命令，为其添加 Color Difference Key 滤镜。之后对 Color Difference Key 滤镜的参数进行设置并查看 Comp 合成的效果。

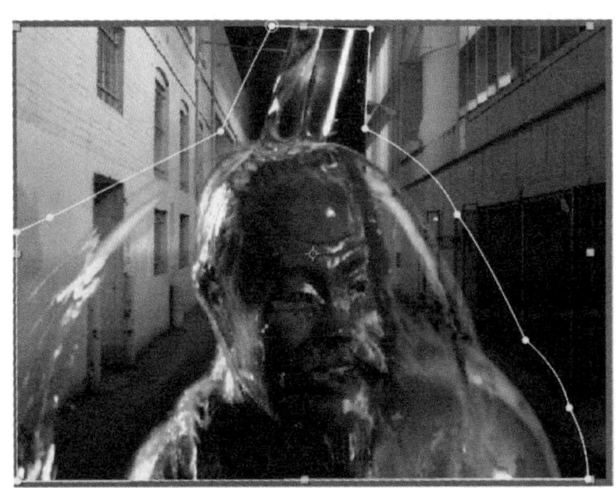

03 选中 Water.tif 图层，选择 Effect → Keying → Spill Suppressor 菜单命令，为其添加 Spill Suppressor 滤镜，之后对 Spill Suppressor 滤镜进行参数设置并查看 Comp 合成的效果。

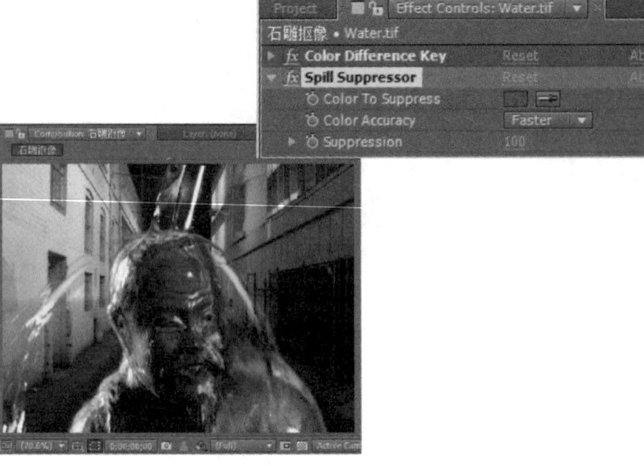

↘ 步骤 03　颜色匹配

01 选中 Water.tif 图层，选择 Effect → Color Correction → Channel Mixer 菜单命令，为其添加 Channel Mixer 滤镜，之后对 Channel Mixe 滤镜进行参数设置。

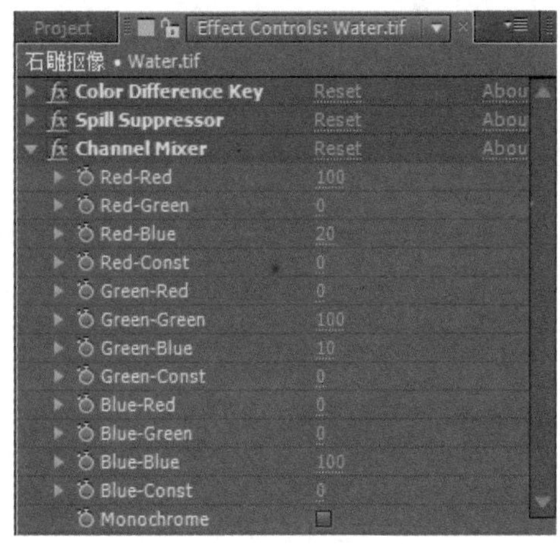

02 选中 Water.tif 图层，选择 EEffect → Color Correction → Hue/Saturation 菜单命令，为其添加 Hue/Saturation 滤镜，之后对 Hue/Saturation 滤镜进行参数设置并查看 Comp 合成的效果。

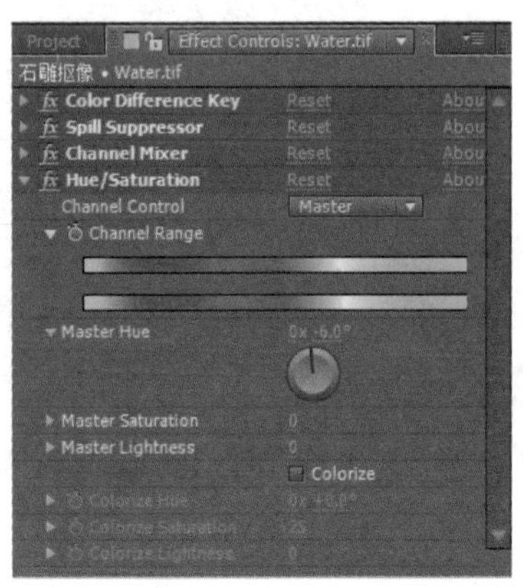

03 按数字键〈0〉预览最终效果。

第 7 章 粒子特效

在 After Effects 中不仅可以制作二维粒子效果，同样也可以制作真实的三维粒子效果。本章通过多个案例讲述粒子特效在影视制作中的使用方法和技巧。案例中用到了 Trapcode 公司非常强大的 Particular（三维粒子）插件，利用它可以制作出非常震撼的粒子动画效果。

案例 62 粒子汇聚

本案例主要以制作文字素材的飞散动画为主。利用合成嵌套对动画进行反转处理，最终为画面制作出一个镜头光斑划过粒子表面的动画效果。

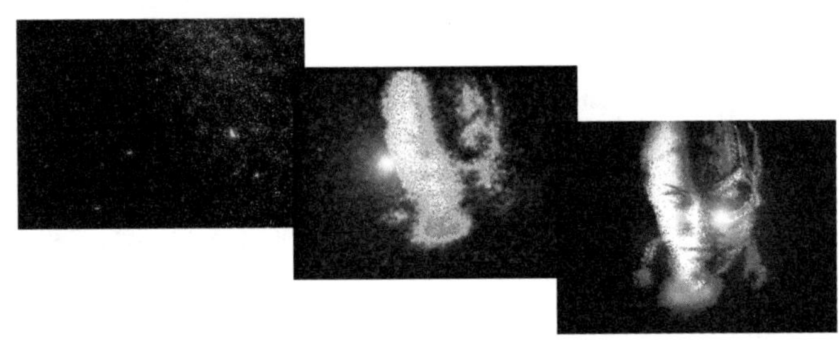

● **光盘路径** | 第 7 章 \ 粒子汇聚

● **难易指数** | ★★★★☆

案例效果分析

核心技术要点：本例主要利用 CC Pixel Polly 滤镜制作粒子飞散的效果，制作的重点是利用 Time Remapping 将粒子飞散的动画方向反转，最终为动画添加镜头光晕，使效果更加炫丽。

制作思路分析：利用合成嵌套为素材添加 CC Pixel Polly 滤镜，制作飞散动画；同样利用合成嵌套对动画的播放顺序进行反转，产生汇聚的动画效果。

制作提示

1. 创建文字合成。
2. 为文字添加特效。
3. 反转动画。
4. 制作镜头光晕，为光晕制作镜头动画。
5. 为光晕制作位移动画。

步骤 01 创建 Text 合成

01 启动 Adobe After Effects CC，选择 Composition → New Composition 菜单命令，新建一个 Comp 合成，命名为 source。

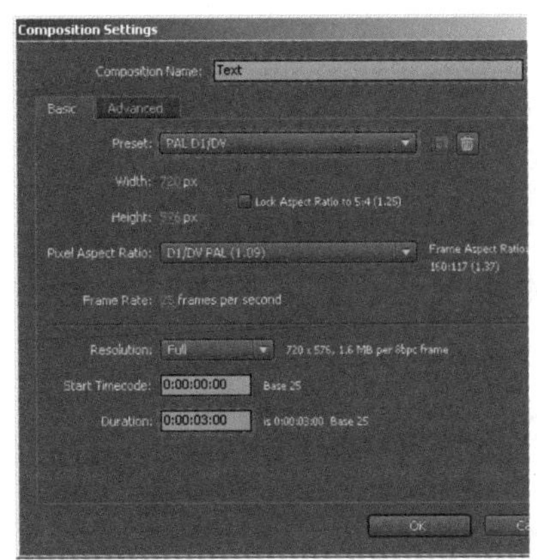

02 在项目面板中双击导入本书配套光盘中的“第 7 章 \ 粒子汇聚 \ 图层 1\ 机械人 .psd”文件，将项目面板中的“图层 1/ 机械人 .psd”文件拖放到 source 合成的 Timeline 面板中。再次选择 Composition → New Composition 菜单命令，新建一个合成，命名为“飞散”。将项目面板中的“图层 1/ 机械人 .psd”文件拖放到“飞散”合成的 Timeline 面板中。

步骤 02 为文字添加特效

01 在 Timeline 面板中选中“图层 1/ 机械人 .psd”图层，选择 Effect → Simulation → CC Pixel Polly 菜单命令，为其添加 CC Pixel Polly 滤镜，在 Effect Controls 面板中调整参数，并为 CC Pixel Polly 滤镜设置关键帧。

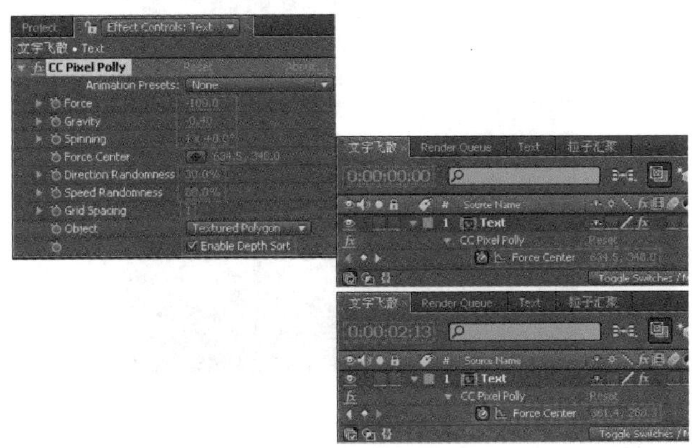

02 选中“图层 1/ 机械人 .psd”图层，选择 Effect → Stylize → Glow 菜单命令，为其添加 Glow 滤镜，在 Effect Controls 面板中调整参数，并为 Glow 滤镜参数设置关键帧动画。

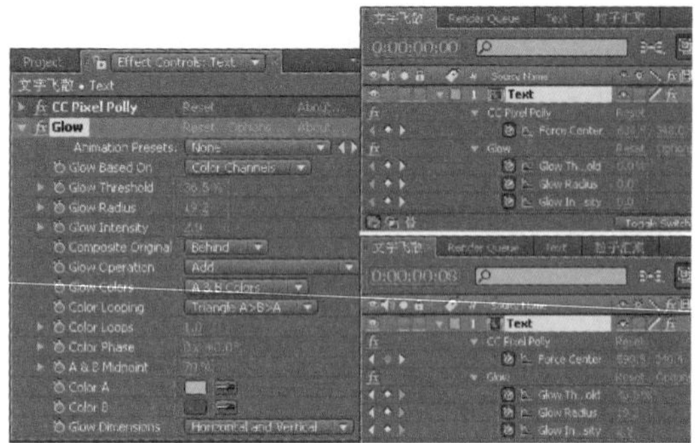

03 按数字键〈0〉预览效果。

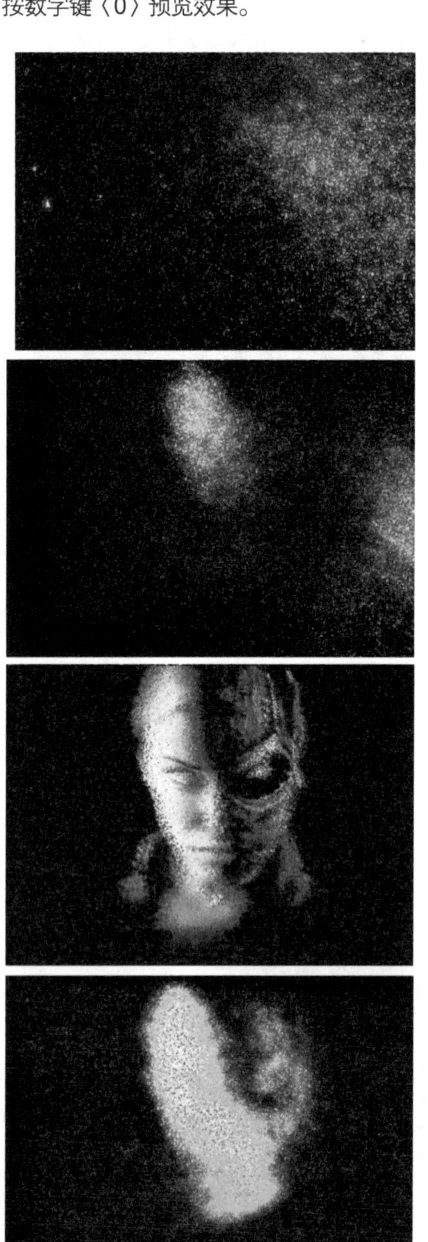

步骤 03 反转动画

选择 Composition → New Comp-osition 菜单命令，新建一个 Comp 合成，命名为“粒子汇聚”。将项目面板中的“飞散”图层拖到粒子汇聚合成的 Timeline 面板中，选中“飞散”图层，之后选择 Layer → Enable Time Remapping 菜单命令，并在 Timeline 面板中调整 Remapping 动画曲线。

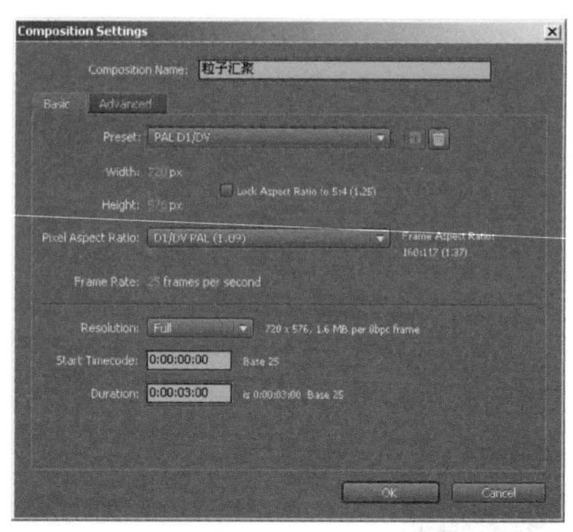

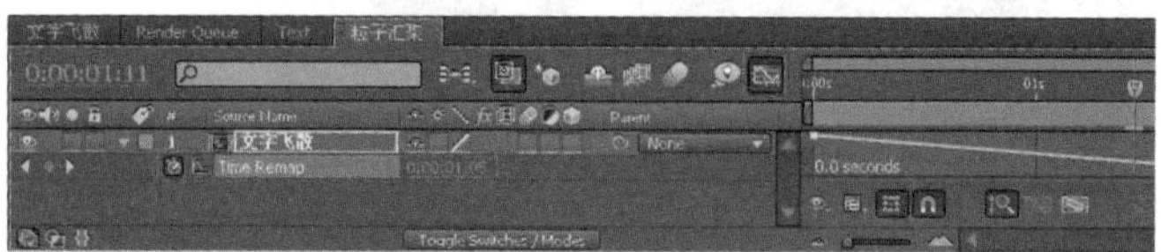

步骤 04 制作镜头光晕

选择 Layer → New → Solid 菜单命令，新建一个固态图层，命名为 Lens。选中 Lens 图层，选择 Effect → Generate → Lens Flare 菜单命令，为其添加 Lens Flare 滤镜，并在 Effect Controls 面板中调整参数。

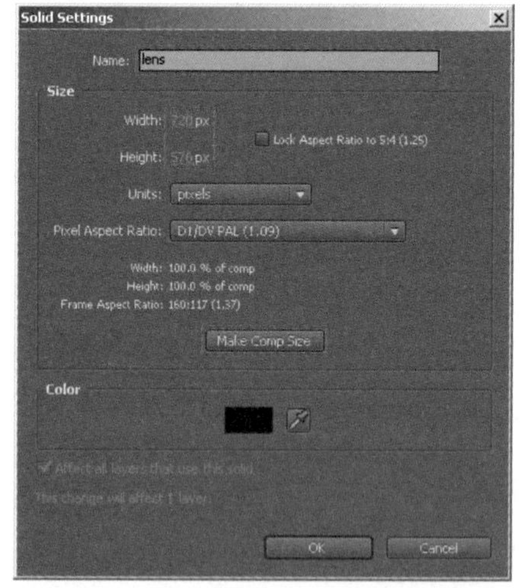

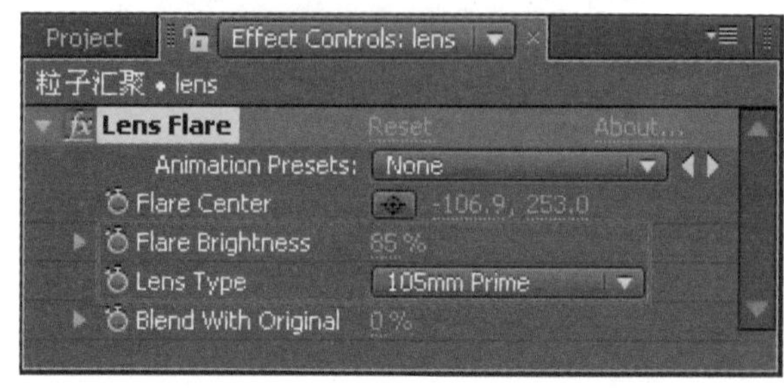

↘ 步骤 05　为光晕制作位移动画

01 为 Lens Flare 滤镜的位置属性设置关键帧，在时间 0:00:02:03 处和时间 0:00:02:13 处设置参数。

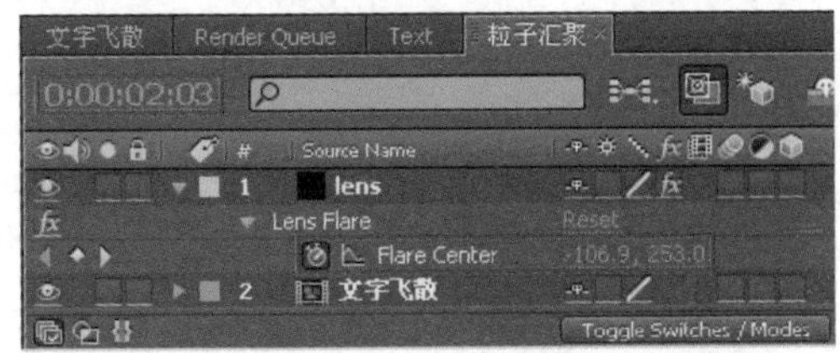

02 按数字键〈0〉预览最终效果。

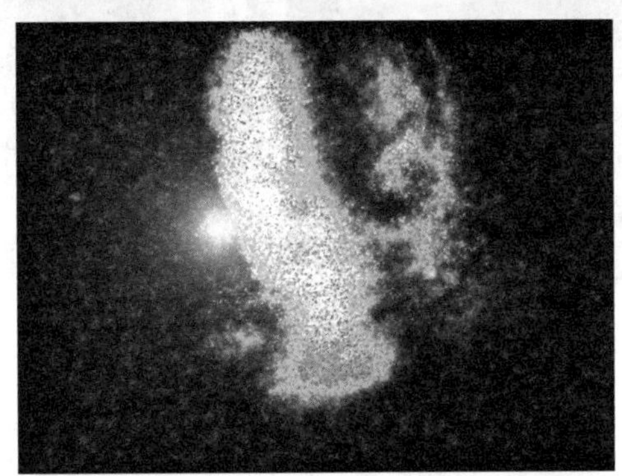

案例 63　汽泡

本案例主要以制作汽泡的生长动画为主，通过为汽泡制作贴图使其产生真实的环境反射效果。

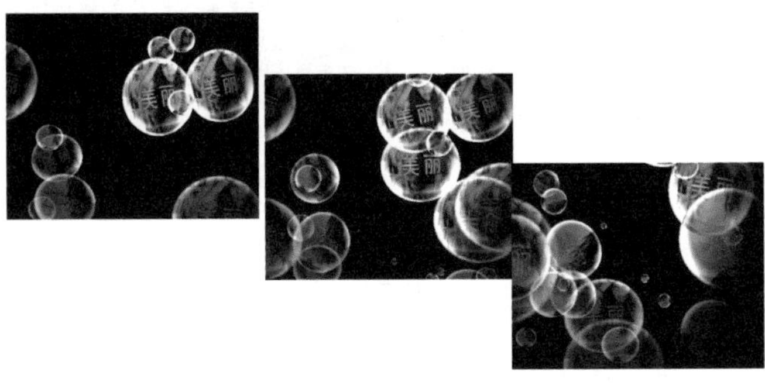

● 光盘路径 | 第 7 章 \ 汽泡

● 难易指数 | ★★★★☆

案例效果分析

核心技术要点：本例主要介绍使用 Foam（汽泡）滤镜制作汽泡效果的方法。

制作思路分析：熟悉汽泡的形态，通过调节 Foam 滤镜的属性参数，制作出逼真的汽泡上升的效果。

制作提示

1. 创建贴图 1 。
2. 创建贴图 2。
3. 创建气泡动画。
4. 添加摄像机和灯光。

↘ 步骤 01　创建贴图 1

01 启动 Adobe After Effects CC，选择 Composition → New Composition 菜单命令，新建一个 Comp 合成，命名为“贴图 1”。选择 Layer → New → Solid 菜单命令，新建一个固态图层，命名为 Text1。

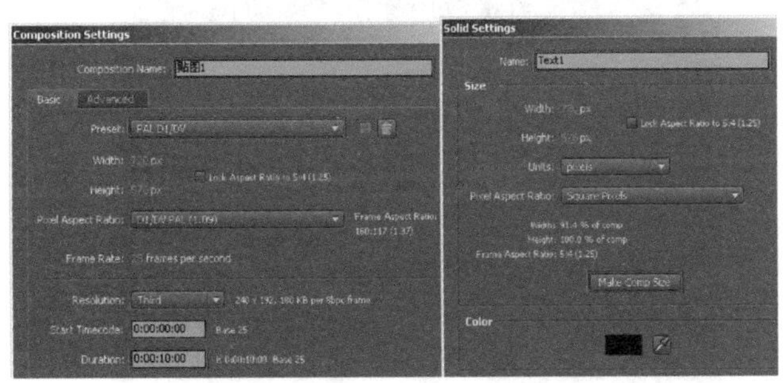

02 选中 Text1 图层，选择 Effect → Text → Basic Text 菜单命令，为其添加 Basic Text 滤镜，在 Effect Controls 面板中单击 Edit Text 选项，在弹出的文字编辑对话框中输入相应的文字并设置相应参数，并查看此时 Comp 面板中的效果。

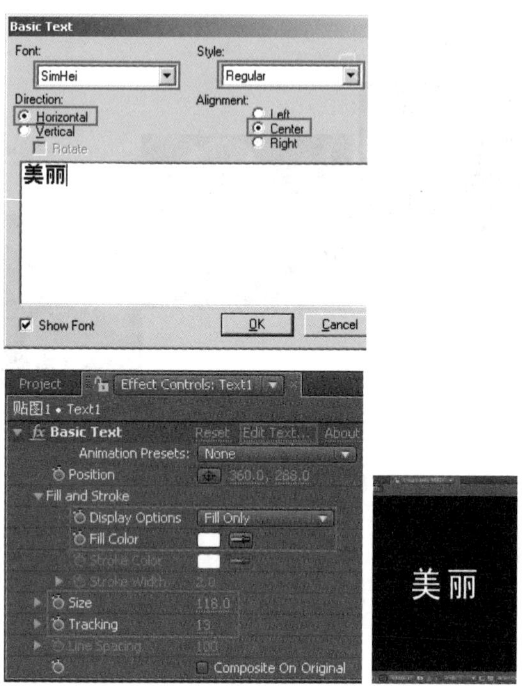

03 选中 Text1 图层，选择 Effect→Distort→Bulge 菜单命令，为其添加 Bulge（膨胀）滤镜，在 Effect Controls 面板中调整参数，并查看此时 Comp 面板的效果。

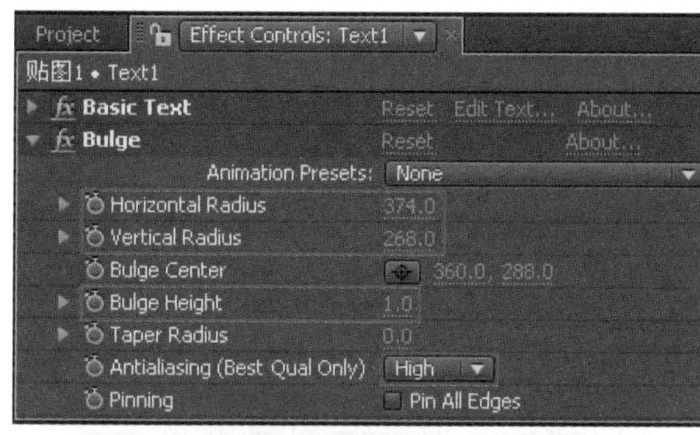

04 选中 Text1 图层，选择 Effect → Trapcode → Shine 菜单命令，为其添加 Shine 滤镜，在 Effect Controls 面板中调整参数。

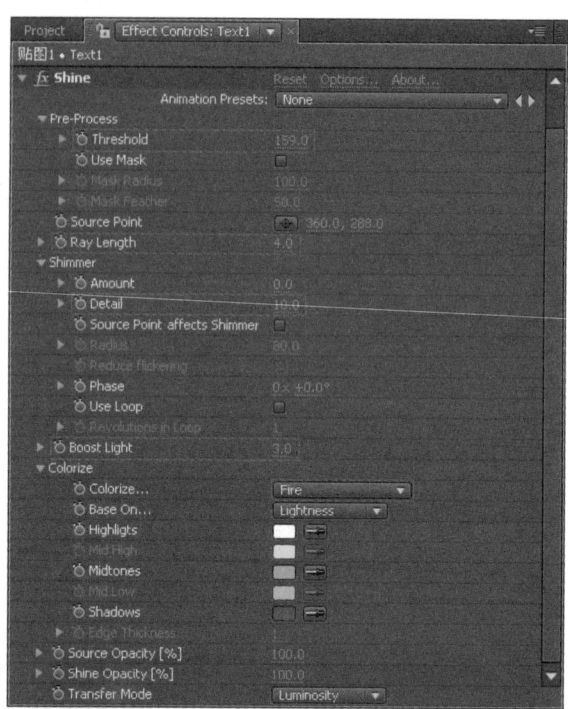

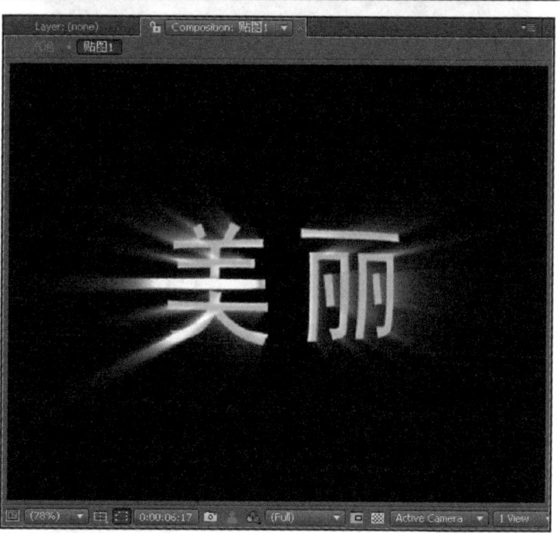

05 在项目面板中双击导入本书配套光盘中的“模特 1.jpg”“模特 2.jpg”文件。将“模特 2.jpg”从项目面板拖放到 Timeline 面板中的底层。选中“模特 2.jpg”图层，选择 Effect → Distort → Bulge 菜单命令，为其添加 Bulge 滤镜，在 Effect Controls 面板中调整参数。

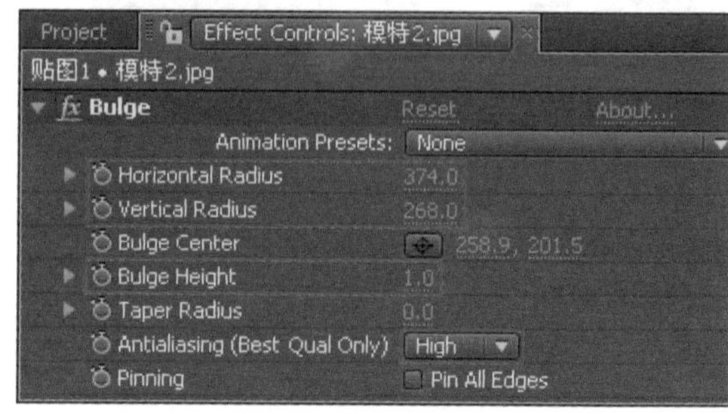

↘ 步骤 02　创建贴图 2

01 选择Composition→New Composition菜单命令，新建一个Comp合成，命名为“贴图2”。选择Layer→New→Solid菜单命令，新建一个固态图层，命名为Text2。

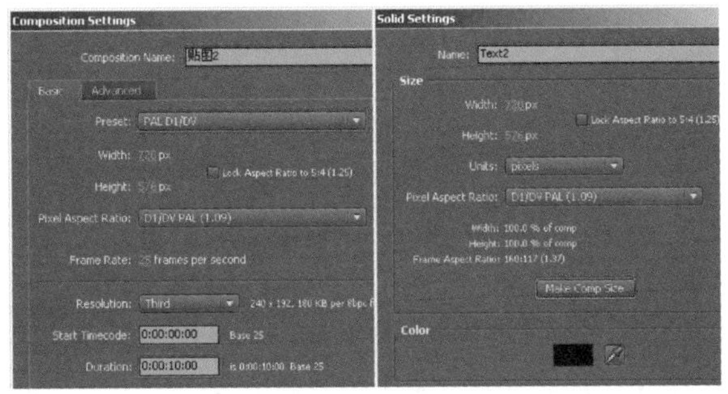

02 选中Text2图层，选择Effect→Text→Basic Text菜单命令，为其添加Basic Text滤镜，在Effect Controls面板中单击Edit Text选项，在弹出的文字编辑对话框中输入相应的文字。

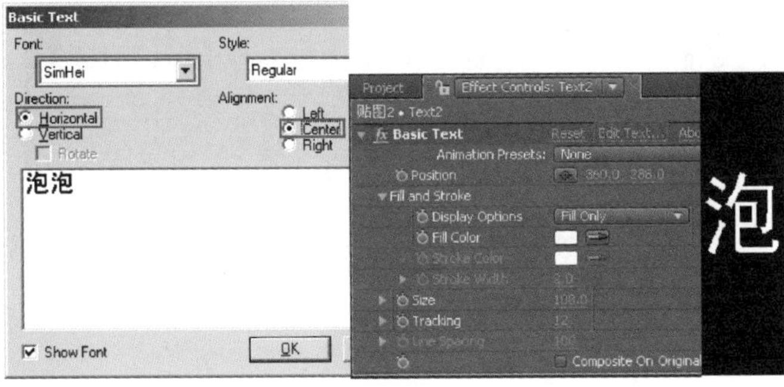

03 选中Text2图层，选择Effect→Distort→Bulge菜单命令，为其添加Bulge滤镜，在Effect Controls面板中调整参数，并查看此时Comp合成的效果。

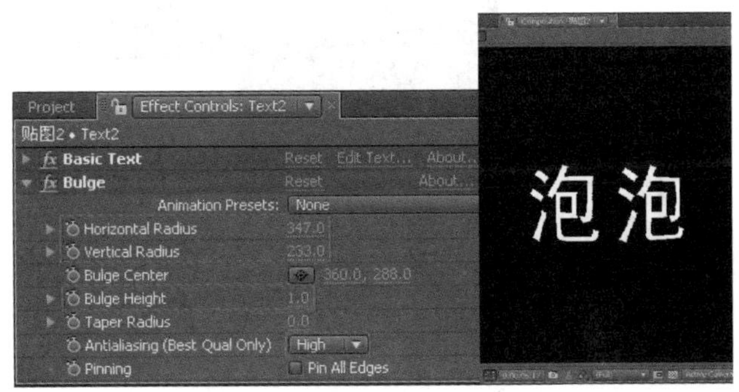

04 选中Text2图层，选择Effect→Trapcode→Shine菜单命令，为其添加Shine滤镜，在Effect Controls面板中调整参数。

05 将“模特1.jpg”图层从项目面板拖放到Timeline面板中的底层。选中“模特1.jpg”图层，选择Effect→Distort→Bulge菜单命令，为其添加Bulge滤镜，在Effect Controls面板中调整参数。

步骤 03　创建汽泡动画

01 选择 Compostion → New Composition 菜单命令，新建一个 Comp 合成，命名为“汽泡”。在项目面板中将“贴图 1”图层和“贴图 2”图层拖到 Timeline 面板，在 Timeline 面板中单击按钮，将这两个图层的显示属性关闭。

02 选择 Layer → New → Solid 菜单命令，新建一个固态图层，命名为“汽泡 1”。

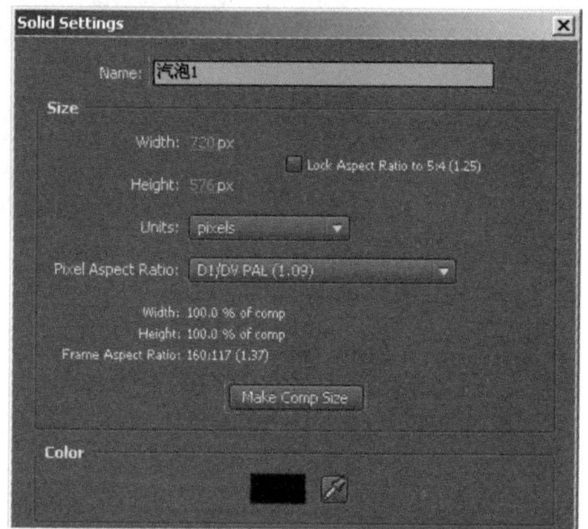

03 选中“汽泡 1”图层，选择 Effect → Simulation → Foam 菜单命令，为其添加 Foam 滤镜，在 Effect Controls 面板中调整参数。

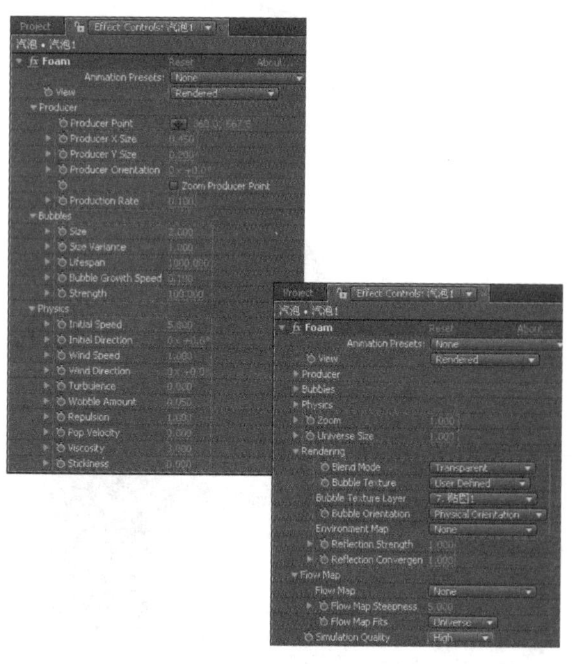

04 按数字键〈0〉预览效果。

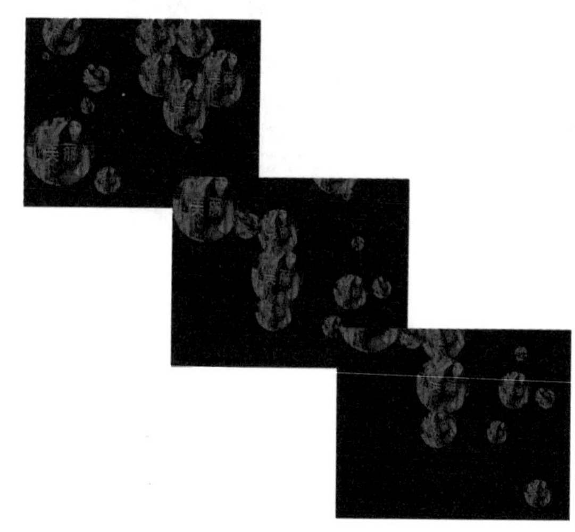

05 选中“汽泡 1”图层，选择 Edit → Duplicate 菜单命令，将其复制一次。在 Effect Controls 面板中展开复制出的新图层的 Foam 滤镜参数列表，设置 Foam 滤镜的 Rendering 参数，之后设置图层的叠加模式为 Add。

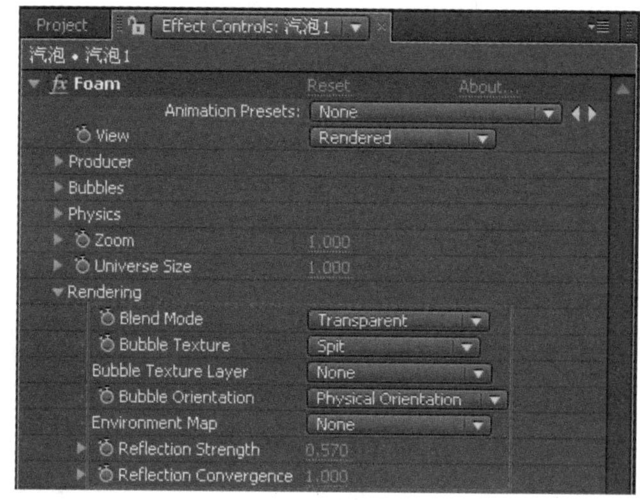

06 按数字键〈0〉预览效果。

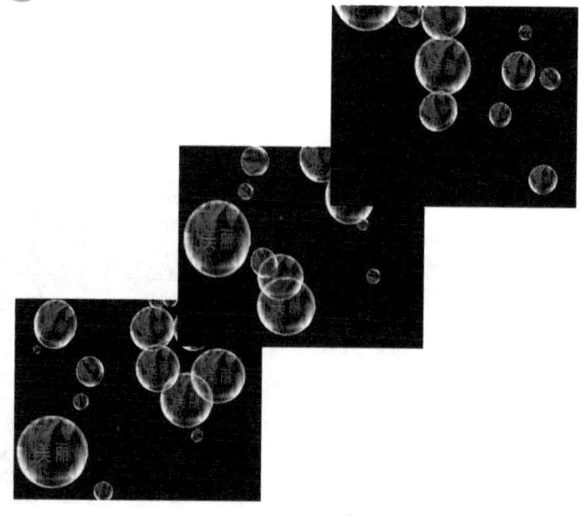

07 利用同样的方法制作“汽泡 2”图层，之后查看 Timeline 面板和 Comp 合成的效果。

↘ 步骤 04 添加摄像机与灯光

01 选择 Composition → New → Camera 菜单命令，创建一个摄像机图层。在 Timeline 面板中对 Camera1 图层的 Transform 属性进行设置，之后打开下面各图层的 3D 属性开关。

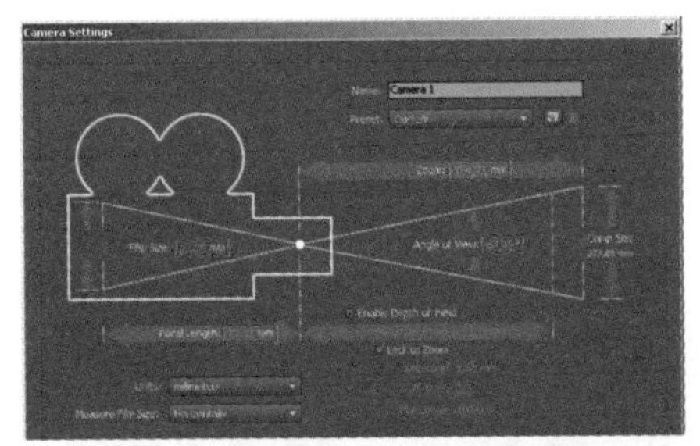

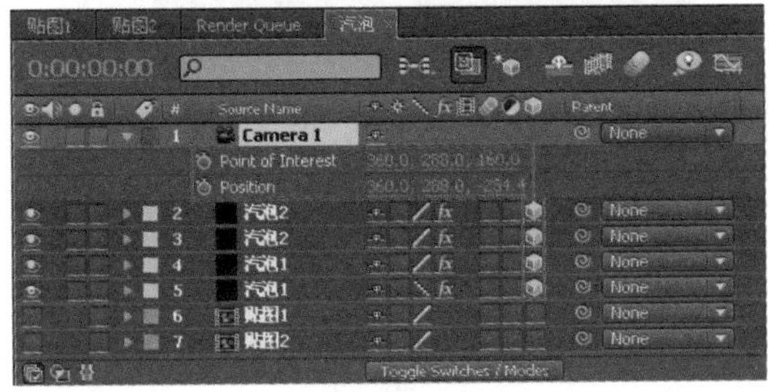

02 按数字键〈0〉预览效果。

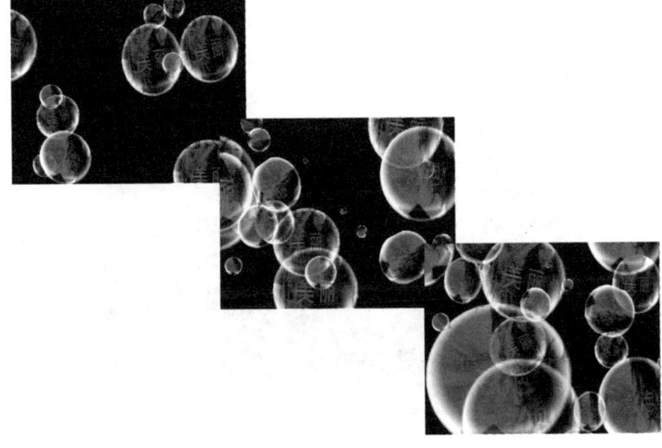

03 选择 Layer → New → Light 菜单命令，新建一个灯光图层 Light。

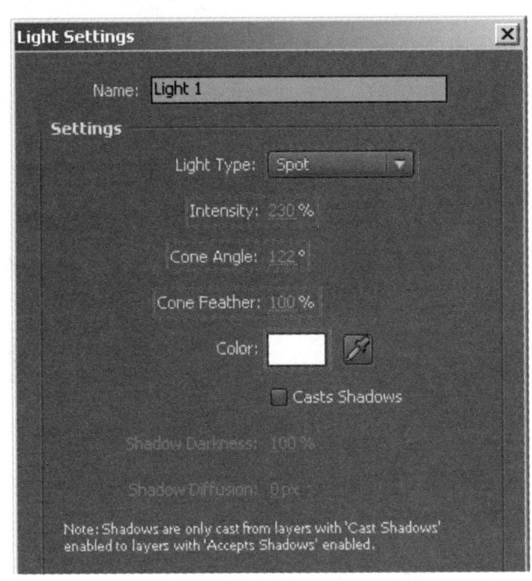

04 为 Light1 设置关键帧动画，之后分别在时间 0:00:00:00 处、时间 0:00:03:24 处和时间 0:00:08:00 处设置参数。

案例 64　粒子烟雾

本案例主要介绍对Particular粒子参数和形态的控制技巧，如为粒子替换一张贴图，制作完整的烟雾动画。

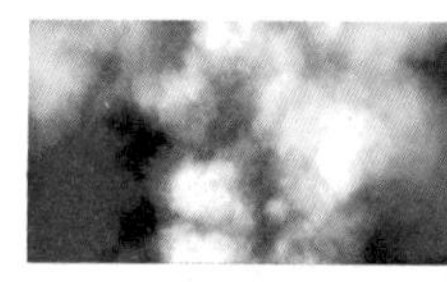
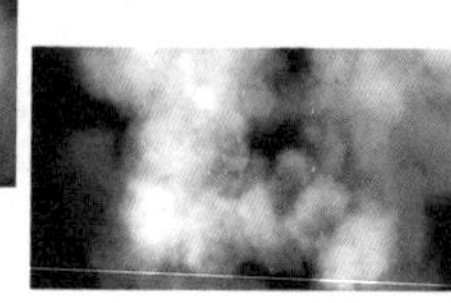
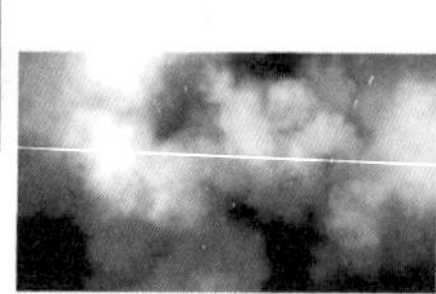

● 光盘路径 | 第 7 章 \ 粒子烟雾

● 难易指数 | ★★★☆☆

案例效果分析

核心技术要点：本例主要介绍利用 Particular 插件制作粒子烟雾效果的方法。

制作思路分析：首先勾画烟雾的形态，之后利用 Smoke Element.jpg 素材替换粒子以生成烟雾动画，最后通过 Null 1 图层为摄像机记录位移动画。

制作提示

1. 制作粒子贴图和粒子烟雾。
2. 添加摄像机并制作摄像机动画。
3. 为烟雾调色。
4. 制作粒子。

步骤 01　制作粒子贴图

01 启动 Adobe After Effects CC，在项目面板中双击，导入本书配套光盘中的 Smoke Element.jpg 文件。在项目面板中选中 Smoke Element.jpg 文件，将其拖动到项目面板底部的按钮上，创建一个合成。

02 选择 Layer → New → Solid 菜单命令，新建一个白色的固态图层 White Solid 1。在 Timeline 面板中将 White Solid 1 图层拖放在 Smoke Element.jpg 图层的下面。设置 White Solid 1 图层的 TrkMat 选项为 Luma Inverted Matte“Smoke Element.jpg”。

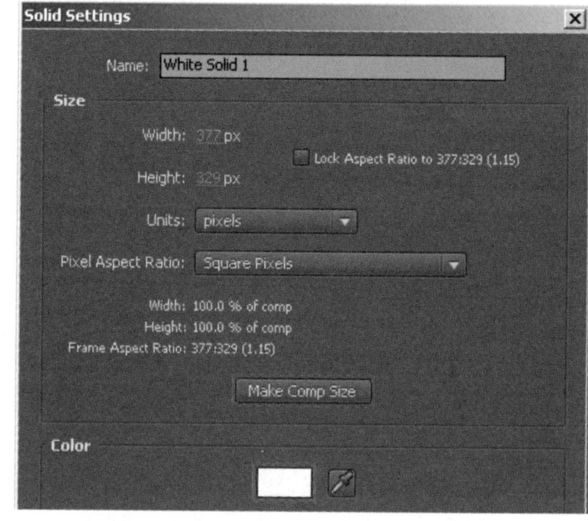

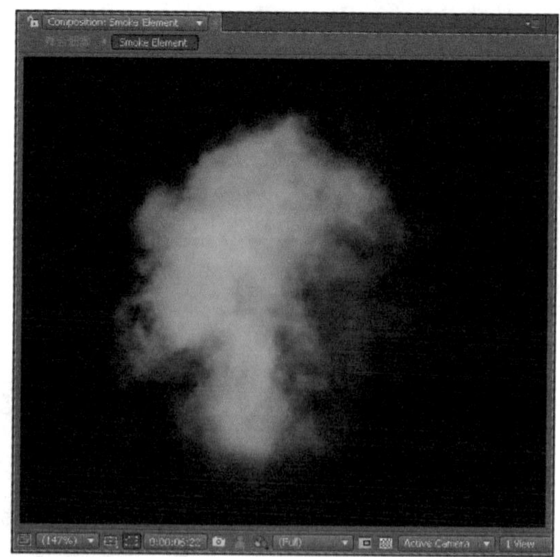

03 选择 Layer → New → Adjustment Layer 菜单命令，新建一个调节图层。选中调节图层，选择 Effect → Color Correction → Colorama 菜单命令为其添加 Colorama 滤镜，在 Effect Controls 面板中调整参数。

04 在 Timeline 面板中选中 Adjustment Layer 图层，选择 Effect → Distort → Turbulent Displace 菜单命令，为其添加 Turbulent Displace 滤镜，在 Effect Controls 面板中调整参数。按住〈Alt〉键后在 Effect Controls 面板中单击 Evolution 属性左侧的按钮，为其添加表达式，在弹出的表达式输入栏中输入 time*100。

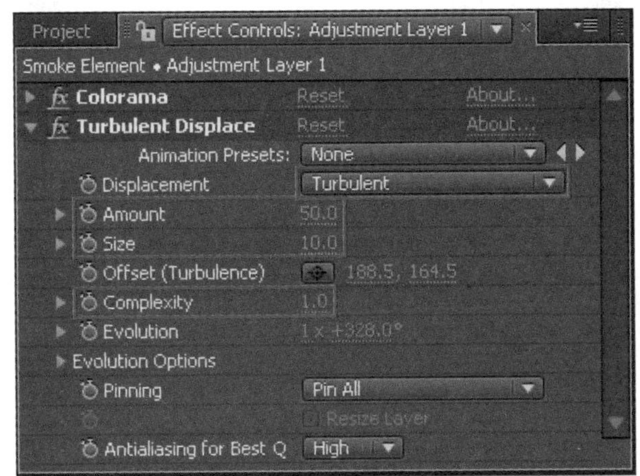

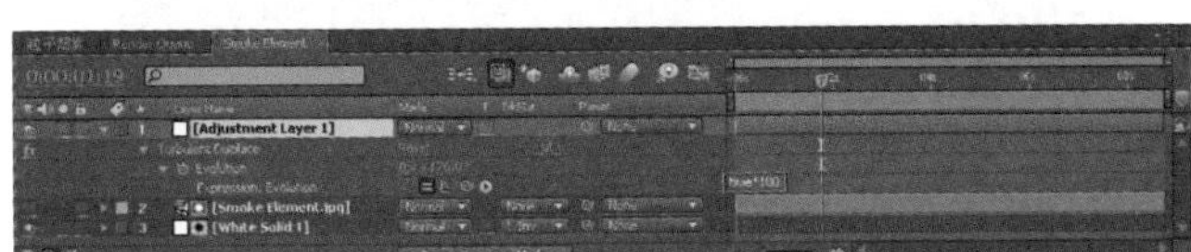

↘ 步骤 02 制作粒子烟雾

01 选择 Composition → New Composition 菜单命令，新建一个合成，命名为“粒子烟雾”。

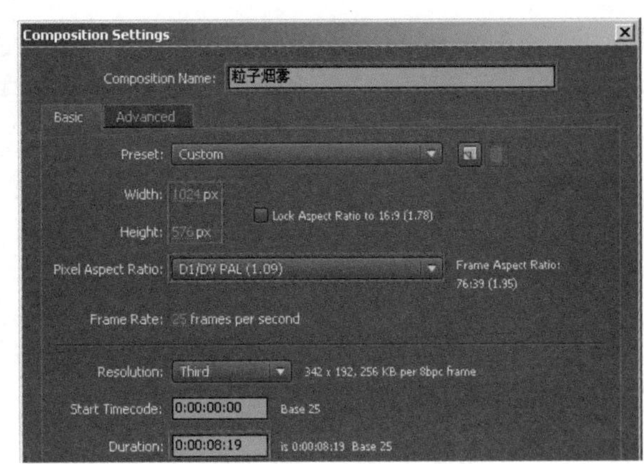

02 将项目面板中的 Smoke Element 合成拖动到“粒子烟雾”合成的 Comp 面板中。选择 Layer → New → Solid 菜单命令，新建一个黑色的固态图层 Black Solid 1。之后打开 Smoke Element 层的三维属性开关，并查看 Timeline 面板。

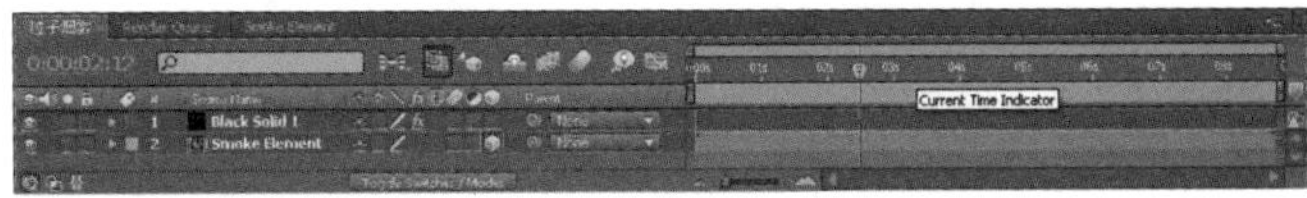

03 关闭 Smoke Element 图层的显示属性，将 Black Solid 1 图层重命名为 Particular。

04 在 Timeline 面板中选中 Particular 图层，选择 Effect → Trapcode → Particular 菜单命令，为其添加 Particular 滤镜并在 Effect Controls 面板中调整参数。

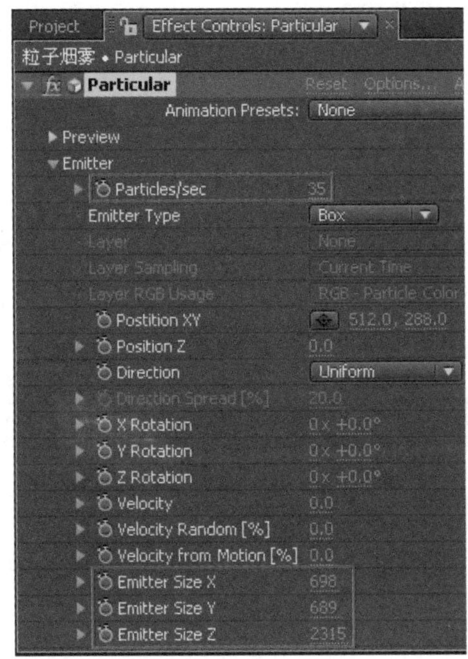

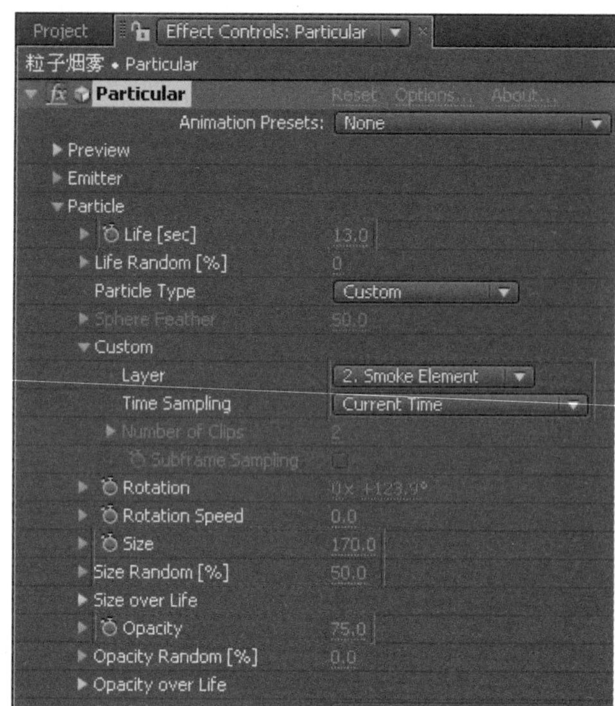

05 在 Timeline 面板中展开 Particular 的属性列表，单击 Particles/sec 左侧的按钮，为其设置关键帧动画。

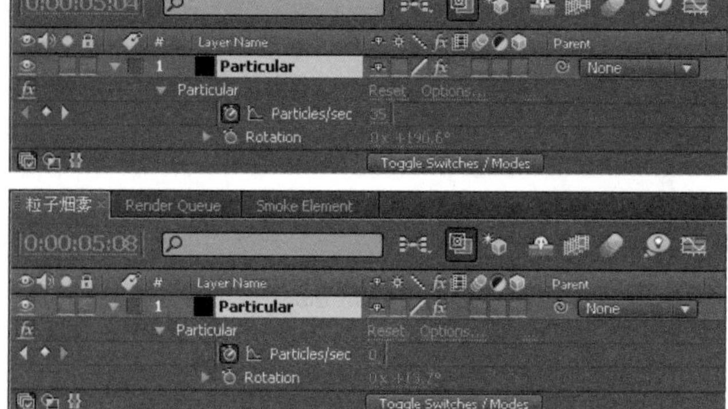

06 按住〈Alt〉键后单击 Rotation 左侧的按钮，为其添加表达式，在表达式输入栏中输入 random(0,360)。

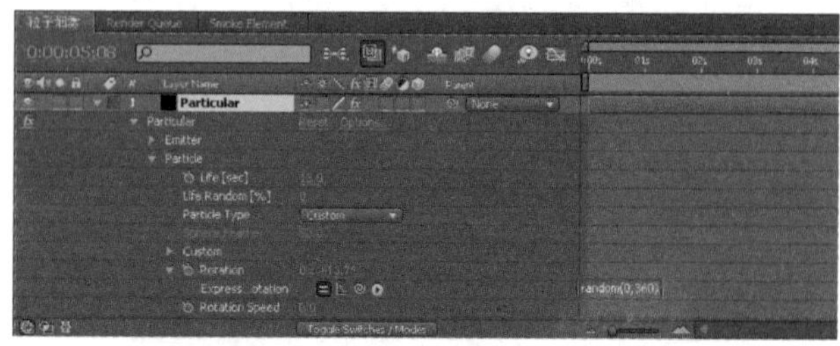

↘ 步骤 03　添加摄像机

01 选择 Layer → New → Camera 菜单命令，新建一个摄像机图层。

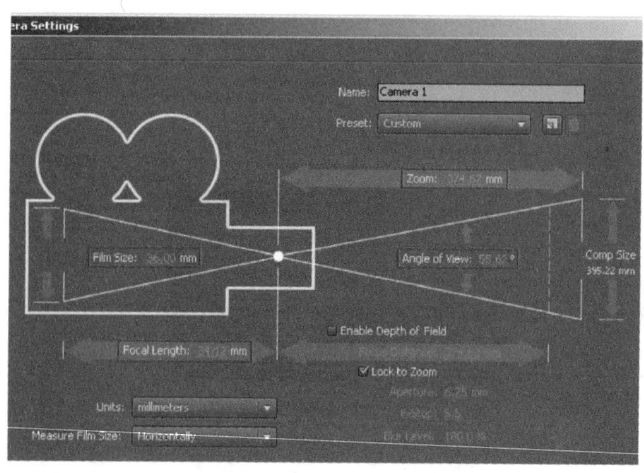

02 单击工具栏中的按钮，在 Comp 合成面板中利用鼠标对摄像机进行旋转、推拉、移动等操作以调整画面视角，查看此时 Comp 合成的效果。

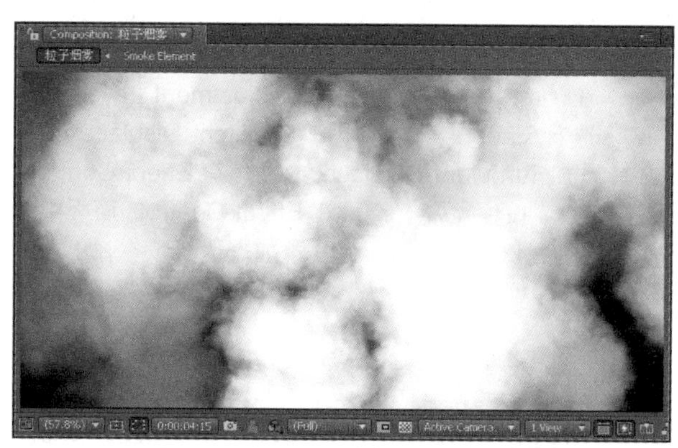

03 选择 Layer → New → Null Object 菜单命令，新建一个 Null 图层，并打开它的三维属性开关，之后设置 Camera 1 图层为 Null 1 图层的子层级，查看 Timeline 面板。

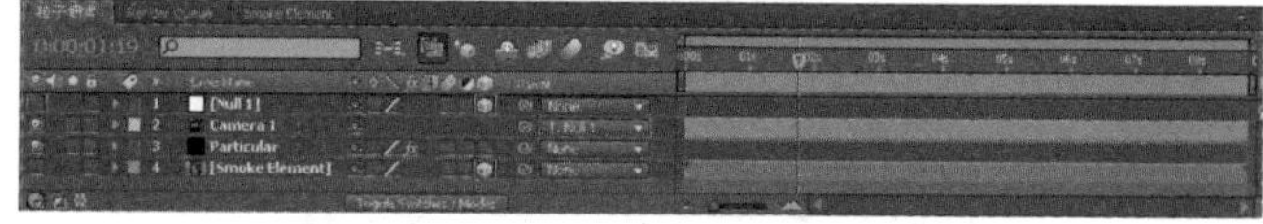

↘ 步骤 04　制作摄像机动画

在 Timeline 面板中选中 Null 1 图层，按〈P〉键展开其 Position 属性列表，为 Position 设置关键帧。

注意：

由于 Camera 1 图层为 Null 1 图层的子级图层，故此时摄像机也同样产生了动画。Null 图层在渲染时不出现在画面中，因此常被用作辅助物体来制作动画。

↘ 步骤 05　为烟雾调色

01 选择 Layer → New → Adjustment Layer 菜单命令，新建一个调节图层。选中调节图层，选择 Effect → Color Correciton → Curves 菜单命令，在 Effect Controls 面板中调整曲线形状。

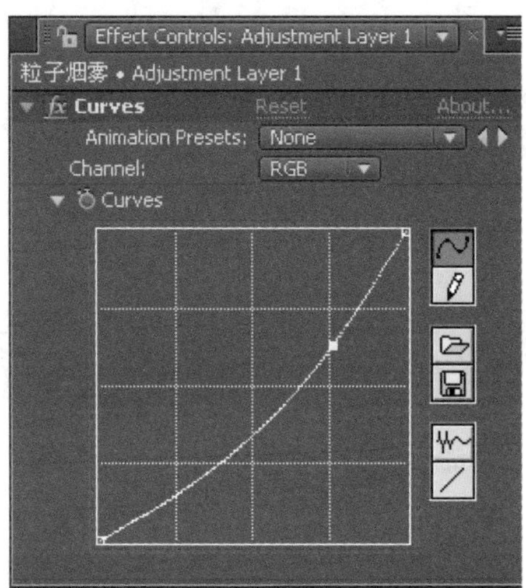

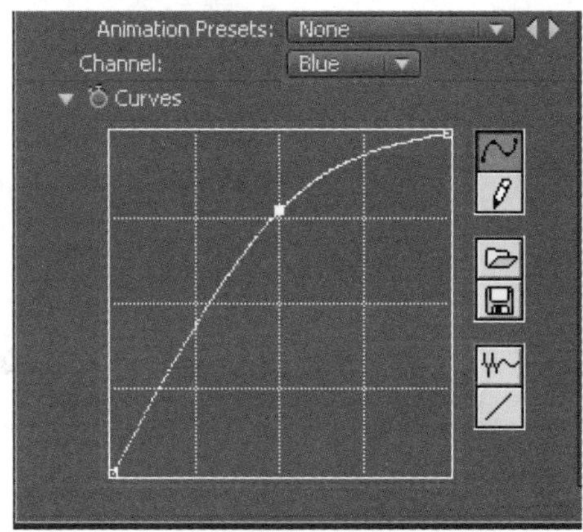

02 再次新建一个调节图层 Adjustment Layer 2，选中该图层，选择 Effect → Color Correciton → Curves 菜单命令，在 Effect Controls 面板调整曲线形状。

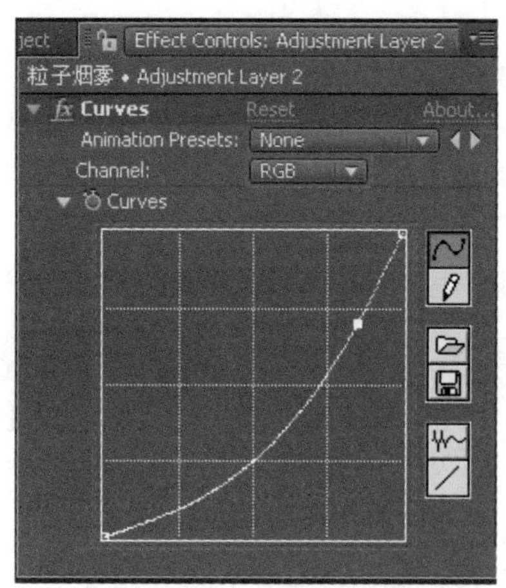

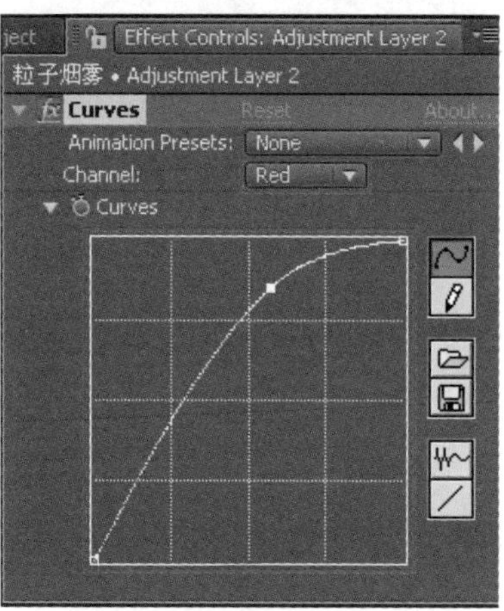

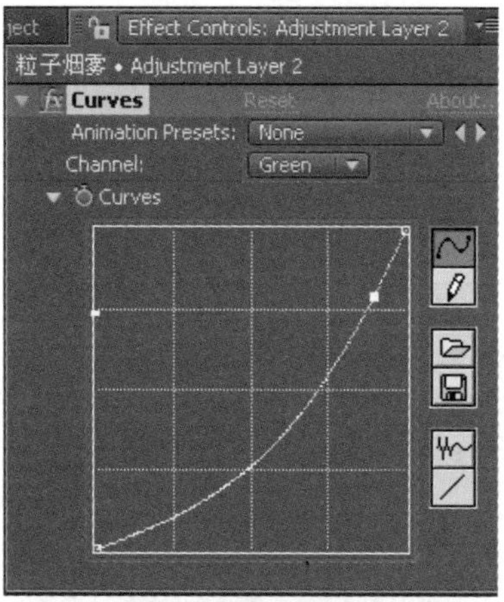

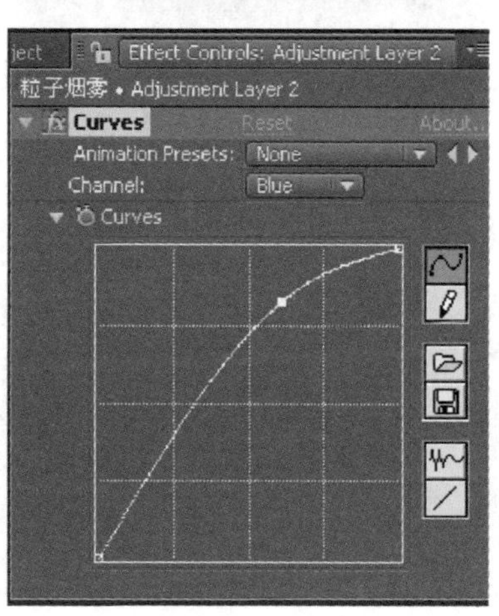

03 选中 Adjustment Layer 2 图层，单击工具栏中的□工具，在 Comp 合成面板中绘制一个 Mask。在 Timeline 面板中选中 Adjustment Layer 2 图层，连续按两次〈M〉键，展开 Mask 的属性列表，之后调整 Mask Feather 参数值为 350。

步骤 06 制作粒子

01 在 Timeline 面板中选中 Particular 图层，按下〈Ctrl+D〉组合键复制出 Particular 2 图层。选中 Particular 2 图层，在 Effect Controls 面板中调整参数。

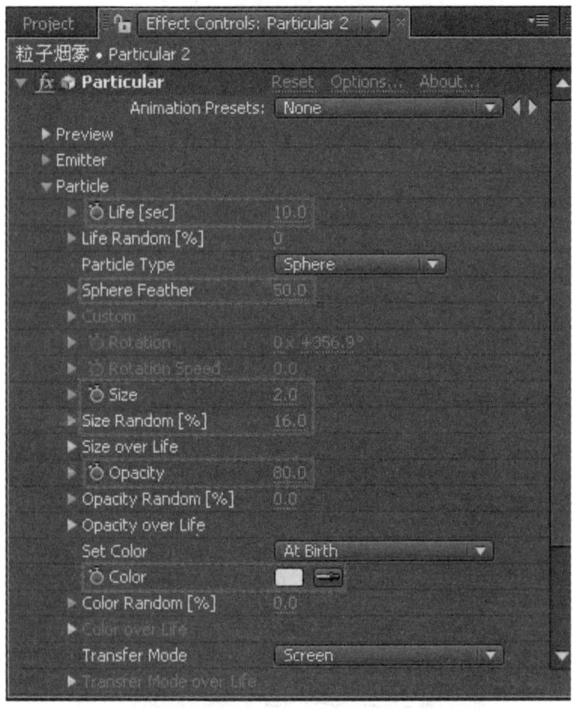

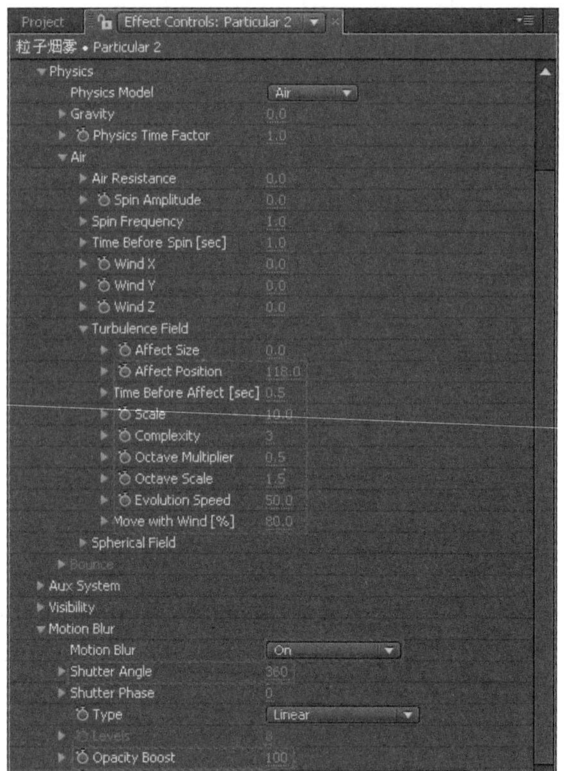

02 查看此时 Comp 合成的效果。

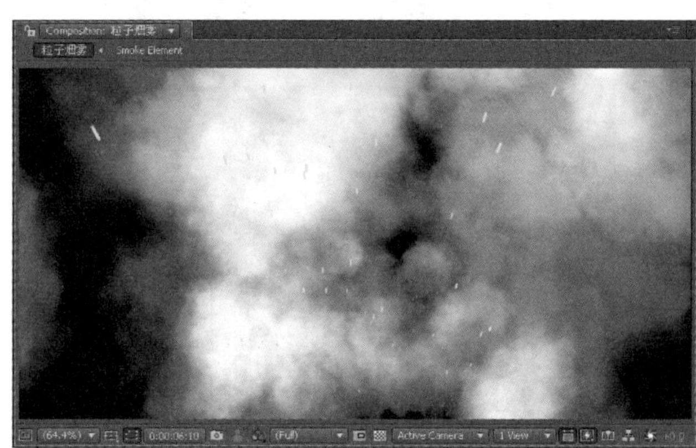

案例 65 人物重生

本案例主要介绍了 PSD 文件的应用技巧，利用 CC Ball Action 滤镜为人物图层制作聚散动画；为文字层制作不透明度和光效动画；熟悉 Shine 滤镜的应用技巧。

● **光盘路径** | 第 7 章 \ 人物重生

● **难易指数** | ★★☆☆☆

案例效果分析

核心技术要点：本例介绍使用 CC Ball Action（粒子聚散）滤镜的方法和技巧。

制作思路分析：熟悉对 Photoshop 的 PSD 文件的设置方法，为分层导入的图层文件制作粒子聚散和光效动画。

制作提示

1. 创建 Comp 合成、导入素材。
2. 创建粒子聚散。
3. 制作光效。
4. 为字幕制作光效动画。

步骤 01 创建 Comp 合成

启动 Adobe After Effects CC，选择 Composition → New Composition 菜单命令，新建一个 Comp 合成，命名为“人物重生”。选择 File → Import → File 菜单命令，将本书配套光盘中的“机械人 .psd”文件分层导入到项目面板中。之后分别将“图层 1/ 机械人 .psd”“图层 2/ 机械人 .psd”拖到 Timeline 面板中。

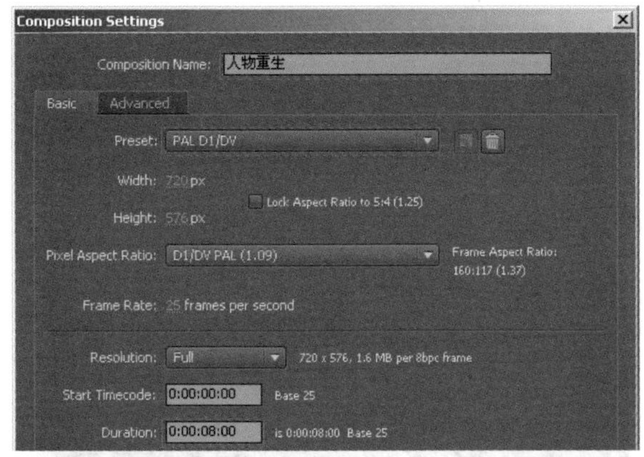

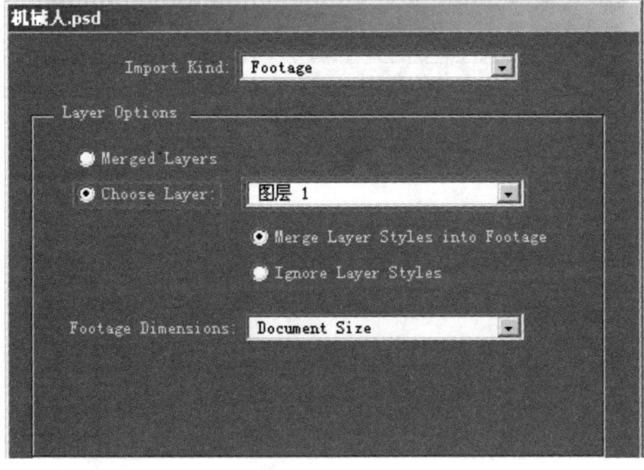

步骤 02 创建粒子聚散

01 选中“图层 1/ 机械人 .psd”图层，选择 Effect → Simulation → CC Ball Action 菜单命令，为其添加 CC Ball Action 滤镜，在 Effect Controls 面板中调整参数，并查看此时 Comp 合成的效果。

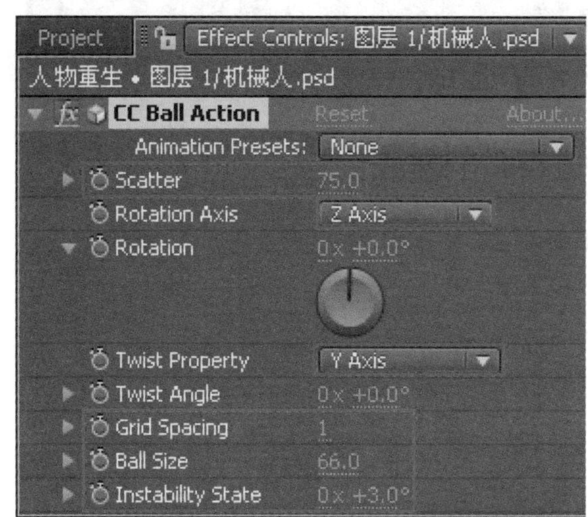

02 为 CC Ball Action 滤镜下面的参数设置关键帧。在时间 0:00:00:00 处为 Scatter 设置关键帧，在时间 0:00:02:14 处为 Grid Spacing 和 Ball Size 设置关键帧，在时间 0:00:03:01 处为 Scatter、Grid Spacing 和 Ball Size 设置关键帧。

03 按数字键〈0〉预览效果。

↘ 步骤 03　制作光效

01 选中“图层 1/ 机械人 .psd”图层，选择 Effect → Trapcode → Shine 菜单命令，为其添加 Shine 滤镜并在 Effect Controls 面板中调整参数，并查看此时 Comp 合成的效果。

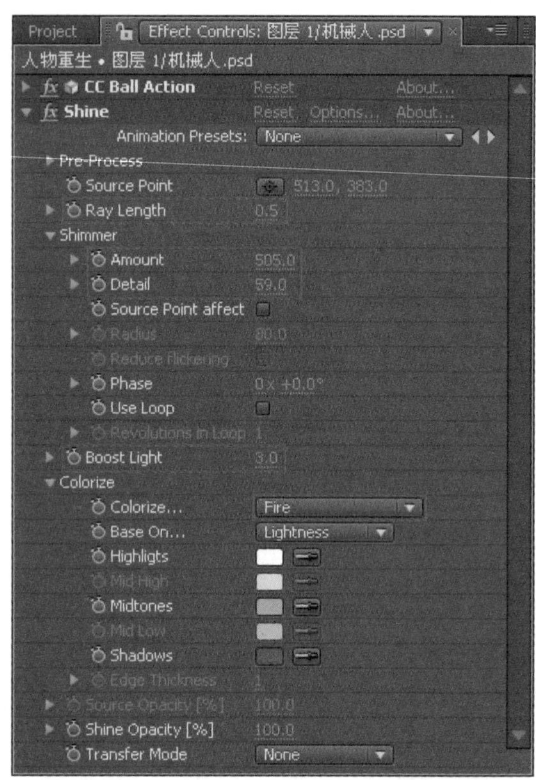

02 为 Shine 滤镜的 Ray Length、Boost Light 属性值记录关键帧。

02 按〈T〉键展开 Opacity 属性列表，为 Opacity 和 Shine 滤镜的 Ray Length 属性值记录关键帧。

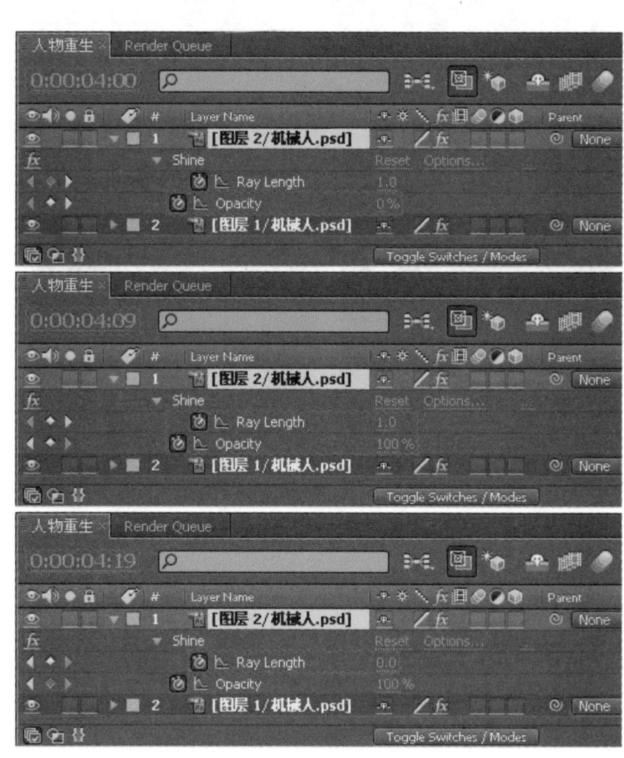

步骤 04 为字幕制作光效动画

01 在 Timeline 面板中选中“图层 2/ 机械人 .psd”图层，选择 Effect → Trapcode → Shine 菜单命令，为其添加 Shine 滤镜并在 Effect Controls 面板中调整参数。

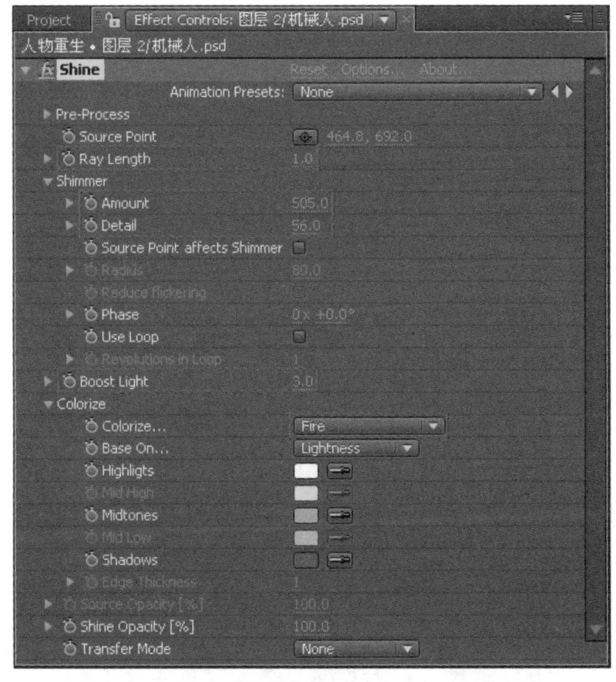

03 按数字键〈0〉预览最终效果。

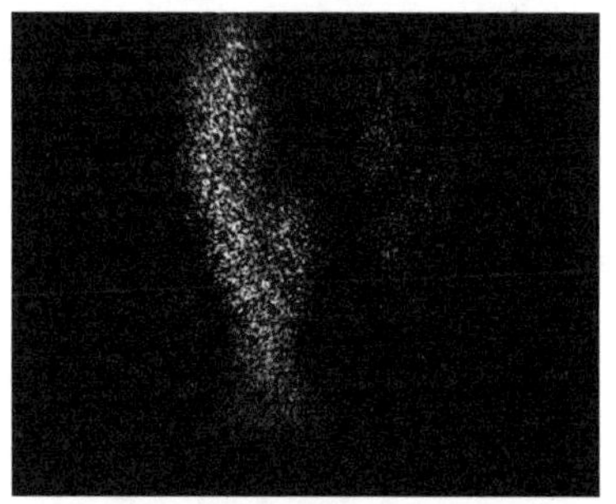

案例 66 五彩星云

本案例主要以制作彩色粒子为主。与其他案例不同的是，这里主要通过对 Color over Life（色彩）参数的调整和应用，来制作出宇宙中的星云粒子动画效果。

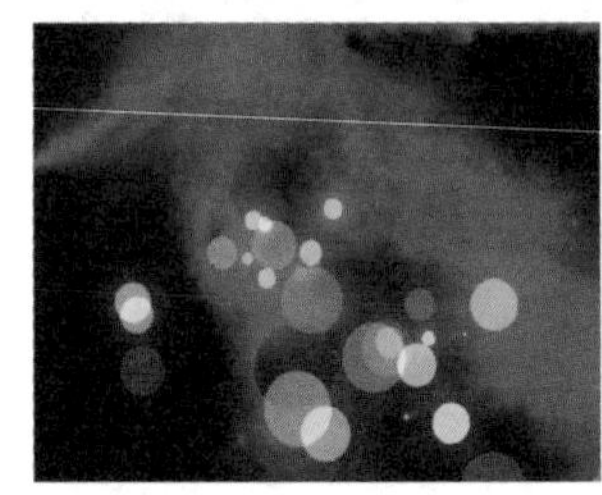

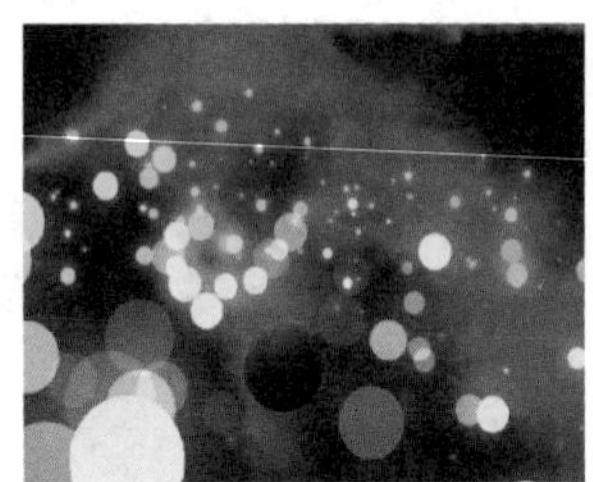

● **光盘路径** | 第 7 章 \ 五彩星云

● **难易指数** | ★★★☆☆

案例效果分析

核心技术要点：本例主要以使用 Particular 滤镜制作粒子星云动画效果为主。

制作思路分析：理解空间概念，利用星云素材作为背景，通过图层叠加将彩色粒子与星云背景进行合成，从而制作出空间中的粒子动画。

制作提示

1. 创建 Comp 合成、创建固态图层。
2. 创建粒子。
3. 创建摄像机。

步骤 01 创建 Comp 合成

启动 Adobe After Effects CC，选择 Composition → New Composition 菜单命令，新建一个 Comp 合成，命名为“粒子星云”。选择 Layer → New → Solid 菜单命令，新建一个固态图层，命名为 Particle。

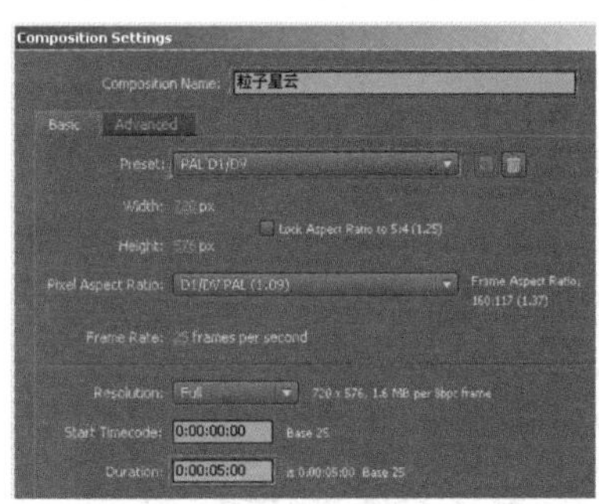

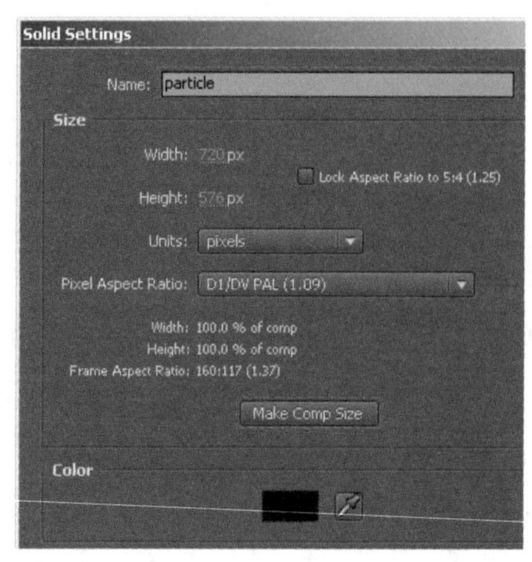

步骤 02 创建粒子

01 选中 Particle 图层，选择 Effect → Trapcode → Particular 菜单命令，为其添加 Particular 滤镜，在 Effect Controls 面板中调整参数。

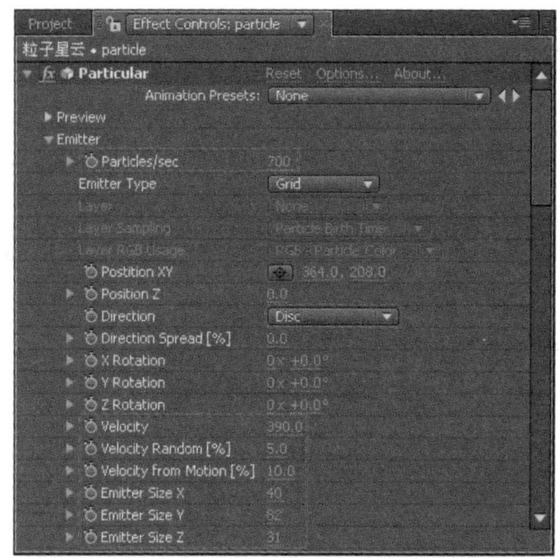

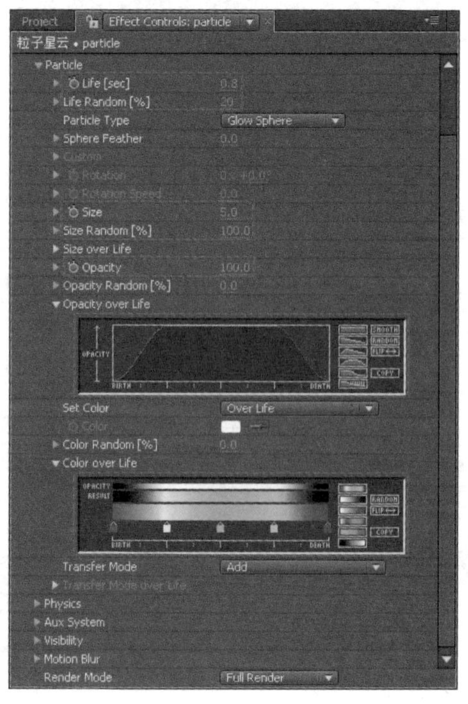

02 按数字键〈0〉预览效果。

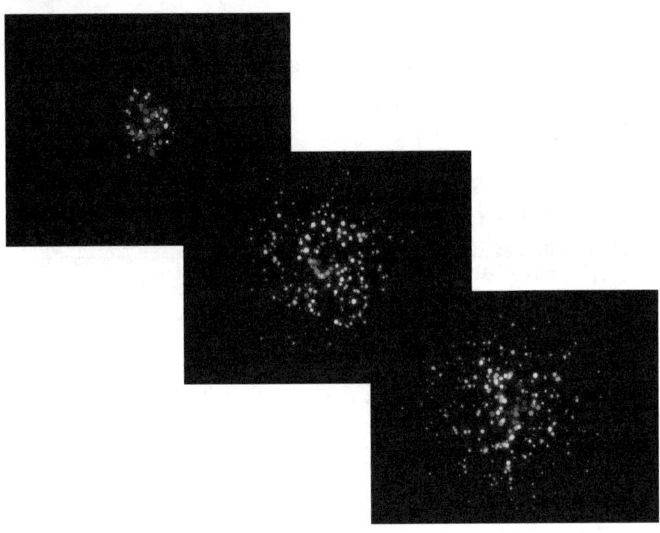

↘ 步骤 03　添加摄像机

01 选择 Layer → New → Camera 菜单命令，新建一个摄像机图层，命名为 Camera1。单击工具栏中的摄像机工具，在 Comp 合成面板中利用鼠标键对摄像机进行旋转、移动和推拉等操作以调整摄像机视角。

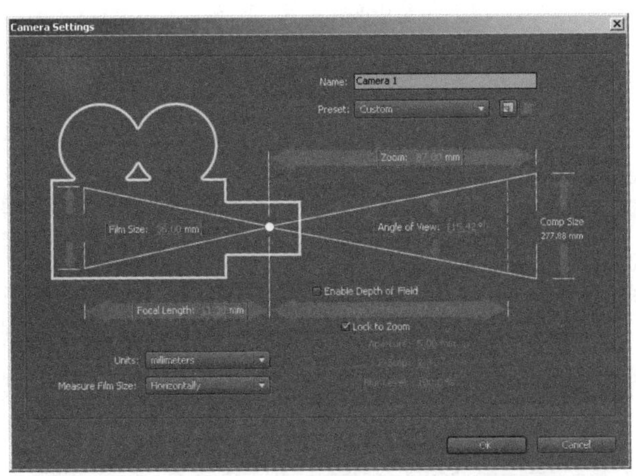

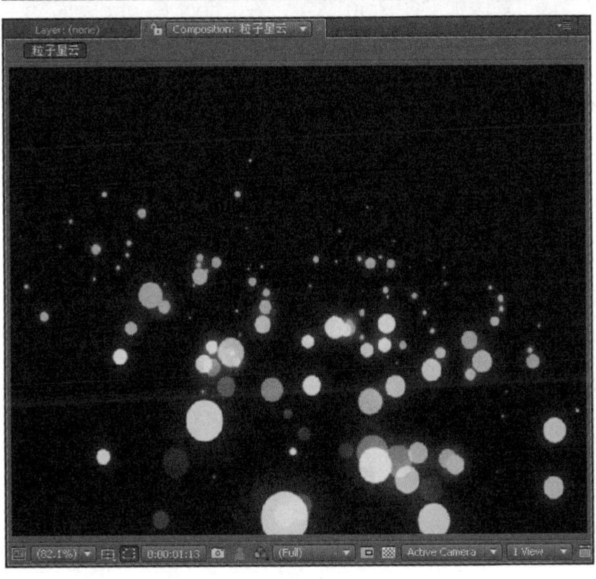

02 在项目面板中双击，导入本书配套光盘中的“背景.jpg”文件，将其拖放到 Timeline 面板的底层。按数字键〈0〉预览最终效果。

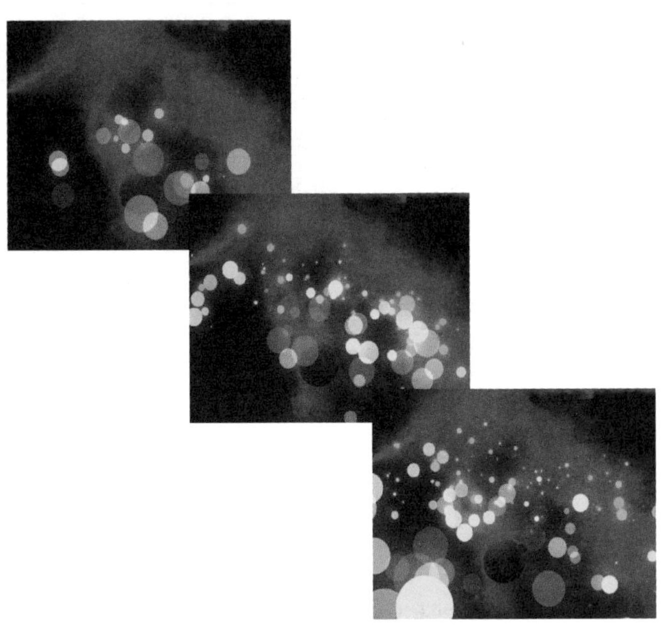

案例 67　下雪

本案例使用 CC Rain 和 CC Snow 滤镜为画面制作下雪的动画效果。在制作下雪动画的过程中，需要为图层添加 Hue/Saturation 滤镜，以对画面的饱和度和不透明度进行调整，使整个画面具有更为真实的气氛。

● 光盘路径 | 第 7 章 \ 下雪

● 难易指数 | ★★☆☆☆

案例效果分析

核心技术要点：本例主要介绍使用 CC Rain（雨）和 CC Snow（雪）滤镜制作下雪效果的方法。

制作思路分析：熟悉 After Effects 中不同的特效滤镜，利用 CC Rain 和 CC Snow 滤镜为视频画面制作雨雪交加的动画效果。

制作提示

1. 创建 Comp 合成、导入素材。
2. 制作雨雪效果。

步骤 01 创建 Comp 合成

启动 Adobe After Effects CC，选择 Composition → New Composition 菜单命令，新建一个 Comp 合成，命名为“下雪”。选择 File → Import → File 菜单命令，导入本书配套光盘中的 ColdBreath.mov 文件，并将其拖到 Timeline 面板中。

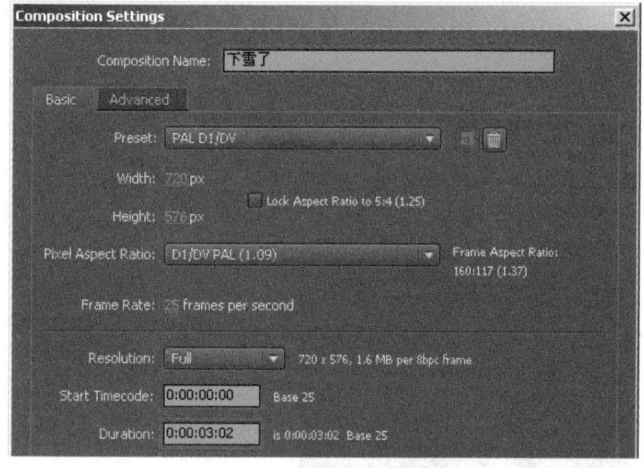

步骤 02 制作雨雪效果

01 在 Timeline 面板中选中 ColdBre-ath.mov 图层，选择 Effect → Color Correction → Hue/Saturation 菜单命令，为其添加 Hue/Saturation 滤镜，在 Effect Controls 面板中调整参数。

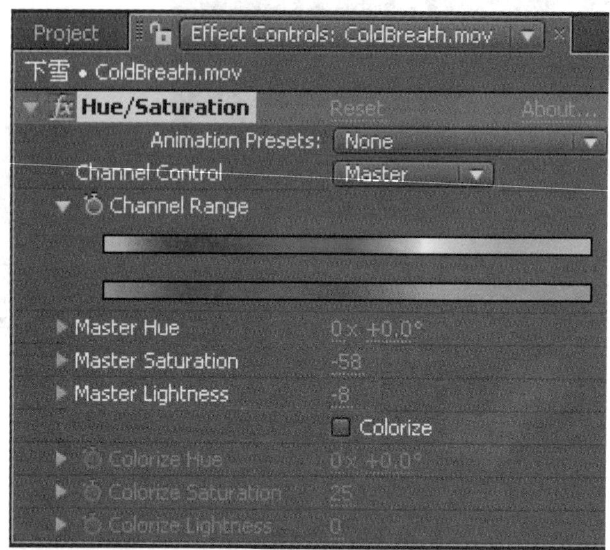

02 选择 Effect → Simulation → CC Rain 菜单命令，为其添加 CC Rain 滤镜，在 Effect Controls 面板中调整参数。

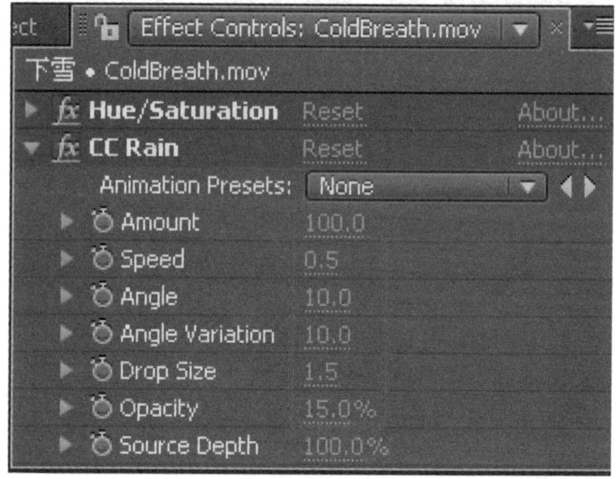

03 选中 ColdBreath.mov 图层，选择 Effect → Simulation → CC Snow 菜单命令，为其添加 CC Snow 滤镜，在 Effect Controls 面板中调整参数。

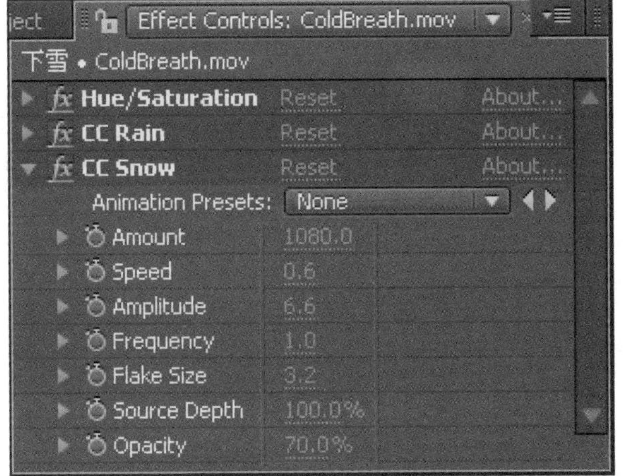

04 按数字键〈0〉预览最终效果。

案例 68　水珠

本案例通过使用 CC Mr. Mercury（水珠）和 FastBlur 滤镜在画面中制作出具有环境反射的水珠动画。

● 光盘路径 | 第 7 章 \ 水珠

● 难易指数 | ★★☆☆☆

案例效果分析

核心技术要点：本例主要利用 After Effects 的 CC Mr. Mercury（水珠）滤镜为画面制作水珠动画。

制作思路分析：熟悉 After Effects 的特效滤镜，利用 CC Mr. Mercury 和 Fast Blur 滤镜为画面制作具有真实环境反射的水珠动画。

制作提示

1. 创建 Comp 合成、导入素材。
2. 制作水珠效果。

步骤 01　创建 Comp

启动 Adobe After Effects CC，选择 Composition → New Composition 菜单命令，新建一个 Comp 合成。在项目面板中双击，导入本书配套光盘中的 samFootage.mov 文件，将其拖到 Timeline 面板中，并查看此时 Comp 合成中的效果。

↘ 步骤 02　制作水珠动画

01 在 Timeline 面板中选中 samFootage. mov 图层，选择 Effect → Blur&Sharpen → Fast Blur 菜单命令，为其添加 Fast Blur 滤镜，在 Effect Controls 面板中调整参数。

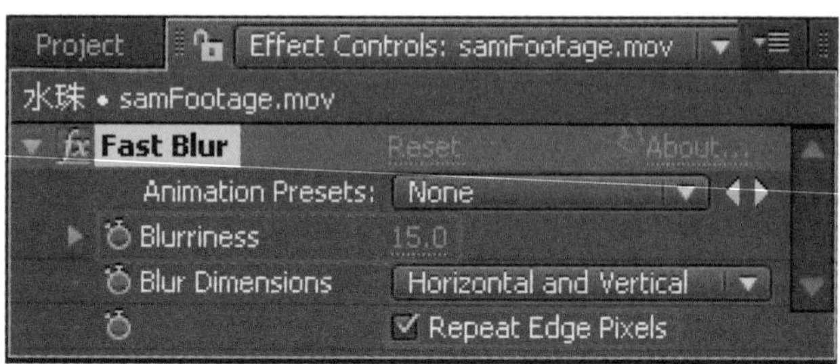

02 在 Timeline 面板中展开 samFootage.mov 图层的 Blurriness 属性列表，为其记录关键帧。

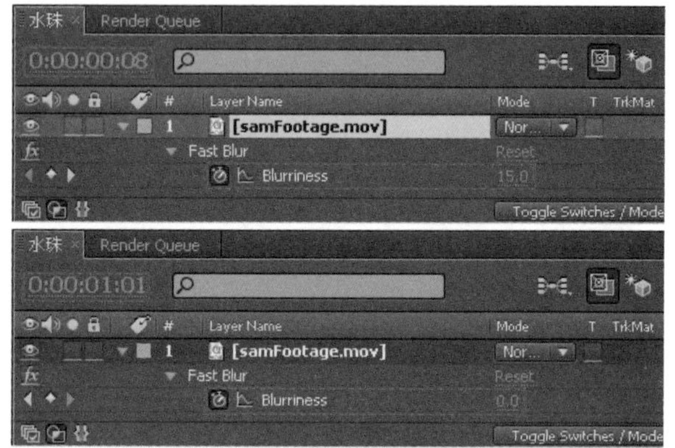

03 再次从项目面板将 samFootage.mov 文件拖到 Timeline 面板中，选择 Effect → Simulation → CC Mr Mercury 菜单命令，为其添加 CC Mr Mercury 滤镜，之后在 Effect Controls 面板中调整参数。

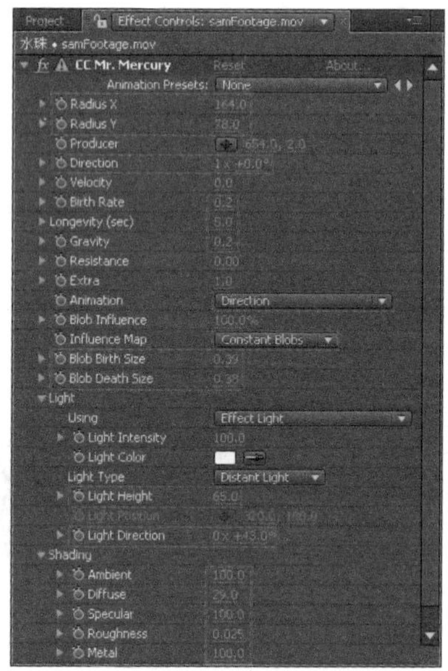

04 选中上面的 samFootage.mov 图层（即水珠图层），选择 Effect → Blur&Sharpen → Fast Blur 菜单命令，为水珠添加 Fast Blur 滤镜，并为 Fast Blur 滤镜设置关键帧。

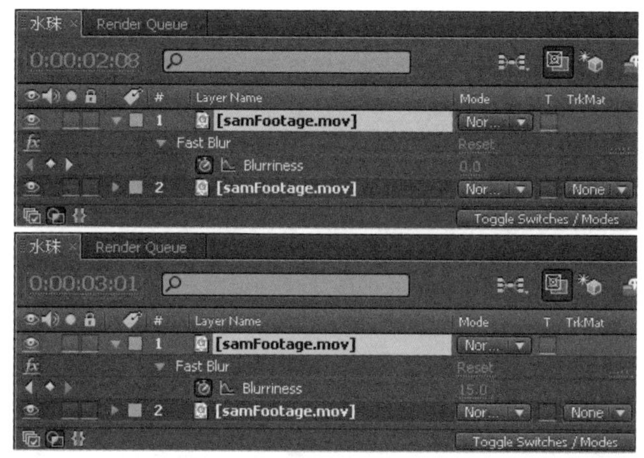

05 按数字键〈0〉预览最终效果。

案例 69　老电影

本案例通过使用 Strobe Light、Hue/Saturation、Noise 及 Particle Playground 滤镜，为正常的影片画面添加老电影的闪烁效果。

● **光盘路径** | 第 7 章 \ 老电影

● **难易指数** | ★★☆☆☆

案例效果分析

核心技术要点：本例介绍 Particle Playground（粒子发射场）滤镜的应用技巧，配合 Strobe Light（闪光灯）滤镜制作出老电影效果。

制作思路分析：熟悉 After Effects 中的 Particle Playground 和 Noise 滤镜，利用粒子滤镜读取 Line 图层的信息，制作出闪烁的线条。

制作提示

1. 创建 Comp 合成、导入素材。
2. 为素材添加 Strobe Light 滤镜，制作闪光。
3. 为素材添加 Noise 滤镜，制作噪点。
4. 制作杂乱的粒子线条。

↘ 步骤 01　创建 Comp

启动 Adobe After Effects CC，选择 Composition → New Composition 菜单命令，新建一个 Comp 合成，命名为“老电影”。选择 File → Import → File 菜单命令，导入本书配套光盘中的“金刚 .mov”文件，并将其拖到 Timeline 面板中，并查看此时 Comp 合成的效果。

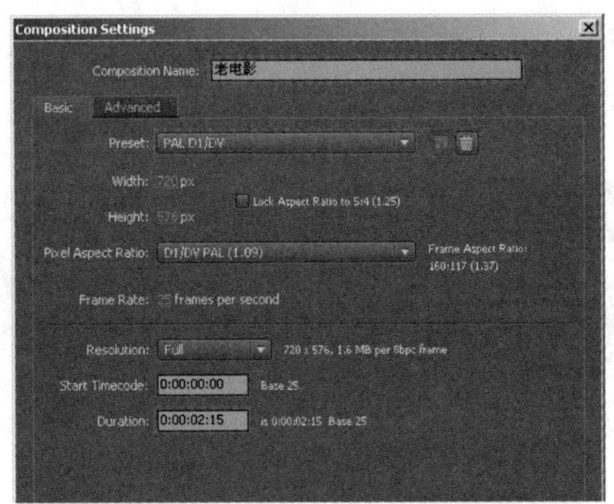

↘ 步骤 02　制作闪光和噪点

01 选中“金刚 .mov”图层，选择 Effect → Stylize → Strobe Light 菜单命令，为其添加 Strobe Light（闪光灯）滤镜，在 Effect Controls 面板中调整参数。选中“PoliceFootage.mov”图层，选择 Effect → Color Correction → Hue/Saturation 菜单命令，为其添加 Hue/Saturation 滤镜，在 Effect Controls 面板中调整参数以降低画面饱和度。

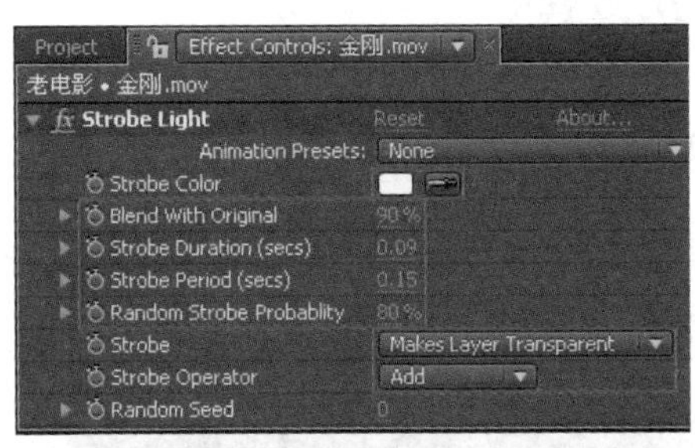

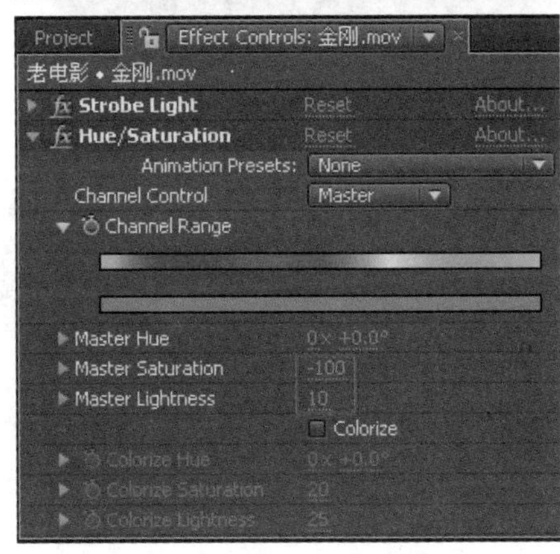

02 选中“PoliceFootage.mov.mov”图层，选择 Effect → Noise&Grain → Noise 菜单命令，为其添加 Noise 滤镜，在 Noise 滤镜控制面板中调整参数。

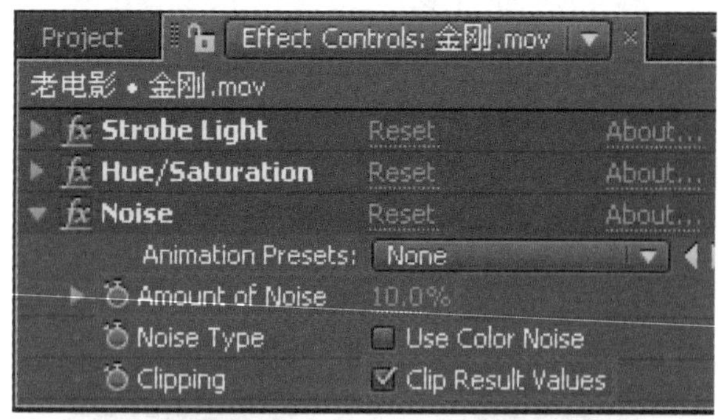

03 按数字键〈0〉预览效果。

↘ 步骤 03　制作杂乱的粒子线条

01 选择 Layer → New → Solid 菜单命令，新建一个固态图层，命名为 Line。在 Timeline 面板中单击 Line 图层的按钮，关闭其图层的显示属性。

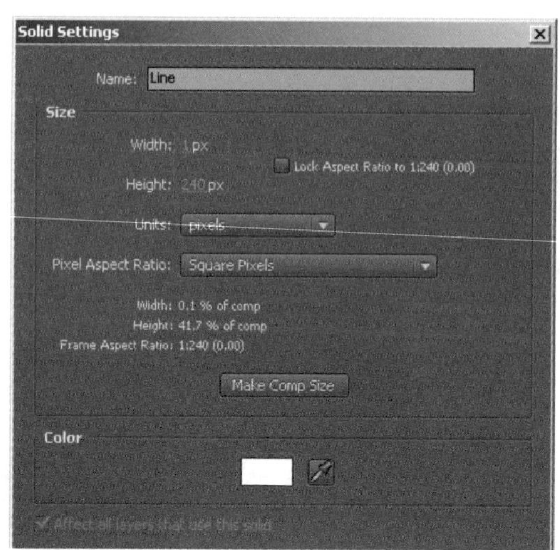

02 选择 Layer → New → Solid 菜单命令，再新建一个固态图层，命名为 Particle。选中 Particle 图层，选择 Effect → Simulation → Particle Playground 菜单命令，为其添加 Particle Playground 滤镜，在 Particle Playground 滤镜控制面板中调整参数。

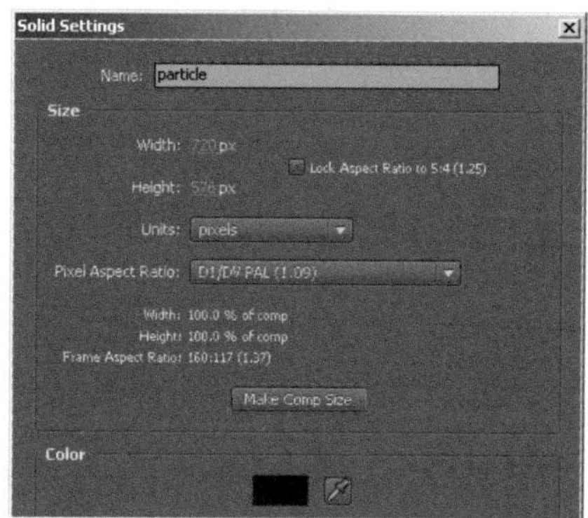

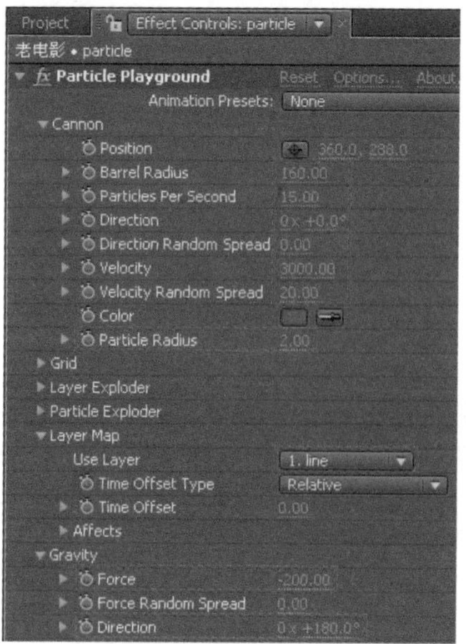

03 选择 Effect → Noise& Grain → Noise 菜单命令，为 Particle 图层添加 Noise 滤镜，在 Effect Controls 面板中调整参数。

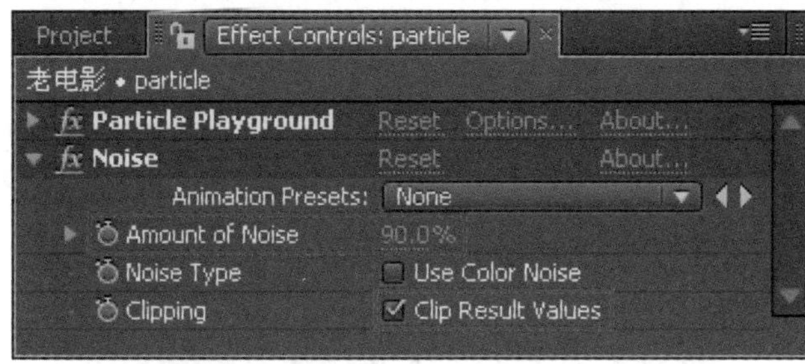

04 按数字键〈0〉预览效果。

案例 70　变形

本例主要介绍在 Adobe After Effects CC 中设计变形动画的相关技巧。

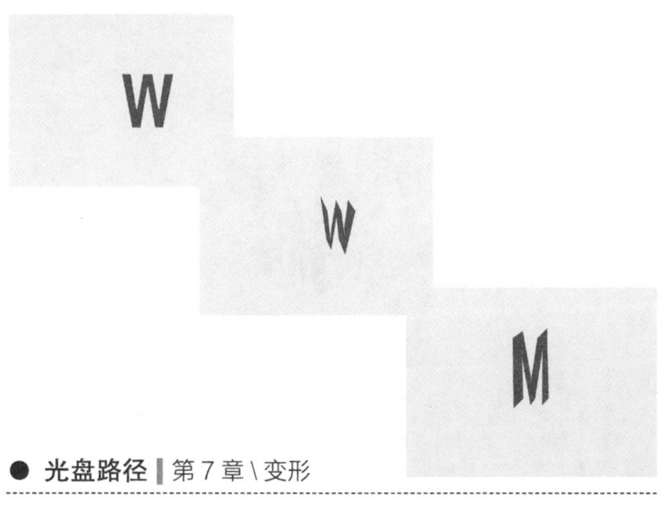

● 光盘路径 | 第 7 章 \ 变形

● 难易指数 | ★★☆☆☆

案例效果分析

核心技术要点：本例主要介绍利用 Mask 在不同时间处设计相应的形状制作变形动画的方法。

制作思路分析：制作 W 和 M，利用钢笔工具勾画出 W 和 M。之后在不同的时间处，制作 W 和 M 的变形动画。

制作提示

1. 创建 Comp 合成。
2. 制作文字。
3. 制作变形动画。

步骤 01　创建 Comp 合成

启动 Adobe After Effects CC，选择 Composition → New Composition 菜单命令，新建一个 Comp 合成，命名为“变形”。

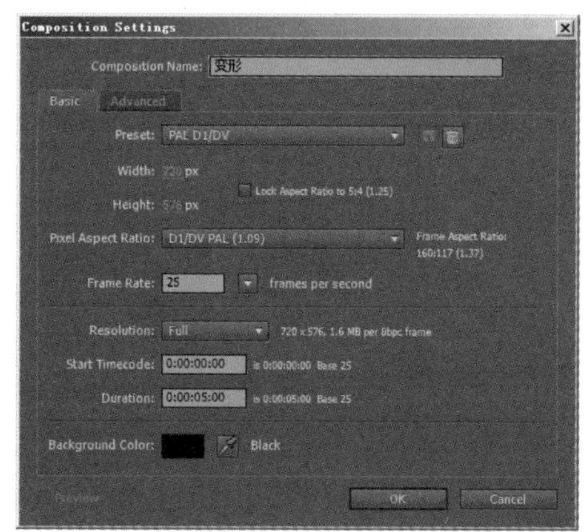

步骤 02　制作文字

01 单击工具栏中的T工具，在 Comp 合成面板中单击输入文字 W，之后在文字工具控制面板中进行参数设置，并查看此时 Comp 合成的效果。

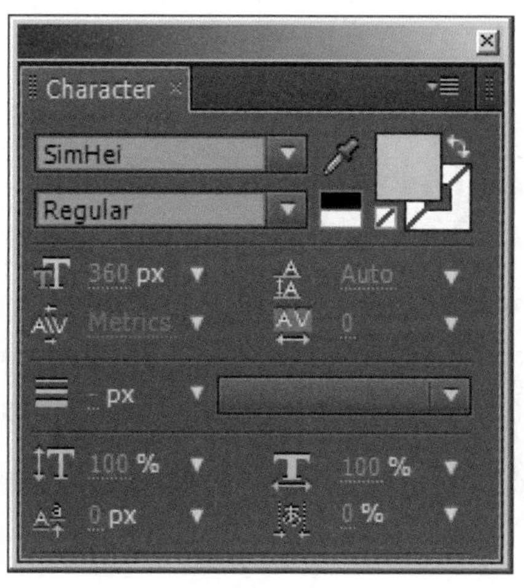

02 选中 W 图层，单击工具栏中的工具，在 Comp 合成面板中勾画出 W。

03 用同样的方法创建一个新文字图层并输入 M。选中 M 图层，利用工具在 Comp 合成面板中勾画出 M。

步骤 03 制作变形动画

01 选择 Layer → New → Solid 菜单命令，新建一个固态图层，命名为 Yellow。在 Timeline 面板中确定 Yellow 处于最上层，之后将其他图层的显示属性全部关闭。

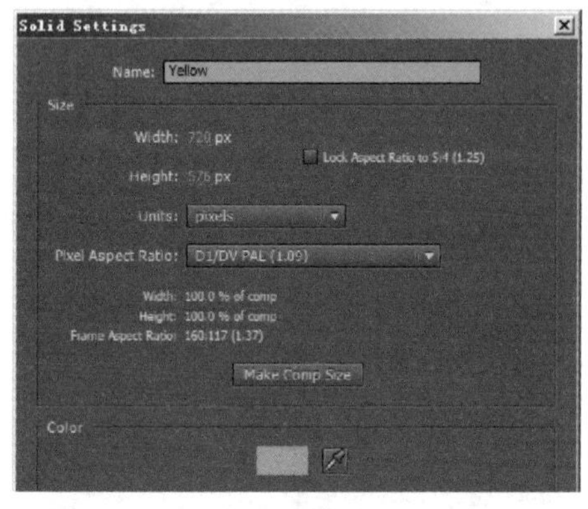

02 在 Timeline 面板中选中 W 图层，按〈M〉键展开 W 图层的 Mask 属性列表，选中 Mask Shape 选项。按〈Ctrl+C〉组合键对其进行复制，然后选中 Yellow 图层，按〈Ctrl+V〉组合键进行粘贴，则 W 图层的 Mask Shape 便被复制到了 Yellow 图层。

03 选中 Yellow 图层，确定已经展开 Mask 属性列表后，将时间滑块拖到 0:00:00:00 处，单击 Mask Path 前面的按钮记录关键帧。将时间滑块拖到 0:00:04:00 处，选中 M 图层，按〈M〉键展开 M 图层的 Mask 属性列表，选中 Mask Shape 选项，按〈Ctrl+C〉组合键对其进行复制，然后再选中 Yellow 图层下的 Mask Shape 选项，按〈Ctrl+V〉组合键进行粘贴，则 M 图层的 Mask Shape 便作为关键帧被复制到了 Yellow 图层的当前时间。

04 按数字键〈0〉预览最终效果。

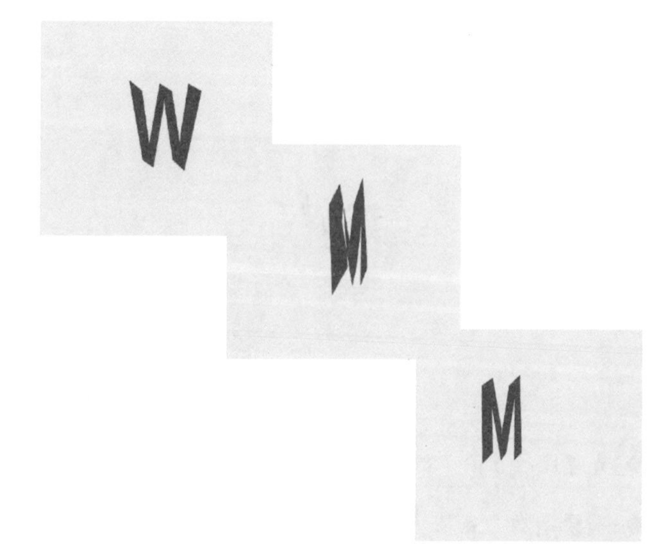

案例 71　粒子杂物

本案例通过粒子旋风及环境中杂物的制作熟悉 CC Particle World 滤镜的使用。利用三维粒子制作粒子旋风，使其与图像背景中的环境完美结合。

● 光盘路径 | 第 7 章 \ 粒子杂物

● 难易指数 | ★★★★★

案例效果分析

核心技术要点：本例介绍利用 After Effects 制作一段粒子特效动画的方法；利用粒子模拟杂物和旋风能量产生的旋涡。

制作思路分析：理解空间概念，根据背景图像的透视关系制作粒子旋风的动画效果，将粒子杂物与背景图像中的环境完美结合。

制作提示

1. 创建粒子层，设置粒子的属性参数。
2. 制作旋转风，为粒子旋转风制作光效。
3. 合成嵌套。
4. 制作飞起的杂物，设置粒子的属性参数。

步骤 01　创建 Comp 合成

启动 Adobe After Effects CC，在项目面板中双击，导入本书配套光盘中的 riverside.jpg 文件。将 riverside.jpg 文件拖到项目面板底部的按钮上，创建一个合成。

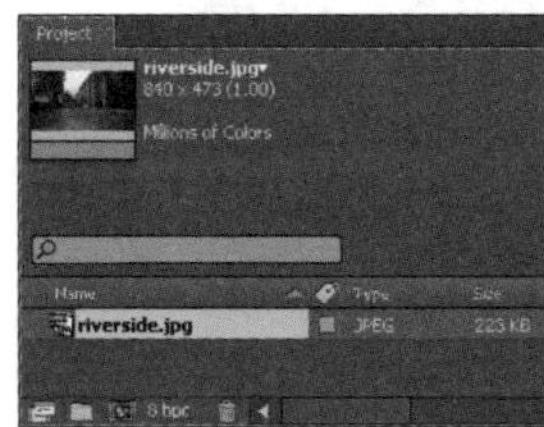

步骤 02　创建粒子层

01 选择 Layer → New → Solid 菜单命令，新建一个固态图层，命名为 particles。

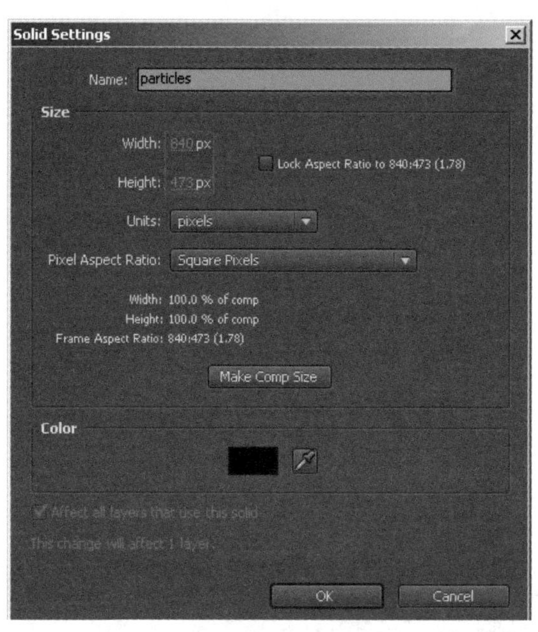

02 在 Timeline 面板中选中 particles 图层，选择 Effect → Simul-ation → CC Particle World 菜单命令，为其添加 CC Particle World 滤镜。

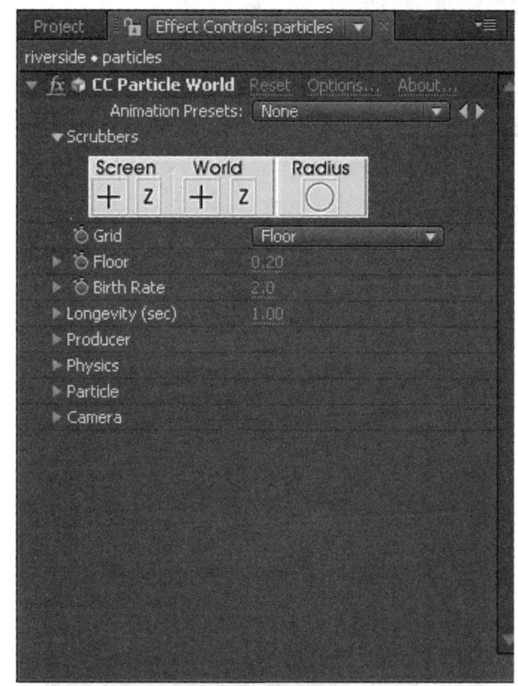

步骤 03　创建摄像机

01　选择 Layer → New → Camera 菜单命令，新建一个摄像机图层。

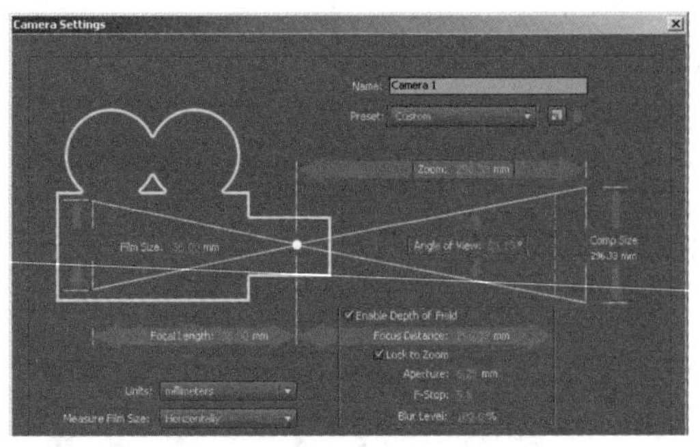

02　单击工具栏中的工具，在 Comp 合成面板中拖动并单击鼠标左键、右键、中键，对摄像机视角进行旋转、推拉、平移等调整，使得网格和背景画面的透视关系基本一致。

步骤 04　设置粒子的属性参数

01　在 Effect Controls 面板中设置 CC Particle World 滤镜的 Grid 属性为 Off，并调整 PositionY 的值，改变粒子在画面中的位置。

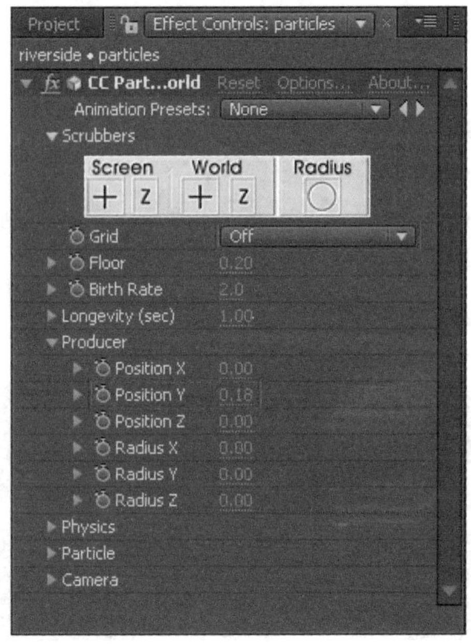

02　单击 Options 按钮，在弹出的对话框中单击 Rendering 按钮，在弹出的 Render Settings 对话框的 Floor is 选项组中选择 ice 选项，单击 OK 按钮确定。

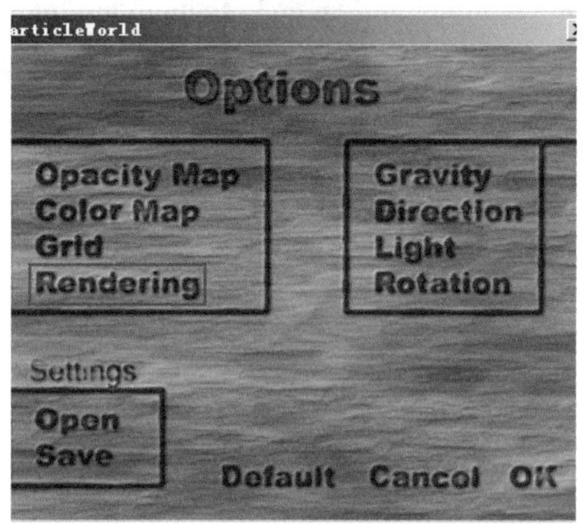

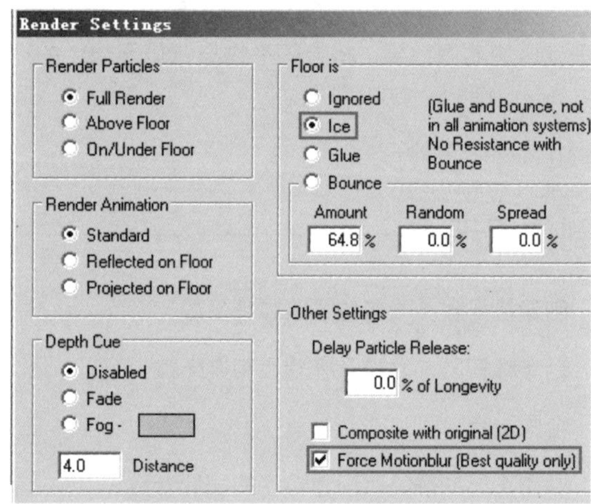

03　在 Effect Controls 面板中设置 CC Particle World 滤镜的参数。

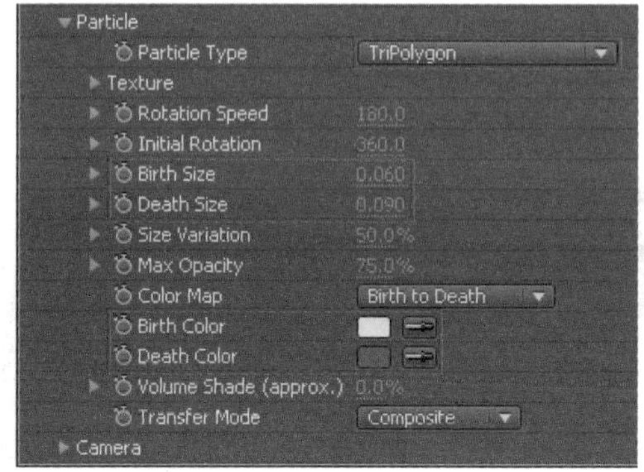

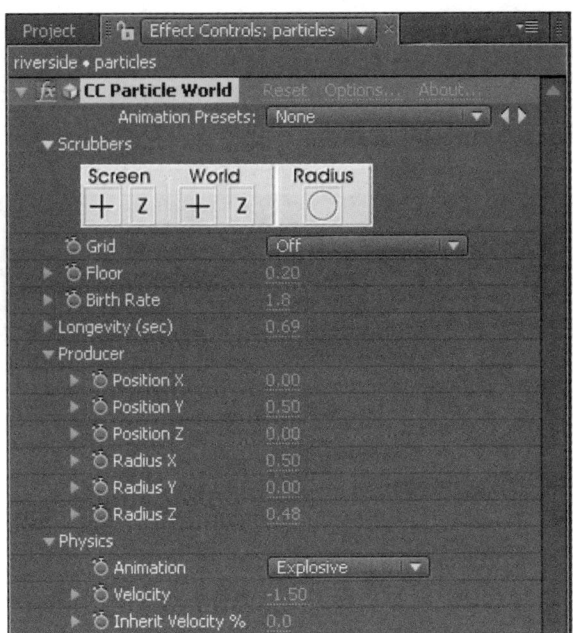

04 查看此时 Comp 合成的效果。

步骤 05 制作粒子旋风

在Timeline 面板中选中 particles 图层，按〈Ctrl+D〉组合键对其进行复制。选中复制出的粒子图层，按〈Enter〉键将其重命名为 Twister。在 Effect Controls 面板中调整 Twister 图层的粒子参数，可见 Comp 面板中的粒子已经产生柱状的旋风向上旋转的动画效果。

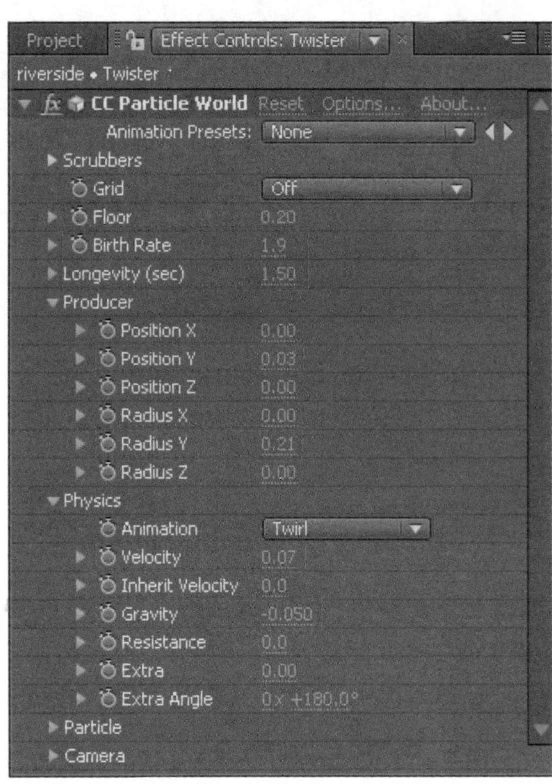

步骤 06 为粒子旋风制作光效

01 选择 Layer → New → Solid 菜单命令，新建一个橙色的固态图层。在 Timeline 面板中单击 Medium Orange Solid 1 图层的按钮，关闭其显示属性。选中 Medium Orange Solid 1 图层，单击工具栏中的工具，在 Comp 合成面板中勾画出粒子旋风的轮廓。

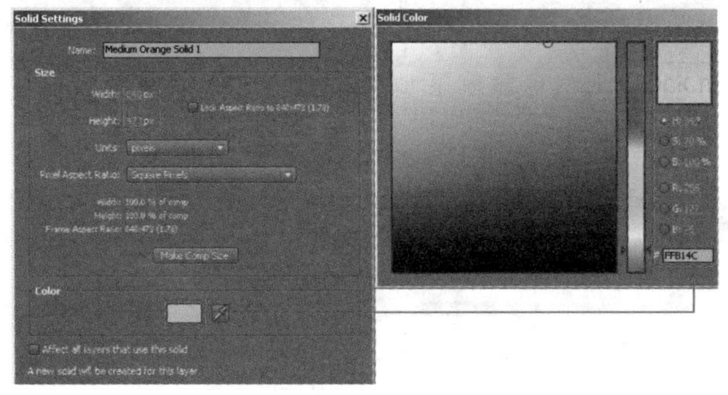

02 在 Timeline 面板中单击 Medium Orange Solid 1 图层的按钮，打开图层的显示属性。选中 Medium Orange Solid 1 图层，设置图层的叠加模式为 Add。连续按两次〈M〉键，展开其 Mask 属性列表，设置 Mask Feather 的值为 29。

步骤 07 合成嵌套

01 选中 Camera 1 图层，按〈Ctrl+D〉组合键复制出一个 Camera 2 图层。同时选中 Camera 1、Medium Orange Solid 1、Twister 图层，选择 Layer→Pre-compose 菜单命令，将所选的三个图层作为合成嵌套进来，将新的合成命名为 Twister。

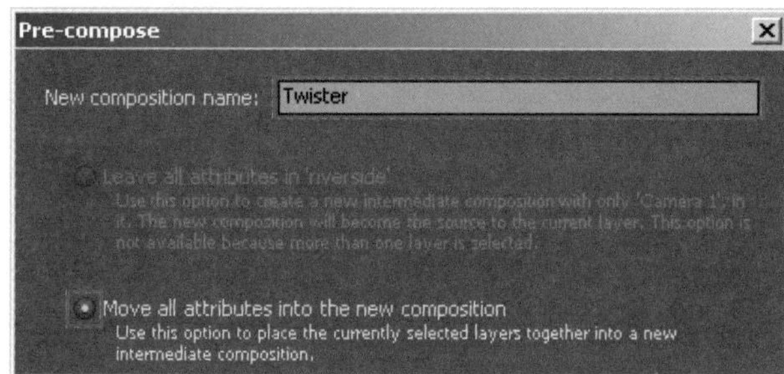

02 查看 Timeline 面板。

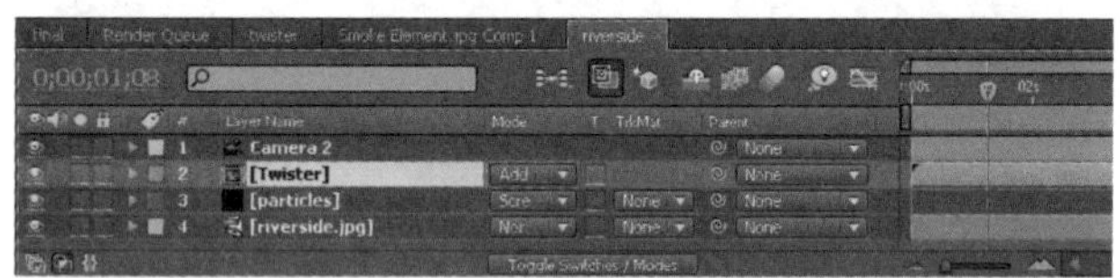

步骤 08 制作粒子旋转扭曲

01 在 Timeline 面板中选中 Twister 图层，选择 Effect→Distort→Turbulent Displace 菜单命令，为其添加 Turbulent Displace 滤镜，在 Effect Controls 面板中调整参数。

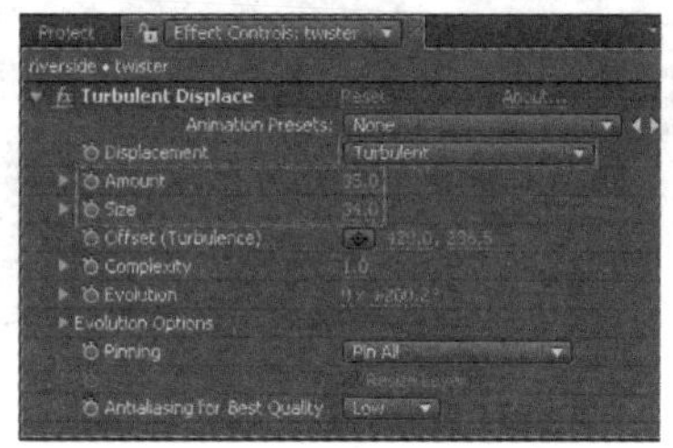

02 在 Timeline 面板中展开 Turbulent Displace 滤镜的属性列表。按住〈Alt〉键后单击 Evolution 左侧的按钮为其添加表达式，在表达式输入栏中输入 time*200，此时粒子产生旋转动画。

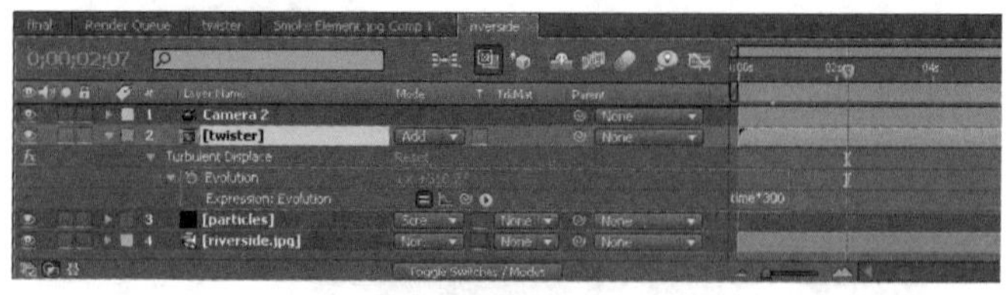

步骤 09 制作飞起的杂物

在 Timeline 面板中选中 particles 图层，按下〈Ctrl+D〉组合键再复制出一个粒子图层并重命名为 Paper。

步骤 10 设置粒子参数

01 在 Effect Controls 面板中调整 Paper 图层的 CC Particle World 滤镜的参数。

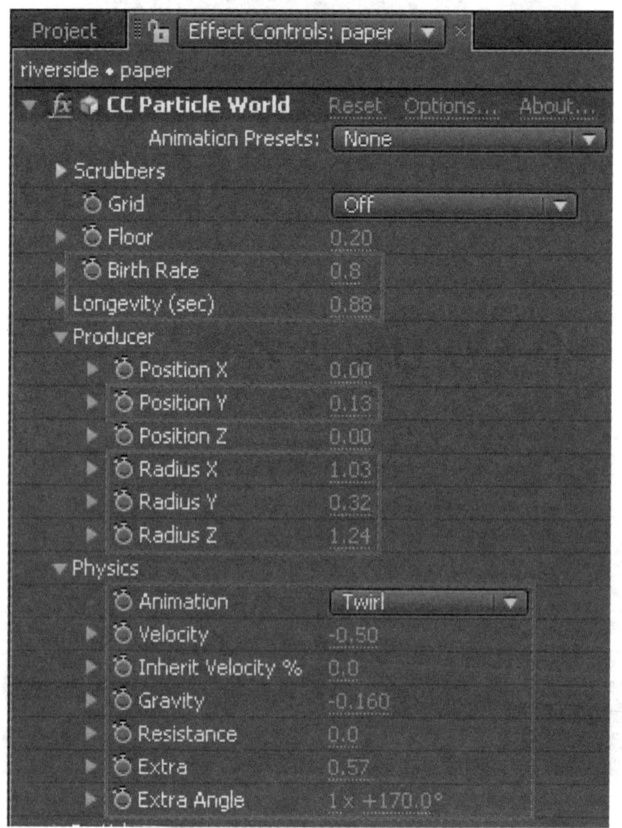

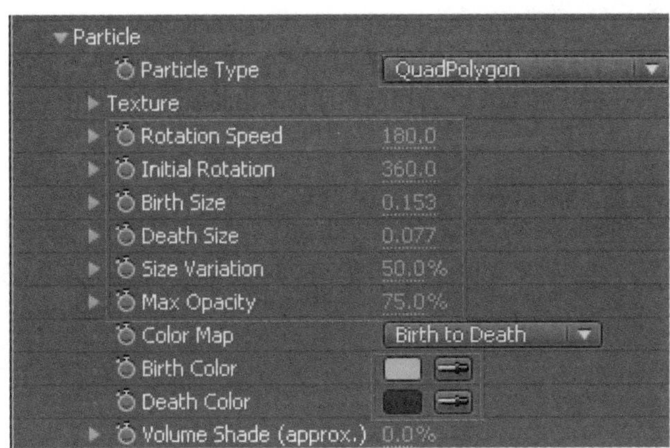

02 在 Effect Controls 面板中单击 Paper 图层的 CC Particle World 滤镜的 Options 选项，在弹出的 Render Settings 对话框中设置参数。

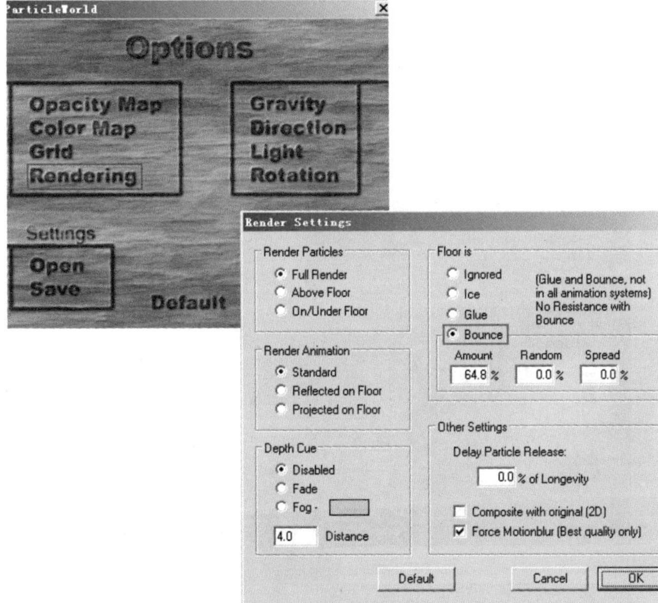

03 查看此时 Comp 合成的效果。

案例 72　巨能光波

本案例主要利用 CC Particle World（三维粒子）滤镜制作巨能释放所产生的光波动画。最终通过使用三维图层并调整摄像机将整个光波特效和背景完美结合。

● 光盘路径 | 第 7 章 \ 巨能光波

● 难易指数 | ★★★★★

案例效果分析

核心技术要点：本例继续上例的内容进行制作，主要使用 CC Particle World、Colorama、Curves、Motion Tile 等滤镜制作巨能光波动画。最终利用表达式为整个场景制作抖动动画。

制作思路分析：熟悉 After Effects 图层的应用，为素材图层添加 CC Particle World 滤镜从而产生扩散的光波效果，通过为光波着色使画面中的光波动画和背景画面完美结合。

制作提示

1. 制作光球，为光球调色。
2. 制作能量光波素材。
3. 制作能量光波并为光波着色。
4. 制作镜头暗角。

↘ 步骤 01　制作光球

01 在 Timeline 面板中选中 riverside.jpg 图层，按〈Ctrl+D〉组合键进行复制。选中复制出的 riverside.jpg 图层，单击■按钮，打开图层的独立显示属性。

02 选中 riverside.jpg 图层，选择 Effect → Simulation → CC Particle World 菜单命令，为其添加 CC Particle World 粒子滤镜，在 Effect Controls 面板中调整 CC Particle World 的参数。

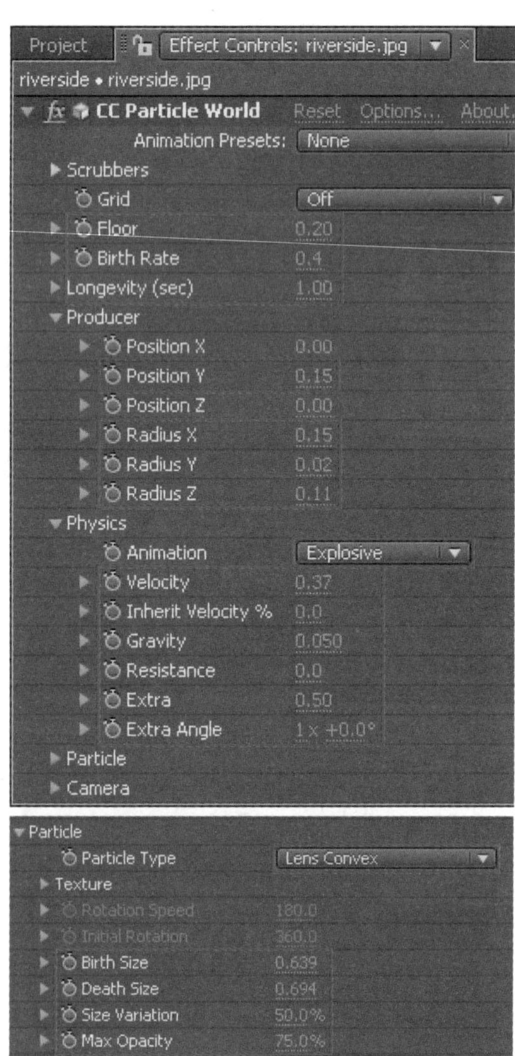

03 单击 CC Particle World 滤镜的 Options 按钮，在弹出的 Render Settings 对话框中设置参数。

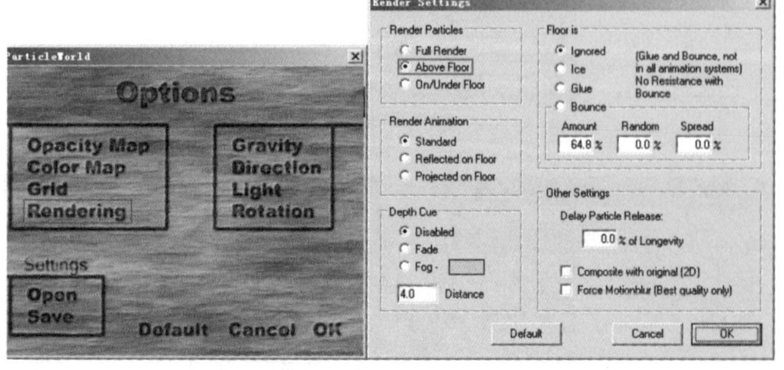

04 在 Timeline 面板中选中 riverside.jpg 图层，单击 ■ 按钮，关闭其图层的独立显示属性，查看此时 Comp 合成的效果。

↘ 步骤 02　为光球调色

01 在 Timeline 面板中选中 riverside.jpg 图层，选择 Effect → Color Correction → Curves 菜单命令，为其添加 Curves 滤镜，在 Effect Controls 面板中调整各颜色通道的曲线形状。

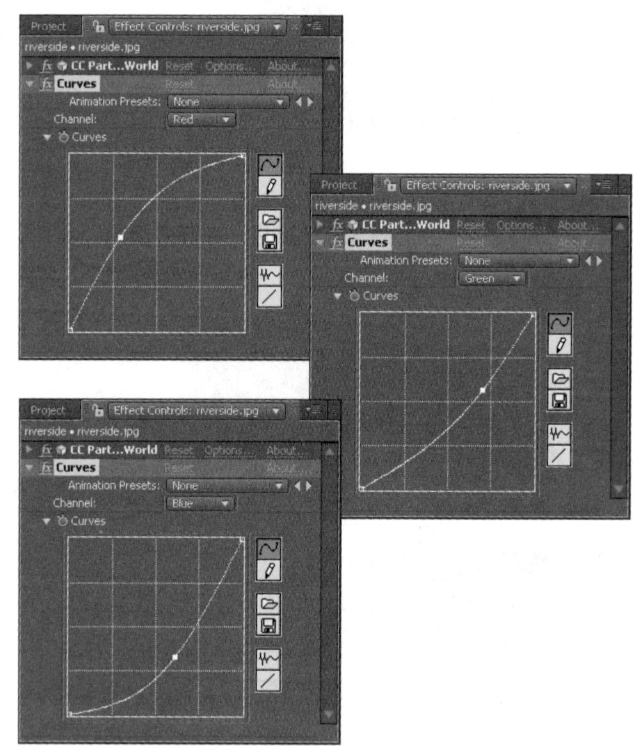

02 设置 riverside.jpg 图层的叠加模式为 Add，并查看此时 Comp 合成的效果。

步骤 03　制作能量光波

01 在项目面板中双击，导入本书配套光盘中的 Smoke Element.jpg 文件，将其拖放到 Timeline 面板中，并调整其在 Comp 合成面板中的位置。在 Timeline 面板中选中 Smoke Element.jpg 图层，选择 Layer→Pre-compose 菜单命令，将该图层作为一个合成嵌套进来，在弹出的 Pre-compose 对话框中选择第二项，单击 OK 按钮确定。

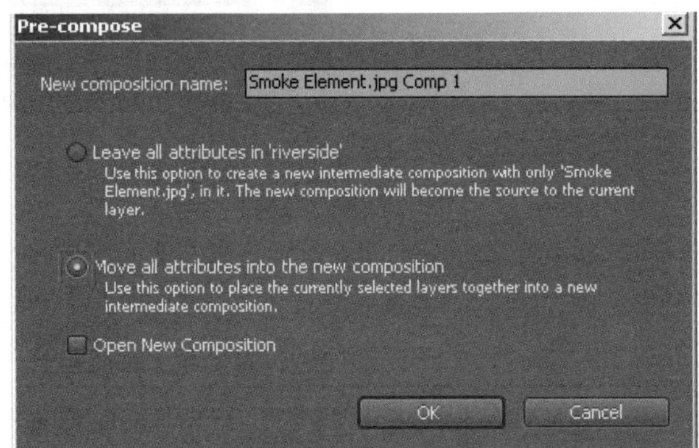

02 双击 Smoke Element.jpg Comp 1 图层，进入 Smoke Element.jpg Comp 1 合成的编辑界面。按〈Ctrl+K〉组合键打开 Composition Settings 对话框，调整 Smoke Element.jpg Comp 1 合成的尺寸大小。选中 Smoke Element.jpg 图层，按〈Ctrl+D〉组合键复制出一个新图层。设置两个图层的 Scale 属性值为 23%。在 Timeline 面板中设置复制出的 Smoke Element.jpg 2 图层的 TrkMat 选项为 Luma Inverted Matte[Smoke Element.jpg]，并查看此时 Comp 合成的效果。

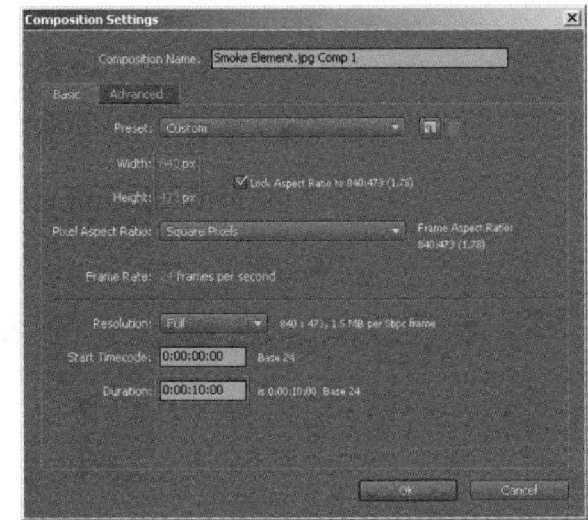

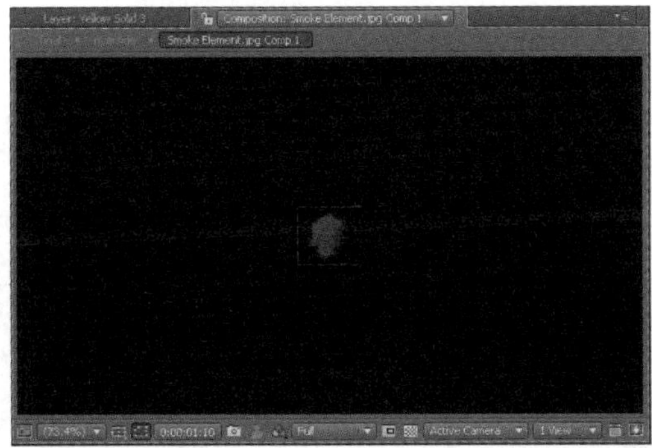

03 选中 Smoke Element.jpg 2 图层，单击工具栏中的 工具，在 Comp 合成面板中绘制一个矩形的 Mask。将画面中的边框去掉。选中 Smoke Element.jpg 2 图层，选择 Effect→Generate→Fill 菜单命令，为其添加 Fill 滤镜，在 Effect Controls 面板中设置 Color 为白色。

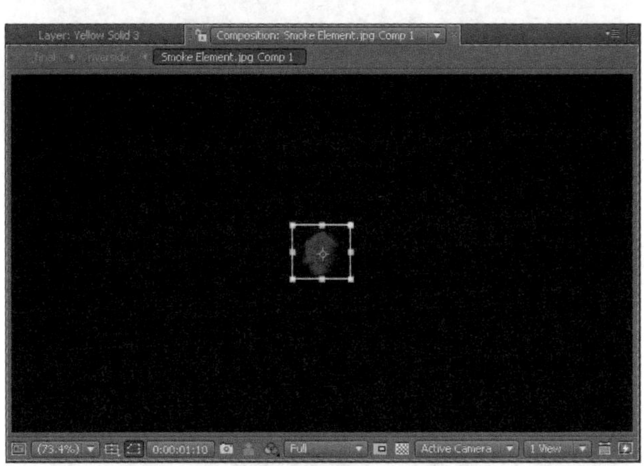

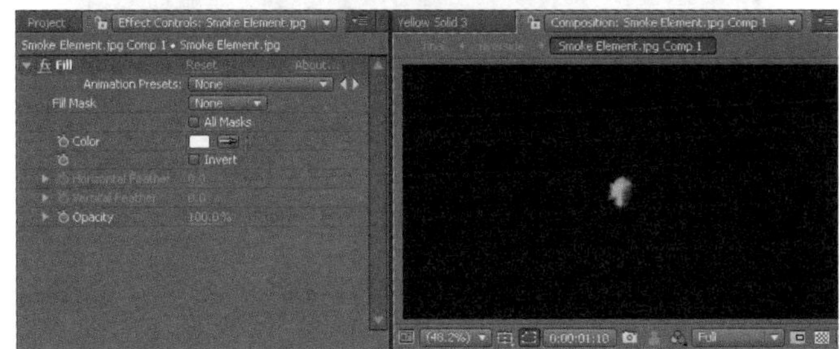

步骤 04　制作光波

01 返回 riverside.jpg 合成，选中 Smoke Element.jpg Comp 1 图层，选择 Effect→Simulation→CC Particle World 菜单命令，为其添加 CC Particle World 滤镜。在 Effect Controls 面板中调整 CC Particle World 滤镜的参数。

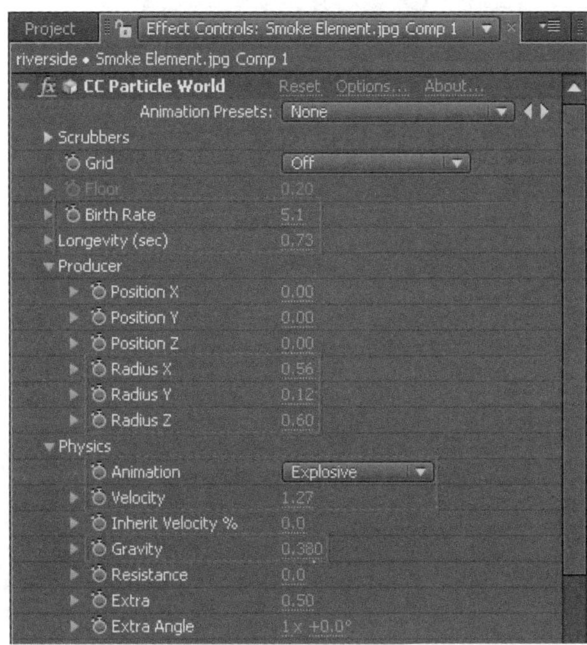

Particle
Particle Type　Lens Convex
Texture
Rotation Speed　180.0
Initial Rotation　360.0
Birth Size　2.419
Death Size　6.000
Size Variation　50.0%
Max Opacity　75.0%
Color Map　Birth to Death
Birth Color
Death Color
Volume Shade (approx.)　0.0%

02 拖动时间滑块，查看 Comp 面板的效果。

↘ 步骤 05　为光波着色

01 选中 Smoke Element.jpg Comp 1 图层，选择 Effect → Color Correction → Colorama 菜单命令，为其添加 Colorama 滤镜，在 Effect Controls 面板中调整其参数。

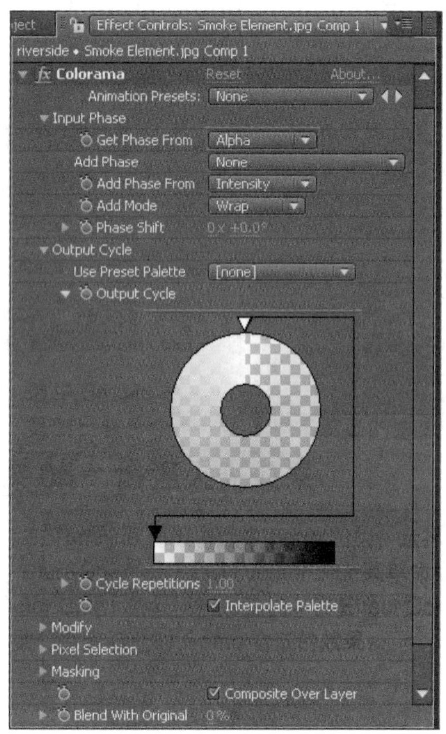

02 选择 Effect → Color Correction → Curves 菜单命令，再为其添加 Curves 滤镜，在 Effect Controls 面板中调整各颜色通道的曲线形状。

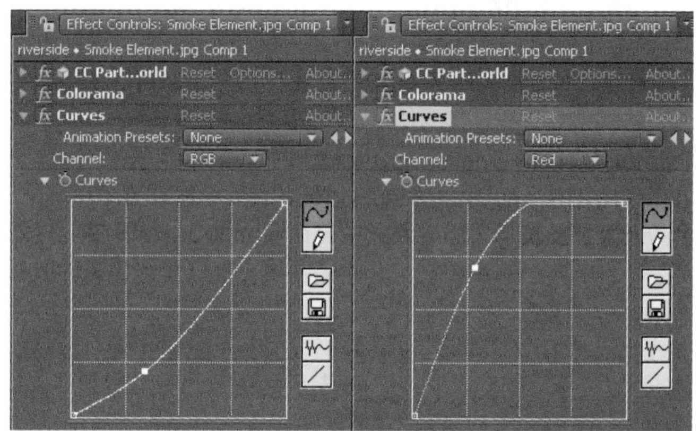

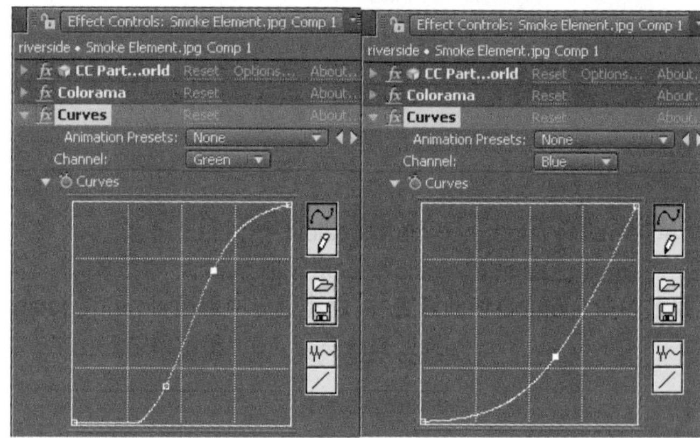

03 查看此时 Comp 合成的效果。

步骤 06 制作地面上的光晕

01 选择 Layer → New → Solid 菜单命令，新建一个固态图层。选中该图层，单击工具栏中的椭圆工具，在 Comp 合成面板中绘制一个 Mask。在 Timeline 面板中展开 Yellow Solid 1 图层的 Mask 属性列表，设置 Mask Feather 值的大小为 128，并查看此时 Comp 合成的效果。

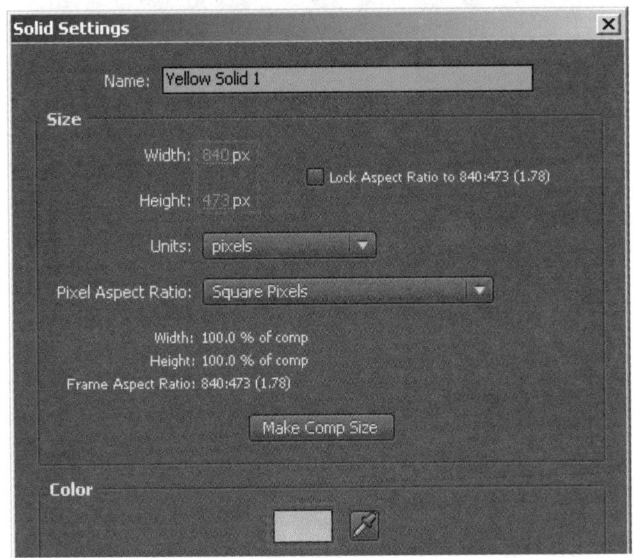

02 在 Timeline 面板中单击 Yellow Solid 1 图层的按钮，打开其三维属性。利用工具在 Comp 合成面板中对 Yellow Solid 1 图层进行旋转。

03 选中 Yellow Solid 1 图层，按〈Ctrl+D〉组合键复制出一个新图层。之后分别单击两个图层的按钮，将这两个图层独立显示在 Comp 合成面板中，并调整两个图层的 Scale 属性参数。

04 再次单击两个图层的按钮，关闭两个图层的独立显示属性，以显示其他的图层画面。按〈F4〉键切换 Timeline 面板中的显示模式，并设置 Smoke Element.jpg Comp 1 图层的叠加模式为 Add，按数字键〈0〉预览效果。

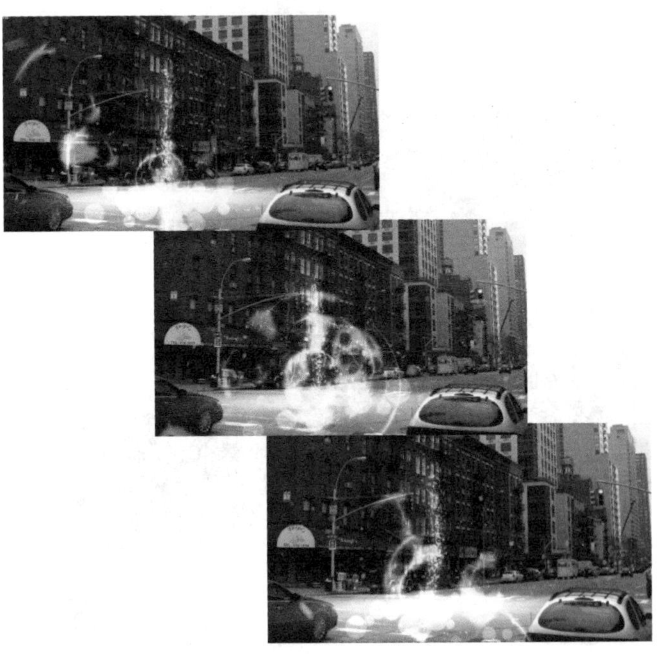

步骤 07 画面调色

选择 Layer → New → Adjustment Layer 菜单命令，新建一个调节图层。选中调节图层，选择 Effect → Color Correction → Curves 菜单命令，为其添加 Curves 滤镜，在 Effect Controls 面板中调整曲线的形状，以降低画面亮度，并查看此时 Comp 合成的效果。

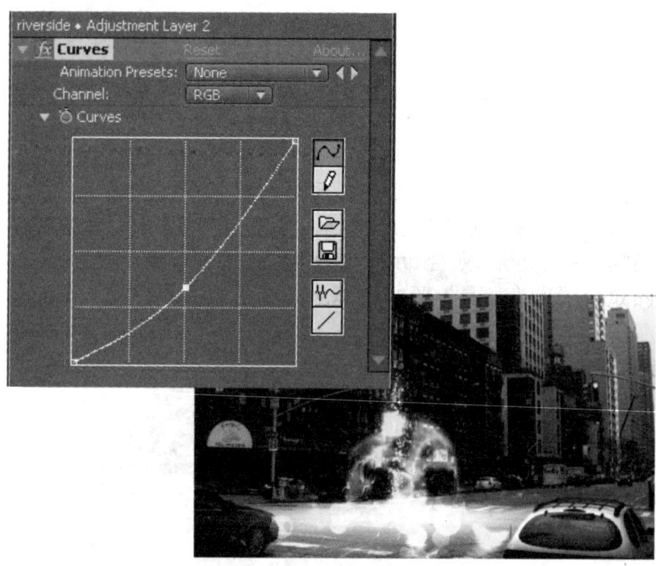

步骤 08 制作镜头暗角

01 选择 Layer → New → Solid 菜单命令，新建一个黑色的固态图层。选中该图层，双击工具栏中的椭圆工具，在 Comp 合成面板中创建一个 Mask。单击工具栏中的工具，在 Comp 合成面板中调整椭圆的形状。

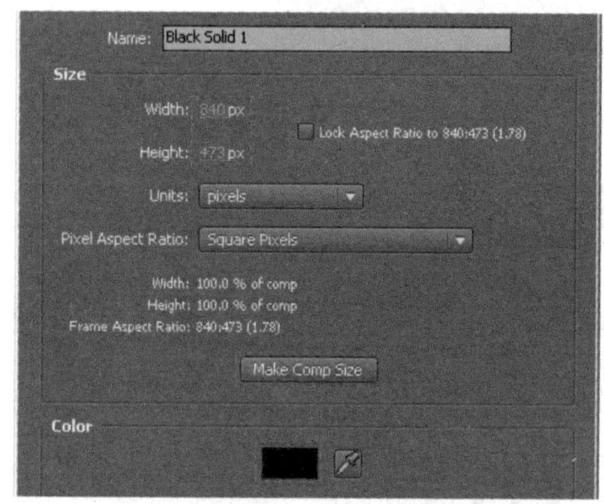

02 在 Timeline 面板中展开 Black Solid 1 图层的 Mask 属性列表，设置 Mask 的模式为 Subtract。调整其 Mask Feather 的值并设置其图层的 Opacity 值为 50%。之后将该图层紧贴着放置在 Adjustment Layer 1 图层的下面。在播放预览动画时发现只能看到场景中巨能产生的光效且画面平静，并没有巨能释放时应地晃山摇的震撼效果。为了让动画更加逼真，还需要为场景制作出大地晃动的效果。

步骤 09 为画面制作抖动

01 选择 Composition → New Composition 菜单命令，新建一个 Comp 合成，命名为 final。

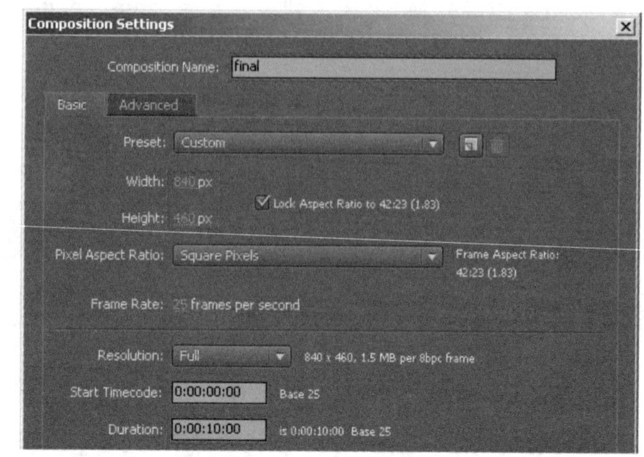

02 选中 riverside.jpg 图层，选择 Effect → Stylize → Motion Tile 菜单命令，为其添加 Motion Tile 滤镜，在 Effect Controls 面板中调整其参数。此时图像边界以镜像方式向外延伸 130%。

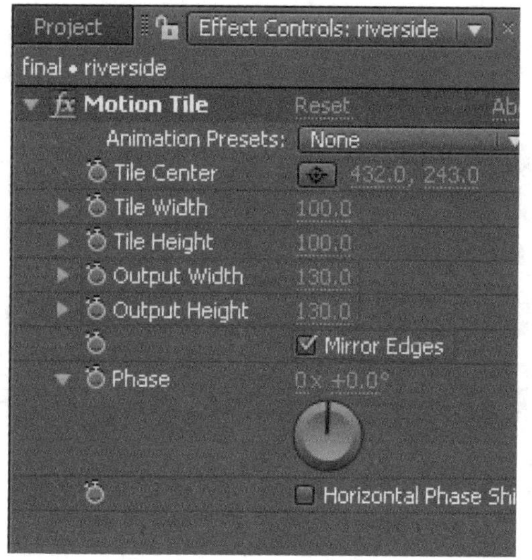

03 将项目面板中的 riverside.jpg 图层拖到 final 合成的 Timeline 面板中。选中 riverside.jpg 图层，按下〈P〉键，展开其 Position 属性列表。按住键盘上的〈Alt〉键后单击 Position 属性左侧的按钮，为其添加表达式，在表达式输入栏中输入 Wiggle（8，10）。

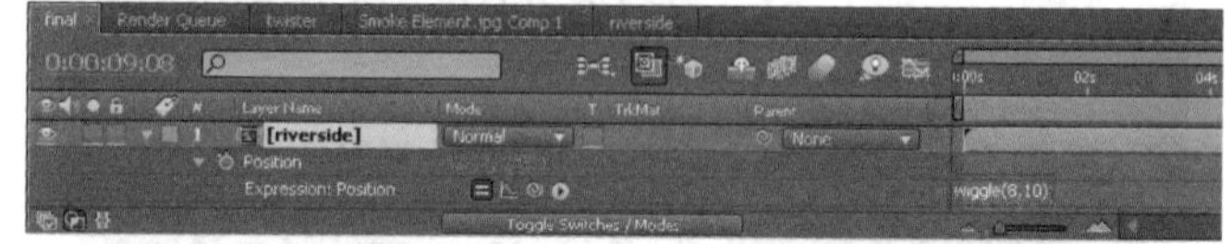

04 按数字键〈0〉预览最终效果。

第 8 章 3D 与滤镜

After Effects 发展至今，除了与各种三维软件的配合日益默契以外，其自身的滤镜和三维制作方面的功能也在不断地改良中有了不小的提高。利用 After Effects 的三维功能可以制作出比很多专业三维软件毫不逊色的逼真的三维场景和灯光效果。现在就开始体验 After Effects 的 3D 与滤镜功能吧！

案例 73 遂道

本案例以制作简单的三维场景为主。首先为创建好的三维场景匹配摄像机，并记录关键帧动画。最终为场景添加照明灯光，并利用表达式为灯光亮度添加动画效果。

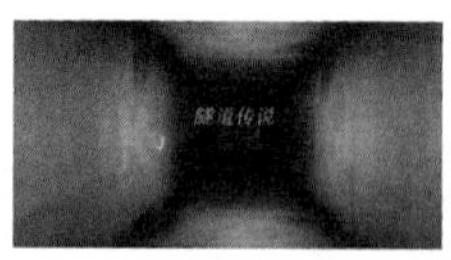

● 光盘路径 | 第 8 章 \ 隧道

● 难易指数 | ★★★★☆

案例效果分析

核心技术要点：本例主要介绍 After Effects 的三维图层和灯光的高级应用技巧，如利用素材图层创建一个三维场景。

制作思路分析：熟悉 After Effects 中三维图层的应用，为所创建的三维场景记录摄像机关键帧动画。利用 wiggle 表达式控制灯光的强度，使场景中产生闪烁的灯光效果。

制作提示

1. 创建 Comp 合成、导入素材。
2. 对画面进行特效处理。
3. 为摄像机记录关键帧动画。
4. 制作小精灵。

步骤 01 创建 Comp 合成

启动 Adobe After Effects CC，选择 Composition → New Composition 菜单命令，新建一个 Comp 合成。在项目面板中双击，导入本书配套光盘中的“墙壁 .jpg”文件，将其拖到 Timeline 面板中并查看此时 Comp 合成中的效果。

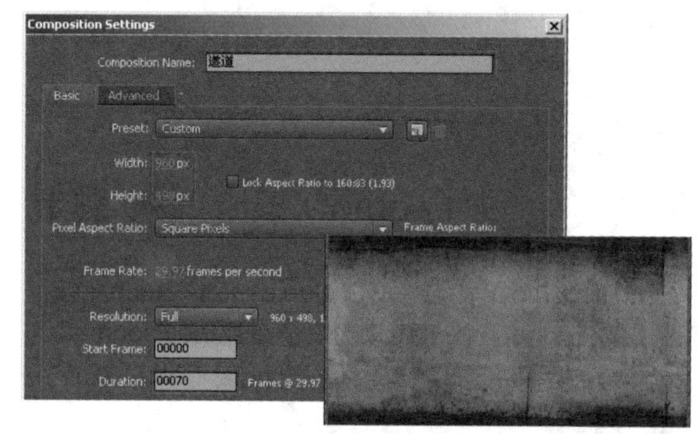

步骤 02 对画面进行特效处理

01 在 Timeline 面板中选中“墙壁 .jpg”图层后单击鼠标右键，在弹出的快捷菜单中选择 Transform → Fit to Comp 命令，将图层大小调整为与合成大小一致，并打开图层的三维属性开关。选中“墙壁 .jpg”图层，按下〈R〉键展开其旋转属性列表，将其设置为沿 Y 轴旋转 90°，并调整其在视图中的位置。查看此时 Comp 合成面板中的效果。选中“墙壁 .jpg”图层，按下〈Ctrl+D〉组合键复制出三个图层。之后在工具栏中选择工具和工具，对复制出的三个图层进行旋转和移动，调整它们的位置，并查看此时 Comp 合成的效果。

02 在 Timeline 面板中单击鼠标右键，选择 New → Camera 命令，创建一个摄像机图层 Camera1。单击工具栏中的工具，在 Comp 合成面板中利用鼠标调整摄像机视图。以同样的方法再复制出一个图层，选中复制出的图层，按〈Enter〉键将其重命名为 back wall，利用鼠标对其进行旋转和调整它的位置。

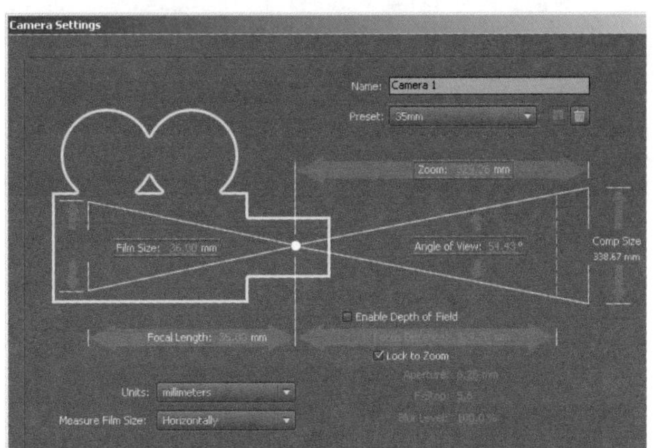

03 在 Timeline 面板中单击鼠标右键，选择 New → Light 命令，创建一个灯光图层 Light 1。

04 单击工具栏中的工具，调整视图之后分别选中“墙壁.jpg”图层和该图层的三个复制图层，选择 Effect → Stylize → Motion Tile 菜单命令，为它们添加 Motion Tile 滤镜，在 Effect Controls 面板中设置 Motion Tile 的参数。之后调整 back wall 图层在 Z 轴方向的位置。为这四个图层添加 Motion Tile 之后，整个空间将变得更深、更立体。

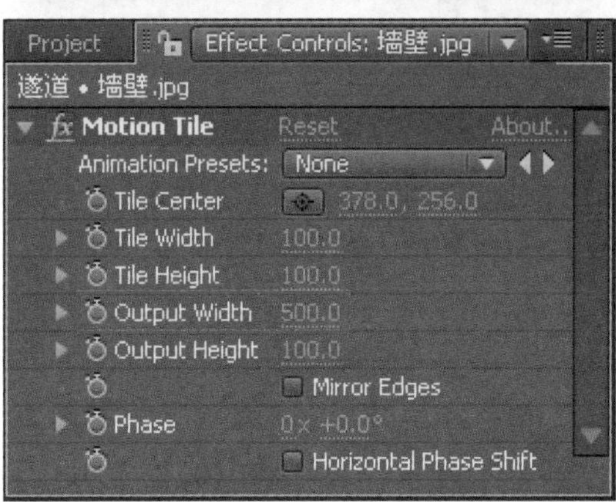

05 在 Timeline 面板中选中 Light1 图层，按〈T〉键展开 Intensity 属性列表，调整其数值的大小，可以控制灯光亮度。选中 back wall 图层，选择 Effect → Color Correction → Exposure 菜单命令，为其添加 Exposure 滤镜，在 Effect Controls 面板中调整参数，降低此图层的亮度。

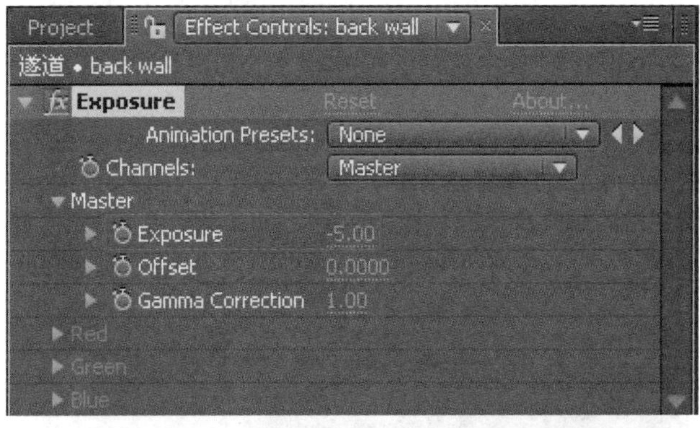

↘ 步骤 03　为摄像机记录关键帧动画

01 选中 Camera 1 图层，分别按〈P〉键和〈Shift+A〉组合键展开其 Position 和 Point of Interest 属性列表并单击记录关键帧。拖动时间滑块，利用工具栏中的工具调整摄像机的位置和视角，也可以直接调整参数，系统自动记录关键帧。

02 选中 Light1 图层，按〈T〉键展开 Intensity 属性，按住〈Alt〉键后单击其左侧的按钮左侧的下拉箭头为其添加表达式，在表达式输入栏输入 wiggle (3,40)。灯光的亮度将受表达式的影响，使摄像机在遂道中穿梭时产生灯光忽暗忽亮的效果。

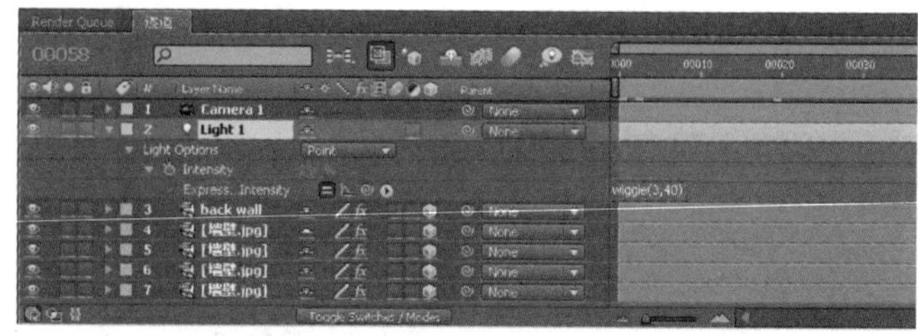

03 单击工具栏中的工具，在 Comp 合成面板中输入“遂道传说”。之后打开文字图层的三维属性开关，并在 Character 面板中设置参数。

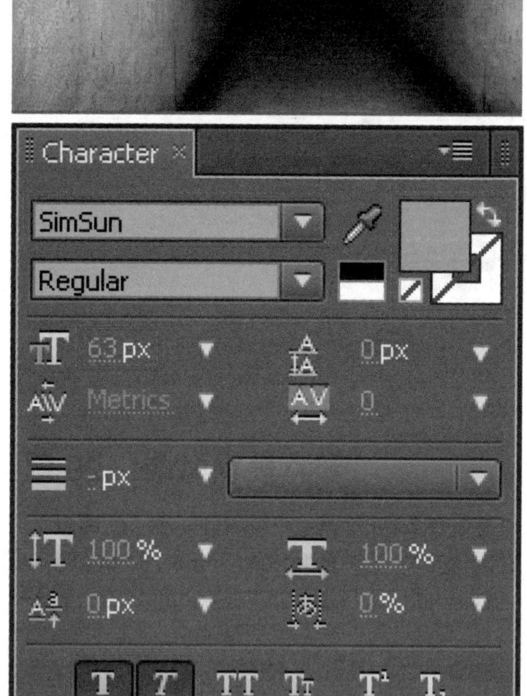

04 按数字键〈0〉预览效果。

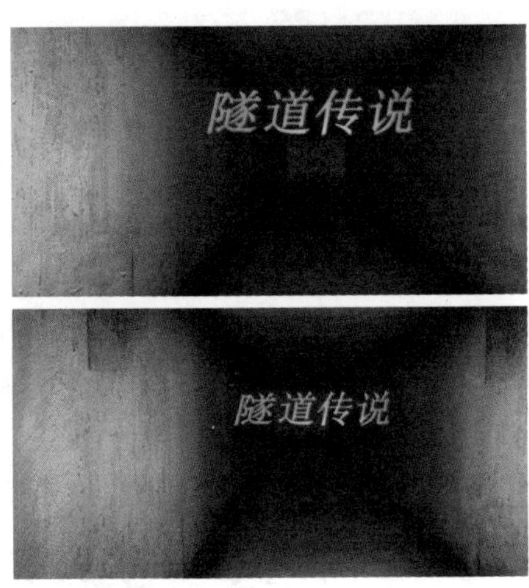

↘ 步骤 04　制作小精灵

01 在 Timeline 面板中单击鼠标右键，选择 New → Solid 命令，新建一个橙色固态图层，命名为 Particles。

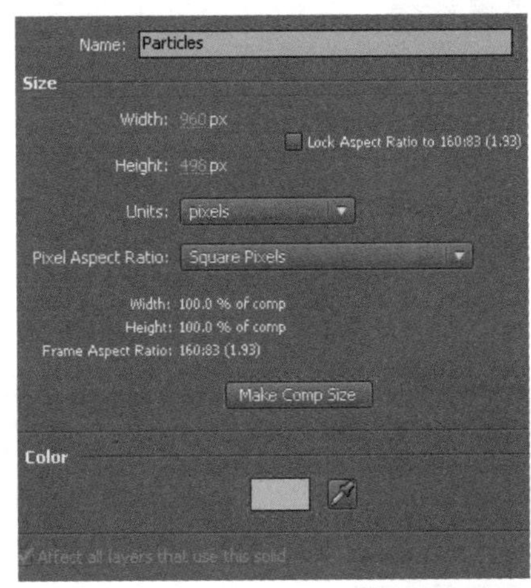

02 选中 Particles 图层，选择 Effect → Simulation → CC Particle World 菜单命令，为其添加 CC Particle World 滤镜，并在 Effect Controls 面板设置参数。

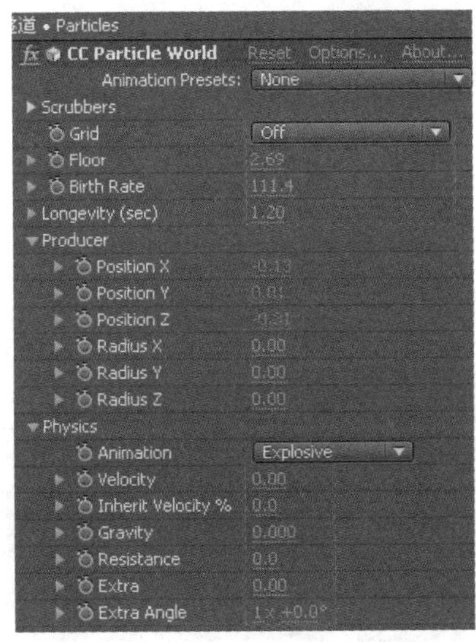

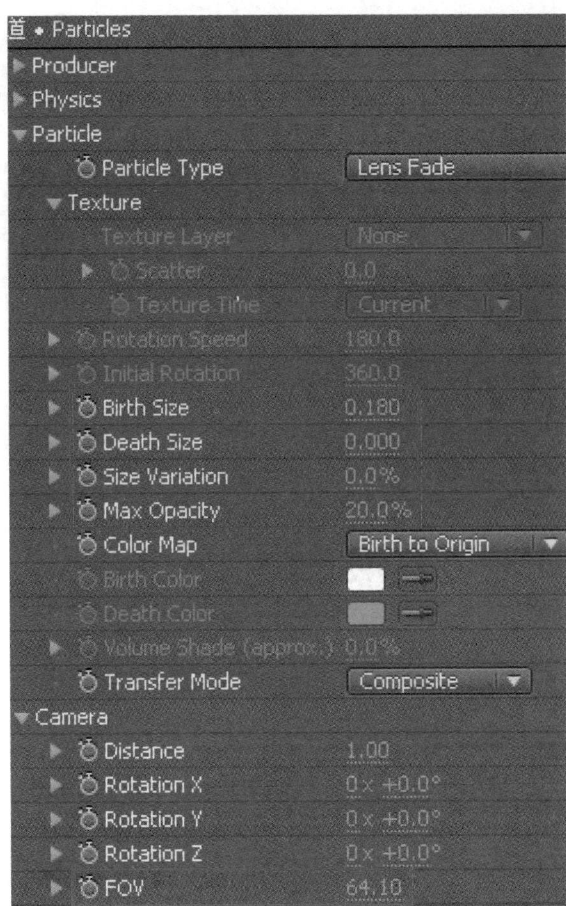

03 查看此时 Comp 合成的效果。

04 在 Timeline 面板中单击鼠标右键，选择 New → Null 命令，新建一个 Null 图层。打开其三维属性开关。之后选中 Particles 图层，展开 CC Particle World 滤镜的 Producer 属性列表。按住〈Alt〉键后单击 Position X 左侧的按钮，打开其表达式输入项。选中 Null1 图层后按〈P〉键展开其位移属性列表，单击 Particles 层的按钮并将其拖动到 Null1 图层的 Position 属性上，在表达式输入文本框中输入表达式。用同样的方法为 CC Particle World 滤镜的 Producer 属性的 Position Y 和 Position Z 添加表达式。

05 查看此时 Comp 合成的效果。

06 在 Timeline 面板中选中 Particles 图层，选择 Effect → Stylize → Glow 菜单命令，为其添加光效。在 Effect Controls 面板中调整参数，并查看此时 Comp 合成的效果。

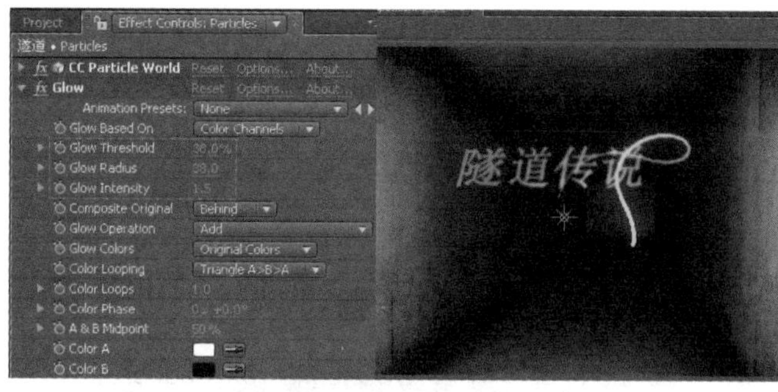

07 按数字键〈0〉预览最终效果。

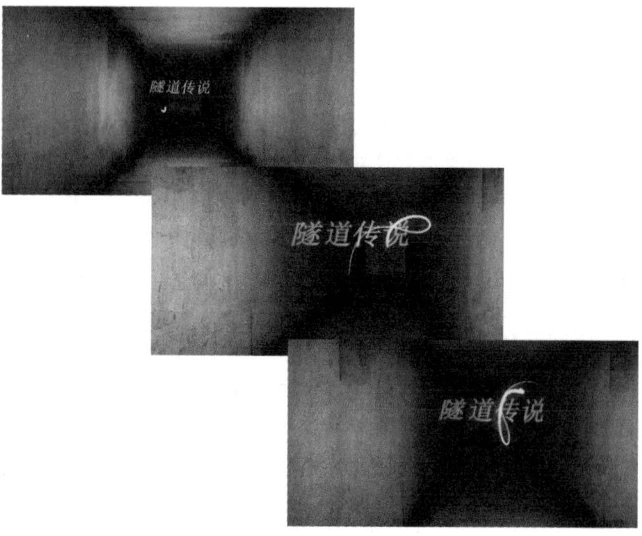

案例 74　示波器

本案例主要学习对 3D Stroke 滤镜的使用，通过在图层上创建 Mask，利用 3D Stroke 滤镜读取 Mask 的信息制作空间中的线条效果。

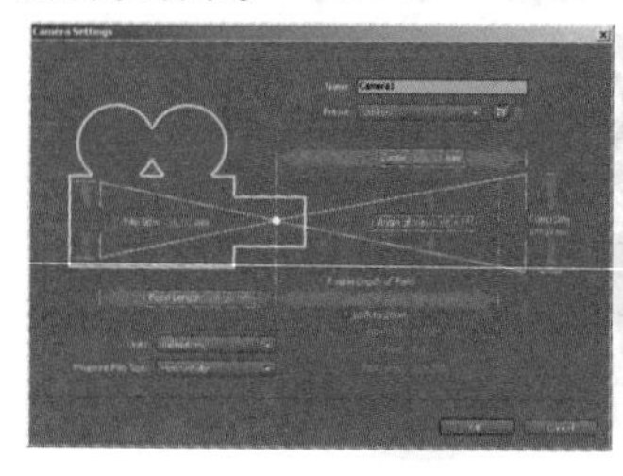

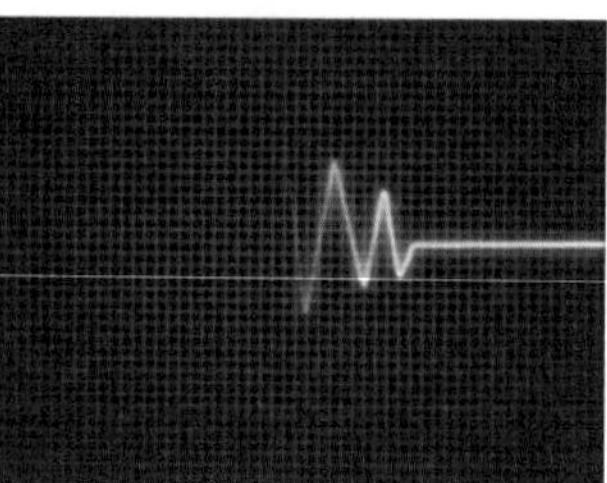

● **光盘路径** | 第 8 章 \ 示波器

● **难易指数** | ★★★☆☆

案例效果分析

核心技术要点：本例主要使用 Vegas 和 Glow 滤镜为在 Photoshop 中制作的波形黑白图像素材添加波形运动效果和光晕效果。

制作思路分析：导入 TGA 格式的黑白波形素材，添加滤镜，制作出波形运动效果和光晕效果。

制作提示

1. 创建 Comp 合成。
2. 导入素材，添加滤镜。
3. 合成最终效果。

步骤 01　创建 Comp 合成

01 启动 Adobe After Effects CC，选择 Composition → New Composition 菜单命令，新建一个 Comp 合成，命名为“波形”。

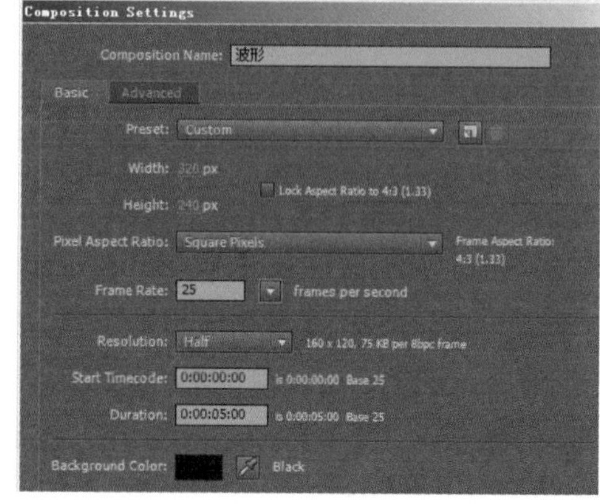

02 选择 Layer → New → Solid 菜单命令，新建一个固态图层，命名为“波形层”。

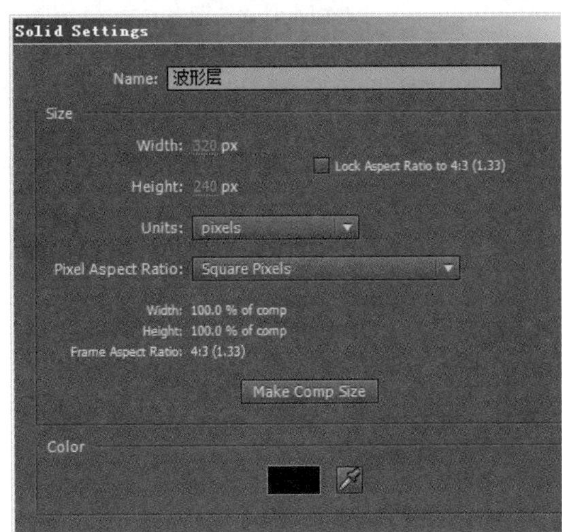

步骤 02 制作素材

01 选择 File → Import → File 菜单命令，导入本书配套光盘中的 vegas.tga 文件，将其拖到 Timeline 面板中并放在最上层。

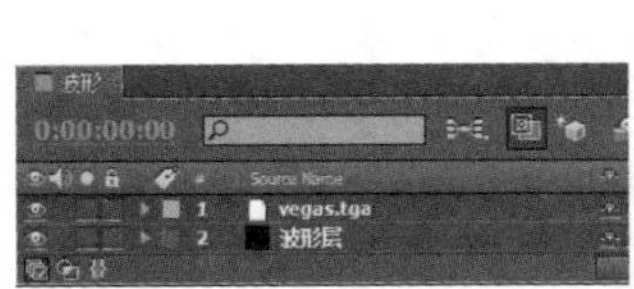

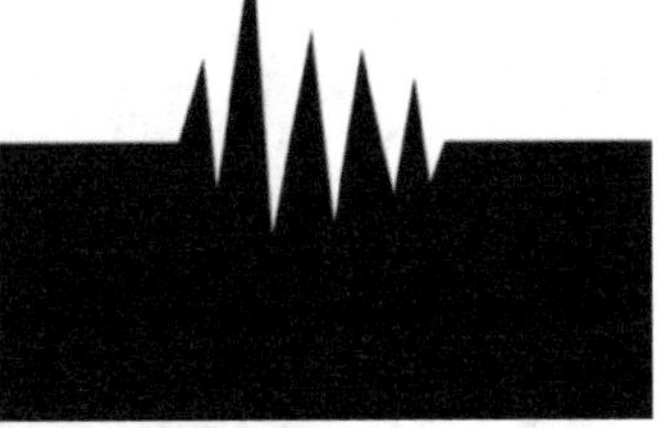

02 选中 vegas.tga 图层，选择 Effect → Generate → Vegas 菜单命令，为其添加 Vegas 滤镜，在 Effect Controls 面板中调整参数，并将 Input Layer 设置为 vegas.tga 图层。

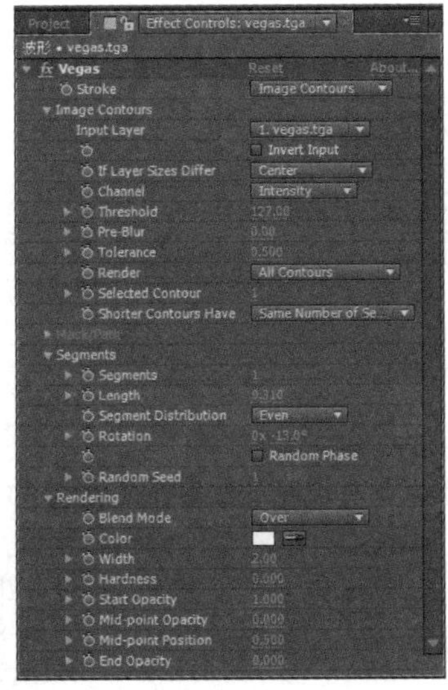

03 为 Vegas 滤镜下的 Rotation 属性设置关键帧。在时间 0:00:00:00 处和时间 0:00:03:00 处设置关键帧。之后在 Timeline 面板中关闭 vegas.tga 图层的显示属性开关。

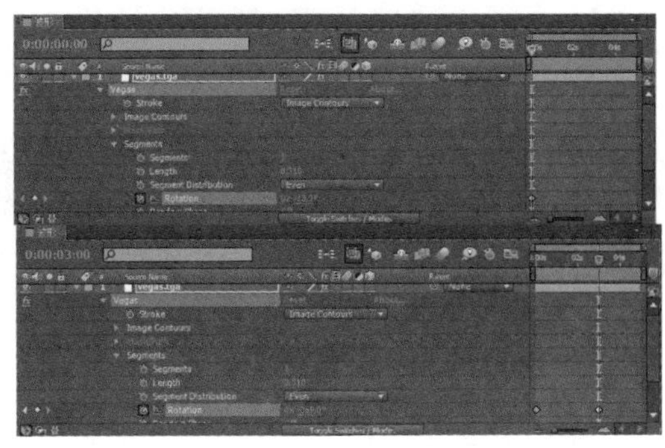

04 选中“波形”图层，按〈S〉键展开“波形”图层的 Scale 属性列表，并将 Scale 值设为 104 %。选择 Effect → Stylize → Glow 菜单命令，为其添加 Glow 滤镜，在 Effect Controls 面板中调整参数。

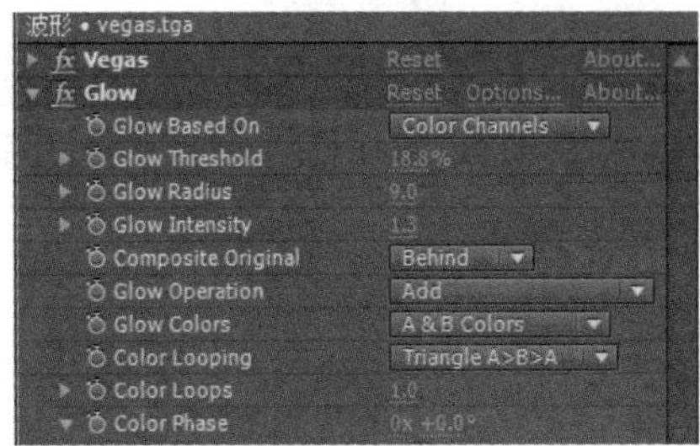

05 按数字键〈0〉预览效果。

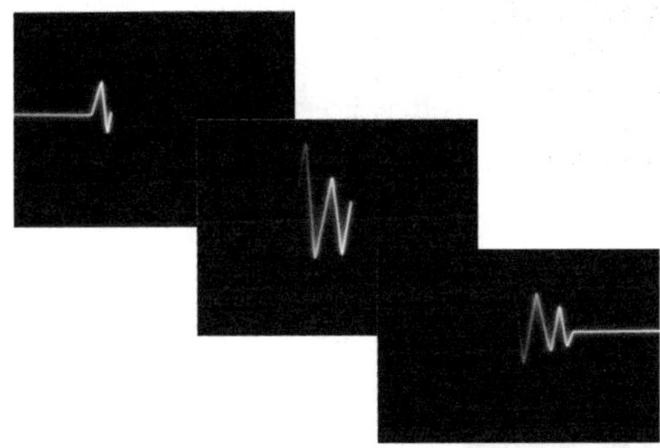

步骤 03 合成最终效果

01 选择 Composition → New Composition 菜单命令，新建一个 Comp 合成，命名为“最终效果”。

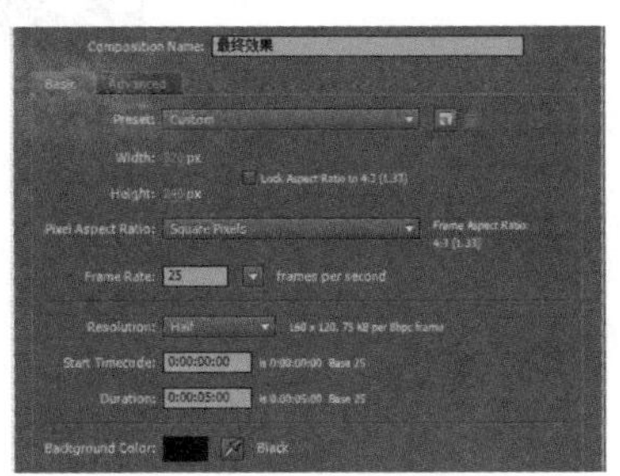

02 选择 Effect→Import→File 菜单命令，导入本书配套光盘中的“示波器背景.mov”文件，在项目面板中选中“示波器背景.mov”和“波形”，将它们拖到“最终效果”合成的 Timeline 面板中。将“波形”的叠加模式改为 Add，并查看此时的 Timeline 面板。

03 按数字键〈0〉预览最终效果。

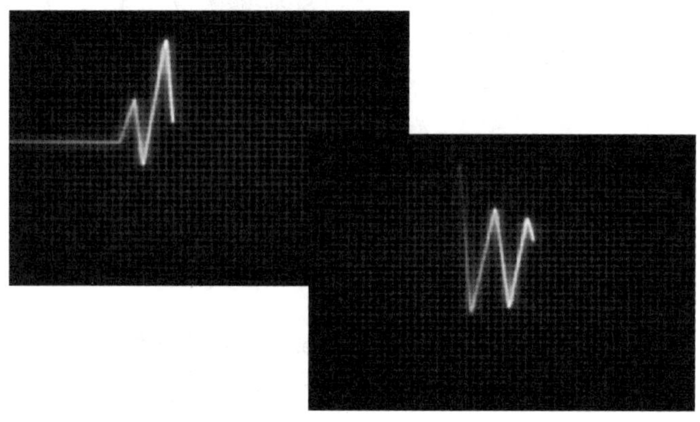

案例 75　小精灵

本案例主要使用钢笔工具和 Vegas 滤镜。通过在图层上勾画 Mask 来创建光效路径。最终利用合成嵌套完成光效动画的制作。

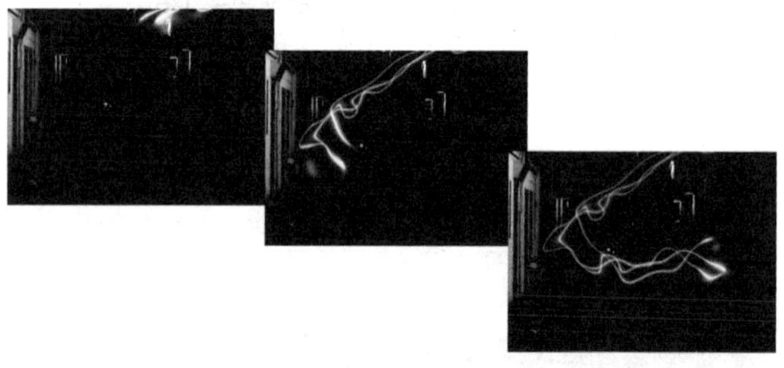

● 光盘路径 | 第 8 章\小精灵

● 难易指数 | ★★★☆☆

案例效果分析

核心技术要点：本例使用 Mask 画出光线的路径，再利用 Vegas 滤镜来生成游动的光线。

制作思路分析：熟悉 After Effects 中 Mask 的使用，利用钢笔工具勾画 Mask。之后为 Mask 添加滤镜，并记录关键帧动画。最终通过合成嵌套使画面产生舞动的光效动画。

制作提示

1. 创建线条。
2. 制作光效。
3. 制作舞动效果。

步骤 01　创建线条

01 启动 Adobe After Effects CC，选择 Composition→New Composition 菜单命令，新建一个 Comp 合成，命名为 Line。选择 Layer→New→Solid 菜单命令，新建一个固态图层，命名为“线”。

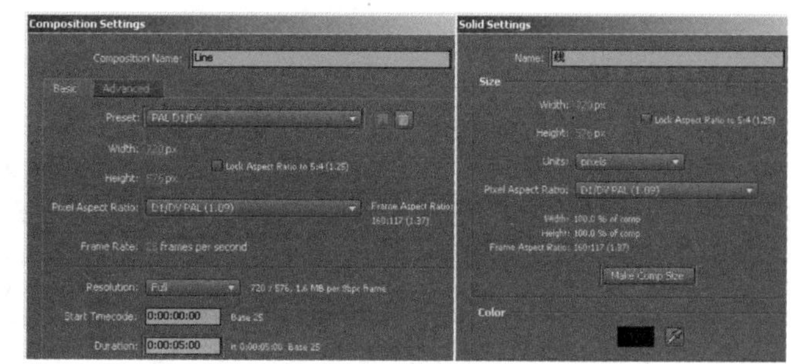

02 单击工具栏中的工具，在 Comp 合成面板绘制一个 Mask。选中“线”图层，选择 Effect→Generate→Vegas 菜单命令，为其添加 Vegas 滤镜，在 Effect Controls 面板中调整参数，并查看此时 Comp 合成的效果。

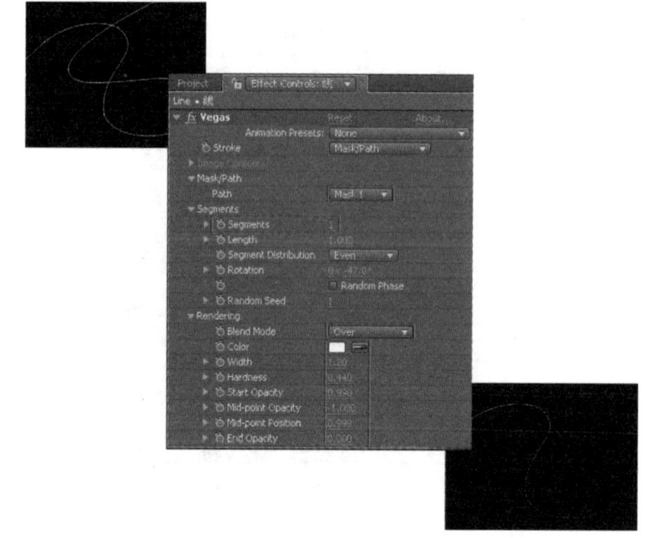

03 为 Vegas 滤镜中 Segments 属性下的 Rotation 参数设置关键帧，在时间 0:00:00:00 处和时间 0:00:02:13 处设置参数。

步骤 02 制作光效

01 选中“线”图层，选择 Effect → Stylize → Glow 菜单命令，为其添加 Glow 滤镜，在 Effect Controls 面板中调整参数。

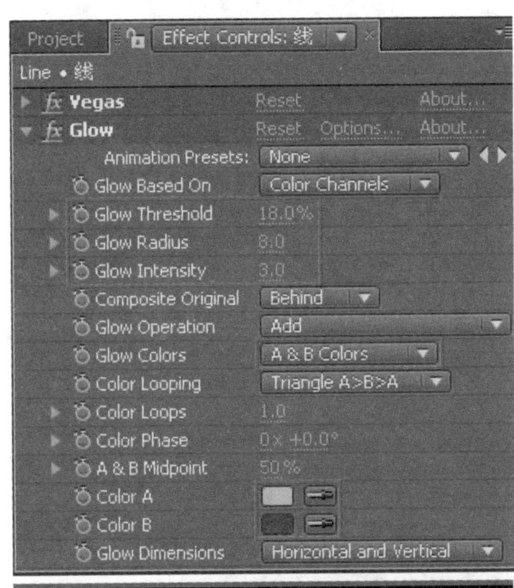

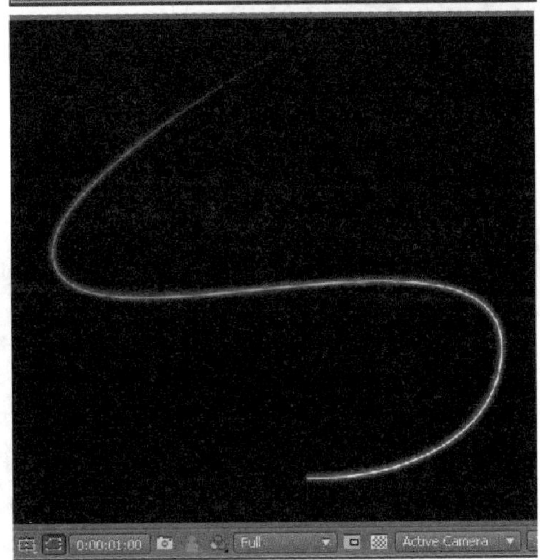

02 选中“线”图层，选择 Edit → Duplicate 菜单命令，复制当前图层，将复制出的新图层重命名为“光”，并将该图层的叠加模式设为 Add。在“光”图层的 Effect Controls 面板中调整参数。

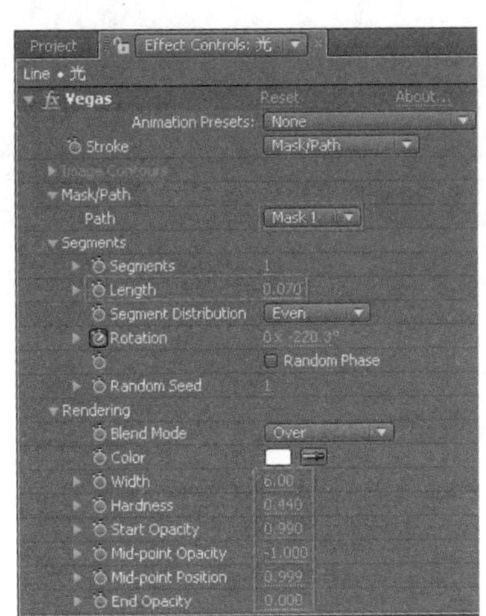

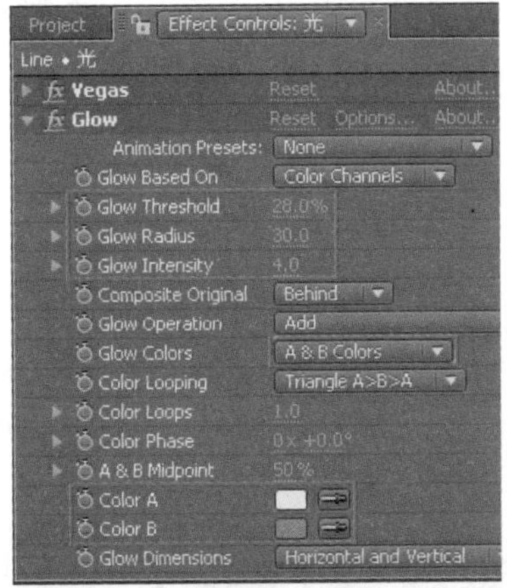

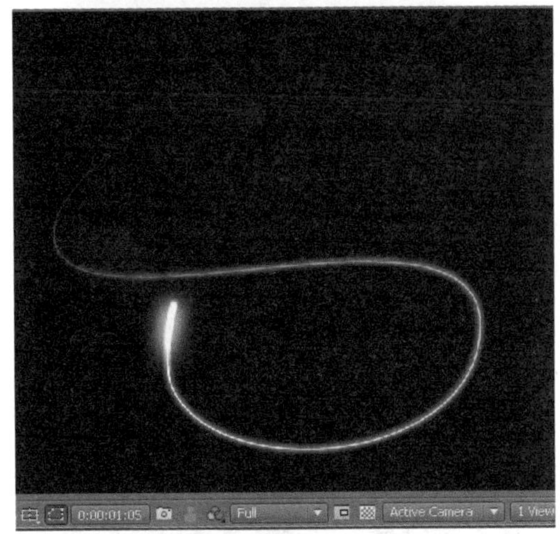

步骤 03 制作舞动效果

01 选择 Composition → New Composition 菜单命令，新建一个 Comp 合成，命名为“小精灵”。选择 Layer → New → Solid 菜单命令，新建一个固态图层，命名为“背景”。

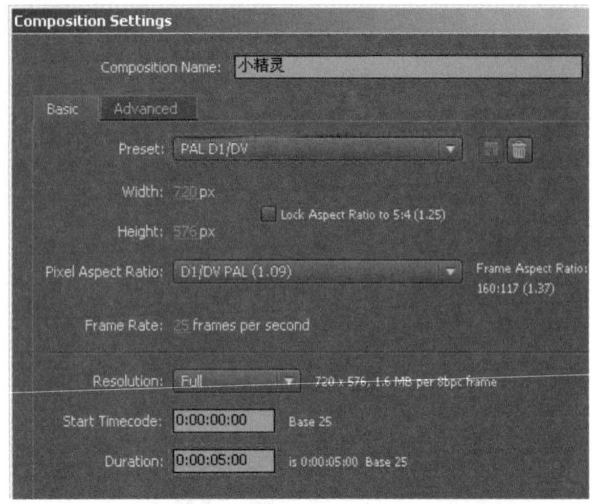

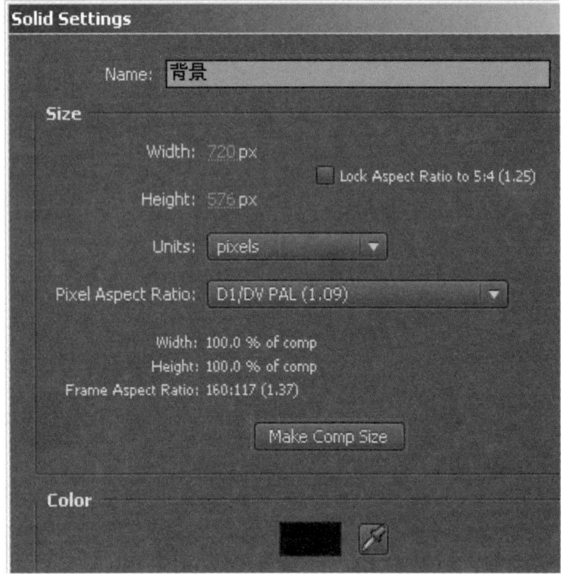

02 选中“背景”图层，选择 Effect → Generate → Ramp 菜单命令，为其添加 Ramp 滤镜，并在 Effect Controls 面板中调整参数。

03 将项目面板中的 Line 图层拖动到“小精灵”合成的 Timeline 面板中，并将其叠加模式设为 Add。选中 Line 图层，选择 Effect→Distort→Turbulent Displace 菜单命令，为其添加 Turbulent Displace 滤镜，在 Effect Controls 面板中调整参数。

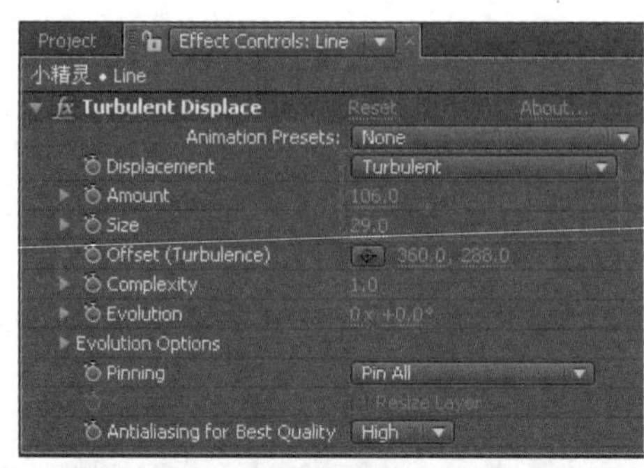

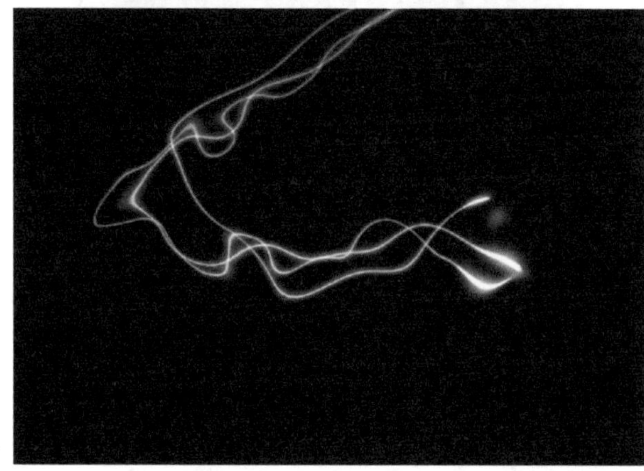

04 选中 Line 图层，选择 Edit → Duplicate 菜单命令，复制两次当前图层，并调整两个复制出的新图层中的 Turbulent Displace 滤镜的参数值，使它们略有不同。按数字键〈0〉预览最终效果。

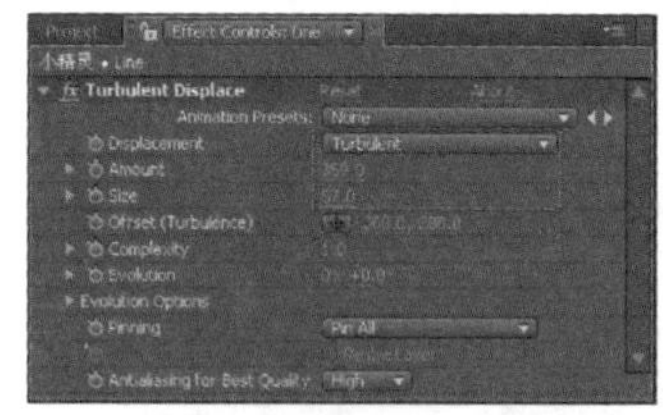

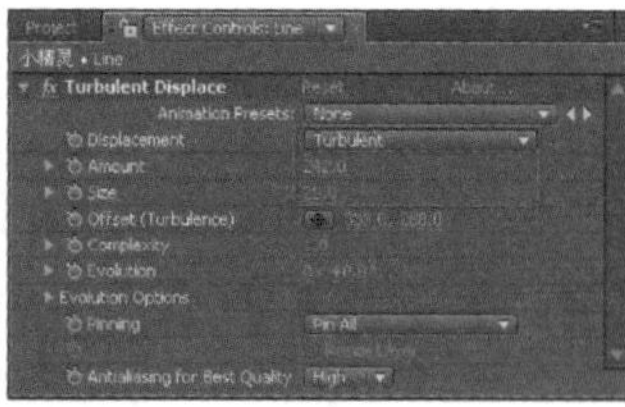

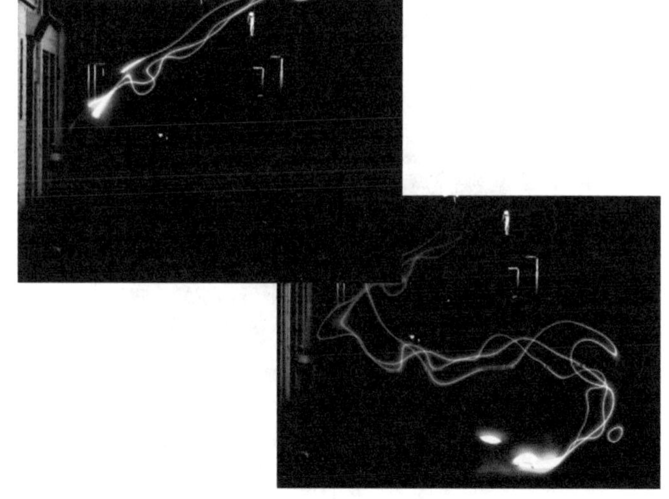

案例 76 胶片运动

本案例主要使用 Wave Warp(波浪扭曲)滤镜和 Darken(变暗) 叠加模式，通过为“胶片 .tga”图层记录关键帧动画实现最终的胶片运动。

● **光盘路径** | 第 8 章 \ 胶片运动

● **难易指数** | ★★★☆☆

案例效果分析

核心技术要点：本例主要介绍 Wave Warp（波浪扭曲）滤镜和 Darken（变暗）图层叠加模式的使用方法。

制作思路分析：熟悉 After Effects 中不同的滤镜效果，利用 Wave Warp 滤镜制作波浪动画效果，最终通过图层叠加模式制作出胶片效果。

制作提示

1. 创建 Comp 合成、导入素材。
2. 制作水波运动效果。
3. 添加背景。

↘ 步骤 01 创建合成

启动 Adobe After Effects CC，选择 Composition → New Composition 菜单命令，新建一个 Comp 合成，命名为“胶片”。选择 File → Import → File 菜单命令，导入本书配套光盘中的“火 .mov”和“胶片 .tga”文件，并将“胶片 .tga”文件拖入到 Timeline 面板中。

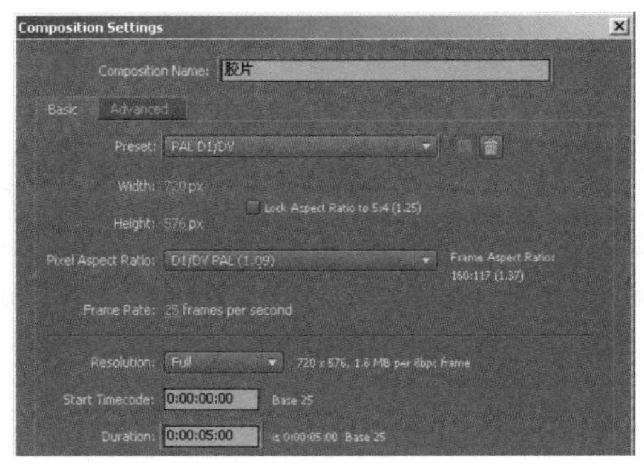

↘ 步骤 02 制作水波运动效果

01 选中“胶片 .tga”图层，按下〈S〉键展开“胶片 .tga”图层的 Scale 属性列表，设置 Scale 的值为 66%。再按下〈P〉键展开“胶片 .tga”图层的 Position 属性列表，并为 Position 设置关键帧，在时间 0:00:00:00 处和时间 0:00:04:24 处设置参数。

02 选中“胶片 .tga”图层，选择 Effect → Color Correction → Hue/Saturation 菜单命令，为“胶片 .tga”图层添加 Hue/Saturation 滤镜，在 Effect Controls 面板中调整参数。

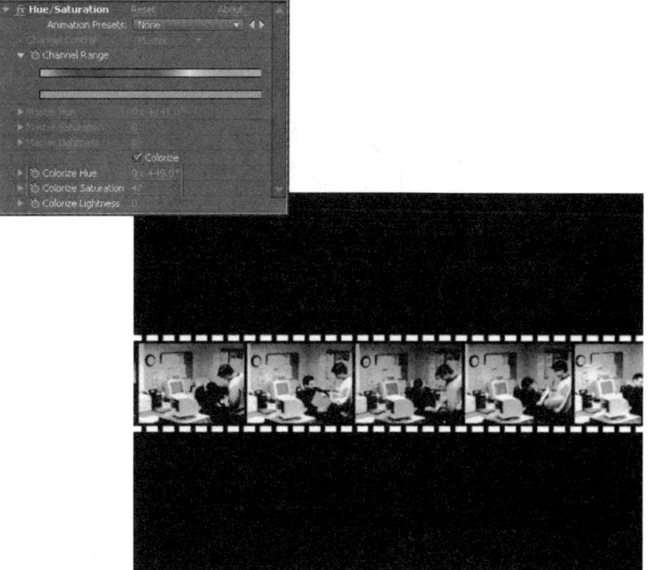

↘ 步骤 03 添加背景

01 选择 Composition → New Composition 菜单命令，新建一个 Comp 合成，命名为“胶片运动”。将项目面板中的“火 .mov”和“胶片 .tga”图层拖到“胶片运动”合成的 Timeline 面板中，并将“胶片 .tga”图层放在上层。

02 选中“胶片.tga”图层，选择 Effect → Distort → Wave Warp 菜单命令，为其添加 Wave Warp 滤镜，在 Effect Controls 面板中调整参数，设置“胶片.tga”图层的叠加模式为 Darken。

03 按下数字键〈0〉预览效果。

案例 77 佳片预告

本案例以制作画面汇聚的动画效果为主，利用 Card Dance 滤镜制作画面的分散效果，并读取了预先制作好的黑白背景，最终使画面产生纷乱的卡片效果。

● **光盘路径** | 第 8 章 \ 佳片预告

● **难易指数** | ★★★☆☆

案例效果分析

核心技术要点：本例主要学习使用 Card Dance 滤镜来制作画面的分散效果。

制作思路分析：理解空间概念，利用 Card Dance 滤镜读取背景的黑白信息，使画面产生空间上的错位。分别为这些属性值记录关键帧，使整个画面产生汇聚动画。

制作提示

1. 创建 Comp 合成。
2. 选择固态图层，添加 Fractal Noise 滤镜。
3. 制作分形画面。

步骤 01 创建 Comp 合成

启动 Adobe After Effects CC，选择 Composition → New Composition 菜单命令，新建一个 Comp 合成，命名为“背景”。选择 Layer → New → Solid 菜单命令，新建一个固态图层，命名为 fractal。

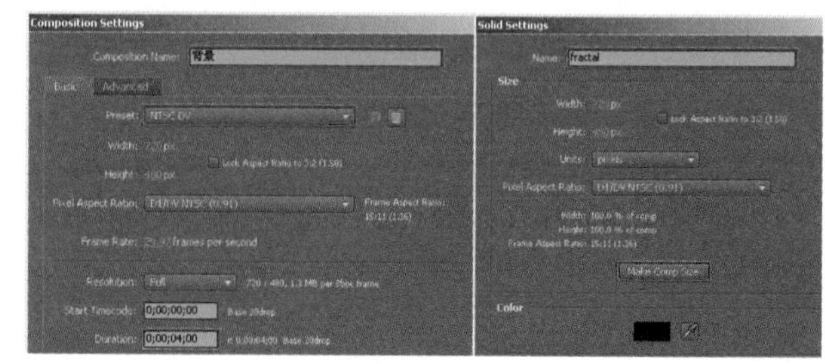

↘ 步骤 02　制作噪波图

01 选中 fractal 图层，选择 Effect → Noise&Grain → Fractal Noise 菜单命令，为其添加 Fractal Noise 滤镜，在 Effect Controls 面板中调整参数。

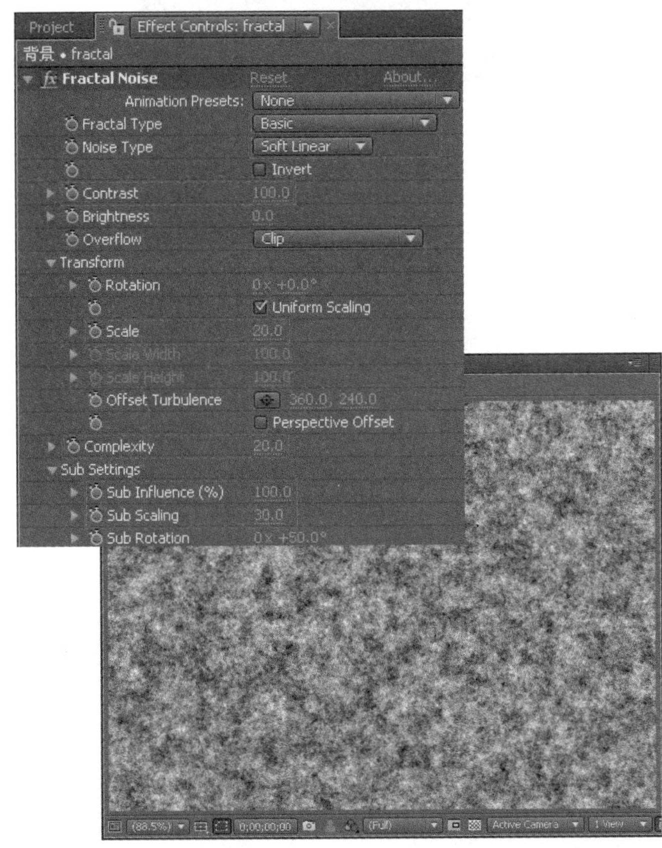

02 选中 fractal 图层，选择 Effect → Color Correction → Curves 菜单命令，为其添加 Curves 滤镜，在 Effect Controls 面板中调整参数。选中 fractal 图层，选择 Effect → Color Correction → Levels 菜单命令，再为其添加 Levels 滤镜，在 Effect Controls 面板中调整参数。

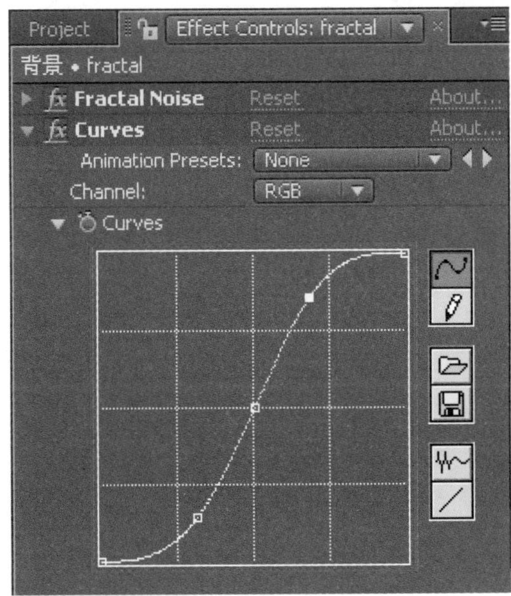

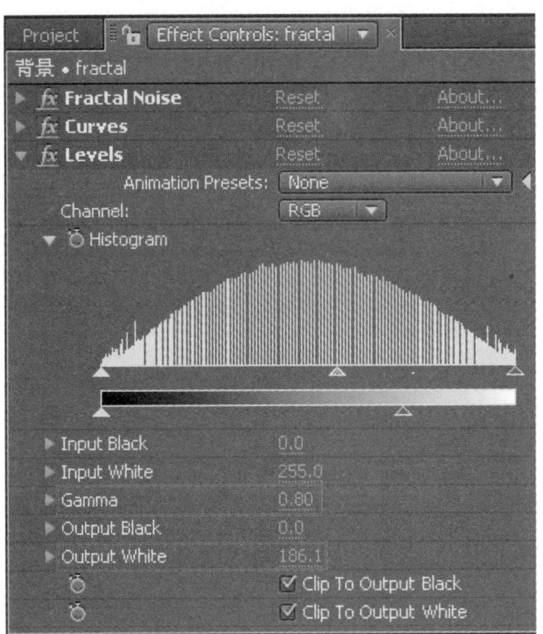

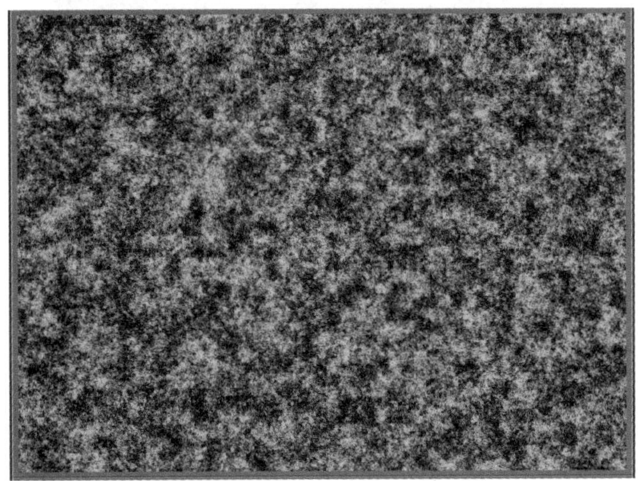

03 选择 Layer → New → Solid 菜单命令，新建一个黑色的固态图层，命名为 ramp。

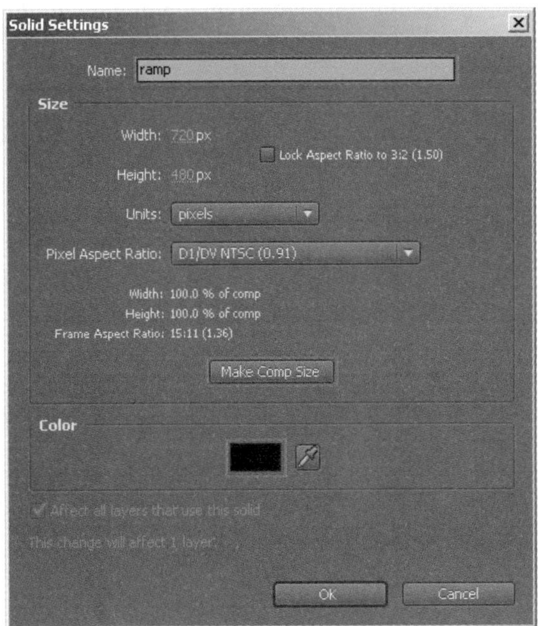

04 选中 ramp 图层，选择 Effect → Generate → Ramp 菜单命令，为其添加 Ramp 滤镜。在 Effect Controls 面板中调整参数并设置渐变色为黑白渐变。在 Timeline 面板中将 ramp 图层的叠加方式设为 Multiply。

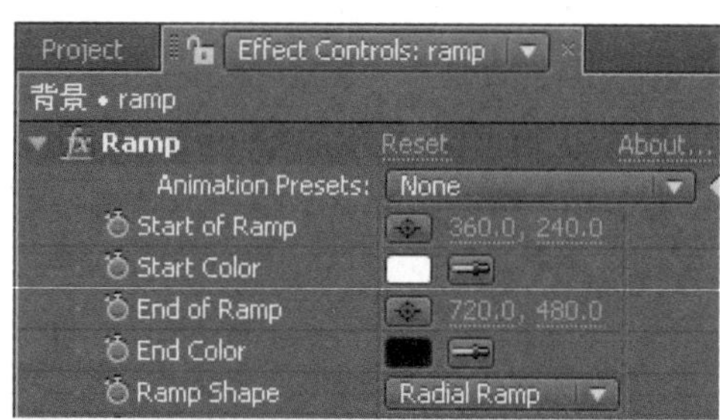

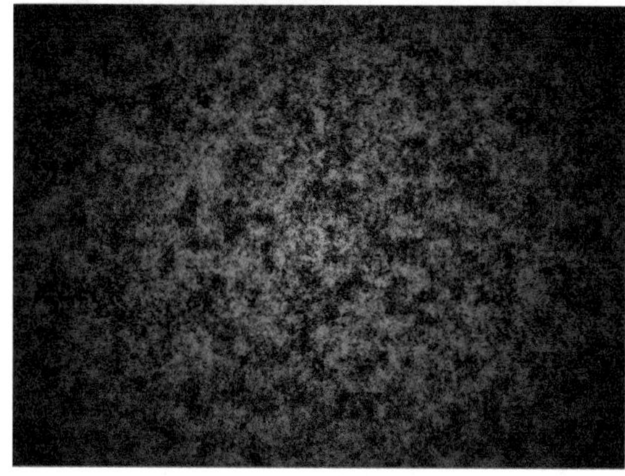

步骤 03　制作分形画面

01 选择 Composition → New Composition 菜单命令，新建一个 Comp 合成，命名为“佳片预告”。选择 File → Import → File 菜单命令，导入本书配套光盘中的 gmly.png 文件。将项目面板中的 gmly.png 和“背景”图层拖到 Timeline 面板中。

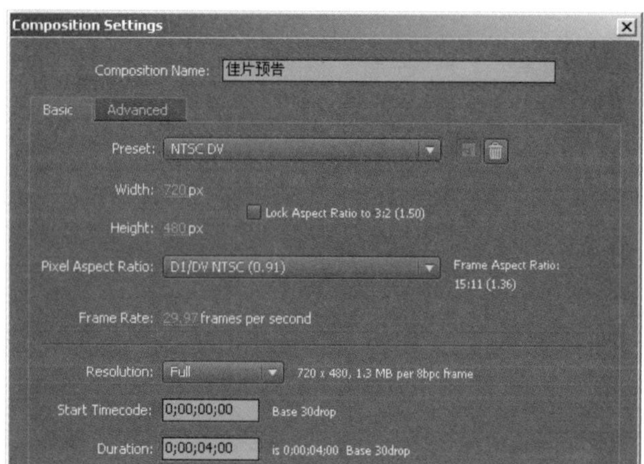

02 选中 gmly.png 图层，选择 Effect → Simulation → Card Dance 菜单命令，为其添加 Card Dance 滤镜，在 Effect Controls 面板中调整参数。

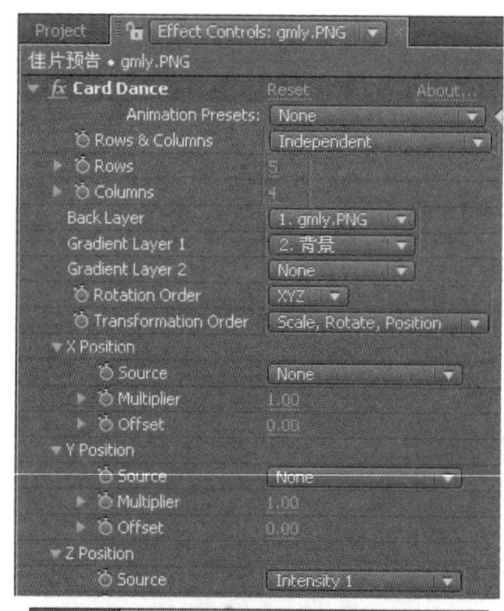

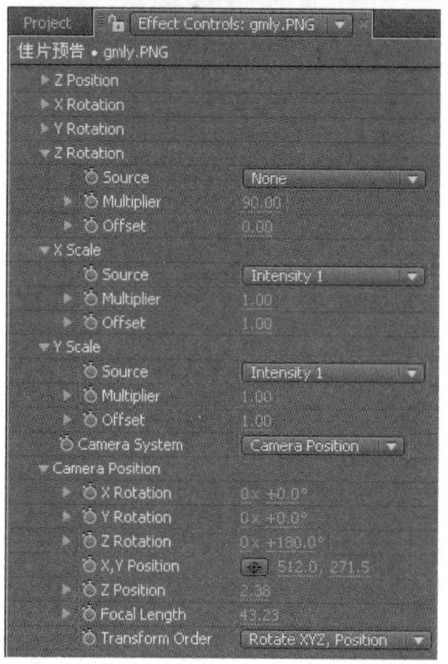

03 在 Timeline 面板中选中 gmly.png 图层，展开 Card Dance 滤镜属性列表，并为 Card Dance 滤镜的参数设置关键帧，在时间 0;00;00;00 处和时间 0;00;02;24 处设置参数。

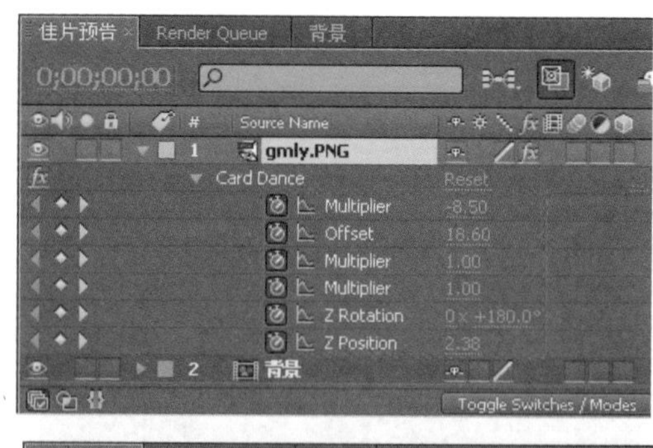

04 按下数字键〈0〉预览效果。

案例 78 烟火

本案例以利用文字图层读取背景烟雾动画的黑白信息为主，通过为 Displacement Map、Gaussian Blur 滤镜和文字图层的 Opacity 属性记录关键帧制作烟火动画。

● 光盘路径 | 第 8 章 \ 烟火

● 难易指数 | ★★★☆☆

案例效果分析

核心技术要点：本例使用 Displacement Map（置换贴图）滤镜制作文字与背景相融的动态效果。

制作思路分析：熟悉 After Effects 的特效应用，通过为文字图层添加 Displacement Map 滤镜读取“浓烟滚滚 .mov”图层的黑白信息，使文字产生变形。

制作提示

1. 创建文字图层。

2. 制作灰飞烟灭的效果。

↘步骤 01 创建文字层

01 启动 Adobe After Effects CC，选择 Composition → New Composition 菜单命令，新建一个 Comp 合成，命名为 Text。选择 Layer → New → Solid 菜单命令，新建一个固态图层，命名为“文字”。

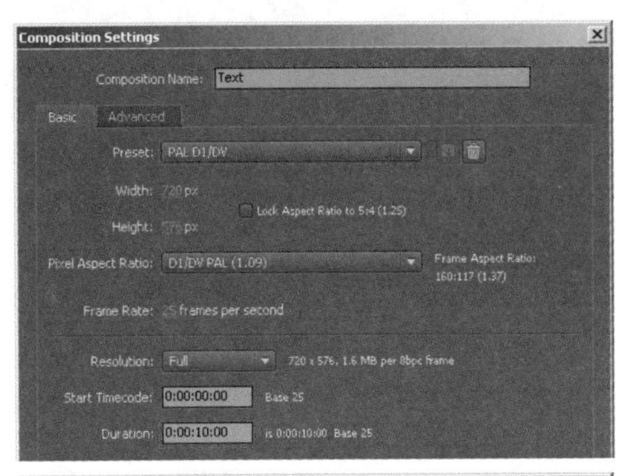

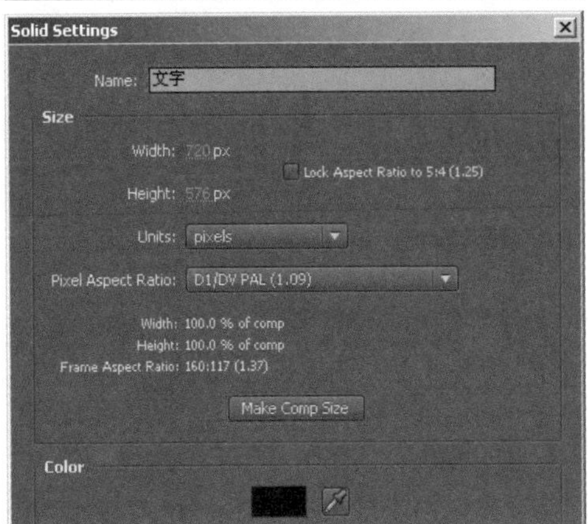

02 选中“文字”图层，选择 Effect → Text → Basic Text 菜单命令，为其添加 Basic Text 滤镜，在 Effect Controls 面板中单击 Edit Text 按钮，在弹出的对话框中输入“烟火弥漫”，并设置其他参数。

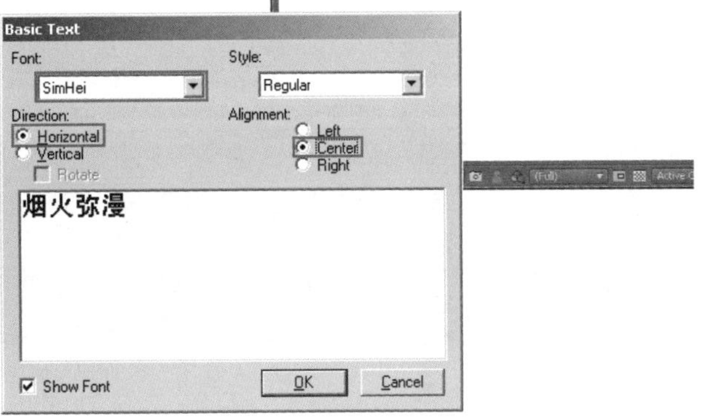

03 选中“文字”图层，选择 Effect → Perspective → Drop Shadow 菜单命令，为其添加 Drop Shadow 滤镜，在 Effect Controls 面板中调整参数。

04 按〈S〉键展开文字层 Scale 属性列表，为其设置关键帧动画，在时间 0:00:00:00 处和时间 0:00:08:23 处设置参数，在 Timeline 面板中调整 Scale 参数曲线。

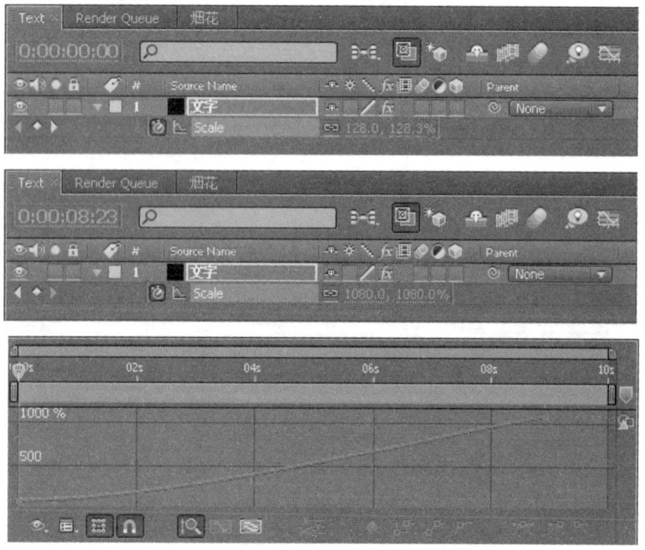

↘ 步骤 02 制作灰飞烟灭的效果

01 选择 Composition → New Composition 菜单命令，新建一个 Comp 合成，命名为“烟火”。选择 File → Import → File 菜单命令，导入本书配套光盘中的“浓烟滚滚 .mov”文件，在项目面板中将 Text 和“浓烟滚滚 .mov”拖动到烟火的 Timeline 面板中，并将 Text 放在最上层。

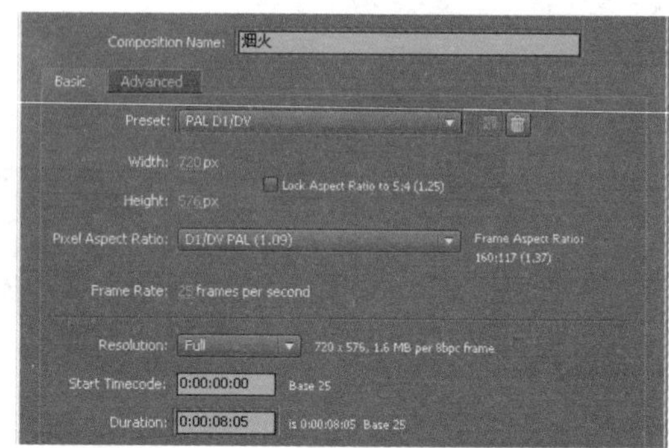

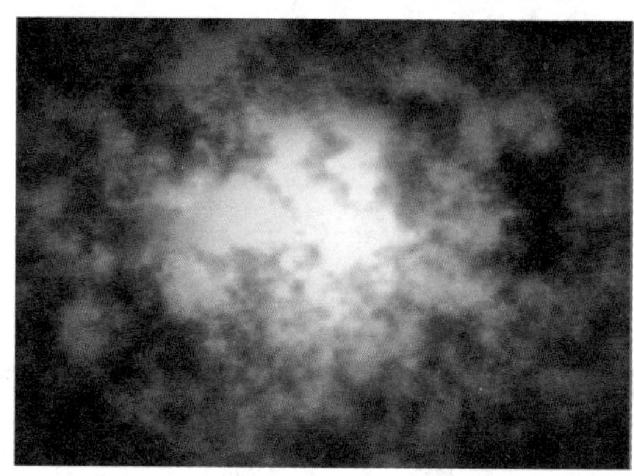

02 选中 Text 图层，选择 Effect → Distort → Displacement Map 菜单命令，为其添加 Displacement Map 滤镜，在 Effect Controls 面板中调整参数。

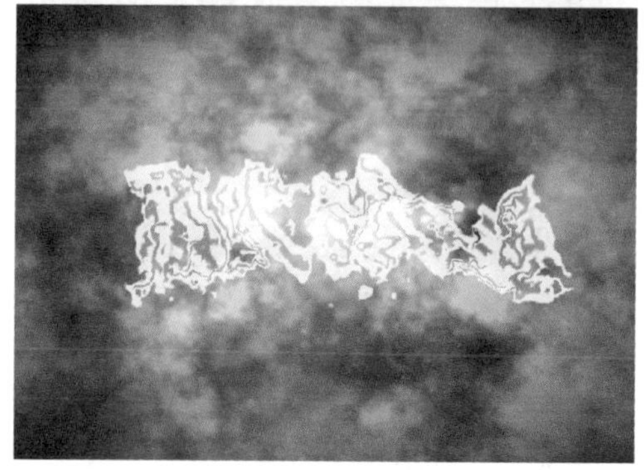

03 选中 Text 图层，选择 Effect → Blur&Sharpen → Gaussian Blur 菜单命令，为 Text 图层添加 Gaussian Blur 滤镜。为 Displacement Map 滤镜下的 Max Horizontal Displacement、Max Vertical Displacement 和 Gaussian Blur 滤镜下的 Blurriness 参数设置关键帧动画，在时间 0:00:00:00 处和时间 0:00:07:11 处设置参数。在 Timeline 面板中调整 Blurriess 参数曲线。

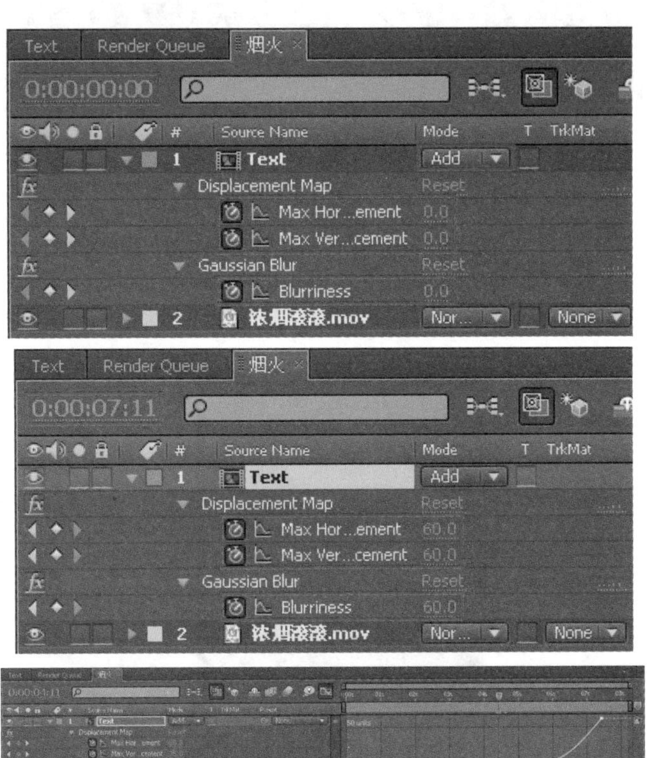

04 按〈T〉键展开文字图层的 Opacity 参数列表，为其设置关键帧。之后分别在时间 0:00:00:00 处和时间 0:00:01:11 处、时间 0:00:07:11 处和时间 0:00:08:02 处设置参数。

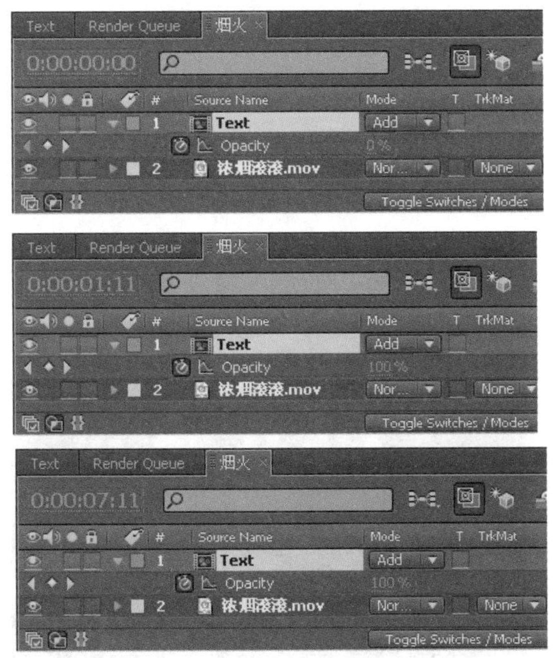

05 按数字键〈0〉预览最终效果。

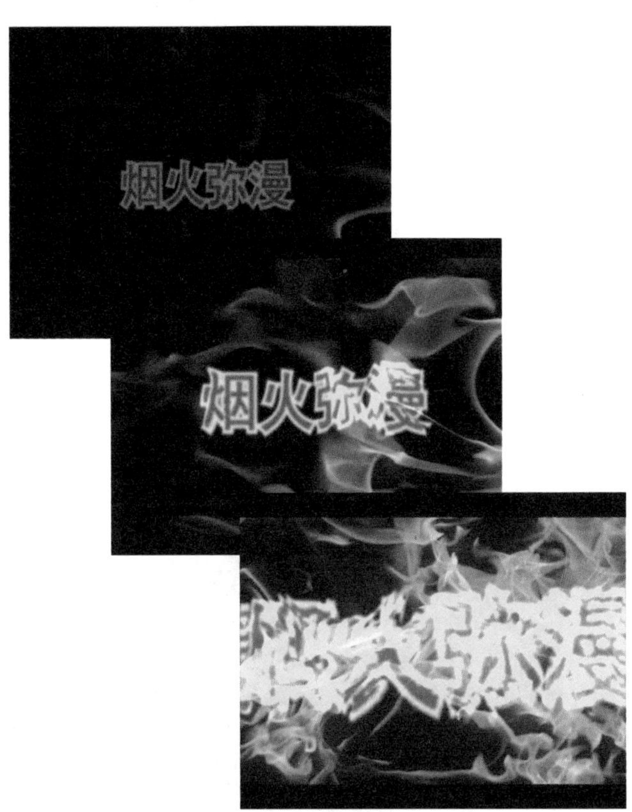

案例 79　盒子动画

本案例主要以应用三维图层为主，通过为 Position 属性记录关键帧，制作盒子的组合动画，再配以摄像机的镜头旋转动画，完成整个动画的制作。

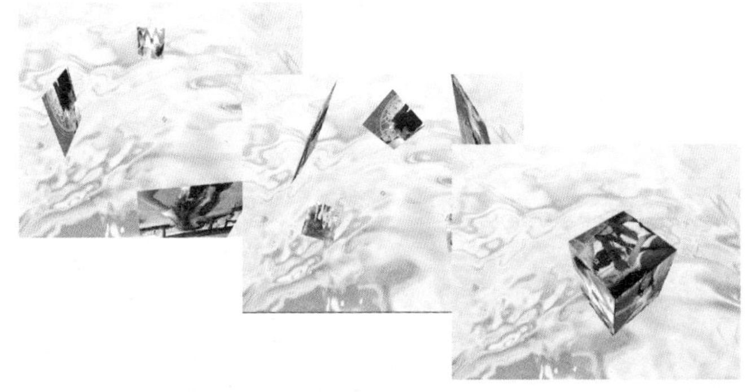

● 光盘路径 | 第 8 章 \ 盒子动画

● 难易指数 | ★★★☆☆

案例效果分析

核心技术要点：本例主要介绍在 After Effects 中对三维图层的应用技巧，如利用三维图层的 Position 属性和 Orientation 属性创建一个盒子。

制作思路分析：熟悉 After Effects 的三维图层和摄像机的应用技巧，为创建的三维盒子适配一个摄像机层。最终为摄像机记录关键帧动画，制作出盒子的翻转动画。

制作提示

1. 创建 Comp 合成。
2. 创建 3D 效果。
3. 为摄像机记录关键帧动画。

步骤 01 创建 Comp 合成

01 启动 Adobe After Effects CC，选择 Composition → New Composition 菜单命令，新建一个 Comp 合成，命名为“盒子”。

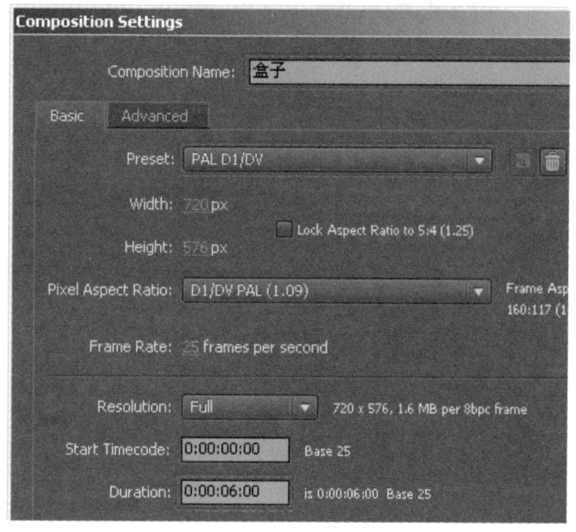

02 选择 File → Import → File 菜单命令，导入本书配套光盘中的 001.jpg、002.jpg、003. jpg、004.jpg、005.jpg 和 006.jpg 文件，并将它们拖放到 Timeline 面板中。

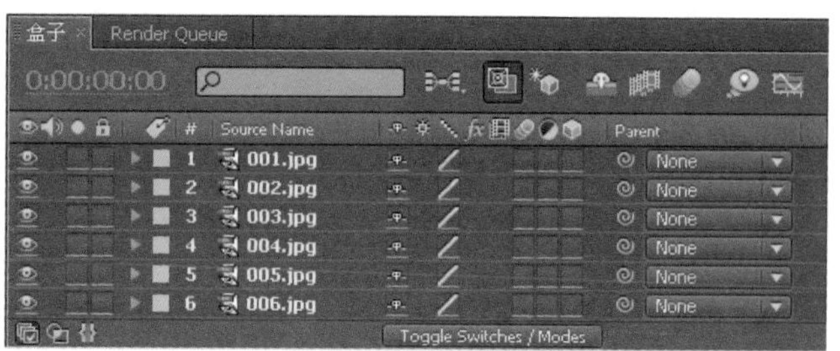

步骤 02 创建 3D 效果

01 选择 Layer → New → Camera 菜单命令，新建一个摄像机图层 Camera 1 并使用默认参数。打开 Timeline 面板中其他图层的 3D 开关，并查看此时的 Timeline 面板。

02 在 Timeline 面板中展开 001.jpg、002.jpg、003. jpg、004.jpg、005.jpg、006.jpg 图层的 Transform 属性，对 Position 和 Orientation 属性进行调节。

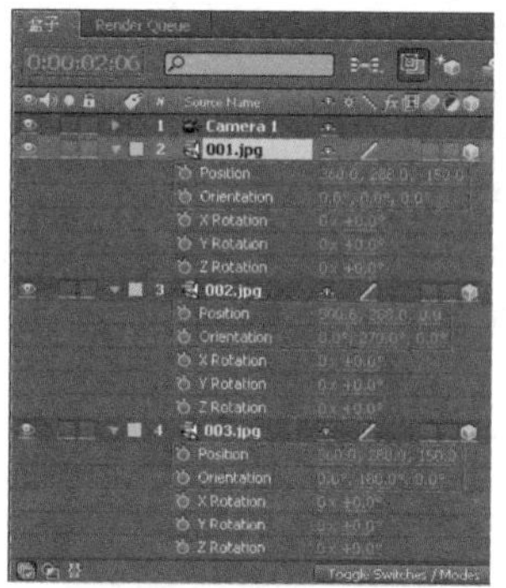

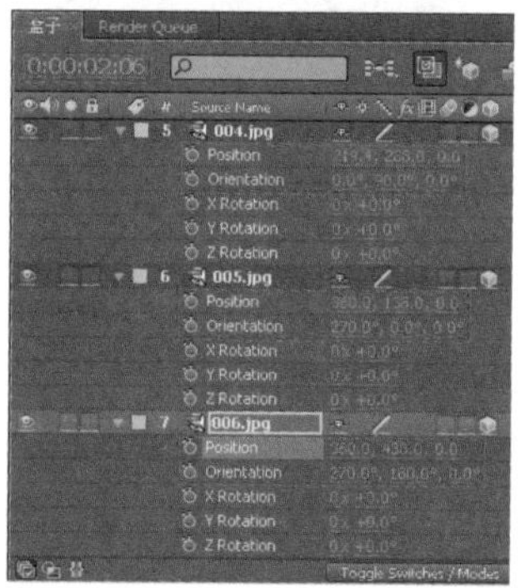

03 查看此时 Comp 合成的效果。

↘ 步骤 03　为摄像机记录关键帧动画

01 选中 Camera1 图层，并为其 Transform 属性下的参数设置关键帧，在时间 0:00:00:00 处为 Position 和 Orientation 设置关键帧，在时间 0:00:01:01 处为 Position 设置关键帧，在时间 0:00:03:13 处为 Orientation 设置关键帧。

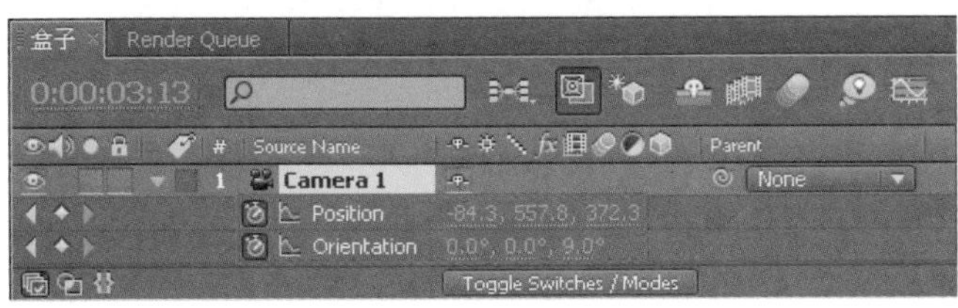

02 按数字键〈0〉预览效果。

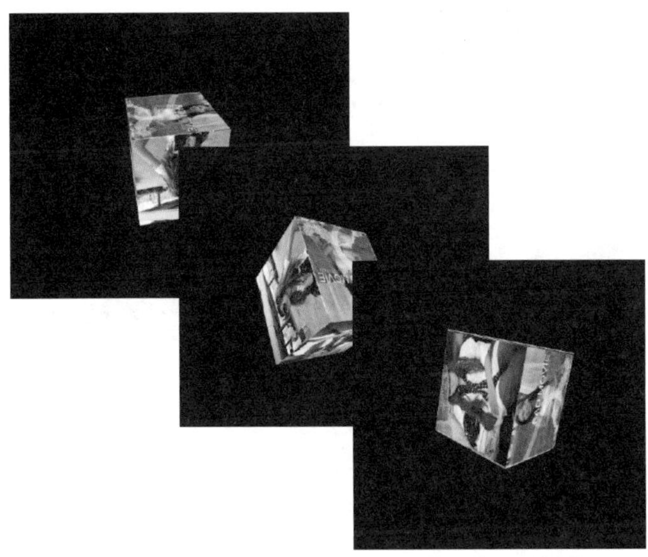

03 在 Timeline 面板中选中 001.jpg、002.jpg、003.jpg、004.jpg、005.jpg、006.jpg 图层，按〈P〉键同时展开 6 个图层的 Position 属性列表，并为 Position 属性设置关键帧，在时间 0:00:00:00 处和时间 0:00:02:06 处设置关键帧。

04 按数字键〈0〉预览最终效果。

案例 80　行星

本案例通过 CC Sphere 滤镜将平面图像转为立体的球形图像之后，为 CC Sphere 滤镜的旋转属性记录关键帧动画，最终使球体产生旋转的动画效果。

● 光盘路径 | 第 8 章 \ 行星

● 难易指数 | ★★★★☆

案例效果分析

核心技术要点：本例主要学习利用平面素材制作三维球体的动画效果，通过 CC Sphere、Glow、Invert 等滤镜的应用实现星球动画。

制作思路分析：利用嵌套合成，实现星球的制作；通过图层的叠加完成场景的制作，并为星球制作光效及旋转动画。

制作提示

1. 创建 Comp 合成。
2. 制作星球，制作星球纹理。
3. 制作光效。
4. 制作动画。

步骤 01　创建 Comp 合成

启动 Adobe After Effects CC，选择 Composition → New Composition 菜单命令，新建一个 Comp 合成，命名为“星球”。在项目面板中双击，导入本书配套光盘中的 venusmap.jpg、spaceBG.jpg、venusbump.jpg 文件，并将 venusmap.jpg 从项目面板中拖到 Timeline 面板中。

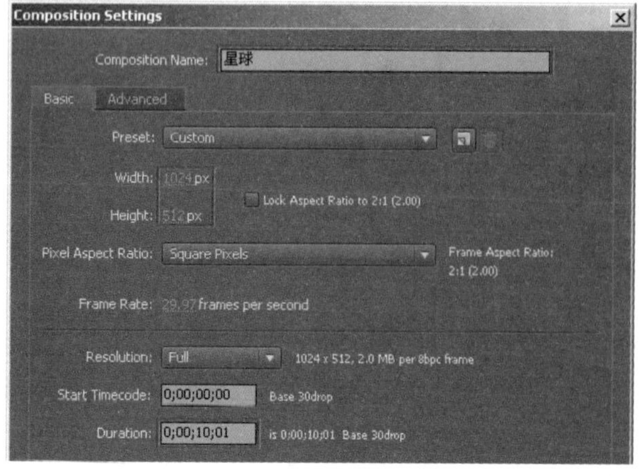

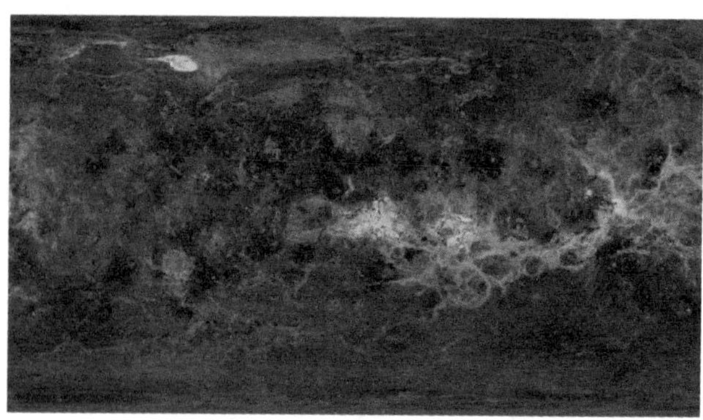

步骤 02　嵌套合成

01 在 Timeline 面板中选中 venusmap.jpg 图层，按〈Ctrl+Shift+C〉组合键将此图层作为一个合成嵌套进来。

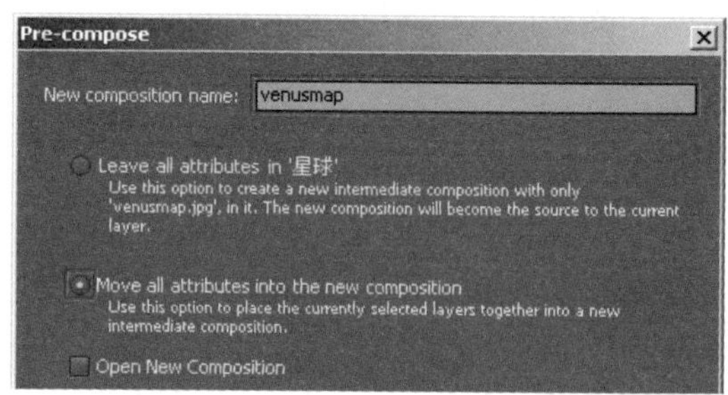

02 双击 venusma 合成，进入其合成面板。选中 venusmap.jpg 图层，选择 Effect → Color Correction → Hue/Saturation 菜单命令，为其添加 Hue/Saturation 滤镜，在 Effect Controls 面板中调整其参数。查看此时 Comp 合成的效果。

步骤 03 制作星球

01 回到“星球”合成面板中，在 Effects&Presets 面板的输入栏中输入 CC Sphere，系统将自动寻找到 CC Sphere 滤镜。选中 CC Sphere 并将其拖放到 Timeline 面板中的 venusmap 图层上，在 Effect Controls 面板中调整参数。

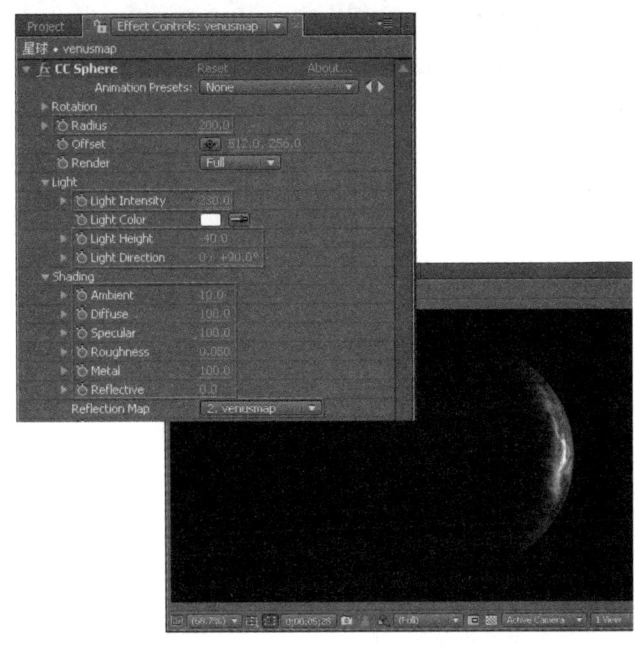

02 在 Timeline 面板中选中 venusmap 图层，按键盘上的〈Ctrl+D〉组合键进行复制，并调整复制出的新图层的叠加模式为 Screen。之后在 Effect Controls 面板中调整 Light Height 的值为 40、Light Direction 的值为 -85。

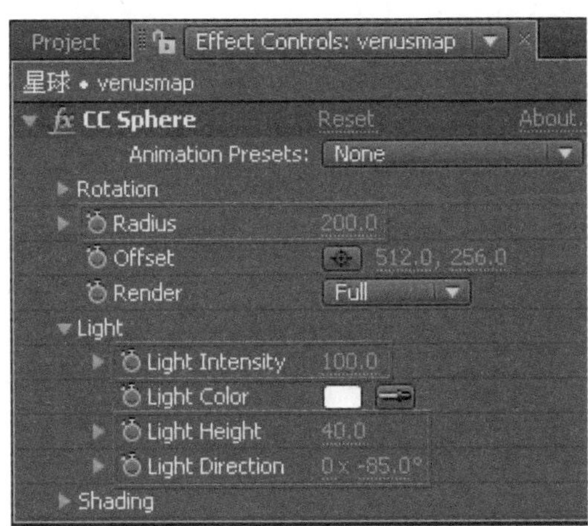

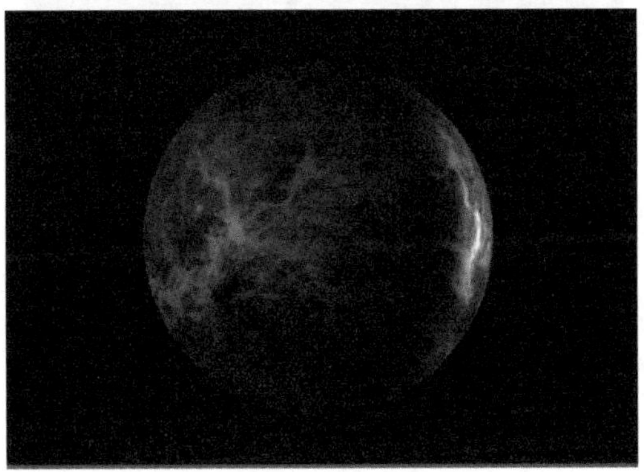

03 将 spaceBG.jpg 文件从项目面板拖到 Timeline 面板中作为背景。

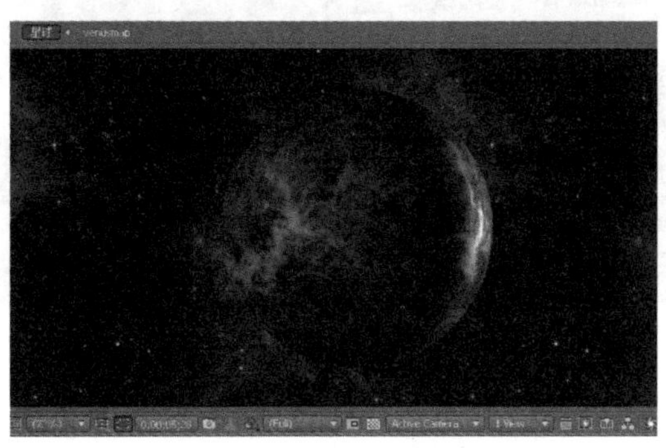

步骤 04 制作星球纹理

01 按〈Ctrl+N〉组合键新建一个 Comp 合成，命名为 map。将项目面板中的 venusbump.jpg 文件拖到 Timeline 面板中。选中 venusbump.jpg 图层，选择 Effect → Channel → Invert 菜单命令。

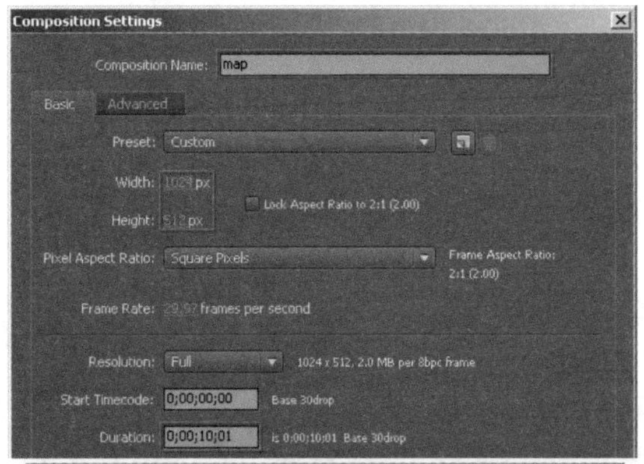

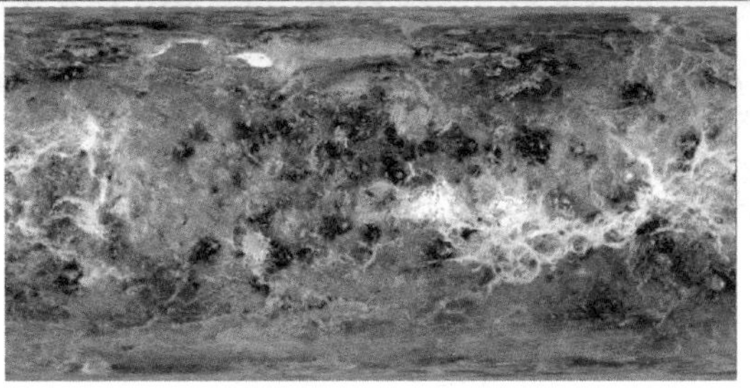

02 选中 venusbump.jpg 图层，选择 Effect → Color Correction → Curves 菜单命令，为其添加 Curves 滤镜，在 Effect Controls 面板中调整曲线的形状。

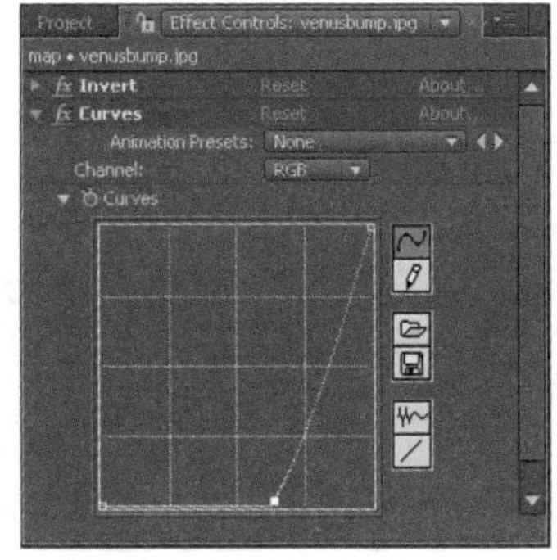

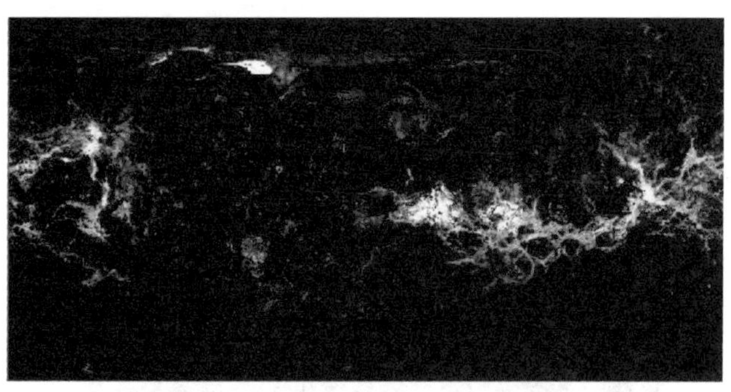

03 选择 Effect → Color Corr-ection → Tint 菜单命令，为其添加 Tint 滤镜，并在 Effect Controls 面板中调整参数，查看此时 Comp 合成的效果。

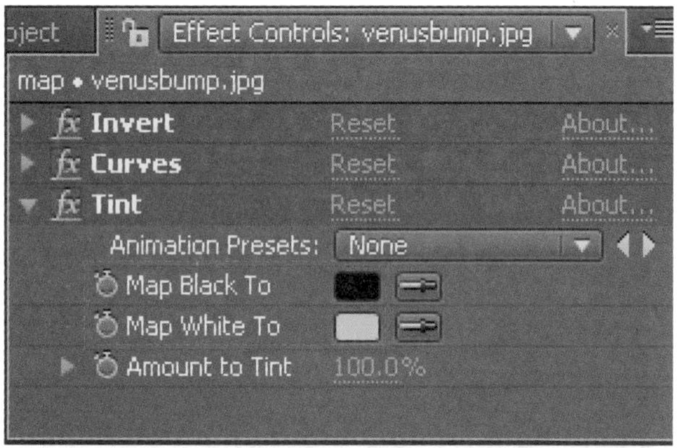

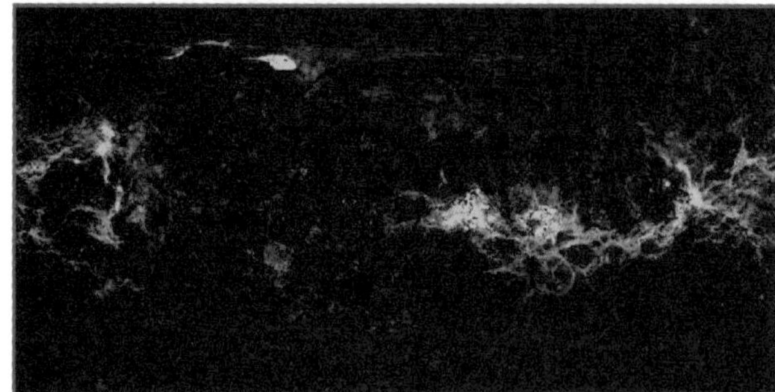

04 选中 venusbump.jpg 图层，按〈Ctrl+D〉组合键复制。选中复制出的新图层，在 Effect Controls 面板中将 Tint 滤镜删除。之后设置图层的 TrkMat 选项为 Luma Matte，查看此时 Comp 合成的效果。

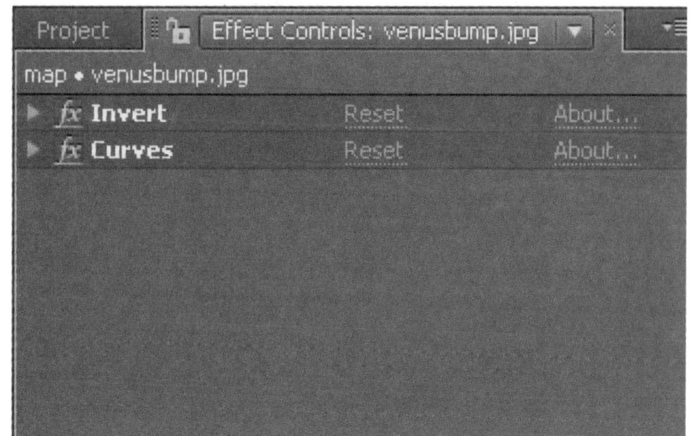

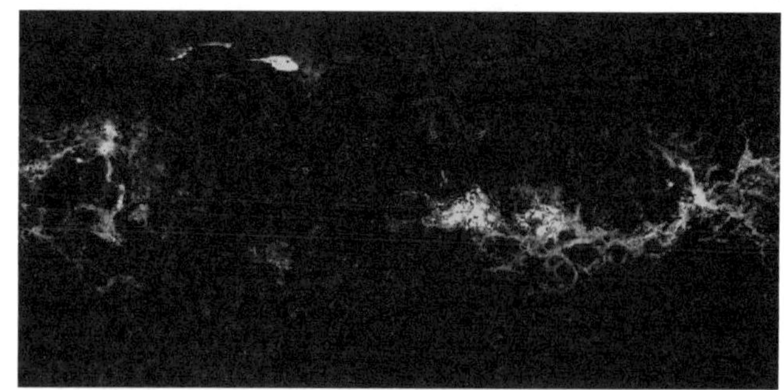

05 回到“星球”合成面板，将项目面板中的 map 拖到 Timeline 面板中。选中 map 图层，选择 Effect → Perspective → CC Sphere 菜单命令，为其添加 CC Sphere 滤镜，在 Effect Controls 面板中调整参数。

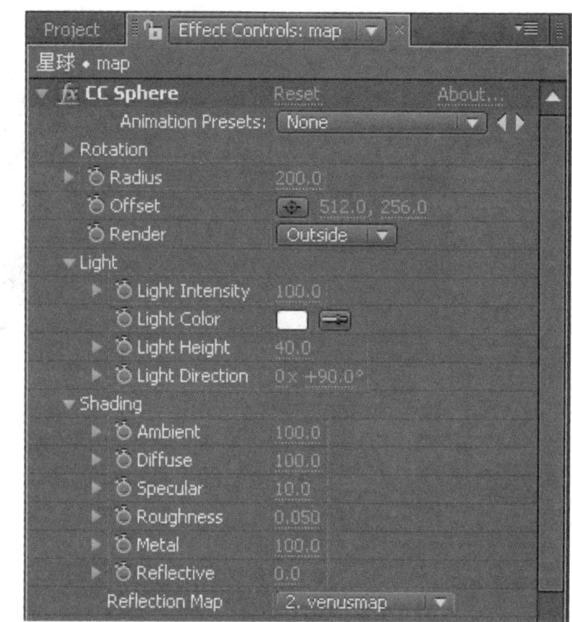

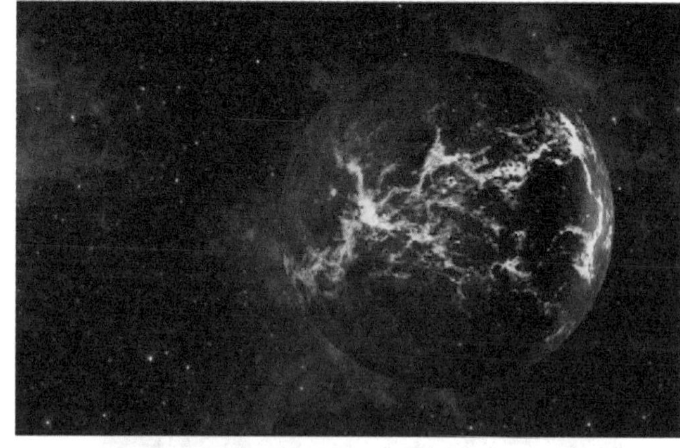

↘ 步骤 05 制作光效

01 在 Timeline 面板中选中底下的 venusmap 图层，选择 Effect → Color Correction → Curves 菜单命令，为其添加 Curves 滤镜并调整曲线的形状，查看此时 Comp 合成的效果。

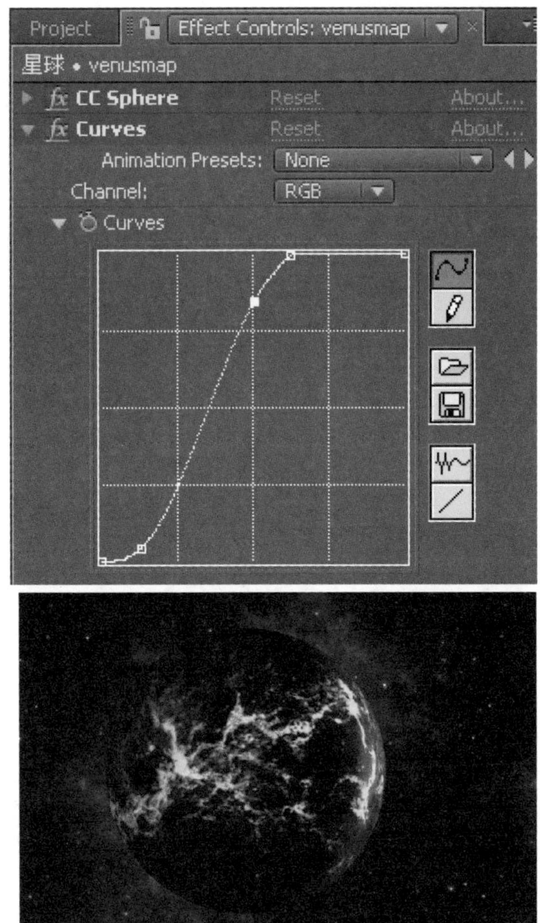

02 选择 Effect → Stylize → Glow 菜单命令，为其添加 Glow 滤镜，在 Effect Controls 面板中调整参数。

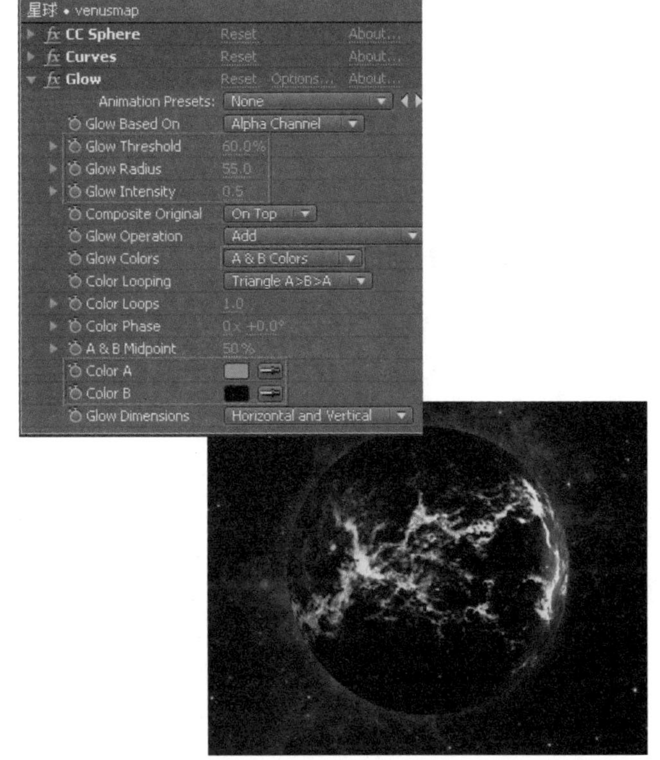

03 选中 map 图层，选择 Effect → Stylize → Glow 菜单命令，为其添加 Glow 滤镜，使星球的纹理产生自发光效果，查看此时 Comp 合成的效果。

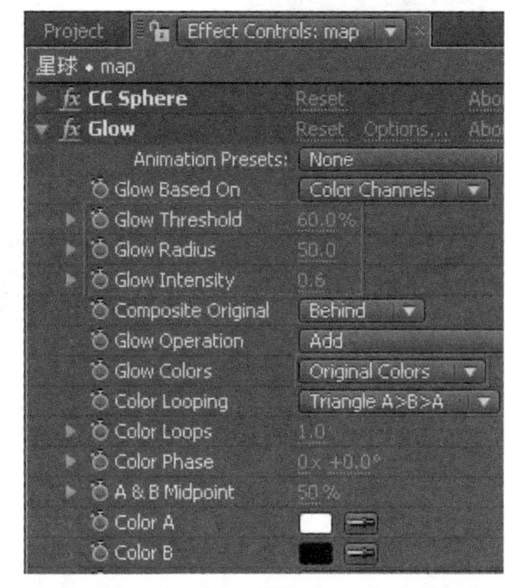

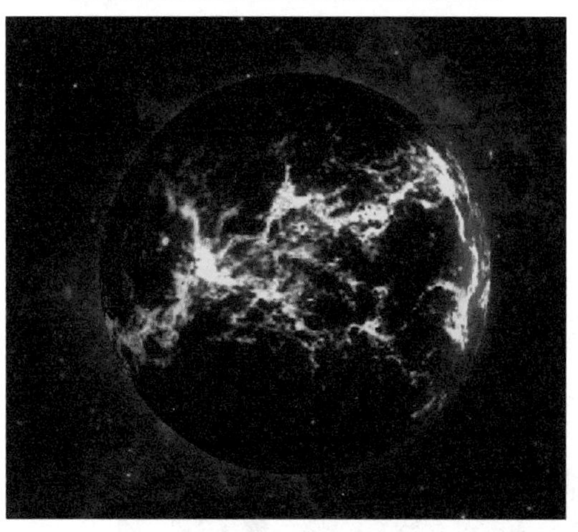

↘ 步骤 06　制作动画

01 选中 map 图层，展开 CC Sphere 滤镜的旋转属性，单击 Rotation Y 左侧的⏱按钮为其记录关键帧，使星球转动。

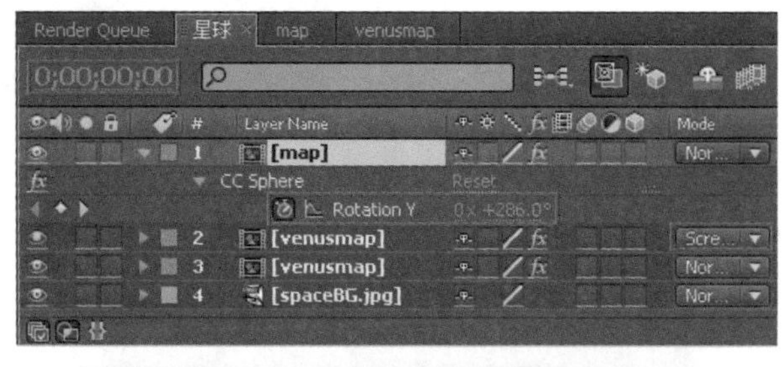

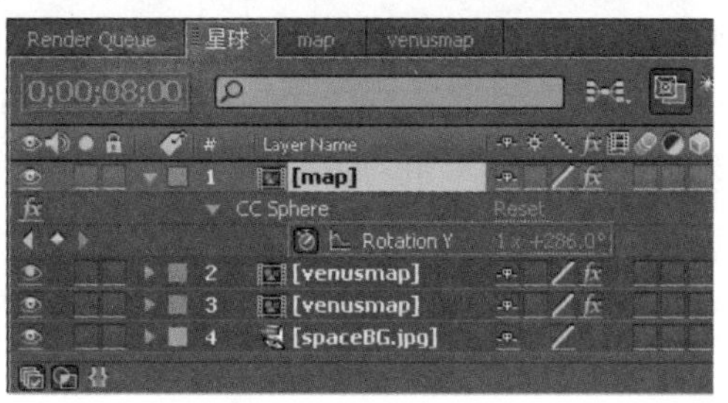

02 按数字键〈0〉预览最终效果。

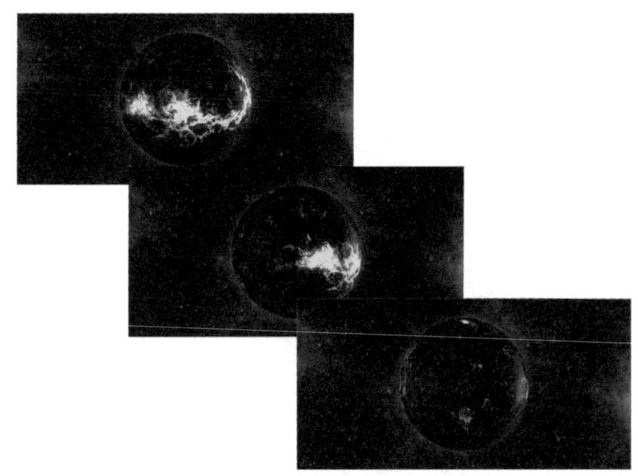

案例 81　灯光纹理

本案例主要使用 Fractal Noise（分形噪波）、CC Glass、Lens Flare、Curves、Glow 滤镜来制作。通过 Fractal Noise 和 CC Glass 滤镜制作出真实的三维纹理效果，最终利用表达式制作出灯光的位移动画。

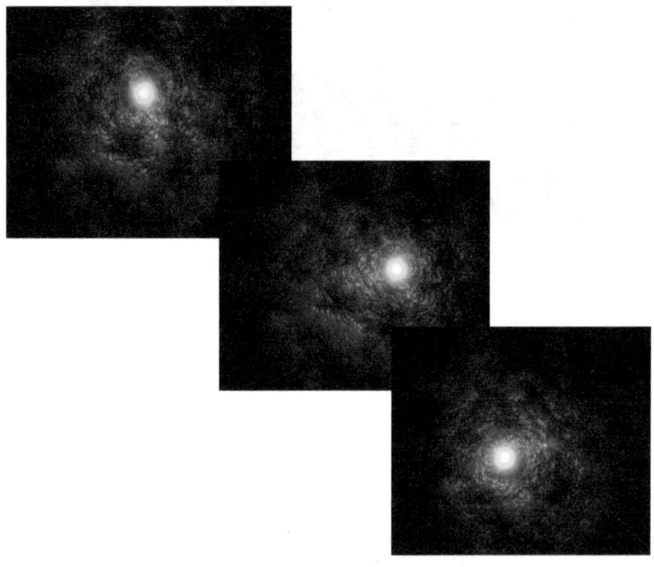

● **光盘路径** | 第 8 章 \ 灯光纹理

● **难易指数** | ★★★★☆

案例效果分析

核心技术要点：本例利用 CC Glass（玻璃）滤镜制作出凹凸的纹理效果，之后利用表达式制作出灯光的摆动动画。

制作思路分析：熟悉 After Effects 中不同滤镜的应用技巧，利用表达式为灯光位移制作动画。同样利用表达式将 Lens Flare（镜头光斑）的位移属性与灯光的位移属性绑定，使两者产生同步动画。

制作提示

1. 制作纹理及灯光效果。
2. 添加灯光，制作灯光动画。
3. 添加表达式。
4. 添加镜头光晕。

步骤 01　制作纹理

01 启动 Adobe After Effects CC，选择 Composition→New Comp-osition 菜单命令，新建一个 Comp 合成，命名为“灯光纹理”。选择 Layer→New→Solid 菜单命令，新建一个黑色的固态图层 BlackSolid 1。

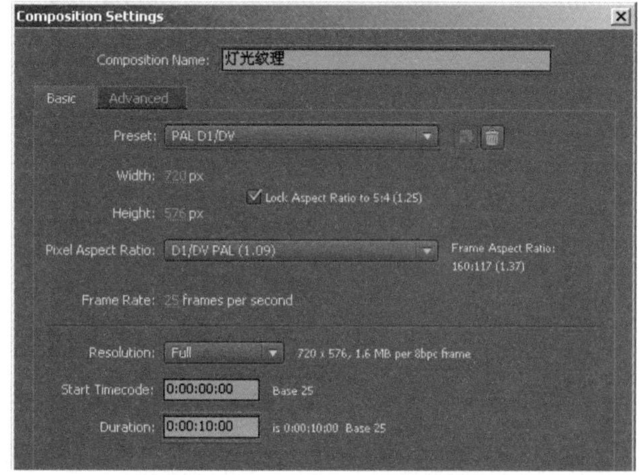

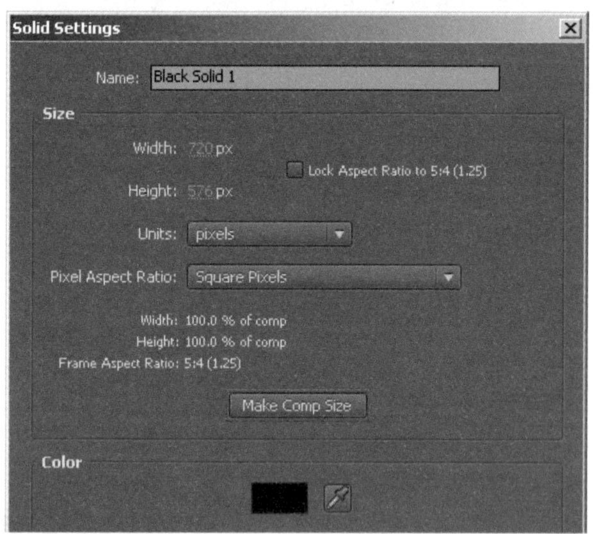

02 在 Timeline 面板中选中 Black Solid 1 图层，选择 Effect→Noise & Grain→Fractal Noise 菜单命令，为其添加 Fractal Noise 滤镜，并在 Effect Controls 面板中调整参数。

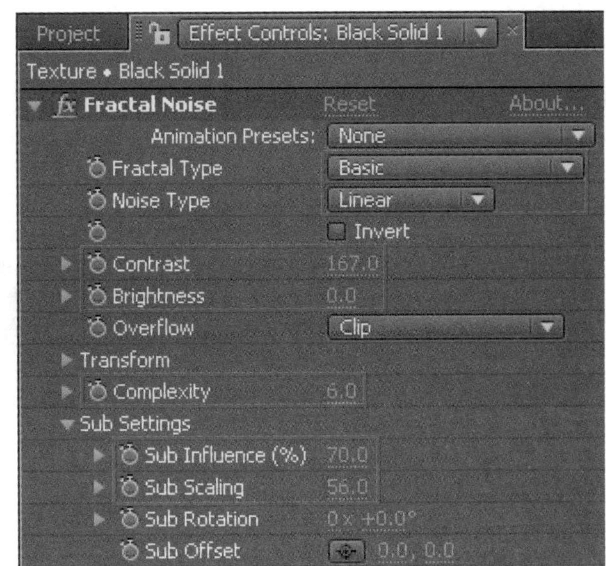

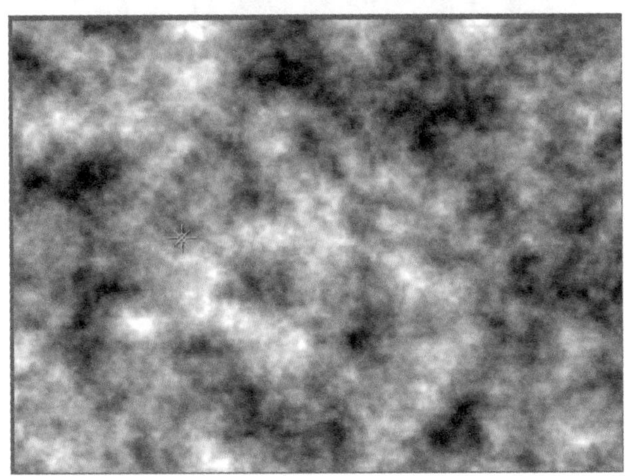

03 选中 Black Solid 1 图层，选择 Layer → Pre-compose 菜单命令，将该图层作为一个合成嵌套进来，将新的合成命名为 Texture，单击 OK 按钮确定。

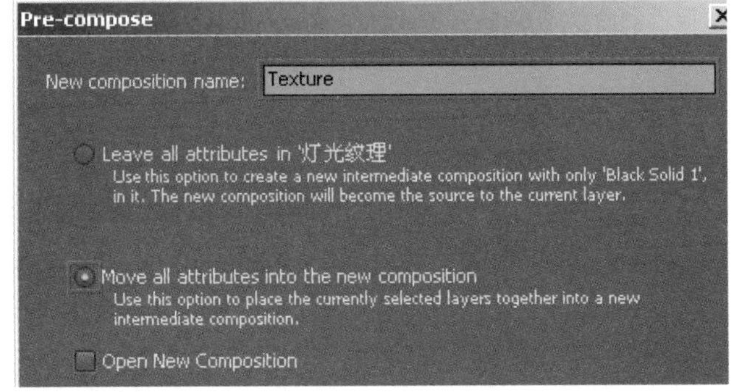

↘ 步骤 02　制作凹凸效果并添加灯光

01 在 Timeline 面板中选中 Texture 图层，选择 Effect → Stylize → CC Glass 菜单命令，为其添加 CC Glass 滤镜。

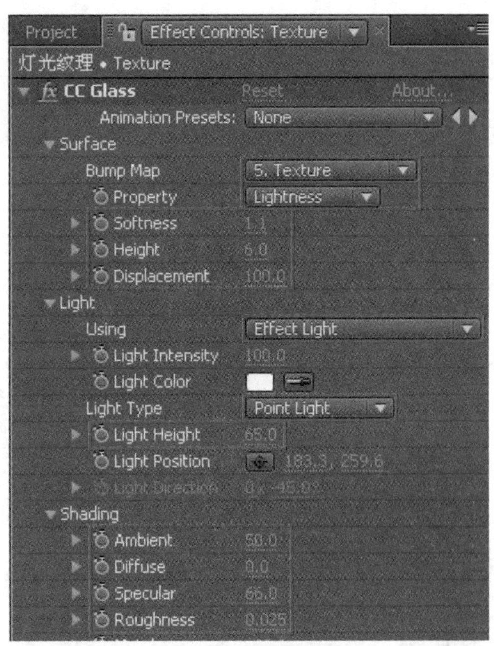

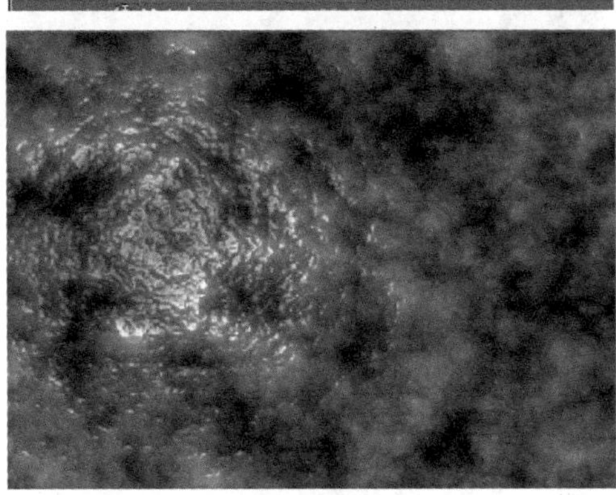

02 单击 Texture 图层的按钮，打开其图层的三维属性。选择 Layer → New → Light 菜单命令，新建一个灯光图层 Light 1。

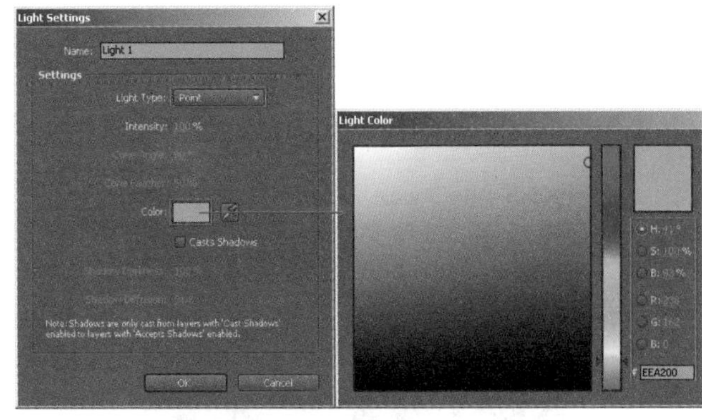

↘ 步骤 03　制作灯光动画

01 在 Timeline 面板中选中 Light 1 图层，按〈P〉键，展开其 Position 属性列表，之后按住〈Alt〉键并单击 Position 左侧的按钮，为其添加表达式，在表达式输入栏中输入 wiggle (.5,118)，此时可见灯光已经产生了随机的位移动画。

02 查看此时 Comp 合板的效果。选择 Layer → New → Solid 菜单命令，新建一个固态图层，命名为 Mask。

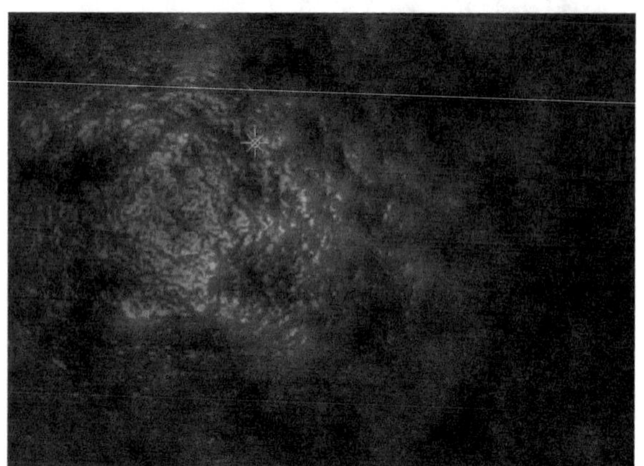

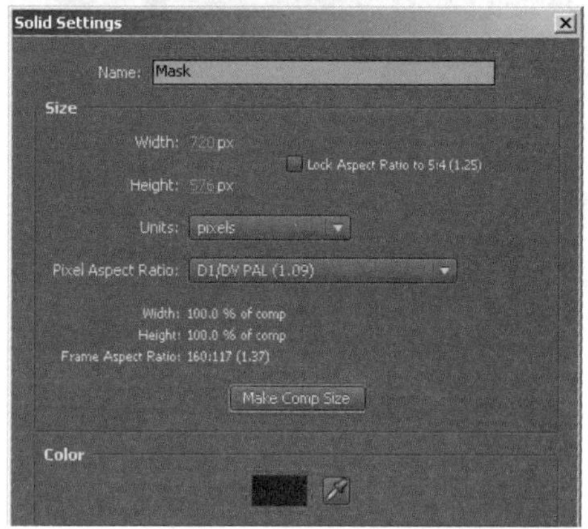

03 在 Timeline 面板中选中 Mask 图层，双击工具栏中的椭圆工具，在 Comp 合成面板中绘制一个椭圆形的 Mask。展开 Mask 图层的 Mask 属性列表并设置参数。之后设置其 Opacity 属性为 20%，设置图层的叠加模式为 Classic Color Burn。

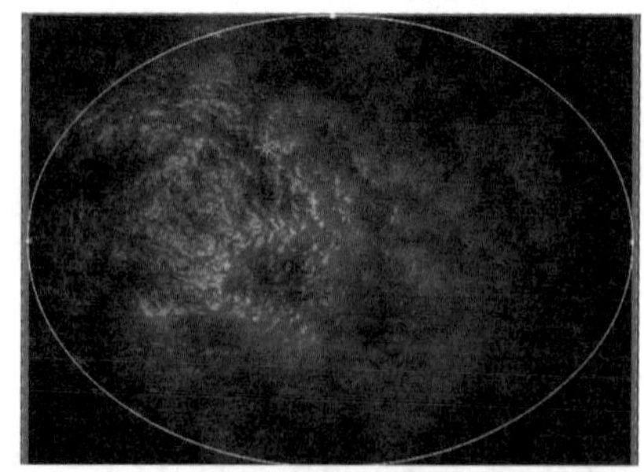

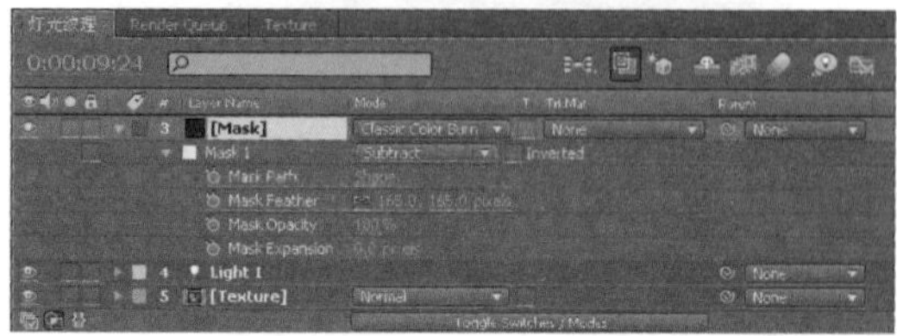

↘ 步骤 04　添加表达式

01 在 Timeline 面板中选中 Texture 图层，展开其 CC Glass 属性列表。按住〈Alt〉键后单击 Light Position 左侧的按钮，为其添加表达式，在表达式输入栏中输入 thisComp.layer(Light 1).toComp([0,0,0]);。

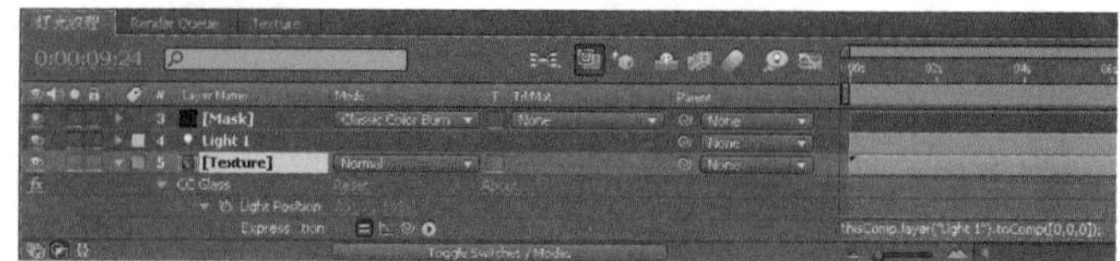

02 选择 Layer → New → Solid 菜单命令，新建一个白色的固态图层 White Solid 1。

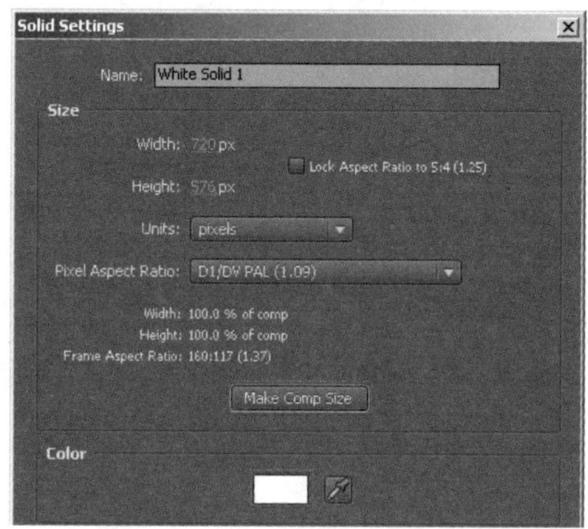

03 在 Timeline 面板中选中 White Solid 1 图层，单击工具栏中的椭圆工具，在 Comp 合成面板中绘一个 Mask 并设置 Mask 的参数。

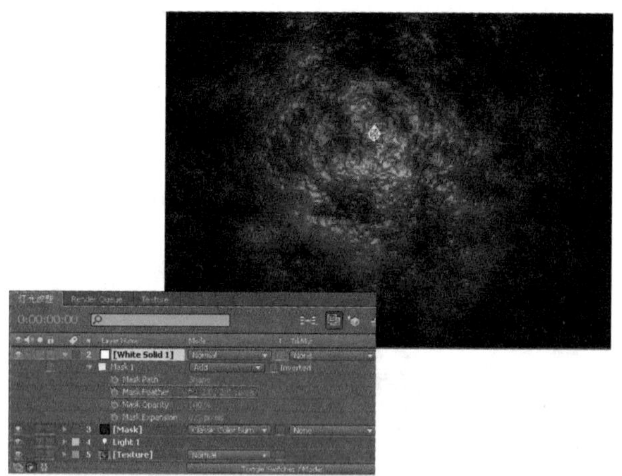

04 选中 White Solid 1 图层，按〈P〉键展开其 Position 属性列表。按住〈Alt〉键后单击 Position 左侧的按钮为其添加表达式，在表达式输入栏中输入 thisComp.layer(Light 1).toComp([0,0,0]);。该操作目的是利用表达式控制图层的位移属性，使其与灯光的位移属性保持一致。

05 此时 White Solid 1 图层的 Position 属性会随着 Light 1 图层的 Position 属性的改变而改变。选择 Effect → Stylize → Glow 菜单命令，为 White Solid 1 图层添加 Glow 滤镜。在 Effect Controls 面板中调整参数。在 Effect Controls 面板中选中 Glow 滤镜，按〈Ctrl+D〉组合键进行复制，对复制出的 Glow2 滤镜的参数进行调整。

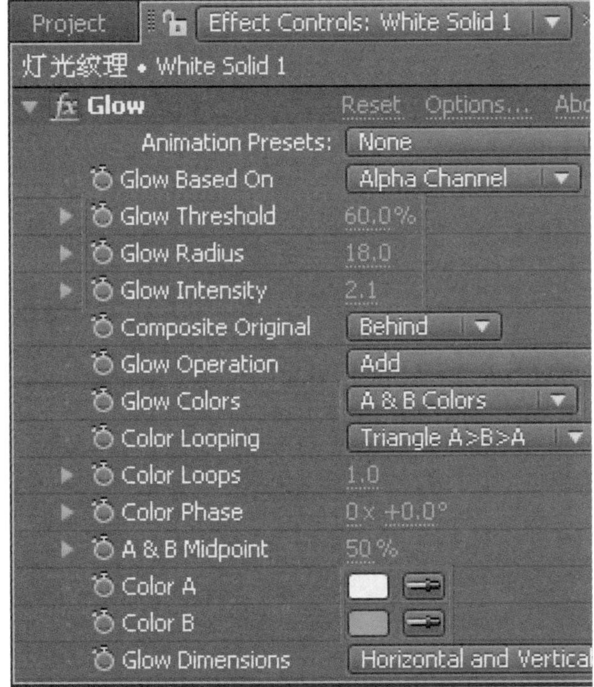

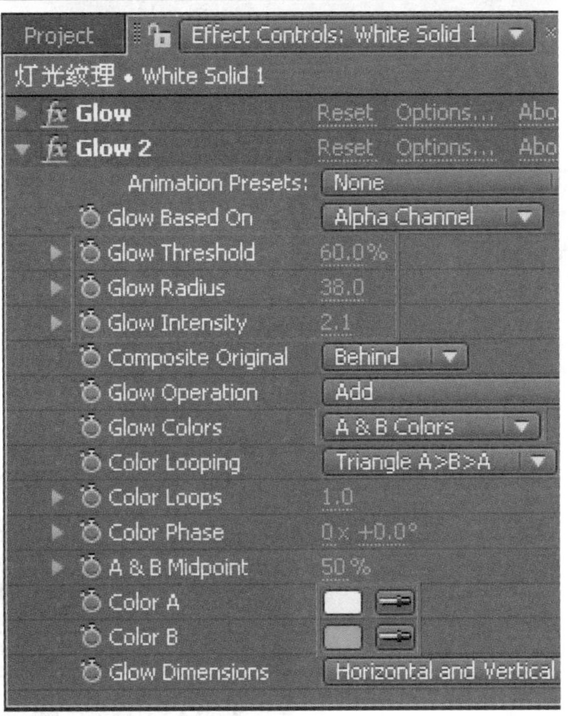

↘ 步骤 05 添加镜头光晕

01 查看此时 Comp 面板的效果。之后选择 Layer → New → Solid 菜单命令，新建一个固态图层 Black Solid 2。

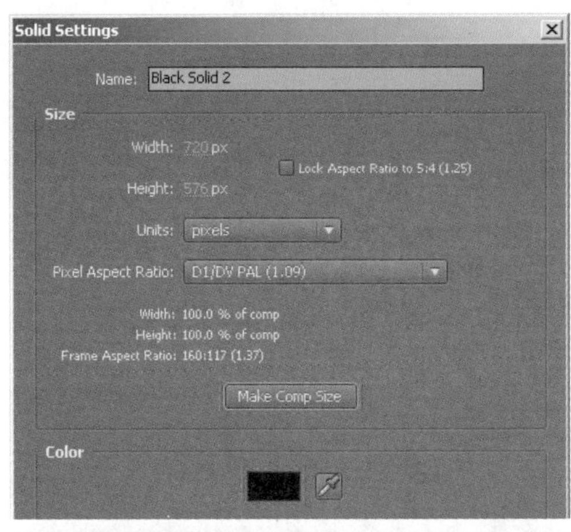

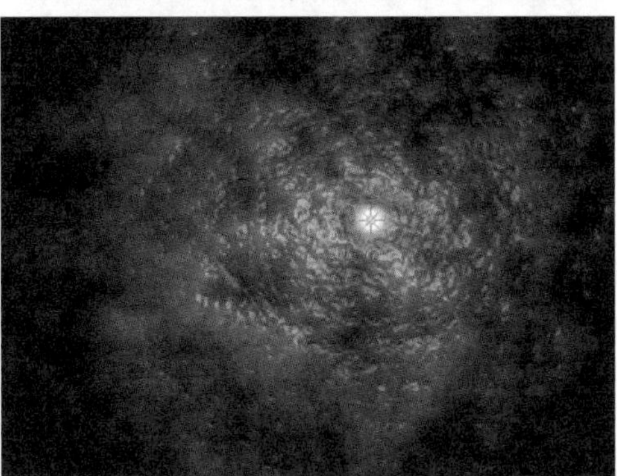

02 选中 Black Solid 2 图层，选择 Effect → Generate → Lens Flare 菜单命令，为其添加 Lens Flare 滤镜，在 Effect Controls 面板中调整参数。

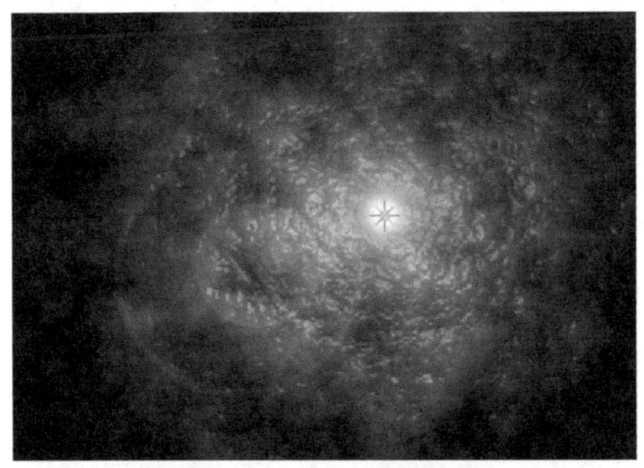

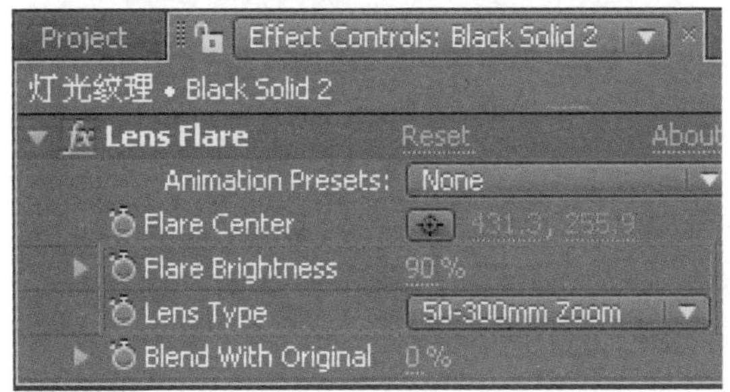

03 按住〈Alt〉键后单击 Flare Center 左侧的按钮为其添加表达式，在表达式输入栏中输入 thisComp.layer(Light 1).toComp([0,0,0]);，此时光斑随着灯光位移的改变而改变。

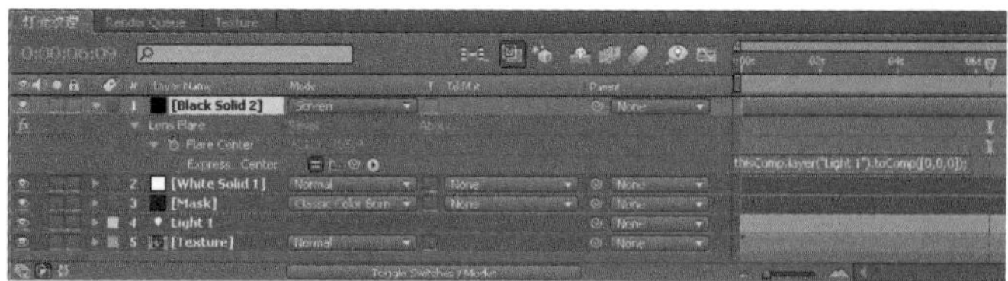

04 选择 Effect → Color Correction → Curves 菜单命令，为其添加 Curves 滤镜，在 Effect Controls 面板中调整各通道曲线的形状。

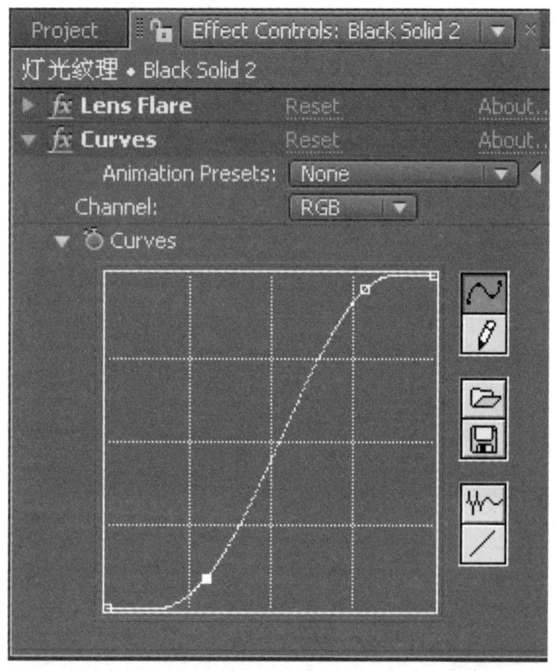

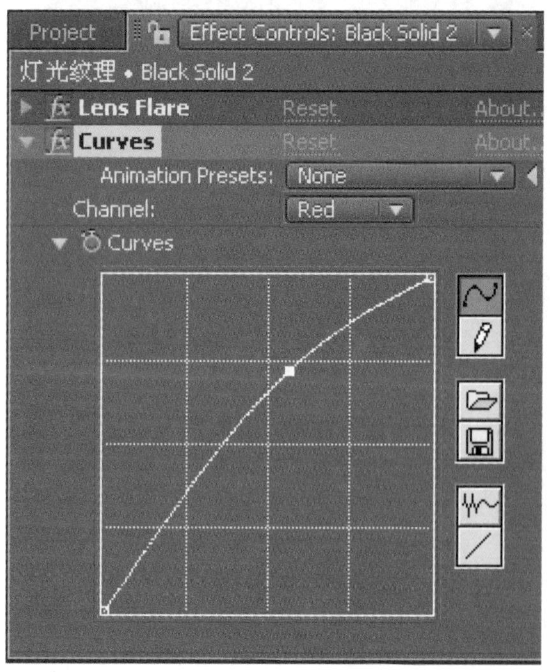

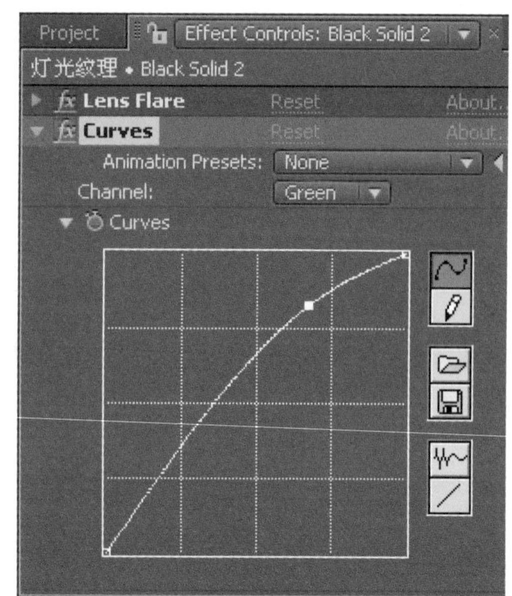

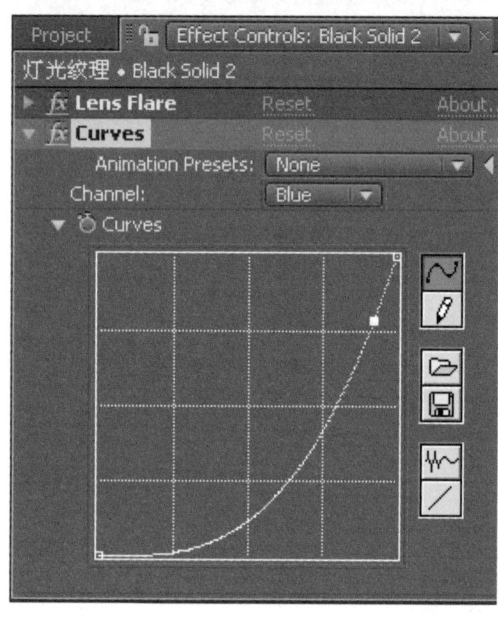

05 按数字键〈0〉预览效果，可见光斑随着灯光一起摆动。

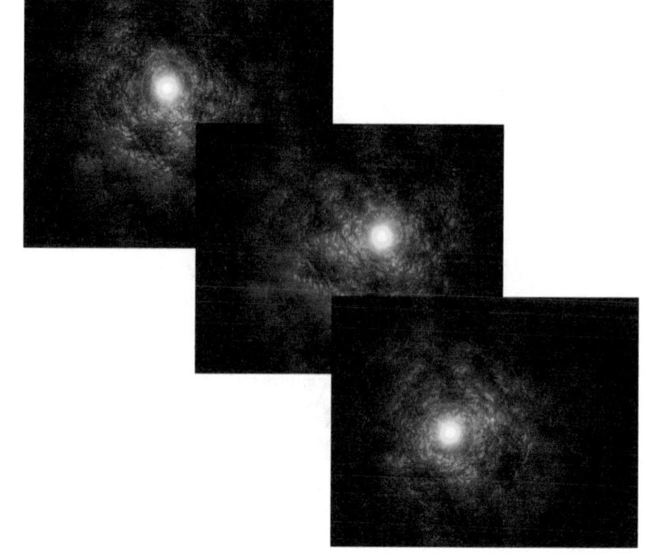

案例 82　街头

本案例主要介绍通过合成平面图像中事物的透视关系，制作出一个逼真的三维场景；并通过在场景中建立灯光和摄像机，使场景中的文字产生真实的阴影；最终为灯光制作位移动画，使阴影也随之产生动画效果。

● **光盘路径** | 第 8 章 \ 街头

● **难易指数** | ★★★★☆

案例效果分析

核心技术要点：本例主要介绍如何在 After Effects 中搭建一个三维场景，并利用灯光产生真实的阴影。

制作思路分析：理解空间概念，利用单帧的背景图像在 After Effects 中创建一个三维场景；最后结合灯光使场景中产生真实的阴影效果。

制作提示

1. 创建 Comp 合成、制作背景。
2. 添加摄像机，创建文字。
3. 添加灯光，为文字着色。
4. 制作光影动画。

↘ 步骤 01　创建 Comp 合成

01 启动 Adobe After Effects CC，在项目面板中双击，导入本书配套光盘中的 ny_medium .jpg 文件。

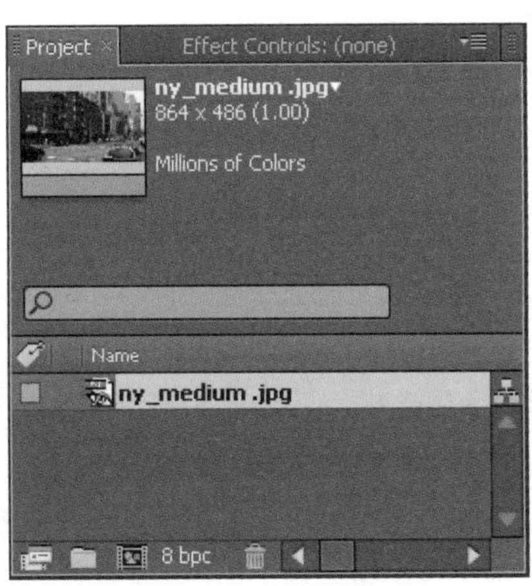

02 在项目面板中选中 ny_medium .jpg 文件，将其拖到项目面板底部的按钮上，创建一个合成，命名为“街头”。按〈Ctrl+K〉组合键对合成进行相应设置。

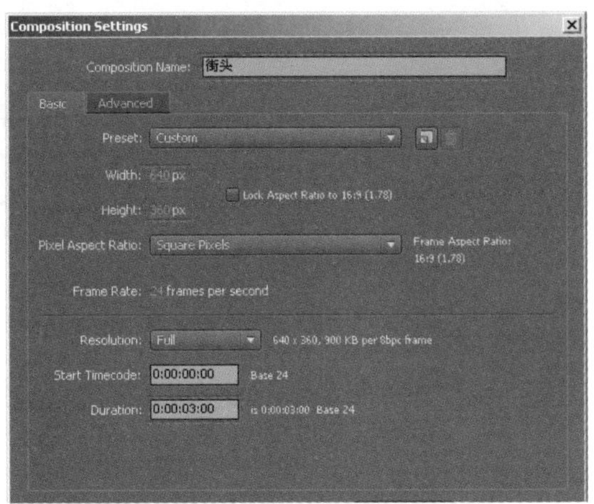

↘ 步骤 02　制作背景

选择 Layer → New → Solid 菜单命令，新建一个白色的固态图层，命名为 BG。打开 BG 图层的三维属性开关，单击工具栏中的旋转工具，在 Comp 合成面板中对其进行旋转。

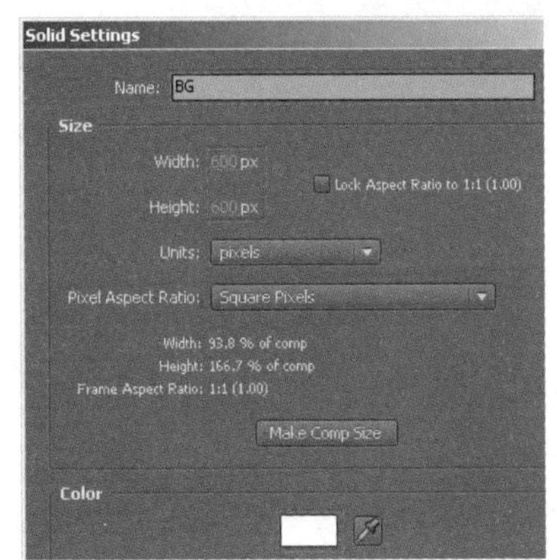

↘ 步骤 03　添加摄像机

01 选择 Layer → New → Camera 菜单命令，新建一个摄像机图层 Camera1。

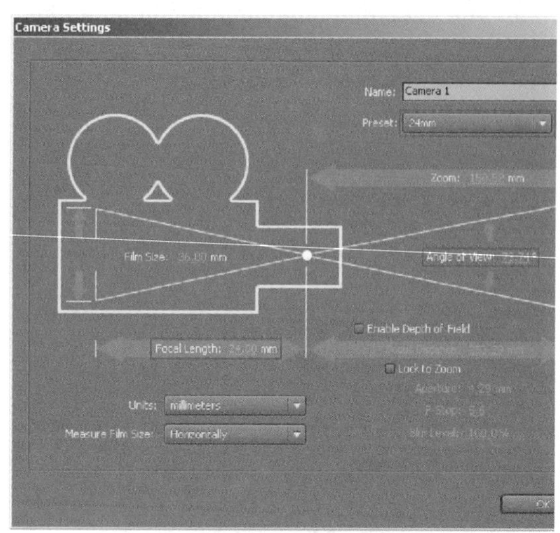

02 在 Timeline 面板中选中 BG 图层，选择 Effect → Generate → Grid 菜单命令，为其添加 Grid 滤镜，并设置 Grid 滤镜的属性参数为默认值。选择工具栏中的摄像机工具，对摄像机的镜头进行调整，使网格和背景画面的透视关系一致。并调整 BG 图层的 Scale 属性值为 280。

03 在 Timeline 面板中选中 BG 图层，在 Effect Controls 面板中单击 fx 按钮关闭 Grid 滤镜。

↘ 步骤 04　创建文字

单击工具栏中的 T 工具，在 Comp 合成面板中单击并输入 YINGSHIRENLE，并打开文字图层的三维属性开关，之后调整其在场景中的位置。

↘ 步骤 05　添加灯光

01 选择 Layer → New → Light 菜单命令，新建一个灯光图层 Light1。

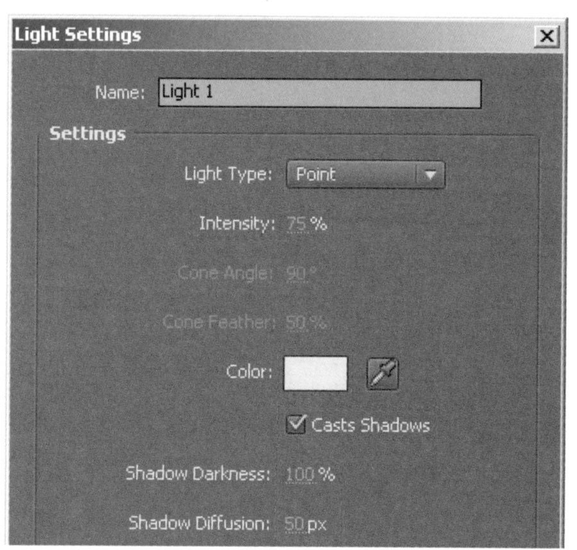

02 在 Timeline 面板中展开文字图层的 Material Options 属性列表并设置其参数，之后再展开 BG 图层的 Material Options 属性，设置其参数，并设置其图层叠加模式为 Multiply。

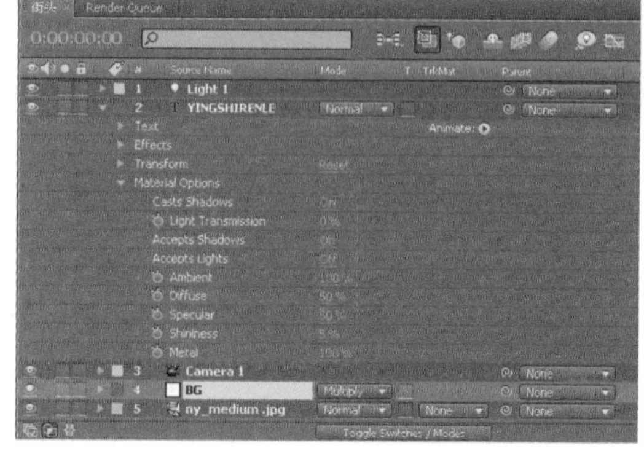

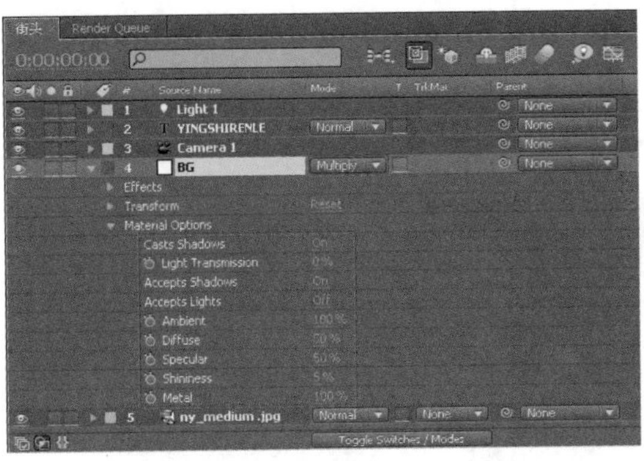

02 选中文字图层，按〈Ctrl+D〉组合键进行复制。利用旋转工具 和移动工具 在 Comp 合成面板中调整文字图层的位置。

03 查看此时 Comp 合成的效果。

↘ 步骤 06　为文字着色

01 选中文字图层，选择 Effect → Generate → Ramp 菜单命令，为其添加 Ramp 滤镜，在 Effect Controls 面板中调整参数，并分别设置 Start Color 和 End Color 的颜色，查看此时 Comp 合成的效果。

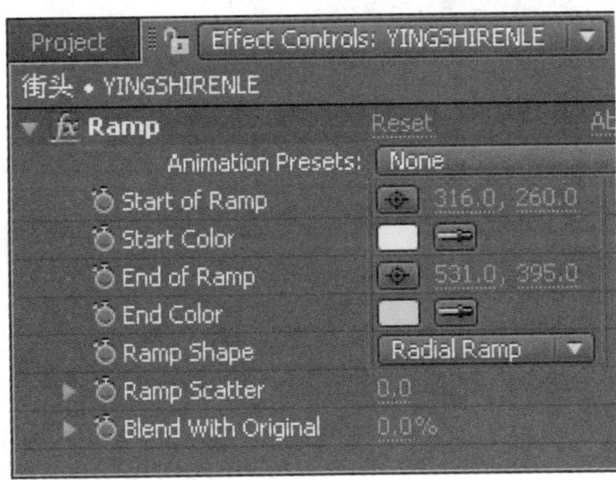

↘ 步骤 07　制作光影动画

01 在 Timeline 面板中展开 Light 1 图层的 Position 属性列表，单击 按钮为其记录关键帧。在不同时间处改变灯光的位置，使场景中的阴影产生动画效果。

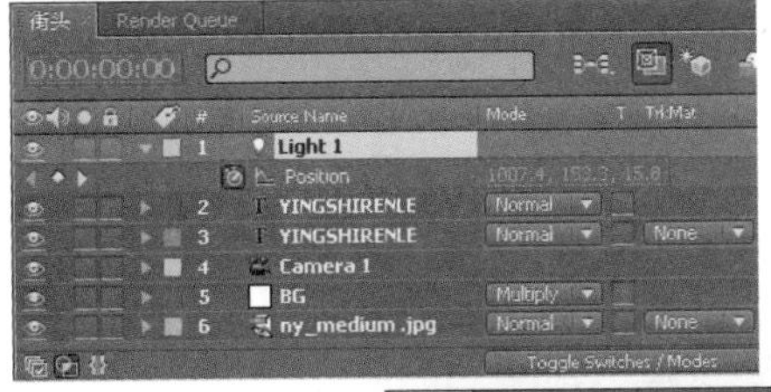

02 按数字键〈0〉预览最终效果。

案例 83 HDRI 图像

本例主要介绍在 Adobe After Effects CC 中对 HDRI 图像的亮度信息进行调整的方法。

● 光盘路径 | 第 8 章 \HDRI 图像

● 难易指数 | ★★☆☆☆

案例效果分析

核心技术要点：本例主要介绍如何在 After Effects 中制作 HDRI 图像，并对 HDRI 图像的亮度进行调整。

制作思路分析：将素材以 32 位格式导入，并为素材添加 Curves 和 Levels 滤镜用以调节图像的亮度。

制作提示

1. 创建 Comp 合成、制作背景。
2. 添加摄像机，创建文字。
3. 为文字着色。
4. 制作光影动画。

步骤 01 创建 Comp 合成

01 启动 Adobe After Effects CC，选择 Composition → New Composition 菜单命令，新建一个 Comp 合成，命名为 HDRI。

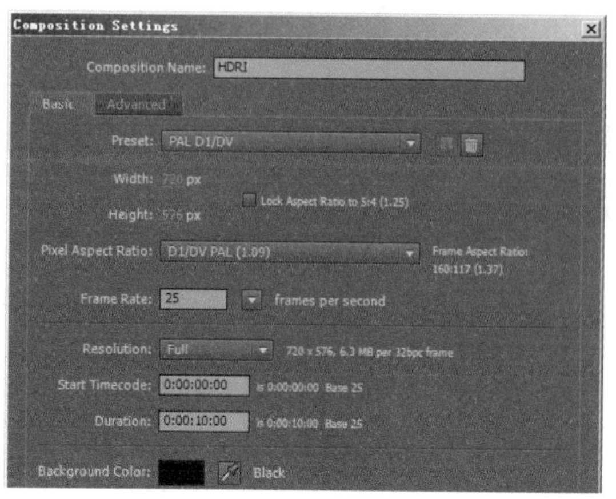

02 在项目面板中双击，导入本书配套光盘中的 car.hdr 文件，并将其拖到 Timeline 面板中设置参数并查看 Comp 合成的效果。

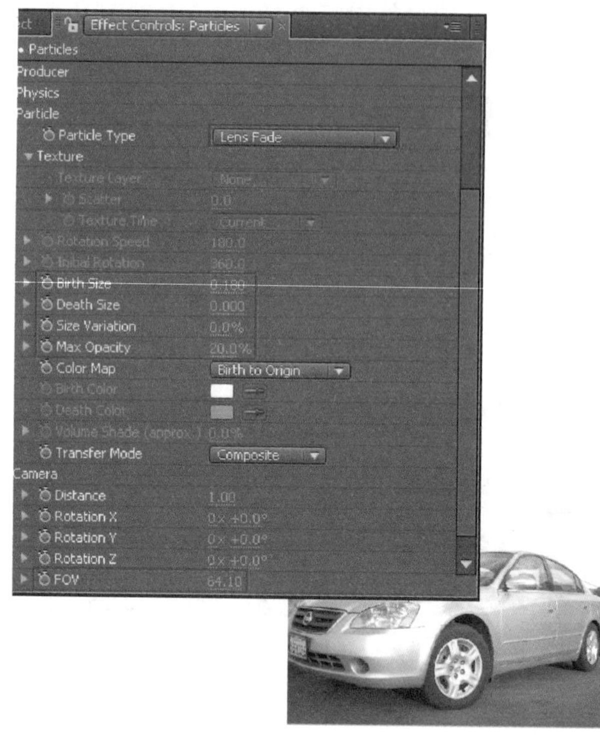

步骤 02 更改 8 位为 24 位

HDRI 素材在被导入到 Adobe After Effects CC 中时是以默认 8 位图像属性导入的，因此需要手动将其图像属性改为 32 位，这样 After Effects 才能识别 HDRI 图像自身所包含的信息。

在项目面板单击底部单击的 8bpc 按钮，在弹出的对话框中选择 32 位选项。

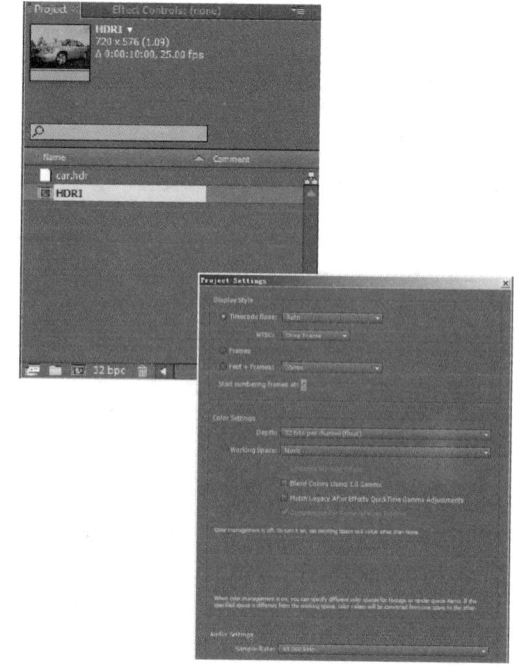

↘ 步骤 03　制作 HDRI

01 在 Timeline 面板中选中 car.hdr 图层，在菜单栏中选择 Effect → Color Correction → Curves 命令，为其添加 Curves 滤镜，并调节曲线的形状，查看此时 Comp 合成的效果。

02 选中 car.hdr 图层，选择 Effect → Color Correction → Levels 菜单命令，为其添加 Levels 滤镜。在 Effects Controls 面板中调整参数，查看此时 Comp 合成的效果。

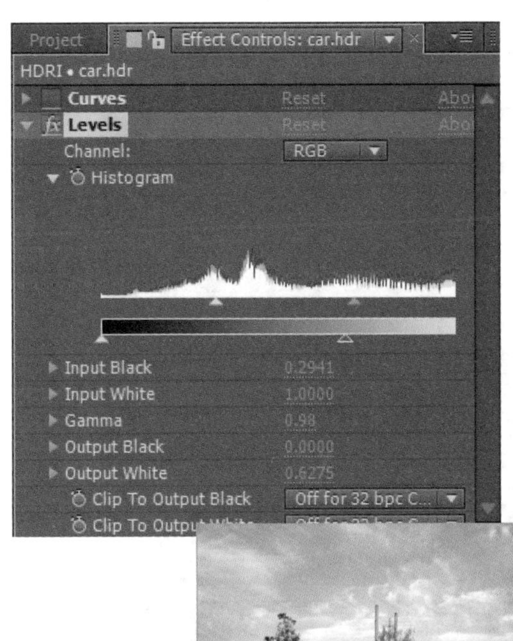

03 按数字键〈0〉预览最终效果。

案例 84　脸部祛斑

本例主要介绍使用 Adobe After Effects CC 的滤镜去除照片中人物脸部斑点的方法，使人物脸部皮肤更显光滑漂亮。在这里用到了一款外挂插件 CC Threshold RGB，读者可通过互联网找寻并下载此插件。

● **光盘路径** | 第 8 章 \ 脸部祛斑

● **难易指数** | ★★★☆☆

案例效果分析

核心技术要点：本例主要介绍 CC Threshold RGB 外挂插件的应用技巧，利用它可以轻松去除人物面部的斑点。

制作思路分析：添加 CC Threshold RGB 滤镜，去除人物面部的斑点，再添加 Remove Grain 和 Add Grain 滤镜，去除人物面部的颗粒感并为人物面部添加纹理。

制作提示

1. 创建 Comp 合成。
2. 添加滤镜，制作素材。
3. 创建调节图层。

步骤 01 创建 Comp 合成

01 启动 Adobe After Effects CC，选择 Composition → New Composition 菜单命令，新建一个 Comp 合成，命名为“祛斑”。

导入本书配套光盘中的 brideMedium.mov 文件，将其拖到 Timeline 面板中。

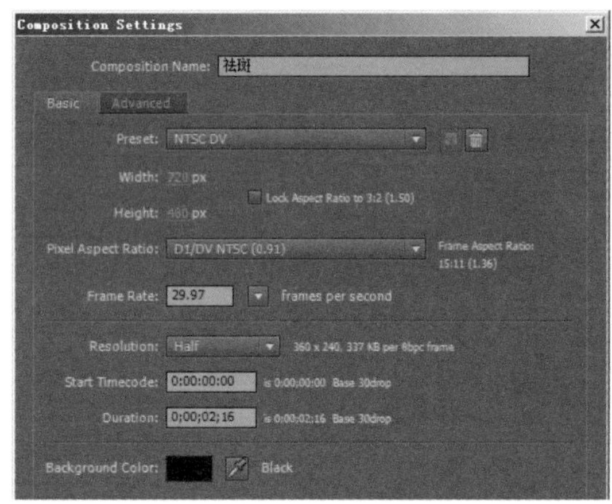

02 在 Timeline 面板中选中 brideMedium.mov 图层，按〈Ctrl+D〉组合键进行复制。选中复制出的 brideMedium.mov2 图层，按〈Enter〉键将其重命名为 Matte。选中 Matte 图层，选择 Effect → Stylize → CC Threshold RGB 菜单命令，为其添加 CC Threshold RGB 滤镜，在 Effect Controls 面板中调整参数。

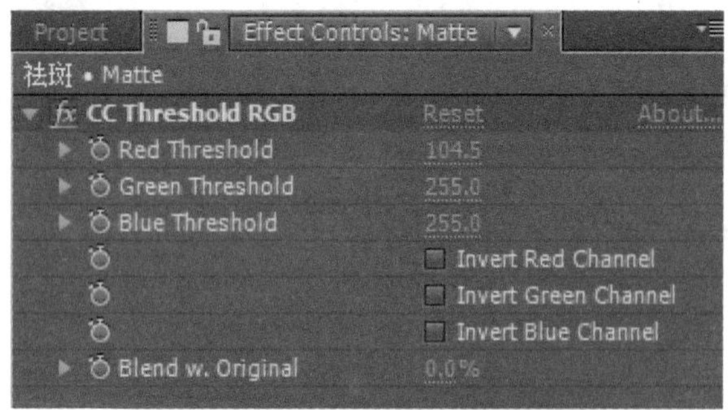

03 选择 Effect → Color Correction → Hue/Saturation 菜单命令，为其添加 Hue/Saturation 滤镜，在 Effect Controls 面板中调整参数以降低图像饱和度，并查看此时 Comp 合成的效果。

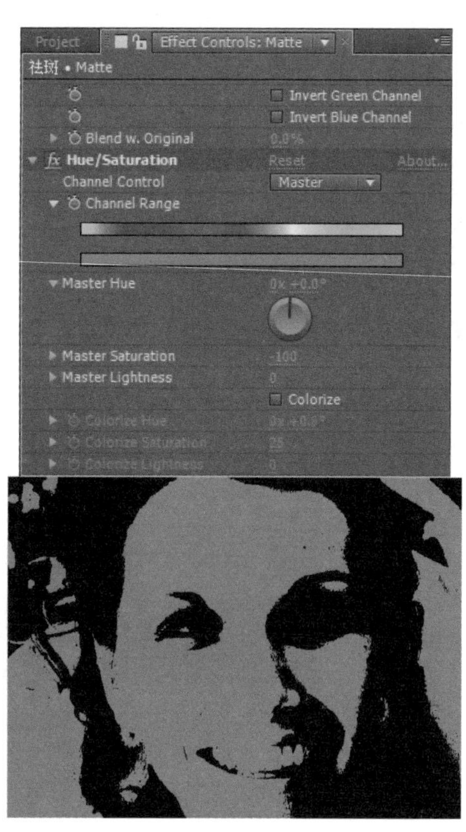

04 选择 Effect → Color Correction → Levels 菜单命令，为其添加 Levels 滤镜，在 Effect Controls 面板中调整参数，并查看此时 Comp 合成的效果。

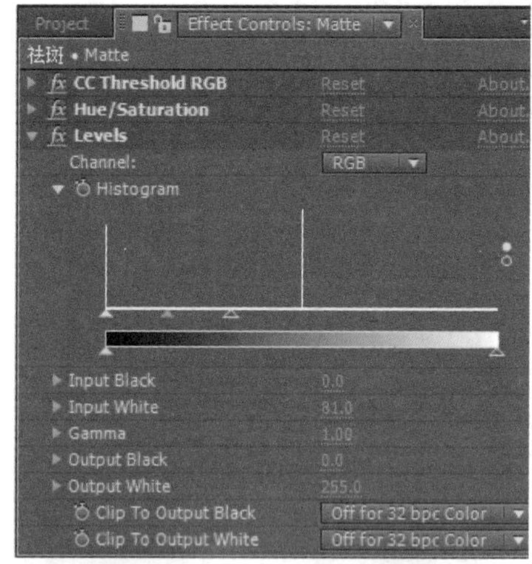

05 选择 Effect → Blur&Sharpen → Fast Blur 菜单命令，为其添加 Fast Blur 滤镜在 Effect Controls 面板中调整参数，并查看此时 Comp 合成的效果。

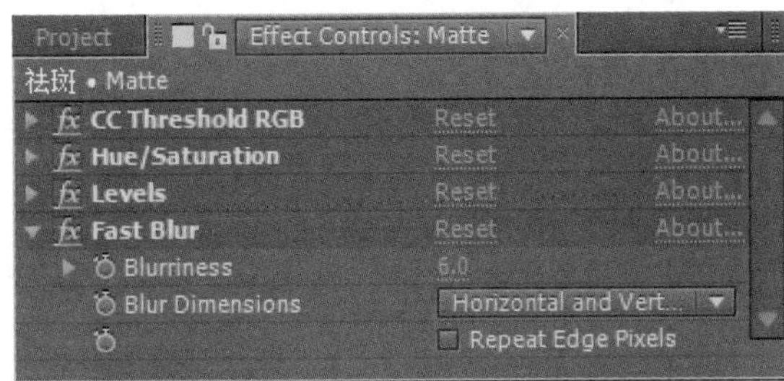

步骤 02 创建调节图层

01 在 Timeline 面板中单击鼠标右键，选择 New → Adjustment Layer 命令，新建一个调节图层 Adjustment Layer1，放在 Matte 图层的下面。设置调节图层的 TrkMat 选项为 Luma MatteMatte。按〈F4〉键切换显示 / 隐藏图层模式。

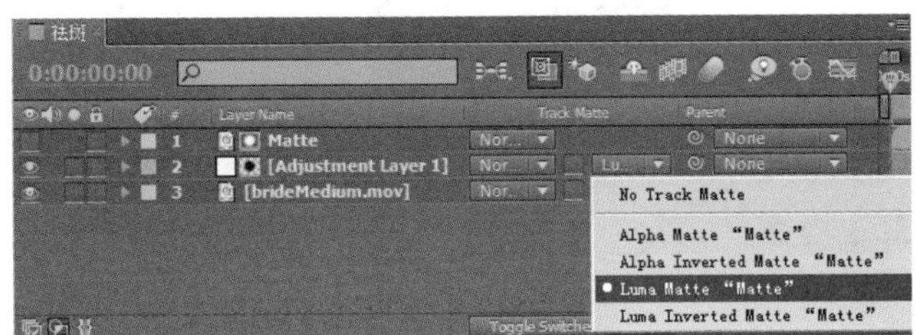

02 选中 Adjustment Layer 1 图层，选择 Effect → Noise&Grain → Remove Grain 菜单命令，为其添加 Remove Grain 滤镜，在 Effect Controls 面板中调整参数，以去除皮肤的颗粒感。

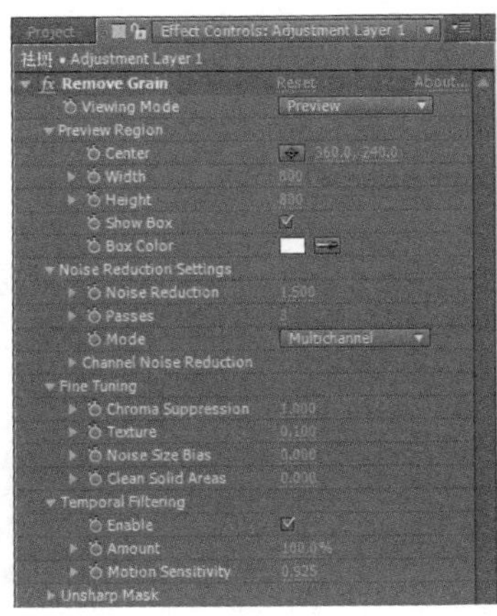

03 选择 Effect → Noise&Grain → Add Grain 菜单命令，添加 Add Grain 滤镜为人脸的皮肤添加纹理，并查看此时 Comp 合成的效果。

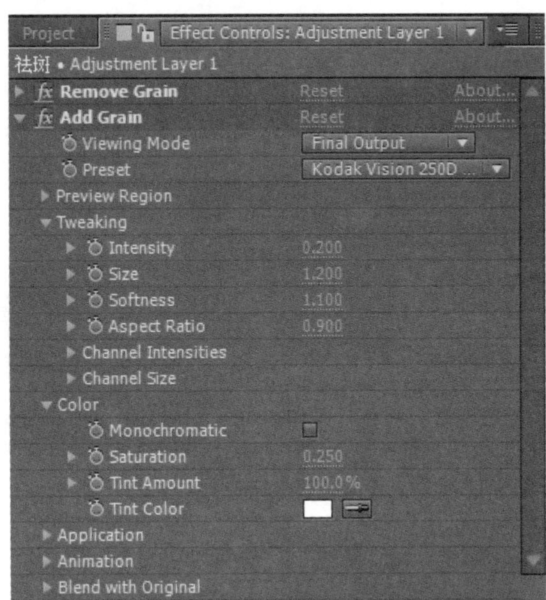

04 按数字键〈0〉预览最终效果。

案例 85　消失灭迹

本例主要使用Card Dance滤镜制作画面消失的动画效果。

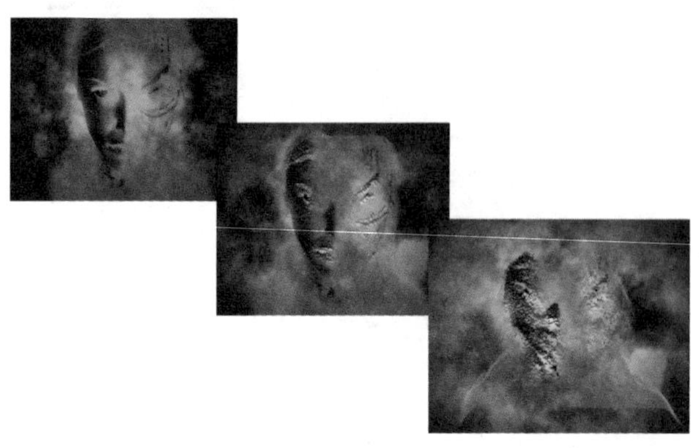

● 光盘路径 | 第 8 章 \ 消失灭迹

● 难易指数 | ★★☆☆☆

案例效果分析

核心技术要点：本例主要介绍 Card Dance 滤镜的使用方法，如利用 Card Dance 滤镜制作画面消失的动画效果。

制作思路分析：为素材添加 Set Matte 和 Card Dance 滤镜，并为 Card Dance 滤镜的参数设置关键帧，从而制作出画面消失的效果。

制作提示

1. 创建 Comp 合成。
2. 制作动画。

步骤 01　创建 Comp 合成

01 启动 Adobe After Effects CC，选择 Composition → New Composition 菜单命令，新建一个 Comp 合成，命名为“消失灭迹”。

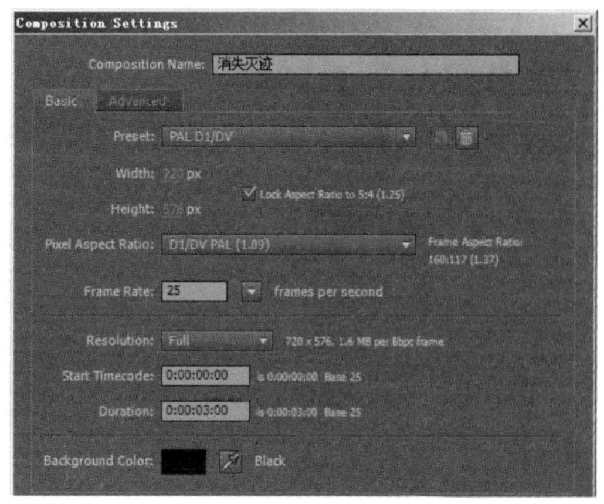

02 选择 File → Import → File 菜单命令，导入本书配套光盘中的“人像 .jpg”和“翻滚水泡 1.mov”文件，将它们拖到 Timeline 面板中，并调整图层的大小，将“浓烟滚滚 .mov”图层作为背景放在底层。

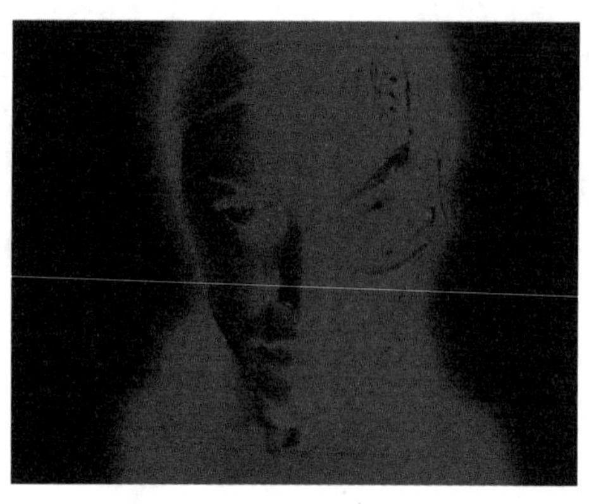

步骤 02　制作动画

01 选中“人像 .jpg”图层，选择 Effect → Channel → Set Matte 菜单命令，为其添加 Set Matte 滤镜，在 Effect Controls 面板中调整参数。

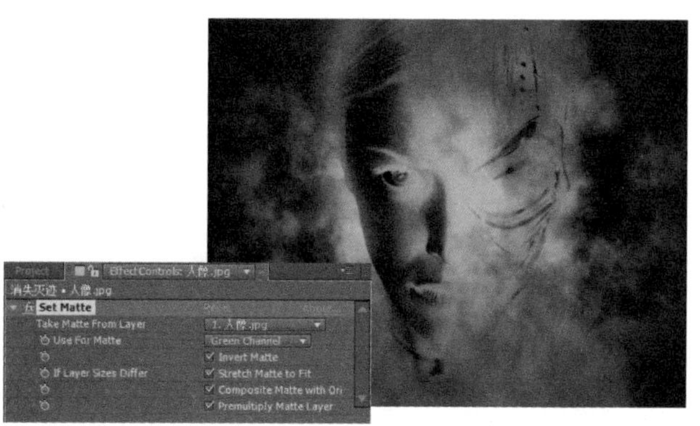

02 选中“人像 .jpg”图层，选择 Effect → Simulation → Card Dance 菜单命令，为其添加 Card Dance 滤镜，在 Effect Controls 面板中调整参数。

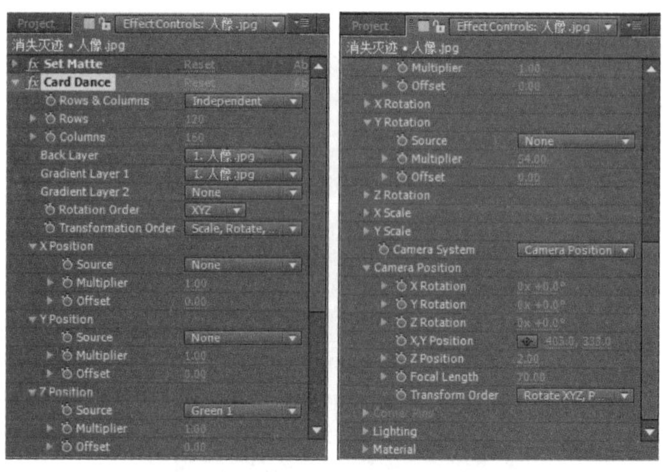

03 为 Card Dance 滤镜的参数设置关键帧，在时间 0:00:00:00 处为 Z Position 下的 Multiplier 参数和 Camera Position 下的 X Rotation 参数设置关键帧，在时间 0:00:01:13 处为 Z Position 下的 Multiplier 参数设置关键帧，在时间 0:00:02:24 处为 Z Position 下的 Multiplier 参数和 Camera Position 下的 X Rotation 参数设置关键帧。

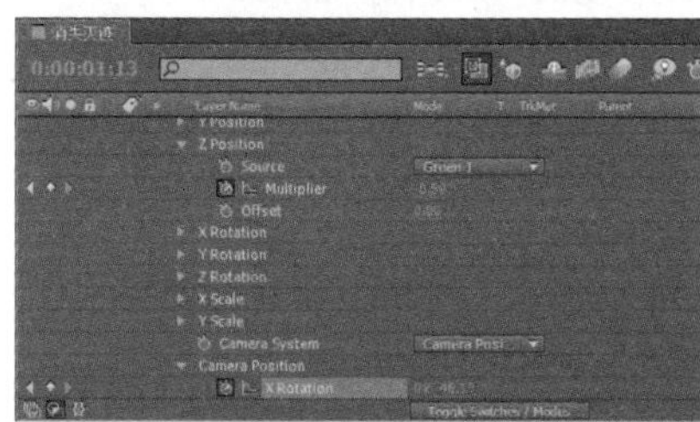

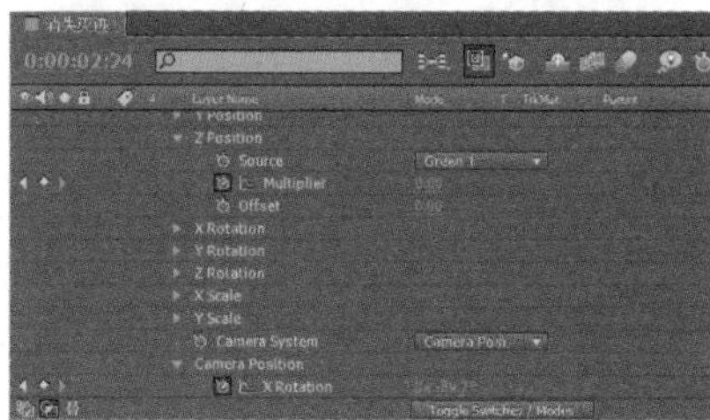

04 按数字键〈0〉预览最终效果。

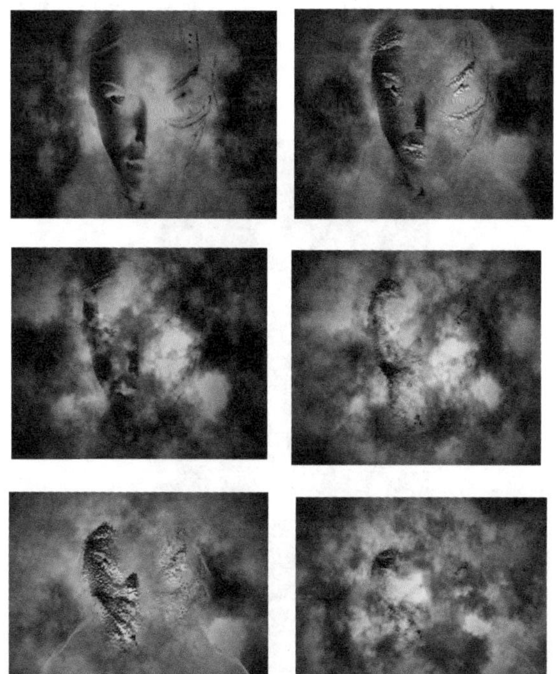

案例 86　人物线条

本例主要使用 Keylight 滤镜，通过对两次抠像设置不同参数产生边缘上的差别，最后调整 TrkMat 方式产生运动的人物线条。

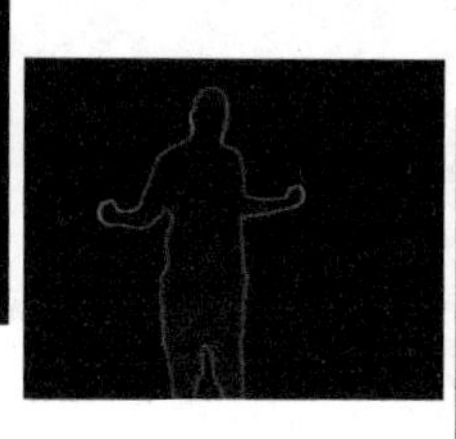

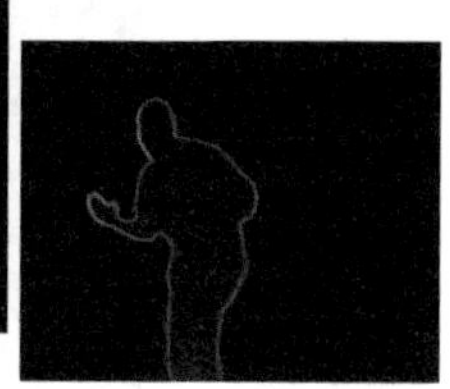

- **光盘路径** | 第 8 章 \ 人物线条
- **难易指数** | ★★☆☆☆

案例效果分析

核心技术要点：使用 Keylight 滤镜，对两次抠像设置不同参数产生边缘上的差别，最后调整 TrkMat 方式产生运动的人物线条。

制作思路分析：对素材添加 Keylight 滤镜，为图层调整 TrkMat 方式。

制作提示

1. 人物。
2. 线条。
3. 创建人物线条。

步骤 01　人物

01 启动 Adobe After Effects CC，选择 Composition → New Composition 菜单命令，新建一个 Comp 合成，命名为“人物”。

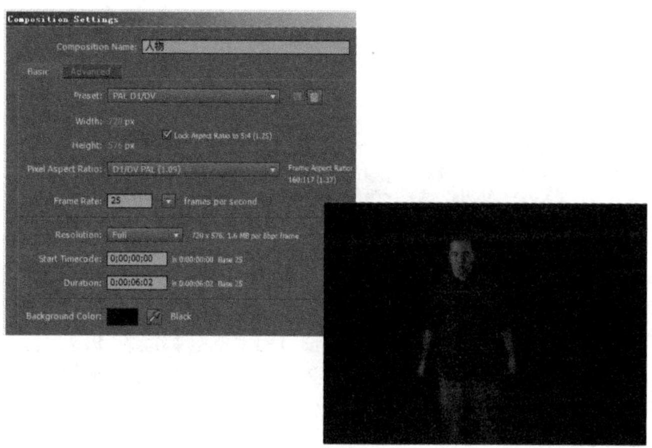

02 选择 File → Import → file 菜单命令，导入本书配套光盘中的 Dancing_GS.mov 文件，将其拖到 Timeline 面板。在 Timeline 面板中选中 Dancing_GS.mov 图层，按〈S〉键展开其 Scale 属性列表，设置其参数值为 158%。同理，设置其 Position 属性在 Y 轴方向上的参数值为 383。选择 Effect → Keying → Keylight 菜单命令，为其添加 Keylight 滤镜，在 Effect Controls 面板中调整参数。

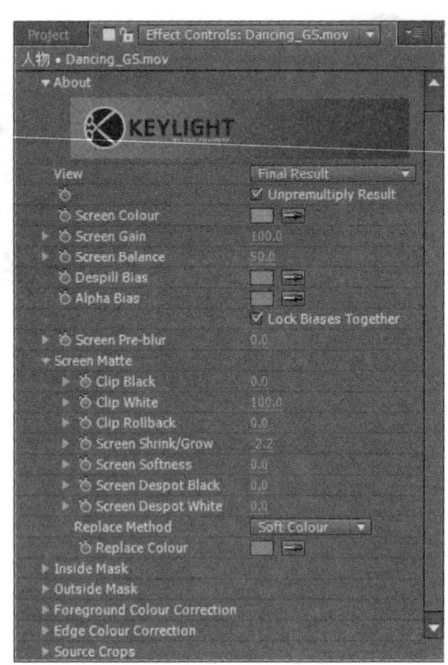

↘ 步骤 02　线条

01 选择 Composition → New Composition 菜单命令，新建一个 Comp 合成，命名为“线条”。将项目面板中的 Dancing_GS.mov 文件拖动到线条合成的 Timeline 面板中。

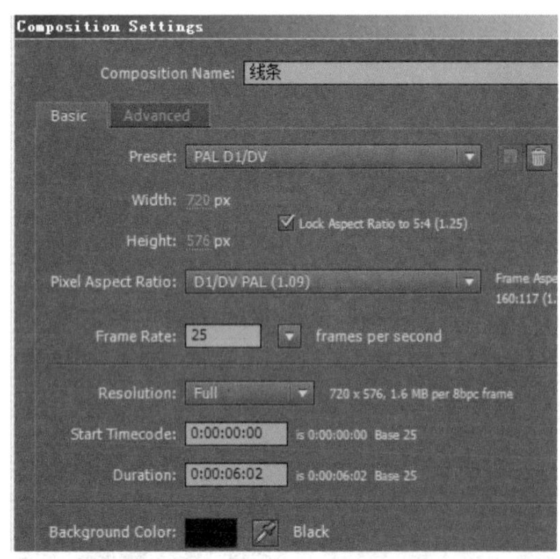

02 在 Timeline 面板中选中 Dancing_GS.mov 图层，按〈S〉键展开其 Scale 属性列表，设置其参数值为 158%。同理，设置其 Position 属性在 Y 轴方向上的参数值为 383。选择 Effect → Keying → Keylight 菜单命令，为其添加 Keylight 滤镜，在 Effect Controls 面板中调整参数。

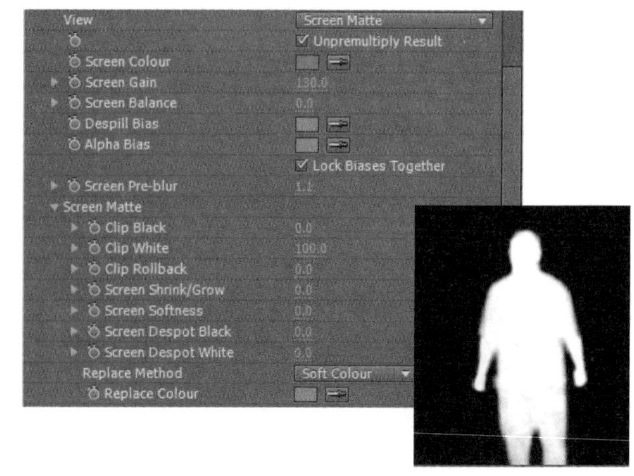

↘ 步骤 03　创建人物线条

01 选择 Composition → New Composition 菜单命令，新建一个 Comp 合成，命名为“人物线条”。

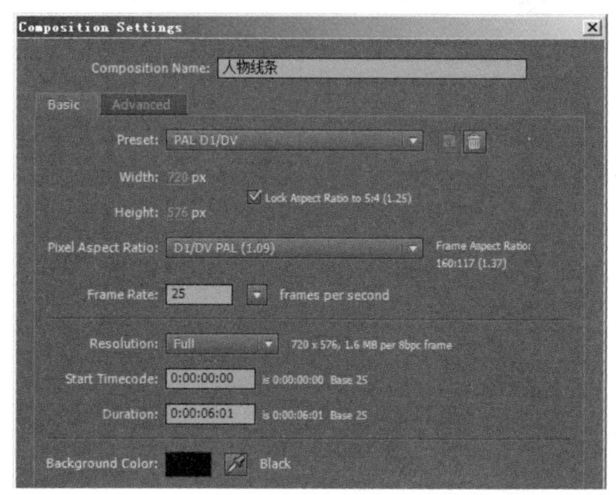

02 将项目面板中的“线条”图层和“人物”图层拖动到“人物线条”合成的 Timeline 面板中，并将“线条”图层放在下层。选中“线条”图层并设置 TrkMat 方式，查看此时 Comp 合成的效果。

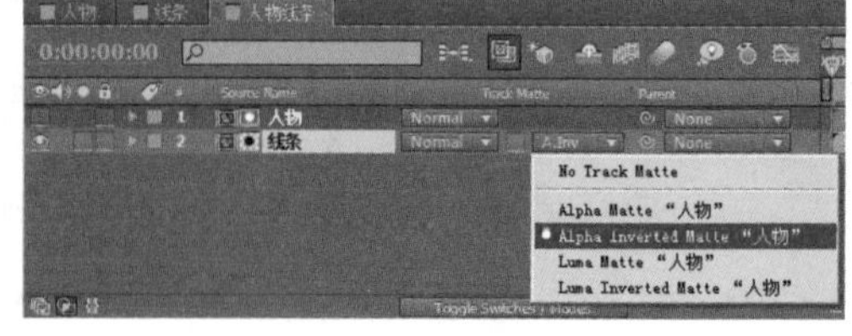

03 将项目面板中的“人物”图层再次拖动到“人物线条”合成的 Timeline 面板中，并将其放在最上层。选中上面的“人物”图层和“线条”图层，按〈T〉键，打开该图层的 Opacity 属性列表，并为该属性设置关键帧动画，之后在时间 0:00:02:08 处和时间 0:00:03:03 处设置参数。

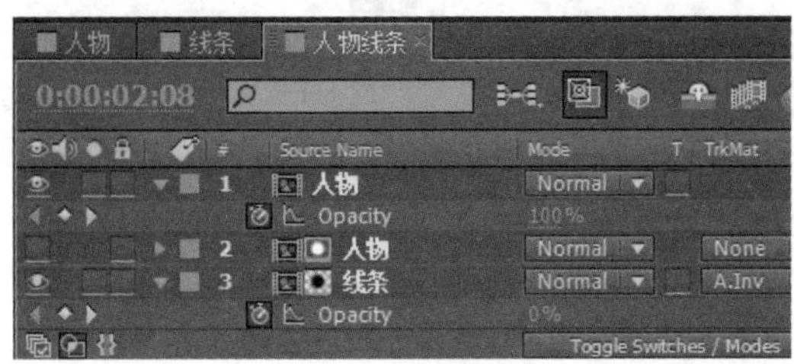

04 按数字键〈0〉预览最终效果。

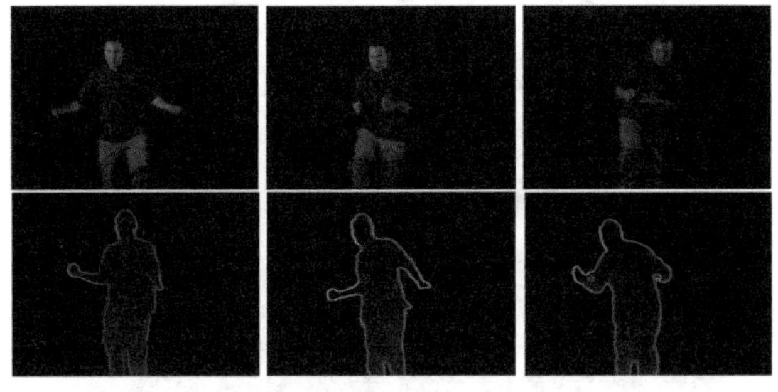

案例 87 生长的精灵

本例介绍在动画制作过程中 Particular 粒子的高级应用技巧。

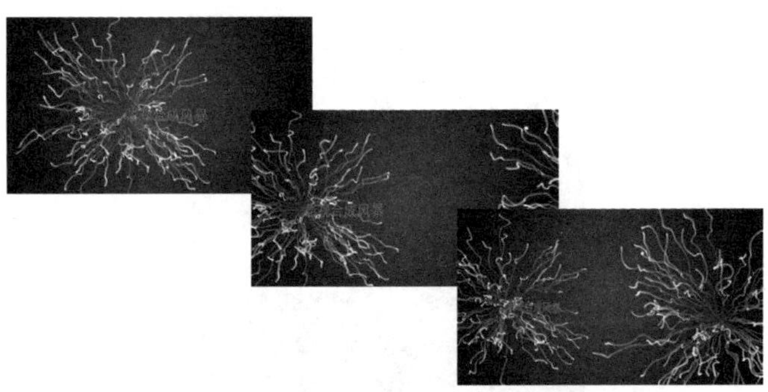

● 光盘路径 | 第 8 章 \ 生长的精灵

● 难易指数 | ★★★★☆

案例效果分析

核心技术要点：本例主要介绍如何使用 Particular 滤镜制作出粒子生长动画并对粒子着色，最后为摄像机制作动画。

制作思路分析：创建粒子层和摄像机层，制作粒子生长动画和摄像机动画。

制作提示

1. 创建 Comp 合成。
2. 创建粒子图层。
3. 为摄像机设置动画。

步骤 01 创建 Comp 合成

01 启动 Adobe After Effects CC，选择 Composition → New Composition 菜单命令，新建一个 Comp 合成，命名为“生长的精灵”。

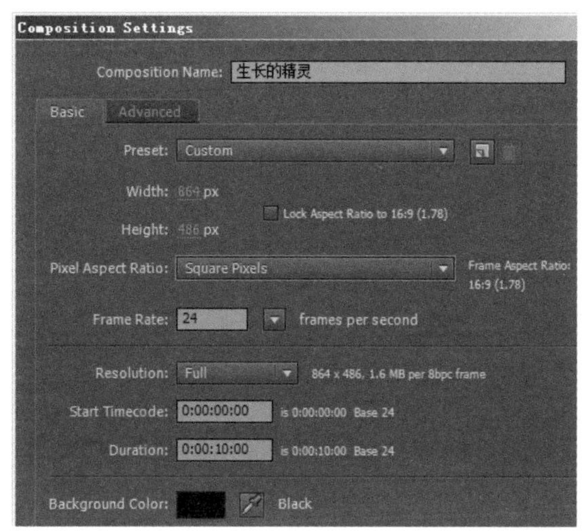

02 在 Timeline 面板中单击鼠标右键，选择 New → Solid 命令，新建一个固态图层，命令为 BG。

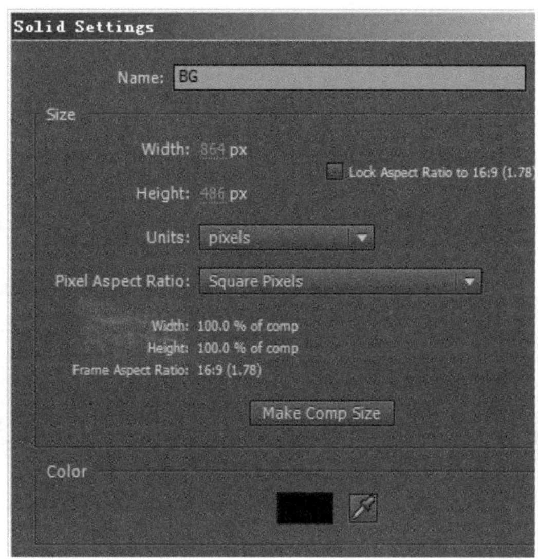

步骤 02 创建粒子层

01 在 Timeline 面板中单击鼠标右键，选择 New → Solid 命令，再新建一个固态图层，命名为 particles。

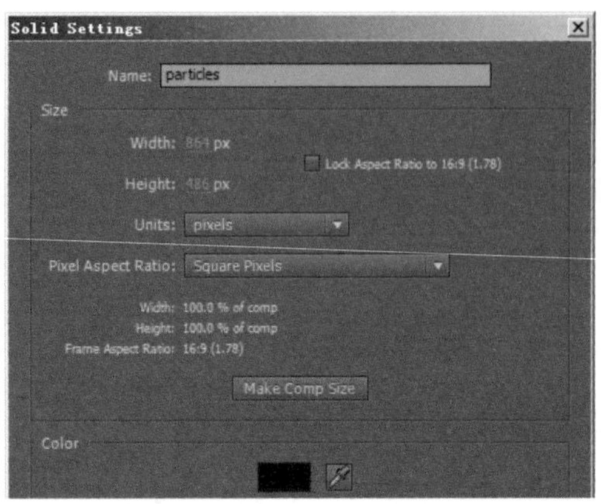

02 在 Timeline 面板选中 particles 图层，选择 Effect → Trapcode → Particular 菜单命令，为其添加 Particular 滤镜。

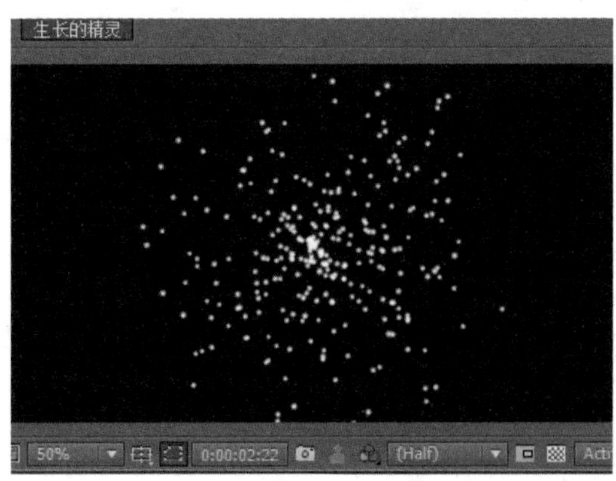

步骤 03 创建摄像机层

在 Timeline 面板中单击鼠标右键，选择 New → Camera 命令，创建一个摄像机图层 Camera1。

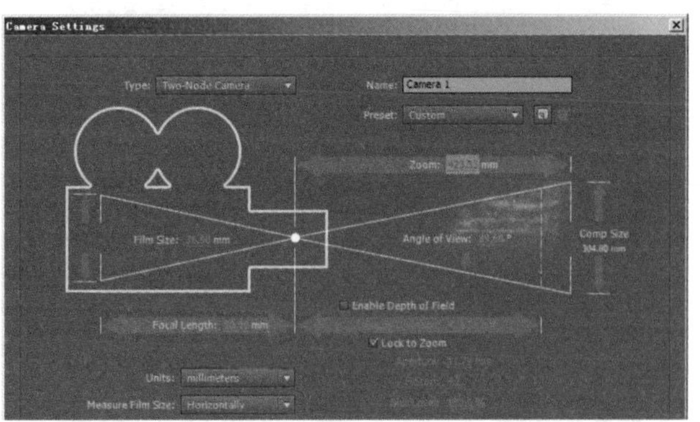

步骤 04 为粒子生长记录关键帧

01 在 Timeline 面板中展开 Particular 滤镜属性列表，为 Particles/sec 和 Physics Time Factor 两个属性设置关键帧。

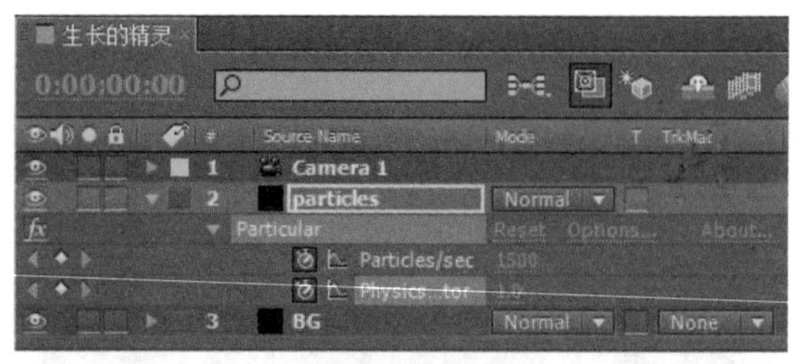

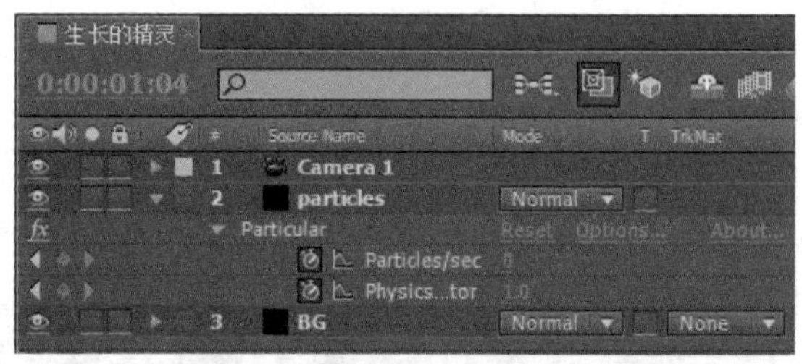

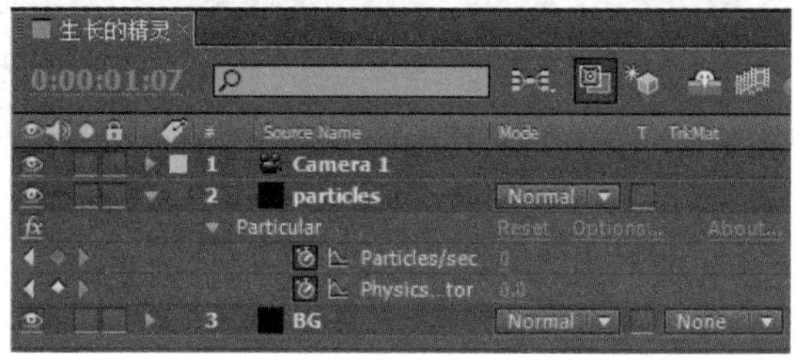

02 在 Effect Controls 面板中设置 Particular 滤镜的属性参数。

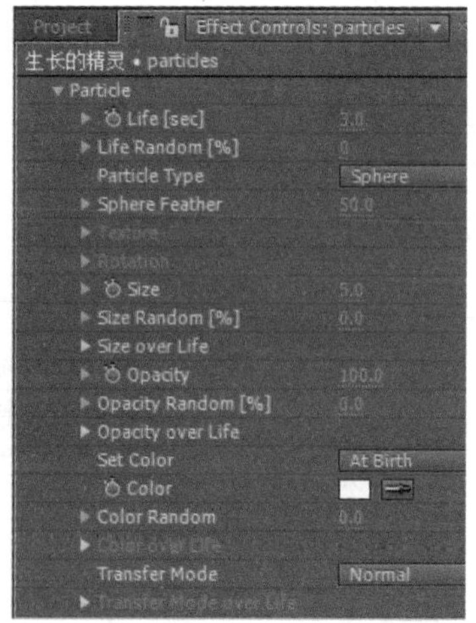

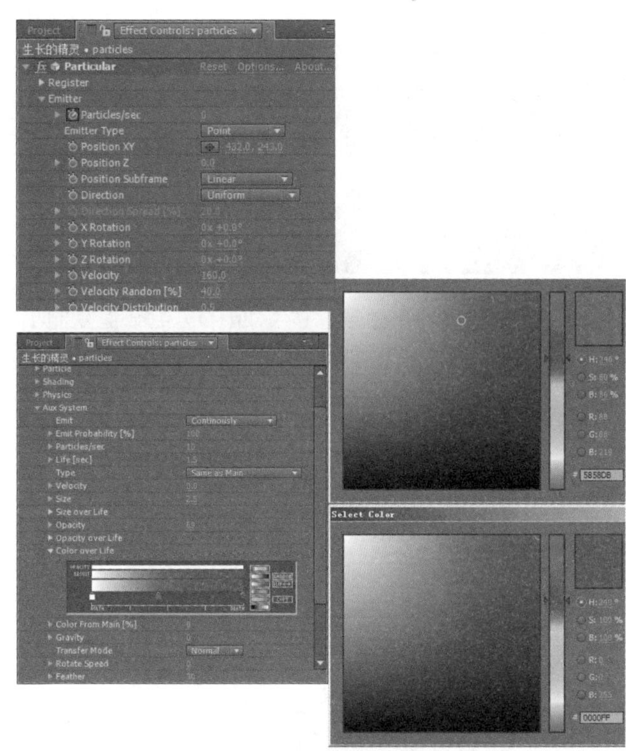

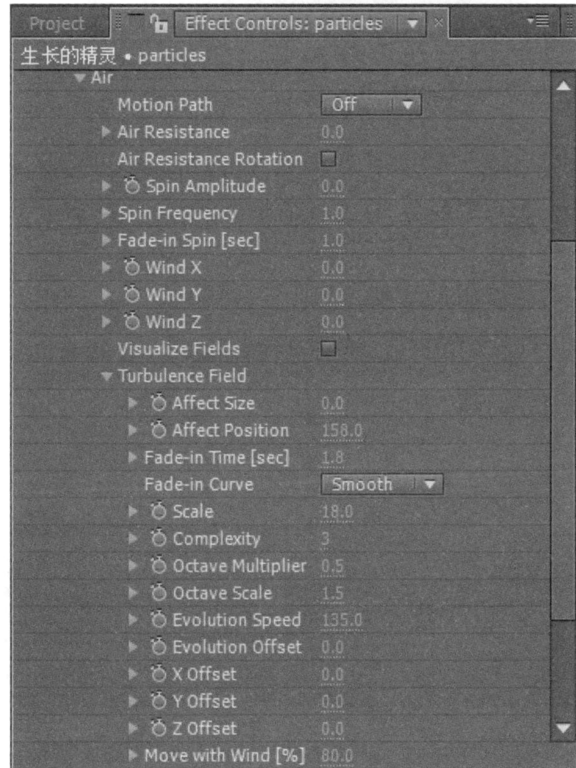

↘ 步骤 05　创建调节图层为粒子着色

01 在 Timeline 面板中单击鼠标右键，选择 New → Adjustment Layer 命令，新建一个调节图层。选中调节图层，选择 Effect → Color Correction → Hue/Saturation 菜单命令，为其添加 Hue/Saturation 滤镜，并在 Effect Controls 面板中调整参数。

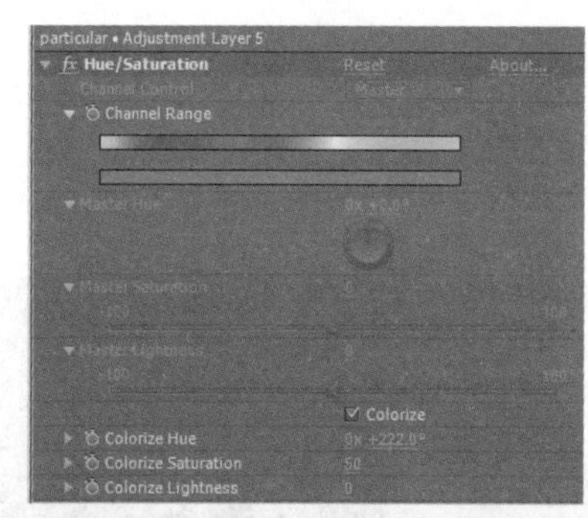

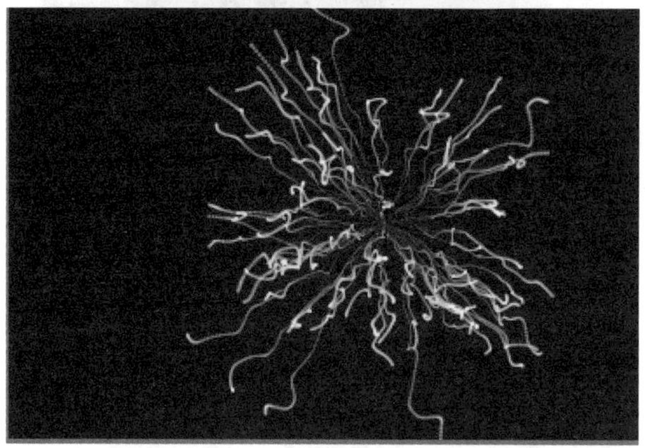

02 选中调节图层，选择 Effect → Color Correction → Curves 菜单命令，为其添加 Curves 滤镜。在 Effect Controls 面板中调整曲线的形状，并查看此时 Comp 合成的效果。

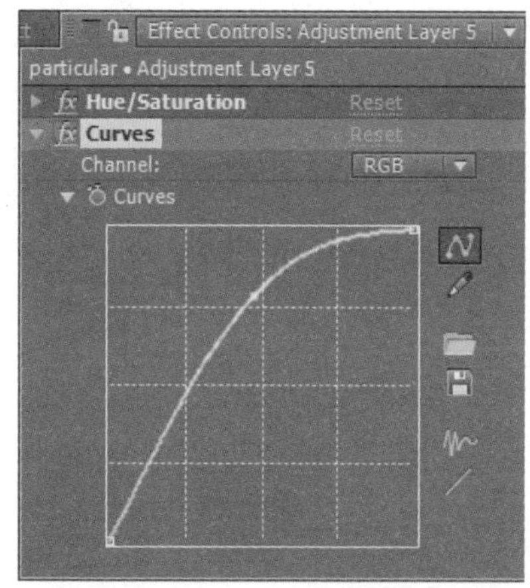

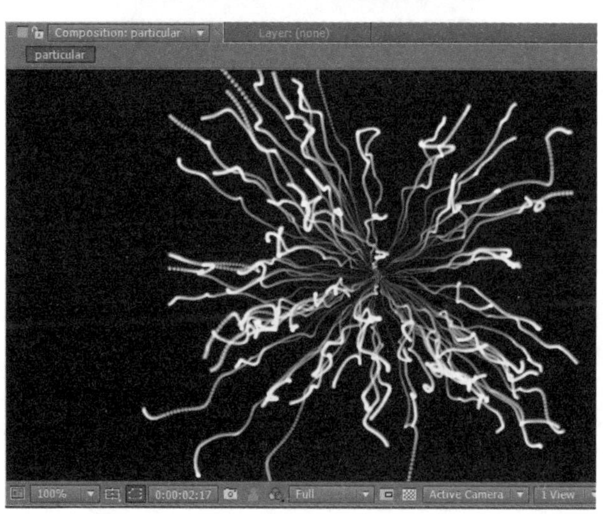

步骤 06 创建文字层

01 单击工具栏中的 T 工具，在 Comp 合成面板中输入“影视合成风暴”并设置文字参数。

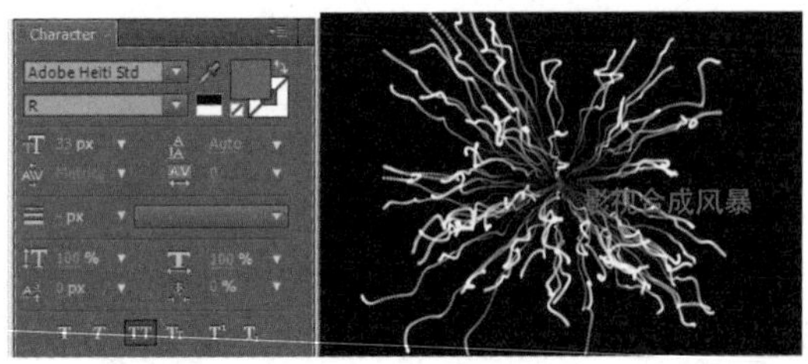

02 在Timeline 面板中选中文字图层，按〈S〉键和〈Shift+T〉组合键展开文字图层的缩放和不透明度属性列表，为它们记录关键帧。

步骤 07 为摄像机设置动画

01 在 Timeline 面板中打开文字图层的三维属性开关。选中 Camera 1 图层，按下〈A〉键和〈Shift+P〉组合键展开 Camera 1 图层的 Point of Interest 和 Position 的属性列表，为它们记录关键帧。

02 选中 particles 图层，按〈Ctrl+D〉组合键复制出一个粒子图层，并在 Effect Controls 面板中调整复制出的新图层中粒子的位移参数，并查看此时 Comp 合成的效果。

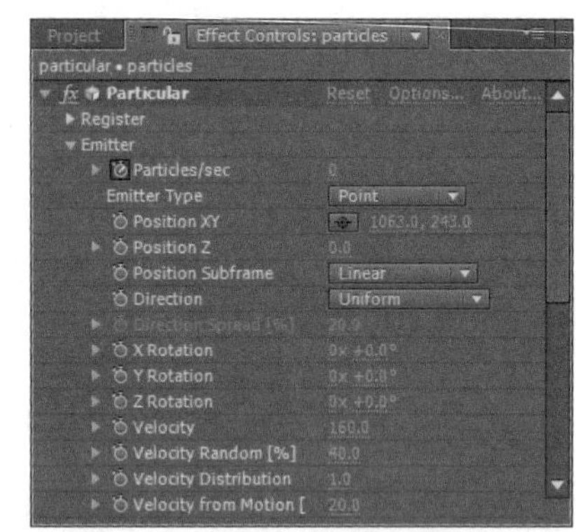

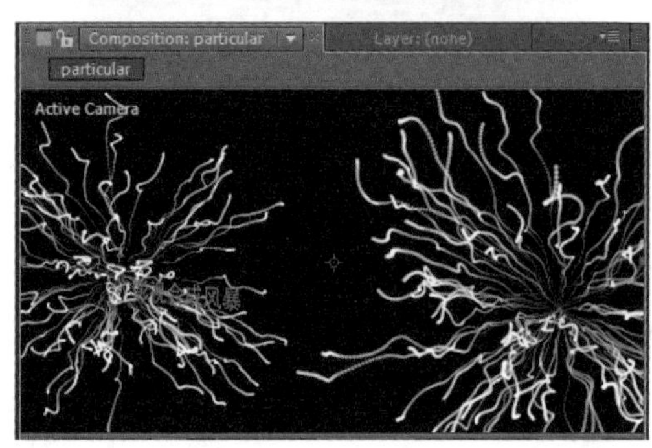

03 按数字键〈0〉预览最终效果。

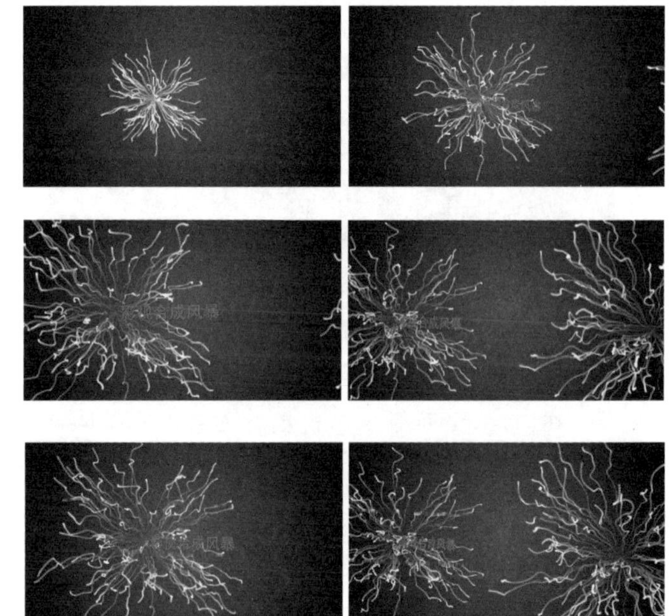

第 9 章 高级动画

After Effects 在制作动画方面的功能十分强大。本章中将通过多个案例讲解使用 After Effects 制作动画的流程和技巧。案例中介绍了表达式、3D 等功能的综合应用技巧，熟练运用这些技巧可大幅度地提高工作效率。

案例 88 光斑动画

本案例主要介绍在 After Effects 中制作动画元素及实现连续动画的过程，通过圆角矩形动画的制作熟悉 After Effects 的综合制作能力。

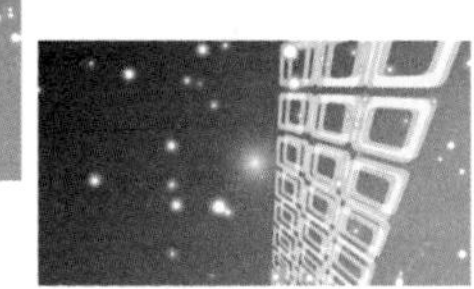

● **光盘路径** | 第 9 章 \ 光斑动画

● **难易指数** | ★★★☆☆

案例效果分析

核心技术要点：本例主要介绍如何利用 After Effects 制作圆角矩形的动态元素以完成动画的制作。

制作思路分析：熟悉 After Effects 中 Mask 的应用和动画制作技巧，利用固态图层和Mask制作出圆角矩形的动画元素，最后通过摄像机调整画面的视觉角度。

制作提示

1. 创建 Comp 合成、图层、遮罩。
2. 复制图层，合成嵌套。
3. 制作动画，复制 Element 图层。
4. 创建摄像机。

步骤 01 创建 Comp 合成

启动 Adobe After Effects CC，选择 Composition → New Composition 菜单命令，新建一个 Comp 合成，命名为 Composite。

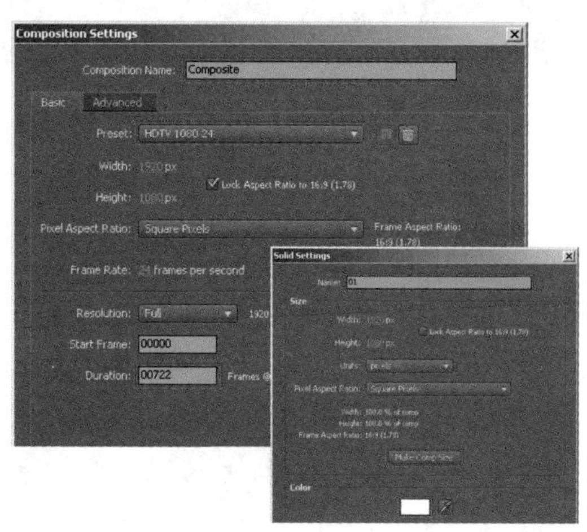

步骤 02 创建图层

01 选择 Layer → New → Solid 菜单命令，新建一个白色固态图层，命名为 01。

02 在 Timeline 面板中选中 01 层，按下〈T〉键展开其 Opacity 属性列表，设置其 Opacity 值为 75%。

步骤 03 创建遮罩

01 单击工具栏中的圆角矩形工具，在 Comp 合成面板中绘制一个矩形的 Mask。在 Timeline 面板中展开 01 图层的属性列表，设置 Mask 的模式为 Difference，查看此时 Comp 合成的效果。

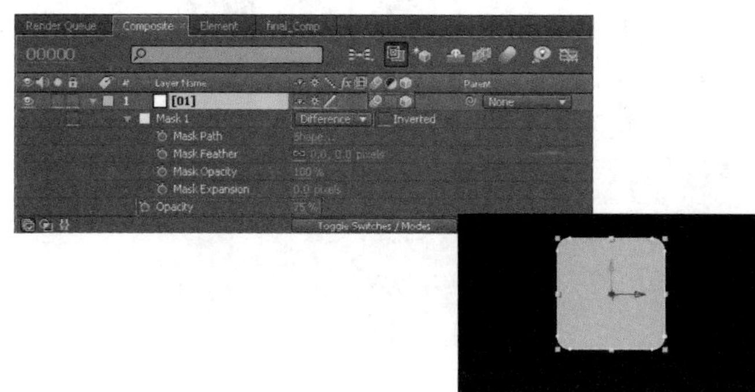

02 在 Timeline 面板中选中 Mask1 图层，按下〈Ctrl + D〉组合键进行复制，复制出一个 Mask2 图层，单击工具栏中的工具，在 Comp 合成面板中双击 Mask2 显示自由变换框。按住〈Ctrl + Shift〉组合键并将鼠标放置在自由变换框的任意一个角上拖动，将自由变幻框缩放到合适大小，按〈Enter〉键确认。查看此时 Comp 合成的效果。

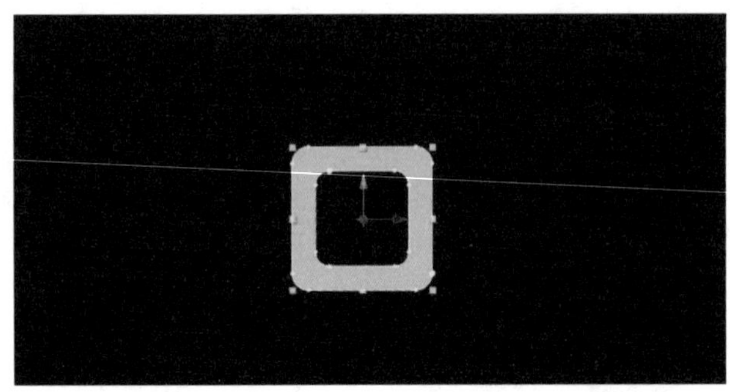

步骤 04 复制图层

01 在 Timeline 面板中选中 01 图层，按〈Ctrl + D〉组合键进行复制。选中复制出的新图层，按〈P〉键展开图层的 Position 属性列表，调整其 Z 轴方向上的参数，使两个图层之间产生距离，并查看此时 Comp 合成的效果。

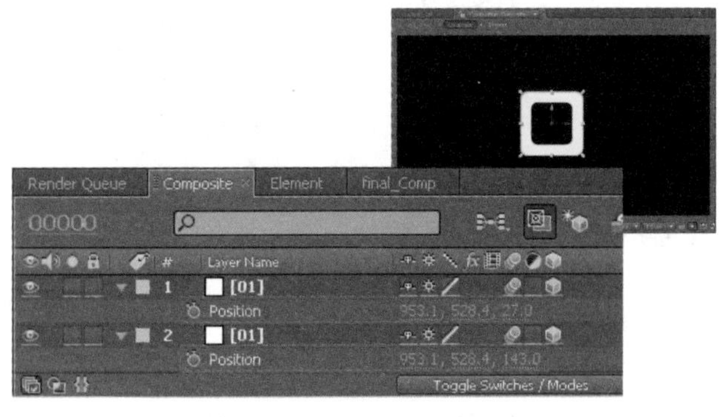

02 在 Timeline 面板中选中两个图层，将这两个图层作为一组，按〈Ctrl + D〉组合键复制出若干个图层，并调整复制出的每一组图层在 Comp 合成面板中的位置。

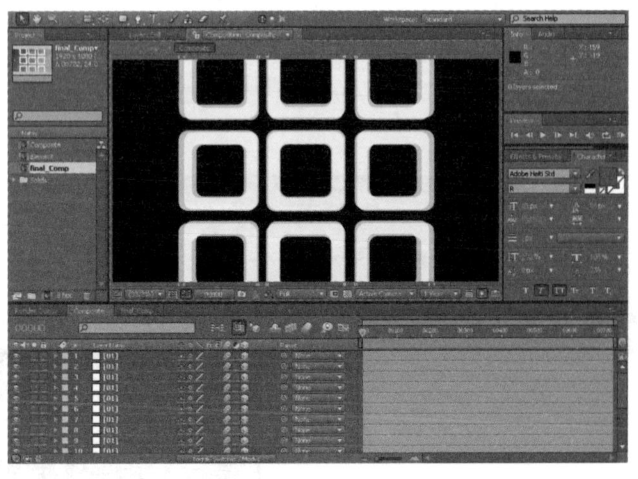

步骤 05 合成嵌套

01 在 Timeline 面板中选中全部图层，选择 Layer → Pre-compose 菜单命令进行合成嵌套，在弹出的对话框中将新合成命名为 Element。

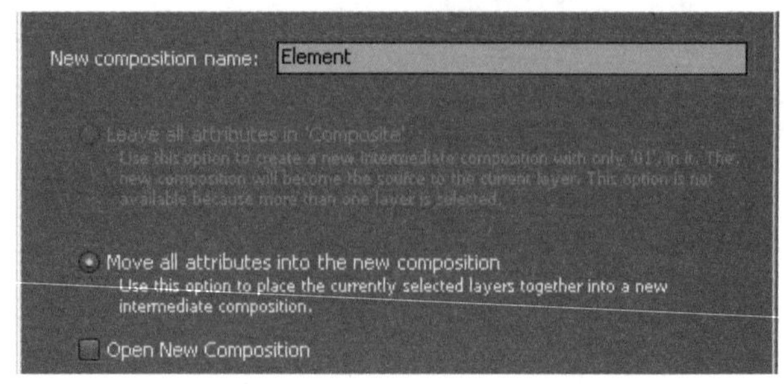

02 此时 Element 合成作为一个图层被嵌套进来。单击图层的按钮，读取图层的原始属性。

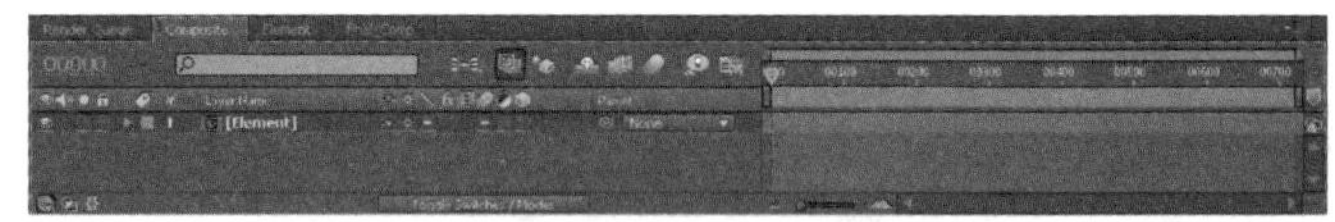

步骤 06 制作动画

选中 Element 图层，按〈P〉键展开其 Position 属性列表，将时间滑块拖动到 0 帧处，单击 Position 左侧的按钮，调整 Element 图层的位置，系统将自动记录关键帧。

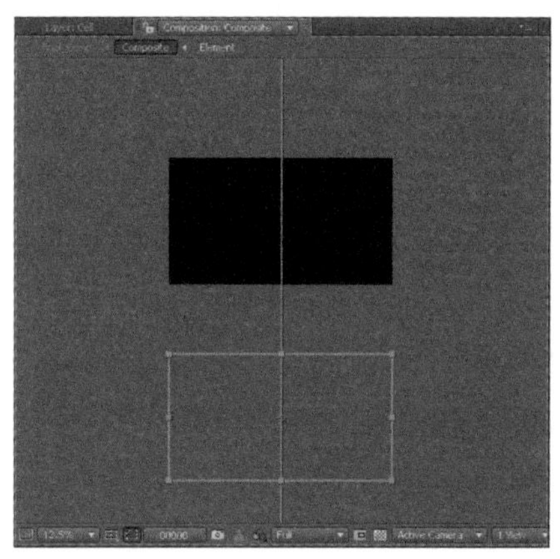

步骤 07 复制 Element 层

在 Timeline 面板中选中 Element 图层，按〈Ctrl + D〉组合键复制出若干个图层。用鼠标拖动图层，对其在 Timeline 面板中的出入顺序进行排列，使 Comp 合成面板的画面从 0 帧开始便显示动画元素。各图层在时间线上按照入点时间，间隔 76 帧依次进行排列，使各图层的动画元素紧密衔接。按数字键〈0〉预览效果，可见 Comp 合成面板中已经产生了连续的动画。

步骤 08　创建摄像机

01 选择 Layer → New → Camera 菜单命令，新建一个摄像机图层 Camera1。

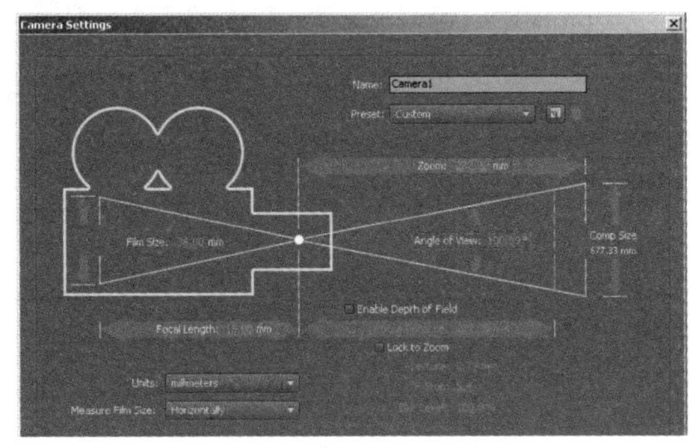

02 单击工具栏中的摄像机工具，在 Comp 合成面板中按住鼠标左键进行拖动，调整摄像机的视角。

案例 89　制作光斑

本案例主要以制作动画元素、背景和粒子光斑为主。最终效果是否完美就取决于这三项要点的制作质量。通过光斑动画的制作，能使读者了解一段完整动画制作的整个过程。

● 光盘路径 | 第 9 章 \ 制作光斑

● 难易指数 | ★★★☆☆

案例效果分析

核心技术要点：本例主要介绍如何利用 After Effects 制作圆角矩形的动态元素，以完成动画的制作。

制作思路分析：熟悉 After Effects 中 Mask 的应用和动画制作技巧，利用固态图层和 Mask 制作出圆角矩形的动画元素，最后通过摄像机调整画面的视觉角度。

制作提示

1. 创建 Comp 合成、背景图层、背景。
2. 创建粒子图层。
3. 为粒子添加光晕。
4. 制作切场。

步骤 01　创建 Comp 合成

选择 Composition → New Composition 菜单命令，新建一个 Comp 合成面板，命名为 final_Comp。

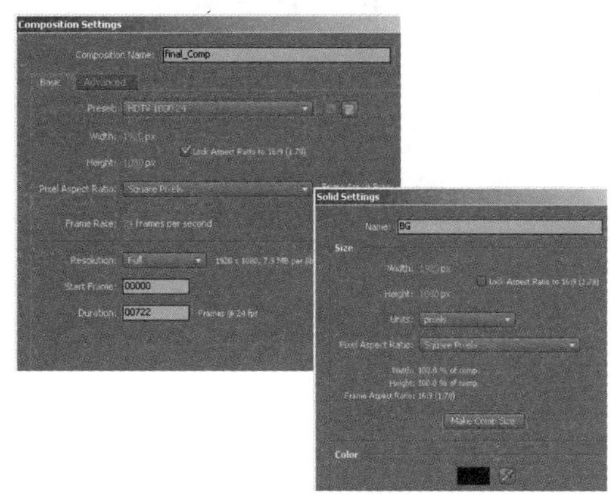

步骤 02　创建背景层

01 选择 Layer → New → Solid 菜单命令，新建一个固态图层，命名为 BG。

02 在 Timeline 面板中选中 BG 图层，选择 Effect → Generate → Ramp 菜单命令，为其添加 Ramp 滤镜。在 Effect Controls 面板中设置渐变的颜色，并调整渐变在 Comp 合成面板中的位置。

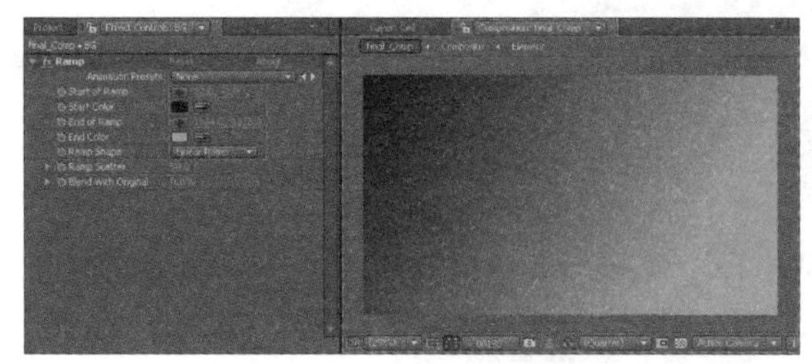

步骤 03　创建背景纹理

01 选择 Layer → New → Solid 菜单命令，新建一个黑色的固态图层，命名为 Cell。在 Timeline 面板中选中 Cell 图层，选择 Effect → Generate → Cell Pattern 菜单命令，为其添加 Cell Pattern 滤镜，并在 Effect Controls 面板中调整参数。

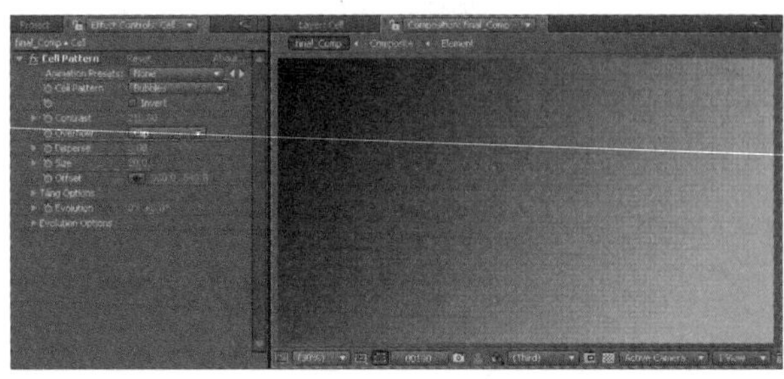

02 选中 Cell 图层，单击工具栏中的■工具，在 Comp 合成面板中绘制一个矩形的 Mask。在 Timeline 面板中展开 Cell 图层的 Mask 属性列表，设置 Mask 的模式为 Subtract，并查看此时 Comp 合成的效果。

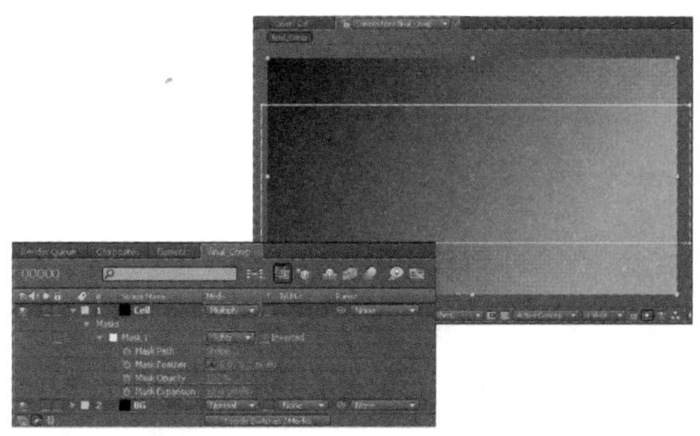

步骤 04　创建粒子图层

01 在项目面板选中 Composite，将其拖放到 Timeline 面板中，查看此时 Comp 面板的效果。选择 Layer → New → Solid 菜单命令，新建一个白色的固态图层，命名为 Particles。

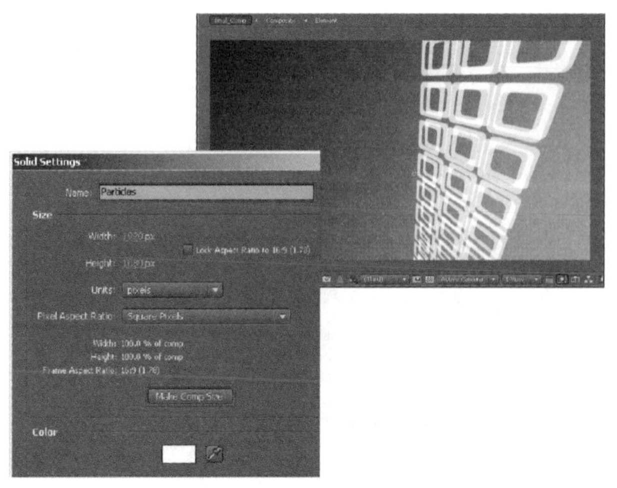

02 选中 Particles 图层，选择 Effect → Simulation → CC Particle World 菜单命令，为其添加 CC Particle World 滤镜，在 Effect Controls 面板中调整参数。

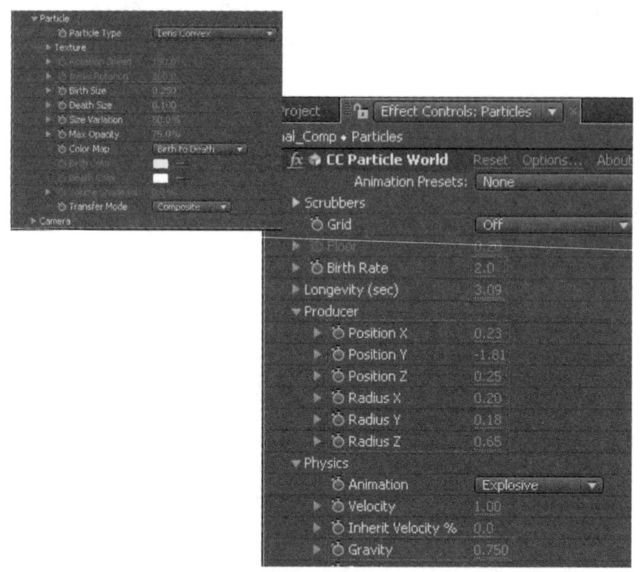

03 在 Timeline 面板中用鼠标拖动 Particles 图层，调整其在时间线上的出入时间，使粒子从 0 帧开始便出现在画面中。

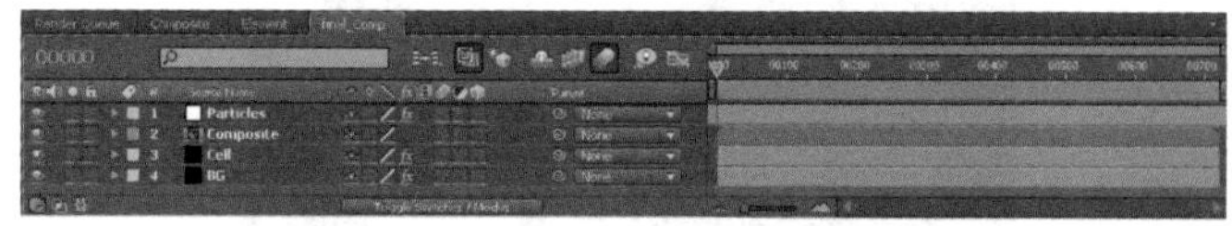

04 按数字键〈0〉预览效果，可见 Comp 合成面板中已经产生粒子缓缓下落的动画效果。

步骤 05　为粒子添加光晕

选中 Particles 图层，选择 Effect → Stylize → Glow 菜单命令，为其添加 Glow 滤镜，并在 Effect Controls 面板中调整参数。

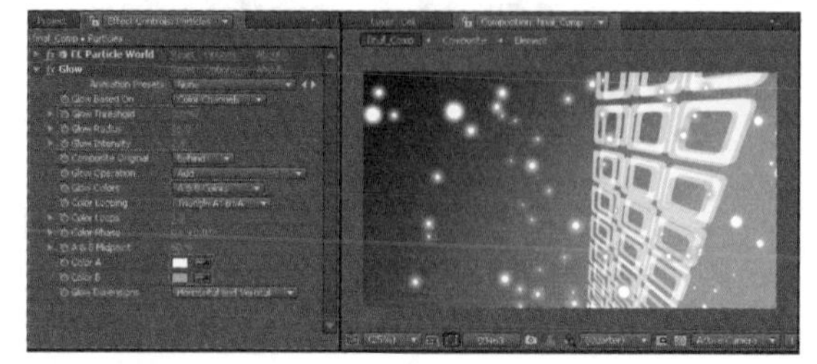

步骤 06　制作切场

01 选择 Layer → New → Solid 菜单命令，新建一个固态图层，命名为 Start。

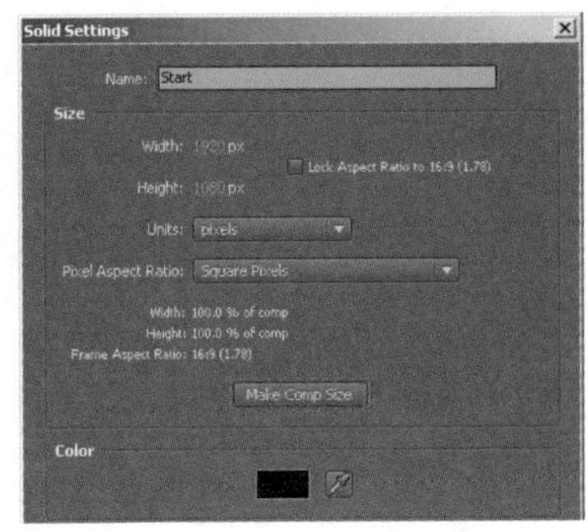

02 选中 Start 图层，选择 Effect → Generate → Lens Flare 菜单命令，为其添加 Lens Flare 滤镜，并在 Effect Controls 面板中调整参数。

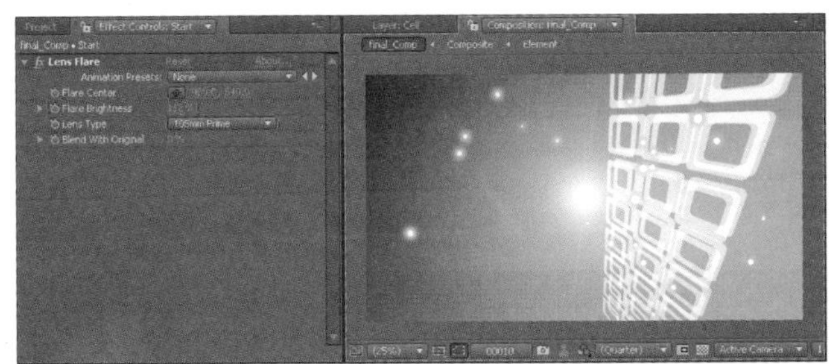

03 在 Timeline 面板中展开 Start 图层的 Lens Flare 滤镜属性列表，单击 Flare Brightness 左侧的按钮，为其记录关键帧。使镜头光斑从 0 帧处开始，在 21 帧处结束。按数字键〈0〉预览效果，可见画面从白场切入渐变的光斑，在 21 帧处光斑从画面中消失。

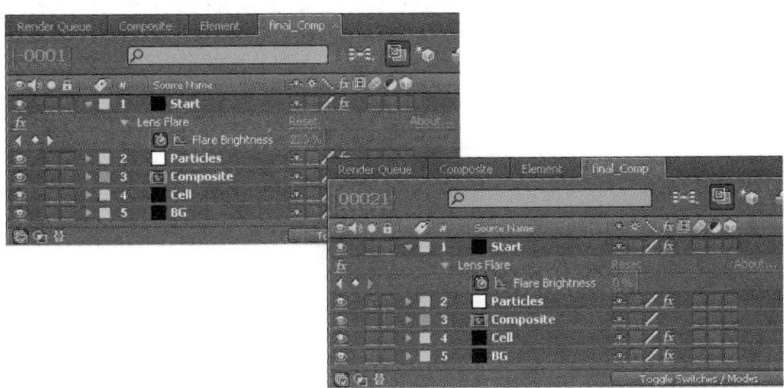

04 选中 Start 图层，按〈Ctrl + D〉组合键进行复制。在 Timeline 面板中展开 Lens Flare 滤镜属性列表，调整其关键帧位置。

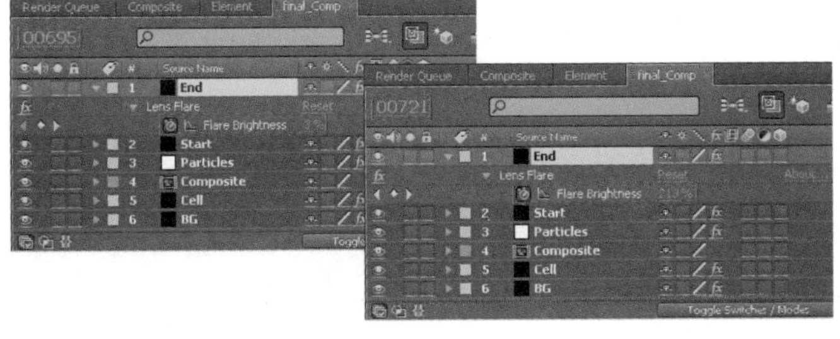

05 此时画面渐变为白场淡出，按数字键〈0〉预览最终效果。

案例 90　合成动画

本案例主要以三维图层的应用为主，通过为 Position 属性记录关键帧，实现盒子的组合动画，再配以摄像机的镜头旋转动画，完成整个动画的制作。

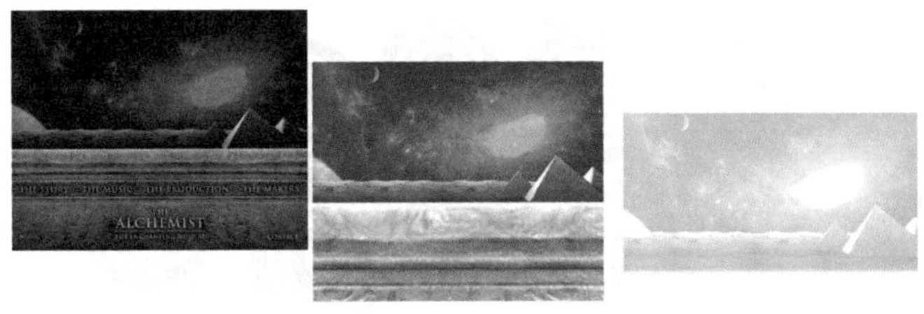

● **光盘路径** | 第 9 章 \ 合成动画

● **难易指数** | ★★☆☆☆

案例效果分析

核心技术要点：本例主要介绍在 Adobe After Effects CC 中使用平面图像制作动画的方法和技巧，最终目的是将多幅图像合成为一个美丽的动画场景。

制作思路分析：熟悉 After Effects 图层的应用，通过图层之间的叠加和摄像机的运用，为场景制作出动画。

制作提示

1. 创建 Comp 合成。
2. 打开图层的三维选项。
3. 记录摄像机动画。
4. 调色。

步骤 01　创建 Comp 合成

启动 Adobe After Effects CC，选择 Composition → New Composition 菜单命令，新建一个 Comp 合成。将本书配套光盘中的 Night-Pyramids.png、nightSand.png、NightSky.png、night-Wall.png、night-Wall-with-writing.png 文件导入到项目面板中，并将它们拖到 Timeline 面板中。

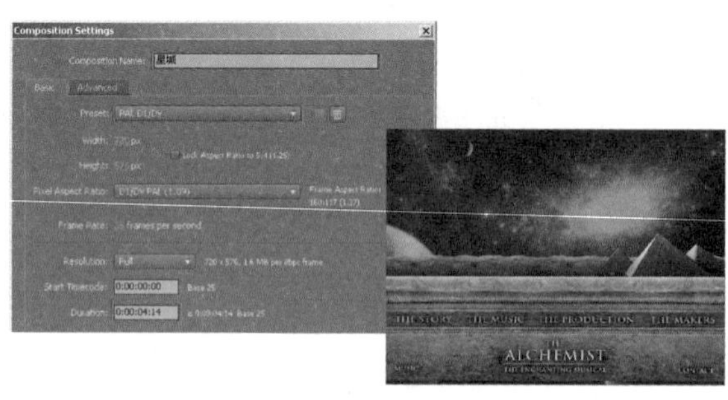

↘ 步骤 02 打开图层的三维选项

01 单击图层的 按钮，打开图层的三维属性开关，并对素材的大小和位置进行调整。在 Timeline 面板中调整 night-Wall-with-writing.png 图层的出入时间。

02 在 Timeline 面板中选中 night-Wall-with-writing.png 图层，按〈T〉键展开其 Opacity 属性列表，并为其设置关键帧，让文字有淡入淡出的效果。将时间滑块放置在时间 0:00:01:24 处并设置 Opacity 的值为 0%，在时间 0:00:02:08 处和时间 0:00:02:24 处设置 Opacity 的值为 100%，在时间 0:00:03:06 处设置 Opacity 的值为 0%。

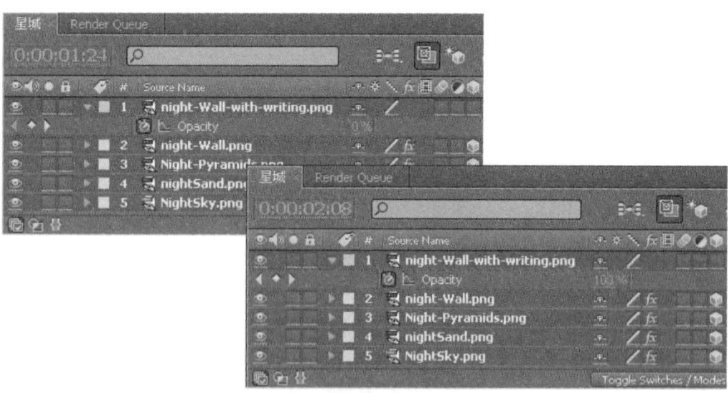

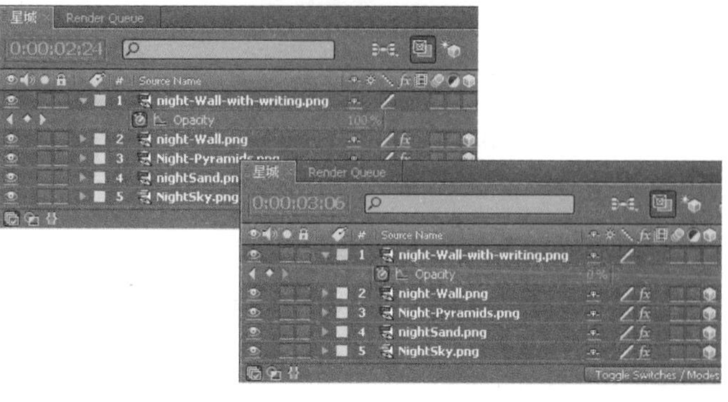

↘ 步骤 03 记录摄像机动画

01 在 Timeline 面板中单击鼠标右键，选择 New → Camera 命令，新建一个摄像机图层 Camera1。

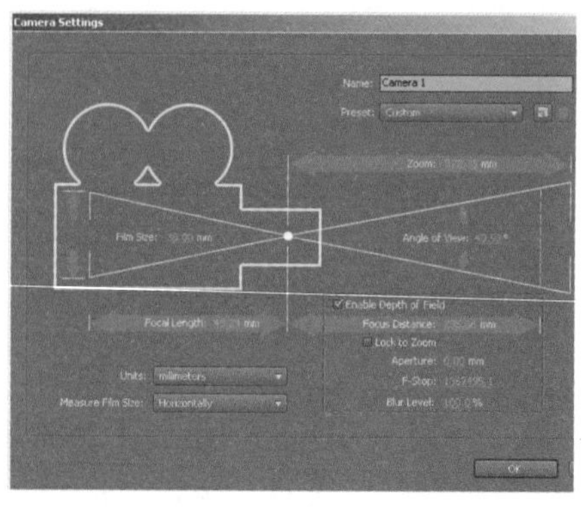

02 单击工具栏中的摄像机工具 ，在 Comp 合成面板中按住鼠标右键并拖动调整画面。展开 Camera1 图层的属性列表，单击 Position 前面的 按钮为 Camera1 图层的 Position 属性记录关键帧。同样为 Aperture（光圈）属性记录关键帧。在时间 0:00:00:00 处和时间 0:00:01:20 处设置 Position 和 Aperture 的值，在时间 0:00:03:08 处和时间 0:00:04:06 处设置 Position 的值。

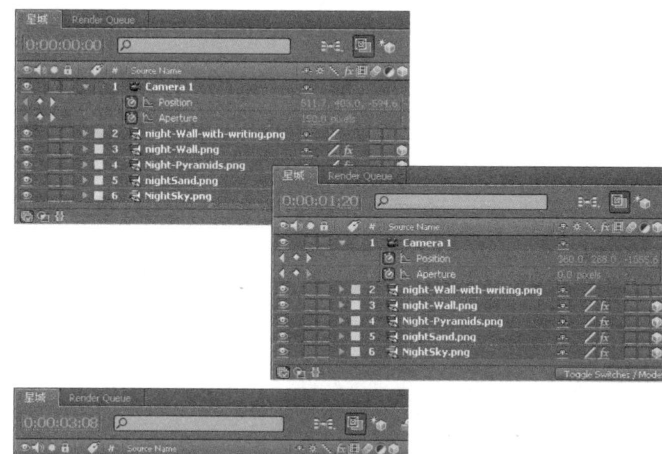

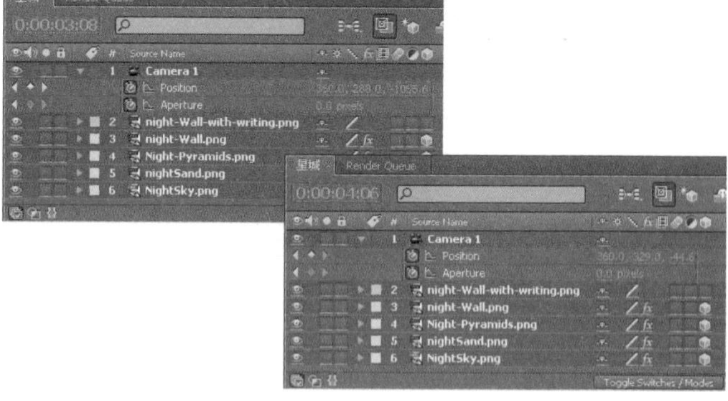

03 按数字键〈0〉预览效果。

↘ 步骤 04　调色

01 在 Timeline 面板中单击鼠标右键，选择 New → Adjustment Layer 命令，新建一个调节图层。选中调节图层，选择 Effect → Color Correction → Levels 菜单命令，为其添加 Levels 滤镜。单击 Histogram 左侧的按钮，为 Levels 滤镜的 Histogram 属性设置关键帧，在时间 0:00:03:08 处和时间 0:00:04:06 处设置 Histogram 的值。

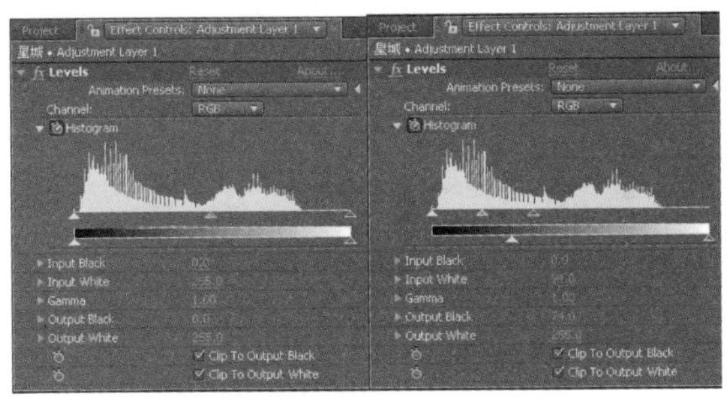

02 查看此时 Comp 合成的效果。

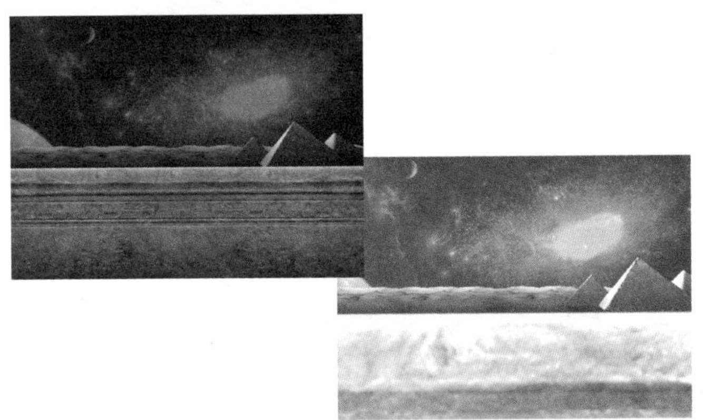

03 在 Timeline 面板中单击鼠标右键，选择 New → Solid 命令，新建一个白色的固态图层，并为其 Opacity 属性设置关键帧动画。在时间 0:00:04:06 处设置 Opacity 的值为 0%，在时间 0:00:04:08 处设置 Opacity 的值为 100%。

04 按数字键〈0〉预览最终效果。

案例 91　幻影光线

本案例主要以 Motion Sketch 命令和 Echo、Shine 滤镜的应用为主。通过 Motion Sketch 命令绘制图层随机运动的路径并为其添加 Echo 滤镜，最终使画面产生幻影效果。

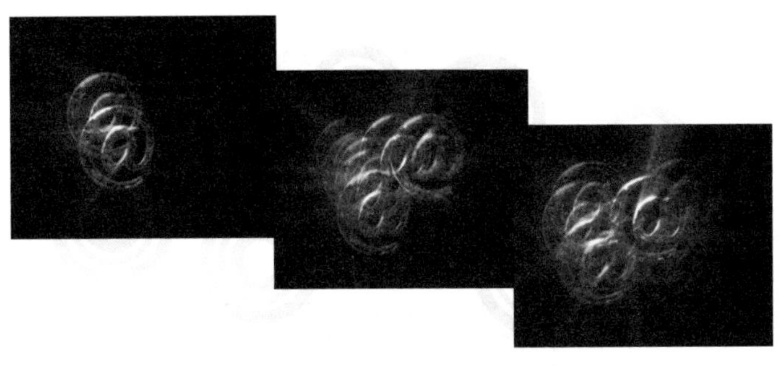

● 光盘路径 | 第 9 章 \ 幻影光线

● 难易指数 | ★★☆☆☆

案例效果分析

核心技术要点：本例介绍使用 Motion Sketch 和 Echo 滤镜制作抖动和魔幻时空效果的方法。

制作思路分析：熟悉 After Effects 的动画制作，手动绘制动画路径，使动画元素产生随机的位移动画，最终为动画元素添加光线效果。

制作提示

1. 创建 Comp 合成。
2. 制作抖动。
3. 制作幻影效果。
4. 制作光效。

步骤 01 创建 Comp 合成

启动 Adobe After Effects CC，选择 Composition → New Composition 菜单命令，新建一个 Comp 合成，命名为“随机抖动”。选择 File → Import → File 菜单命令，导入本书配套光盘中的 @.tif 文件，并将其拖放到 Timeline 面板中。

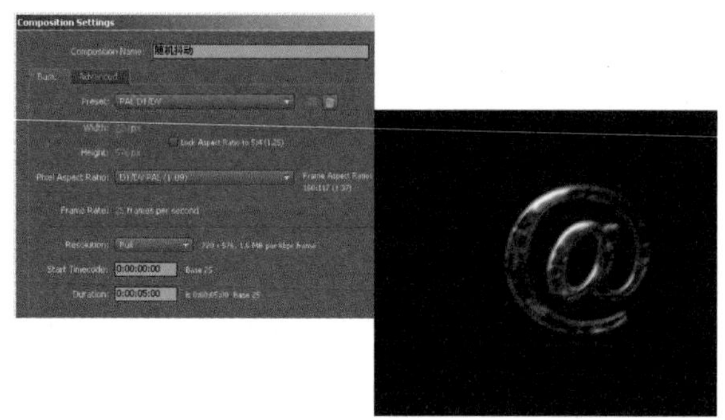

步骤 02 制作抖动

01 在 Timeline 面板中选中 @.tif 图层，按下〈S〉键展开该图层的 Scale 属性列表，将 Scale 的参数值改为 80%。选中 @.tif 图层，选择 Window → Motion Sketch 菜单命令，打开 Motion Sketch 面板。单击面板中的 Start Capture 按钮，开始记录关键帧，按住鼠标左键在 Comp 合成面板中拖动，根据需要描绘出任意路径。

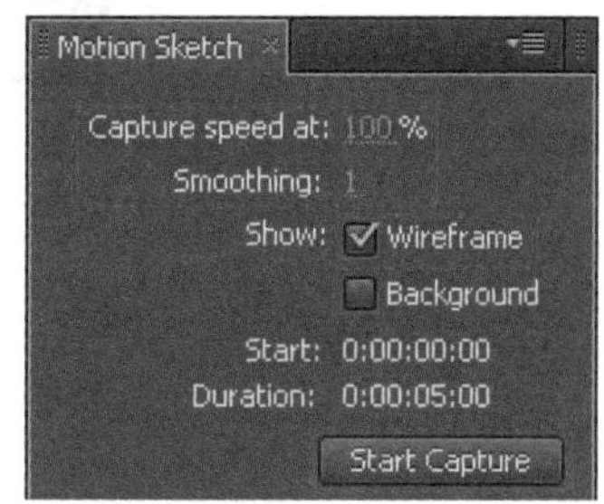

02 选中 @.tif 图层，按〈U〉键展开其关键帧属性列表，可见在 Position 属性上已经产生了关键帧。单击 Position 属性，确定已经选中所有的关键帧。选择 Window → The Smoother 菜单命令，在弹出的 Smoother 面板中选择 Spatial Path 选项，并设置 Tolerance 值为 3，单击 Apply 按钮。此时展开 Position 属性列表，可以发现关键帧已经减少。

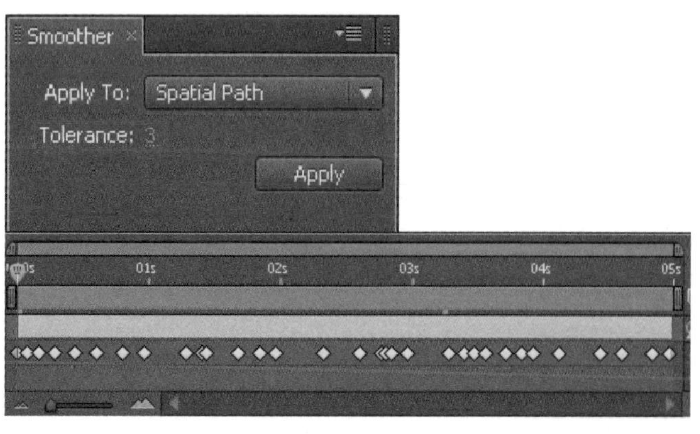

03 按数字键〈0〉预览效果。

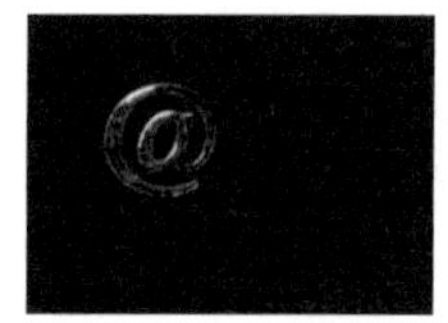

步骤 03 制作幻影效果

01 选择 Composition → New Composition 菜单命令，新建一个 Comp 合成，命名为“幻影”。

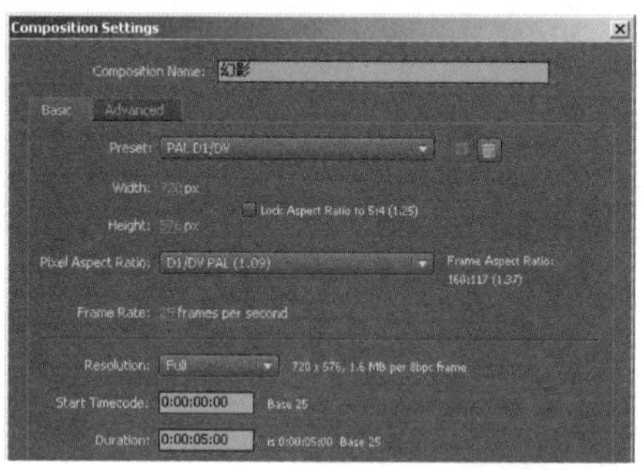

02 将项目面板中的“随机抖动”图层拖到“幻影光线”合成的 Timeline 面板中。选中“随机抖动”图层，选择 Effect → Time → Echo 菜单命令，为其添加 Echo 滤镜。单击 Timeline 面板及“随机抖动”图层的按钮，打开所对应的选项。

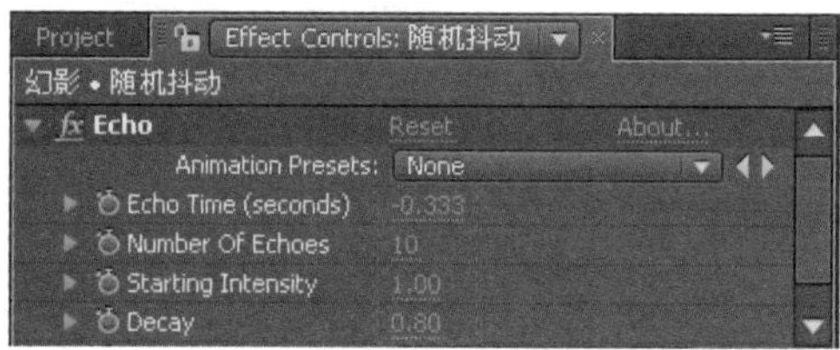

步骤 04 制作光效

01 选中“随机抖动”图层，选择 Effect → Trapcode → Shine 菜单命令，为其添加 Shine 滤镜，在 Effect Controls 面板中调整参数。

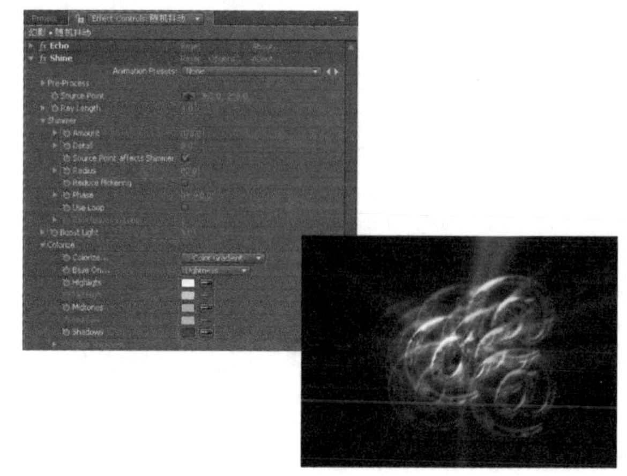

02 选择 Layer → New → Solid 菜单命令，新建一个深蓝色的固态图层。选中该图层，双击工具栏中的椭圆工具，为该图层创建一个椭圆形的 Mask，并设置 Mask 的参数。

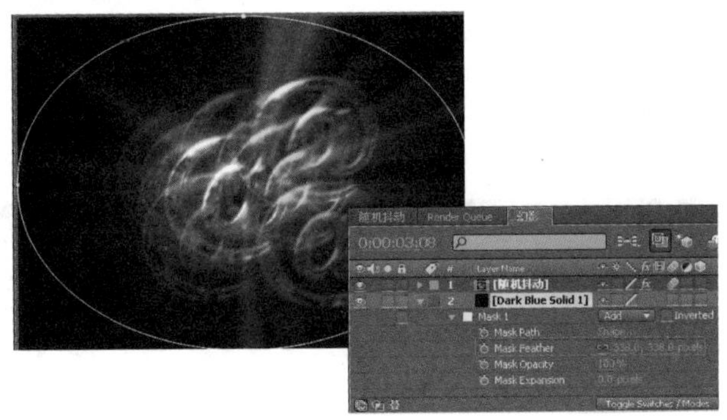

03 按数字键〈0〉预览最终效果。

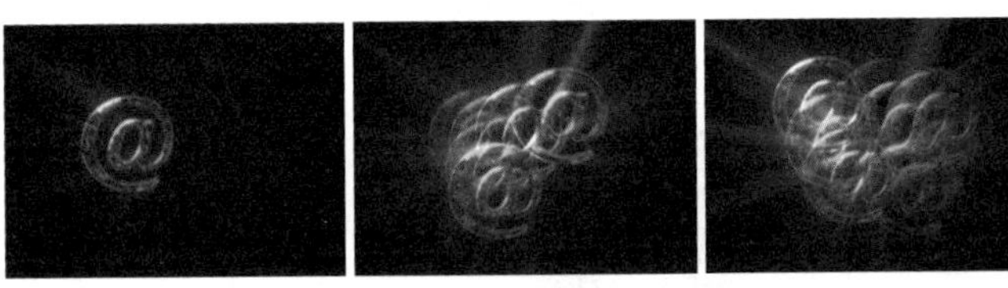

案例 92　人像磨皮

本案例以 CC Threshold RGB、Remove Grain、Add Grain 滤镜和遮罩的应用为主，利用这些滤镜可以将画面中人物的皮肤变得光洁动人。

● 光盘路径 | 第 9 章 \ 人像磨皮

● 难易指数 | ★★★☆☆

案例效果分析

核心技术要点：本例主要介绍使用 Adobe After Effects CC 的 CC Threshold RGB、Remove Grain、Add Grain 滤镜选取画面中人物的皮肤，并对其进行美化的方法。

制作思路分析：熟悉 After Effects 的 CC Threshold RGB 滤镜，用其将人物的皮肤和其他部分进行区分，从而制作成遮罩以对人物的皮肤进行美化处理。

制作提示

1. 创建 Comp 合成、导入素材。
2. 制作 Matte 图层。
3. 磨皮。

步骤 01　创建 Comp 合成

启动 Adobe After Effects CC，选择菜单中的 Composition → New Composition 命令，新建一个 Comp 面板命名为“磨皮”。

导入本书配套光盘中的 bride.jpg 文件，并将其拖到 Timeline 面板中。查看此时 Comp 面板的效果。

步骤 02　制作 Matte 图层

01 在 Timeline 面板中选中 bride.jpg 图层，按〈Ctrl + D〉组合键进行复制。选中复制出的 bride.jpg2 图层，按〈Enter〉键将其重命名为 Matte。选中 Matte 图层，选择 Effect → Stylize → CC Threshold RGB 菜单命令，为其添加 CC Threshold RGB 滤镜，在 Effect Controls 面板中调整参数。

02 选择 Effect → Color Correction → Hue/Saturation 菜单命令，为其添加 Hue/Saturation 滤镜，在 Effect Controls 面板中调整参数，将图像的饱和度降到最低。

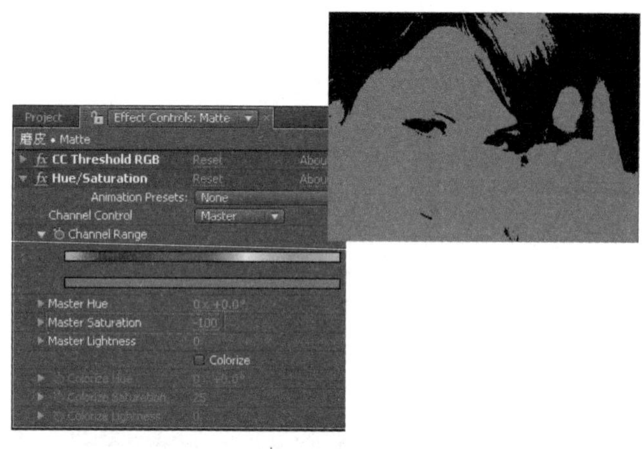

03 选择 Effect → Color Correction → Levels 菜单命令，为其添加 Levels 滤镜，在 Effect Controls 面板中调整参数。

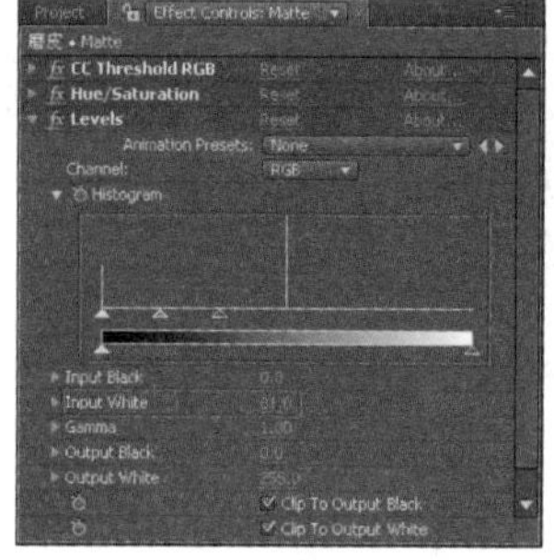

04 选择 Effect → Blur&Sharpen → Fast Blur 菜单命令，为其添加 Fast Blur 滤镜，在 Effect Controls 面板中调整参数。

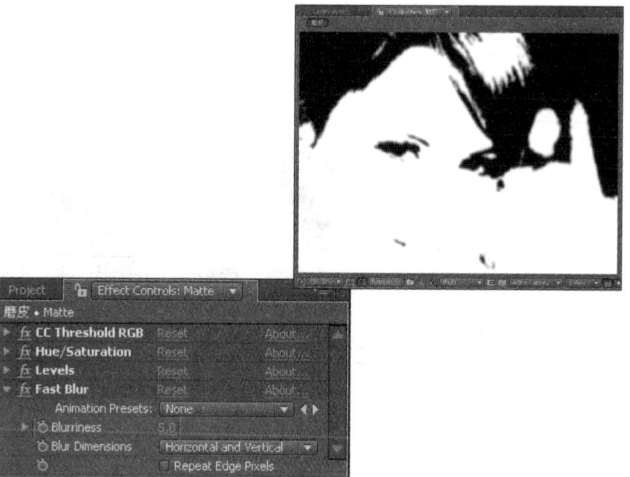

↘ 步骤 03 磨皮

01 在 Timeline 面板中单击鼠标右键，选择 New → Adjustment Layer 命令，新建一个调节图层 Adjustment Layer1，并放在 Matte 图层的下面。设置调节图层的 TrkMat 选项为 Luma MatteMatte。按〈F4〉键切换显示 / 隐藏图层模式。

02 选中 Adjustment Layer 1 图层，选择 Effect → Noise&Grain → Remove Grain 菜单命令，为其添加 Remove Grain 滤镜，在 Effect Controls 面板中调整参数，去除皮肤上粗糙的杂点。

03 选择 Effect → Noise&Grain → Add Grain 菜单命令，添加 Add Grain 滤镜，在 Effect Controls 面板调整参数，为人脸的皮肤增加质感，并查看此时 Comp 合成的效果。

04 对比磨皮前后的效果。

案例 93 产品动画

本案例主要介绍 Particular 滤镜的综合应用技巧。使用自定义粒子贴图替换粒子，通过为引导层的位移属性添加表达式产生粒子拖尾动画。最终将产品元素作为引导层的子级层，使产品元素产生动画。

● 光盘路径 | 第 9 章 \ 产品动画

● 难易指数 | ★★★★☆

案例效果分析

核心技术要点：本例主要介绍利用 Adobe After Effects 的一款粒子插件 Particular 制作粒子流效果的方法。

制作思路分析：熟悉 Particular 滤镜的应用，利用灯光图层作为引导层，使粒子的位移跟随灯光位移的变化而变化。

制作提示

1. 创建 Comp 合成，创建粒子图层。
2. 创建粒子发射器、摄像机、光效贴图。
3. 制作光效，为光效着色。
4. 制作摄像机动画。

步骤 01 创建 Comp 合成

启动 Adobe After Effects CC，选择 Composition → New Composition 菜单命令，新建一个 Comp 合成，命名为“光效拖尾”。选择 File → Import → File 菜单命令，将本书配套光盘中的 mp3.tga 和 city.jpg 文件导入到项目面板中。

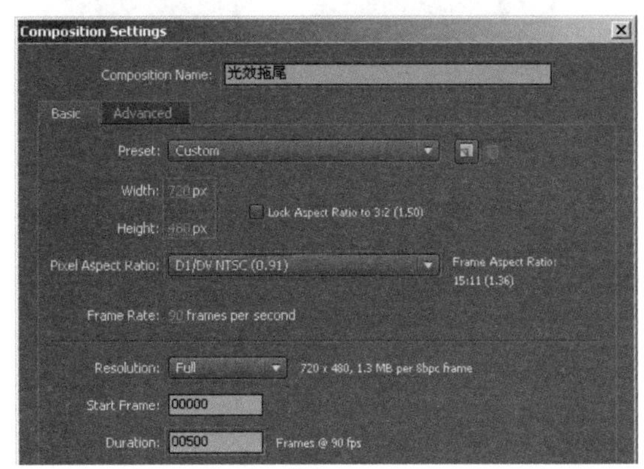

步骤 02 创建粒子图层

在 Timeline 面板中选择 Layer → New → Solid 命令，新建一个固态图层，命名为 Particles。选中 Particles 图层，选择 Effect → Trapcode → Particular 菜单命令，为其添加 Particular 滤镜，并查看此时 Comp 合成的效果。

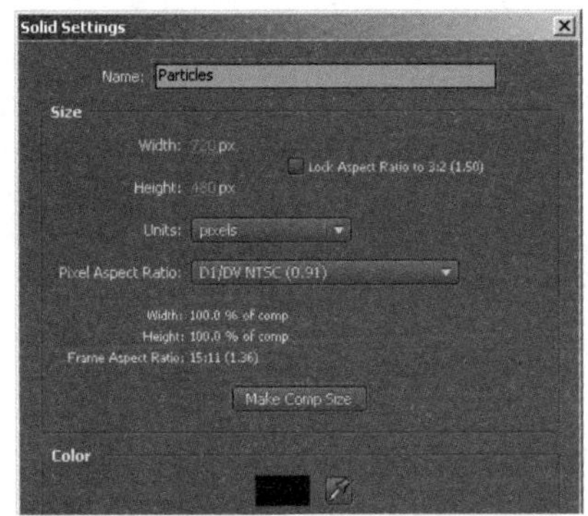

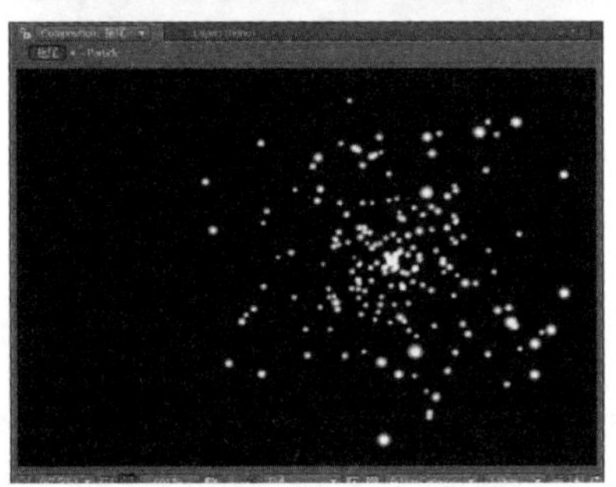

步骤 03 创建粒子发射器

01 选择 Layer → New → Light 菜单命令，创建一个灯光图层，命名为 Emitter，该灯光图层将会被当做粒子发射器使用。

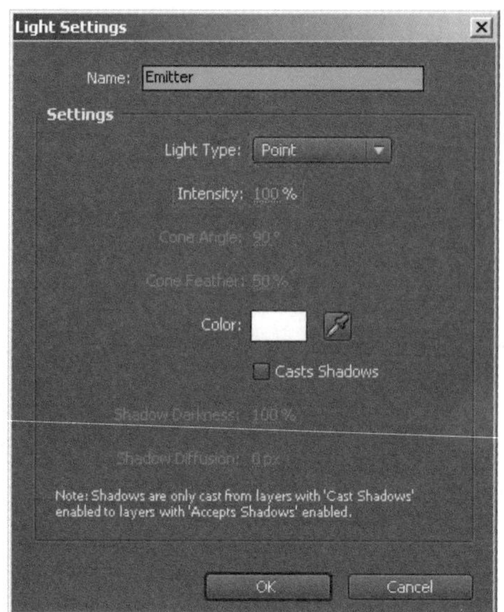

02 在 Timeline 面板中选中 Particles 图层，在 Effect Controls 面板中设置粒子的发射类型为 Light。

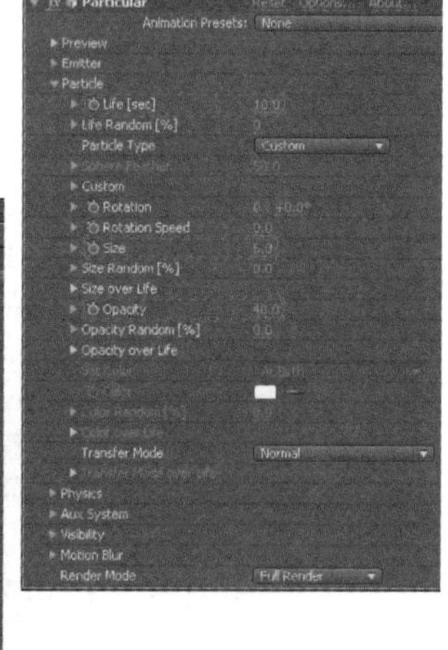

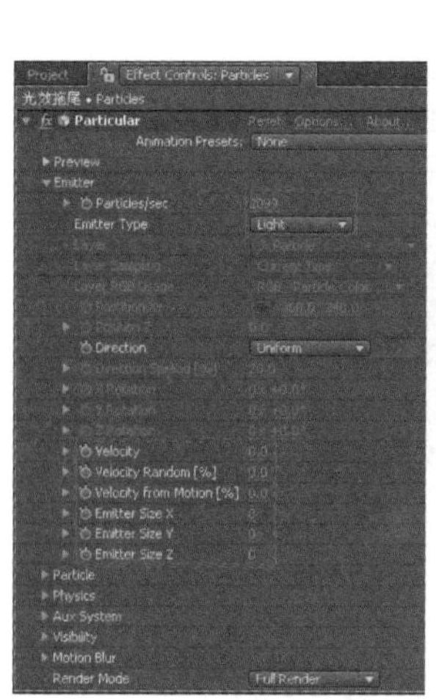

步骤 04 创建摄像机

选择 Layer → New → Camera 菜单命令，创建一个摄像机图层 Camera1。

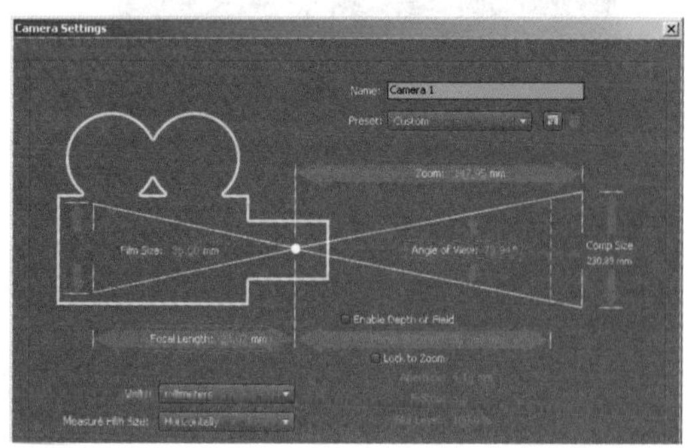

步骤 05 创建光效贴图

01 按〈Ctrl + N〉组合键，新建一个 Comp 合成面板，命名为 particle 所示，particle 合成将会被用做粒子贴图。

02 在 Timeline 面板中选中白色的固态图层，单击工具栏中的工具，在 Comp 合成面板中绘制一个 Mask。选中白色的固态图层，按〈Ctrl + D〉组合键进行复制。在 Comp 合成面板中将复制出的图层分别移开，之后分别选中各图层，在黄色的 Mask 上双击，调整控制点对图层大小和形状进行缩放，并将各图层的不透明度调整为 30%。

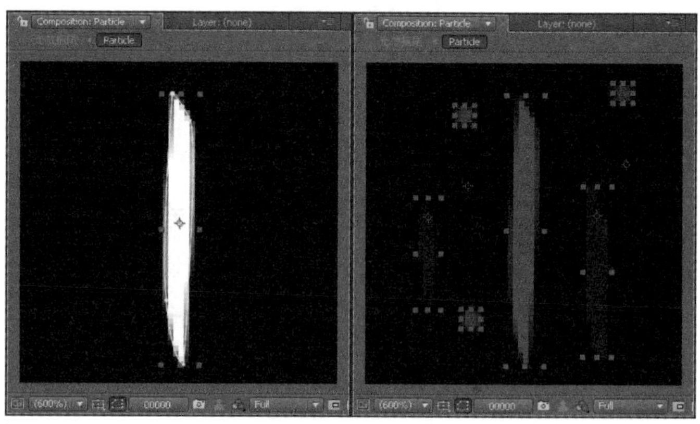

03 在 Timeline 面板中单击鼠标右键，选择 New → Solid 命令，新建一个固态图层，设置其颜色为白色。

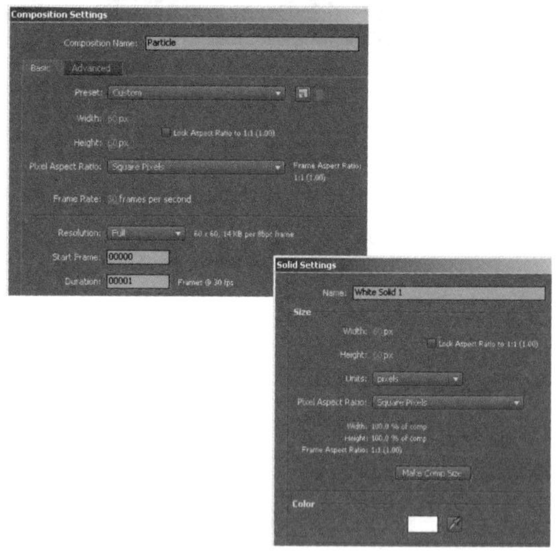

04 回到“光效拖尾”合成面板，在项目面板中将 particle 合成拖到“光效拖尾”合成的 Timeline 面板中进行合成嵌套，并关闭 particle 图层的可显示属性。选中 Particle 图层，在 Effect Controls 面板中设置 Particular 滤镜的 Layer 属性为 3.particle。

步骤 06　制作光效

选中 Emitter 图层，按〈P〉键展开 Emitter 图层的位移属性列表。按住〈Alt〉键后单击按钮打开表达式输入栏，在其中输入 wiggle（2，100），按数字键〈0〉预览效果。

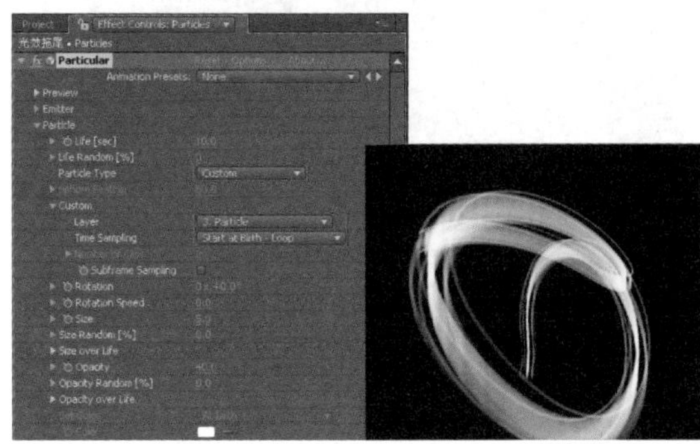

步骤 07　为光效着色

01 将项目面板的 city.jpg 文件拖放到 Timeline 面板的底层。选中 city.jpg 图层，选择 Effect → Color Correction → Curves 菜单命令，为其添加 Curves 滤镜，并在 Effect Controls 面板中调整曲线的形状。

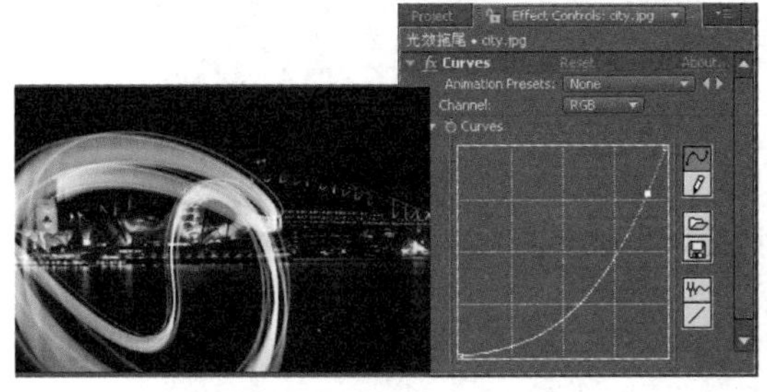

02 在 Timeline 面板中单击鼠标右键，选择 New → Adjustment Layer 命令，新建一个调节图层。选中调节图层，选择 Effect → Color Correction → Hue/Saturation 菜单命令，为其添加 Hue/Saturation 滤镜，在 Effect Controls 面板中调整参数。

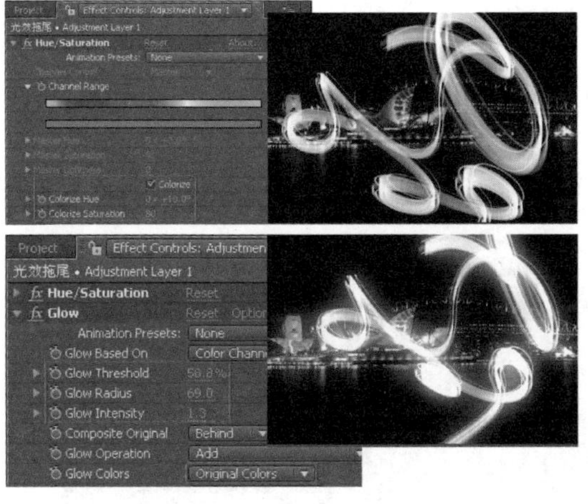

03 选中调节图层，选择 Effect → Stylize → Glow 菜单命令，为其添加 Glow 滤镜，在 Effect Controls 面板中调整参数，并查看此时 Comp 合成的效果。

步骤 08　制作摄像机动画

01 选中 Camera 1 图层，按〈P〉键展开摄像机的 Position 属性列表，同时按〈Shift + A〉组合键展开 Point of Interest 属性列表。单击按钮在 0 帧处设置关键帧，将时间滑块拖到其他时间处，单击工具栏中的摄像机工具，在视图中调整摄像机的位置和视角，系统自动记录关键帧。

02 查看此时 Comp 合成的效果。

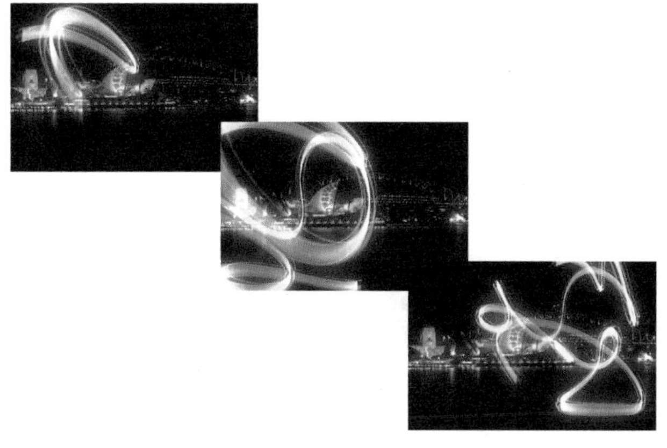

03 将项目面板的 mp3.tga 文件拖到 Timeline 面板中。打开 mp3.tga 图层的三维属性开关，将其 Position 属性参数调整到和 Emitter 图层的 Position 的参数相同。按〈S〉键对其进行缩放，将该图层设为 Emitter 图层的子级层，使 mp3.tga 跟随 Emitter 的运动而运动。

04 按数字键〈0〉预览效果。

案例 94　墨滴

本案例主要使用 After Effects 的单帧渲染，并通过对渲染的单帧图像进行加工得到预期的画面效果。

● 光盘路径 | 第 9 章 \ 墨滴

● 难易指数 | ★★★★☆

案例效果分析

核心技术要点：本例主要介绍利用 Adobe After Effects 和 CC Particle World 滤镜制作墨滴效果的方法。

制作思路分析：熟悉 After Effects 中三维图层的应用，利用单帧输出渲染一幅平面的粒子发射图，利用渲染所得的粒子图进行合成制作，最终为场景添加摄像机并记录关键帧动画。

制作提示

- 1. 创建 Comp 合成、添加粒子特效。
- 2. 制作墨滴，创建文字。
- 3. 创建摄像机图层。
- 4. 制作镜头暗角效果。

步骤 01　制作墨滴

启动 Adobe After Effects CC，选择 Composition → New Composition 菜单命令，新建一个 Comp 合成，命名为“墨滴”。

在 Timeline 面板中单击鼠标右键，选择 New → Solid 命令，新建一个白色的固态图层 White Solid1。

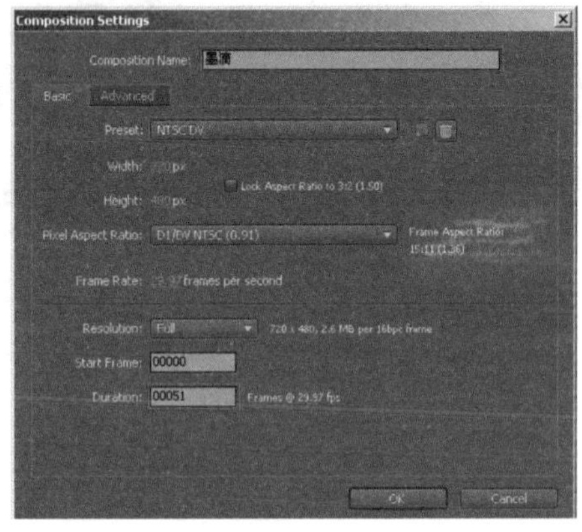

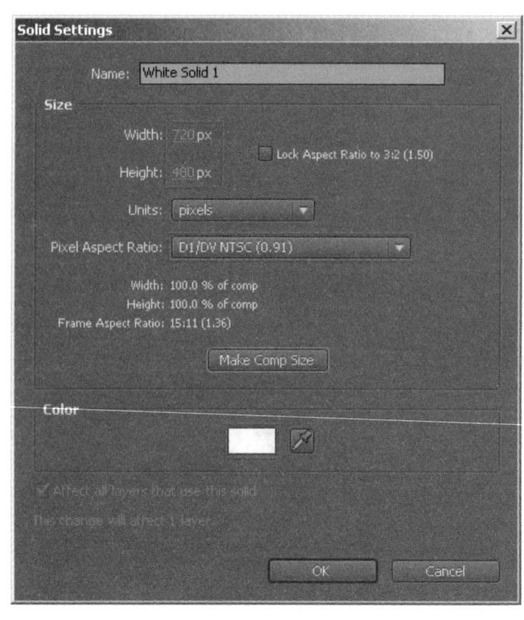

步骤 02　添加粒子特效

01 在 Timeline 面板中选中 White Solid1 图层，选择 Effect → Simulation → CC Particle World 菜单命令，为其添加 CC Particle World 滤镜。在 Effect Controls 面板中调整参数，并查看此时 Comp 合成的效果。

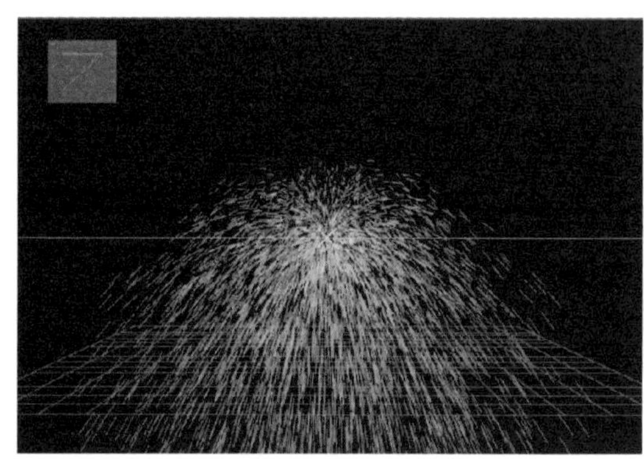

02 在 Timeline 面板中拖动时间滑块进行预览，并将时间滑块停留在相应的画面时间处。选择 Composition → Save Frame As → File 命令，输出单帧图像，并在渲染面板中设置输出路径，之后单击 Render 按钮进行渲染。

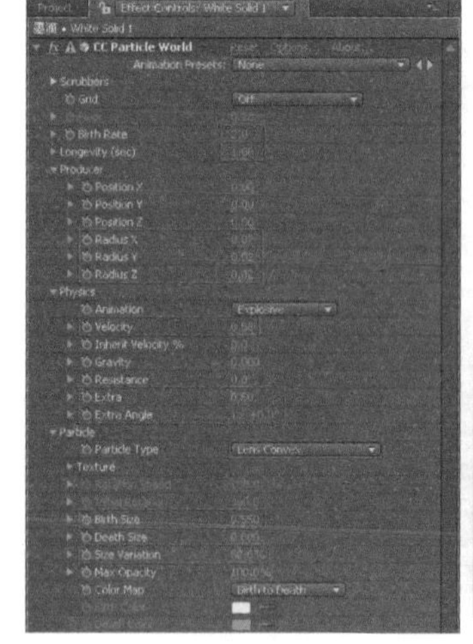
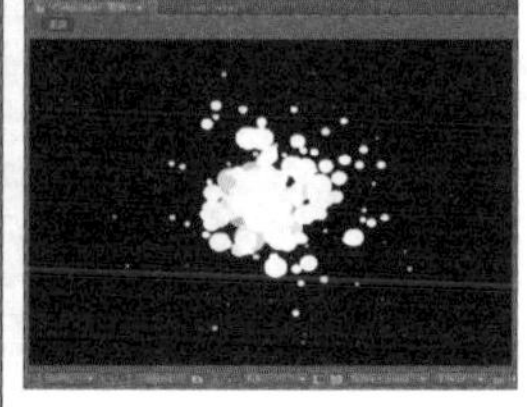

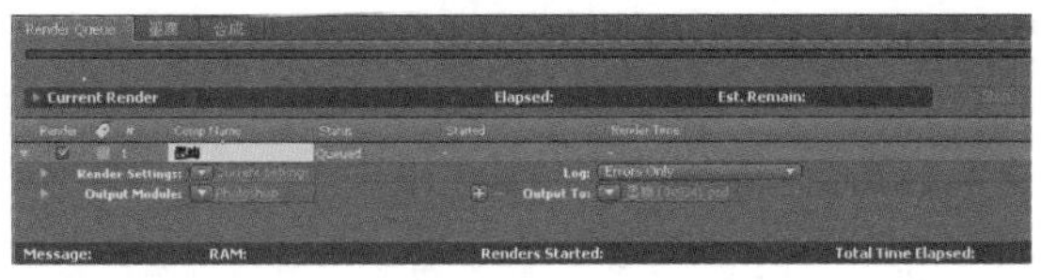

↘ 步骤 03　制作墨滴

01 按〈Ctrl + N〉组合键，新建一个 Comp 合成面板，命名为“合成”。在项目面板中双击，导入制作的“墨滴 (00033).psd”文件，将其拖到合成的 Timeline 面板中。

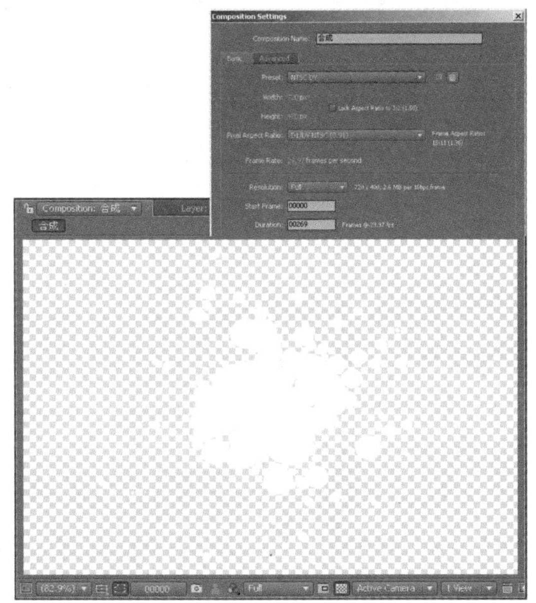

02 导入本书配套光盘中的“宣纸 jpg”文件，将其拖放到 Timeline 面板的底层。选中“墨滴 (00033).psd”图层，选择 Effect → Color Correction → Hue/Saturation 菜单命令，为其添加 Hue/Saturation 滤镜，在 Effect Controls 面板中调整颜色。

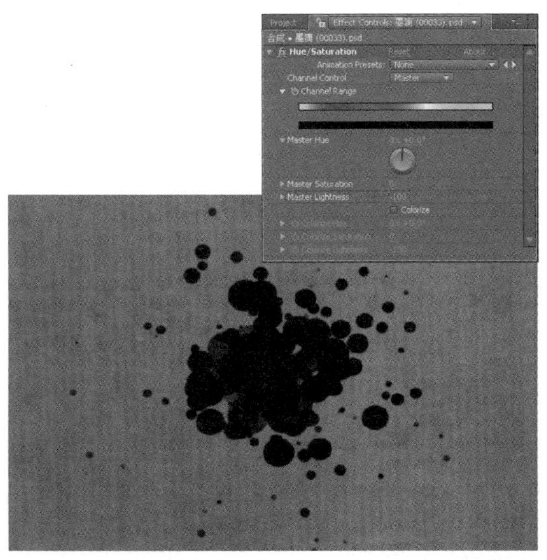

↘ 步骤 04　创建文字

在工具栏中单击T工具，在 Comp 合成面板中单击输入 YINGSHITIANTIANJIAN。并打开文字图层和“墨滴 (00033).psd”图层的三维属性开关。查看此时 Comp 合成的效果。

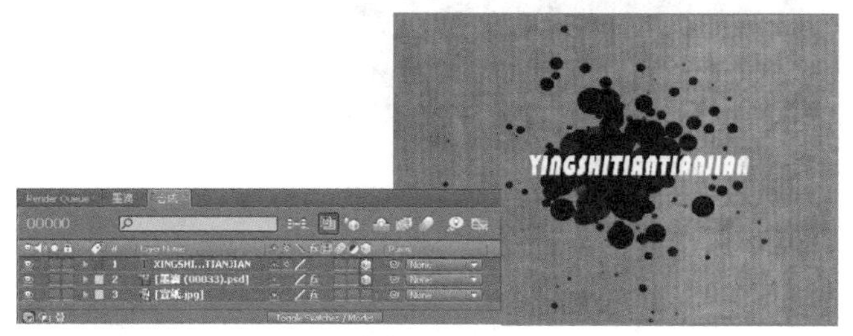

↘ 步骤 05　创建摄像机图层

01 在 Timeline 面板中单击鼠标右键，选择 New → Camera 命令，创建一个摄像机图层 Camera1。

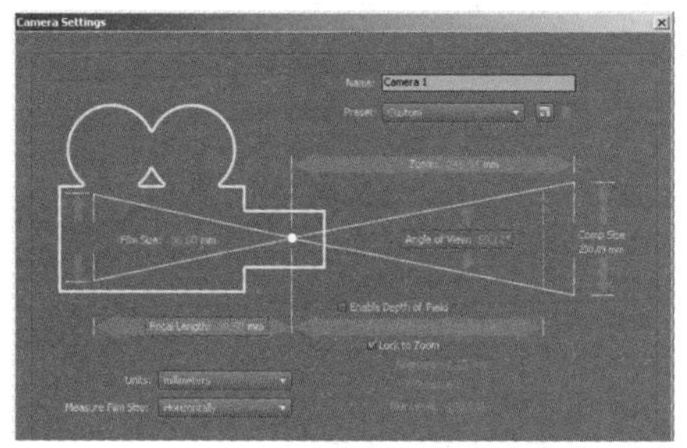

02 选中 Camera1 图层，按〈P〉键展开其 Position 属性列表。单击其按钮记录关键帧，拖曳时间滑块到其他时间处，单击工具栏中的摄像机工具，在 Comp 合成面板中调整摄像机的视角，系统自动记录关键帧。

03 选中“墨滴 (00033).psd”图层，按〈Ctrl + D〉组合键复制出若干个图层，并在 Comp 合成面板中调整这些图层的位置。

04 再次复制出三个“墨滴 (00033).psd”图层，在 Effect Controls 面板中删除它们的 Hue/Saturation 滤镜，并设置它们的图层混合模式为 Difference。

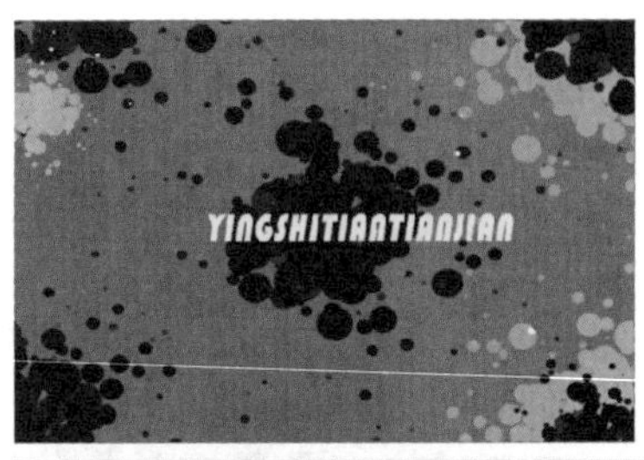

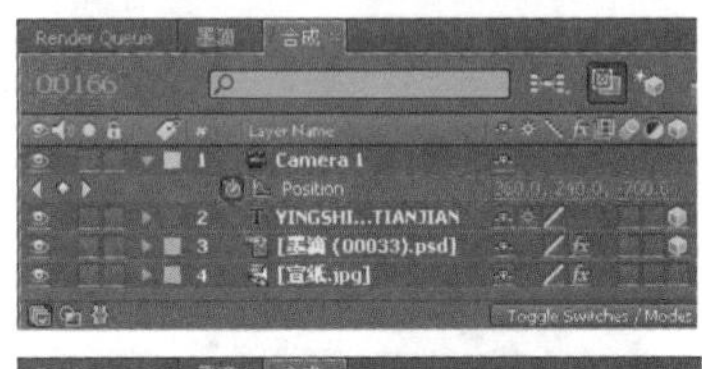

↘ 步骤 06　制作镜头暗角效果

01 在 Timeline 面板中单击鼠标右键，选择 New→Solid 命令，新建一个黑色的固态图层。选中黑色的固态图层，在工具栏中双击椭圆工具，在该图层上创建一个 Mask，并设置 Mask 的羽化值为 318。

02 按数字键〈0〉预览最终效果。

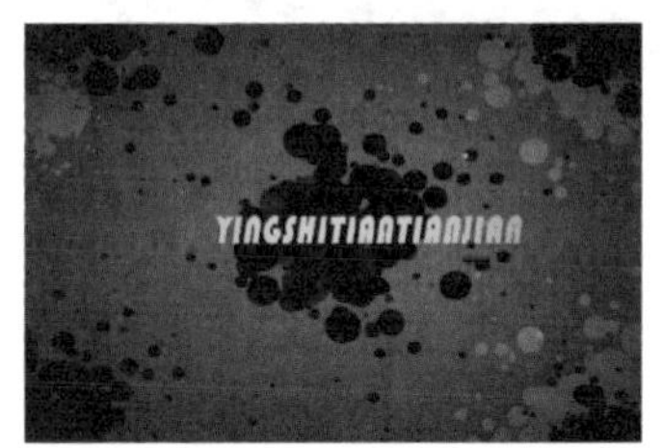

案例 95　星球爆炸

本案例以 Shatter 滤镜的应用为主，利用现有的动画素材制作爆炸效果，最后通过嵌套合成和三维图层制作出真实的爆炸视觉效果。

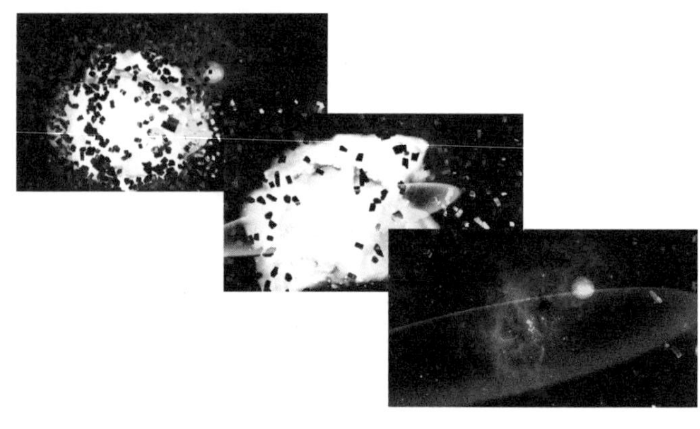

● 光盘路径 | 第 9 章 \ 星球爆炸

● 难易指数 | ★★★★★

案例效果分析

核心技术要点：本例主要介绍如何在 After Effects 中使用 Shatter 滤镜制作爆炸动画，并制作爆炸后产生的光波动画的方法和技巧。

制作思路分析：熟悉对素材的应用，通过对现有素材的加工制作出宇宙星球的场景。利用 Shatter 滤镜制作爆炸动画，并将现有的火焰素材与其叠加，从而制作出逼真的星球爆炸动画。

制作提示

1. 创建 Comp 合成。
2. 创建摄像机。
3. 制作爆炸。
4. 制作光晕。

↘ 步骤 01　创建 Comp 合成

01 启动 Adobe After Effects CC，选择 Composition→New Composition 菜单命令，新建一个 Comp 合成，命名为“星球爆炸”。在项目面板中双击，导入本书配套光盘中的“行星 .mov”“Explosion.mov”“火星 .tga”“spaceBG .jpg”文件。将项目面板中的“行星 .mov”拖到“星球爆炸”合成的 Timeline 面板中。

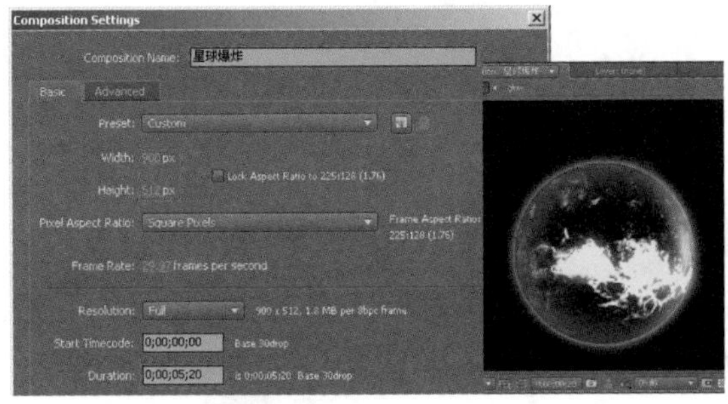

02 将项目面板中的 spaceBG.jpg 拖到“星球爆炸”合成的 Timeline 面板中。

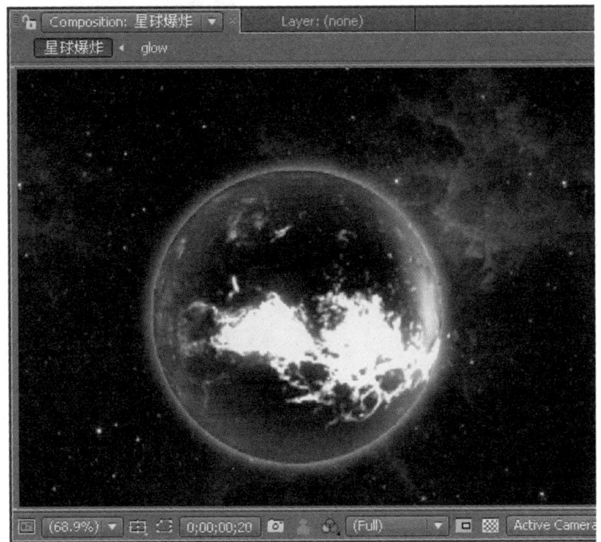

↘ 步骤 02　创建摄像机

在 Timeline 面板中单击鼠标右键，选择 New → Camera 命令，新建一个摄像机图层 Camera1。

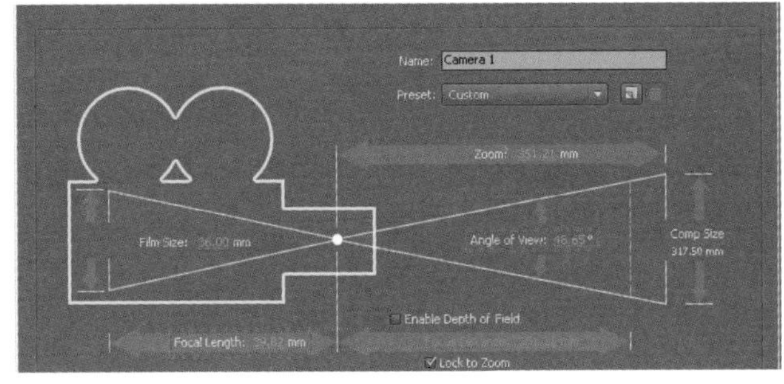

↘ 步骤 03　制作爆炸

01 在 Timeline 面板中选中“行星 .mov”图层，选择 Effect → Simulation → Shatter 菜单命令，为其添加 Shatter 滤镜。

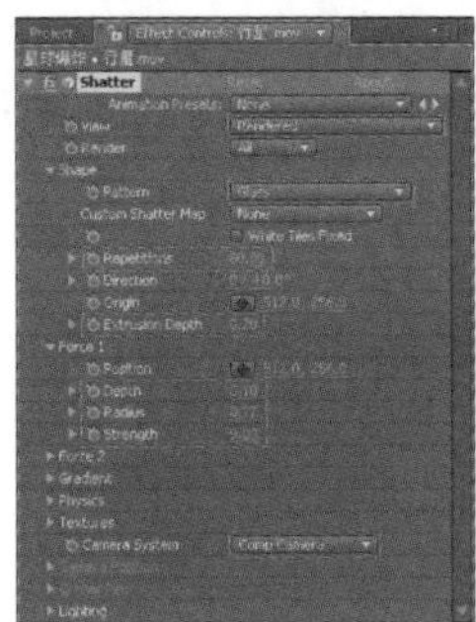

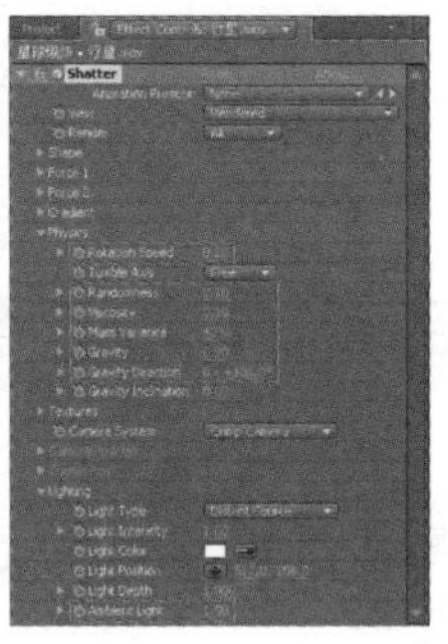

02 在 Timeline 面板中展开“行星 .mov”图层的 Shatter 特效的 Radius 属性列表，为其记录关键帧，使星球产生爆炸效果。

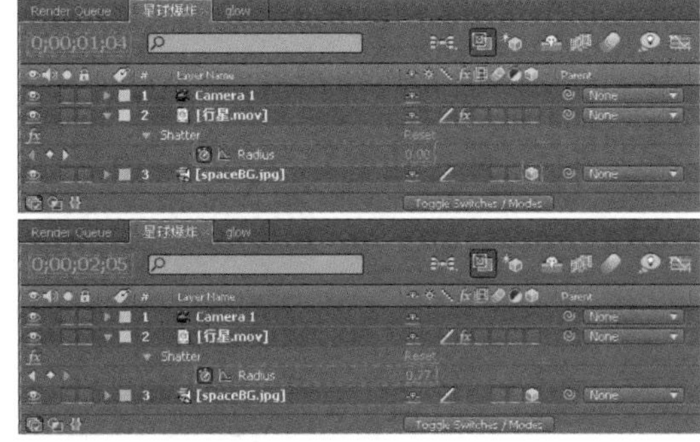

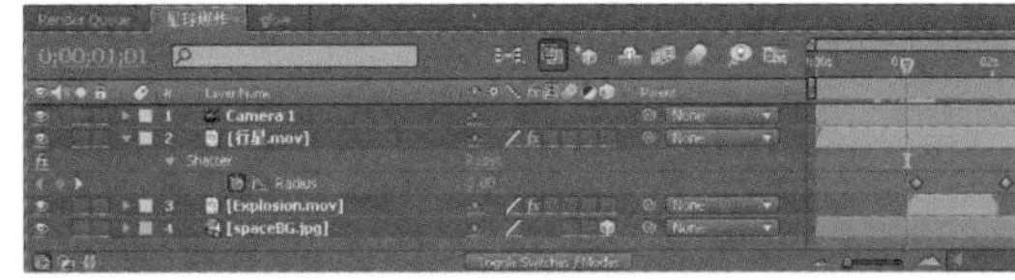

03 将项目面板的 Explosion.mov 文件拖到 Timeline 面板中。

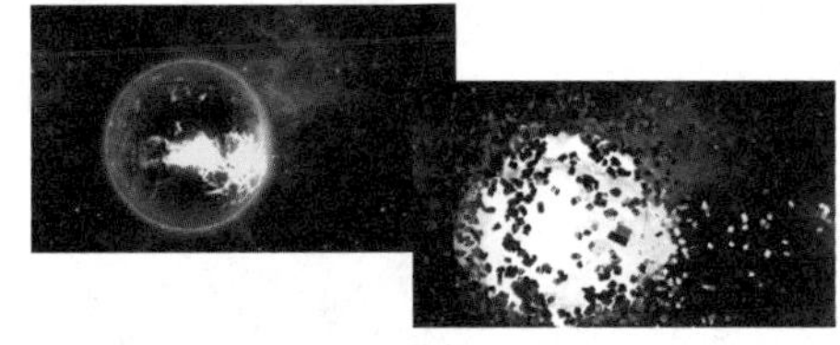

04 按数字键〈0〉预览效果。

↘ 步骤 04　制作光晕

01 按〈Ctrl+N〉组合键，新建一个 Comp 合成，命名为 glow。在 Timeline 面板中单击鼠标右键，选择 New → Solid 命令，新建一个固态图层 Orange Solid1。

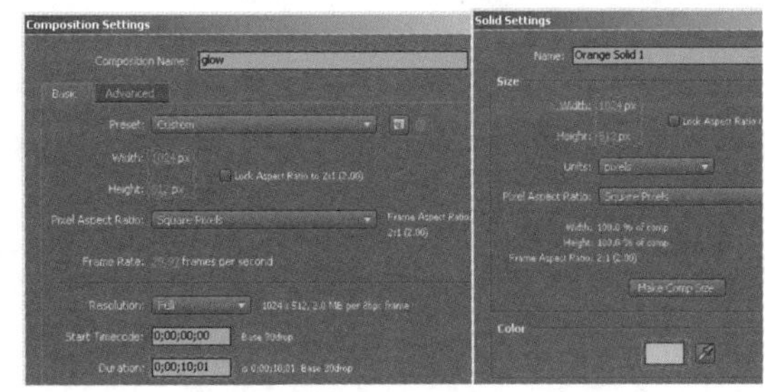

02 单击工具栏中的椭圆工具，在 Comp 合成面板中绘制一个 Mask。在 Timeline 面板中设置 Mask 的参数。

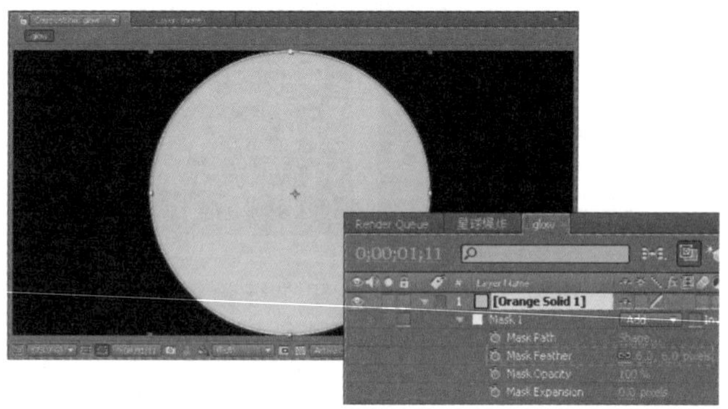

03 在 Timeline 面板中选中 Mask1，按〈Ctrl + D〉组合键复制，设置复制出的 Mask2 的参数。

04 回到“星球爆炸”合成面板，将 glow 合成从项目面板中拖到“星球爆炸”的 Timeline 面板中，进行合成嵌套。打开 glow 图层的三维属性开关，并调节其图层的旋转属性。

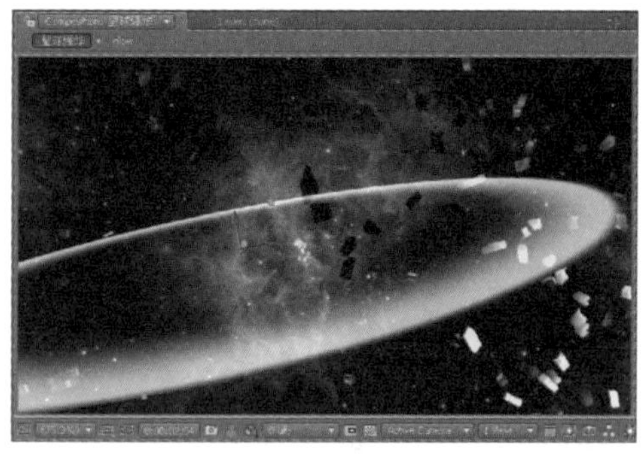

05 在 Timeline 面板中选中 glow 图层，按〈S〉键展开其 Scale 属性列表。同时，按〈Shift+T〉组合键展开 Opacity 属性列表，为 Scale 和 Opacity 属性记录关键帧。

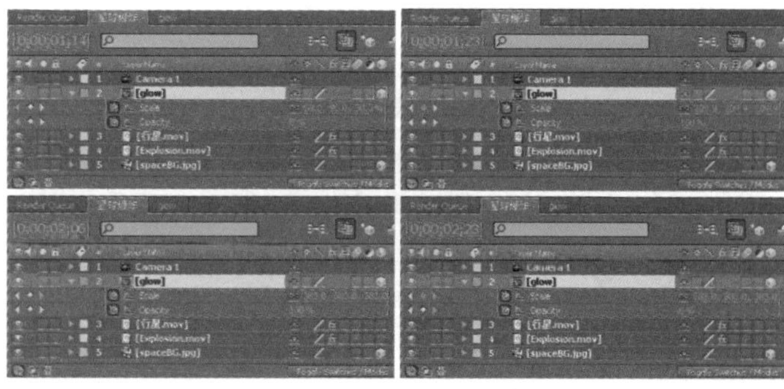

06 将“火星 .tga”文件从项目面板拖到 Timeline 面板中，放在 spaceBG.jpg 图层的上面，按数字键〈0〉预览最终效果。

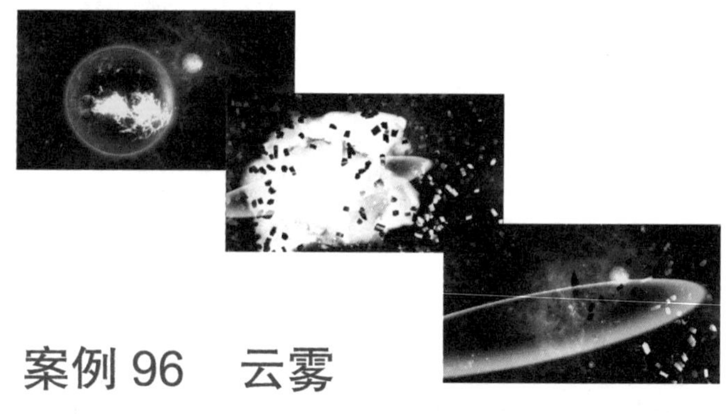

案例 96　云雾

本案例主要以制作云雾动画和镜头动画为主，利用图层的叠加和表达式制作出逼真的云雾动画，最终通过摄像机镜头动画的制作，使整个画面产生一种镜头在云雾间穿梭的动画效果。

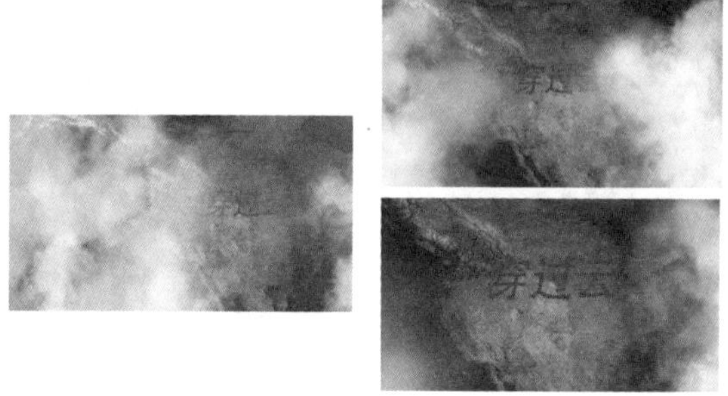

● **光盘路径** | 第 9 章 \ 云雾

● **难易指数** | ★★☆☆☆

案例效果分析

核心技术要点：本例介绍在 After Effects 中对素材进行加工制作、对画面颜色进行修正，以及一般关键帧动画和摄像机镜头动画的制作方法。

制作思路分析：理解空间概念，熟悉素材的应用。利用 Turbulent Displace（自由扭曲）滤镜将静态帧的图像素材制作成为扭动的云雾动画。

制作提示

1. 制作云雾素材，为云雾着色。
2. 创建穿梭合成，创建摄像机。
3. 制作动画。
4. 创建文字及摄像机动画。

步骤 01　制作云雾

01 启动 Adobe After Effects CC，在项目面板中双击，导入本书配套光盘中的 Smoke Element.jpg 文件。在项目面板中选中 Smoke Element.jpg 文件，将其拖动到项目面板底部的按钮上，创建一个合成。

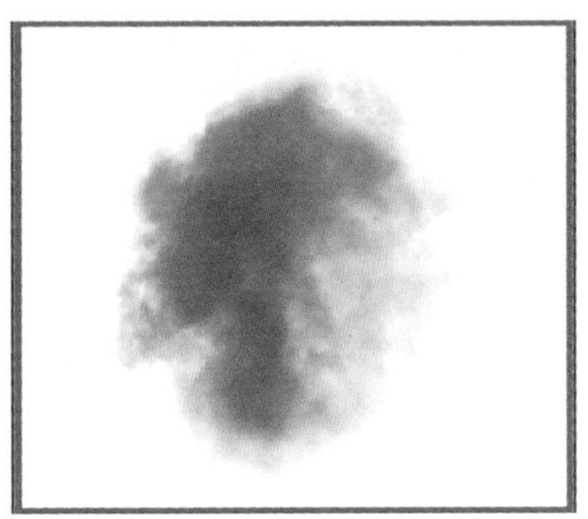

02 选择 Layer→New→Solid 菜单命令，新建一个白色的固态图层 White Solid 1。在 Timeline 面板中将 White Solid 1 图层放在 Smoke Element.jpg 图层的下面，设置 White Solid 1 图层的 TrkMat 选项为 Luma Inverted MatteSmoke Element.jpg。

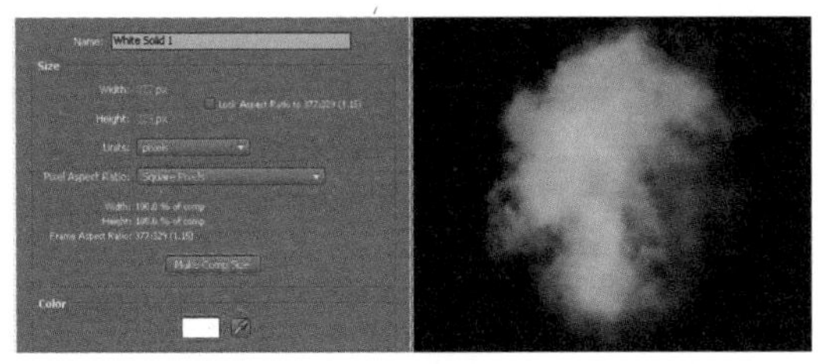

步骤 02　为云雾着色

选择 Layer→New→Adjustment Layer 菜单命令，新建一个调节图层。选中调节图层，选择 Effect→Color Correction→Colorama 菜单命令，为其添加 Colorama 滤镜，并在 Effect Controls 面板中调整参数。

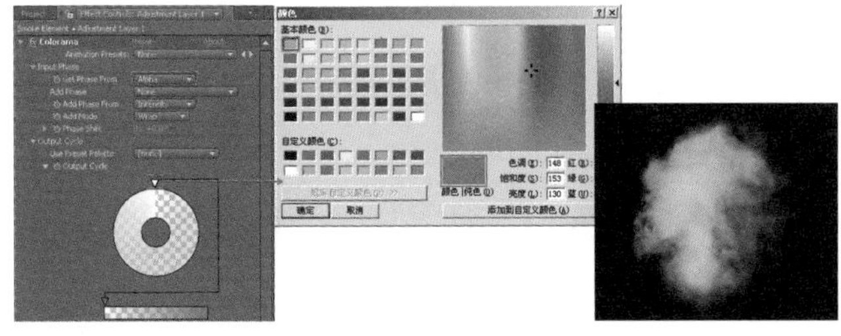

步骤 03　为云雾制作动态效果

在 Timeline 面板中选中调节图层，选择 Effect→Distort→Turbulent Displace 菜单命令，为其添加 Turbulent Displace 滤镜，在 Effect Controls 面板中调整参数。按住〈Alt〉键，在 Effect Controls 面板中单击 Evolution 属性左侧的按钮，为其添加表达式，在弹出的表达式输入栏中输出 time*100。

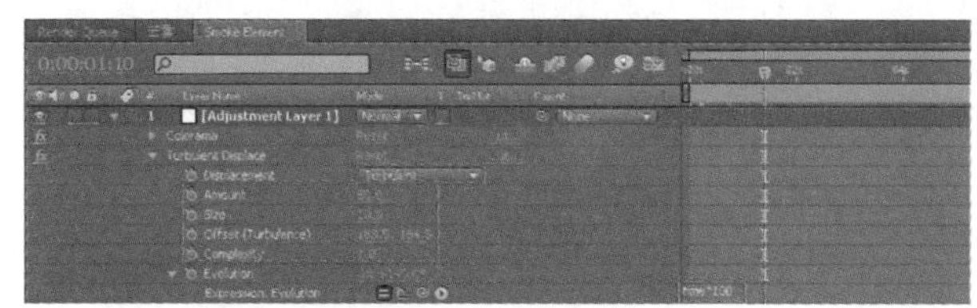

步骤 04　创建穿梭合成

01 选择 Composition→New Composition 菜单命令，新建一个 Comp 合成，命名为“云雾”。在项目面板中双击，导入本书配套光盘中的 gray.jpg 文件，并将其从项目面板拖放到 Timeline 面板中，打开其三维属性开关。

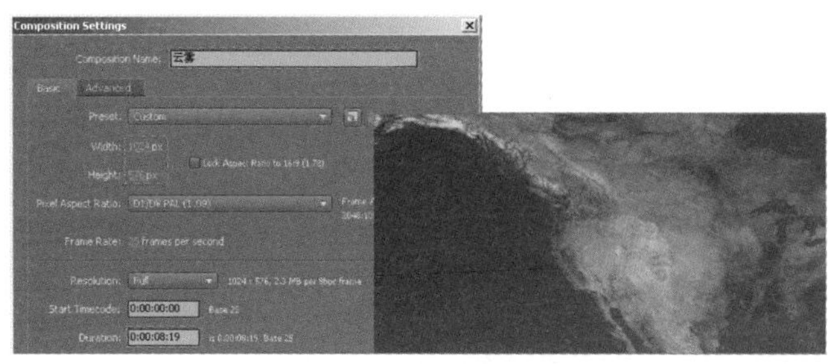

02 此时将项目面板中的 Smoke Element 合成拖到云雾合成的 Timeline 面板中。打开 Smoke Element 图层的三维属性开关。选中 Smoke Element 图层，按〈R〉键展开其旋转属性列表。按住〈Alt〉键后单击 Rotation 左侧的按钮为其添加表达式，在表达式输出栏中输入 value+time*5。

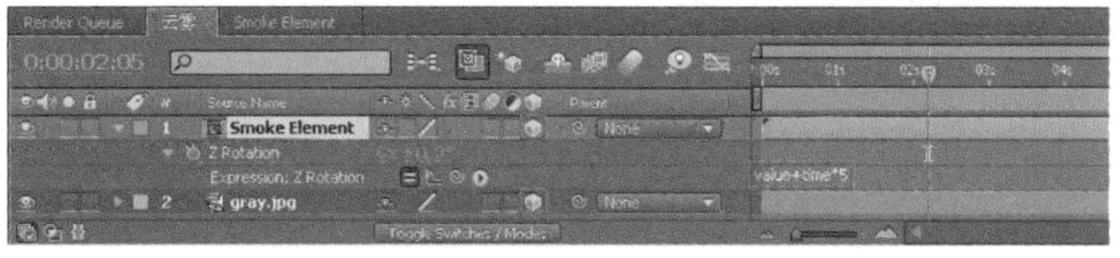

步骤 05　创建摄像机并制作云雾

01 选择 Layer→New→Camera 菜单命令，新建一个摄像机图层 Camera1。

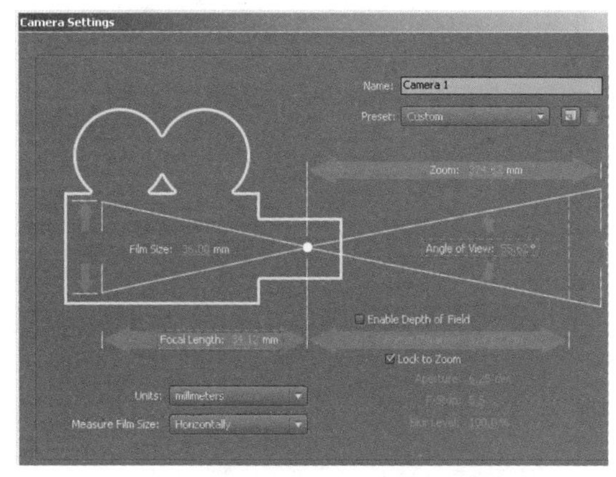

02 在 Timeline 面板中选中 Smoke Element 图层，按〈Ctrl + D〉组合键进行复制，复制出四个图层。分别调整这四个图层在画面中的位置，调整图层在 Z 轴方向上的位置。

步骤 06 制作动画

01 选择 Layer → New → Null Object 菜单命令，新建一个 Null 图层 Null1，并打开它的三维属性开关。在 Timeline 面板中设置 Camera 1 图层为 Null 1 图层的子级层。

02 在 Timeline 面板中选中 Null 1 图层，按〈P〉键展开其 Position 属性列表，为其设置关键帧动画。

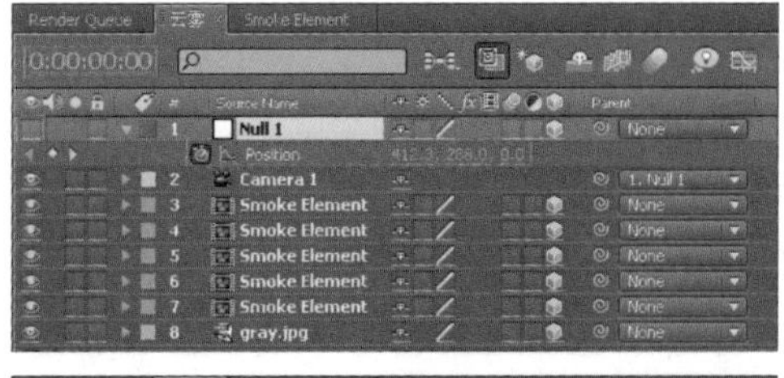

03 选中 Smoke Element 图层，按〈Ctrl + D〉组合键复制出若干个图层。调整复制出的图层的位置，使画面中的云雾产生自然的视觉效果。

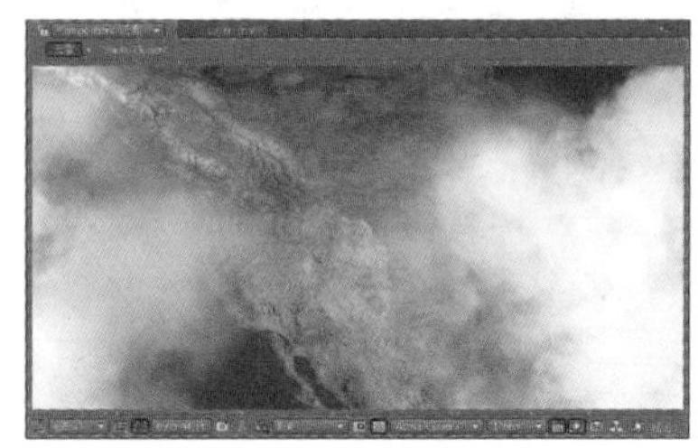

步骤 07 创建文字和摄像机动画

01 单击工具栏中的T工具，在 Comp 合成面板中单击，输入“穿过云霄”，并设置文字的参数。

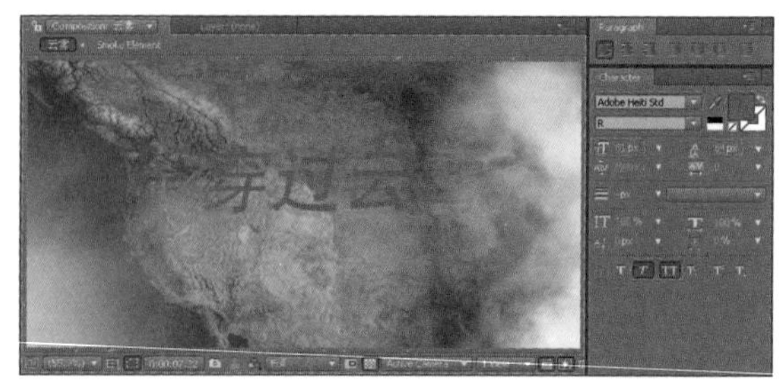

02 在 Timeline 面板中选中 Camera 1 图层，按〈P〉键展开其 Position 属性列表。再按〈Shift + A〉组合键，展开其 Position 属性列表的同时再展开 Point of Interest 属性列表，分别单击它们左侧的按钮，为它们设置关键帧。

03 按〈F4〉键切换 Timeline 面板的显示模式。将 Smoke Element 图层的模式设置为 Screen。

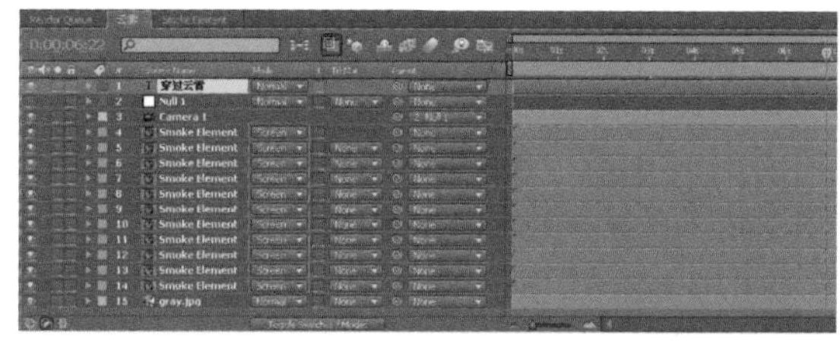

04 按数字键〈0〉预览最终效果。

案例 97 光波动画（一）

本案例主要以三维图层的应用为主，通过嵌套合成实现波纹动画的叠加。之后调整各图层在 Z 轴方向上的间距，最后建立摄像机，调整视觉角度。

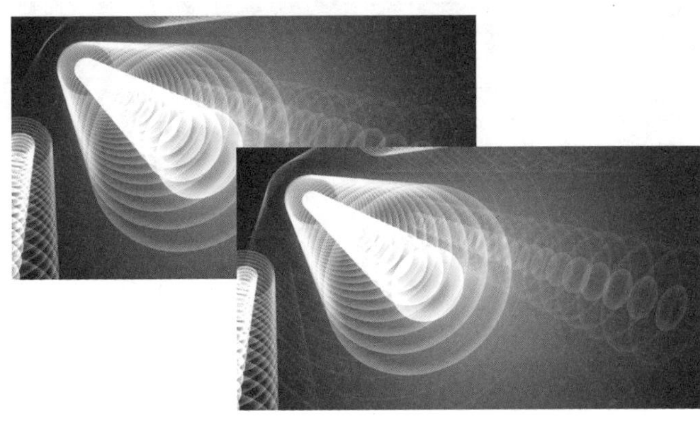

● 光盘路径 | 第 9 章 \ 光波动画（一）

● 难易指数 | ★★★☆☆

案例效果分析

核心技术要点：本例主要介绍利用 After Effects 的三维图层制作一段动态光环效果的方法，以及 Radio Waves 滤镜的使用技巧。

制作思路分析：熟悉 After Effects 中三维图层和摄像机的应用。利用合成嵌套制作光波效果，最后为场景建立摄像机并调整视觉角度。

制作提示

1. 创建 Comp 合成、制作波纹动画。
2. 嵌套合成。
3. 复制 Radio_Wave_Comp 图层。
4. 对图层进行排列。

步骤 01 创建 Comp 合成

启动 Adobe After Effects CC，选择 Composition → New Composition 菜单命令，新建一个 Comp 合成面板，命名为 Radio_Wave_Camp。

菜单 Layer → New → Solid 选择命令，新建一个固态图层，命名为 Radio_Wave_01。

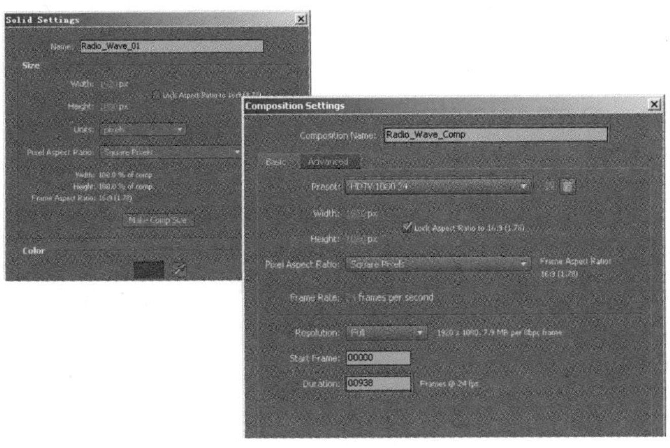

步骤 02 制作波纹动画

01 选中 Radio_Wave_01 层，选择 Effect → Generate → Radio Waves 菜单命令，为其添加 Radio Waves 滤镜；在 Effect Controls 面板中设置参数。

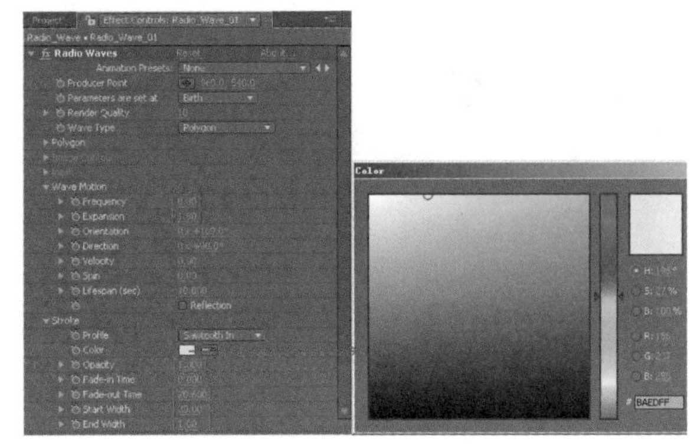

02 按数字键〈0〉预览效果，可见 Comp 面板中已经产生波纹效果。

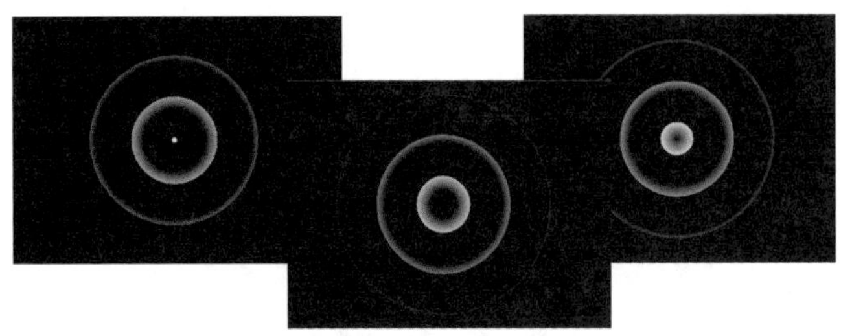

03 在 Timeline 面板中拖动图层，调整图层在时间线上的出入时间，使波纹动画从中间开始播放。

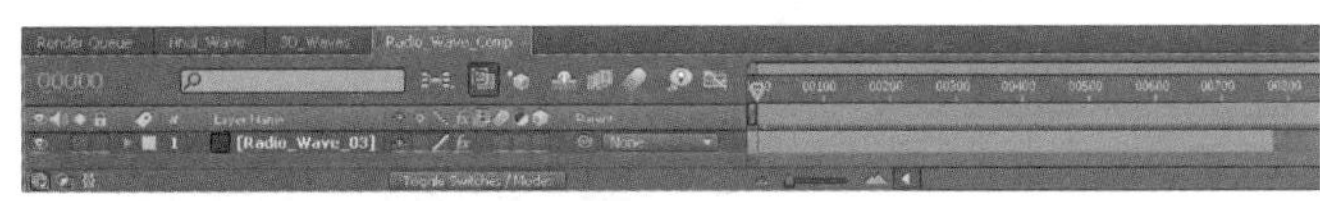

步骤 03 嵌套合成

选择 Composition → New Composition 菜单命令，新建一个 Comp 合成，命名为 3D_Waves。在项目面板中选中 Radio_Wave_Comp 图层，将其拖放到 Timeline 面板中作为嵌套层，并打开 Radio_Wave_Comp 图层的三维属性开关。

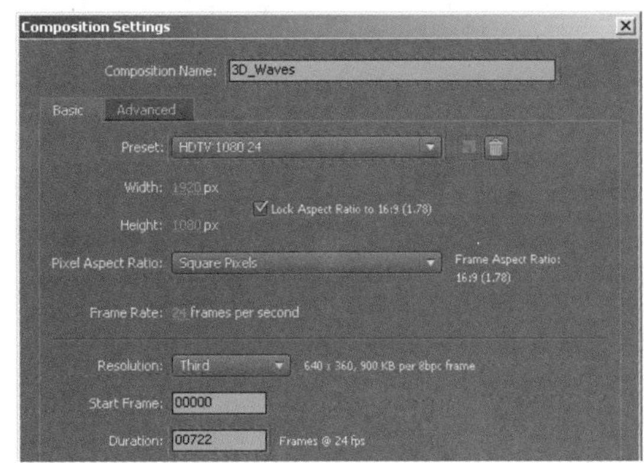

↘ 步骤 04　复制 Radio_Wave_Comp 图层

在Timeline 面板中选中 Radio_Wave_Comp 图层，按〈Ctrl + D〉组合键进行复制，复制出若干图层。

↘ 步骤 05　对图层进行排列

01 在 Timeline 面板中选中各图层，按下〈P〉键，展开各图层的 Position 属性列表。调整 Position 属性在 Z 轴方向上的参数，使两个图层在 Z 轴方向上的距离为 160。

02 此时将 Comp 合成面板的视图设置为 Top 视图，对图层位置进行观察，在 Active Camera 视图查看效果。

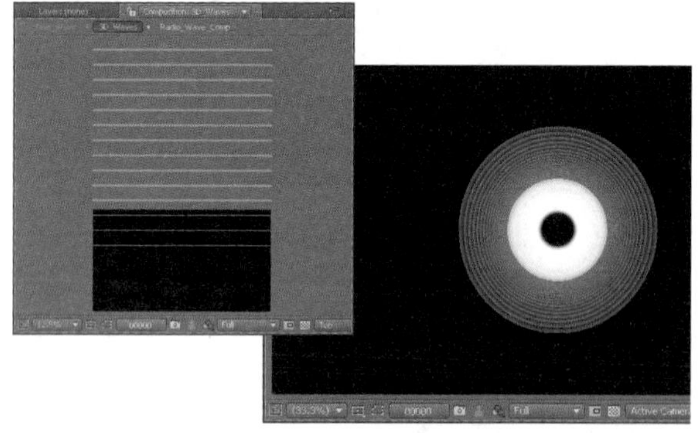

案例 98　光波动画（二）

本案例与上一例相似，依旧主要以三维图层的应用为主，通过嵌套合成实现波纹动画的叠加，之后调整各图层在 Z 轴方向上的间距，最后建立摄像机，调整视觉角度。

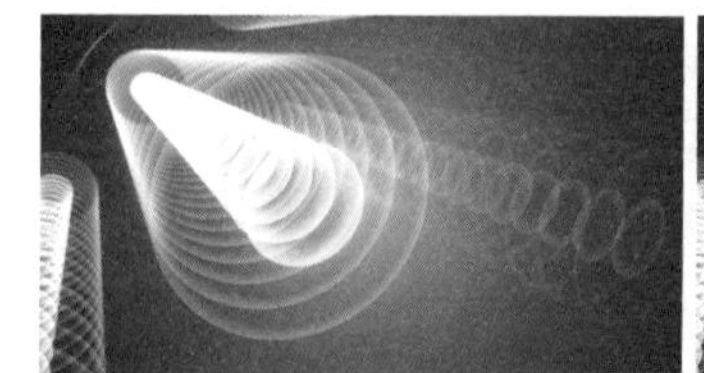

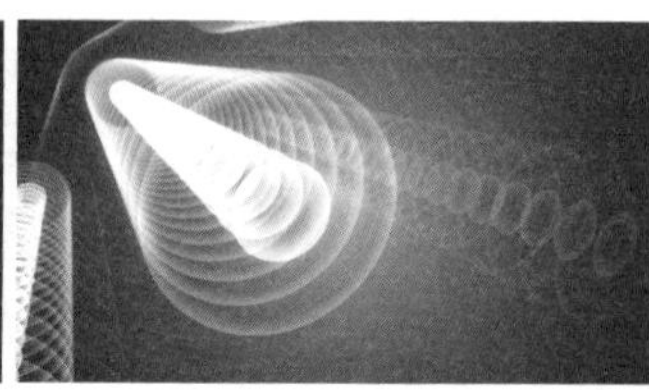

● **光盘路径** | 第 9 章 \ 光波动画（二）

● **难易指数** | ★★★☆☆

案例效果分析

核心技术要点：本例主要介绍利用在 After Effects 的场景中插入波纹元素产生动态光环效果的方法，以及后期调色的使用技巧。

制作思路分析：熟悉 After Effects 中三维图层和摄像机的应用，利用插入的元素制作光波效果，最后为场景建立摄像机，调整颜色。

制作提示

1. 创建 Comp 合成，制作背景。
2. 添加波纹元素。
3. 创建摄像机。
4. 调色。

↘ 步骤 01　创建 Comp 合成

01 选择 Composition → New Composition 菜单命令，新建一个 Comp 合成面板，命名为“final_Wave。选择 Layer → New → Solid 菜单命令，新建一个固态图层，命名为 BG，该图层将作为场景的背景图层。

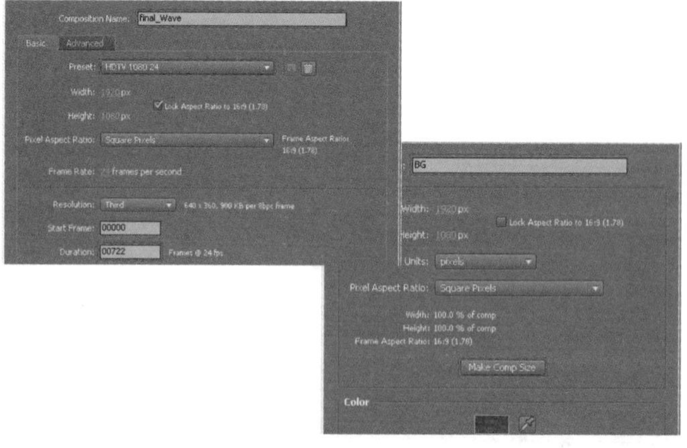

02 在 Timeline 面板中选中 BG 图层，选择 Effect → Generate → Ramp 菜单命令，为其添加 Ramp 滤镜，在 Effect Controls 面板中调整参数，并设置 Start Color 和 End Color 的颜色为天蓝色和深蓝色。

步骤 02 添加波纹元素到场景中

01 在项目面板中选中 final_Wave 图层，将其拖放到 Timeline 面板中四次，产生四个 final_Wave 图层。

02 分别调整 final_Wave2、3、4 图层在 Comp 合成面板中的位置。

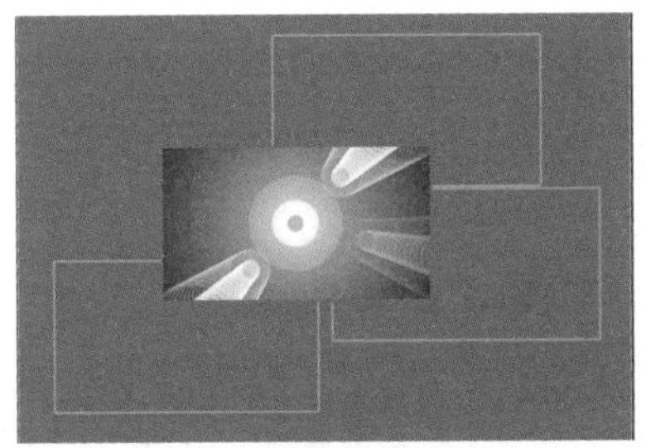

步骤 03 创建摄像机

选择 Layer → New → Camera 菜单命令，新建一个摄像机图层 Camera1。

单击工具栏中的摄像机工具，在 Comp 合成面板中按住鼠标左键后拖动调整摄像机视角，查看此时 Comp 合成的效果。

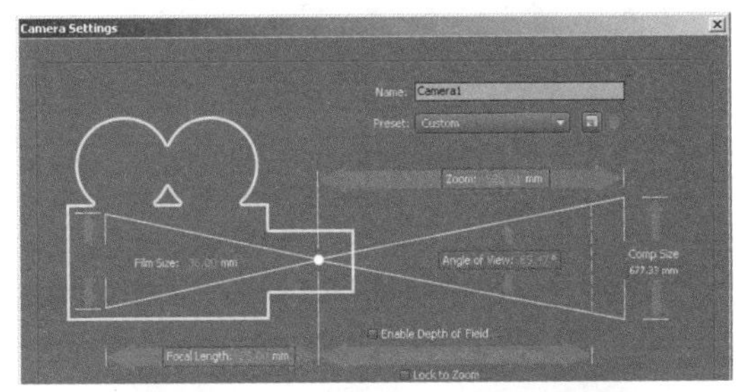

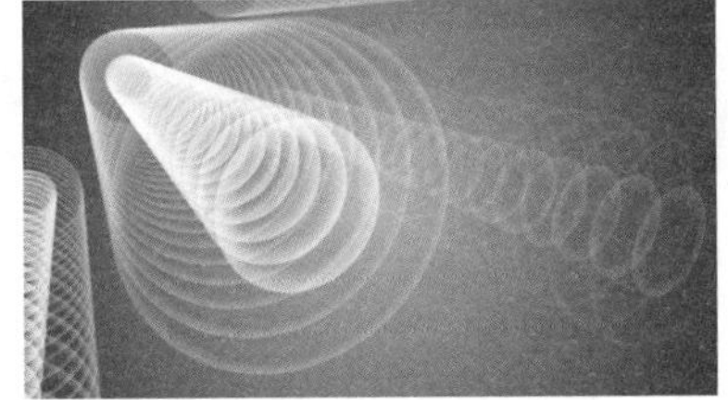

步骤 04 调色

01 选择 Layer → New → Adjustment Layer 菜单命令，新建一个调节图层。选中调节图层，选择 Effect → Color Correction → Curves 菜单命令，为其添加 Curves 滤镜，在 Effect Controls 面板中调整曲线的形状，此时画面的对比度有所增强。

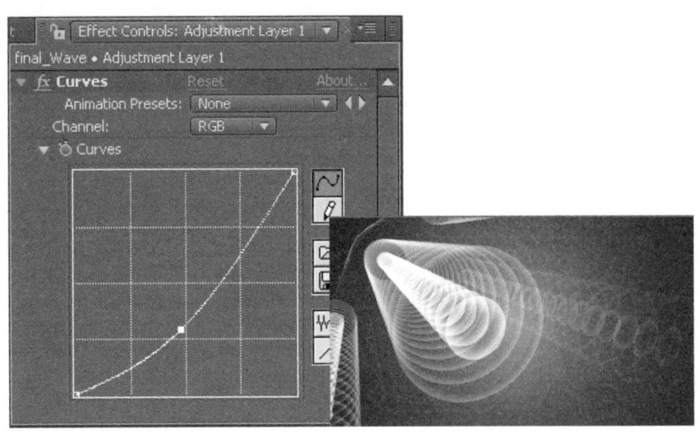

02 在 Timeline 面板中选中调节图层，选择 Effect → Stylize → Glow 菜单命令，为其添加 Glow 滤镜，在 Effect Controls 面板中设置参数。

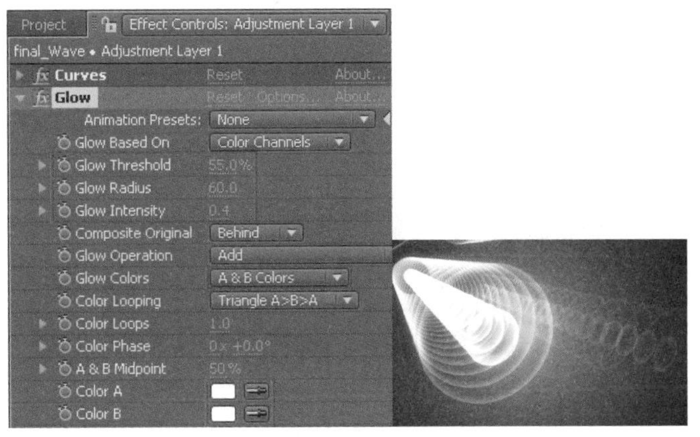

03 按数字键〈0〉预览最终效果。

案例 99 墙体破碎

本例主要使用 Shatter 滤镜制作墙体破碎效果。

● 光盘路径 | 第 9 章 \ 墙体破碎

● 难易指数 | ★★☆☆☆

案例效果分析

核心技术要点：本例主要介绍利用 Shatter 滤镜制作墙体破碎动画的方法。

制作思路分析：熟悉 Shatter 滤镜的使用，为 Shatter 滤镜中 Force1 下的 Position 参数设置关键帧。

制作提示

1. 创建 Comp 合成。
2. 添加 Shatter 滤镜。
3. 记录关键帧动画。

步骤 01 创建 Comp 合成

01 启动 Adobe After Effects CC，选择 Composition → New Composition 菜单命令，新建一个 Comp 合成，命名为“墙体破碎”。

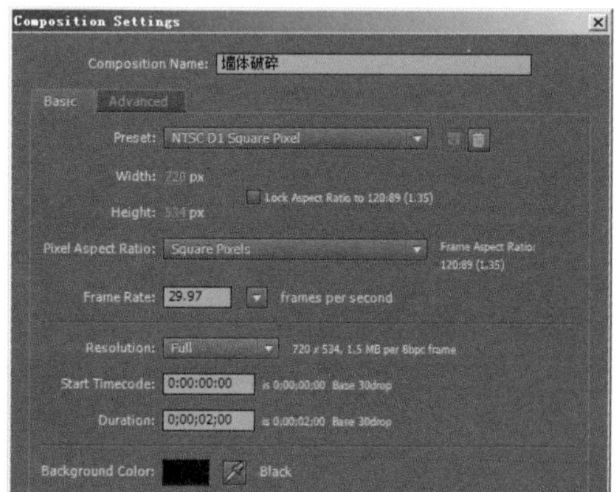

02 选择 File → Import → File 菜单命令，导入本书配套光盘中的 bricks.pct 和 shattermap.pct 文件，并拖到 Timeline 面板，将 bricks.pct 放在上层。

步骤 02 制作墙体破碎效果

01 选中 bricks.pct 图层，选择 Effect → Simulation → Shatter 菜单命令，为其添加 Shatter 滤镜，在 Effect Controls 面板中调整参数。

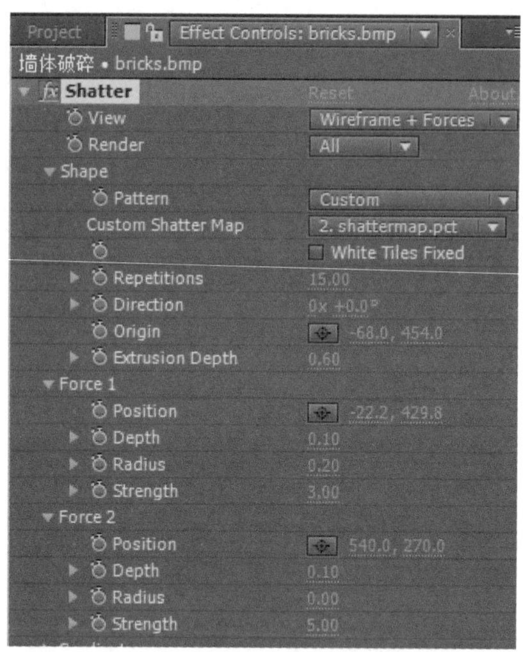

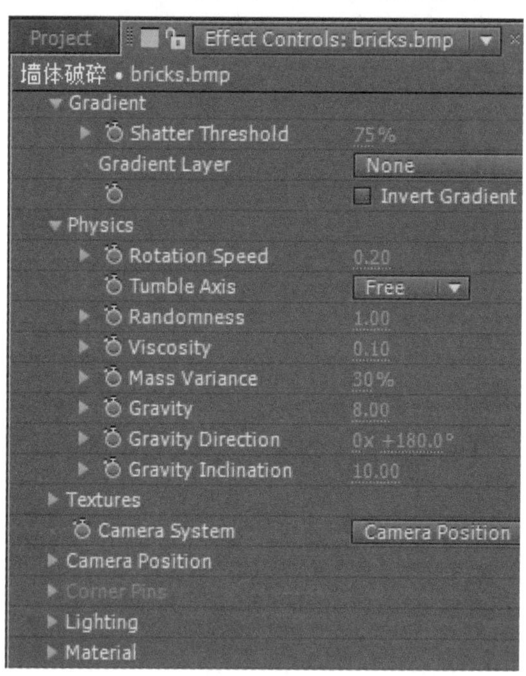

02 关闭 shattermap.pct 图层的显示属性。选中 bricks.pct 图层，并为 Shatter 滤镜中 Force1 下的 Position 参数设置关键帧，在时间 0;00;00;00 处和时间 0;00;00;17 处设置参数。

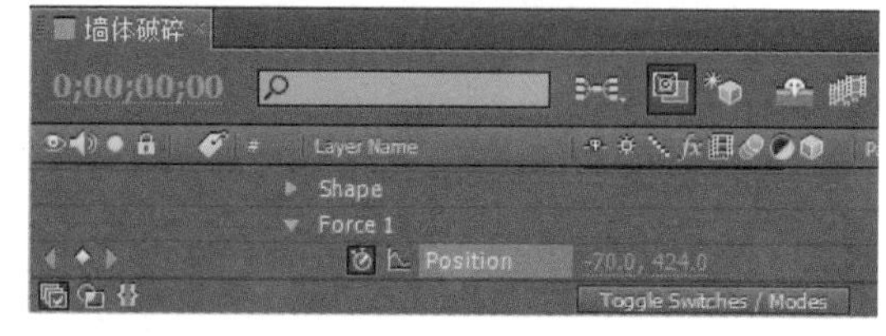

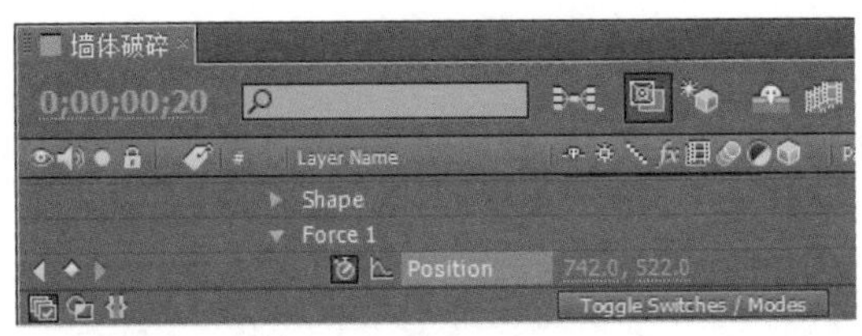

03 按数字键〈0〉预览最终效果。

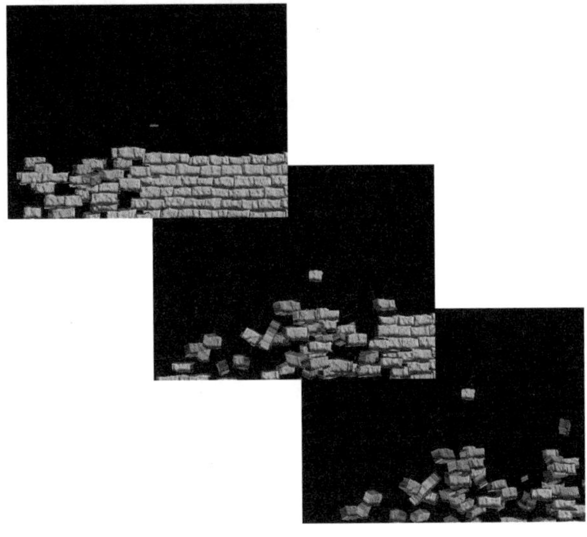

案例 100　涟漪图像

本例主要使用Displacement Map滤镜制作涟漪图像效果。

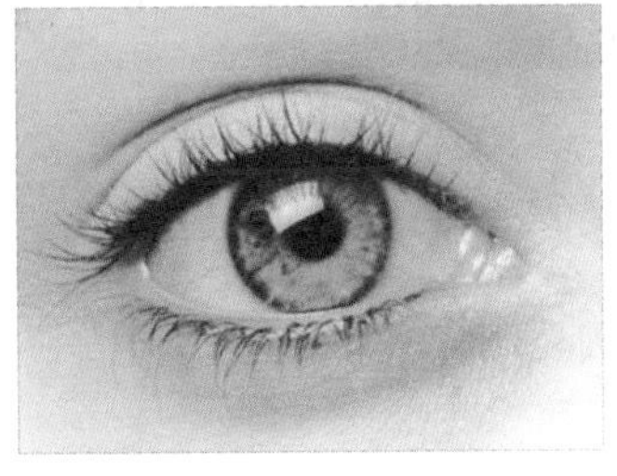

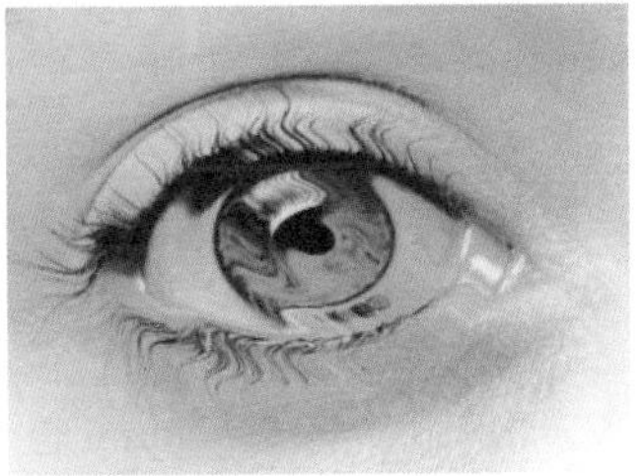

● 光盘路径 | 第 9 章\涟图像

● 难易指数 | ★★☆☆☆

案例效果分析

核心技术要点：本例主要使用Circle 滤镜制作波纹，并通过 Ramp 滤镜更改波纹颜色，最后使用 Displacement Map 滤镜制作出涟漪效果。

制作思路分析：为图层添加 Circle 滤镜制作波纹，为 Circle 滤镜的参数设置关键帧，添加 Ramp 滤镜为波纹上色，最后添加 Displacement Map 滤镜制作最终效果。

制作提示

1. 创建 Comp 合成。
2. 添加滤镜制作素材。
3. 制作最终效果。

步骤 01　创建 Comp 合成

01 启动 Adobe After Effects CC，选择 Composition → New Composition 菜单命令，新建一个 Comp 合成，命名为“置换贴图”。

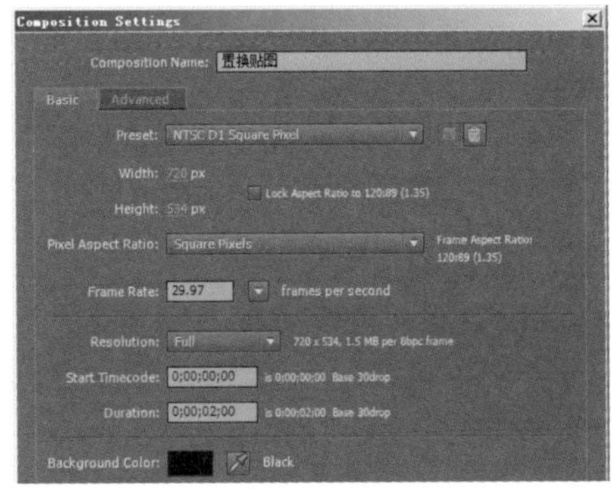

02 选择 Layer → New → Solid 菜单命令，新建一个固态图层，命名为“圆环”。

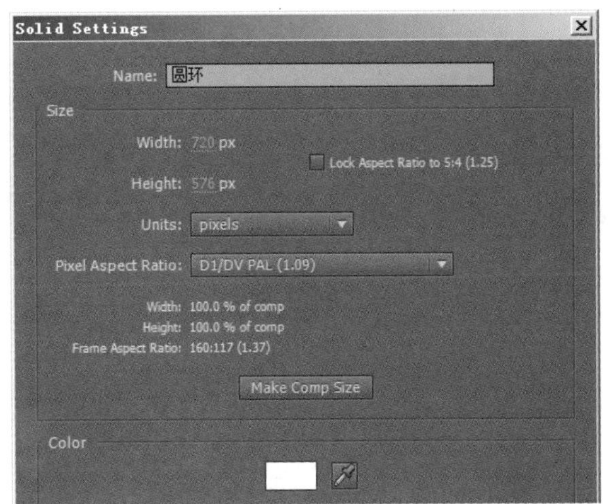

03 选中“圆环”图层，选择 Effect → Generate → Circle 菜单命令，为其添加 Circle 滤镜，在 Effect Controls 面板中调整参数，为 Circle 滤镜的参数设置关键帧，在时间 0:00:00:00 处和时间 0:00:01:24 处设置参数。

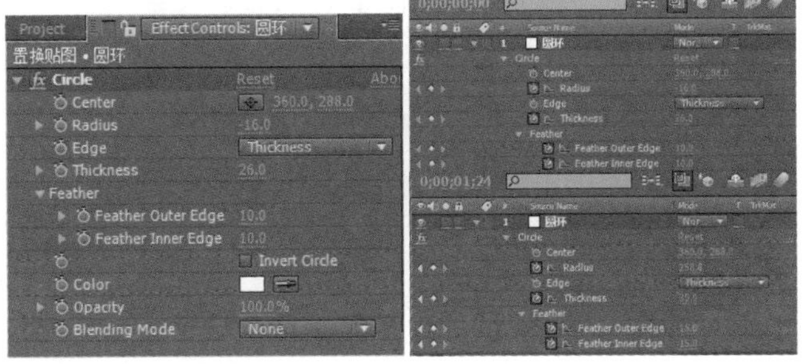

04 按数字键〈0〉预览效果。

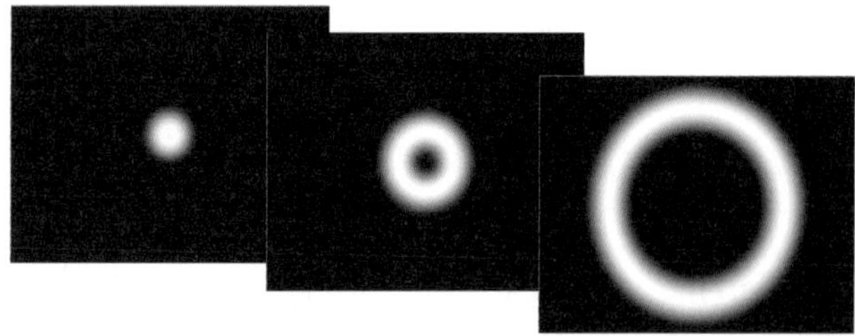

↘ 步骤 02　制作素材

01 选择 Layer → New → Solid 菜单命令，新建一个固态图层，命名为“红”。

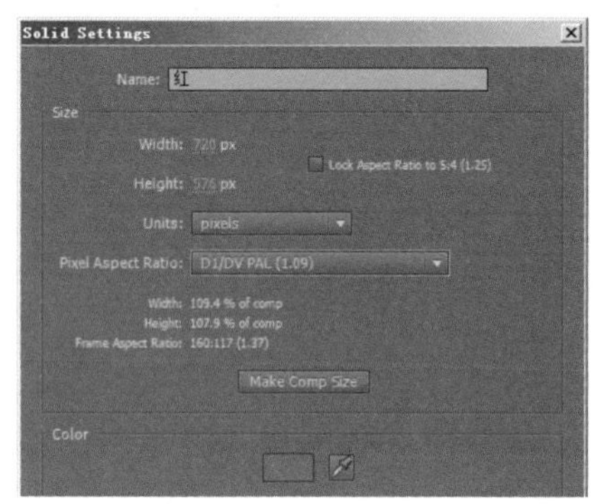

02 选中“红”图层，选择 Effect → Generate → Ramp 菜单命令，为其添加 Ramp 滤镜，在 Effect Controls 面板中调整参数。

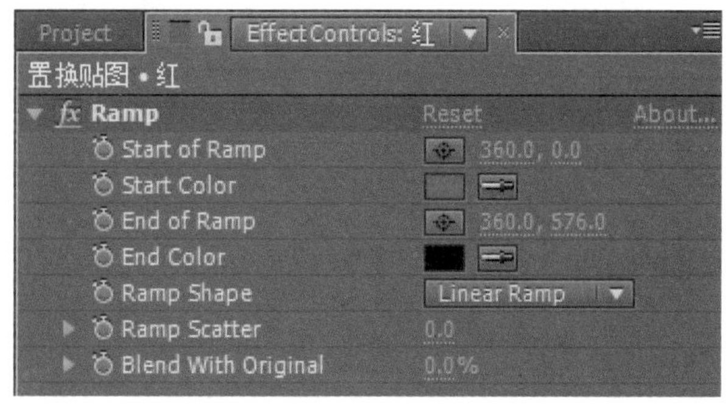

03 选择 Layer → New → Solid 菜单命令，新建一个固态图层，命名为“蓝”。

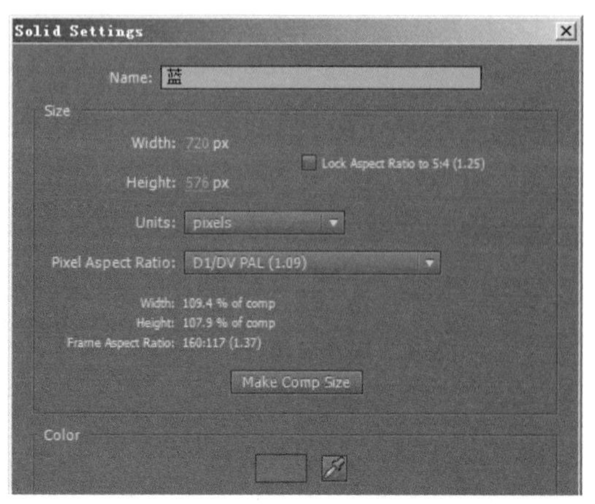

04 选中“蓝”图层，选择 Effect → Generate → Ramp 菜单命令，为其添加 Ramp 滤镜，在 Effect Controls 面板中调整参数。

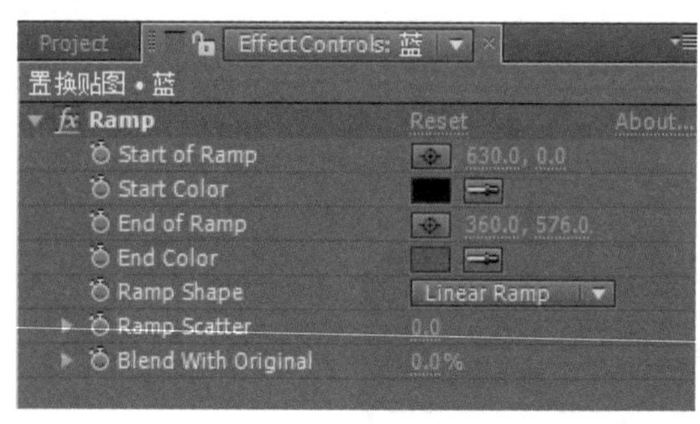

05 在“置换贴图”的 Timeline 面板中排列图层顺序，从上到下依次为“圆环”“红”和“蓝”图层，再将“圆环”图层的叠加方式改为 Stencil Luma，将“红”图层的叠加方式改为 Add。

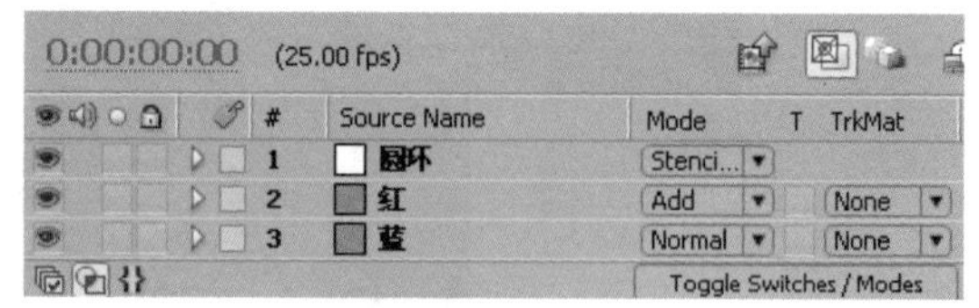

06 按数字键〈0〉预览效果。

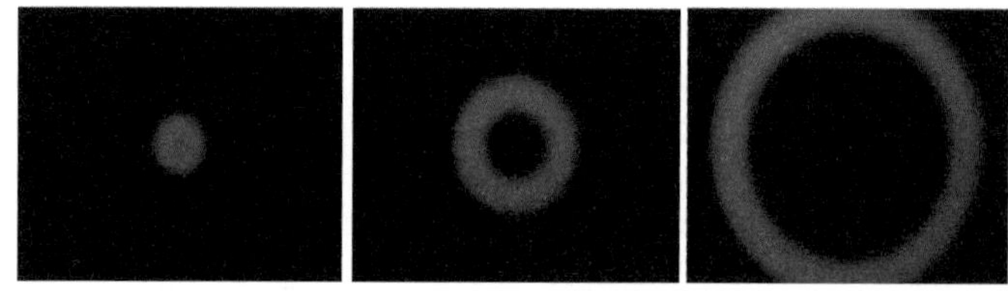

↘ 步骤 03　制作最终效果

01 选择 Composition → New Composition 菜单命令，新建一个 Comp 合成，命名为“涟漪图像”。

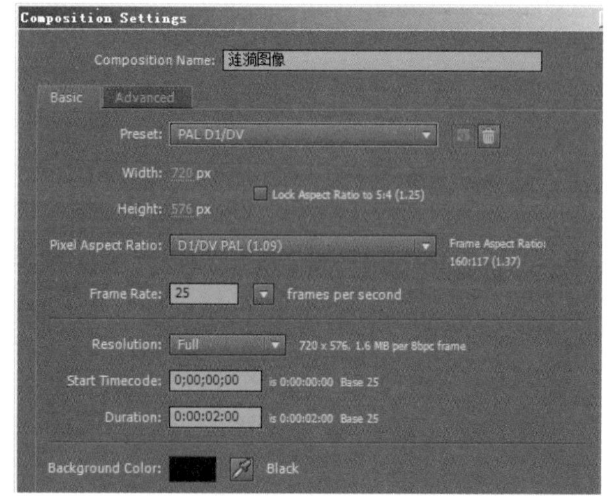

02 选择 File → Import → File 菜单命令，导入本书配套光盘中的 eye.tga 文件，将项目面板中的“置换贴图”和 eye.tga 图层拖动到涟漪图像的 Timeline 面板中，并将 eye.tga 图层放在上层。

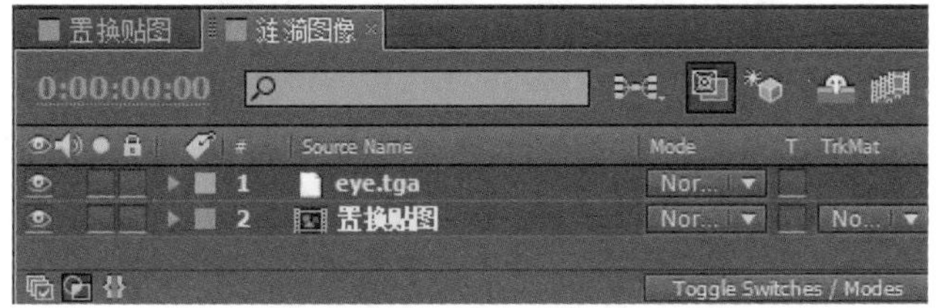

03 选中 eye.tga 图层，选择 Effect → Distort → Displacement Map 菜单命令，为其添加 Displacement Map 滤镜，在 Effect Controls 面板中调整参数，查看此时 Comp 合成的效果。

04 按数字键〈0〉预览最终效果。

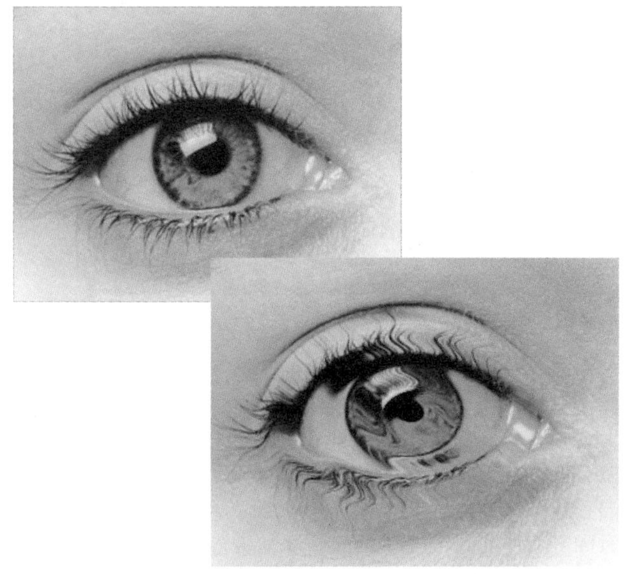

案例 101　屏幕跳动

本例主要使用 Fractal Noise 滤镜制作电视噪点效果，通过调整噪点图层的位置及缩放属性，最终配合光效制作出屏幕关机跳动的效果。

● 光盘路径 | 第 9 章 \ 屏幕跳动

● 难易指数 | ★★★☆☆

案例效果分析

核心技术要点：本例使用 Fractal Noise 滤镜制作出屏幕噪点，并对滤镜参数记录关键帧；再利用 Ramp 滤镜改变噪点颜色；最终使用 Fast Blur 滤镜制作出跳动的屏幕。

制作思路分析：为图层添加 Fractal Noise 滤镜制作出噪点，并为滤镜参数记录关键帧，最后设置噪点颜色，制作跳动动画。

制作提示

1. 创建 Comp 合成。
2. 添加滤镜制作素材。
3. 记录关键帧动画关添加光效。

↘ 步骤 01　创建 Comp 合成

01 启动 Adobe After Effects CC，选择 Composition → New Composition 菜单命令，新建一个 Comp 合成，命名为“屏幕噪点”。

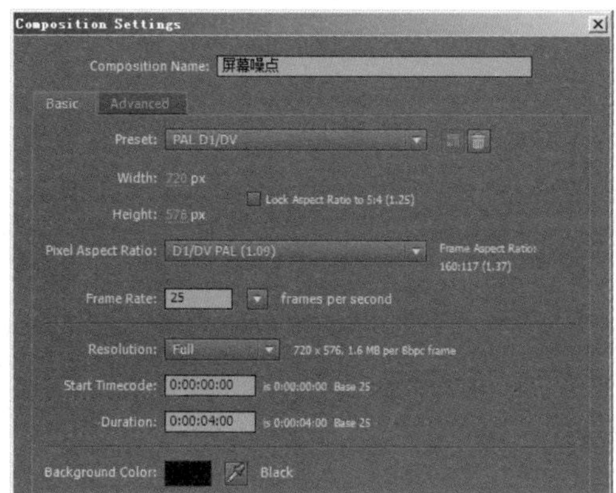

02 选择 Layer → New → Solid 菜单命令，新建一个固态图层，命名为 fractal。

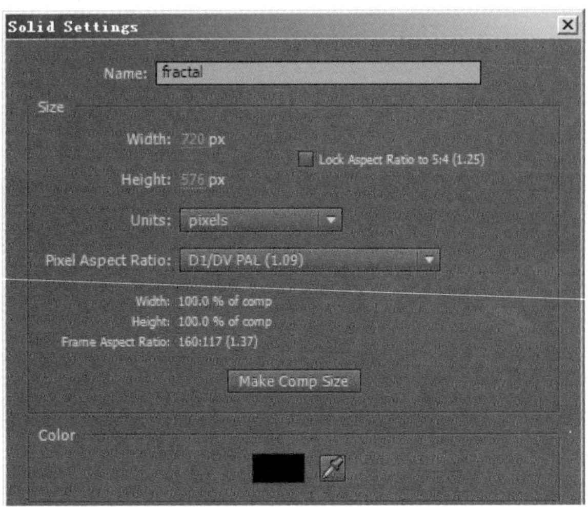

步骤 02 制作素材

01 选中 fractal 图层，选择 Effect → Noise&Grain → Fractal Noise 菜单命令，为其添加 Fractal Noise 滤镜。在 Effect Controls 面板中调整参数，并查看此时 Comp 合成的效果。

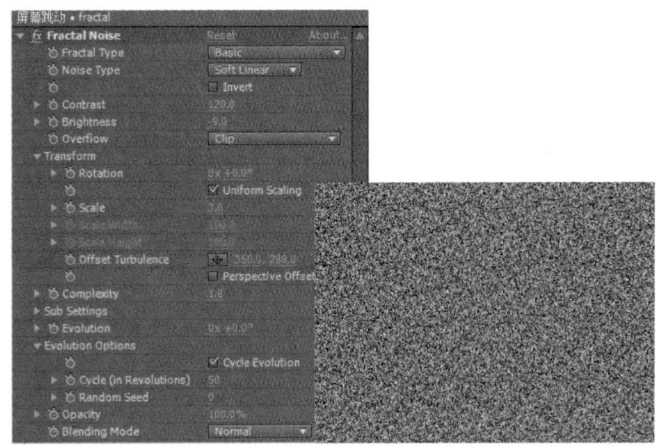

02 为 Fractal Noise 滤镜下的 Evolution 属性设置关键帧，使其产生类似噪点运动的状态，在时间 0:00:00:00 处和时间 0:00:03:24 处设置参数。

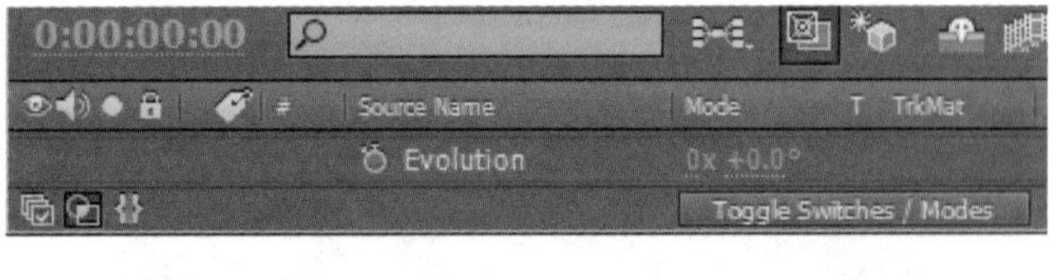

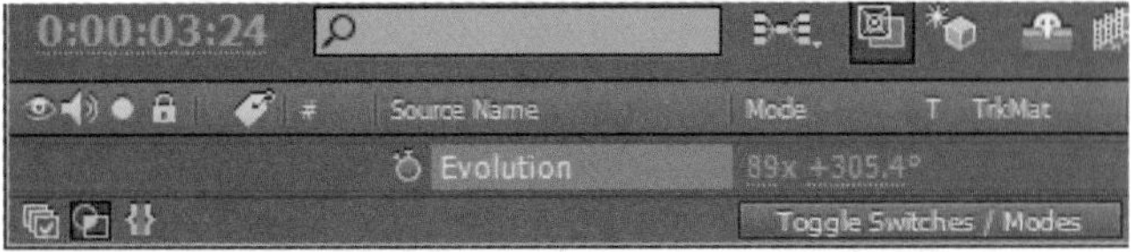

03 选择 Layer → New → Solid 菜单命令，新建一个固态图层，命名为 ramp。

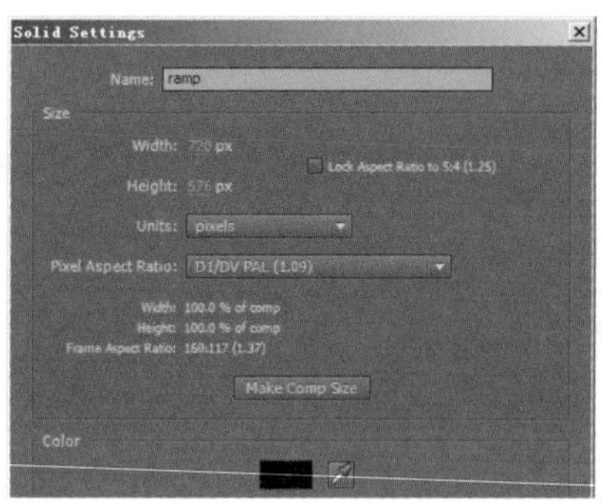

04 选中 ramp 图层，将其叠加模式设为 Soft Light，再选择 Effect → Generate → Ramp 菜单命令，为其添加 Ramp 滤镜，在 Effect Controls 面板中调整参数。

步骤 03 为素材记录关键帧动画

01 选择 Composition → New Composition 菜单命令，新建一个 Comp 合成，命名为“屏幕跳动”。

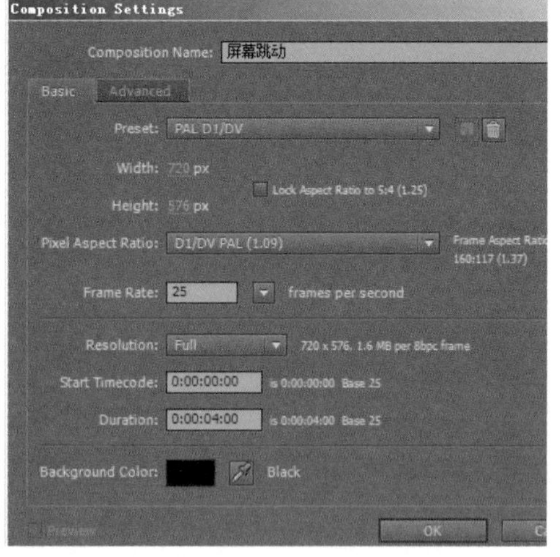

02 将项目面板中的“屏幕噪点”拖到“屏幕跳动”合成的 Timeline 面板中，选中“屏幕噪点”图层，按〈P〉键展开“屏幕噪点”图层的 Position 属性列表，再按〈Shift + S〉组合键，在展开 Position 属性列表的同时展开该图层的 Scale 属性列表。为 Position 和 Scale 属性设置关键帧。在时间 0:00:00:00 处为 Scale 添加关键帧，在时间 0:00:00:08 处和时间 0:00:00:13 处为 Position 添加关键帧，在时间 0:00:00:09 处和时间 0:00:00:14 处为 Position 和 Scale 添加关键帧。

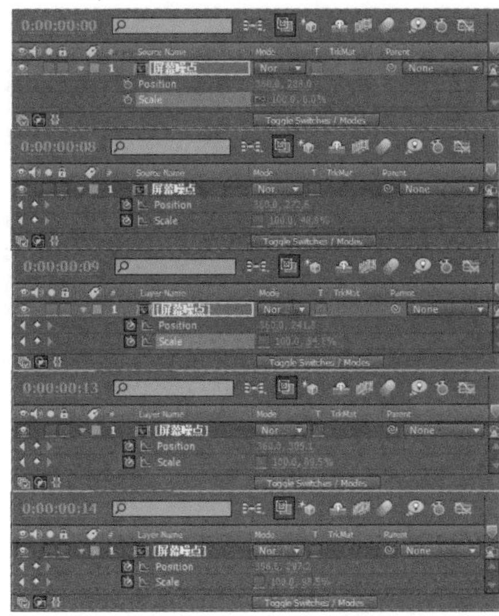

03 选择 Composition → New Composition 菜单命令，新建一个 Comp 合成，命名为“屏幕跳动成品”。

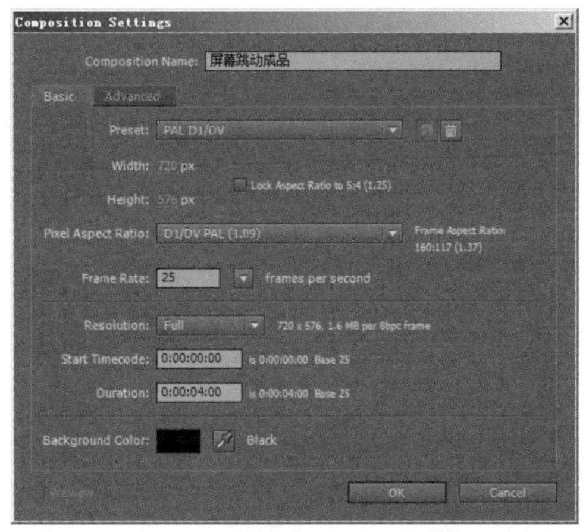

↘ 步骤 04　添加光效

01 选择 File → Import → File 菜单命令，导入本书配套光盘中的“光效 .mov”文件，从项目面板中将“光效 .mov”和“屏幕跳动”拖到 Timeline 面板中，并将“光效 .mov”放在上层。选中“光效 .mov”图层，将其叠加模式设为 Add。选中“光效 .mov”图层，在 Timeline 面板中移动该层，使其在时间 0:00:00:17 处结束。再选择 Effect → Blur&Sharpen → Fast Blur 菜单命令，为其添加 Fast Blur 滤镜，在 Effect Controls 面板中调整参数。

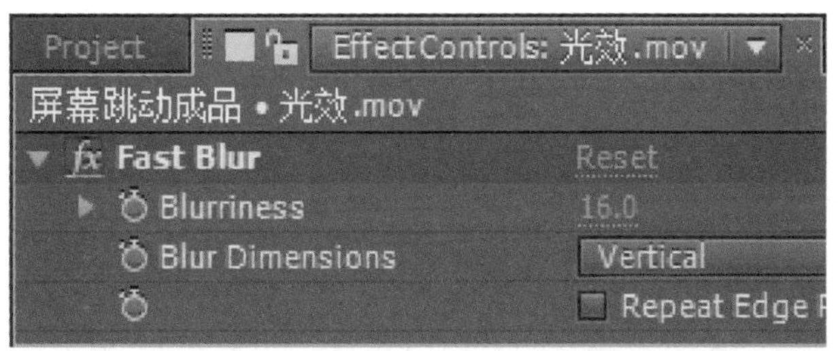

02 为 Fast Blur 滤镜参数设置关键帧动画，在时间 0:00:00:14 处和时间 0:00:01:01 处和时间 0:00:01:03 处设置参数。

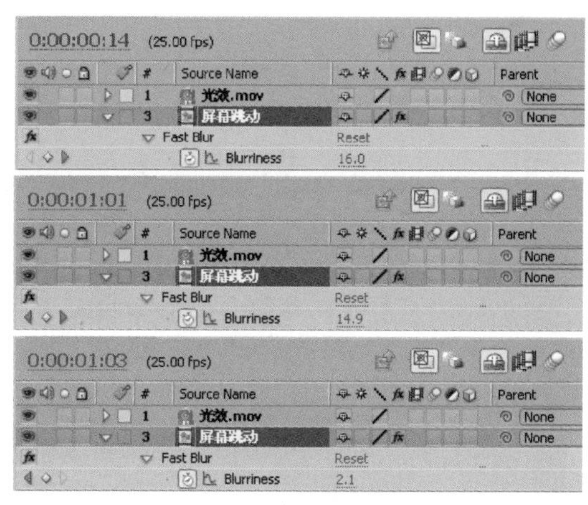

03 按数字键〈0〉预览最终效果。

案例 102　粒子流

本例主要使用 After Effects 中的不同滤镜对素材进行加工合成，最终模拟出人体内细胞流动的动画。

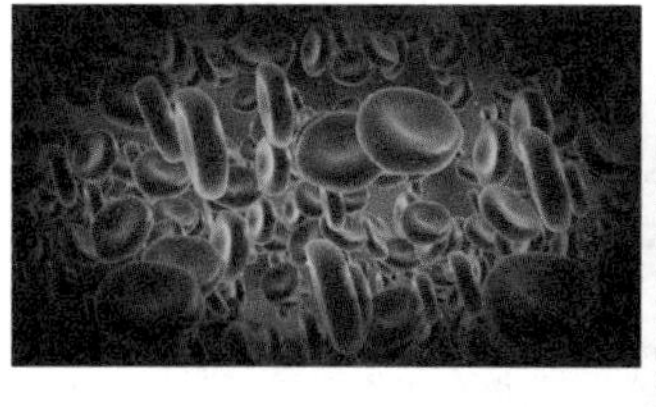

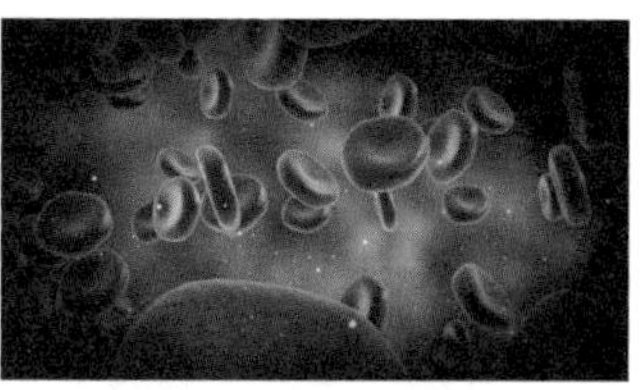

● 光盘路径 | 第 9 章 \ 粒子流

● 难易指数 | ★★★★☆

案例效果分析

核心技术要点：本例主要介绍制作类似细胞流的效果的方法。

制作思路分析：为图层添加滤镜制作出细胞，之后制作粒子特效。最后创建摄像机，并为摄像机位移属性记录关键帧。

制作提示

1. 创建 Comp 合成。
2. 制作素材，合成嵌套。
3. 制作粒子特效，创建摄像机。
4. 创建调节图层。

步骤 01　创建 Comp 合成

启动 Adobe After Effects CC，选择 Composition → New Composition 菜单命令，新建一个 Comp 合成，命名为“红细胞”。

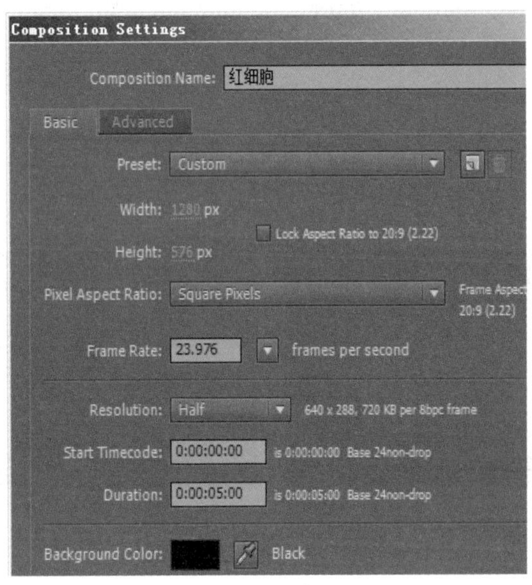

步骤 02　制作素材

01 在 Timeline 面板中单击鼠标右键，选择 New → Solid 命令，新建一个固态图层，命名为 BG。

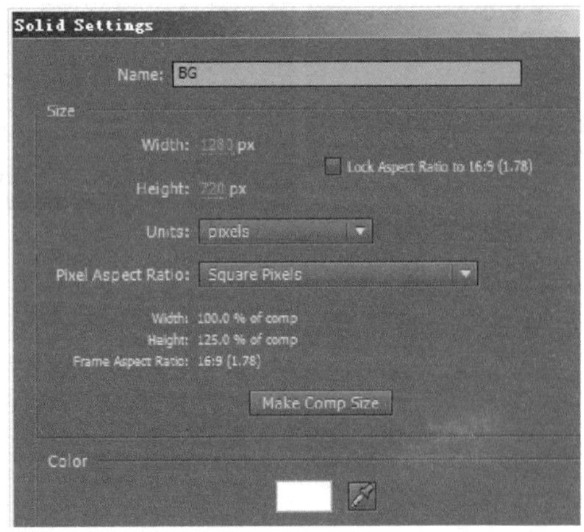

02 选中 BG 图层，选择 Effect → Noise&Grain → Fractal Noise 菜单命令，为其添加 Fractal Noise 滤镜，查看此时 Comp 合成的效果。

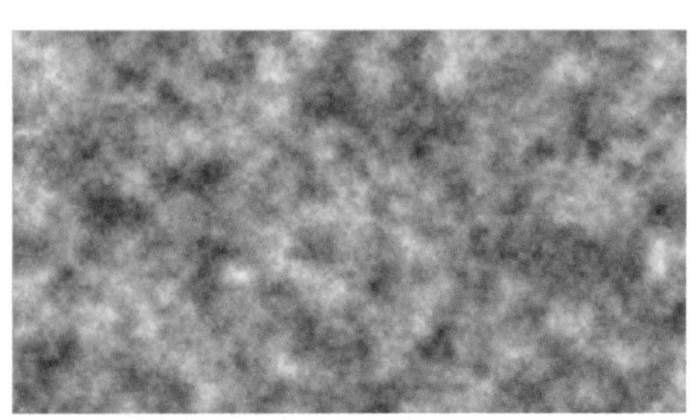

步骤 03　合成嵌套

01 选中 BG 图层，按〈Ctrl + Shift + C〉组合键将其作为一个合成嵌套进来，单击 OK 按钮确定。

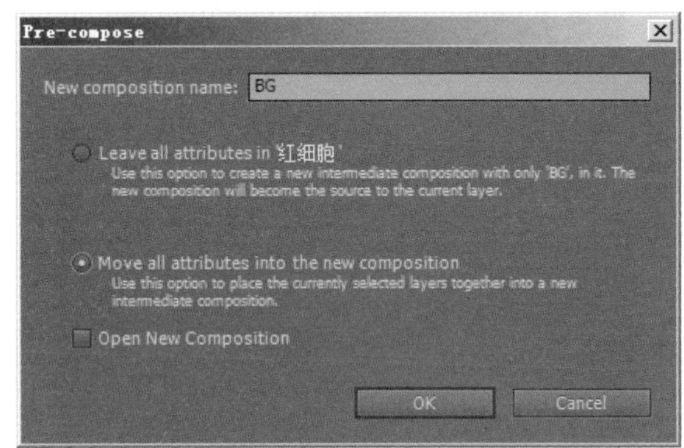

02 选中 BG 图层，选择 Effect → Stylize → CC Glass 菜单命令，为其添加 CCGlass 滤镜，在 Effect Controls 面板中调整参数，并查看此时 Comp 合成的效果。

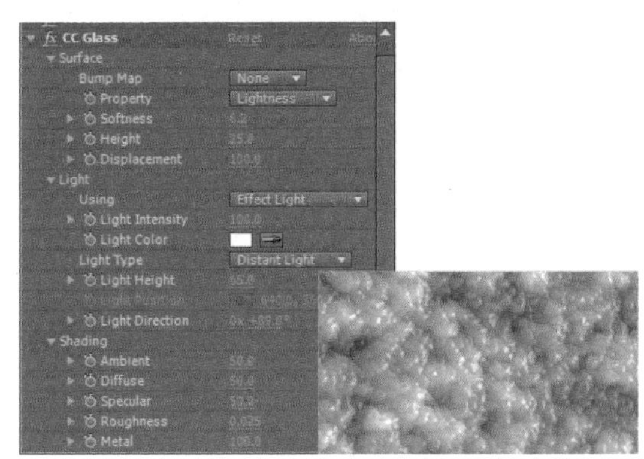

03 选中 BG 图层，选择 Effect → Color Correction → Curves 菜单命令，为其添加 Curves 滤镜，在 Effect Controls 面板中调整曲线的形状，并查看此时 Comp 合成的效果。

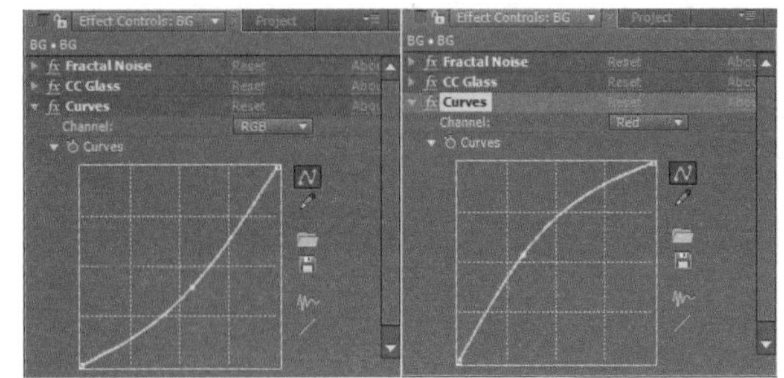

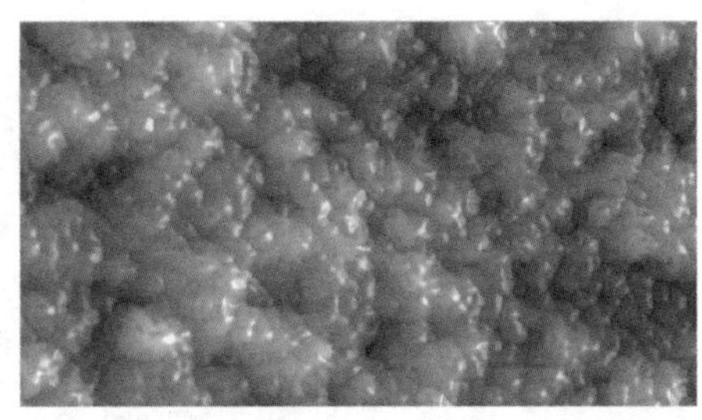

04 选择 Effect → Color Correction → Hue/Saturation 菜单命令，添加 Hue/Saturation 滤镜，在 Effect Controls 面板中调整其饱和度参数，并查看此时 Comp 合成的效果。

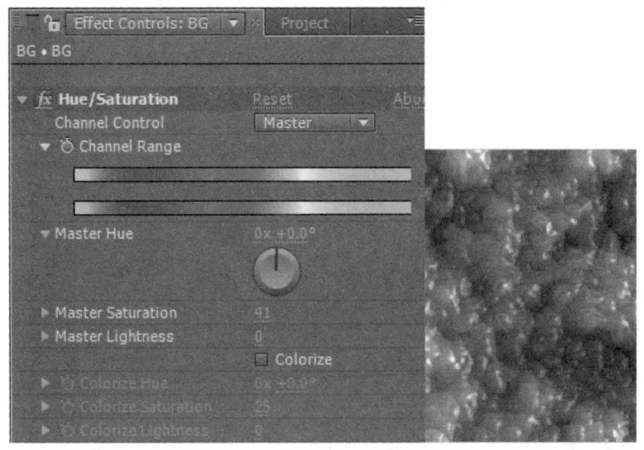

05 在 Timeline 面板中单击鼠标右键，选择 New → Solid 命令，新建一个固态图层，命名为 Particles。

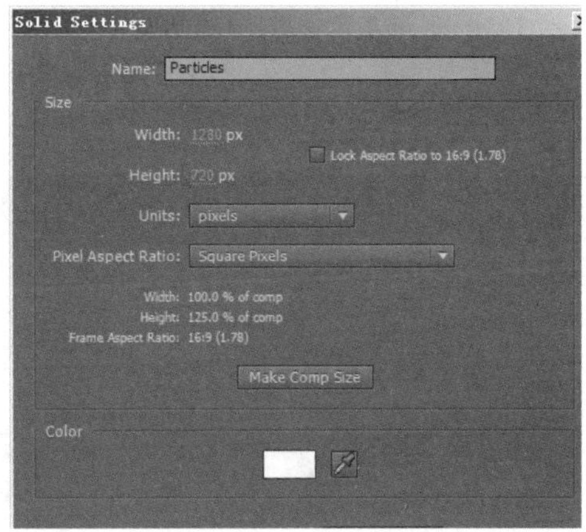

步骤 04 制作粒子特效

01 选中 Particles 图层，选择 Effect → Trapcode → Particular 菜单命令，为其添加 Particular 滤镜。

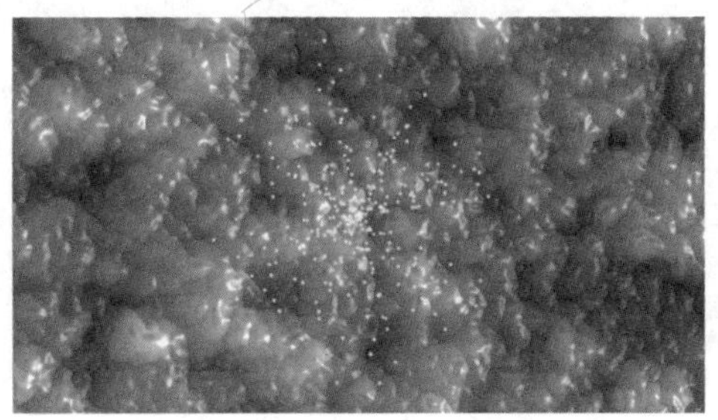

02 在 Timeline 面板中单击鼠标右键，选择 New → Null Object 命令，新建一个 Null 图层 Null1，并打开此图层的三维属性开关。

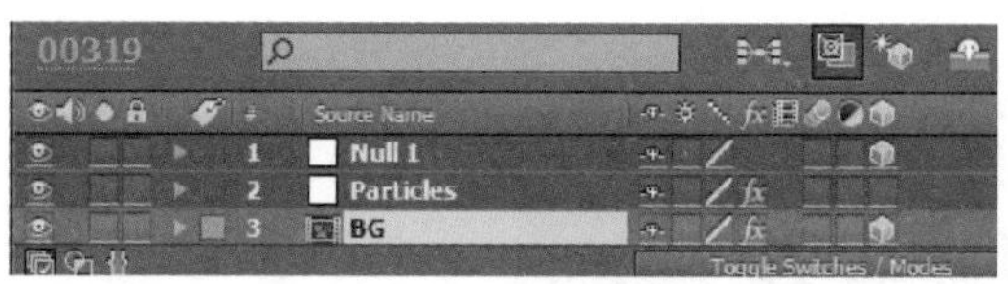

03 选中 Null1 图层，按〈P〉键展开其 Position 属性列表。选中 particles 图层，展开粒子的位移属性。按住〈Alt〉键后单击 Position XY 左侧的按钮打开其表达式输入项，单击按钮并按住鼠标左键将其拖动到 Null1 图层的 Position 属性上，生成表达式。

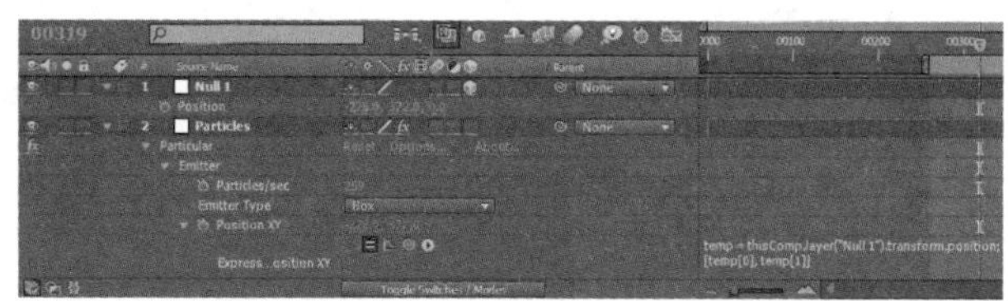

04 同理，展开粒子的位移属性列表，按住〈Alt〉键单击 Particular 滤镜的 Position Z 左侧的按钮，打开表达式输入项，单击按钮并按住鼠标左键将其拖动到 Null1 图层的 Position 属性上，生成表达式。

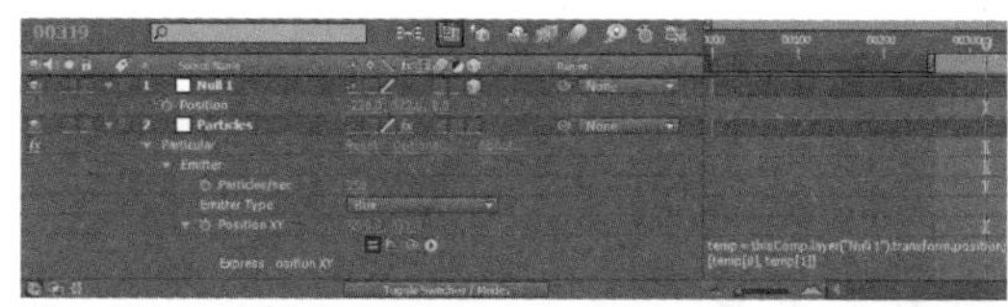

05 同理，展开粒子的位移属性列表，按住〈Alt〉键单击 Particular 滤镜的 Position Z 左侧的按钮，打开表达式输入项，单击按钮并按住鼠标左键将其拖动到 Null1 图层的 Position 属性上，生成表达式。

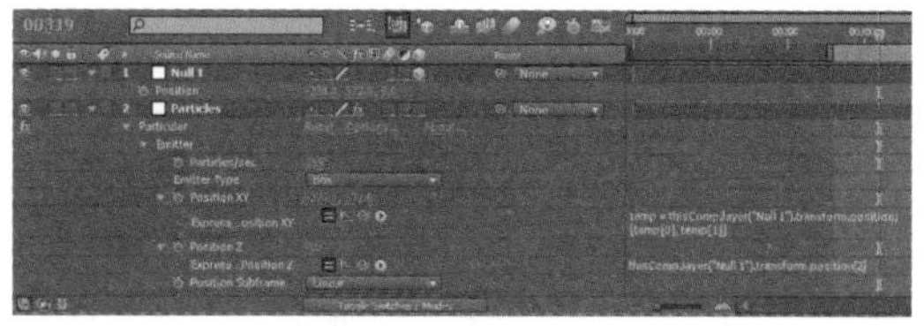

步骤 05 创建摄像机

01 在 Timeline 面板中单击鼠标右键，选择 New → Camera 命令，新建一个摄像机图层 Camera1。

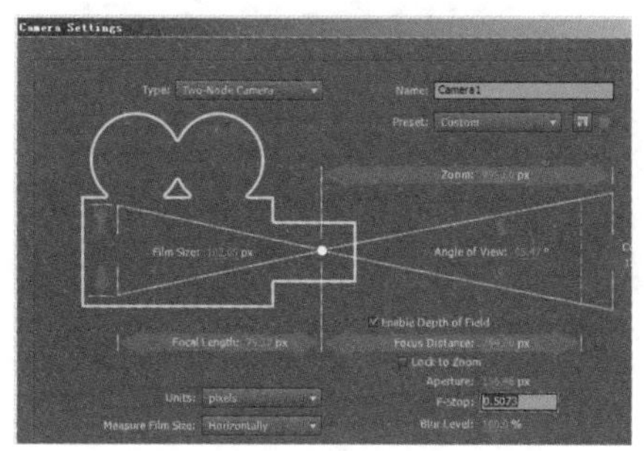

02 将项目面板中的 red.tga 文件拖到 Timeline 面板中。选中 Null1 图层，将其移动到 Comp 面板的左侧。选中 particles 图层，在 Effect Controls 面板中设置 Particular 滤镜的属性参数。

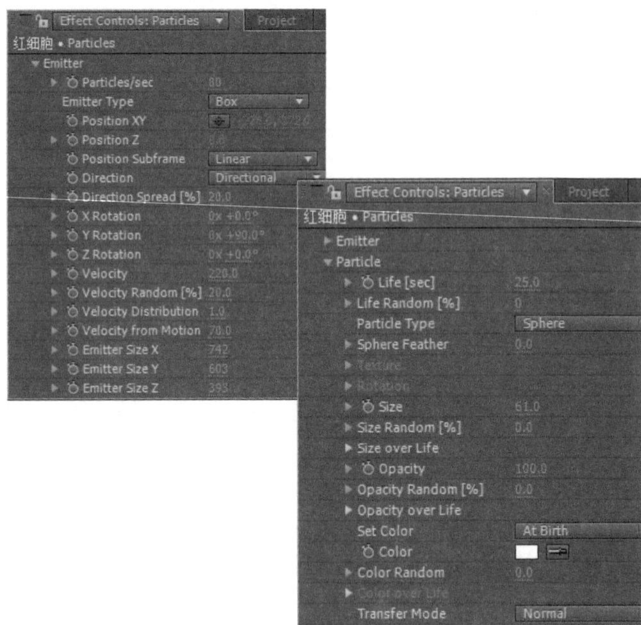

03 选中 BG 图层，打开其图层的三维属性开关。调整其在 Z 轴方向上的位置，并对其进行缩放。

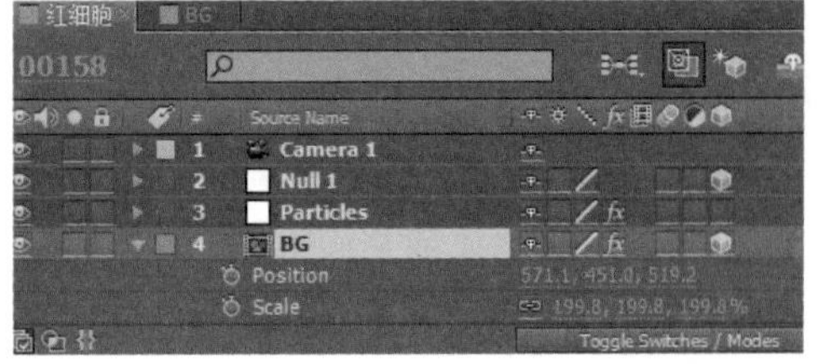

↘ 步骤 06　制作素材

01 在 Timeline 面板中单击鼠标右键，选择 New → Adjustment Layer 命令，新建一个调节图层。选中调节图层，选择 Effect → Color Correction → Hue/Saturation（色相 / 饱和度）菜单命令，为其添加 Hue/Saturation 滤镜，在 Effect Controls 面板中调节参数。双击工具栏中的椭圆工具 ，在该图层上创建一个 Mask，并设置 Mask 的参数。

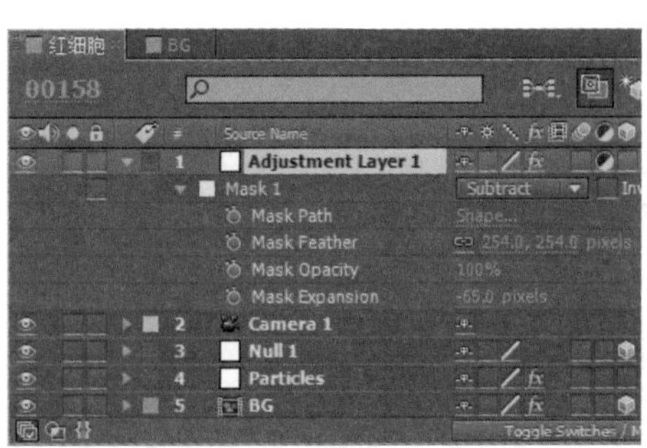

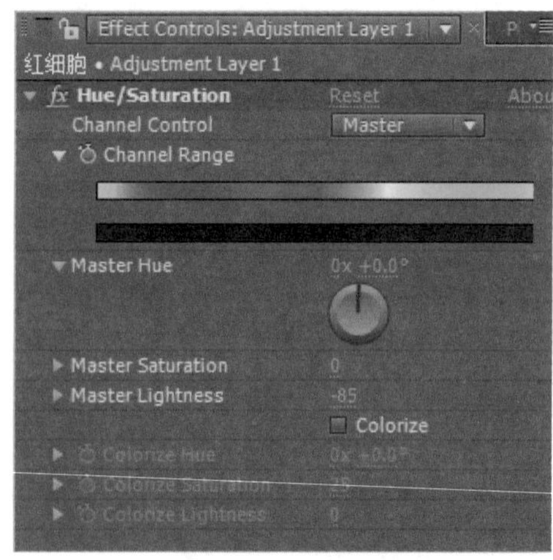

02 查看此时 Comp 合成的效果。

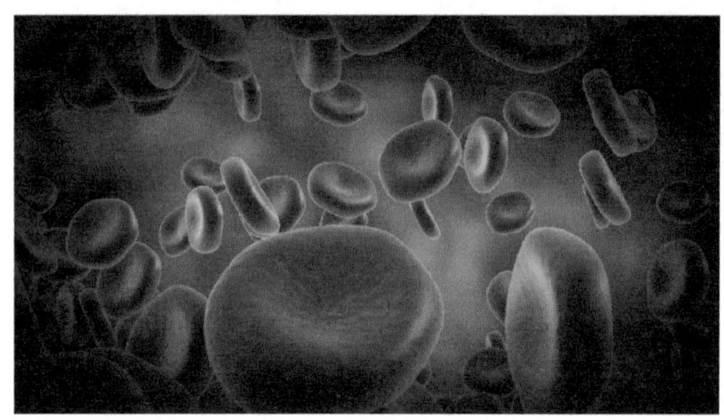

03 在 Timeline 面板中选中 particles 图层，按〈Ctrl+D〉组合键复制。选中复制出的新图层，在 Effect Controls 面板中调整 Particular 滤镜的参数。

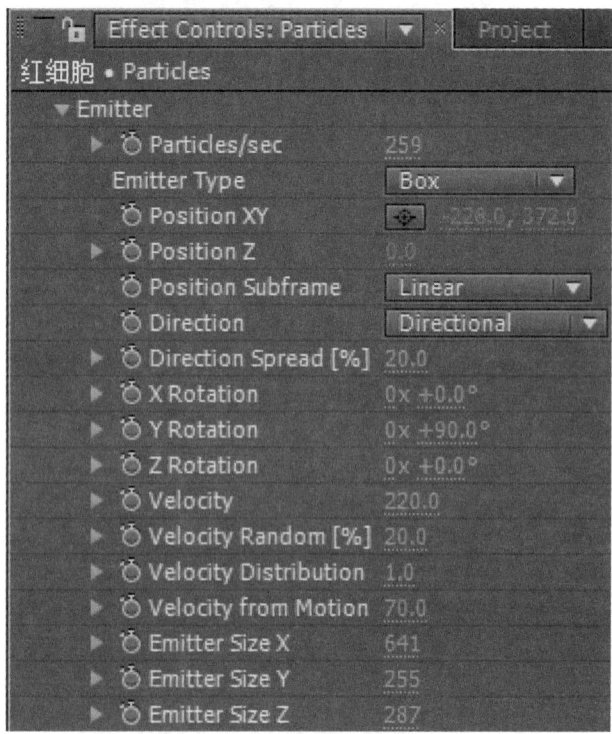

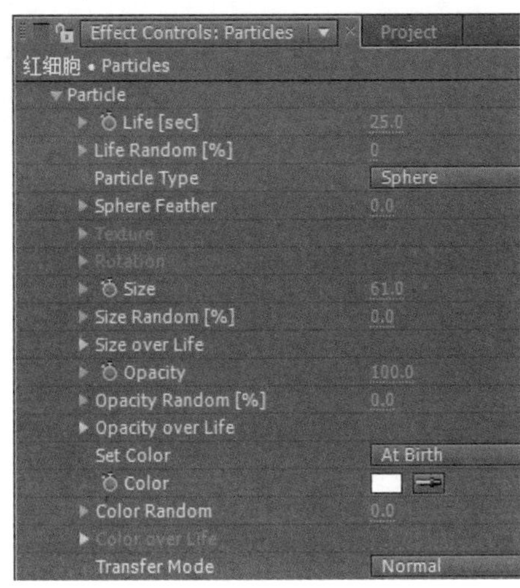

04 查看此时 Comp 面板的效果。

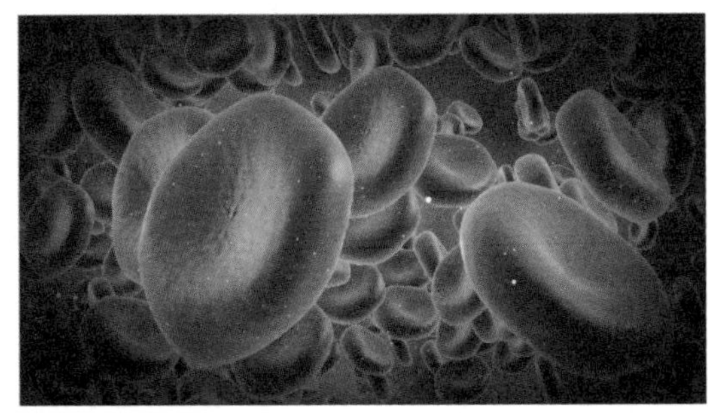

↘ 步骤 07　创建调节层

01 在 Timeline 面板中单击鼠标右键，选择 New→Adjustment Layer 命令，新建一个调节图层。选中调节图层，选择 Effect→Color Correction→Curves 菜单命令，为其添加 Curves 滤镜。在 Effect Controls 面板中调节曲线的形状，查看此时 Comp 合成的效果。

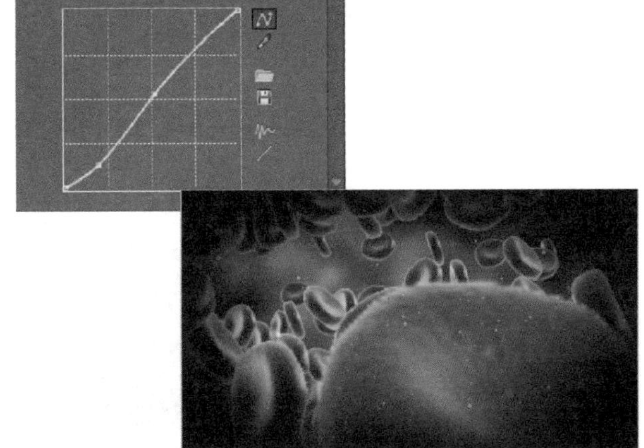

02 选中 Cameral 图层，展开其 Point of Interest 和 Position 属性列表，单击按钮为摄像机位移属性记录关键帧，拖动时间滑块，并利用工具栏中的和工具在 Comp 合成面板中调整摄像机的位置。

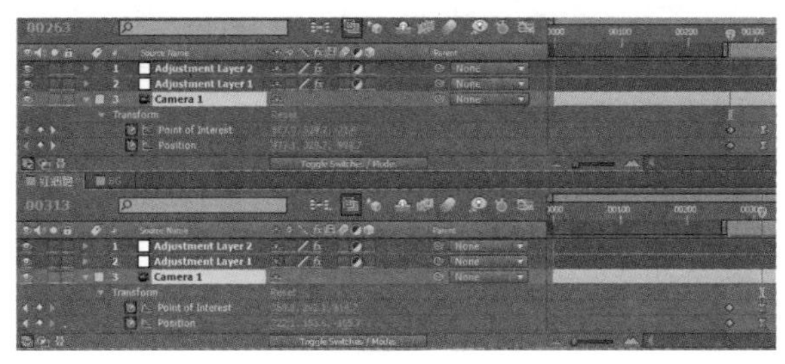

03 按数字键〈0〉预览最终效果。

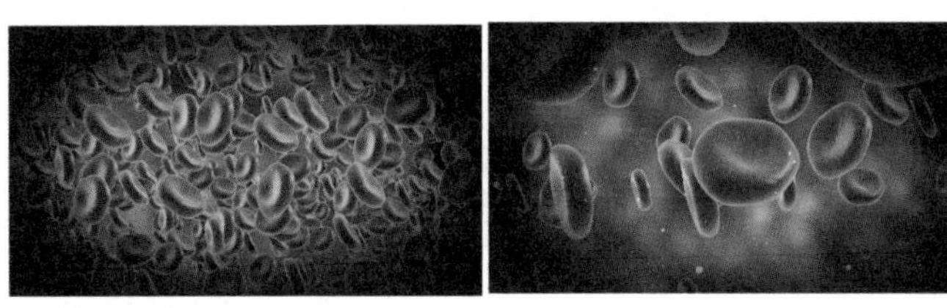

案例 103　3D 空间

本例主要利用 3D 描述滤镜对素材进行特效处理，从而产生出相应的 3D 空间视觉效果。

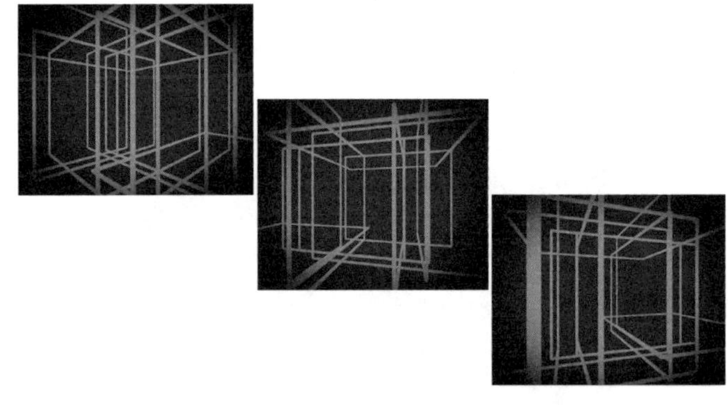

● **光盘路径** | 第 9 章\3D 空间

● **难易指数** | ★★★☆☆

案例效果分析

核心技术要点：本例介绍使用 3D Stroke（3D 描边）滤镜制作三维线条效果的方法。

制作思路分析：理解空间概念，利用 3D Stroke 滤镜制作空间中旋转的主框。

制作提示

1. 创建 Comp 合成。
2. 创建线条。
3. 制作椭圆形的 Mask。

步骤 01 创建 Comp 合成

01 启动 Adobe After Effects CC，选择 Composition → New Composition 菜单命令，新建一个 Comp 合成，命名为“空间线条”。选择 Layer → New → Solid 菜单命令，新建一个固态图层，命名为“背景”。

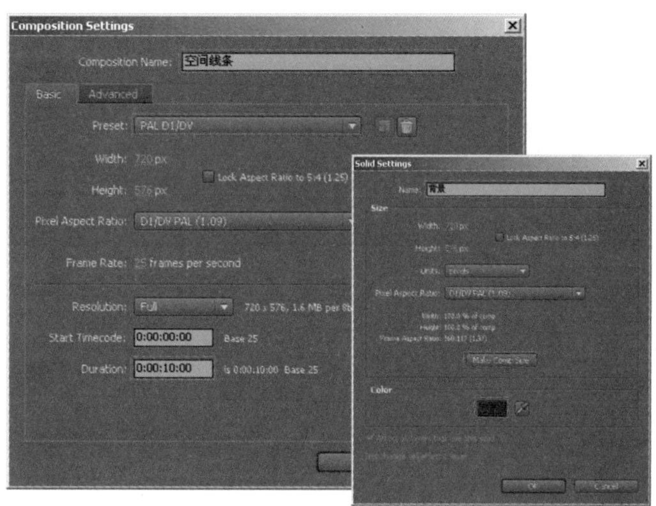

02 选择 Layer → New → Solid 菜单命令，再新建一个固态图层，命名为 line1。选择 Layer → New → Camera 菜单命令，新建一个摄像机图层 Camera 1。

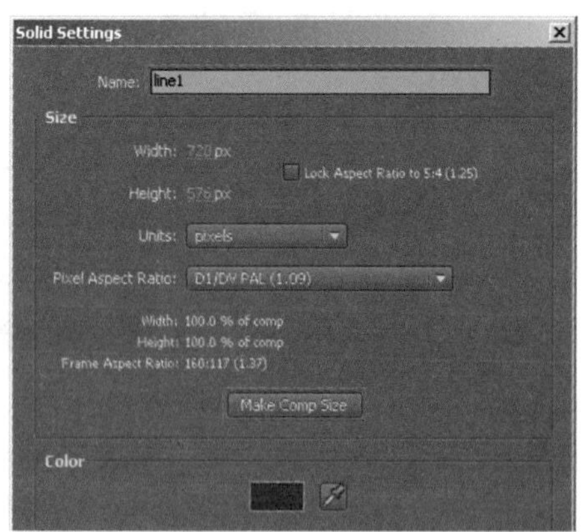

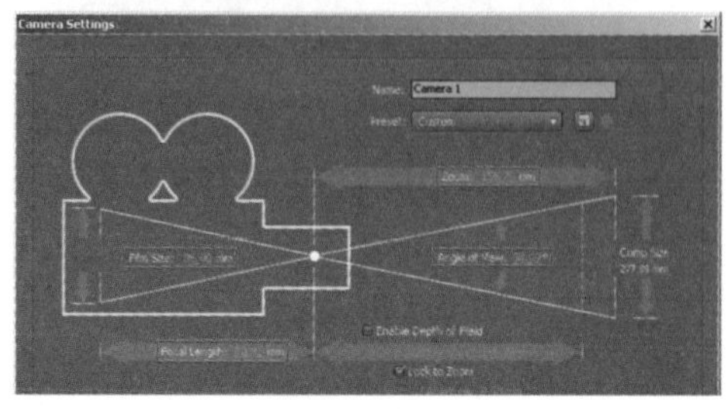

步骤 02 创建线条

01 选中 line1 层，单击工具栏中的工具，在 Comp 合成面板中绘制一个 Mask。

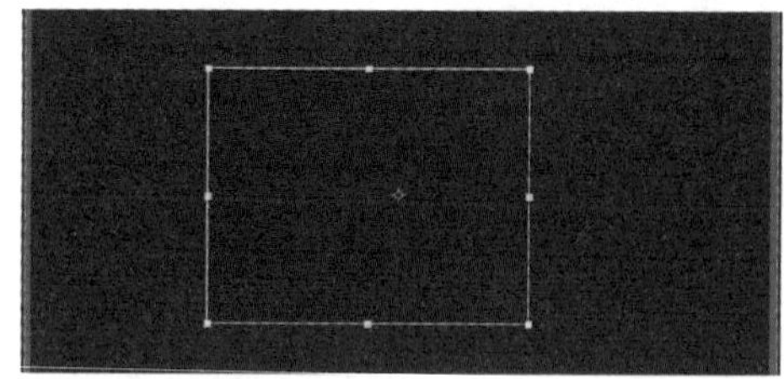

02 选中 line1 图层，选择 Effect → Trapcode → 3D Stroke 菜单命令，为其添加 3D Stroke 滤镜，在 Effect Controls 面板中调整参数，并将 Camera 指定为 Comp Camera 系统的摄像机。

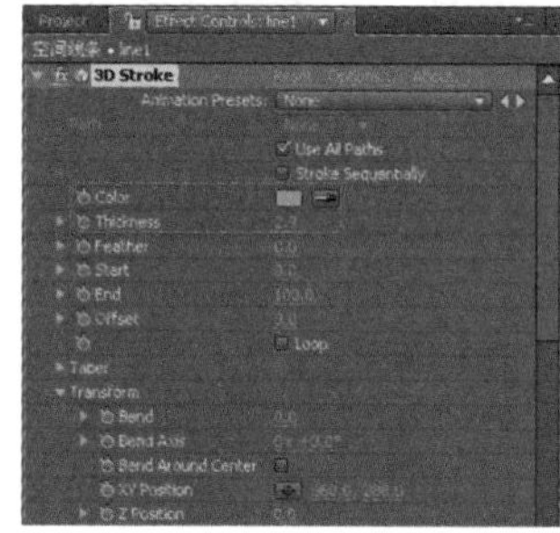

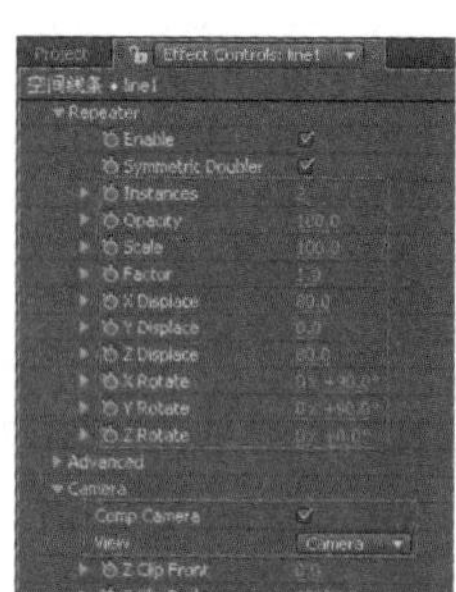

03 为 3D Stroke 滤镜中 Transform 属性下的 Y Rotation 参数设置关键帧，在时间 0:00:00:00 处和时间 0:00:09:24 处设置参数。

04 在 Timeline 面板中展开 Camera1 图层的属性列表并调整其参数。

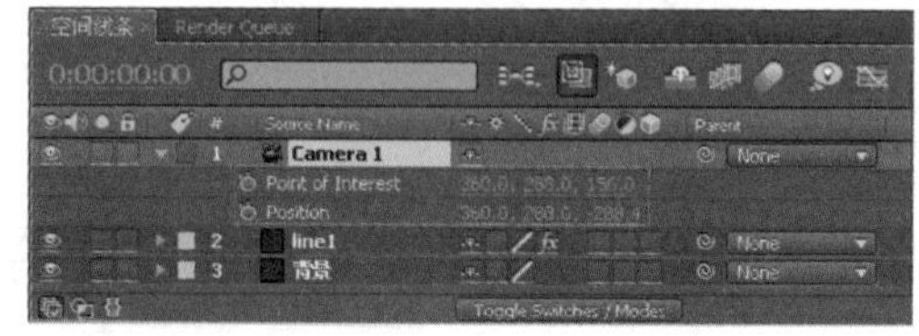

05 按数字键〈0〉预览效果。

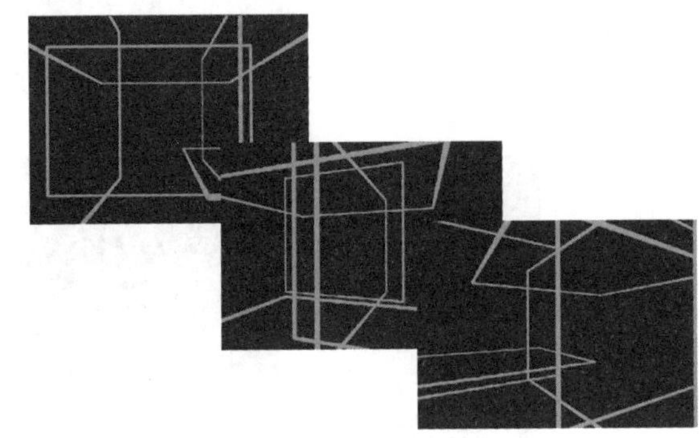

06 选中 line1 图层，选择 Edit → Duplicate 菜单命令，将其复制一次，并将复制出的新图层重命名为 line2，之后修改 line2 图层中 Mask 的大小，在 Effect Controls 面板中调整 3D Stroke 滤镜的参数。

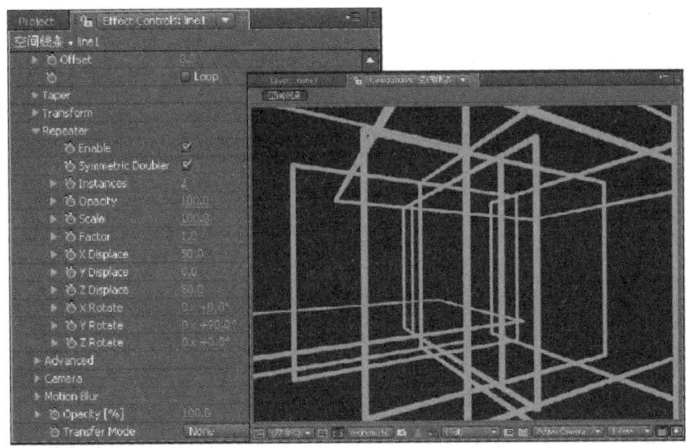

↘ 步骤 03　制作 Mask

01 选择 Layer → New → Solid 菜单命令，新建一个黑色的固态图层。选中该图层，双击工具栏中的椭圆工具，为图层创建一个椭圆形的 Mask，并在 Timeline 面板中设置参数，查看此时 Comp 合成的效果。

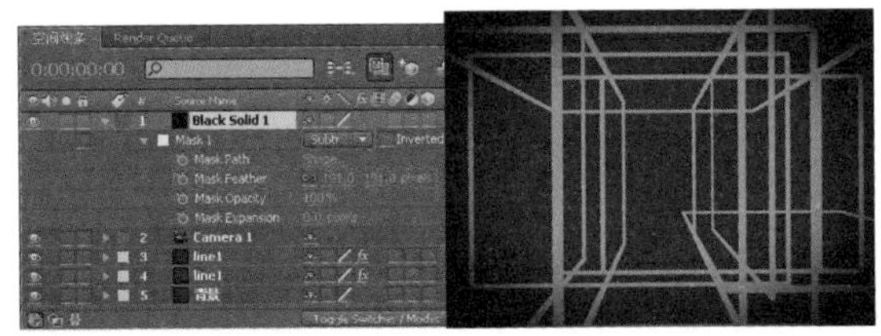

02 按数字键〈0〉预览最终效果。

案例 104　雷达

本例主要使用 Polar Coordinates 滤镜，通过改变 Track Matte 的方式透出背景图层，最终制作出雷达扫描的效果。

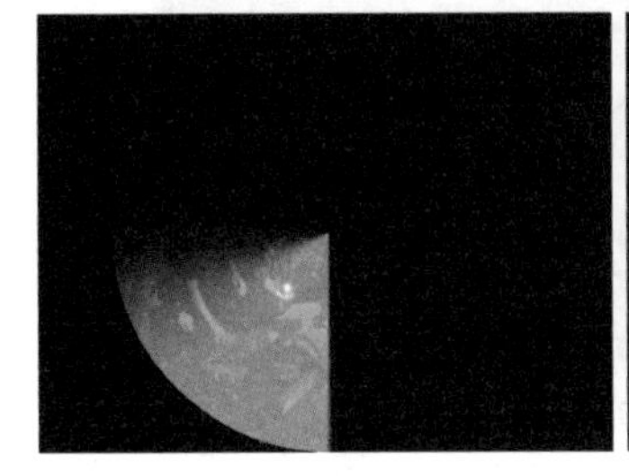

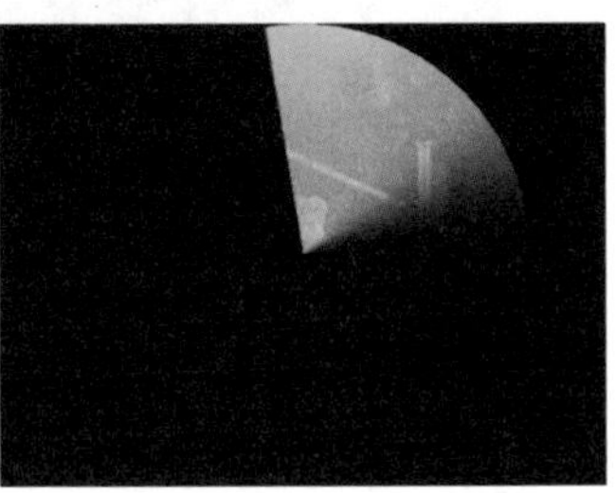

● 光盘路径 | 第 9 章 \ 雷达

● 难易指数 | ★★★☆☆

案例效果分析

核心技术要点：本例主要使用 Polar Coordinates 滤镜，通过改变 Track Matte 的方式，透出背景图层，制作出雷达扫描的效果。

制作思路分析：添加滤镜，记录关键帧，制作雷达扫描效果；导入背景，更改背景图层的 TrkMat 方式。

制作提示

1. 创建 Comp 合成。
2. 制作渐变。
3. 添加滤镜。

↘ 步骤 01　创建 Comp 合成

启动 Adobe After Effects CC，选择 Composition → New Composition 菜单命令，新建一个 Comp 合成，命名为“黑白渐变”。

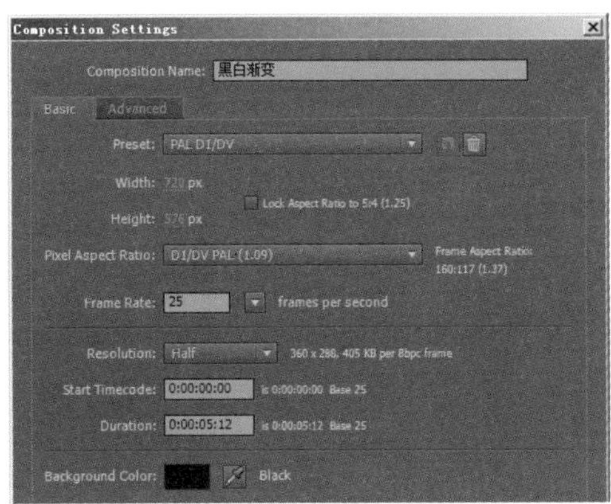

步骤 02 制作渐变

01 选择 Layer → New → Solid 菜单命令，新建一个固态图层，命名为“渐变”。

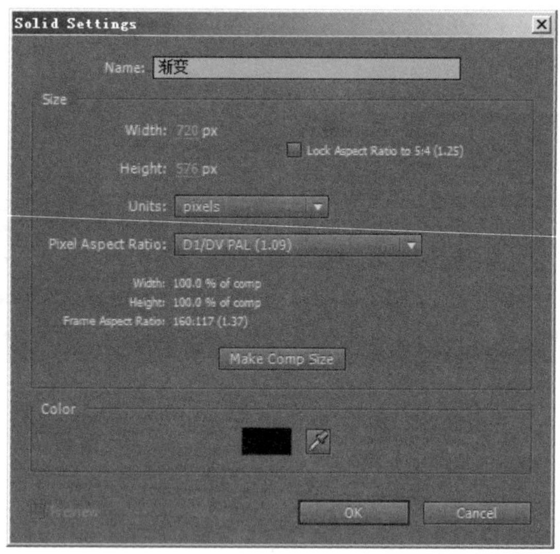

02 选择 Effect → Generate → Ramp 菜单命令，为“渐变”图层添加 Ramp 滤镜，在 Effect Controls 面板中调整参数，并查看此时 Comp 合成的效果。

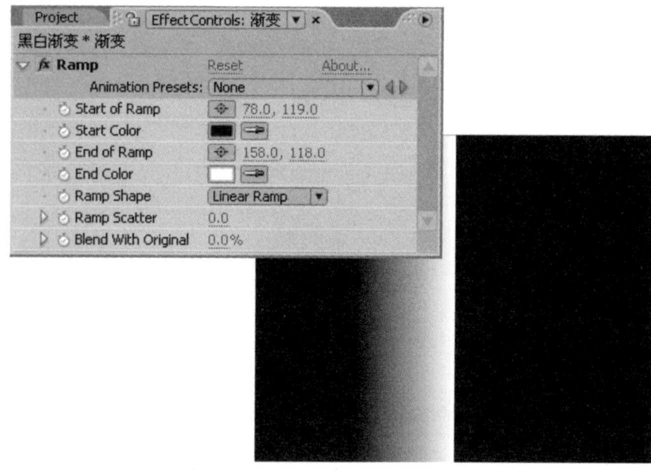

03 选择 Composition → New Composition 菜单命令，新建一个 Comp 合成，命名为“雷达”。在项目面板中将“黑白渐变”拖到“雷达”合成的 Timeline 面板中。

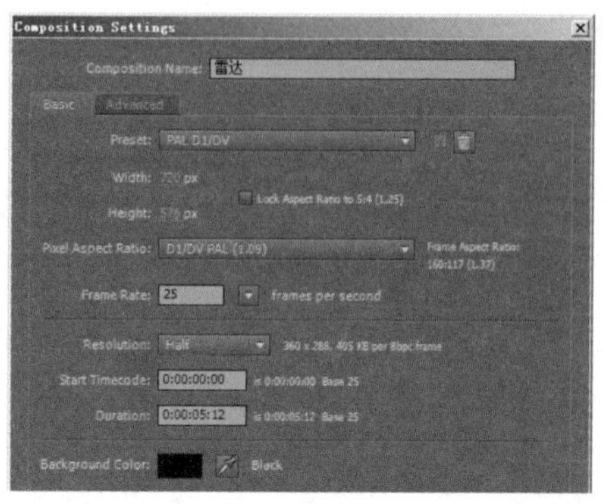

步骤 03 添加滤镜

01 选择 Effect → Transition → Linear Wipe 菜单命令，为“黑白渐变”图层添加 Linear Wipe 滤镜，在 Effect Controls 面板中调整参数，并查看此时 Comp 合成的效果。

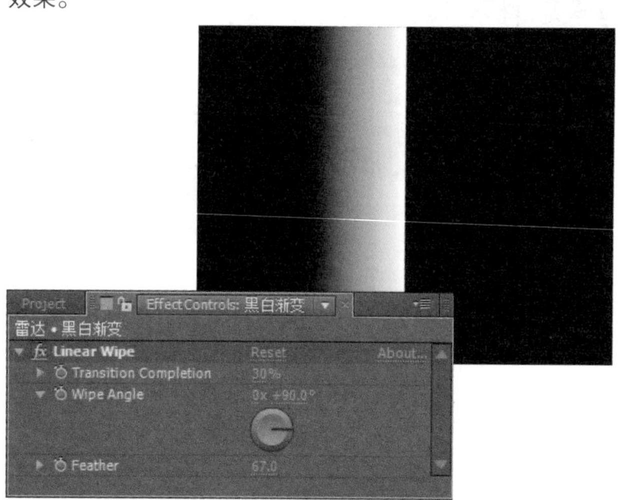

02 选择 Effect → Distort → Polar Coordinates 菜单命令，再为“黑白渐变”图层添加 Polar Coordinates 滤镜，在 Effect Controls 面板中调整参数，并查看此时 Comp 合成的效果。

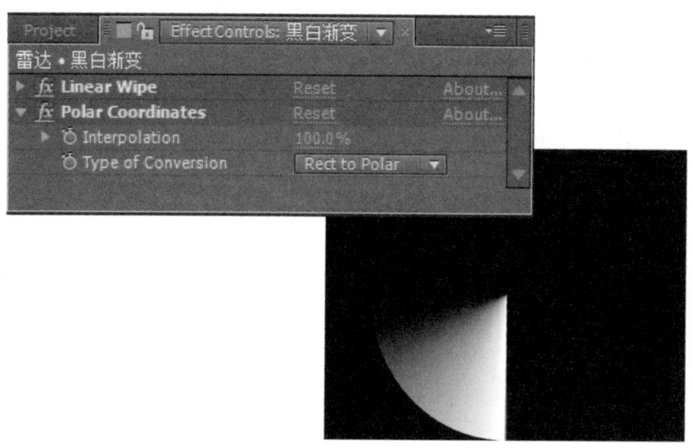

03 按〈R〉键展开“黑白渐变”图层的 Rotation 属性列表，并为其在时间 0:00:00:00 处和时间 0:00:05:04 处设置关键帧。

04 按数字键〈0〉预览效果。

05 选择 Effect → Import → File 菜单命令，导入本书配套光盘中的“背景.jpg”文件，将其放在 Timeline 面板的最下层作为背景，并在 Timeline 面板中设置“背景.jpg”图层的 TrkMat 方式。

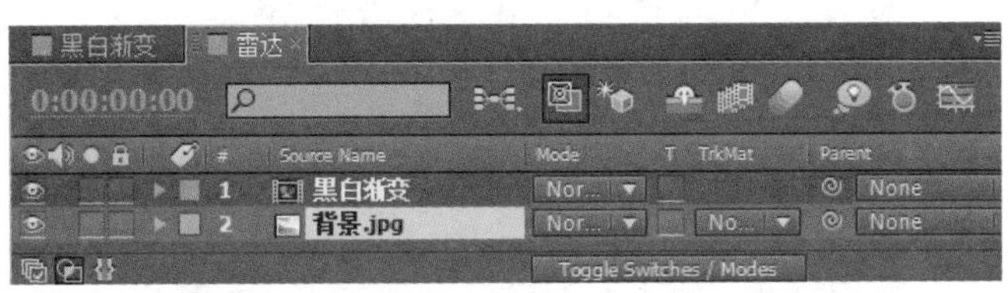

06 按数字键〈0〉预览效果。

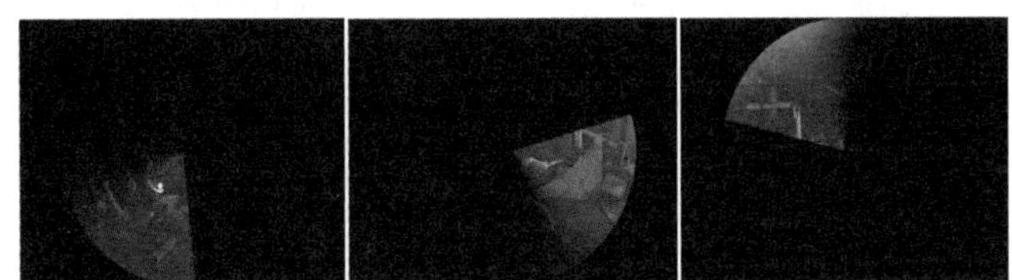

07 选择 Layer → New → Solid 菜单命令，新建一个固态图层，命名为“调整层”，并将其放在 Timeline 面板中的最上层。

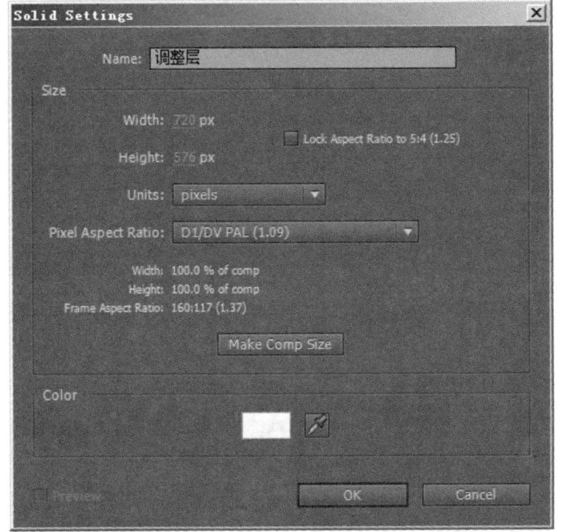

08 选择 Effect → Color Correction → Hue/Saturation 菜单命令，为其添加 Hue/Saturation 滤镜，在 Effect Controls 面板中调整参数。

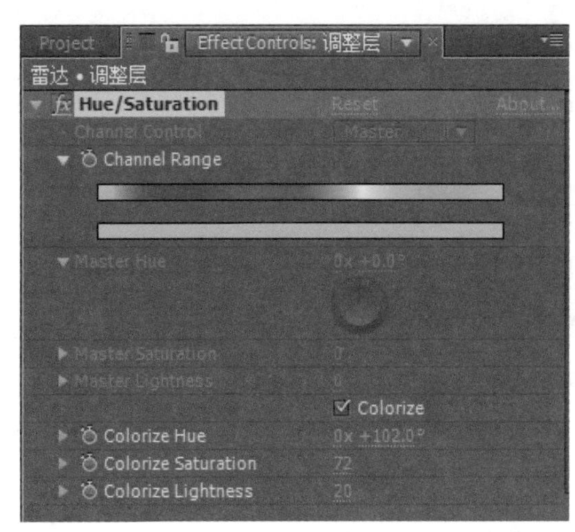

09 按数字键〈0〉预览最终效果。

案例 105　不归之路

本例主要介绍在影视后期制作中进行特技场景合成的方法，以及利用抠像技术将现有的爆炸素材和人物视频进行合成。

● **光盘路径** | 第 9 章 \ 不归之路

● **难易指数** | ★★★★☆

案例效果分析

核心技术要点：本例主要介绍影视后期制作中特技场景的合成技巧，以及利用抠像技术将素材合成的方法。

制作思路分析：对导入的视频素材添加 Keylight 滤镜，并创建 Mask，将素材中人物的轮廓勾画出来，最后制作爆炸环境。

制作提示

1. 创建 Comp 合成。
2. 添加滤镜，抠像。
3. 制作爆炸环境。

步骤 01　创建 Comp 合成

01 启动 Adobe After Effects CC，选择 Composition → New Composition 菜单命令，新建一个 Comp 合成，命名为“不归之路”。

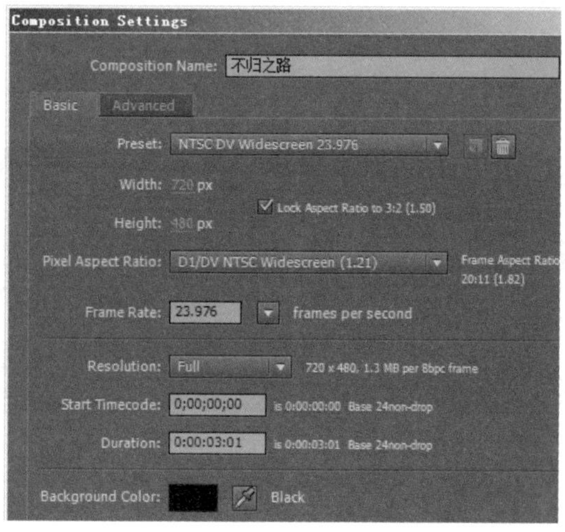

02 在项目面板中双击，导入本书配套光盘中的 WalkingWide_GS.mov、IMG_ 9400.jpg、Explosion.mov 文件，将 WalkingWide _ GS.mov 文件拖到 Timeline 面板中，并查看此时 Comp 合成的效果。

步骤 02　抠像

01 在 Timeline 面板中选中 Walking Wide_GS.mov 图层，选择 Effect → Keying → Keylight 菜单命令，为其添加 Keylight 滤镜，在 Effect Controls 面板中调整参数。

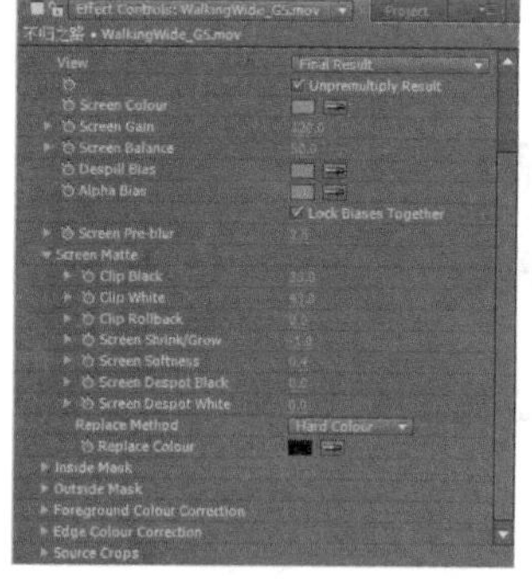

02 单击工具栏中的 工具，在 Comp 合成面板中绘制一个 Mask，将人物勾画出来。

步骤 03　制作爆炸环境

01 将项目面板中的 IMG_9400.jpg 文件拖到 Timeline 面板中。按〈S〉键展开其 Scale 属性列表，并对其进行缩放，查看此时 Comp 合成的效果。

02 将项目面板中的 Explosion.mov 文件拖到 Timeline 面板中，查看此时 Comp 合成的效果。

03 在 Timeline 面板中选中 Explosion.mov 图层，按〈Ctrl+D〉组合键分别复制出三个层。按〈S〉键展开其 Scale 属性列表，调整其缩放参数为 300%，并设置其图层模式为 Add，之后调整它们在时间线上的出入时间。

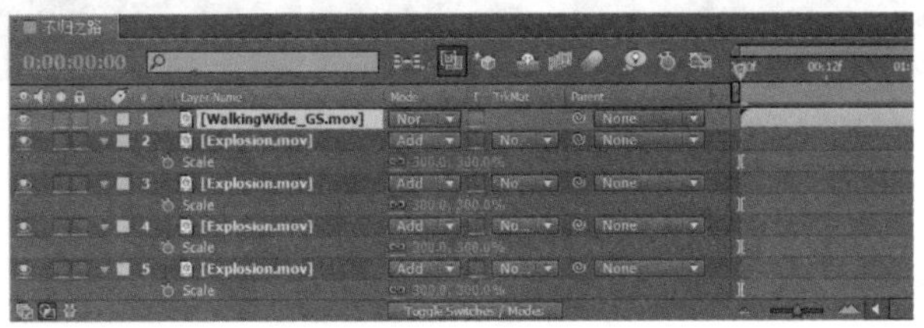

04 在 Timeline 面板中单击鼠标右键，选择 New→Adjustment Layer 命令，新建一个调节图层。选中调节图层，选择 Effect→Stylize→Glow 菜单命令，为其添加 Glow 滤镜，在 Effect Controls 面板中调整参数。

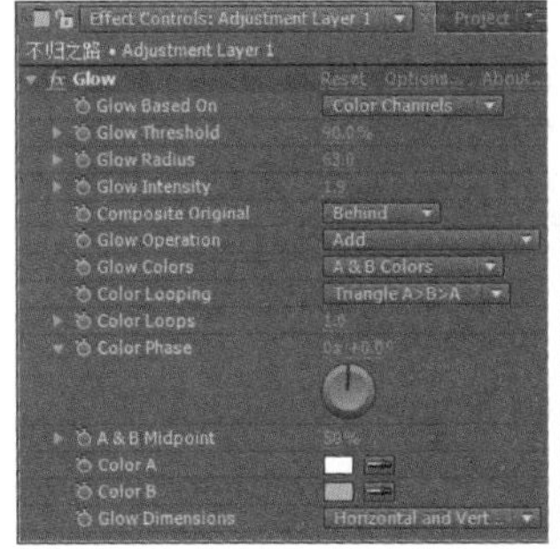

05 按数字键〈0〉预览最终效果。

案例 106 花儿开放

本例主要以使用表达式为主，同时了解系统预设动画的应用，并利用系统预设的动画背景制作出炫丽的动画效果。

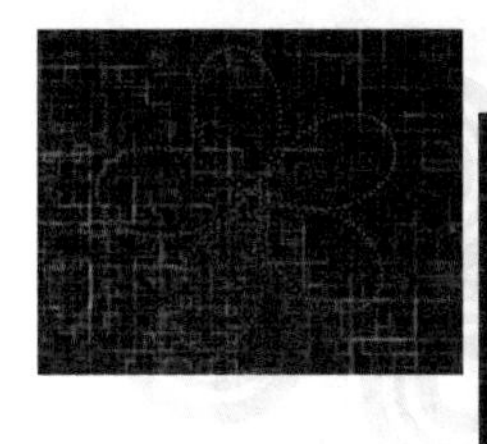

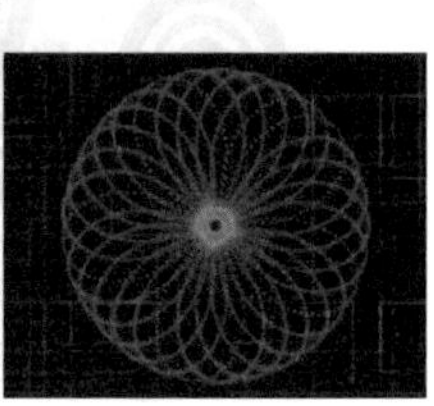

● **光盘路径** | 第 9 章 \ 花儿开放

● **难易指数** | ★★★☆☆

案例效果分析

核心技术要点：本例以使用表达式为主，同时了解系统预设动画的应用技巧，并利用系统预设的动画背景制作出炫丽的动画效果。

制作思路分析：添加 Write.on 滤镜，并为其下的 Brush Position 属性添加表达式。最后添加光晕，应用预设背景效果。

制作提示

1. 创建 Comp 合成。
2. 添加滤镜，创建花儿开放动画。
3. 添加光晕。
4. 应用预设背景效果。

↘ 步骤 01 创建 Comp 合成

01 启动 Adobe After Effects CC，选择 Composition→New Composition 菜单命令，新建一个 Comp 合成，命名为“花儿开放”。

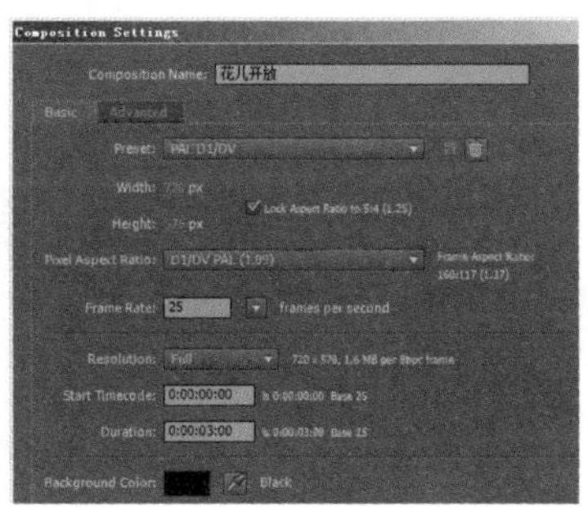

02 选择 Layer → New → Solid 菜单命令，新建一个固态图层，命名为“花儿”。

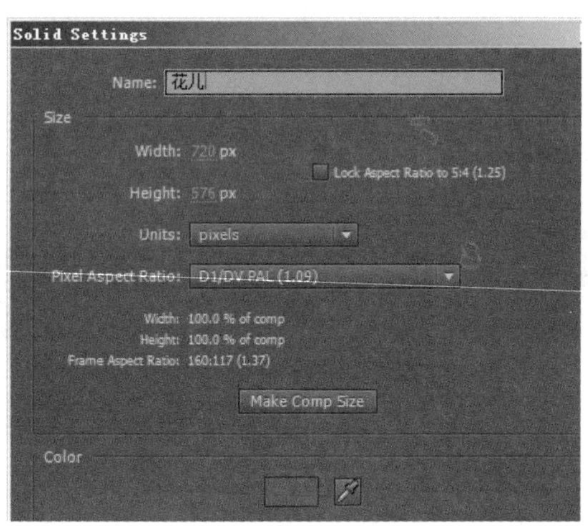

↘ 步骤 02 创建花儿开放动画

01 选中“花儿”图层，选择 Effect → Generate → Write-on 菜单命令，为其添加 Write.on 滤镜，在 Effect Controls 面板中调整参数。

02 选中“花儿”图层，在 Timeline 面板中展开 Write.on 滤镜的参数列表，选中 Brush Position 属性，选择 Animation → Add Expression 菜单命令，为其添加表达式，在表达式输入栏中输入 rad1=87; rad2=.18; offset=80; v=23; s=2; x=(rad1+rad2)*Math.cos(time*v) .(rad2+offset)*Math.cos((rad1+rad2)*time*v/rad2); y=(rad1+rad2)*Math.sin(time*v) .(rad2+offset)*Math.sin((rad1+rad2)*time*v/rad2); [s*x+this_comp.width/2,s*y+this_comp.height/2];，然后查看此时的 Timeline 合成效果。

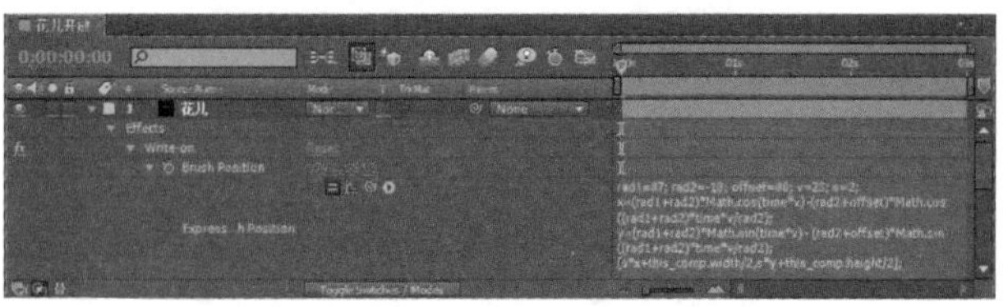

03 按数字键〈0〉预览效果。

↘ 步骤 03 添加光晕

01 选中“花儿”图层，选择 Effect → Blur&Sharpen → Gaussian Blur 菜单命令，为其添加 Gaussian Blur 滤镜，在 Effect Controls 面板中调整参数。

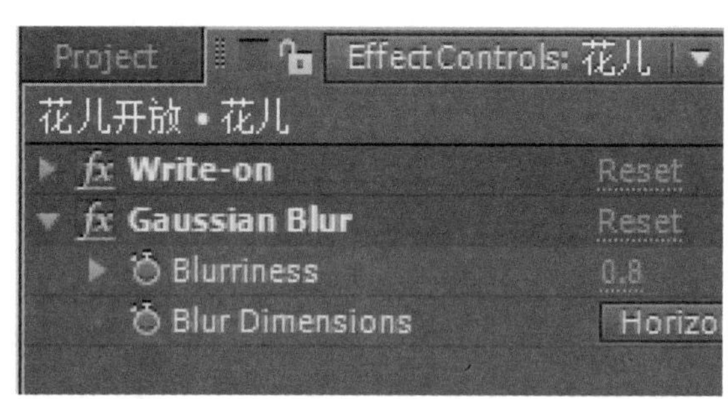

02 选中“花儿”图层，选择 Effect → Stylize → Glow 菜单命令，为其添加 Glow 滤镜，在 Effect Controls 面板调整参数。

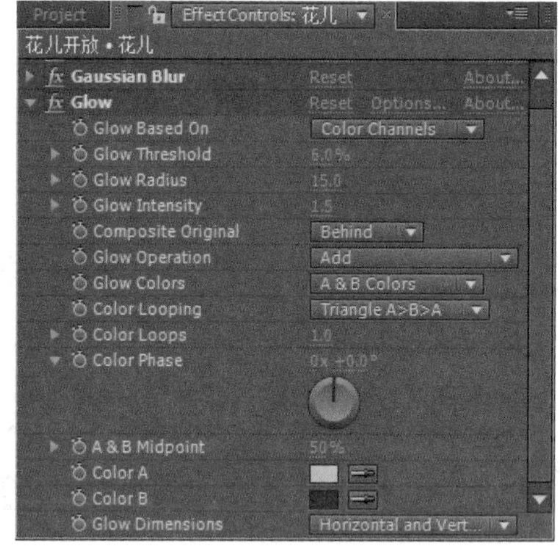

03 按数字键〈0〉预览效果。

↘ 步骤 04 应用预设背景效果

01 选择“开始”菜单中的 Adobe Bridge CS5 命令，启动 Adobe Bridge CS5。在 FAVORITES 面板中选择“我的电脑”，在 CONTENT 面板中打开 Adobe After Effects CC 的安装目录。选择系统预设的背景效果，在 PREVIEW 面板中预览动态背景效果。

02 在 CONTENT 面板中选择任意一种动态背景。首先用鼠标单击选中，之后再次单击选中的背景，即可选中该背景的文件名，按〈Ctrl+C〉组合键复制文件名。

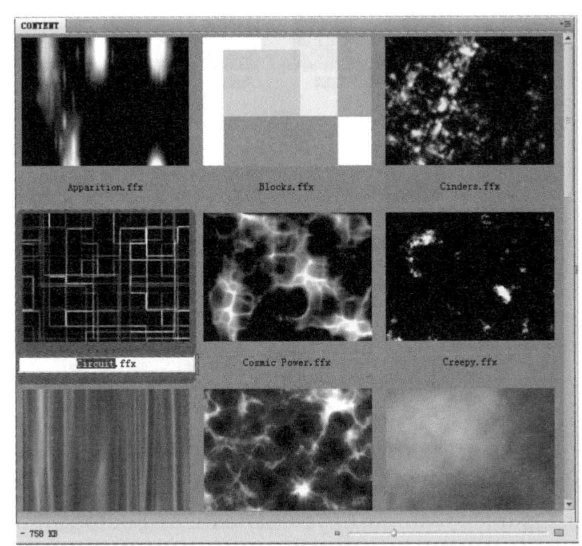

03 回到 Adobe After Effects CC 中，在 Timeline 面板中单击鼠标右键，选择 New → Solid 命令，新建一个固态图层，命名为“背景”。

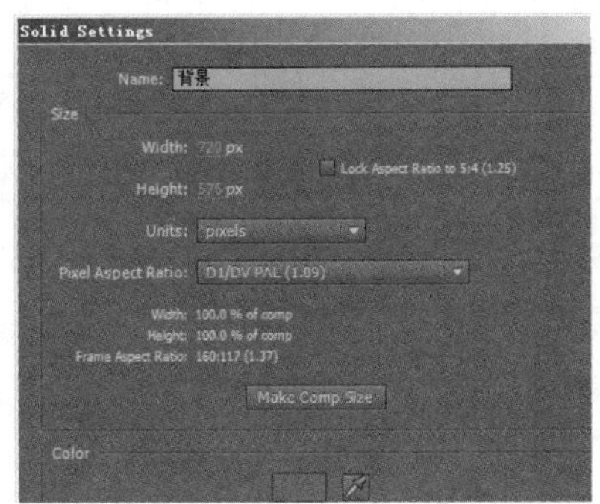

04 选择 Window → Effects&Presets 菜单命令，打开 Effects&Presets 面板，在搜索栏中单击并按〈Ctrl+V〉组合键将背景文件名粘贴到搜索栏中。

05 在 Effects&Presets 面板中选中 Circuit 文件，将其拖放到 Timeline 面板中的“背景”图层上，查看此时 Comp 合成的效果。

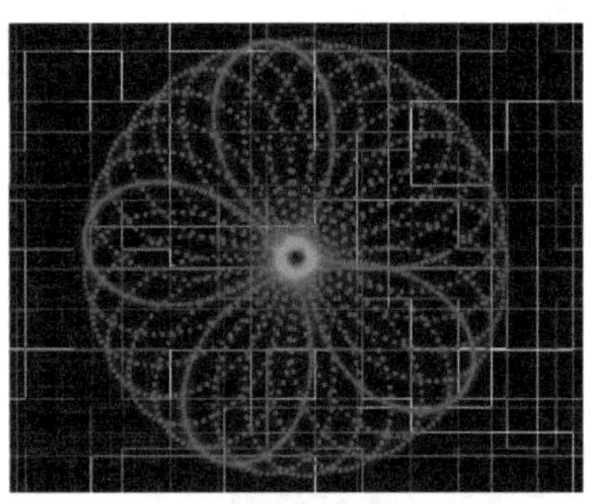

06 按数字键〈0〉预览最终效果。

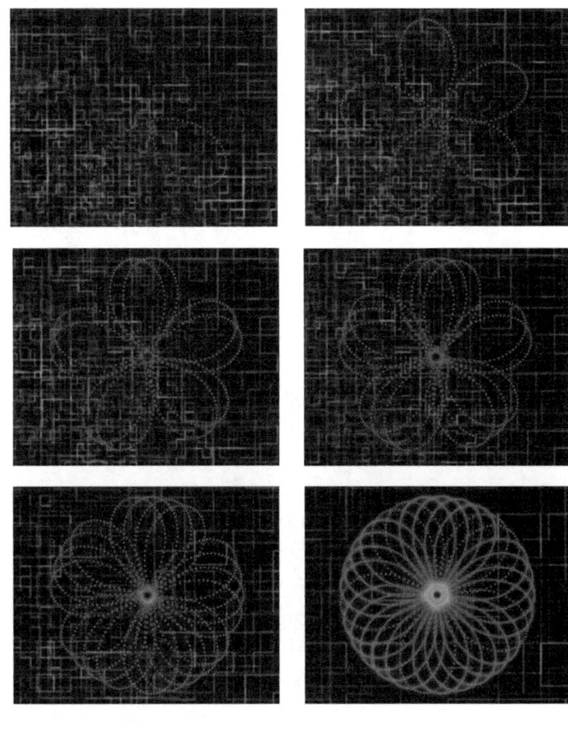

第 10 章 栏目包装片头

本章将使用大量的时尚女性素材及卡通元素，通过 After Effects 的三维合成功能将这些元素巧妙地组织起来，制作出具有强烈视觉冲击力的时尚大片。

案例 107　制作影视预告片头

利用人物照片和图像元素制作节目预告片是影视制作中常用的方法。画面的感觉虽然是 2D 的，但实际上全部应用的是 3D 摄像机和 3D 图层进行创作的，这使得制作的影视作品更具立体感，而且更有活力。

● **光盘路径** | 第 10 章 \ 制作影视预告片头

● **难易指数** | ★★★★★

案例效果分析

核心技术要点：本案例利用人物照片和图像元素，通过记录参数的关键帧而制作节目预告片。

制作思路分析：主要使用 PSD 文件和人物合成，制作 3D 图层动画。

制作提示

1. 利用 PSD 图像制作序列串。
2. 创建 3D 图层，制作图层动画。
3. 添加人物合成 。
4. 制作镜头动画 。

步骤 01　利用 PSD 图像制作序列串

01 启动 Adobe After Effects CC。选择 File → Import → File 菜单命令，导入本书配套光盘中的 mo_01.psd 和 mo_02.psd 文件。

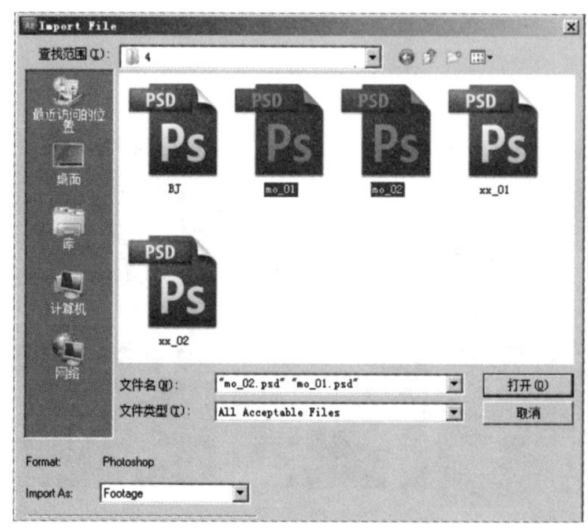

02 在 mo_01.psd 文件的选项对话框中设置 Import Kind 为 Composition-Retain Layer Sizes，设置 Layer Option 为 Merge Layer Styles into Footage，之后单击 OK 按钮。

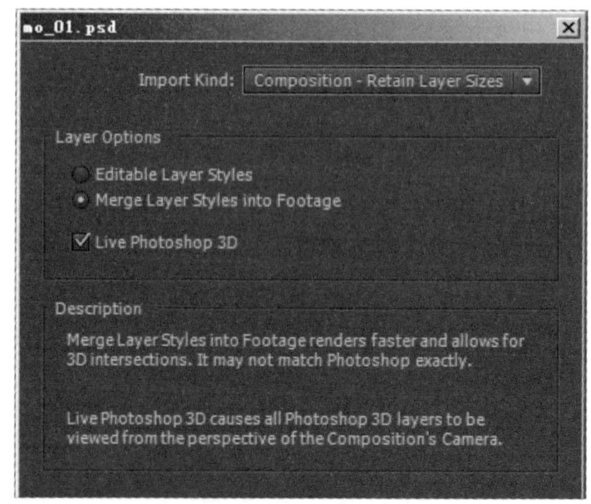

03 双击打开项目面板中的 mo_02 合成。

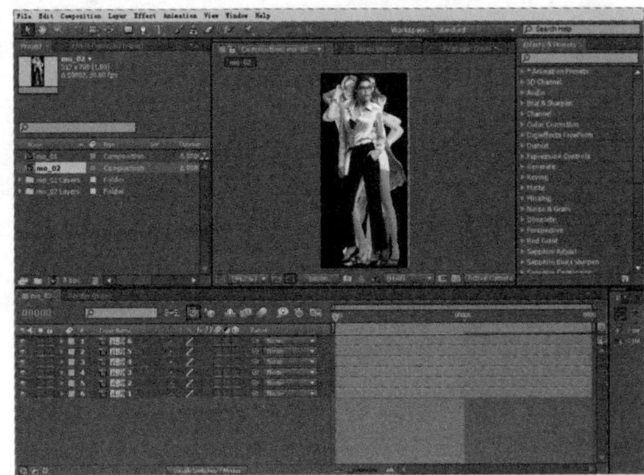

04 选择 Composition → Composition Settings 菜单命令，在弹出的对话框中将 Duration 设置为 00080。

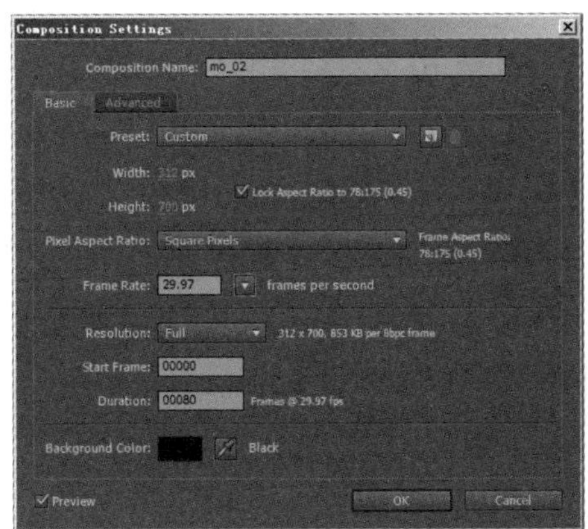

05 单击时间线面板中的 (Expand or Collapse the In、Out、Duration、Stretch Panes）按钮打开选项设置界面。

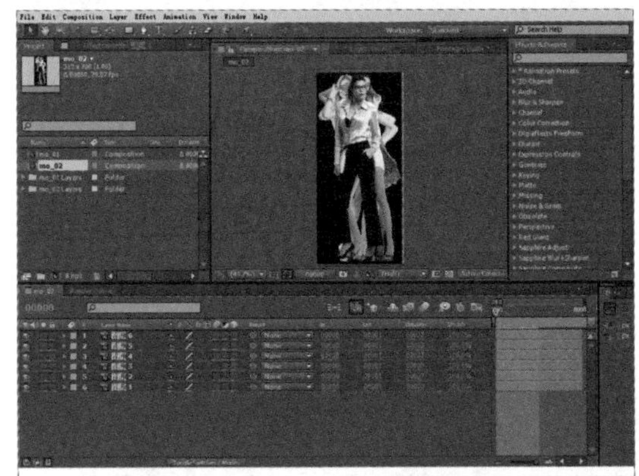

06 如图中所示，分别单击选中各个图层的紫色条末端，然后向左移动它以便调整其长度，对 In、Out、Duration 值进行调整。

07 如图中所示，对各个图层的 in 点和 out 点进行适当调整，使得画面从 o_01 图层开始依次出现各个不同的照片。

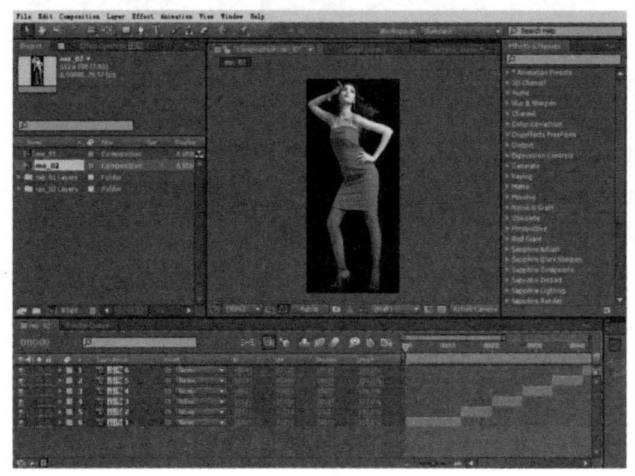

08 双击打开项目面板中的 mo_01 合成。

09 在选中 mo_01 合成的状态下，选择 Composition → Composition Settings 菜单命令，在弹出的对话框中将 Duration 设置为 00080。

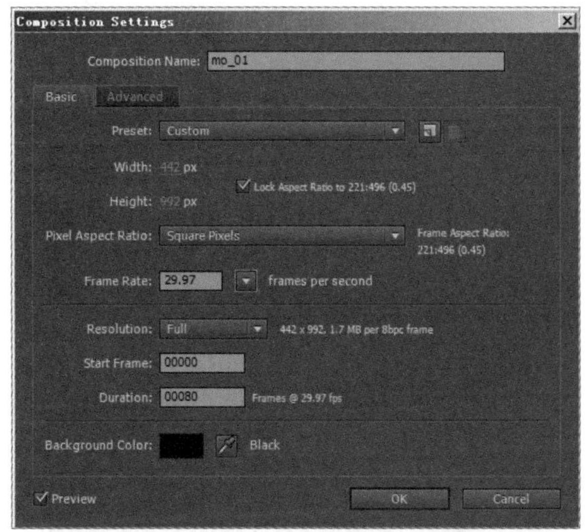

10 与调整 mo_01 合成的时间线的方法一样，对 mo_02 合成中的各图层也做如下图所示的调整。

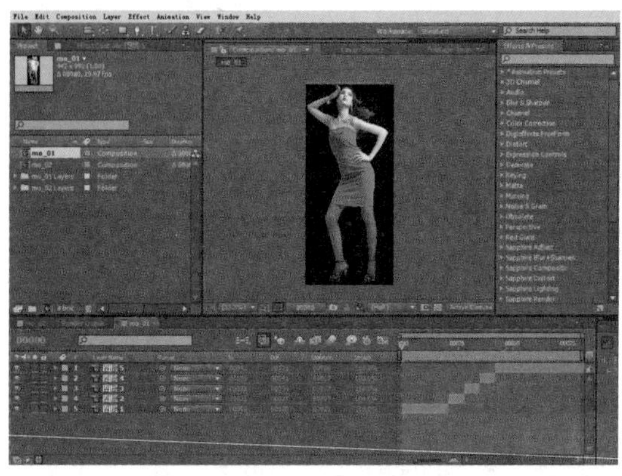

11 在时间线面板中拖动时间滑块，预览图层序列串的动画效果。

↘ 步骤 02 创建 3D 图层

01 选择 File → Import → File 菜单命令。在本书配套光盘中按住〈Ctrl〉键的同时，选中并打开 BJ.psd、xx_01.psd、xx_02 文件。

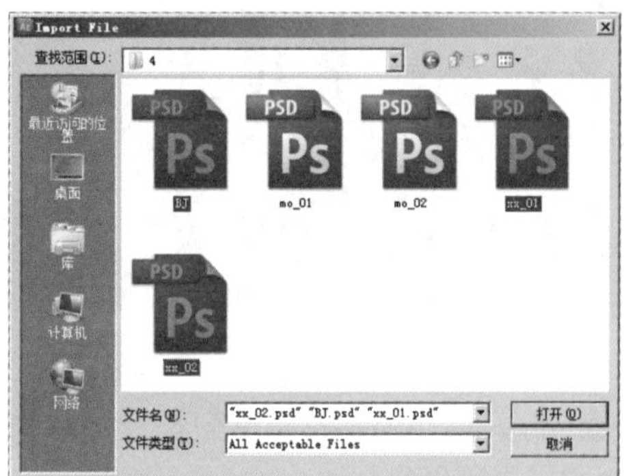

02 在选项对话框中将 Import Kind 设置为 Composition-Cropped Layer, 将 Layer Option 设置为 Merge Layer Styles into Footage，然后单击 OK 按钮。

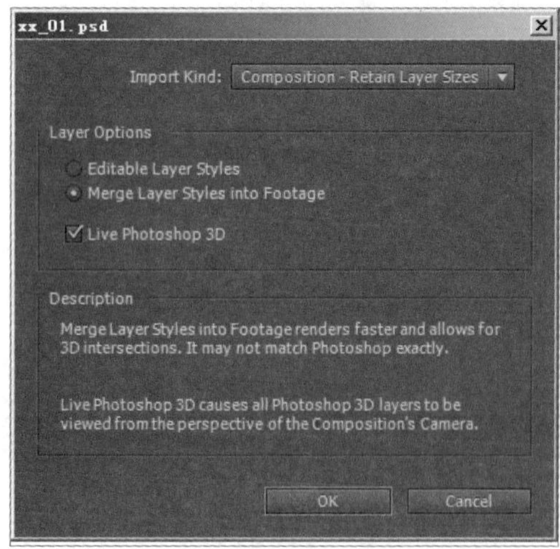

03 此时可见在项目面板中新增了各个合成和图层文件夹。

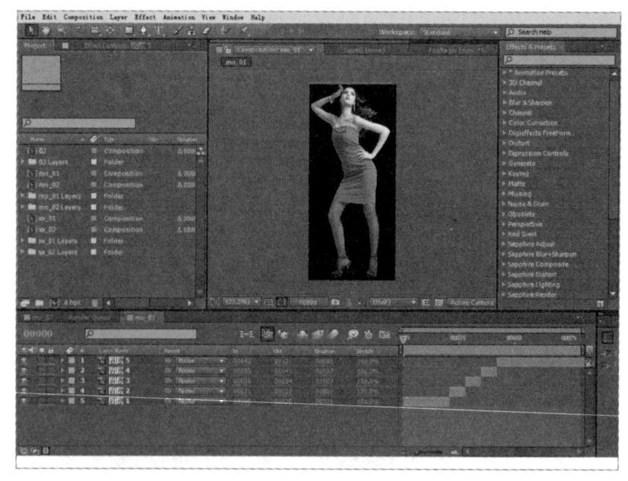

04 双击项目面板中的 xx_01 合成，在合成面板中打开该文件。

05 在选中 xx_01 合成的状态下，选择 Composition → Composition Settings 菜单命令，在选项对话框中进行如下图所示的设置。

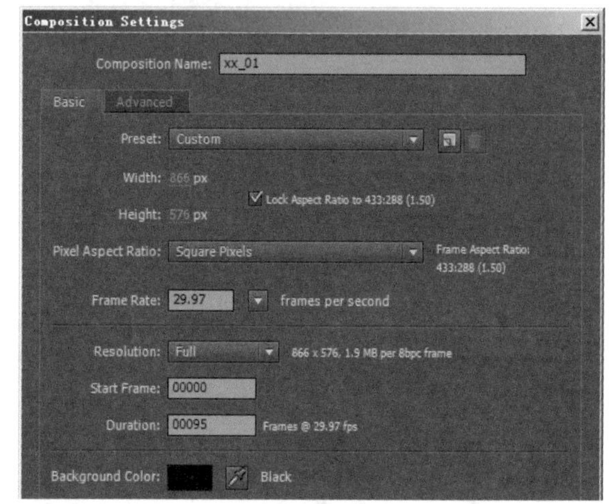

06 关闭 Background 图层的，然后单击除 Background 图层之外所有图层的按钮，将它们转换成 3D 图层。

07 选择 Layer → New → Camera 菜单命令，创建新的摄像机图层，并将 Preset 设置为 35mm。

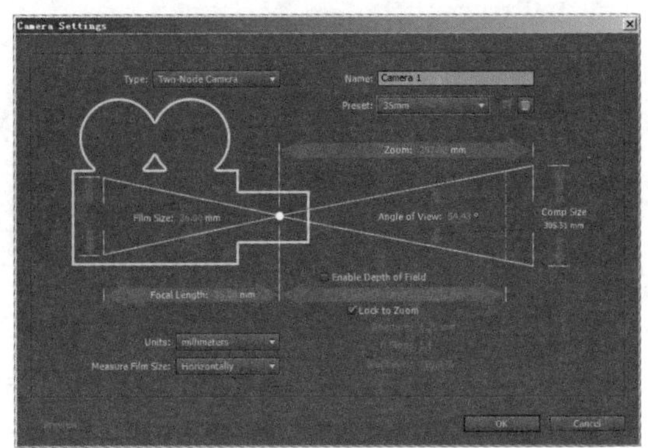

08 选择 Layer → New → Null Object 菜单命令，新建一个空对象图层。

09 单击时间线面板中的 Camera1 图层的按钮，将它指向 Null1 图层。 Null1 图层被设置为 Camera1 图层的父图层。

↘ 步骤 03　制作图层动画

01 打开项目面板中的 BJ Layers 文件夹，单击选中 Field1 图层并将它拖到 xx_01 合成中。

02 将 Field1 图层移到 Background 图层上方，然后单击按钮。

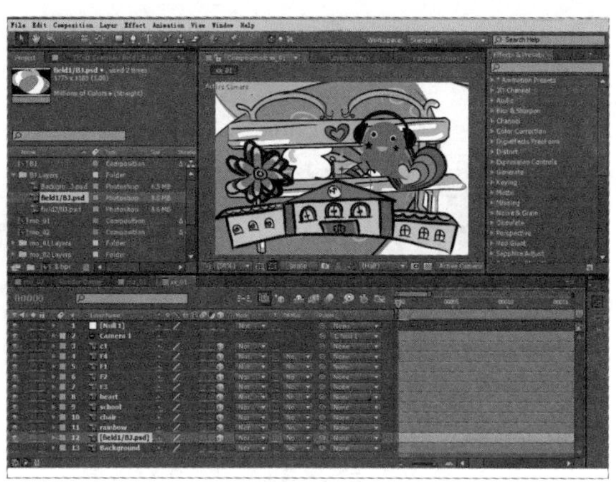

03 为了只显示 C1、school、chair、rain-bow、field1、bg.psd 图层，需要单击●按钮，只有选中的图层才会显示，剩下的图层则不会显示。

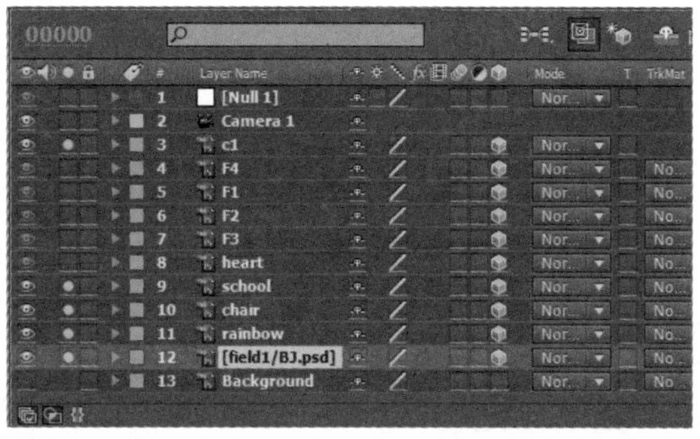

04 选中 field1/BJ.psd 图层，将 X Rotation 值设置为 90。

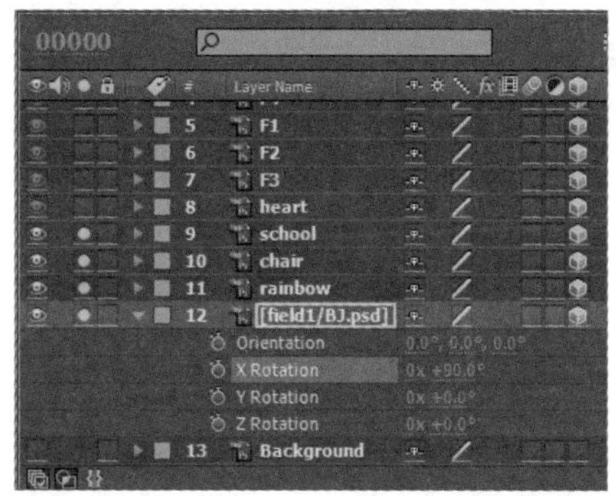

05 选中 chair 图层，并对属性值进行调整。

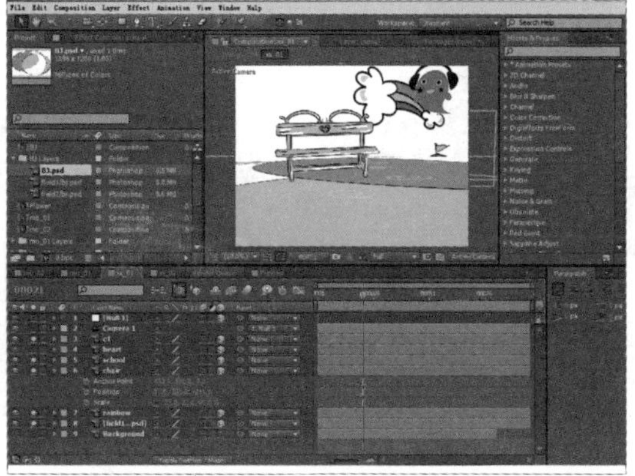

06 单击 Null1 图层的按钮，将时间标尺移动到“45F”时间点后，并设置相应属性值，然后单击按钮以便设置关键帧。

07 在 Null1 图层中的 Position 属性上通过单击按钮设置关键帧。

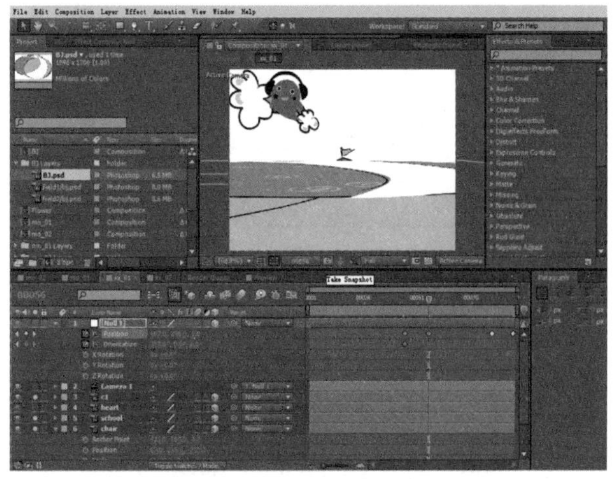

08 选中 chair 图层，在 X Rotation 中设置关键帧。

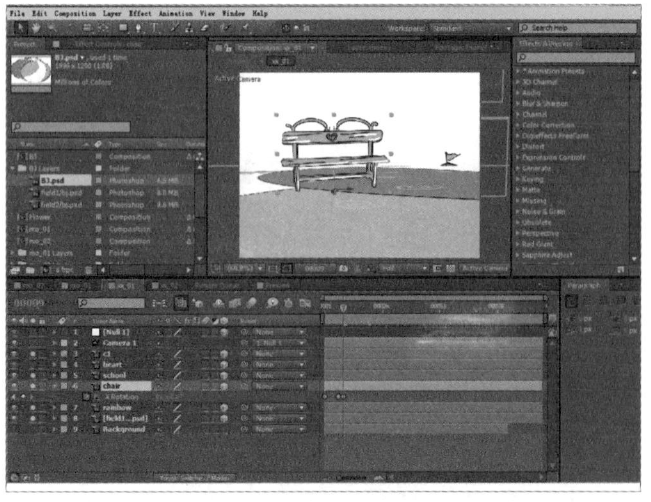

09 选中 rainbow 图层，在相应的时间帧位置通过单击按钮为指定的属性值设置关键帧。

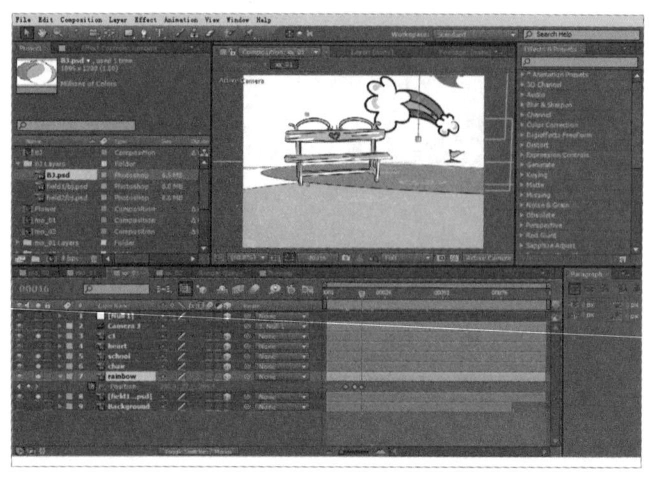

10 选中 C1 图层后，将 Scale 值设为 70%，之后输入属性值并单击按钮，以便设置关键帧。

11 在时间线面板中按住〈Shift〉键的同时，通过鼠标选择除了最下端两个图层和 Comera1、Null1 图层之外的所有图层。之后通过拖动鼠标，将这些图层的长度拉长，以便与合成的长度一致。

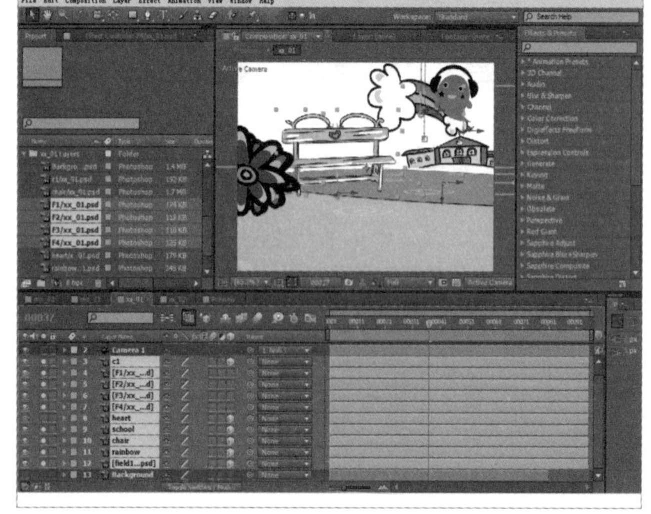

12 选中 school 图层，将 Scale 值设为 70%，并将 Position 值设为 611.5、85.0、627.0。

13 在时间线面板中通过单击鼠标关闭已经激活 ● 按钮的图层，即可看到所有的图层。

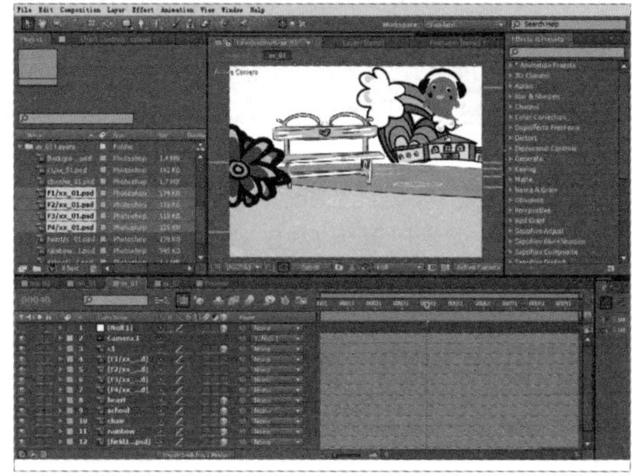

14 在按住〈Shift〉键的同时将 F1 ~ F4 的所有图层全部一次性选定，然后选择 Layer → Pre-compose 菜单命令，对各选项值进行相应设置。

15 Flower 合成将会自动被打开。

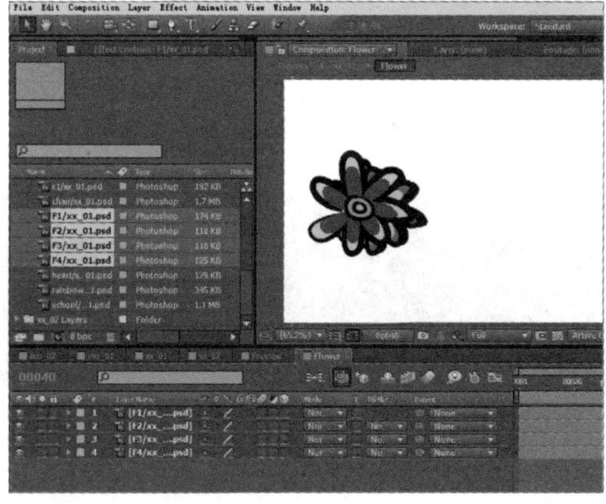

16 在 1F 时间点和 21F 时间点对各图层的 Scale 和 Position 属性设置关键帧。

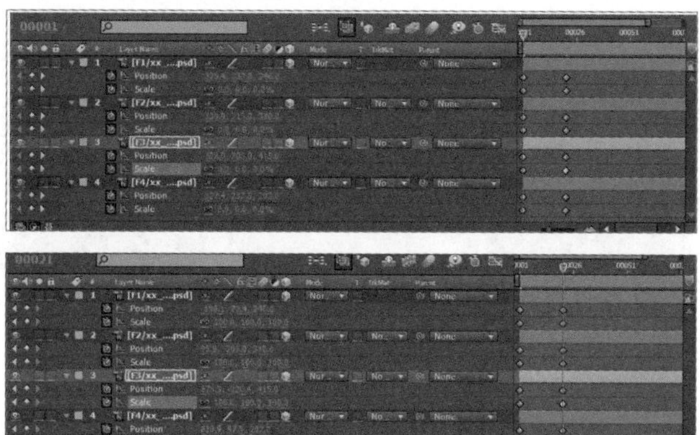

17 按数字键〈0〉预览效果，将会看到花朵从里向外飞散的动画。

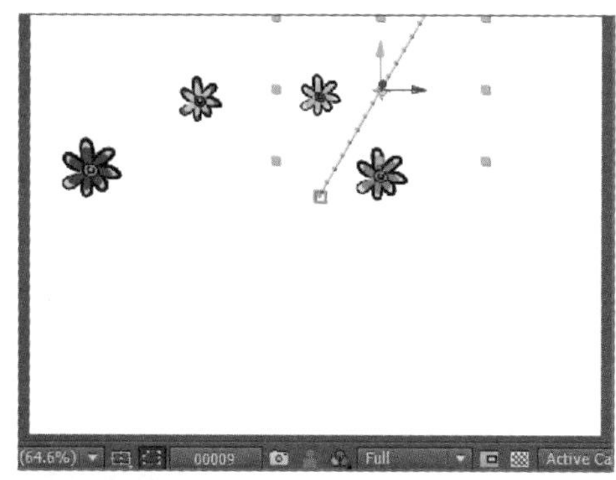

18 在时间线面板中单击按钮，打开选项设置界面。

19 对 Flower 时间线面板中的各个图层的 In 点做出如下图所示的调整。

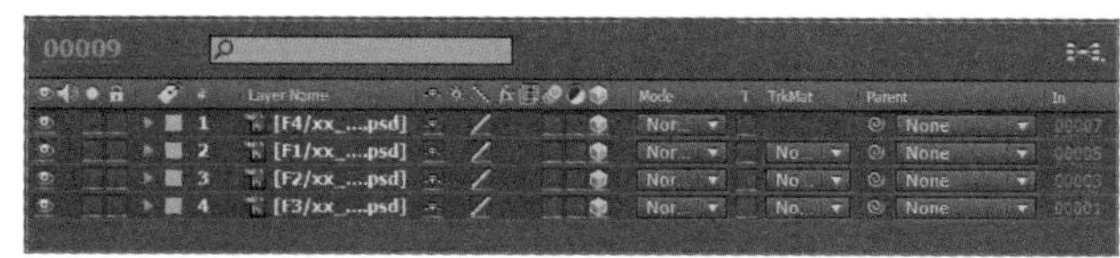

20 在按住〈Shift〉键的同时选中所有图层后，按下〈Ctrl+D〉组合键进行复制，将 In 点向后推移 10F 时间单位。

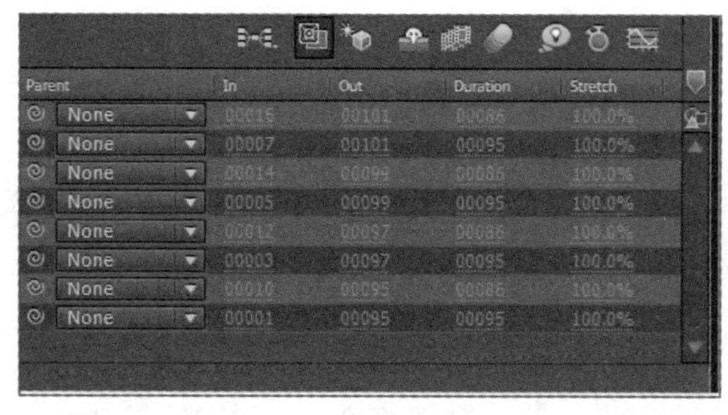

21 再次回到 xx _01 合成，按数字键〈0〉以确认完成的动画效果。

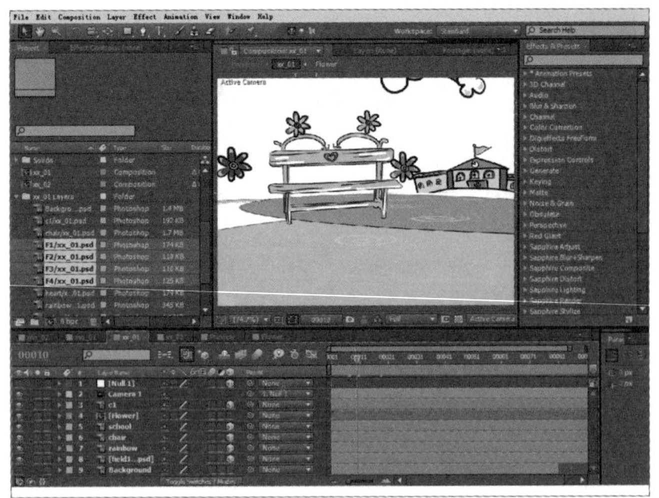

22 将 heart 图层的 Scale 值设置为 190%，将 Position 值设置为 0、126.9、840.9。

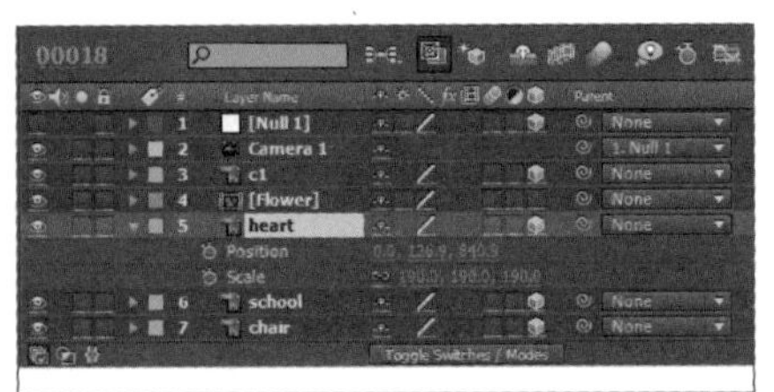

↘ 步骤 04　添加人物合成

01 在项目面板中选中 mo_02 合成，将它拖到 xx_01 合成中并将它移到 C1 图层上方，然后单击按钮。

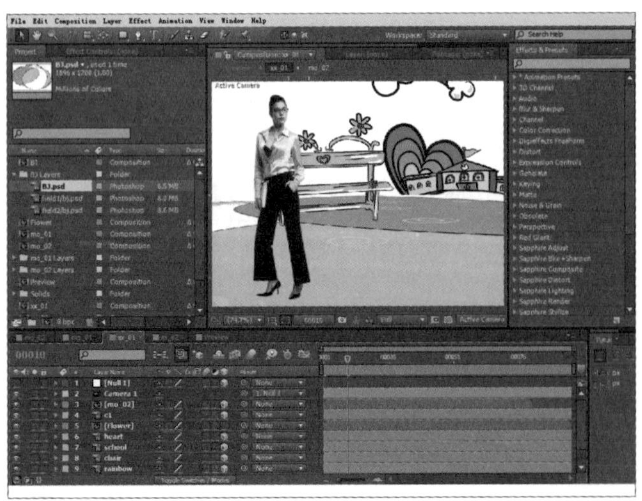

02 将 mo_02 图层的 Anchor Point 挪到图片中的脚下位置，并将它的 Position 属性设置为 154.7、683.4、-32.7。

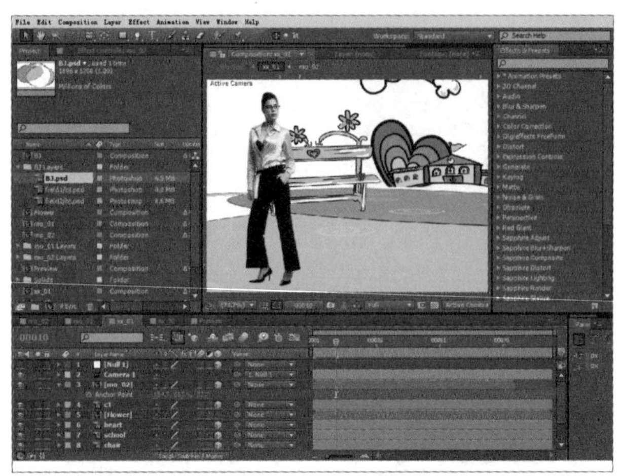

03 将 mo_02 图层的 Scale 属性设置为 19%，将 Position 属性设置为 85.0、238.5、-438.0。

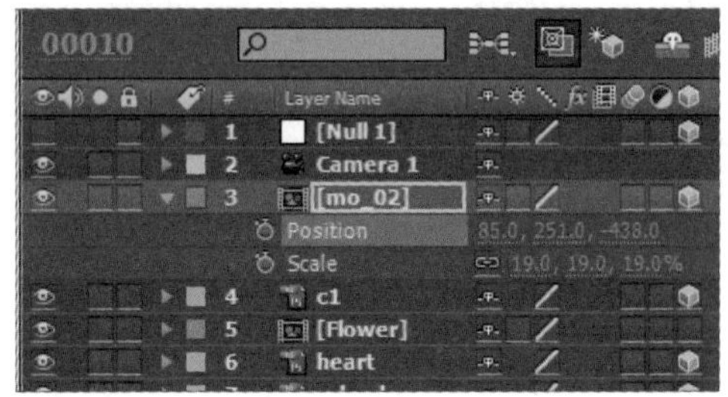

04 在 9F 时间点通过单击按钮对 Position 属性设置关键帧。之后将时间标尺移动到 1F 时间点后，把 Position 调整为 85.0、109.9、-438.0。

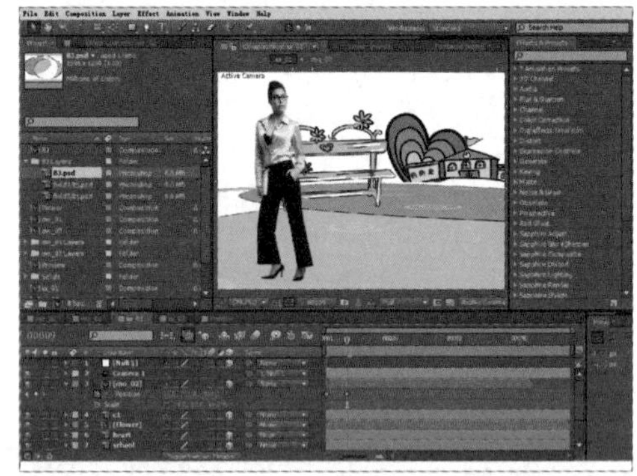

05 在 mo_02 图层的 X Rotation 属性项上单击按钮设置关键帧，以制作有细微跳跃感的动画。

06 在项目面板中选中 mo_01 合成，将它移到 xx_01 合成的 mo_02 图层上方，然后单击按钮。

07 将 mo_01 图层的 In 点设置为 39F。

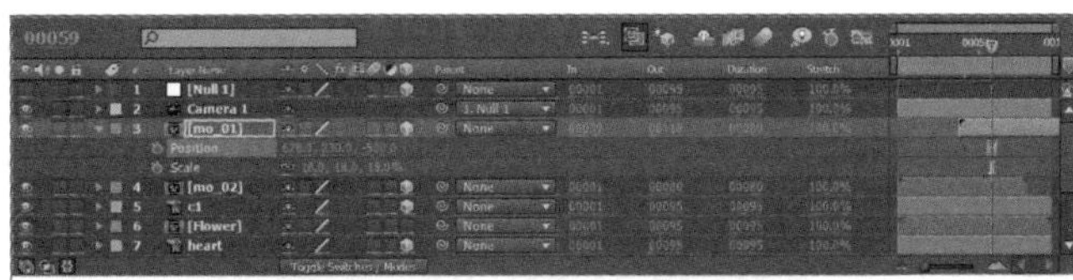

08 将 mo_01 图层的 Scale 设置为 18%，将 Position 属性设置为 628.0、230.0、-500.0。

↘ 步骤 05　制作第二个镜头动画

01 双击项目面板中的 xx_02 合成，打开此合成面板。

02 选择 Composition → Composition Settings 菜单命令，在弹出的对话框中将 Duration 设置为 00120。

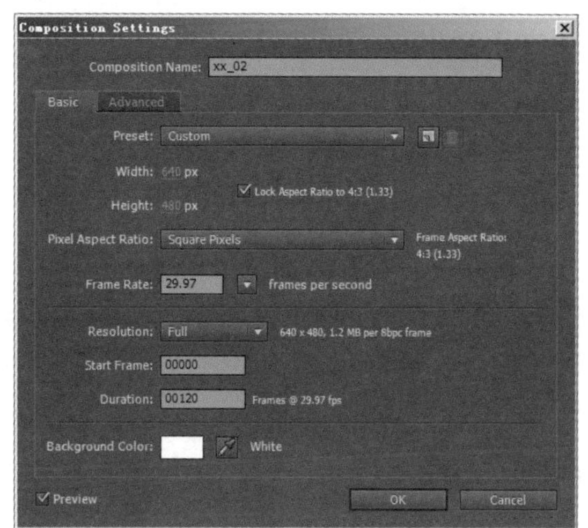

03 选择 Layer → New → Camera 菜单命令，创建新的摄像机图层，并将 Preset 设置为 35mm。

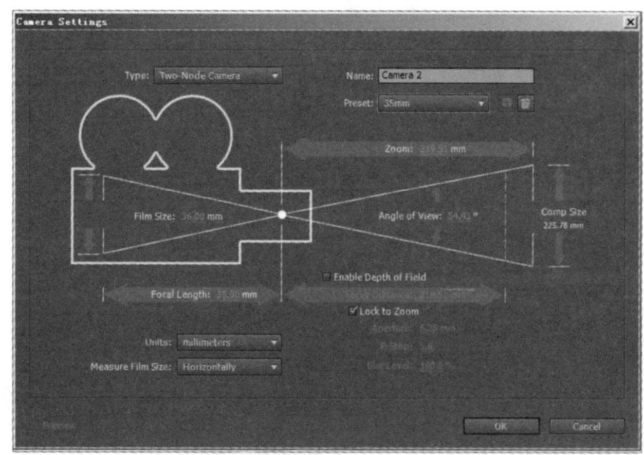

04 选择 Layer → New → Null Object 菜单命令，新建一个空对象图层。

05 在时间线面板中单击 Camera1 图层的◎按钮，将它连接到 Null2 图层，使 Camera1 图层与 Null2 图层建立亲子关系。

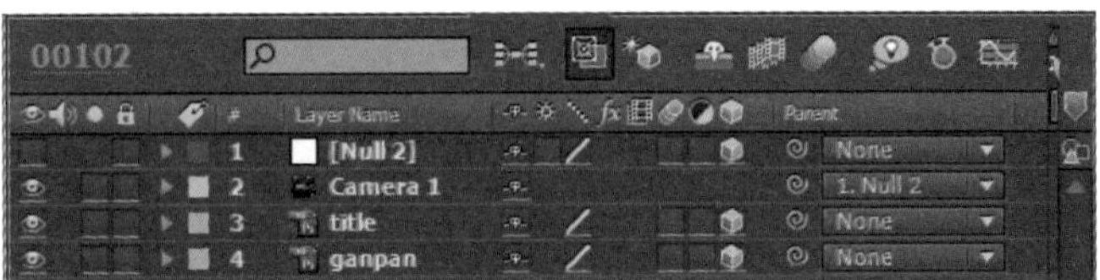

06 将 Null2 图层转换为 3D 图层，然后在项目面板中打开 BJ Layers 文件夹，单击并拖动 fidld2、bj.psd 图层，将它放到 xx_02 的时间线面板中，同样将它转换为 3D 图层。

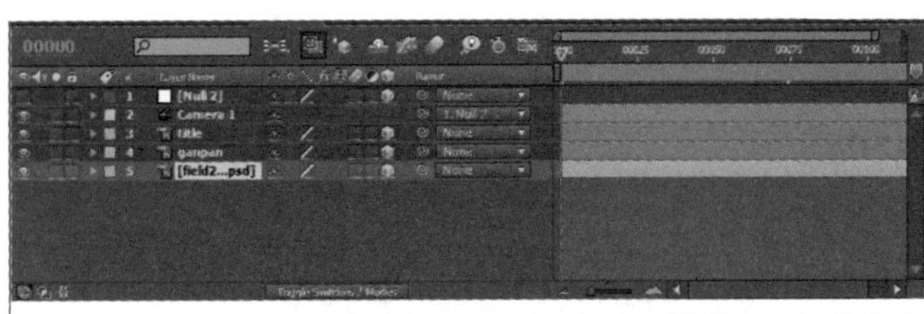

07 将 fidld2、bj.psd 图层的 X Rotation 设为 -90。然后将 Null2 图层的 Position 属性设置为 320、140、-193。

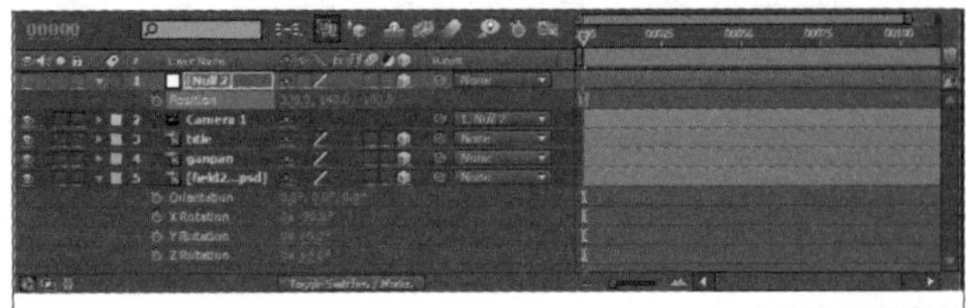

08 选中 Null2 图层，在 0F 时间点通过单击 按钮对 Position 属性项设置关键帧。将时间标尺移动到 40F 时间点后将属性值调整为 320、140、855。

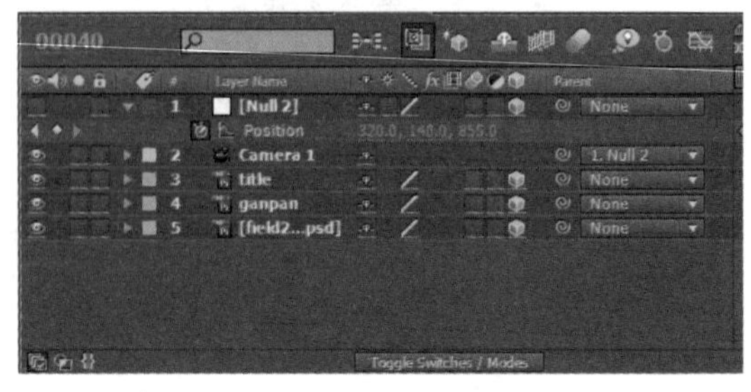

09 在时间线面板选中 title、ganpan 图层，并设置 Scale 和 Position 属性值。

10 将时间标尺移动到 26F 时间点后，单击 title 图层的 Position 属性上的 按钮。之后在 16F 时间点将属性值调整为 396.1、-665.6、795.0。

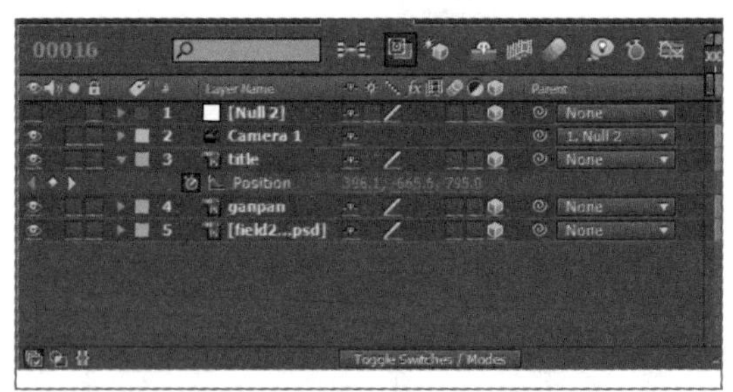

11 在项目面板中将 Flower 合成拖到 xx _02 合成的时间线面板中。

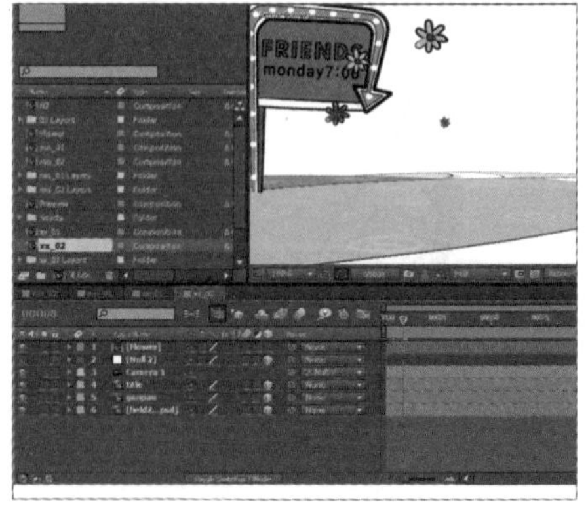

12 单击选中 Flower 图层后，按下〈Ctrl+D〉组合键复制该图层，之后将复制出的图层的 In 点调整为 30F。

13 在项目面板中选择 mo_02 合成，并将它拖到 xx_02 合成的时间线面板中。

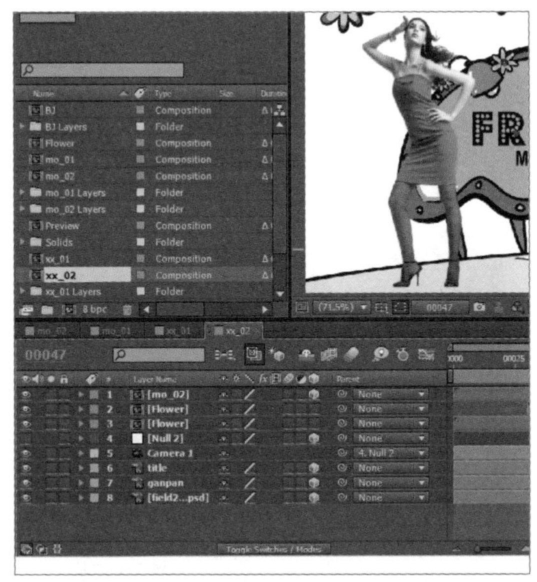

14 单击 mo_02 图层的按钮，之后将 In 点设置为 30，然后在 38F 时间点将 Position 设置为 151、205、1003，并设置关键帧。

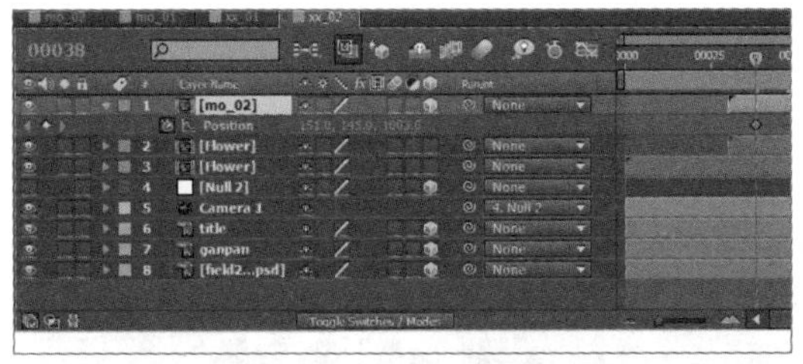

15 在 30F 时间点设置 Position 属性值。

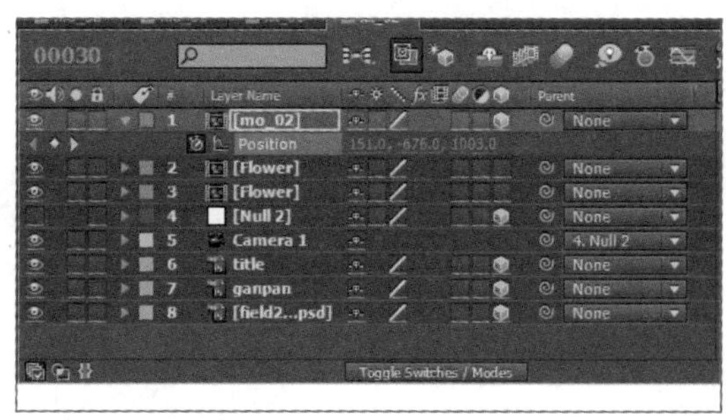

16 选择 Composition → New Composition 菜单命令，打开 Composition Setting 设置对话框并进行相应设置。

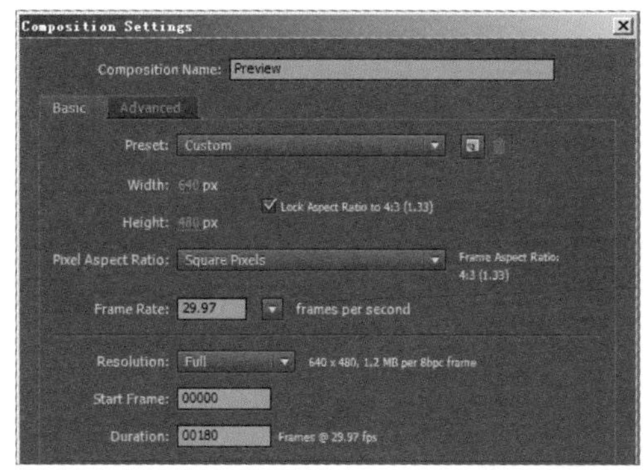

17 在项目面板中选中 xx_01、xx_02 合成并将它们拖到 Preview 时间线面板中。

18 在时间线面板中将 xx_02 图层的 In 点设置为 95F。

19 此例制作完毕，按数字键〈0〉预览最终效果。

案例 108　制作娱乐片头

本案例制作了一个演艺娱乐的片头，片头中包含非常精美的城市元素和背景图案。通过调整图层的 Transform 属性使画面中的元素动起来，并制作出各种场景之间的转场。

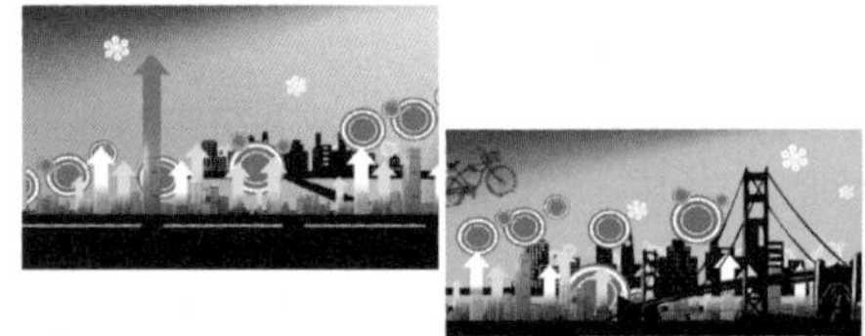

● 光盘路径 | 第 10 章 \ 制作娱乐片头

● 难易指数 | ★★★★★

案例效果分析

核心技术要点：本案例通过调整图层的 Transform 属性使画面中的元素动起来，并制作出各种场景之间的转场。

制作思路分析：使用城市元素及背景图案制作镜头动画。

制作提示

1. 进行动画的基本设置。
2. 制作动画。
3. 给背景添加明暗效果。
4. 打开剩下的两个合成完成动画。

步骤 01　进行动画的基本设置

01 选择 File → Import → File 菜单命令，在本书配套光盘中打开 sc_1.psd 文件。

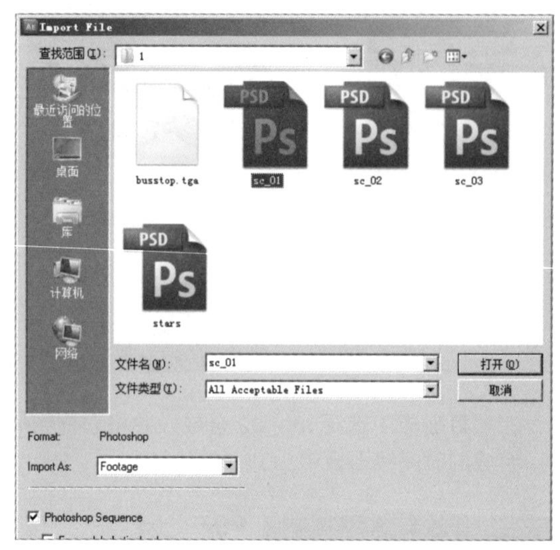

02 在打开的选项对话框中将 Import kind 设置为 Composition，将 Layer Options 设置为 Merge Layer Styles into footage，然后单击 OK 按钮。

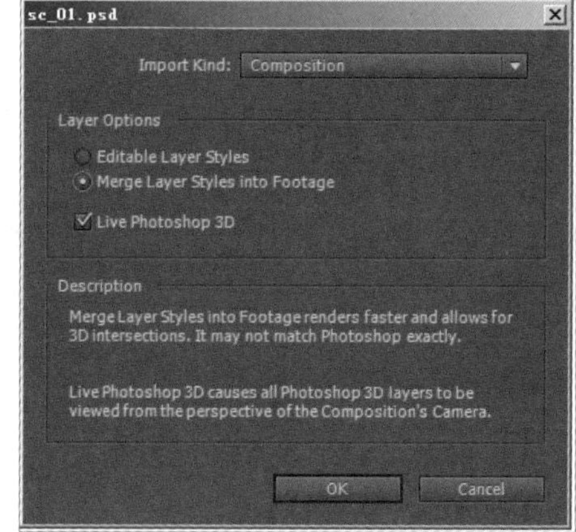

03 此时可见在项目面板生成了 SC_01 合成，双击打开该合成。

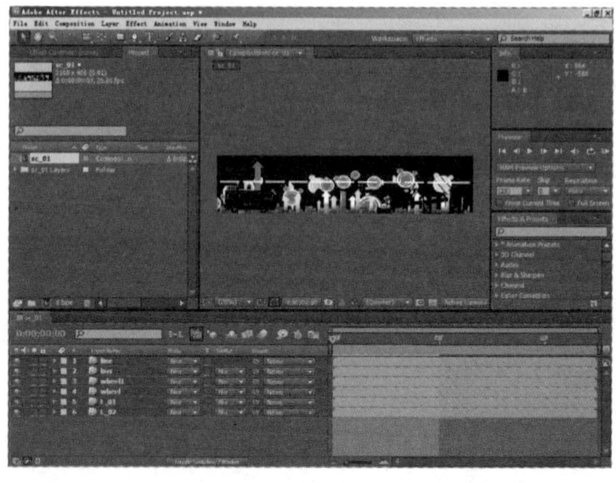

04 在时间线面板的 SC_01 合成标签上单击鼠标右键，选择 Composition Settings 命令。

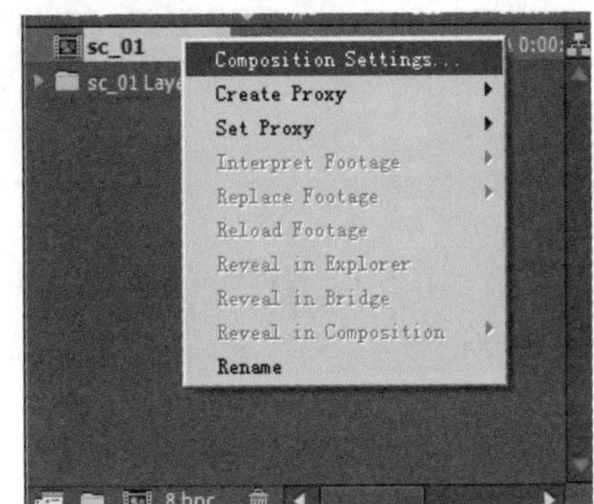

05 在打开的选项对话框中将 Preset 设定为 NTSCD1，将 Duration 设置为 00150，然后单击 OK 按钮。

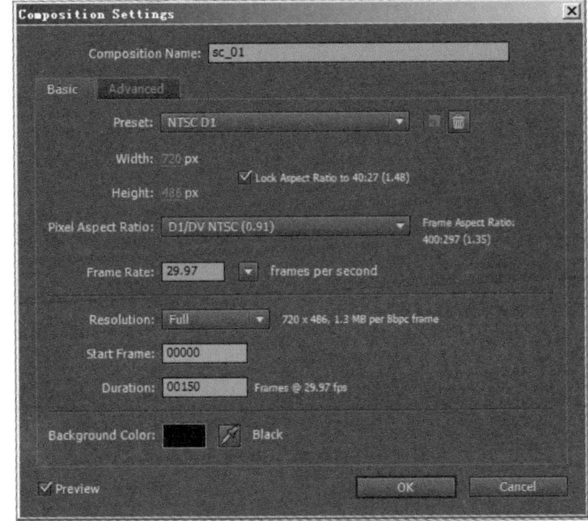

06 将 SC_01 合成中的所有图层的选项打开。

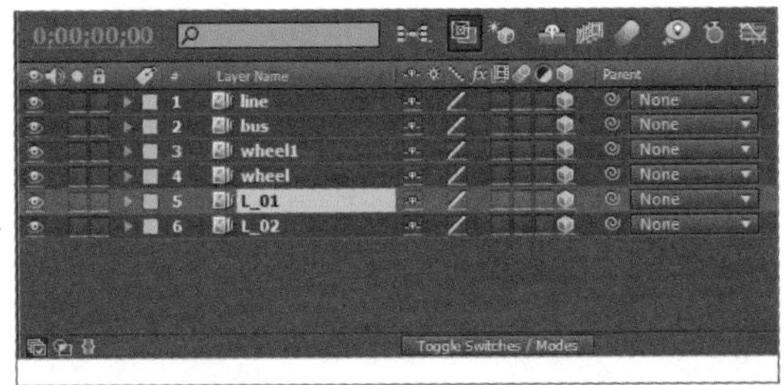

07 选择 layer → New → Camera 菜单命令，创建摄像机图层，设置 preset 为 35mm 后单击 OK 按钮。

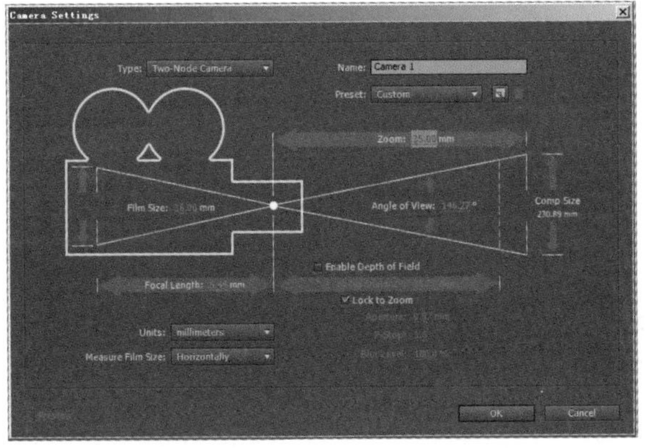

08 选择 Layer → New → Null Object 菜单命令，制作一个 Null 图层，在时间线面板中可以看到创建的 Null1 图层。

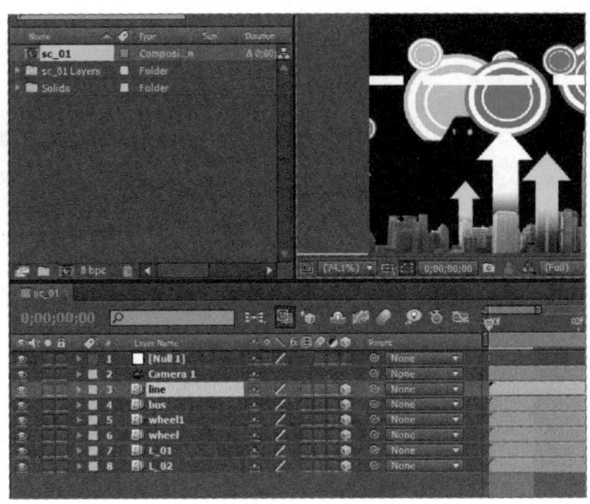

09 在合成面板中将摄像机视图从 1View 调整为 2Views-Horizontal，将左边的选项选定为 Custom View1，之后将面板大小调整到使整个画面都可以看到。

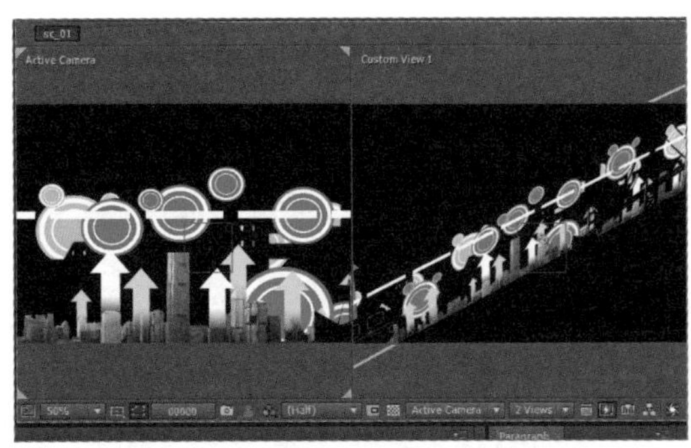

10 选择 Composition → Composition Settings 菜单命令，将项目合成的背景颜色设置为白色。

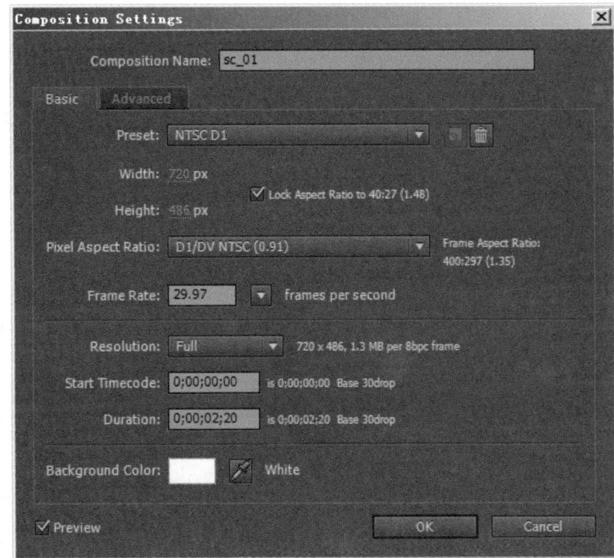

11 选择 Layer → New → Solid 菜单命令，创建固态图层。设置颜色为明亮的橙色，设置 Width 为 2000，设置 Height 为 1350。

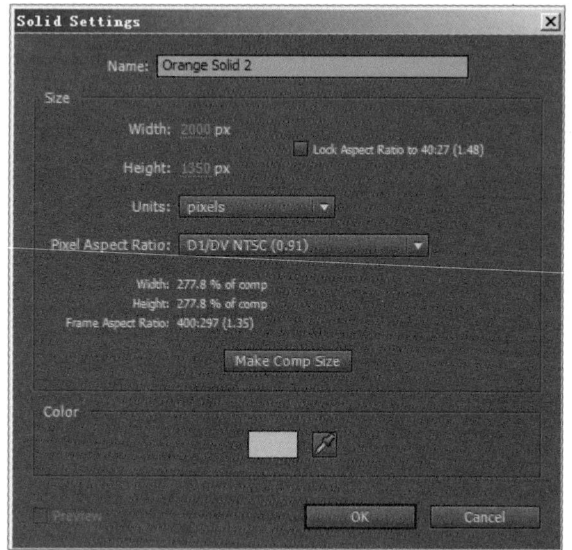

12 单击时间线面板中产生的 Orange Solid 图层的按钮。

13 分别按下〈P〉键和〈S〉键，将 Positoin 的值设置为 360、66、1680，将 Scale 值设置为 180%。

14 在时间线面板上单击 Null1 图层的按钮，然后单击 Camera1 的 Parent，并选择“2.Null1”选项。

15 选择 Layer → New → Solid 菜单命令，创建新的固态图层。设置 Name 为 Road，设置颜色为黑色，设置 Width 为 2000，设置 Height 为 1350。

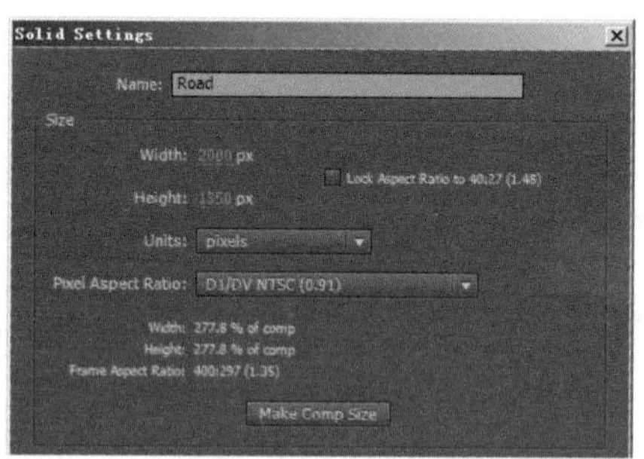

16 在时间线面板中把 Road 图层移动到 Orange Solid1 图层上方，并设置为 3D 图层。

17 然后将 Position 值设置为 350、480、 0，将 Scale 值设置为 100%、25%、100%，将 X Rotation 值设置为 90。

↘ 步骤 02 制作动画

01 将时间标尺移动到 0F 时间点，并将 Null1 图层的 Position 设置为 100、230、0.0，之后单击按钮。

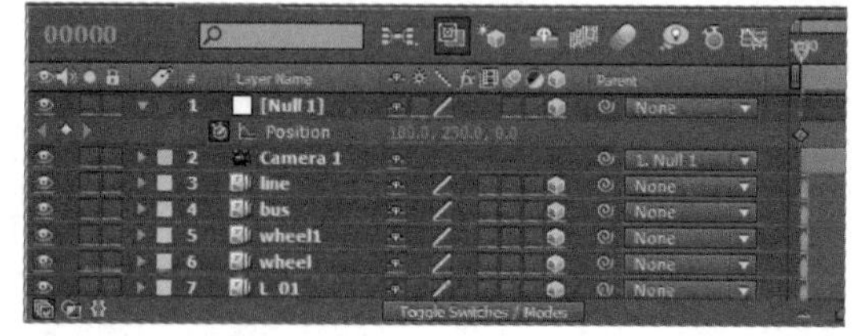

02 将 line 图层的 Position 设置为 480、260、-380，将 Scale 设置为 50%、X Rotation 设置为 -90。

03 将 L_01 图层的 Scale 值设为 70%，将 Position 值设置为 239、277、 -67，此时 L_01 图层贴到了 Road 图层上。

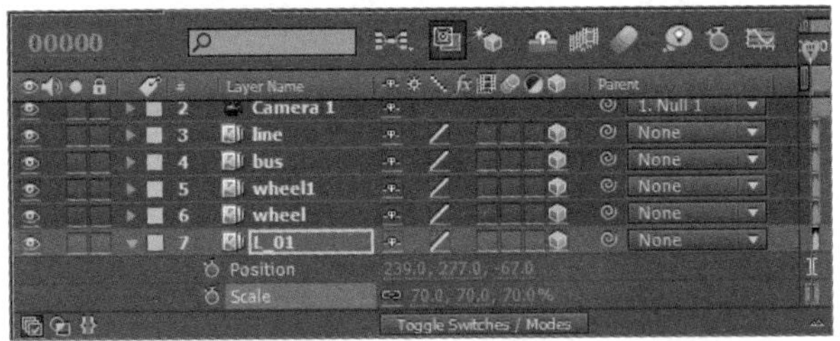

04 在时间线面板中选中 Road 图层后，按下〈Ctrl+D〉组合键进行复制。将新生成的图层重命名为 Road1 之后，只修改其 Position 属性值的 Z 值为 500，将图层排列在画面的后面。

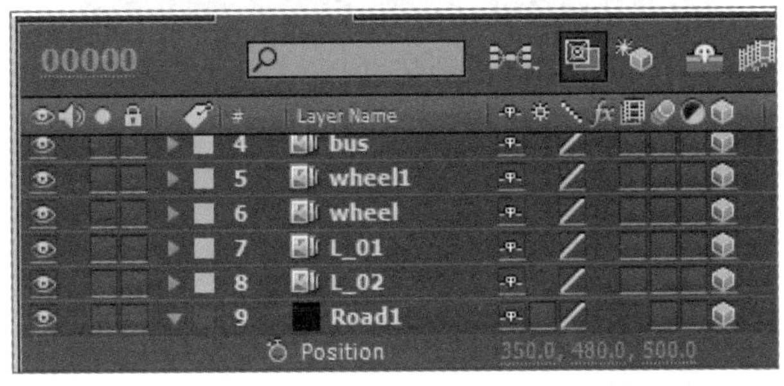

05 将 L_02 图层的 Scale 值设置为 30%，将 Position 设置值调整为 333、263、330，以跟 Road1 图层对齐。

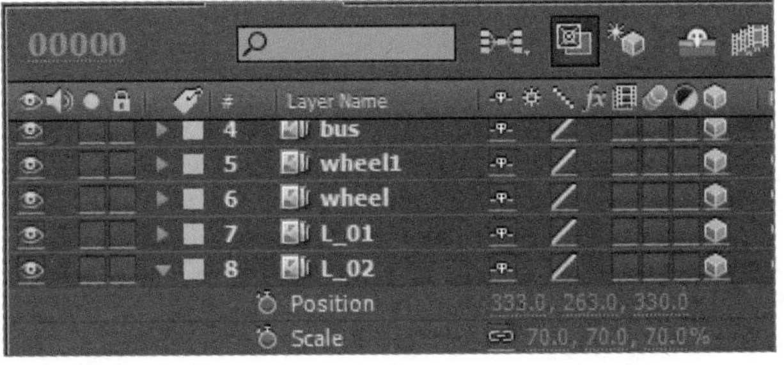

06 现在把合成面板重新换到 1View，画面大小也改为 100%，然后将时间标尺移动到 149F 时间点。

07 将 Null1 图层的 Position 属性值调整为 900.0、230.0、0.0，并以此设置关键帧。

08 在时间线面板选中 Road1 图层后按下〈Ctrl+D〉组合键进行复制，对新生成的 Road2 图层进行相应的选项设置，这是为了制作纵向的道路，以增加画面的立体感。

09 选中 Road2 图层，按〈Ctrl+D〉组合键，将图层复制两次，将新生成的 Road3 图层和 Road4 图层的 Position X 值分别调整为 520 和 699。

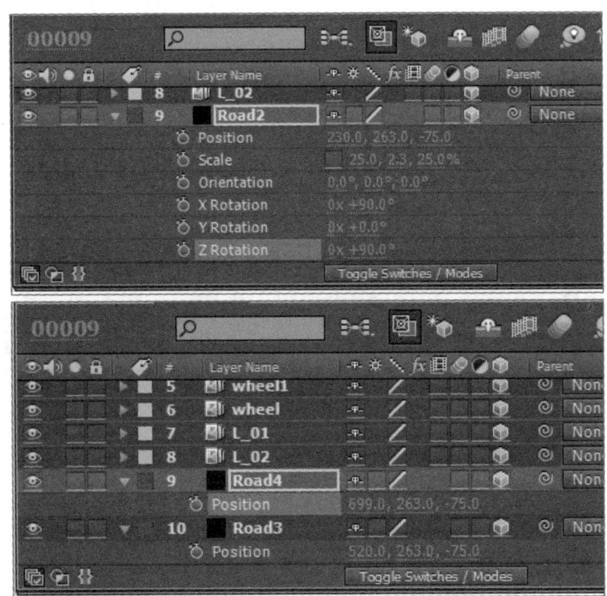

10 在时间线面板单击选中 Wheel 和 Wheel1 图层，将它们的 parent 指定为 4.bus，这样做是为了让两个轮子跟着客车的车身一起移动。

11 把时间标尺移动到 0F 时间点，设置 Bus 图层的 Scale 值为 30%，并将 Position 值调整为 13.3、230.7、-334.3，之后单击⏱按钮。

12 把时间标尺移动到 120F 时间点，调整 Position 的值为 936.6、230.0、-170.0。

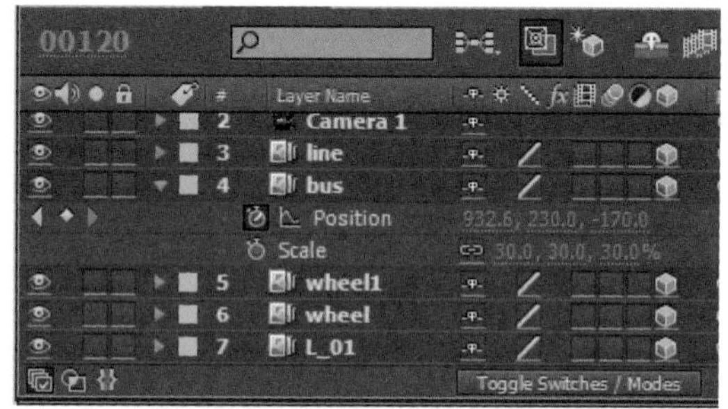

13 按住〈Shift〉键的同时选中 Wheel 及 Wheel1 图层的 Z Rotation 值。把时间标尺放到 0F，设置属性值为“0x+0”，在 120F 时间点上以“2x+0”值设定关键帧。

步骤 03 给背景增加明暗效果

01 选中 Orange Solid1 图层，选择 Effect → Sapphire Lighting → S_Spotlight 菜单命令，应用 S_Spotlight 插件。S_Spotlight 插件是一个外部插件，需要另外安装。这个 Sapphire 插件的效果非常出色，与 Trapcode 插件一样，是使用最为广泛的插件之一。

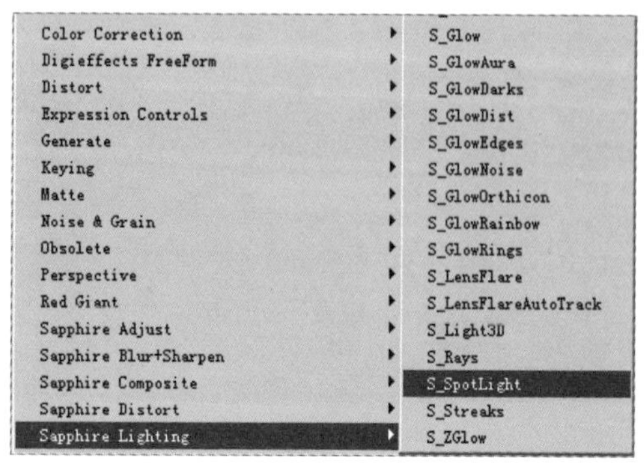

02 在合成面板左侧的特效选项面板中设置相应的选项值。

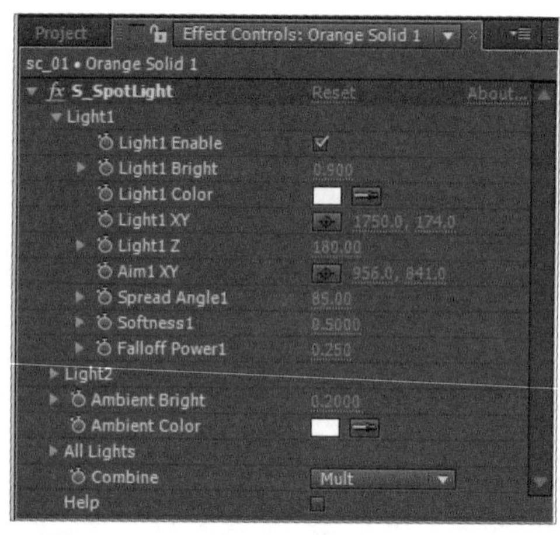

03 单击时间控制面板中的 ▮▶ 按钮，确认动画的效果。

04 选择 File → Import → File 菜单命令，在本书光盘路径中打开 Stars.psd 文件。

05 在弹出的选项对话框中进行相应设置，然后单击 OK 按钮。将文件以 Footage 形式导入的话，将不会有合成信息，导入之后就是整张图片。若是分层文件，设置为 Merged Layers 导入的话，多个图层将被合并为一个。若选择 Choose Layer 单选按钮，则可以将图片中的某一个图层单独导入。如果想要将 PSD 文件中的所有图层全部导入，则需要将图片以 Composition 形式导入，而不是 footage 形式。

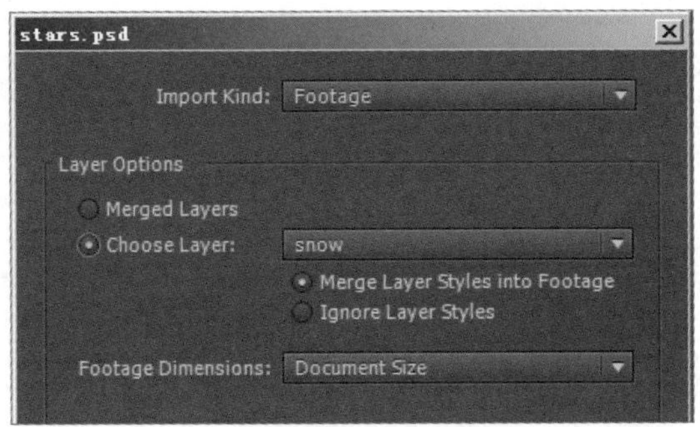

06 将项目面板中的 snows、stars.psd 文件拖到时间线面板中，放置在 Camera1 图层下面。

07 按〈Enter〉键，将其重名为 Snow 之后，单击按钮。

08 将 Snow 图层的 Scale 值调整为 15%，再将 Position 值调整为 1.0、106.0、-222.3。然后按三次〈Ctrl+D〉组合键进行复制，分别调整每个图层的 Position 属性值。

↘ 步骤 04　打开剩下的两个场景完成动画

01 使用步骤 01 中 01、02 的方法分别导入 sc_02.psd 和 sc_03.psd 文件，在项目面板中生成两个合成，在项目面板中分别双击 sc_02 与 sc_03 打开两个合成。

02 选择 Compositoin → New Composition 菜单命令，新建一个项目合成，打开 Composition Setting 对话框进行相应设置。

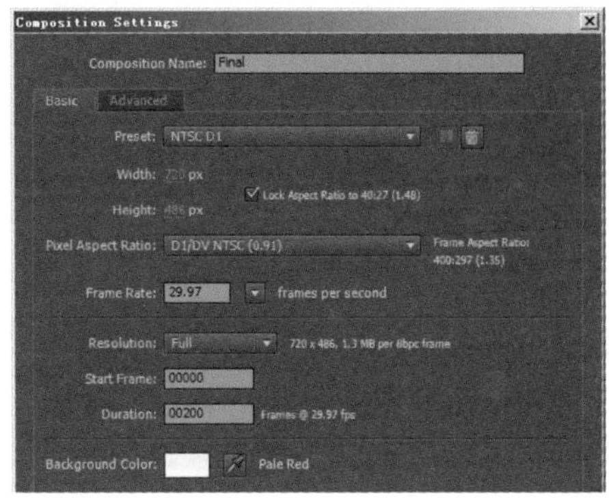

03 在项目面板中将 sc_01、sc_02 和 sc_03 合成拖到时间线面板中。

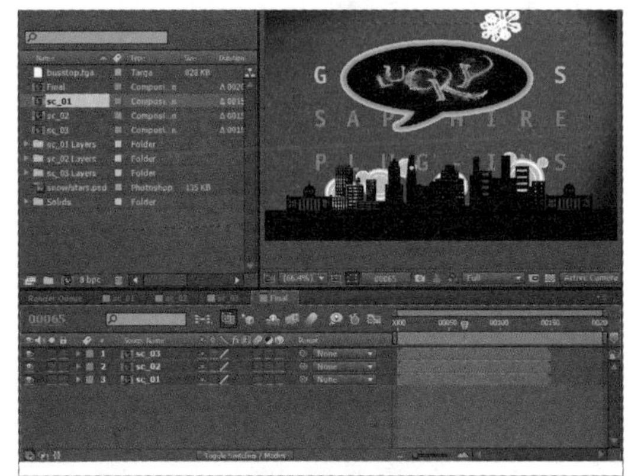

04 选择 File → Import → File 菜单命令，在本书配套光盘中打开 Busstop.tga 文件。

05 在弹出的选项对话框中将 Straight_Unmatted 设置为 Alpha，然后单击 OK 按钮。

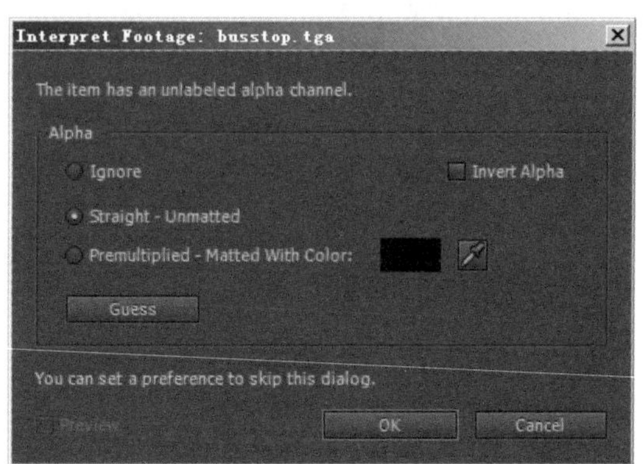

06 将 Busstop.tga 图层拖到 final 合成中，置于 sc_02 图层和 sc_03 图层之间。

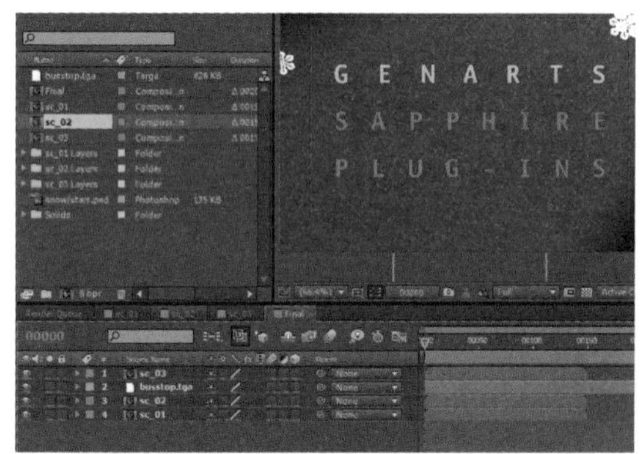

07 将 sc_03 图层的 In 点设置为 105，之后单击 sc_02 图层的时间条前端，并将它拖动到 59F 时间点，In 点变为 59，Out 点则没有变化。

08 将 Busstop.tga 图层的 Scale 值设置为 62%。然后在 Position 值上设置关键帧。

09 选中 sc_02 图层，按下〈Ctrl+Shift+N〉组合键应用遮罩。

10 在 75F 时间点上给 MaskMask Path 设置关键帧。

11 将时间标尺移动到 60F 之后，在工具栏中选择▶工具。

12 选择遮罩上的点，通过拖动将遮罩向右侧外部拖动，系统自动为 Mask 记录关键帧。

13 随着 Busstop.tga 的移动，sc_02 图层将出现，如果位置不准确的话，需要边移动边调整。

14 sc_02 图层在当前位置 360、243 上，单击⏱按钮设置关键帧，在 sc_03 图层将位置调整到 360、728 上，单击⏱按钮设置关键帧。

15 将时间标尺移动到 105F 时间点，选中 sc_02、sc_03 图层，按〈P〉键打开 Position 面板。

16 将时间标尺移动到 119F 时间点，将 sc_02 图层的位置调整到 360、-244，将 sc_03 图层的位置调整到 360、243。

17 按数字键〈0〉预览最终效果。

案例 109 制作专题片头

本案例使用 Collage 技法制作广播节目的专题片头，使用多种 PSD 的分层元素来营造画面的氛围。通过本案例的制作将使读者熟悉图层的 Parents 和 Transition 实际应用技法，能够轻松应对图层动画，以及场景之间的转场问题。

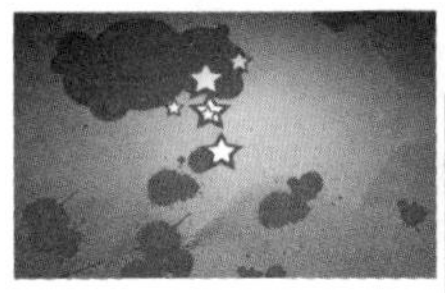

● 光盘路径 | 第 10 章 \ 制作专题片头

● 难易指数 | ★★★★★

案例效果分析

核心技术要点：本案例使用 Collage 技法制作广播节目的专题片头，并使用多种 PSD 的分层元素来营造画面的氛围。

制作思路分析：熟练使用 PSD 文件，熟悉图层的 Parents 和 Transition 实际应用技法。

制作提示

1. 导入 PSD 文件，布置场景。
2. 建立 Parent 关系制作动画。
3. 利用灯光表现画面元素的空间感。
4. 使用遮罩动画制作转场。

↘ 步骤 01 导入 PSD 文件，布置场景

01 选择 File → Import → File 菜单命令，打开本书光盘路径中的 sc_01.psd 文件。

02 在弹出的选项对话框中将 Import Kind 设置为 Composition-Retain Layer Sizes，将 Layer Options 设置为 Merge Layer Styles，之后单击 OK 按钮。

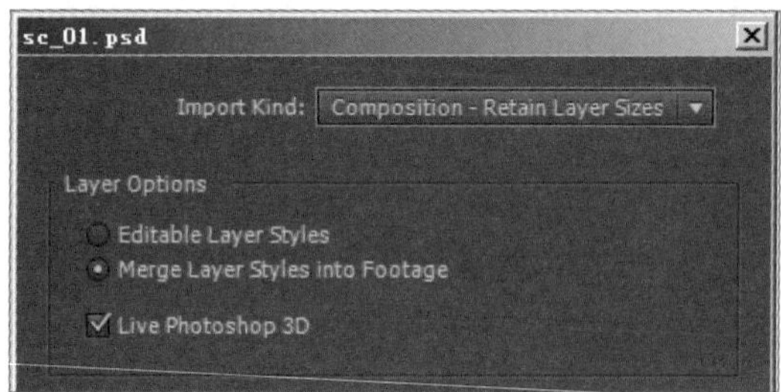

03 此时可见在项目面板生成了 sc_01 合成，双击该合成将它打开。

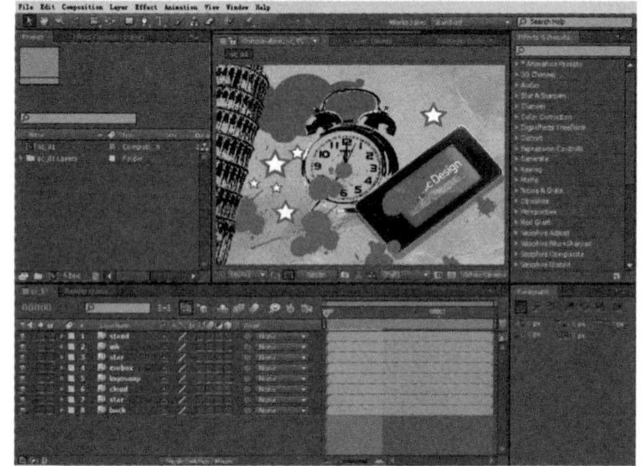

04 在时间线面板中的 sc_01 标签上单击鼠标右键，选择 Composition Settings 命令。

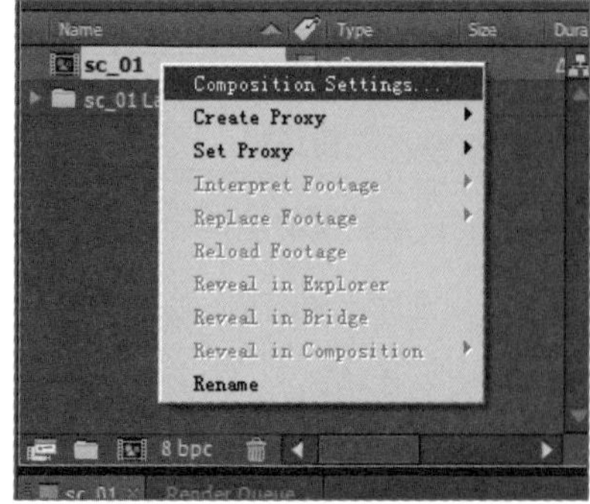

05 在 Composition Settings 对话框将 Preset 设置为 NTSCD1，将 Duration 设置为 00080，之后单击 OK 按钮。

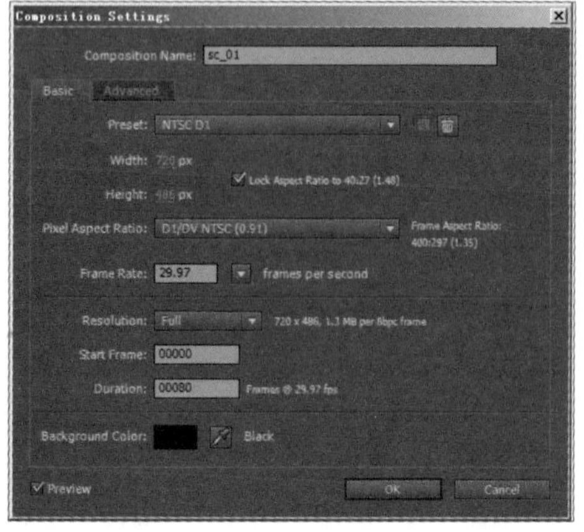

06 单击 sc_01 合成内的所有图层的按钮，打开它们的 3D Layer 选项。在按住〈Shift〉键的同时选中所有图层，单击〈P〉键打开 Positoin 设置选项，调整 Position 的值。

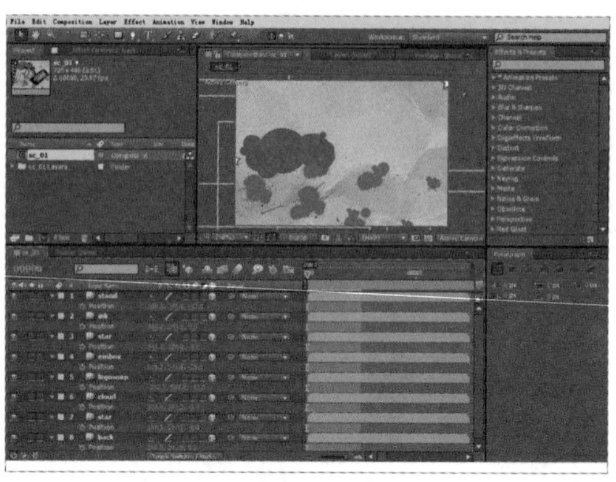

步骤 02 建立 Parent 关系制作动画

01 选择 File → Import → File 菜单命令，打开本书光盘路径中的 hand.psd 文件。

02 在弹出的选项对话框中，将 Import Kind 设置为 Composition-Retain Layer Sizes，将 Layer Options 设置为 Merge Layer Styles into Footage 后，单击 OK 按钮。

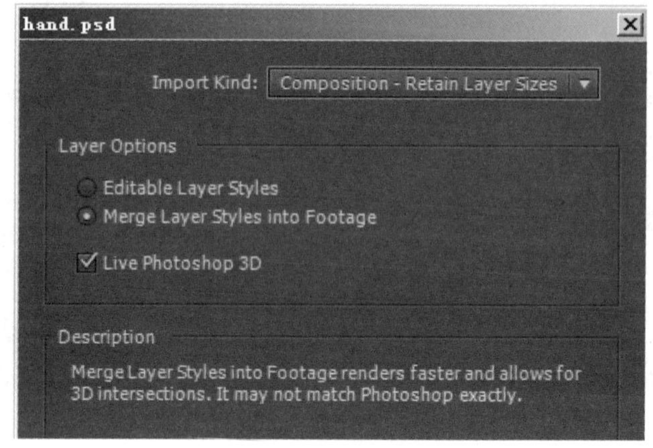

03 在项目面板中双击打开 Hand Layers 文件夹，同时选中 hand01、hand02 图层，将它们拖动到 sc_01 时间线面板。

04 把 embox 图层放在中间，把 hand01 图层置于下方，把 hand02 图层置于上方，然后单击按钮，设置 3D 图层。

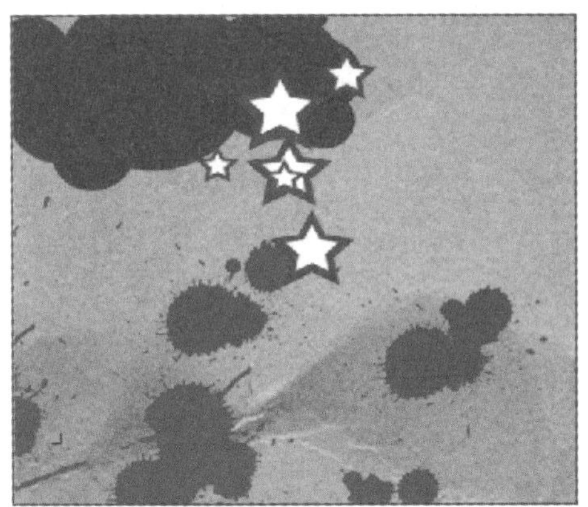

05 选中 logosoap 图层，在 0F 时间点上对 Position 设置关键帧。

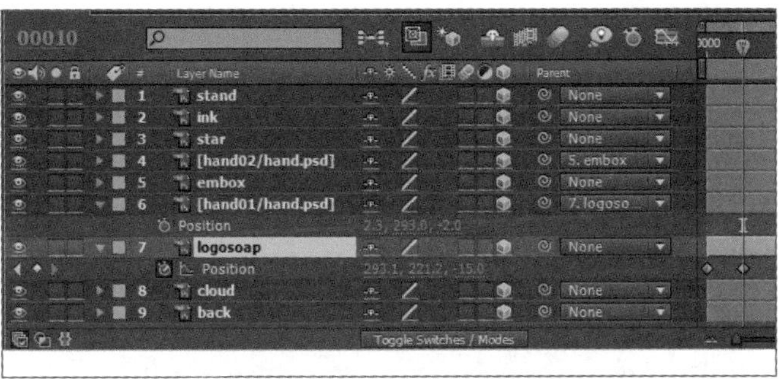

06 将时间标尺移动到 10F，将 Position 的设置值调整为 293.1、221.2、-15.0。

07 将时间标尺移动到 10F 时间点，单击打开 hand01 图层的 parent 设置项，将它指定为 7.logosoap，之后将 hand01 图层的 Position 的设置值调整为 2.3、293.0、-2.0。

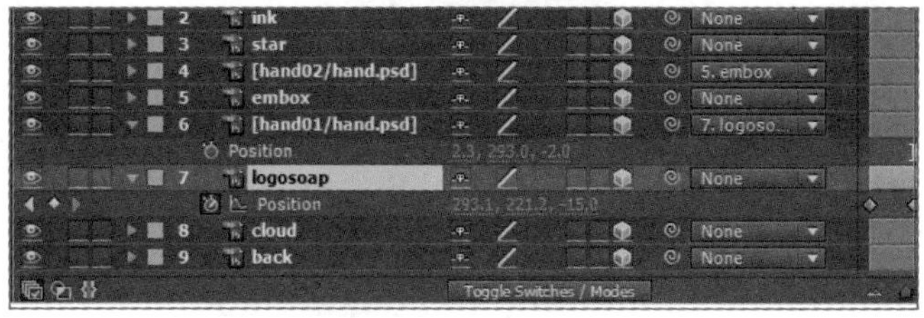

08 让 hand01 图层随着 logosoap 图层一起移动。

09 选中 Embox 图层，在 23F 时间点上对 Position 设置关键帧，在 31F 时间点上将 Position 的设置值调整为 348.6、242.2、-25.0。

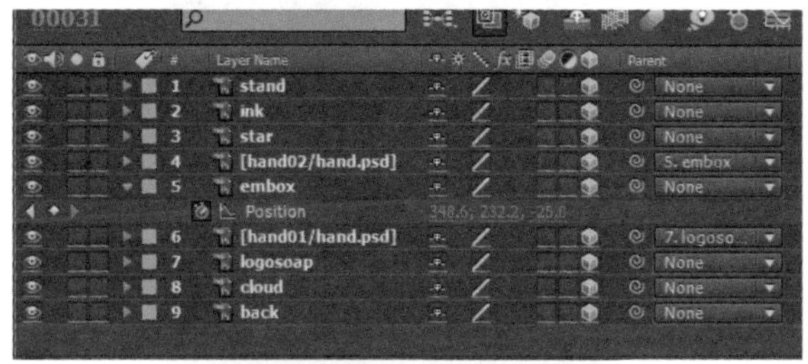

10 将时间标尺移动到 31F 时间点，单击 hand02 图层的 Parent 设置项，指定 5.embox。

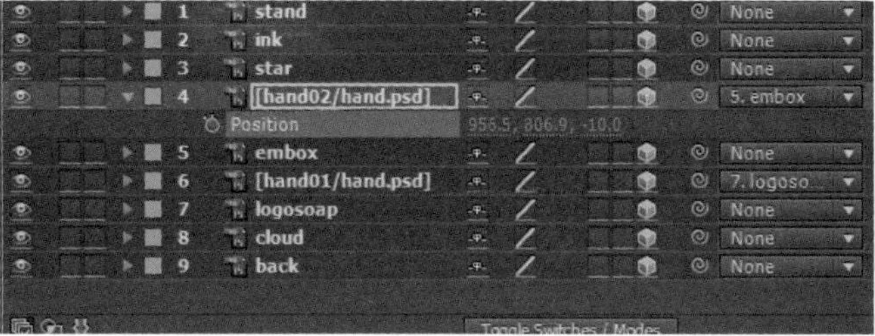

11 将 hand02 图层的 Position 设置为 318.8、251.4、-1.0。

12 把时间标尺移动到 33F，在 hand02 图层的 Position 上设置关键帧，在 39F 时间点上将 Position 设置为 719.5、484.6、-1.0。

13 把时间标尺移动到 13F 之后，在 hand01 图层的 Position 上设置关键帧，在 20F 时间点上调整设置值为 -274.4、641.3、-2.0。

14 选中 Cloud 图层，按〈Ctrl+D〉组合键将它复制，将新生成的 Cloud2 图层的 Position 属性值调整为 633.3、52.3、-3.0，将 Scale 调整为 57%。

步骤 03　利用灯光表现画面元素的空间感

01 选择 Layer → new → Light 菜单命令，调整各设置项之后单击 OK 按钮。

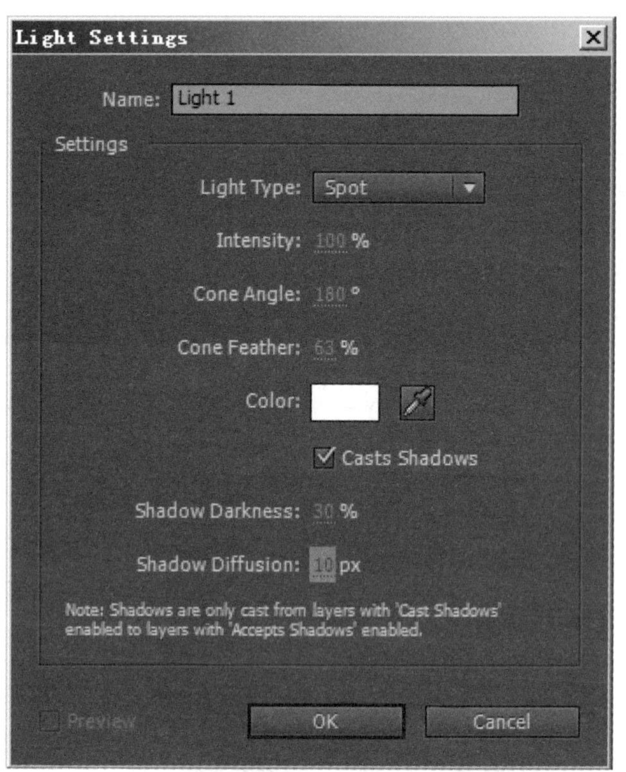

02 打开 Light1 图层的属性项目，设置各属性值，将 Light OptionsIntensity 属性值设置为 110%。

03 按住〈Shift〉键的同时将 Light1 与 back 图层之外的图层全部选定。

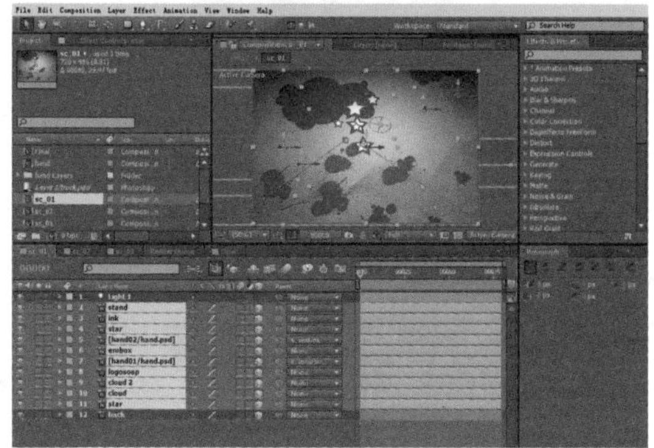

04 在选中这些图层的情况下，单击图层名左侧的三角形图标，打开选项设置界面。单击 Material OptionsCasts Shadows 的 Off 按钮，将其切换到 ON，即可看到画面中出现了阴影。

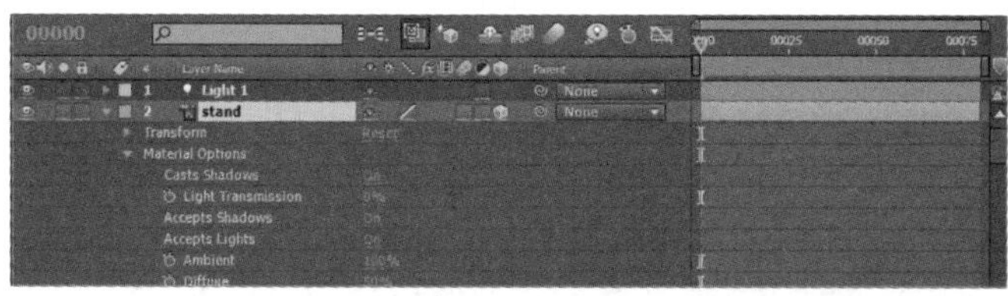

05 在预览控制面板单击按钮，预览效果。

↘ 步骤 04 使用遮罩动画制作转场

01 使用步骤 01 中 01、02 的方法分别导入 sc_02.psd 和 sc_02.psd 文件，在项目面板中生成两个合成。在项目面板中分别双击 sc_02 与 sc_03 打开两个合成。

02 选择 Composition → New Composition 菜单命令，打开选项对话框。将 Name 设置为 Title，将 Preset 设置为 NTSC D1，将 Duration 设置为 00150，将 Name 项设置为 Final。

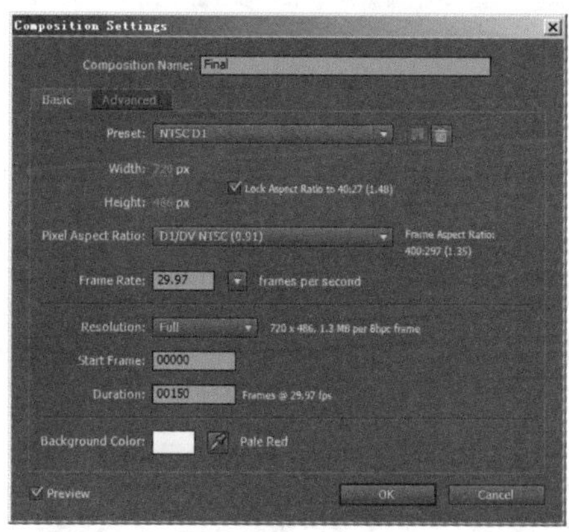

03 在项目面板中将 sc_01、sc_02、sc_03 合成拖动到 Final 合成中来，并将 sc_02 合成的 In 点指定为 53、sc_03 的 In 点指定为 80。

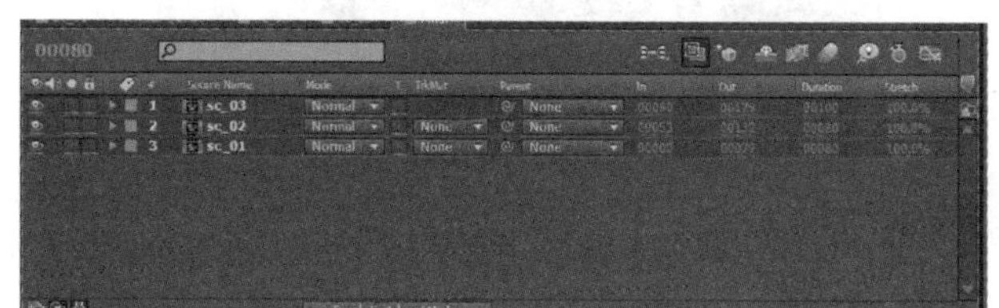

04 选择 File → Import → File 菜单命令，打开本书光盘路径中的 truck.psd 文件。

05 打开选项对话框，将 Import Kind 设置为 Footage，在 Layer Options 选项组中设置 Choose Layer 为 Layer1。

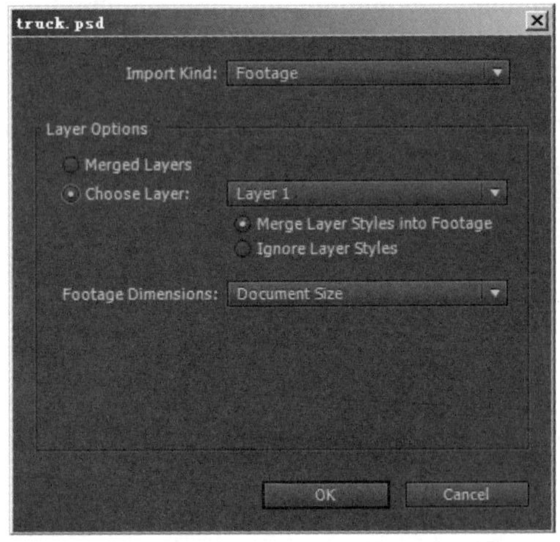

06 在 truck 图层的 Position 上设置关键帧，在 50F 时间点上指定位置 1165、243，在 63F 时间点上指定位置 -453，243。

07 在项目面板中将 truck 图层拖动到时间线面板，并将它置于 sc_02 图层之上，将 In 点设置为 50。

08 在 sc_02 图层的 Position 上设置关键帧，在 53F 时间点上指定位置 1081、243，在 63F 时间点上指定位置 360、243。

09 在项目面板中单击 hand Layer 文件夹的箭头按钮，将它打开，将 hand03 图层拖动到 Final 时间线面板中，并将其 In 点设置为 80。

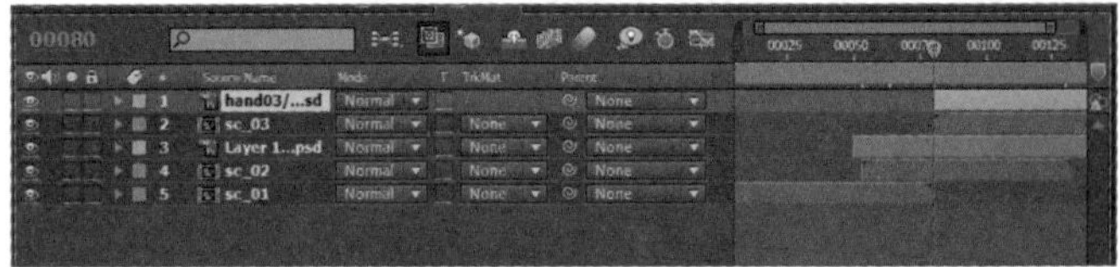

10 设置 hand03 图层的 transform 属性值。

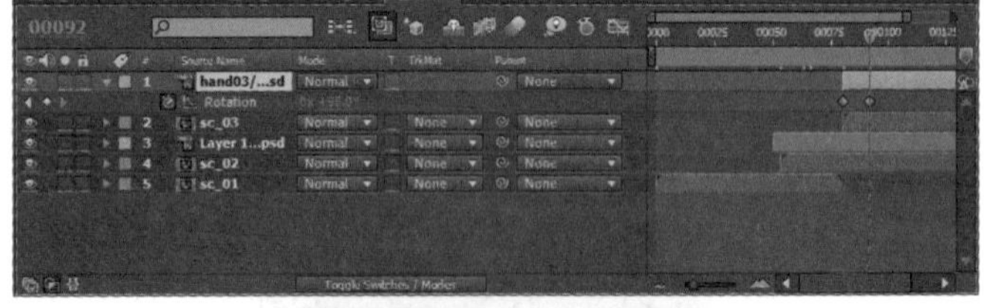

11 在 80F 时间点上单击 Rotation 属性项前的⏱按钮，然后在 92F 时间点上将其设置值调整为 96。

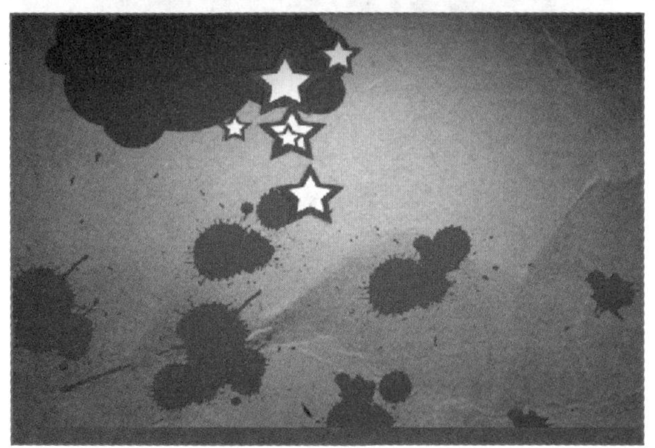

12 选择 sc_03 图层，按〈Ctrl+Shift+ N〉组合键应用遮罩，之后在 92F 时间点处设置关键帧，以便让 sc_03 随着手的移动出现。

13 在时间线面板中的 Mask path 上单击鼠标右键，然后选择 Add Keyframe 命令，或直接单击⏱按钮为其设置关键帧。

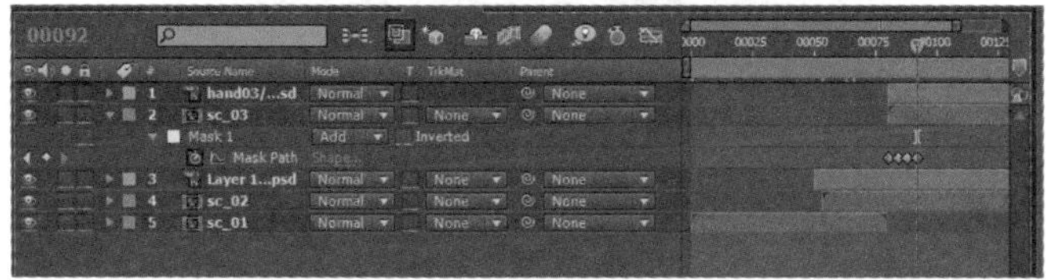

14 在 88F 时间点对遮罩的形状进行调整，关键帧将自动生成。

15 在 84F 时间点上对遮罩的形状进行调整。

16 在 80F 时间点上将遮罩的形状调整到画面以外。

17 按数字键〈0〉预览最终效果。

案例 110 制作电视频道包装

本节介绍网络电视频道包装技法，并模拟出一个实际的作业项目，制作出类似的影片作品。

● **光盘路径** | 第 10 章 \ 制作电视频道包装

● **难易指数** | ★★★★★

案例效果分析

核心技术要点：本案例利用 Belief 公司的 UPN 网络电视频道包装技法，模拟出一个实际的作业项目，制作出类似的影片作品。

制作思路分析：首先为背景素材制作光线流动和反射效果，再制作线条动画、波形动画和摄像机动画。

制作提示

1. 利用遮罩动画技术制作光线流动效果。
2. 制作线条动画。
3. 制作摄像机动画。
4. 制作波形动画。

↘ 步骤 01 制作光线流动效果

01 选择 File → Import → File 菜单命令，打开本书配套光盘中的两个文件。按住〈Ctrl〉键的同时选中 8-03 .mp3 和 bg.jpg 文件，然后打开。

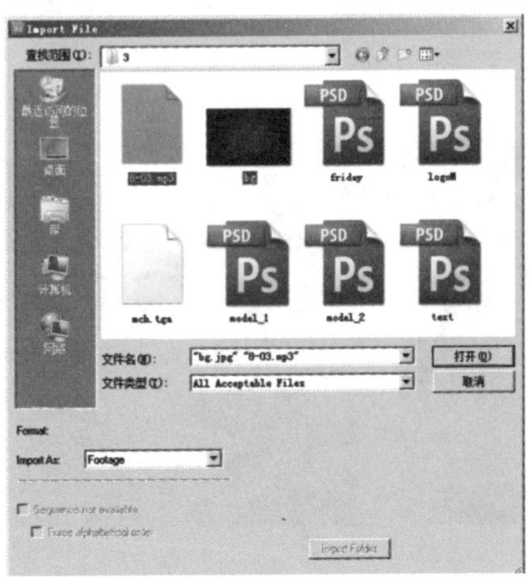

02 重新选择 File → Import → File 菜单命令，在本书配套光盘中按住〈Ctrl〉键的同时，选中 logoM. psd、model_1.psd、model_2.psd、text.psd 文件，分别将它们导入。

03 在弹出的选项对话框中对各图层分别进行相应设置，之后单击“OK”按钮。

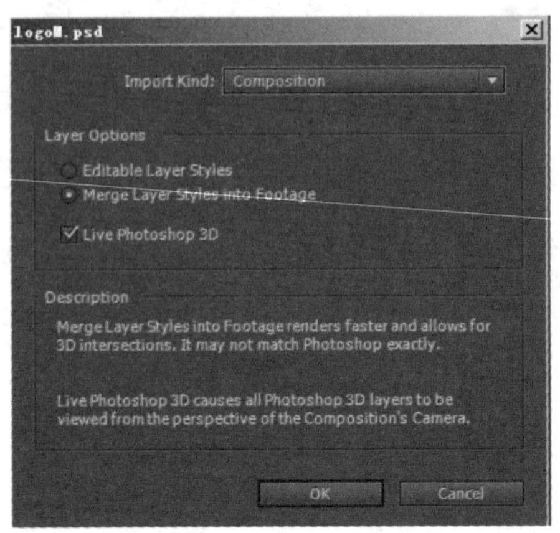

04 选择 Compositoin → New Composition 菜单命令，新建项目合成，在打开的 Composition Setting 对话框中进行设置。

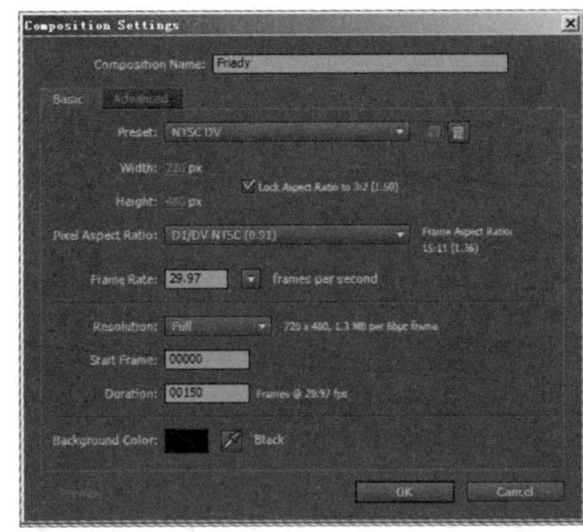

05 在项目面板双击 LogoM 合成，可以看到合成面板中的 LOGO 图片。

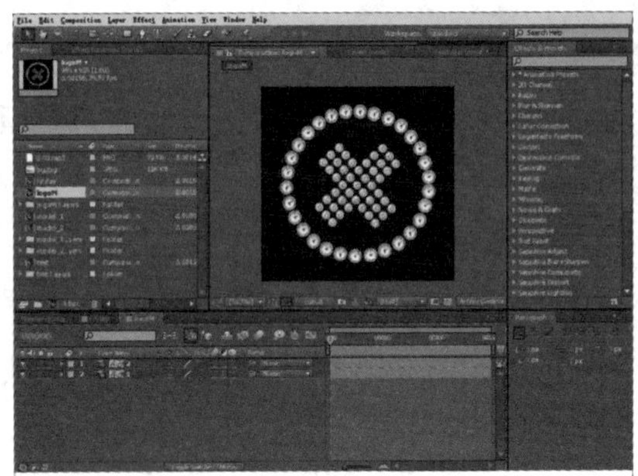

06 图片尺寸稍大，需要在合成面板中将视图比例调整为 50%，以便能够看到整个图片。

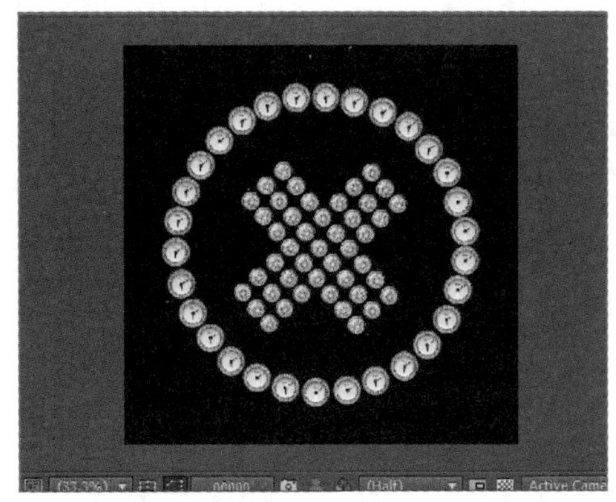

07 在时间线面板中按住〈Shift〉键的同时选中图层 1、图层 2，然后按两次〈Ctrl+D〉组合键进行复制。

08 单击选中新生成的图层 3，按〈Enter〉键将它重命名为 G，将新生成的图层 4 重命名为 G1。

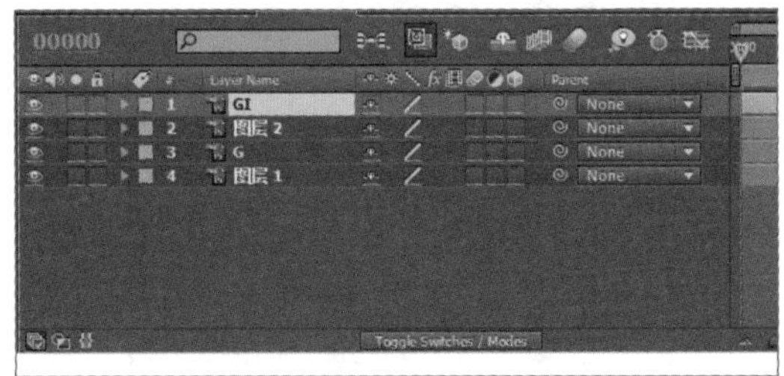

09 在时间线面板上选中 G 图层，然后选择 Effect → Trapcode → Starglow 菜单命令，应用 Starglow 特效，并设置属性值。

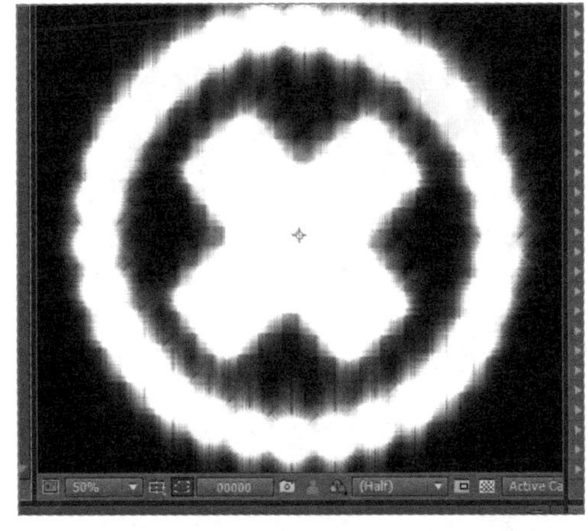

10 选中 G 图层，在工具栏中选择矩形工具，在图像外侧绘制一个矩形图形，然后将其形状调整为平行四边形。

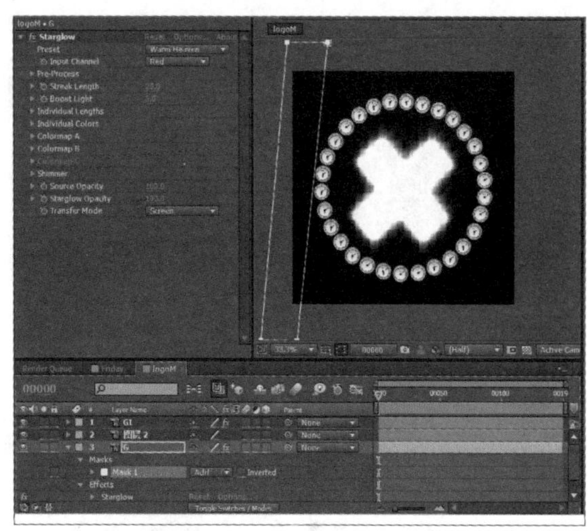

11 在选中 G 图层的情况下按〈M〉键打开 Mask Path 属性，在 0F 时间点上单击按钮设置关键帧。

12 在 25F 时间点上把平行四边形的遮罩移动到圈子的另外一侧，此时会自动在 Mask Path 上生成关键帧。

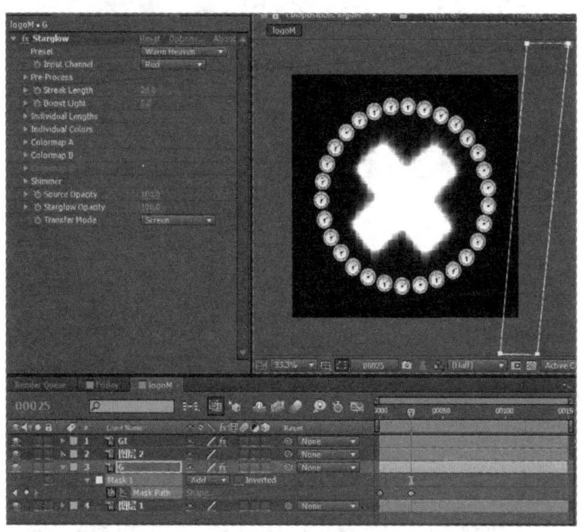

13 选中 G 图层，同时按〈Ctrl+D〉组合键将其复制四次，并设置各图层的 In 点。

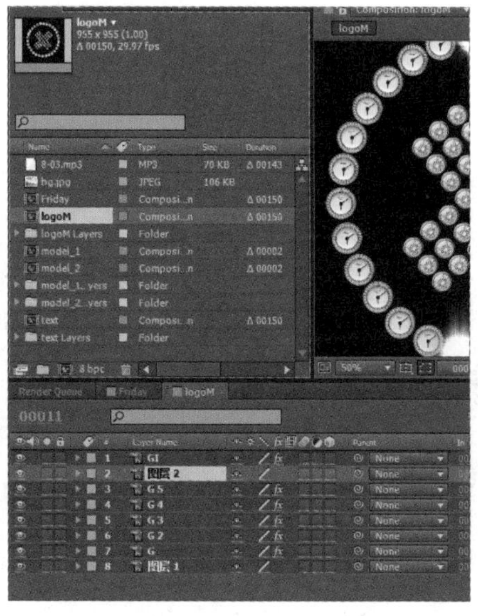

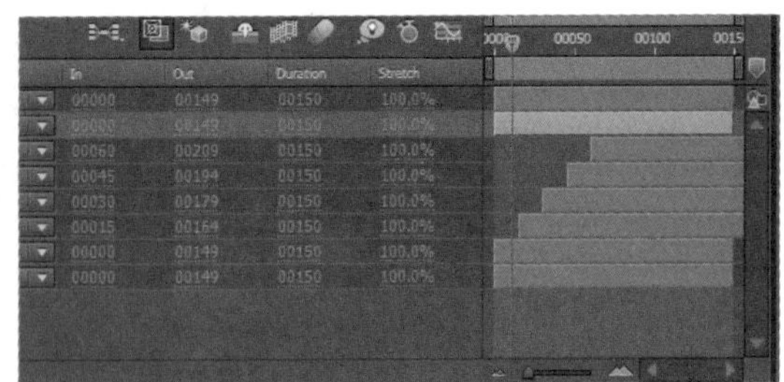

14 按〈F〉键打开 Mask Feather 属性，将值调整为 30%，随着环形流动的光线就制作完成了。

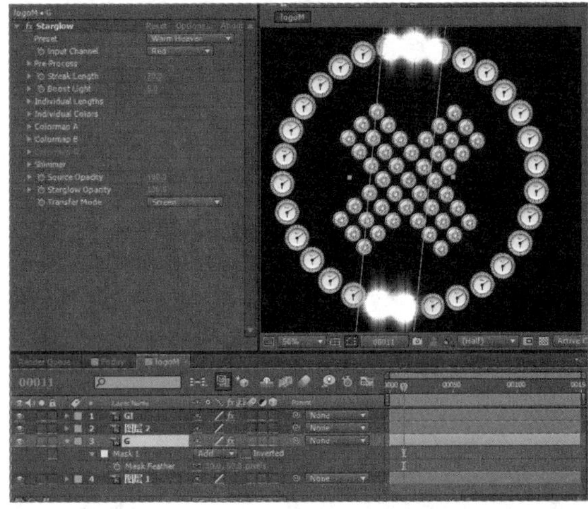

15 选中 G 图层，按〈E〉键打开应用的特效设置项，然后选中 Starglow 选项，并按〈Ctrl+C〉组合键进行复制。

16 选中 G1 图层，按〈Ctrl+V〉组合键将特效粘贴进来，并将 Input Channel 调整为 Blue。

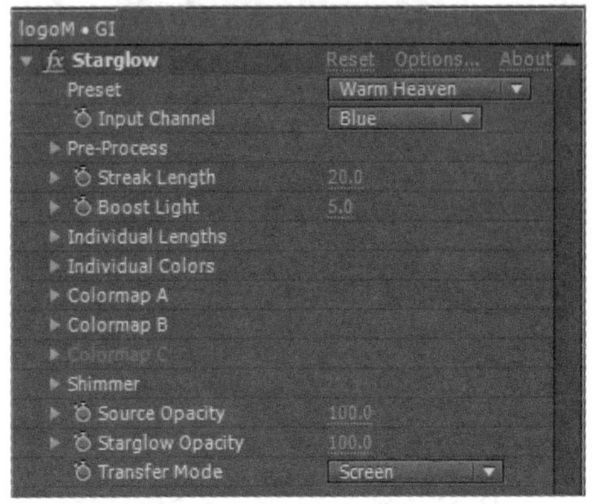

17 把时间标尺移动到 0F，选中 G 图层，按〈M〉键打开 Mask Path 属性，单击 Mask path 文字标题部分，这样就可以选中此选项下的全部关键帧。按〈Ctrl+C〉组合键进行复制。

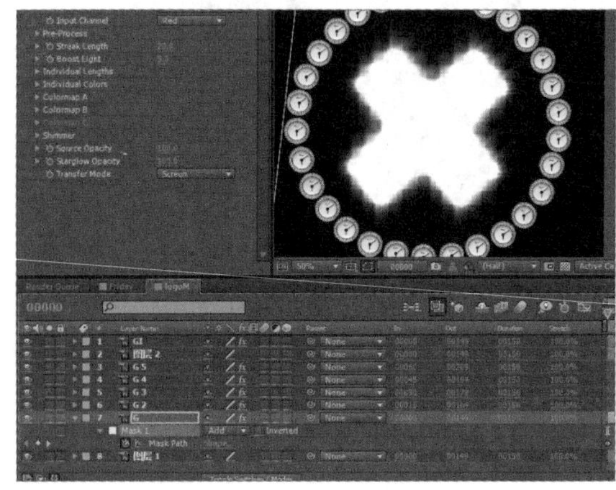

18 选中 G1 图层，按〈Ctrl+V〉组合键将此遮罩粘贴进来。

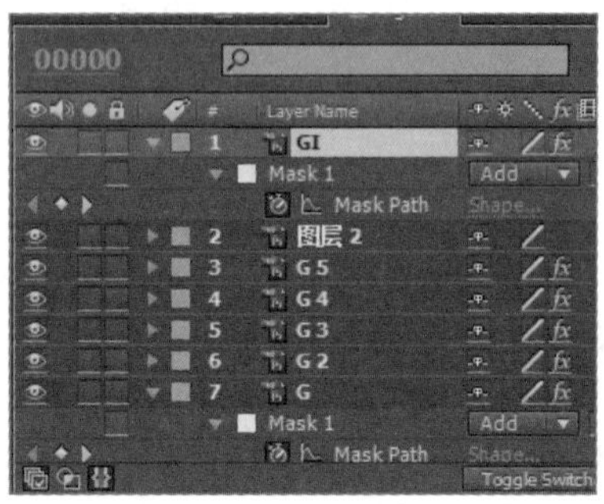

19 把应用到 G1 图层上的 Mask path 属性的两个关键帧同时选中之后，向右拖动 10F 时间单位。

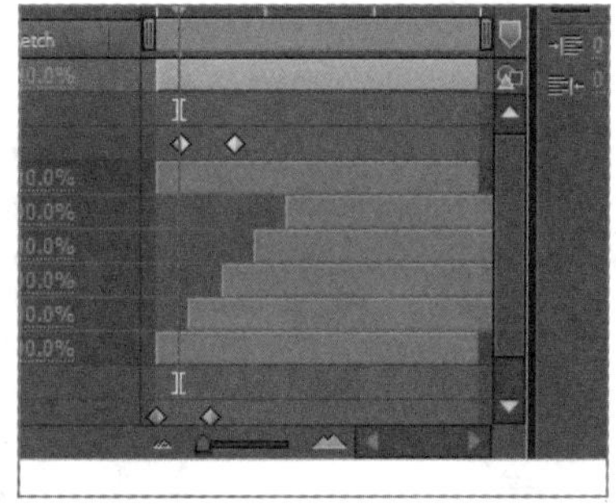

20 选中 G1 图层，按〈F〉键打开 Mask Feather 属性，将值调整为 30%。

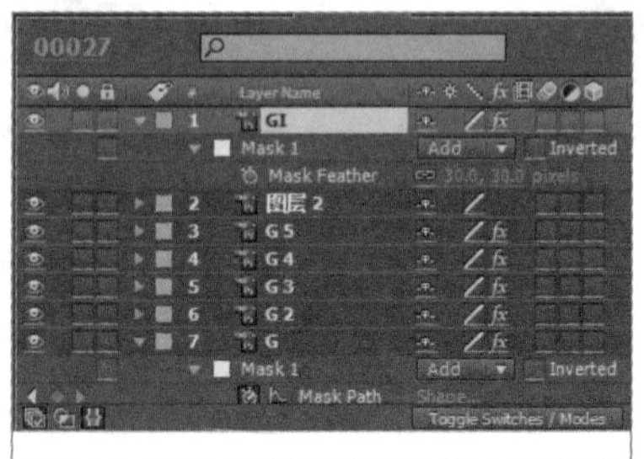

21 选中 G1 图层，按四次〈Ctrl+D〉组合键复制出四个图层，并调整各复制出的图层的 In 点。

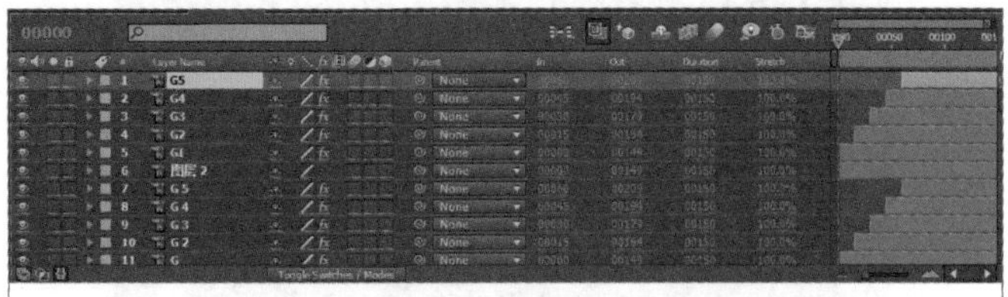

22 在预览控制面板中单击按钮，预览光线流动效果。

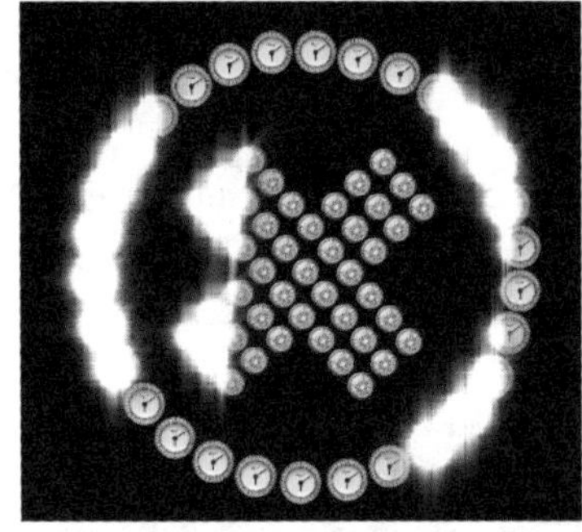

↘ 步骤 02　利用 Preset 制作反射效果

01 双击步骤 01 中制作完成的 Friday 合成，在项目面板中将 bg.jpg 及 LogoM 合成拖动到时间线面板中。

02 选择 Layer→New→Camera 菜单命令，创建一个摄像机图层。在弹出的摄像机选项对话框中将 Preset 设置为 28mm，单击 OK 按钮。

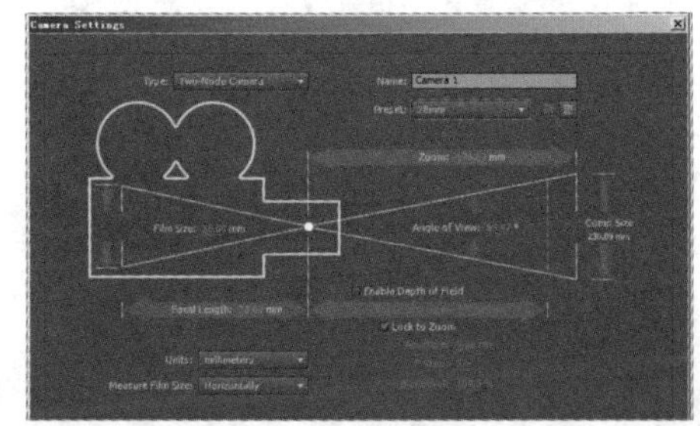

03 单击 LogoM 图层的按钮，将它打开。

04 调整 Camera1 图层的位置，在 0F 时间点单击按钮设置关键帧。

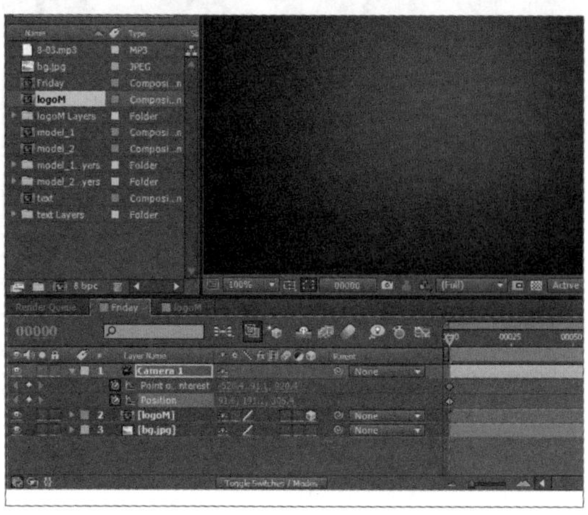

05 将时间标尺移动到 5F，调整属性值。

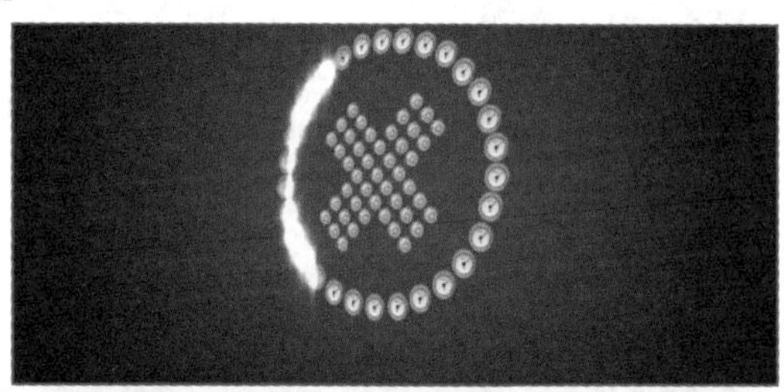

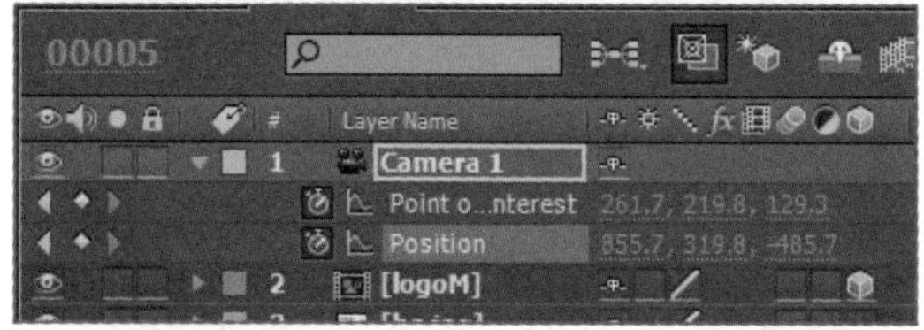

06 在 5F 时间点将 LogoM 图层的 Scale 设置为 53%，将 Position 设置为 338.1、115.6、406。

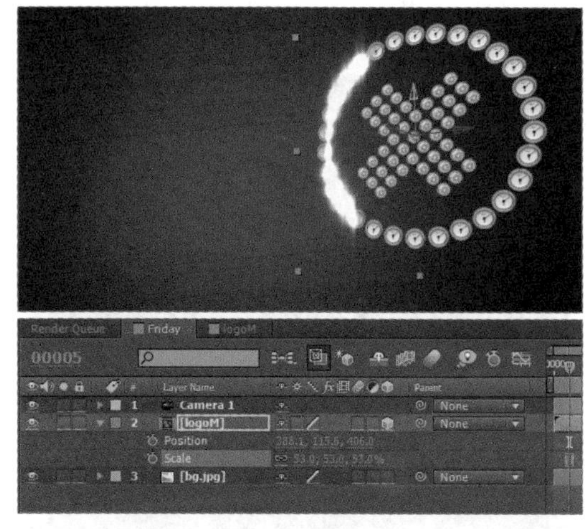

07 在项目面板中打开 text layers 文件夹，按住〈Ctrl〉键同时选中 EFFECTS、StrokeE 文件，将它们拖动到时间线面板中，并将这两个图层的（3D 选项）打开。

08 将 strokeE、text.psd 图层的 Position 调整为 360.0、240.0、-3.0。

09 在项目面板中打开 model_2 Layers 文件夹，将 m1、m5 图层拖动到时间线面板中，并将这两个图层的 (3D 选项) 打开。

10 分别调整 m1、model_1.psd、m5、 model _1 .psd 图层的 Position、Scale、Rotatoin 等值。

11 打开 WindowEffects&Preset 面板，选中 Animation PresetCustomRF，将它拖动到 m5、model.psd 图层并加以应用。用同样的方法应用在 m1、model.psd 图层上。

12 在两个图层中加入鲜明的反射倒影，增强画面的 3D 效果。

步骤 03 制作线条动画

01 打开项目面板中的 text Layers 文件夹，将 Line 图层拖动到时间线面板中，并打开图层的 (3D 选项)。

02 为 Line、text.psd 图层的 Position 设置关键帧，在 0F 时间点设置位置为 -377.7、190、0.0，将 15F 时间点上的位置调整为 1174、190、0.0。

03 选中 Line、text.psd 图层，按〈Ctrl+D〉组合键进行复制，将复制出的图层重命名为 Line1。

04 在 Line1 图层的 Position 上设置关键帧。

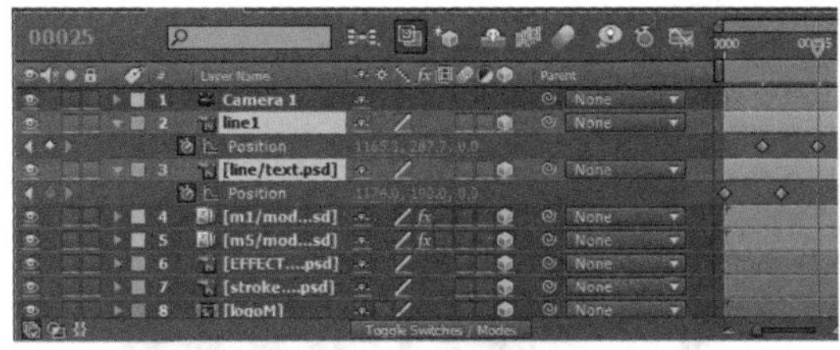

05 选中 Line1 图层并按〈Ctrl+D〉组合键复制出 Line2 图层。在 10F 时间点上按〈P〉键打开 Position 设置，单击按钮解除关键帧。

06 为 Line2 图层的 Position 和 Opacity 选项设置关键帧。

07 为 Line1 图层的 Opacity 选项设置关键帧，在 10F 时间点上设置为 0%，在 15F 时间点设置为 100%。

08 将 line、text.psd、line1、line2 三个图层的 Out 点设置为 35，并将 Mode 全部设置为 Soft Light。

↘ 步骤 04 制作摄像机动画

01 将时间标尺移动到 30F 时间点，选中 Camera1 图层，在 Point of Interest 和 Position 上单击⏱按钮设置关键帧。

02 将时间标尺移动到 37F 时间点，调整摄像机的各选项的值。

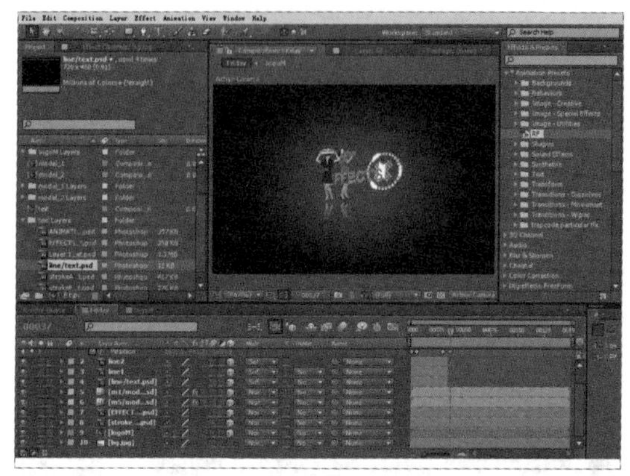

03 按住〈Shift〉键的同时一次性选中 LogoM、strokeE、EFFECTS、m5、m1 图层，按〈T〉键打开它们的 Opacity 选项，分别调整属性值后在对应时间点设置关键帧。

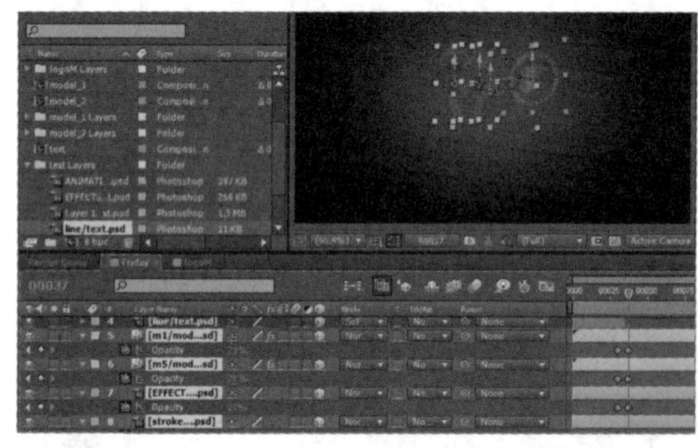

04 在项目面板中打开 model_2 Layers 文件夹，将 m2 图层拖动到时间线面板中，单击按钮将其设置为 3D 图层。

05 调整 m2、model_02.psd 图层的 Position、Scale、Rotation 的值。

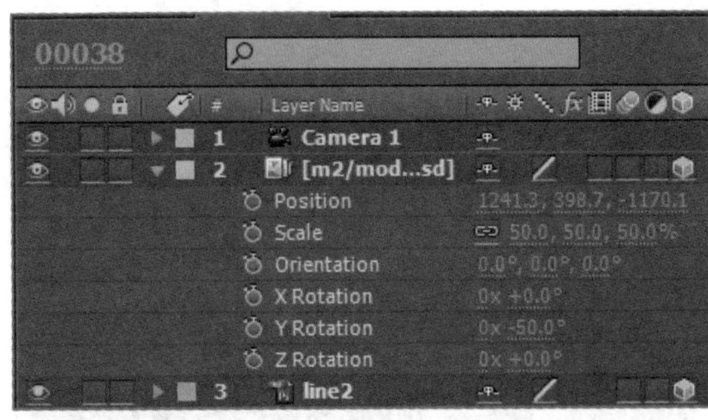

06 和步骤 02 中的操作一样，选择 Window → Effects&Presets 菜单命令，之后选择 Animation Preset → Custom → RF 菜单命令，并将它拖动到 m2、Model_2.psd 图层上加以应用。

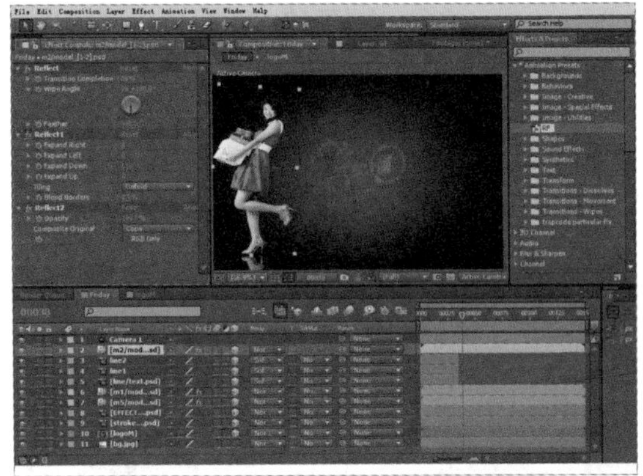

07 在项目面板中打开 text Layers 文件夹，将 ANIMATION 和 strokeA 文件拖动到时间线面板中，并打开这两个图层的按钮。

08 将 AMERICA、text.ps 图层的 Position 设置为 1239.6、379.1、-969；将 strokea、text.psd 图层的 Position 调整为 1239.6、379.1、-972。

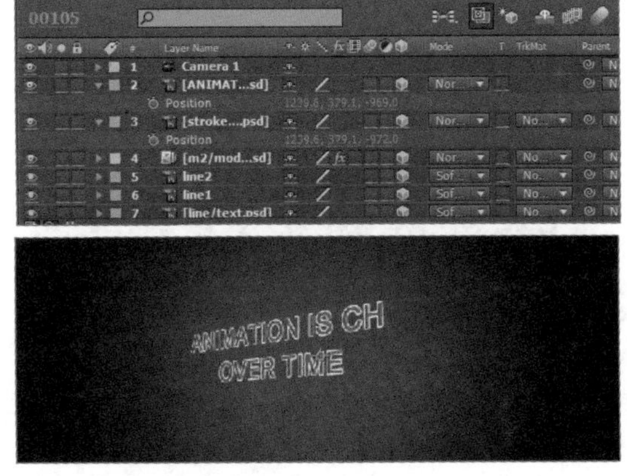

09 将项目面板中的 LogoM 图层拖动到时间线面板中，并单击按钮，调整相关属性值。

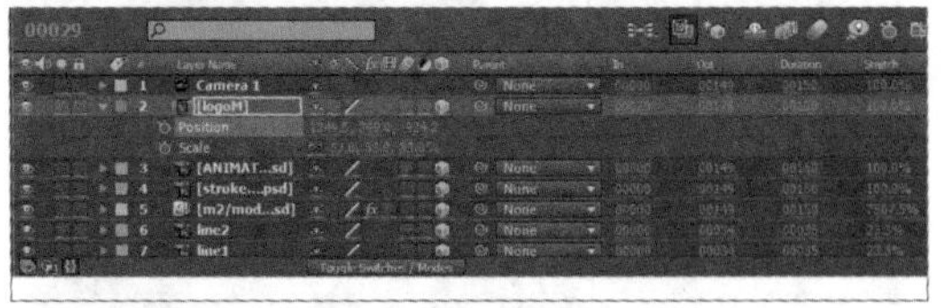

10 选择 Window → Effects&Presets 菜单命令，选择 Animation Presets → Custom → RF 菜单命令，并将它拖动到 LogoM 图层加以应用。

↘ 步骤 05　制作波形动画

01 选择 Layer → New → Solid 菜单命令，新建固态图层，将固态图层的 Name 设置为 ring，颜色指定为黑色，单击 Make Comp Size 按钮。

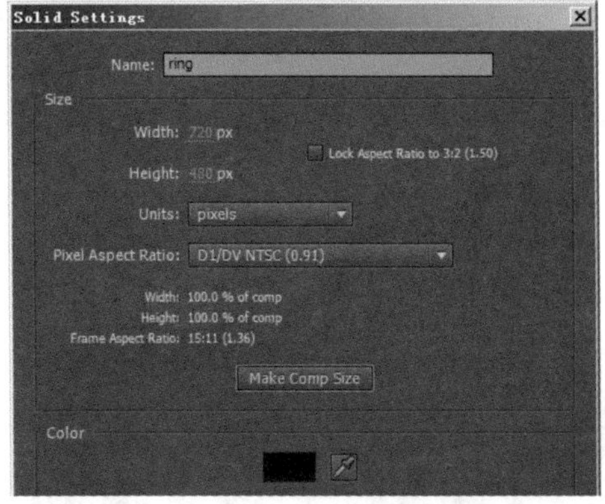

02 在时间线面板中将 ring 图层拖动并排列到 Camera1 图层下方。选择 Effect → Generate → Radio Waves 菜单命令，为 ring 图层应用 Radio Waves 特效。

03 在合成面板左侧出现的特效 Radio Waves 选项组中调整各参数值。

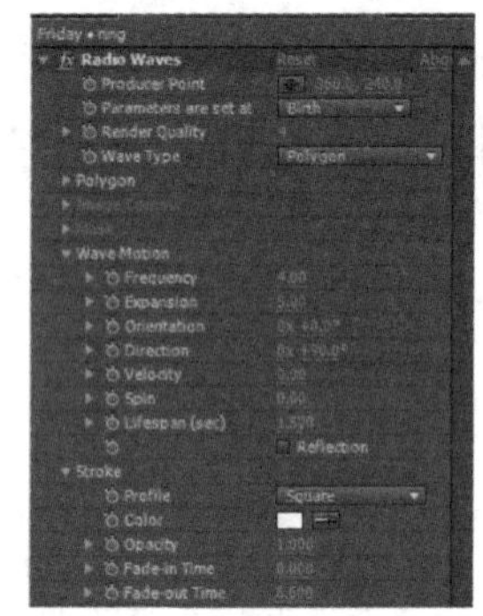

04 单击 ring 图层的按钮之后，将 Position 属性值调整为 1273、325、-850。

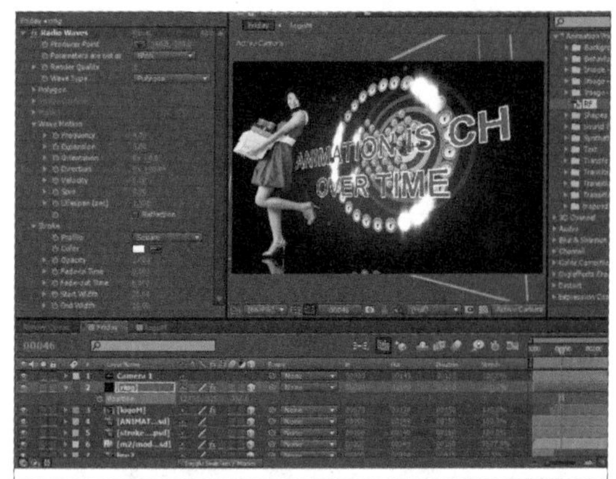

05 选中 ring 图层并按〈Ctrl+D〉组合键进行复制。将复制出的图层重命名为 ring1，将 Position 调整为 1521、175、-825。

06 将 ring、ring1 两个图层的 Mode 设置为 Overlay，然后将 ring1 图层的 In 点设置为 15。

↘ 步骤 06 继续为摄像机制作动画

01 将时间标尺调整到 60F，选中 Camera1 图层，在当前的 Point of Interest、Position、Z Rotation 上单击按钮，设置关键帧。

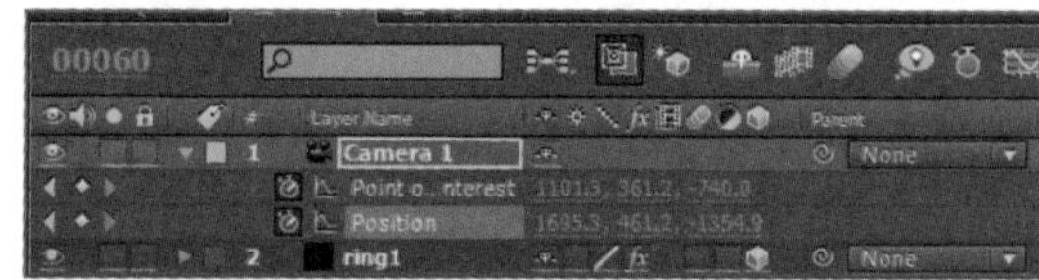

02 将时间标尺移动到 67F 时间点，调整摄像机的各属性值。

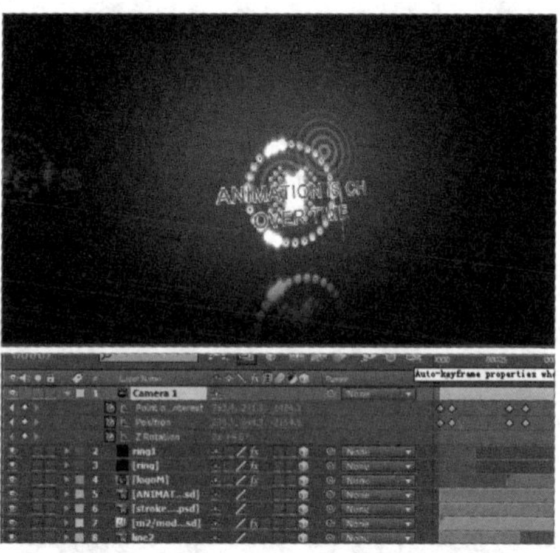

03 按住〈Shift〉键的同时一次性框选第 2 ~ 第 7 个图层 ring1 ~ m2、model_1.psd，按〈T〉键打开它们的 Opacity 选项，分别设置属性值后，在对应时间点设置关键帧。

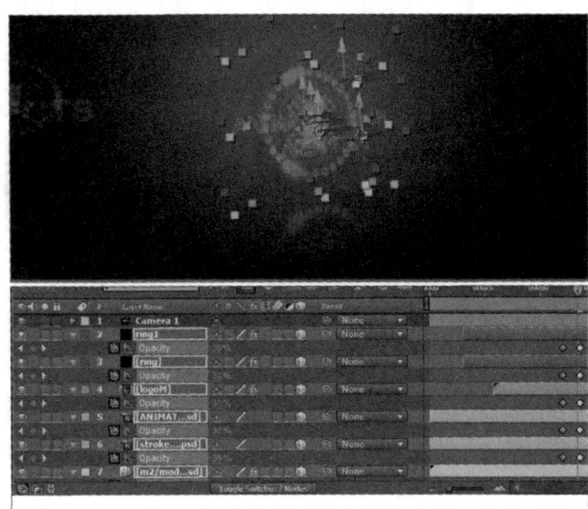

04 选择 File → Import → File 菜单命令，打开本书配套光盘中的 Friday.psd 文件。

05 在弹出的选项对话框中进行相应设置，然后单击 OK 按钮。

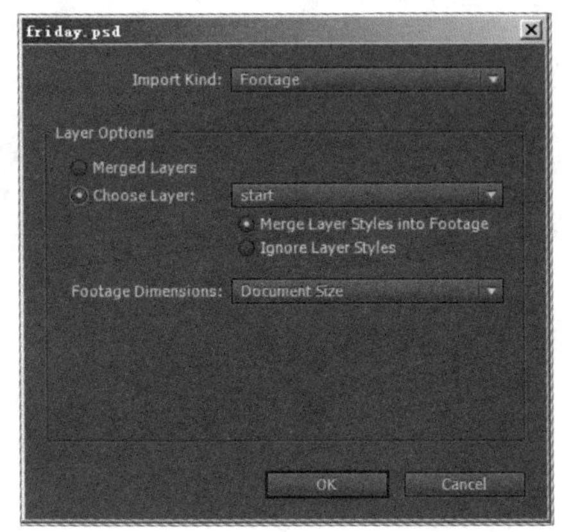

06 在项目面板中选中 start、friday.psd 和 m4、model_1.psd 图层，将它们拖动到时间线面板中，然后将这些图层的 （3D 选项）全部打开。

07 为了操作方便，将图层 Layer1/Friday.psd 重命名为 friday，将 m4/model.psd 重命名为 m4。

08 调整两个图层的相关属性值。

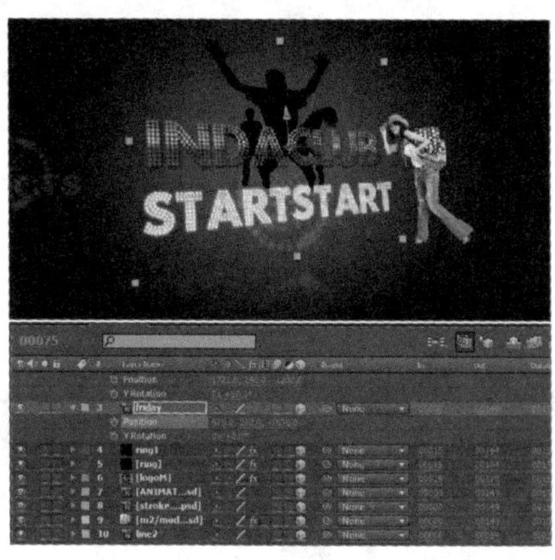

09 选择 Window → Effects&Presets 菜单命令，选择 Animation Presets → Custom → RF 菜单命令，将它拖动到 m4 图层加以应用。

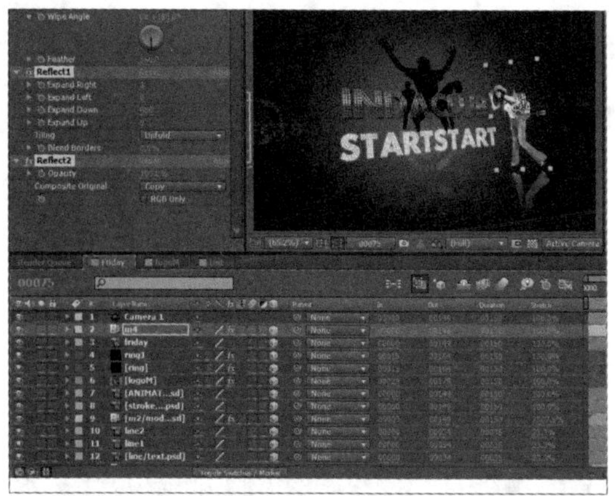

10 选中 ring1 图层，按〈Ctrl+D〉组合键进行复制，将复制出的 ring2 图层置于摄像机图层的下方。

11 选中 ring2 图层，按〈Ctrl+D〉组合键再次复制，并调整各图层的属性值。

12 将 ring3 图层的 In 点设置为 17，这是为了给波浪形稍微加入偏移，使其看起来更加丰富多样。

↘ 步骤 07 制作摄像机的最后一个关键帧

01 将时间标尺移动到 95F，选中 Camera1 图层，为当前的 Point of Interest、Position、Z Position 属性设置相应值。

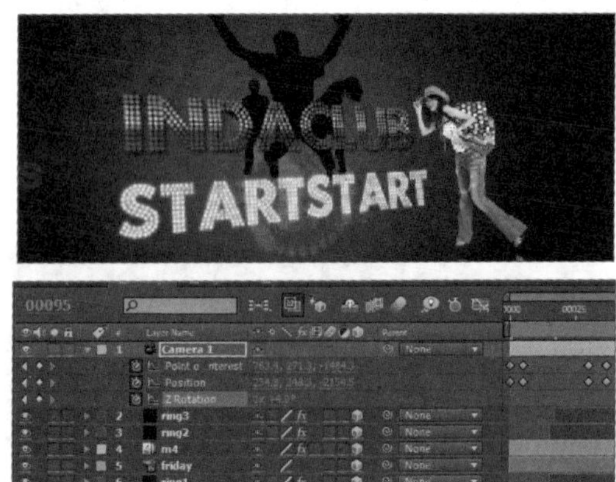

02 将时间标尺移动到 103F，调整摄像机的属性值。

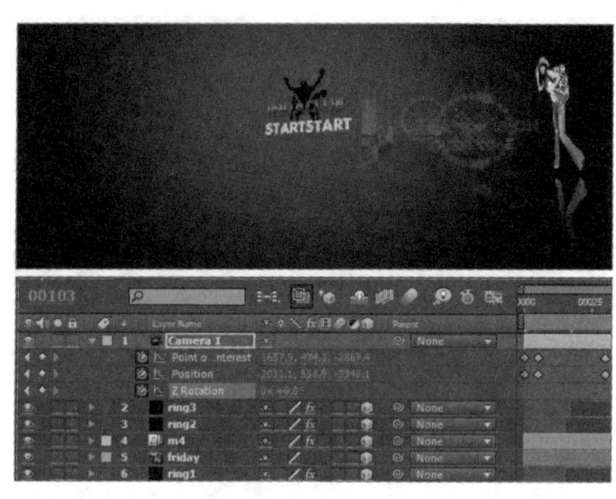

03 为 m4、friday 图层的 Opacity 属性设置关键帧。

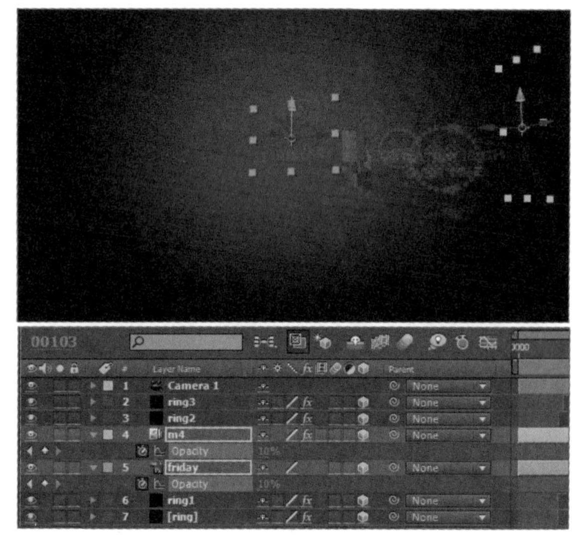

04 选择 File → Import → File 菜单命令，打开本书配套光盘中的 mch.tga 文件。

05 在打开的选项对话框中将 Alpha 设置为 Straight-Unmatted，然后单击 OK 按钮。

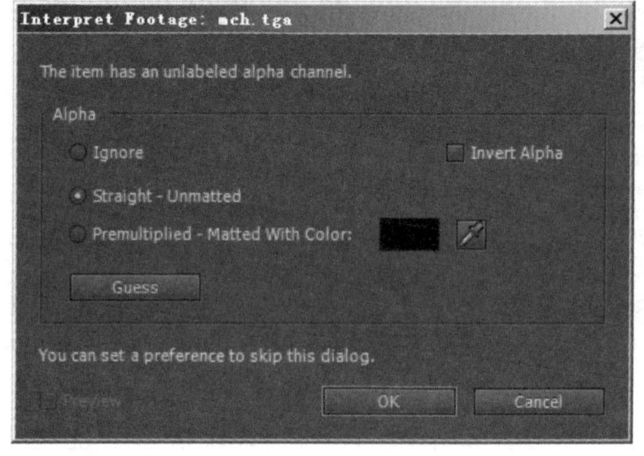

06 在项目面板中将 mch.tga 文件拖动到时间线面板中，然后将图层的 (3D 选项) 打开，并设置属性值。

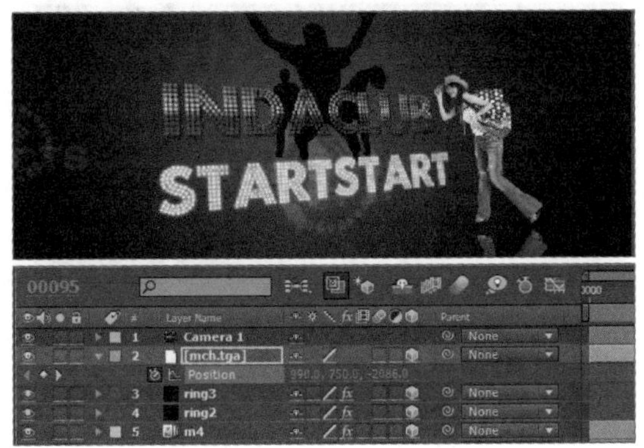

07 在 103F 时间点对 mch.tga 图层的 Position 属性设置关键帧，将时间标尺移到 95F，调整 Y 属性值为 750。

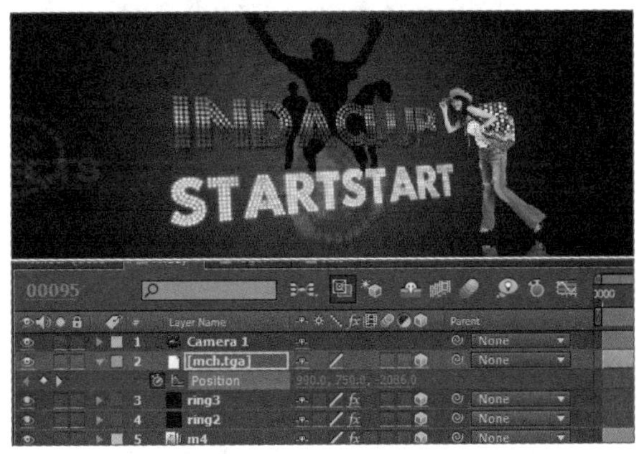

08 在项目面板中将 model_2 Layersm1、m2 图层拖动到时间线面板中，然后将这两个图层的 (3D 选项) 打开，并调整图层的属性值。

09 将时间标尺移动到 103F，为两个图层的 Position 属性设置关键帧，然后在指定的时间点调整相应的属性值。

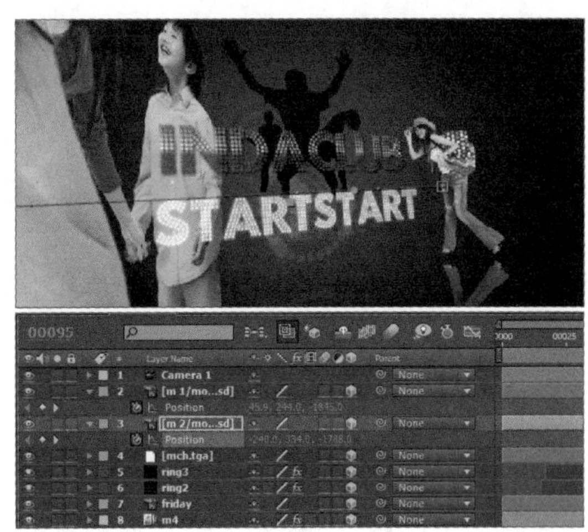

10 选择 timation Presets → Custom → RF 菜单命令，将它拖动到 m1、model.psd、m2、model.psd 图层上加以应用。

11 选中 ring3 图层，按〈Ctrl+D〉组合键进行复制，然后将复制出的 ring4 图层置于 Camera1 图层下面。

12 将 ring4 图层的 Position 属性值设置为 247、-54、-1900，将 Scale 设置为 200%。

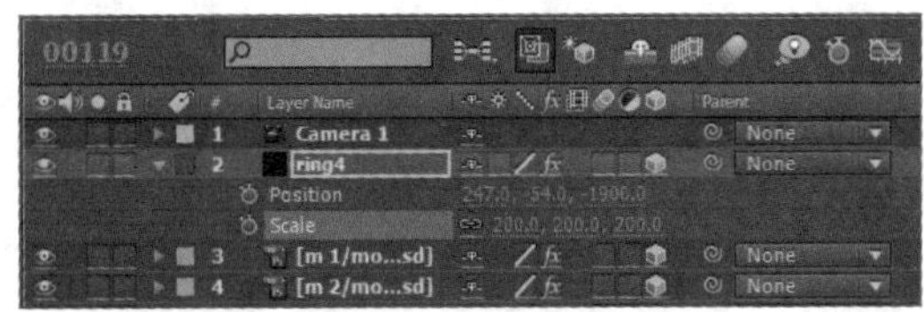

13 选中 ring4 图层，并按〈Ctrl+D〉组合键进行复制，新生成一个 ring5 图层，调整该图层的属性值。

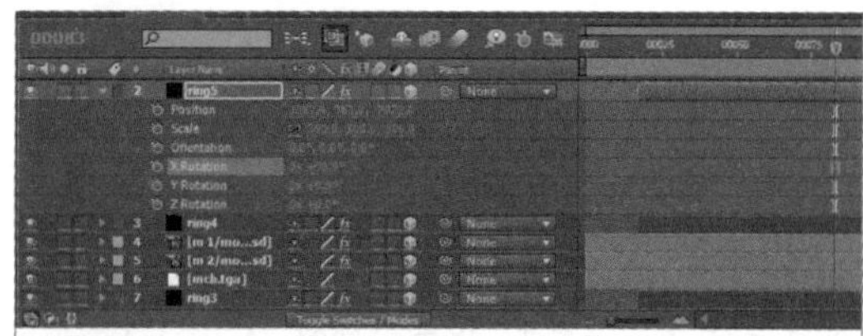

14 选中第 13 步中的 logoM 图层，按〈Ctrl+D〉组合键进行复制，然后将复制出的图层放在 Camera1 图层下方，并将 In 点设置为 85。

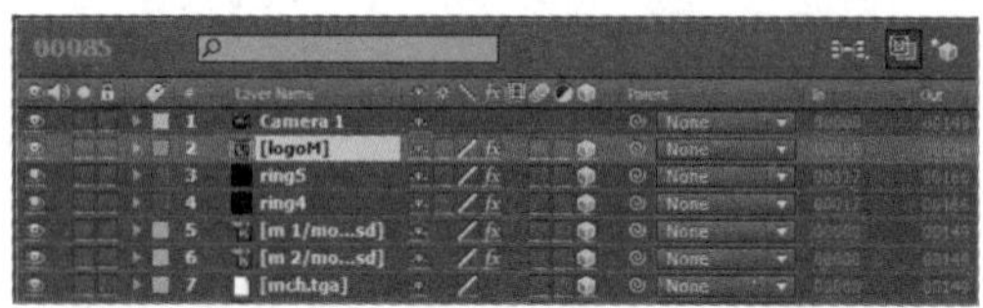

15 调整 logoM 图层的属性值，之后将已经设置的 Opacity 属性的关键帧删除，然后输入 100%。

16 在 103F 时间点为 logoM 图层的 Position 设置关键帧，在 95F 时间点仅调整 *X* 轴上的位置，调整设置值为 -642、80.0、-1458.0。

17 在项目面板中选中 8-03.mp3 文件并将它拖到时间线面板中，在时间控制面板中单击▶按钮预览效果。

18 在时间线面板中单击 bg.jpg 图层之外的所有图层前的按钮。

19 然后单击时间线面板上端的按钮，激活运动模糊效果，按数字键〈0〉预览最终效果。

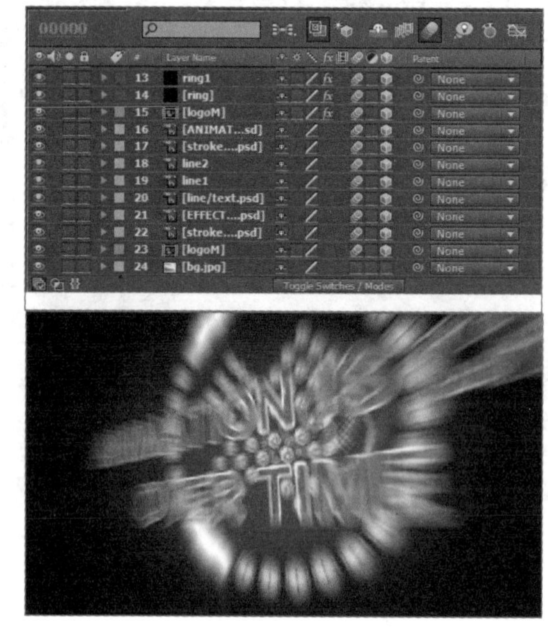